U0160093

高等学校土木工程专业“十四五”系列教材

土 木 工 程 专 业 本 研 贯 通 系 列 教 材

岩土与地下工程测试

夏才初　周舒威　编著

中国建筑工业出版社

图书在版编目（CIP）数据

岩土与地下工程测试 / 夏才初，周舒威编著. — 北京：中国建筑工业出版社，2022.8（2024.7 重印）
高等学校土木工程专业“十四五”系列教材 土木工程专业本研贯通系列教材
ISBN 978-7-112-27252-5

Ⅰ. ①岩… Ⅱ. ①夏… ②周… Ⅲ. ①岩土工程一监测一高等学校一教材②地下工程测量一高等学校一教材 Ⅳ. ①TU413②TU198

中国版本图书馆 CIP 数据核字（2022）第 051625 号

本书内容包括测试技术的理论基础、传感器、电阻应变测量技术、现代测试系统和设备、模型试验、岩土与地下工程检测、岩土与地下工程监测项目和方法、地下工程监测方案和工程实例、试验数据处理和软件，以及岩土与地下工程测试与试验新技术等。

全书既体现有关标准，也介绍已在工程中应用的新元件、新仪器、新技术和新方法，还融入了最新科研成果，并有作者承担国家重大科研项目或工程监测与咨询任务取得的成果和积累的经验。

本书可以作为土木工程（地下工程、隧道工程、岩土工程等方向）、地质工程、城市地下空间工程等相关专业和学科的研究生、高年级本科生的教材，也可以作为从事勘测、设计、施工、运行及其管理的工程人员和科研工作者的参考书。

本书作者制作了配套的教学课件，有需要的教师可以通过以下方式获取：jckj@cabp. com. cn，电话：（010）58337285，建工书院：http：//edu. cabplink. com。

责任编辑：赵 莉 吉万旺
责任校对：李美娜

高等学校土木工程专业“十四五”系列教材
土木工程专业本研贯通系列教材
岩土与地下工程测试
夏才初 周舒威 编著
*
中国建筑工业出版社出版、发行（北京海淀三里河路 9 号）
各地新华书店、建筑书店经销
北京红光制版公司制版
建工社（河北）印刷有限公司印刷
*
开本：787 毫米×1092 毫米 1/16 印张：28½ 字数：621 千字
2022 年 8 月第一版 2024 年 7 月第二次印刷
定价：**78.00** 元（赠教师课件）
ISBN 978-7-112-27252-5
（39120）

前　言

1999年作者编著了《地下工程测试理论与监测技术》由同济大学出版社出版，作为本科生教材，2003年在使用了两期的《土木工程监测培训班讲义》的基础上编著了《土木工程监测技术》，由中国建筑工业出版社出版，以满足广大工程技术人员之急需，但出乎意料的是，有数十所高校的土木工程专业将该书作为相关课程的教材。随着大学的扩招，对本科生的要求更加注重应用型，培养方案也要求增加实践环节，压缩理论课时，而《地下工程测试理论与监测技术》(同济大学出版社，1999年)，对本科生来说内容确实也是偏多偏难的。从2004年开始，本科生以《土木工程监测技术》(中国建筑工业出版社，2003年) 为教材，研究生以《地下工程测试理论与监测技术》(同济大学出版社，1999年) 为教材，但前者对本科生深度不够，后者对研究生广度不够，所以，2017年编著《岩土与地下工程监测》(夏才初，潘国荣，中国建筑工业出版社)，主要内容是各类岩土与地下工程的施工监测，以及作为隧道监控量测重要部分的隧道地质超前预报，作为本科生的教材和企业新员工的培训教材，从而与应用型人才培养密切结合起来。而本书主要内容为工程测试基础理论和基本技术、现代测试系统、相似模拟理论和试验技术、岩土与地下工程检测和监测的原理及方法和技术、地下工程监测方案和工程实例，主要作为研究生教材。

近二十年来，随着我国高速公路、高速铁路、城市地铁和地下空间开发等建设的突飞猛进，岩土与地下工程的工程领域和研究范围在扩展，测试的新技术和新方法不断涌现，国家和行业对岩土与地下工程的安全性和工程质量要求也在不断提高，相应地对岩土与地下工程监测和检测的要求也更加严格，推动了测试理论和试验技术的发展和进步。研究生课程和教材内容紧密结合工程实际需求、追踪行业内最新科技成果和进展，对完善研究生的知识结构和给研究生提供新技术具有重要的意义与作用。本书力争做到理论与实践相结合、知识与技能相融通、工程应用现状与前沿发展趋势相兼顾。既呈现了大量工程实际案例，也反映了最新科研成果包括专利方法和产品。

全书由宁波大学夏才初教授主持编著，其中第四章现代测试系统和设备为与周舒威（同济大学特聘研究员）、秦世康合作编著，第十章岩土与地下工程测试与试验新技术为与周舒威、王兴开、曹善鹏和陈凯合作编著。何修涵等参与了书稿的整理工作。

限于我们的水平，书中不当之处在所难免，敬请读者批评指正。

目　　录

第一章　测试技术的理论基础

第一节　测试系统的组成及其主要性能指标

测试（Measurement and Test）是测量与试验的概括，是人们借助于一定的装置，获取被测对象相关信息的过程。测试包含两方面的含义：一是测量，指的是使用测试装置通过实验来获取被测量的量值；二是试验，指的是在获取测量值的基础上，借助于人、计算机或一些数据分析与处理系统，从被测量中提取被测量对象的有关信息。它是以客观的实验方式对客体或事件的特性或品质加以定量描述。完成测试任务首先要设计或配置出合适的测试系统，主要包括测试系统总体设计、传感器及其优化布设、信号传输和处理技术等。用以实现测试目的所运用的方式方法称为测试技术。只有对测试系统有一个完整的了解，才能根据实际需要设计或配置出一个有效的测试系统，以达到实际测试的目的。随着现代科学技术的迅猛发展和生产水平的提高，各种测试技术已越来越广泛地应用于各种工程领域和科研工作以及日常生活中，测试技术水平的高低越来越成为衡量国家科技现代化的重要标志之一。当代测试技术的功用主要有四个方面：

（1）各种参数的测定；

（2）控制过程中参数的反馈、调节和自控；

（3）现场实时检测和监控；

（4）试验过程中的参数测量和分析。

当代科技水平的不断发展，为测试技术水平的提高创造了物质条件，反过来，拥有高水平的测试理论和测试系统又会促进新科技成果的不断发现和创新。传感器技术的发展和新型传感器的研制也大大推动了现代测试技术的发展。随着电子技术的不断突破和计算机技术的快速发展，测试技术越来越朝着智能化方向发展，并且出现了“虚拟仪器”的新观念。

传统测试系统采用模拟电子技术实现，信号的传递方式是电压等模拟量，采用指针、示波器、函数记录仪和磁带记录仪等显示和记录结果，如动态和静态电阻应变仪等。传统测试系统的特点是以模拟量为主要传递方式，仅有显示和记录功能。将模拟信号的测量转化为以数字方式输出最终结果的数字化仪器，如数字电压表、数字频率计等，也归为传统测试系统。

计算机辅助测试系统是将模拟仪器输出的模拟量经过模数转换，经接口输入计算机进行数据处理的系统，有数据显示、分析、记录和输出等功能，在实现这些功能过程中信号的传递方式是数字量。

现代测试系统是具有自动化、智能化、可编程化等功能的测试系统的统称。有智能仪器、自动测试系统、虚拟仪器三个层面的类型：

智能仪器是内置有微处理器、单片机或体积很小的微型机，有操作面板和显示器，能进行自动测量的仪器，具有自动校准、数据处理、量程自动切换、修正误差和报警等功能。

自动测试系统是指在人极少参与或不参与的情况下，自动进行量测和处理数据，并以适当方式显示或输出测试结果的系统。自动测试系统由微机或微处理器、可程控仪器或设备、接口和软件组成，其中微机或微处理器是整个系统的核心。

虚拟仪器（Virtual Instrument，简称 VI）是在以通用计算机为核心的硬件平台上，由用户设计定义，具有虚拟面板，由测试软件实现测试功能的一种计算机仪器系统。“虚拟”的含义是虚拟的仪器面板，因为由软件实现仪器的测试功能，所以有软件就是仪器的说法。

智能仪器、自动测试系统、虚拟仪器是现代测试系统的三种类型，也是发展的三个层面。智能仪器是采用专门设计的微处理器、存储器、接口芯片组成的测试系统，而发展到虚拟仪器则采用现成的通用计算机配以一定的硬件及仪器测量部分组合而成。虚拟仪器是现代计算机技术和测试技术相结合的产物，是传统仪器观念的一次巨大变革，是将来仪器发展的一个重要方向。

一、 测试系统的组成

测试系统可以由一个或多个功能单元组成。如图 1-1 所示，一个完整的力学测试系统，它由三大部分组成：荷载、测量、显示记录，这三大部分实际上也是三个子系统。若要达到技术可靠、经济合理的测试目的，就应该在综合考虑各个功能单元的基础上设计整套测试系统。当然，根据测试目的和要求不同，可以只有其中的一或两个部分，如弹簧秤，只有一根弹簧和刻度尺，它同样包含了荷载、测量、显示记录的功能。

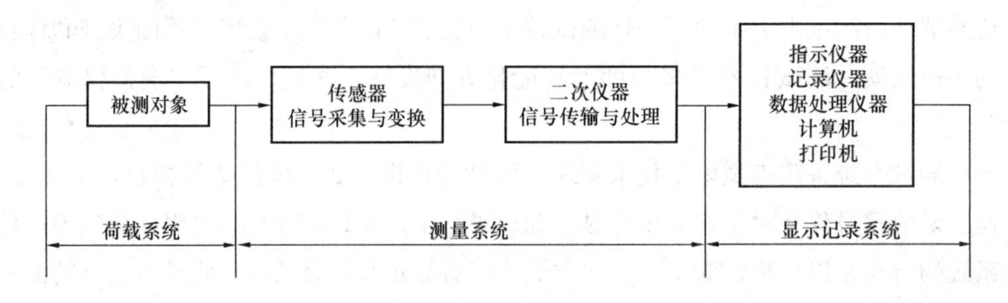

图 1-1　测试系统的组成

如图 1-2 所示的岩石节理直剪试验计算机辅助测试系统，则是一个较复杂的多单元测

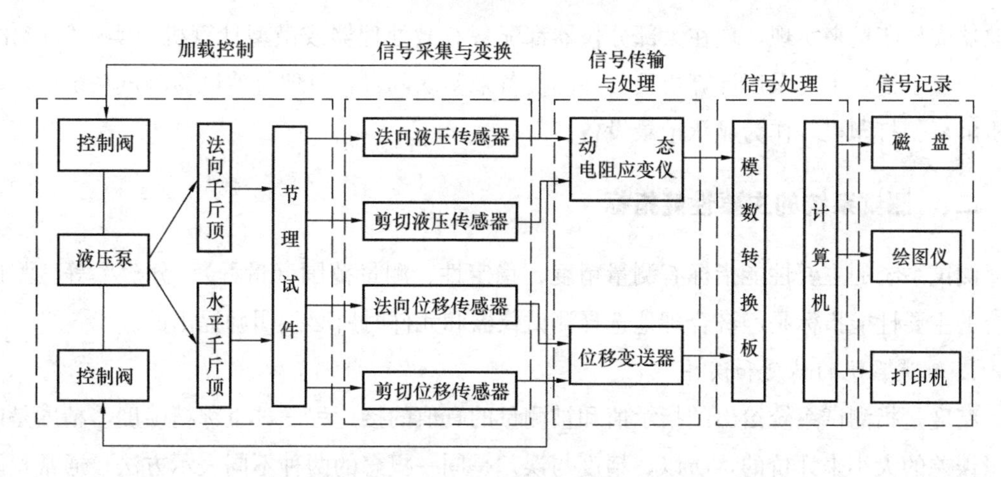

图 1-2　岩石节理直剪试验计算机辅助测试系统框图

试系统。

1. 荷载系统

荷载系统是使被测对象（试件）处于一定的受力状态下，使与被测对象有关的物理量之间的联系充分显露出来，以便进行有效测量的一种专门系统。岩石节理直剪试验测试系统的荷载系统由直剪试验架、液压控制系统组成。液压泵提供施加到试件上的荷载，液压控制系统则使荷载按一定速率平稳地施加，并在需要时保持其恒定，从而使试件处于一定法向应力水平下进行剪切试验。在土木工程中，荷载是通过施工和开挖等工程活动施加的。

2. 测量系统

测量系统由进行采集和信号变换的传感器、进行信号传输和处理的二次仪器组成，它把被测量（如力、位移）通过传感器变成可采集的物理信号（如电压）。传感器是整个测试系统中采集信息的关键环节，它的作用是将被测物理量转换成便于记录的信号，所以，有时称传感器为测试系统的一次仪器。岩石节理直剪试验测试系统中，需要测量试件在不同法向应力水平下的剪切过程，法向和剪切方向的力和位移的变化。采用四只位移传感器分别测量试件在法向和剪切方向的位移，采用两只液压传感器分别测量试件在法向和剪切方向的荷载。其中，用荷载传感器和动态电阻应变仪组成力的测量系统，用位移传感器和位移变送器组成位移测量系统。动态电阻应变仪和位移变送器是该测试系统的二次仪器，内有电桥电路、放大电路、滤波电路及调频电路等中间变换和测量电路，以减少测量过程中的噪声干扰或偶然波动，提高输出信号的准确性。所以测量系统是根据不同的被测参量，选用不同的传感器和二次仪器组成的测量环节，不同的传感器要选择与其相匹配的二次仪器。

3. 信号显示记录系统

信号显示记录系统是测试系统的输出环节，它是将对被测对象所测得的有用信号及其变化过程显示或记录或存储下来，信号显示和记录可以用示波器、函数记录仪、显示屏、存储器或打印机来实现，现在大部分仪器都配备有微处理器或微型计算机而实现智能化，而信号显示记录主要采用计算机及其外围设备来实现，岩石节理直剪试验测试系统中，以微机屏幕、打印机等作为显示记录设备。

二、 测试系统的主要性能指标

测试系统的主要性能指标有测量精度、稳定性、测量范围（量程）、分辨率等。测试系统的主要性能指标是经济合理地选择测试仪器和元件时所必须明确提出的。

1. 测试系统的精度和误差

精度是指测试系统给出的指示值和被测量的真值的接近程度，也称精确度，精度是以测量误差的大小来评价的，所以，精度与误差是同一概念的两种不同表示方法。通常，测试系统的精度越高，其误差越小，反之，精度越低，则误差越大。实际中，常用测试系统绝对误差、相对误差和引用误差表示其准确度，用平均偏差和标准偏差来表示其精密度。

（1）绝对误差。测量值 X 和真值 μ 之差为绝对误差，它说明测定结果的可靠性，用误差值来量度。记为：

$$d = X - \mu \tag{1-1}$$

绝对误差越小，则说明测量结果越接近被测量的真值。实际上，真值是难于确切测量的，上式只有理论意义，因此，常用更高精度的仪器测得的值代替真值（叫约定真值），由于真值一般无法求得，《国际计量学词汇——通用、基本概念和相关术语》（VIM）（第三版）将测量误差定义为“测得量值减参考量值”。新定义中使用“参考量值”这个词取代了以往的“约定真值”，体现出实际测量过程中的可操作性。

在土木工程测试和科学研究中，数据的分布较多服从正态分布规律，所以通常采用多次测量的算术平均值 $\overline{X}$ 作为参考量值。因为没有与被测量对象联系起来，绝对误差不能完全地说明测定的准确度，假设被测量的位移值分别为 1m 和 0.1m，测量的绝对误差同样是 0.0001m，则其含义就不同了，故测量结果的准确度常用相对误差表示。

（2）相对误差。反映了误差在真实值中所占的比例，衡量某一测量值的准确程度，一般用相对误差来表示。绝对误差 d 与被测量的真值 μ 的百分比值称为实际相对误差。记为：

$$\delta_{\mathrm{A}} = \frac{d}{\mu} \times 100\% \tag{1-2}$$

以仪器的示值 X 代替真值 μ 的相对误差称为示值相对误差。记为：

$$\delta_{\mathrm{X}} = \frac{d}{X} \times 100\% \tag{1-3}$$

一般来说，除了某些理论分析外，用示值相对误差来比较在各种情况下测定结果的准确度比较合理。

(3) 引用误差。为了计算和划分仪表精确度等级，提出引用误差概念。其定义为仪表示值的绝对误差与量程范围之比：

$$\delta_B = \frac{X-\mu}{A} \times 100\% = \frac{d}{A} \times 100\% \tag{1-4}$$

式中　d——示值绝对误差；

　　A——系统测量上限。

相对误差可用来比较同一系统不同测量结果的准确程度，但不能用来衡量不同仪表的质量好坏，或不能用来衡量同一系统在不同量程时的质量。因为对同一系统在整个量程内，其相对误差是一个变值，随着被测量量值的减少，相对误差增大，则精度随之降低。当被测量值接近起始零点时，相对误差趋于无限大。

引用误差是仪表中常用的一种误差表示方法，它是相对于系统满量程的一种误差。比较相对误差和引用误差的公式可知，引用误差是相对误差的一种特殊形式。实际中，常以引用误差来划分系统的精度等级，可以较全面地衡量测量精度。在使用引用误差表示测试系统的精度时，应尽量避免系统在靠近三分之一量程的测量下限内工作，以免产生较大的相对误差。

2. 稳定性

测试系统示值的稳定性有两种指标：一是时间上稳定性，以稳定度表示。二是外部环境和工作条件变化所引起的示值不稳定性，以各种影响系数表示。

(1) 稳定度。它是由于测试系统中随机性变动、周期性变动、漂移等引起的示值变化。一般用精密度的数值和时间长短同时表示。例如每 8h 内引起电压的波动为 1.6mV，则写成稳定度为 $\delta_s = 1.6\text{mV}/8\text{h}$。

(2) 环境影响。它是指测试系统工作场所的环境条件，诸如室温、大气压、振动等外部状态以及电源电压、频率和腐蚀气体等因素对其精度的影响，统称环境影响，用影响系数表示。例如周围环境温度变化所引起的示值变化，可以用温度系数 β_r（示值变化/温度变化）来表示。电源电压变化所引起的示值变化，可以用电源电压系数 β_u（示值变化/电压变化率）来表示。如 $\beta_u = 0.02\text{mA}/10\%$，表示电压每变化 10%引起示值变化 0.02mA。

3. 测量范围（量程）

测试系统在正常工作时所能测量的最大量值范围，称为测量范围，或称量程。在动态测量时，还需同时考虑其工作频率范围。

4. 分辨率

分辨率是指系统能够检测到的被测量的最小变化值，也叫灵敏阈。若某一位移测试系统的分辨率是 0.5μm，则当被测的位移小于 0.5μm 时，该位移测试系统将没有反应。通常要求测定系统在零点和 90%满量程点的分辨率，一般来说，分辨率的数值越小越好，但与之对应的测量成本也越高。

第二节　线性系统及其主要性质

一、 测试系统与线性系统

为达到不同测试目的可组成各种不同功能的测试系统，这些系统所具有的主要功能是应保证系统的输出能精确地反映输入。对于一个理想的测试系统应该具有确定的输入-输出关系。其中以输出与输入成线性关系时为最佳，即理想的测试系统应当是一个时不变线性系统。

若系统的输入 $x(t)$ 和输出 $y(t)$ 之间关系可以用常系数线性微分方程式来表示，则该系统称为线性时不变系统，简称线性系统，这种线性系统的方程的通式为：

$$\begin{aligned} & a_n y^n(t) + a_{n-1} y^{n-1}(t) + \cdots + a_1 y^1(t) + a_0 y(t) \\ & = b_m x^m(t) + b_{m-1} x^{m-1}(t) + \cdots + b_1 x^1(t) + b_0 x(t) \end{aligned} \tag{1-5}$$

式中　$y^n(t)$、$y^{n-1}(t)$、$y^1(t)$ ——分别是输出 $y(t)$ 的各阶导数；

$x^m(t)$、$x^{m-1}(t)$、$x^1(t)$ ——分别是输入 $x(t)$ 的各阶导数；

a_n、a_{n-1}、…、a_0 和 b_m、b_{m-1}、…、b_0 ——常数，与测试系统特性和输入状况和测试点分布等因素有关。

从式（1-5）可以看到，线性方程中的每一项都不包含输入 $x(t)$、输出 $y(t)$ 以及它们的各阶导数的高次幂和它们的乘积，此外其内部参数也不随时间的变化而变化。信号的输出与输入和信号加入的时间无关。

在研究线性测试系统时，对系统中的任一环节（如传感器、运算电路等）都可简化为一个方框图，并用 $x(t)$ 表示输入量，$y(t)$ 表示输出量，$h(t)$ 表示系统的传递关系，则三者之间的关系可用图 1-3 表示。$x(t)$、$y(t)$ 和 $h(t)$ 是 3 个具有确定关系的量，当已知其中任何两个量，即可求第 3 个量，这便是工程测试中常常需要处理的实际问题。

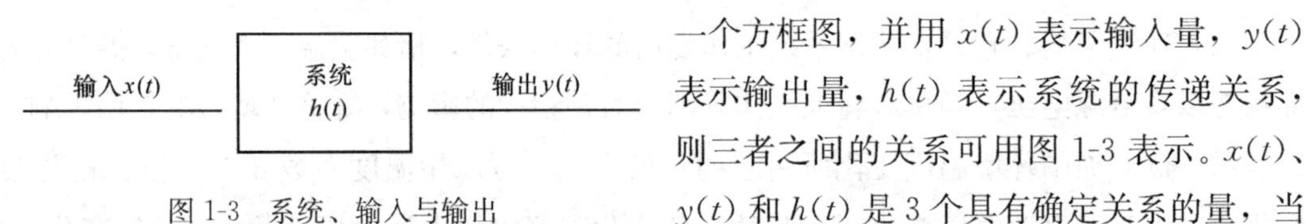

图 1-3　系统、输入与输出

二、 线性系统的主要特性

常系数线性系统中，假若输入函数是 $x(t)$，与其对应的输出函数是 $y(t)$，则线性系统具有以下主要性质：

1. 叠加性和比例性

若　$x_1(t) \rightarrow y_1(t)$；$x_2(t) \rightarrow y_2(t)$

及　$c_1 x_1(t) \rightarrow c_1 y_1(t)$；$c_2 x_2(t) \rightarrow c_2 y_2(t)$

则：

$$[c_1 x_1(t) \pm c_2 x_2(t) \rightarrow c_1 y_1(t) \pm c_2 y_2(t)] \tag{1-6}$$

式中 c_1、c_2——任意常数。

叠加性和比例性表明，同时作用于系统的两个任意输入量所引起的输出量，等于该两个任意输入量单独作用于该系统时所引起的输出量之和，其值仍与 c_1、c_2 成比例关系。因此，分析线性系统在复杂输入作用下的总输出时，可以先将复杂输入分解成若干个简单的输入分量，求出这些简单输入分量各自对应的输出之后，再求其和，即可求出其总输出。

2. 微分特性

若
$$x(t) \rightarrow y(t)\text{，则}\frac{\mathrm{d}x(t)}{\mathrm{d}t} \rightarrow \frac{\mathrm{d}y(t)}{\mathrm{d}t} \tag{1-7}$$

即：系统对输入微分的响应，等同于对原输入响应的微分。

3. 积分特性

若
$$x(t) \rightarrow y(t)\text{，则}\int_0^t x(t)\mathrm{d}t \rightarrow \int_0^t y(t)\mathrm{d}t \tag{1-8}$$

即：如果系统的初始条件为零，则系统对输入积分的响应等同于对原输入响应的积分。例如，已经测得某物振动速度的响应函数，便可分别利用积分特性和微分特性作数学运算，求得该系统的位移和加速度的响应函数。

4. 频率保持特性

若输入为正弦信号 $x(t) = A\sin(\omega t)$

则输出函数必为
$$y(t) = B\sin(\omega t \pm \varphi) \tag{1-9}$$

即：线性系统在稳态时输出的频率恒等于输入的频率，但其幅值和相位均有变化。该性质说明了一个系统如果处于线性工作范围之内，当其输入信号是某一频率的周期函数时，它的稳态输出一定也是与输入信号同频率的周期函数，只是幅值和相位有所变化。若系统中的输出信号存在着其他频率时，可以认为是外界干扰的输入或系统内部的噪声等原因造成的，并应设法予以消除。

第三节 测试系统的静态传递特性及其主要参数

对不随时间变化（或变化很慢而可以忽略）的量的测量叫静态测量，对随时间而变化的量的测量叫作动态测量，与此相对应地，测试系统的传递特性分为静态传递特性和动态传递特性。对钢材、岩石和混凝土试件加载测试其力学性质的测量，以及土木工程施工过程中的监测都可以视作静态测量。描述测试系统静态测量时输入-输出函数关系的方程（参数）、图形、表格称为测试系统的静态传递特性，描述测试系统动态测量时的输入-输出函数关系的方程（参数）、图形、表格称为测试系统的动态传递特性。作为静态测量的系统，可以不考虑动态传递特性，而作为动态测量的系统，则既要考虑动态传递特性，又要考虑静态传递特性，因为测试系统的精度很大程度上与其静态传递特性有关。

传递特性是表示线性系统输入与输出对应关系的性能，了解测量系统的传递特性对于提高测量的精确性和正确选用系统或校准系统特性是十分重要的。

一、 静态方程和标定曲线

当测试系统处于静态测量时，输入量 x 和输出量 y 不随时间而变化，因而输入和输出的各阶导数等于零，式（1-5）将变成代数方程：

$$y=\frac{b_0}{a_0}x=Sx \tag{1-10}$$

上式称为系统的静态传递特性方程（简称静态方程），其斜率 S 也称标定因子，是常数。表示静态（或动态）方程的图形称为测试系统的标定曲线（又称特性曲线、率定曲线、定度曲线）。在直角坐标系中，习惯上，标定曲线的横坐标为输入量 x（自变量），纵坐标为输出量 y（因变量）。图 1-4 是标定曲线及其相应的曲线方程。图 1-4（a）中输出与输入成线性关系，是理想的标定曲线，而其余的 3 条曲线则可看成是线性关系上叠加了非线性的高次分量。其中图 1-4（c）是只包含 x 的奇次幂，是较为合适的标定曲线，因为它在零点附近有一段对称的而且很近似于直线的线段，图 1-4（b）、（d）两图则是不合适的标定曲线。

标定曲线是反映测试系统输入 x 和输出 y 之间实际关系的曲线，一般情况下，实际的输出一输入关系曲线并不完全符合理论所描述的理想关系，所以，定期标定测试系统的标定曲线是保证测试结果精确可靠的必要措施。对于重要的测试，需在测试前、后都对测试系统进行标定，当测试前、后的标定结果的误差在容许的范围内时，才能确定测试结果有效。

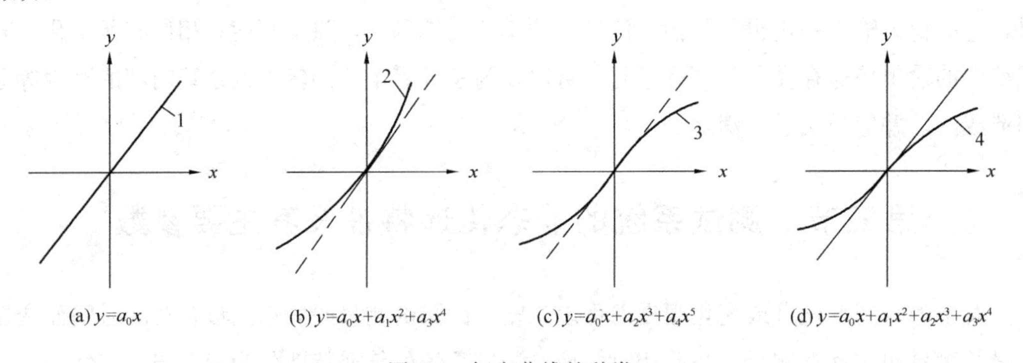

图 1-4　标定曲线的种类

求取静态标定曲线，通常以一系列标准量作为输入信号并测出对应的输出，将输入与输出数据绘制成一条标定曲线或用数学方法拟合成一个标定方程。标准量的精度应较被标定的系统的精度高一个数量级。

二、 测试系统的主要静态特性参数

根据标定曲线便可以分析测试系统的静态特性。描述测试系统静态特性的参数主要有灵敏度、线性度（直线度）、回程误差（滞迟性）。

1. 灵敏度

对测试系统输入一个变化量 Δx，就会相应地输出另一个变化量 Δy，则测试系统的灵敏度为：

$$S=\frac{\Delta y}{\Delta x} \tag{1-11}$$

对于线性系统，由式（1-10）可知：$S=\frac{b_0}{a_0}=\text{Const}$，即线性系统的测量灵敏度为常数。无论是线性系统还是非线性系统，灵敏度 S 都是系统特性曲线的斜率（图 1-5a）。若测试系统的输出和输入的量纲相同，则常用“放大倍数”代替“灵敏度”，此时，灵敏度 S 无量纲。但一般情况下输出与输入是具有不同量纲的。例如某位移传感器的位移变化 1mm 时，输出电压的变化有 300mV，则其灵敏度 $S=300\text{mV/mm}$。

2. 线性度（直线度）

标定曲线与理想直线的接近程度称为测试系统的线性度，如图 1-5（b）所示。它是指系统的输出与输入之间是否保持理想系统那样的线性关系的一种量度。由于系统的理想直线无法获得，在实际中，通常用一条反映标定数据一般趋势而误差绝对值为最小的直线作为参考理想直线代替理想直线。

若在系统的标称输出范围（全量程）A 内，标定曲线与参考理想直线的最大偏差为 B，则线性度 δ_f 可表示为：

$$\delta_f=\frac{B}{A}\times 100\% \tag{1-12}$$

参考理想直线的确定方法目前尚无统一的标准，通常的做法是：取过原点，与标定曲线间的偏差的均方值为最小的直线，即最小二乘拟合直线为参考理想直线，以该直线的斜率的倒数作为名义标定因子。

3. 回程误差（滞迟性）

回程误差指在相同测试条件下和全量程范围 A 内，当输入由小增大再由大减小的行程中（图 1-5c），对于同一输入值所得到的两个输出值之间的最大差值 h_{max} 与量程 A 的比值的百分率，即：

$$\delta_h=\frac{h_{max}}{A}\times 100\% \tag{1-13}$$

回程误差是由滞后现象和系统的不工作区（即死区）引起的，前者在磁性材料的磁化过程和材料受力变形的过程中产生，后者是指输入变化时输出无相应变化的范围，机械摩擦和间隙是产生死区的主要原因。

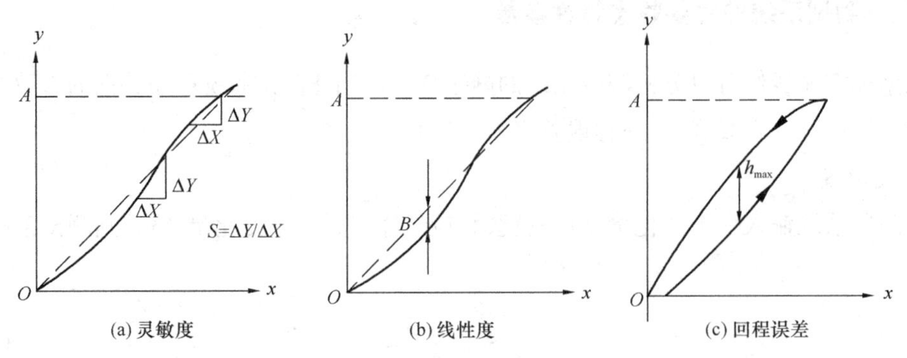

图 1-5　测试系统的主要静态特性参数图析

第四节　测试系统的动态传递特性及其测定

一、 测试系统的动态传递特性

当系统的输入量与输出量随时间而变化时，测试系统所具有的特性就称为动态特性。在动态测试时，必须考察测试系统的动态传递特性，尤其要注意系统的工作频率范围。例如：体温计必须在口腔内保温足够的时间，它的读数才能反映人体的温度，即是说输出（示值）滞后于输入（体温），称为系统的时间响应。如用千分表测量振动体的振幅，当振动频率很低时，千分表的指针将随其摆动，指示出各个时刻的幅值（但可能不同步）；随着振动频率的增加，指针摆动弧度逐渐减小，以至趋于不动，说明指针的示值在随振动频率而变，这是由构成千分表的弹簧-质量系统的动态特性造成的，此现象称为系统对输入的频率响应。时间响应和频率响应是动态测试过程中表现出的重要特性，也是分析测试系统动态特性的主要内容。测试系统的动态特性是描述输出 $y(t)$ 和输入 $x(t)$ 之间的关系，这种关系在时间域内可以用微分方程或权函数表示，在频率内可用传递函数或频率响应函数表示。

1. 传递函数

若系统的初始条件为零（即在考察时刻以前 $t=0$）时，其输入量、输出量及其各阶导数均为零，对式（1-2）进行拉普拉斯变换（简称拉氏变换），可得：

$$(a_n s^n + a_{n-1} s^{n-1} + \cdots + a_1 s + a_0) Y(s) = (b_m s^m + b_{m-1} s^{m-1} + \cdots + b_1 s + b_0) X(s)$$

将上式输出量和输入量的拉氏变换之比值定义为传递函数 $H(s)$，则：

$$H(s) = \frac{Y(s)}{X(s)} = \frac{b_m s^m + b_{m-1} s^{m-1} + \cdots + b_1 s + b_0}{a_n s^n + a_{n-1} s^{n-1} + \cdots + a_1 s + a_0} \tag{1-14}$$

式中　a_n、a_{n-1}、…、a_0 和 b_m、b_{m-1}、…、b_0 ——由系统确定的常数。

式（1-14）是测试系统特性的一种表达式。

传递函数 $H(s)$ 是以复数域（$s=a+jb$）中的象函数 $X(s)$、$Y(s)$ 的代数式形式去代换实数域中原函数 $x(t)$、$y(t)$ 的微分方程式，来表征系统的传输、转换特性。利用拉氏变换，就可以将实数域中求解复杂高阶微分方程的问题变换成求解复数域中简单的代数方程，这样大大简化了运算方法。表达式中 s 仅是一种运算符号，称拉氏算子。分母中 s 的幂次代表系统微分方程的阶数。当 $n=1$ 或 $n=2$ 时，就分别称为一阶系统和二阶系统的传递函数。传递函数有如下几个特点：

(1) $H(s)$ 与输入无关，$H(s)$ 为一“比值”，由 a_n、a_{n-1}、…、a_0 和 b_m、b_{m-1}、…、b_0 等常数综合确定，对任一具体的输入都确定地给出了相应的输出及其量纲；

(2) $H(s)$ 是通过把实际物理系统抽象成数学模型后得到的，它只反映系统的响应特性而与具体的物理结构无关，同一传递函数可能表征着若干个完全不同的物理系统；

(3) $H(s)$ 的分母完全由系统（包括研究对象和测试系统）的结构决定，而分子则和输入方式所测的变量及测点布置情况有关。

2. 测试系统的传递函数

前面介绍的是一个功能环节的传递函数，实际一台测量仪器或测试系统可能由若干个一阶、二阶系统通过串联或并联方式组成。

如图 1-6（a）所示的系统是由传递函数分别为 $H_1(s)$ 和 $H_2(s)$ 的环节串联而成，于是系统的传递函数 $H(s)$ 为：

$$H(s)=\frac{Y(s)}{X(s)}=\frac{Y(s)}{Z(s)}\frac{Z(s)}{X(s)}=H_2(s)H_1(s) \tag{1-15}$$

同理，对由 n 个环节串联组成的系统，有：

$$H(s)=\prod_{i=1}^{n}H_i(s)$$

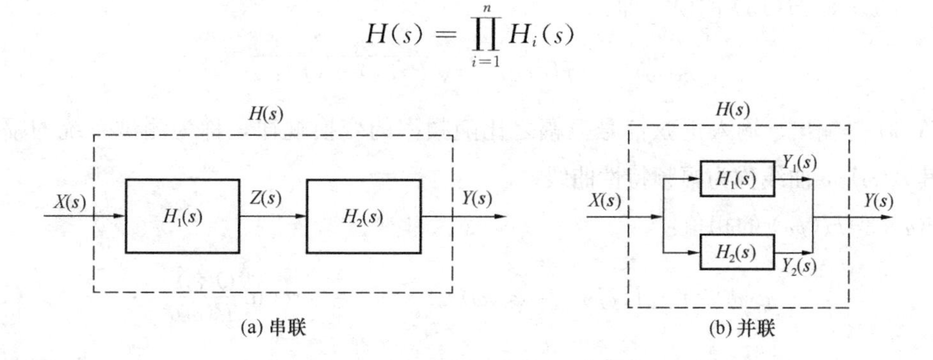

(a) 串联 (b) 并联

图 1-6 两个功能环节的串联和并联

若系统由传递函数分别为 $H_1(s)$ 和 $H_2(s)$ 的两个环节并联而成（图 1-6b），$Y_1(s)$ 和 $Y_2(s)$ 分布是该两个环节的响应，则：

因
$$Y(s)=Y_1(s)+Y_2(s)$$

$$H(s)=\frac{Y(s)}{X(s)}=\frac{Y_1(s)}{X(s)}+\frac{Y_2(s)}{X(s)}=H_1(s)+H_2(s) \tag{1-16}$$

同理，对由 n 个环节并联组成的系统，则系统的传递函数为：

$$H(s)=\sum_{i=1}^{n}H_i(s)$$

如上可知：串联系统的传递函数为各子系统传递函数的积，并联系统的传递函数为各子系统传递函数的和。由数学分析可知，任何一个系统总可以看成是若干一阶和二阶系统以不同的方式串联或并联组合而成，所以，研究一阶和二阶系统的动态特性就具有重要意义。

3. 频率响应函数

在式（1-14）中，若取 $s=j\omega$，则相应的传递函数为：

$$H(j\omega)=\frac{Y(j\omega)}{X(j\omega)}=\frac{b_m(j\omega)^m+b_{m-1}(j\omega)^{m-1}+\cdots+b_1(j\omega)+b_0}{a_n(j\omega)^n+a_{n-1}(j\omega)^{n-1}+\cdots+a_1(j\omega)+a_0} \tag{1-17}$$

式中 $Y(j\omega)=\int_0^{\infty}y(t)\mathrm{e}^{-j\omega t}\mathrm{d}t$，是 $y(t)$ 的傅里叶变换；

$X(j\omega)=\int_0^{\infty}x(t)\mathrm{e}^{-j\omega t}\mathrm{d}t$，是 $x(t)$ 的傅里叶变换。

此时，$H(j\omega)$ 称为测量系统的频率响应函数或频率响应特性。

显然，频率响应特性是传递函数的特例，它是系统在初始值为零的条件下，输出的傅里叶变换和输入的傅里叶变换之比。由于输入的傅里叶变换 $X(j\omega)$、输出的傅里叶变换 $Y(j\omega)$ 和频率特性 $H(j\omega)$ 都是复数量，因而频率特性也可以写成指数形式和复数形式：

$$H(j\omega)=A(\omega)e^{j\varphi(\omega)}=P(\omega)+SQ(\omega) \tag{1-18}$$

式中 $A(\omega)$ 是 $H(j\omega)$ 的模，即：

$$A(\omega)=|H(j\omega)|=\sqrt{P^2(\omega)+Q^2(\omega)} \tag{1-19}$$

$A(\omega)$ 是输出、输入正弦信号振幅之比随频率的变换规律，称为测试系统的幅频特性，其 $A(\omega)$-ω 曲线称为幅频特性曲线。

$\varphi(\omega)$ 是 $H(j\omega)$ 的相角：

$$\varphi(\omega)=\angle H(j\omega)=\varphi_y(\omega)-\varphi_x(\omega)=\arctan\frac{Q(\omega)}{P(\omega)} \tag{1-20}$$

$\varphi(\omega)$ 是输出、输入正弦信号相位差之比随频率的变换规律，称为系统的相频特性，其 $\varphi(\omega)$-ω 曲线称为相频特性曲线。

$P(\omega)$ 是 $H(j\omega)$ 的实部，其 $P(\omega)$-ω 曲线称为实频特性曲线；

$Q(\omega)$ 是 $H(j\omega)$ 的虚部，其 $Q(\omega)$-ω 曲线称为虚频特性曲线。

频率响应函数的物理意义是：对于稳定的常系数线性系统，若输入为正弦信号，则稳态时的输出是与输入为同一频率的正弦信号。输出的幅值和相角通常不等于输入的幅值和相角，输出和输入幅值比和相位差都是输入频率的函数，并反映在系统的幅频特性 $A(\omega)$

和相频特性 $\varphi(\omega)$ 中。

4. 常见测试系统的传递函数及频率响应特性

（1）一阶系统。在工程上，一般将下式视为一阶系统的微分方程通式：

$$a_1 y'(t) + a_0 y(t) = b_0 x(t) \tag{1-21}$$

上式可改写为：

$$\frac{a_1}{a_0} y'(t) + y(t) = \frac{b_0}{a_0} x(t) \tag{1-22}$$

式中 $\frac{a_1}{a_0}$——具有时间的量纲，称为系统的时间常数，并记为 τ；

$\frac{b_0}{a_0}$——系统的灵敏度 S。

在动态分析中，不妨令 $S=1$，则上式可写成：

$$\tau y'(t) + y(t) = x(t)$$

对上式两边作拉氏变换，便有：

$$H(s) = \frac{Y(s)}{X(s)} = \frac{1}{\tau s + 1} \tag{1-23}$$

令上式传递函数 $H(s)$ 中的 $s = j\omega$，就得到一阶系统的频率响应特性：

$$H(j\omega) = \frac{1}{1 + j\omega\tau} = \frac{1}{1 + (\tau\omega)^2} - j\frac{\tau\omega}{1 + (\tau\omega)^2} \tag{1-24}$$

其幅频特性和相频特性分别为：

$$A(\omega) = |J(j\omega)| = \frac{1}{\sqrt{1 + (\tau\omega)^2}} \tag{1-25}$$

$$\varphi(\omega) = \angle H(j\omega) = -\arctan\omega\tau \tag{1-26}$$

图 1-7 的 RC 电路（电阻 R、电容 C）、液柱式温度计（传导介质热阻 R、温度计热容量 C）和弹簧-阻尼系统（弹簧刚度 k、阻尼系数 C）都属于一阶系统。

（2）二阶系统。二阶系统的传递关系的通式均可用如下二阶微分方程通式表示：

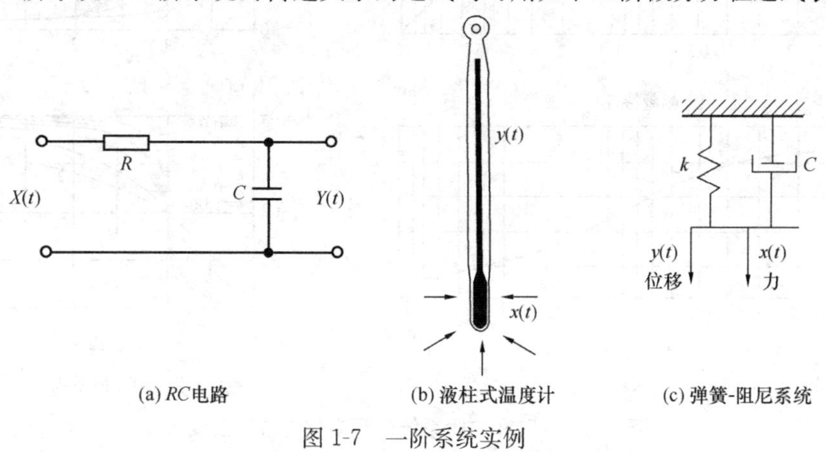

图 1-7　一阶系统实例

$$a_2 y''(t) + a_1 y'(t) + a_0 y(t) = b_0 x(t) \tag{1-27}$$

令：$\omega_n = \sqrt{\dfrac{a_0}{a_2}}$，为系统的固有频率；$\zeta = \dfrac{a_1}{2\sqrt{a_0 a_2}}$，为系统的阻尼比；$S = \dfrac{b_0}{a_0}$，为系统的灵敏度。

为了问题讨论的方便，可不失一般性地约定 $S=1$，并代入上述参数量，用拉氏变换可求得二阶系统的传递函数：

$$H(s) = \frac{\omega_n^2}{s^2 + 2\zeta\omega_n s + \omega_n^2} \tag{1-28}$$

二阶系统的频率响应特性：

$$H(j\omega) = \frac{1}{1 - \left(\dfrac{\omega}{\omega_n}\right)^2 + 2j\zeta\dfrac{\omega}{\omega_n}} \tag{1-29}$$

幅频和相频特性分别表达为：

$$A(\omega) = |H(j\omega)| = \frac{1}{\sqrt{\left[1 - \left(\dfrac{\omega}{\omega_n}\right)^2\right]^2 + 4\zeta^2\left(\dfrac{\omega}{\omega_n}\right)^2}} \tag{1-30}$$

$$\varphi(\omega) = \angle H(j\omega) = \arctan\frac{2\zeta\left(\dfrac{\omega}{\omega_n}\right)^2}{1 - \left(\dfrac{\omega}{\omega_n}\right)^2} \tag{1-31}$$

一阶和二阶系统的频率响应特性曲线见图 1-8。笔式记录仪和光学示波器的动圈式振子以及 RLC 电路和弹簧质量阻尼系统都是二阶系统（图 1-9）。

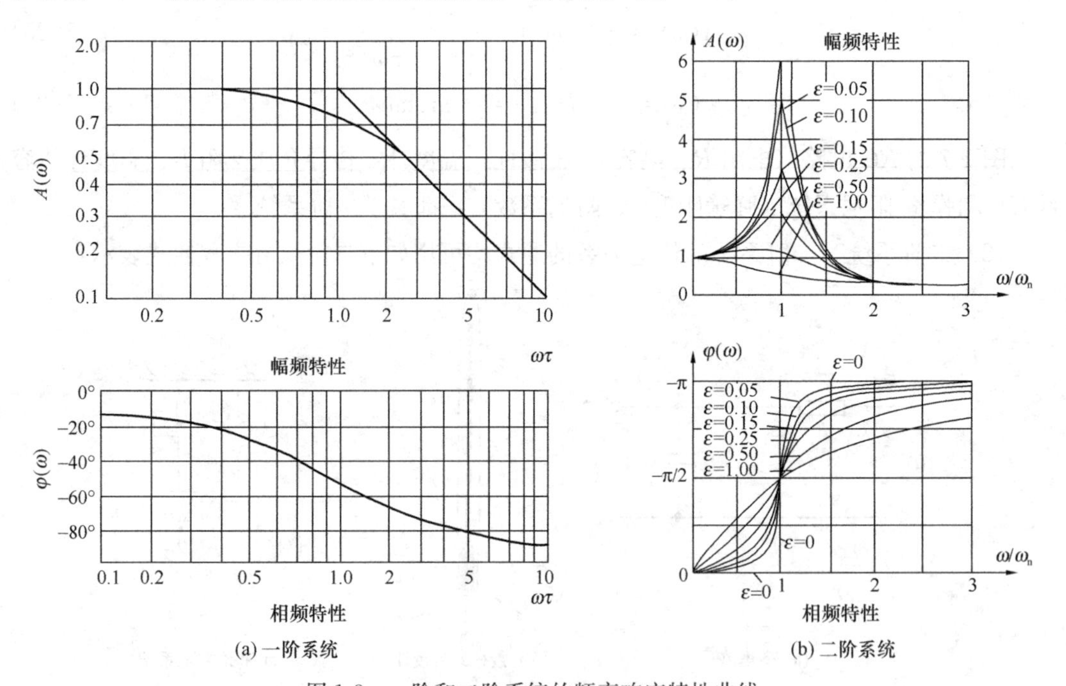

图 1-8 一阶和二阶系统的频率响应特性曲线

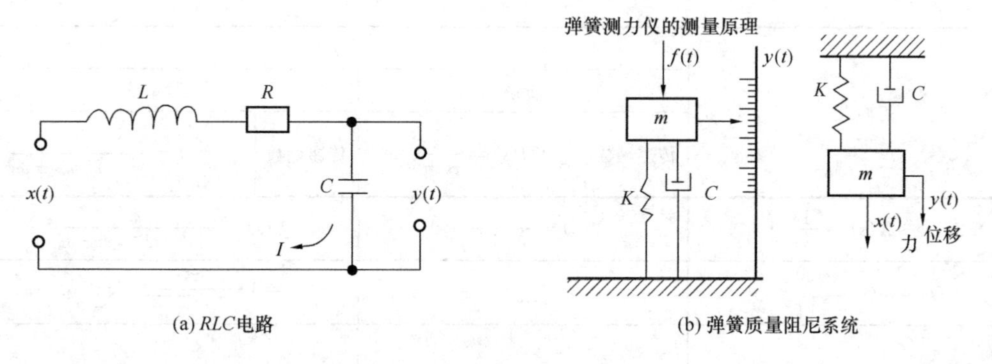

图 1-9　二阶系统实例

二、系统在典型输入下的动态响应

工程中，在时域内分析系统的动态响应特性时，常采用输入典型标准信号，实际测出输入和对应的输出（响应）的方法。

单位脉冲函数 $\delta(t)$、单位阶跃函数 $u(t)$ 和单位斜坡函数 $r(t)$ 是 3 种常用的典型输入，它们之间存在着如下关系，单位脉冲函数是单位阶跃函数的导数，而单位阶跃函数又是单位斜坡函数的导数。根据线性系统对于输入的微分（或积分）的响应等于输入的响应的微分（或积分）。只要掌握了系统对上述 3 种典型输入之一的响应，就不难掌握另外两种输入的响应，故以单位阶跃函数为例。

一阶和二阶系统对 4 种典型信号输入的响应方程和曲线　　**表 1-1**

<table>
<tr><td colspan="2" rowspan="3">输入</td><td colspan="4">输出</td></tr>
<tr><td colspan="2">一阶系统</td><td colspan="2">二阶系统</td></tr>
<tr><td>传递函数</td><td>$H(s)=\dfrac{1}{\tau s+1}$</td><td>传递函数</td><td>$H(s)=\dfrac{\omega_n^2}{s^2+2\zeta\omega_n s+\omega_n^2}$</td></tr>
<tr><td rowspan="3">单位脉冲</td><td>$X(s)=L[\delta(t)]=1$</td><td colspan="2">$Y(s)=H(s)$</td><td colspan="2">$Y(s)=H(s)$</td></tr>
<tr><td>$x(t)=\delta(t)=\begin{cases}0 & t\neq 0\\ 1 & t=0\end{cases}$
且$\int_{-\infty}^{+\infty}\delta(t)\mathrm{d}(t)=1$</td><td colspan="2">$y(t)=h(t)=\dfrac{1}{\tau}e^{-\frac{t}{\tau}}$</td><td colspan="2">$y(t)=h(t)=\dfrac{\omega_n}{\sqrt{1-\zeta^2}}e^{-\zeta\omega_n t}$
$\times\sin\sqrt{1-\zeta^2}\omega_n t$</td></tr>
<tr><td>$x(t)$
t</td><td colspan="2">$h(t)$
τ　2τ　3τ　4τ
t</td><td colspan="2">$h(t)$
ζ=0.1
0.7
1
t</td></tr>
</table>

续表

输入		输出：一阶系统	输出：二阶系统
		传递函数 $H(s)=\frac{1}{\tau s+1}$	传递函数 $H(s)=\frac{\omega_n^2}{s^2+2\zeta\omega_n s+\omega_n^2}$
单位阶跃	$X(s)=\frac{1}{s}$	$Y(s)=\frac{1}{s(\tau s+1)}$	$Y(s)=\frac{\omega_n^2}{s(s^2+2\zeta\omega_n s+\omega_n^2)}$
	$x(t)=u(t)=\begin{cases}0 & t<0\\1 & t\geqslant 0\end{cases}$	$y(t)=1-e^{-\frac{t}{\tau}}$	$y(t)=1-\frac{e^{-\zeta\omega_n t}}{\sqrt{1-\zeta^2}}\times\sin(\omega_d t+\varphi_2)$
	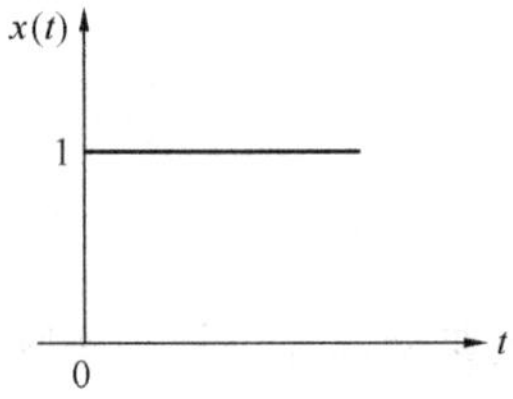	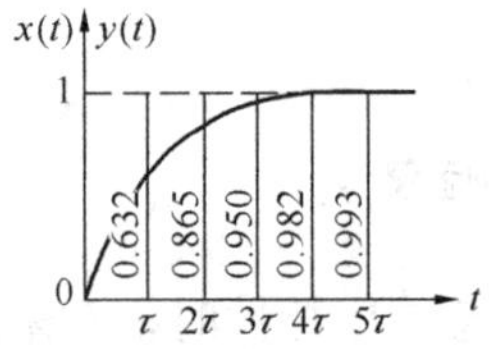	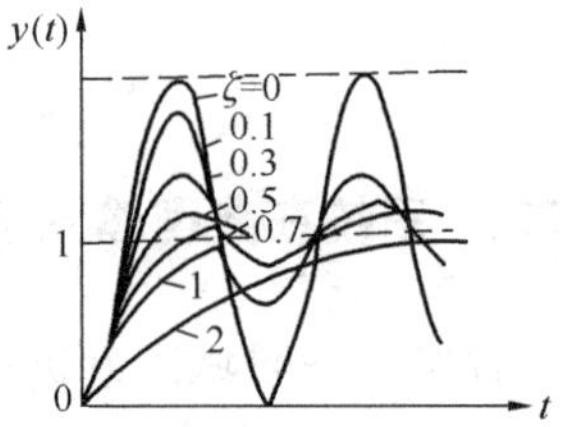
单位斜坡	$X(s)=\frac{1}{s^2}$	$Y(s)=\frac{1}{s^2(\tau s+1)}$	$Y(s)=\frac{\omega_n^2}{2(s^2+2\zeta\omega_n s+\omega_n^2)}$
	$x(t)=r(t)=\begin{cases}0 & t<0\\1 & t\geqslant 0\end{cases}$	$y(t)=t-\tau(1-e^{-\frac{t}{\tau}})$	$y(t)=t-\frac{2\zeta}{\omega_n}+e^{-\frac{\zeta\omega_n t}{\omega_d}}\times\sin\left[\omega_d t+\arctan\left(\frac{2\zeta\sqrt{1-\zeta^2}}{2\zeta^2}-1\right)\right]$
	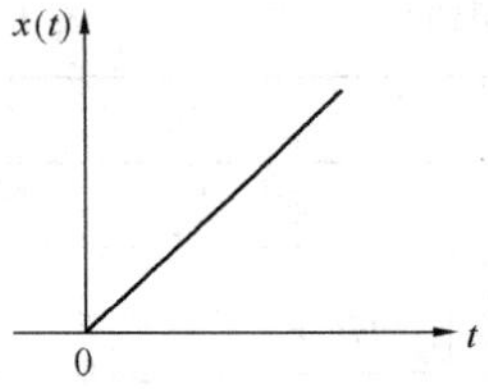	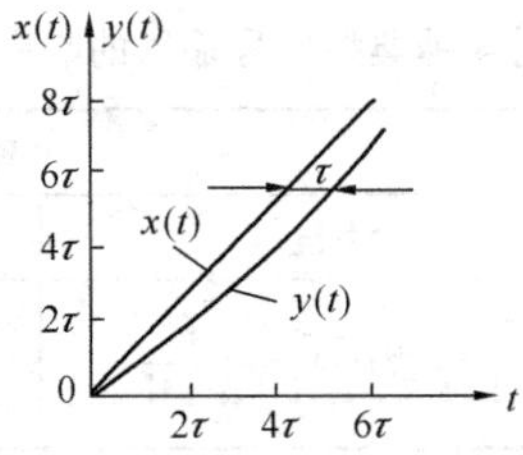	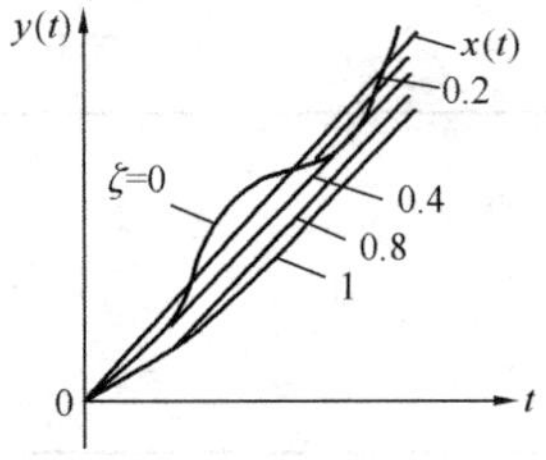
单位正弦	$X(s)=\frac{\omega^2}{s^2+\omega^2}$	$Y(s)=\frac{\omega}{(\tau s+1)(s^2+\omega^2)}$	$Y(s)=\frac{\omega_n^2}{(s^2+\omega^2)(s^2+2\zeta\omega_n s+\omega_n^2)}$
	$x(t)=\sin\omega t \quad t>0$	$y(t)=\frac{1}{\sqrt{1+(\omega\tau)^2}}\left[\sin(\omega t+\varphi_1)-e^{-\frac{t}{\tau}}\cos\varphi_1\right]$	$y(t)=A(\omega)\sin[\omega t+\varphi_2(\omega)]-e^{-\frac{\zeta\omega_n t}{\omega_d}}[k_1\cos\omega_d t+k_2\sin\omega_d t]$
	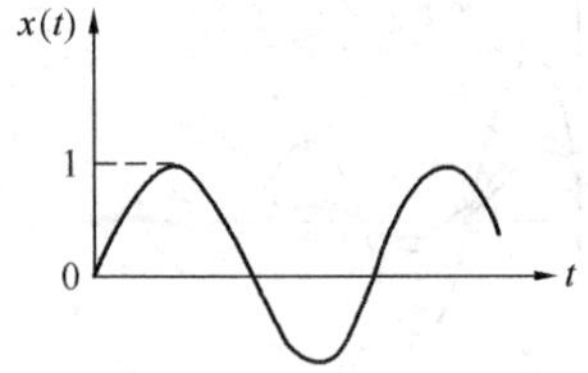	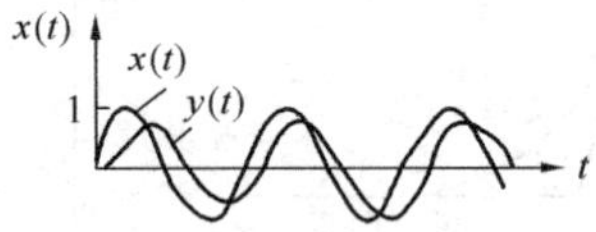	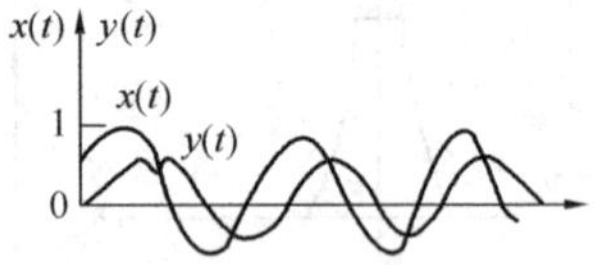

表 1-1 列出了一阶和二阶系统 4 种典型信号输入的响应方程和曲线。它们的特征分述如下。

1. 单位脉冲信号的响应

当输入信号的作用时间小于 0.1τ（τ 为一阶系统的时间常数）时，则近似地认为输入是单位脉冲，其响应则称为单位脉冲响应函数，又称权函数。

因输入：$X(t)=\delta(t)$；则：$X(s)=L[\delta(t)]=1$

输出为：$Y(s)=H(s)\cdot X(s)=H(s)$

对 $Y(s)$ 取拉氏逆变换，即得响应的时域描述：

$$y(t)=L^{-1}[H(s)]=h(t) \tag{1-32}$$

因此，权函数是传递函数的拉氏逆变换，它表示系统在时域内的动态传递特性。

2. 单位阶跃信号的响应

对系统突然加载或突然卸载，即属于阶跃响应，这样的输入既简单易行，又能揭示测试系统的动态特性，故常被采用。理论上讲，一阶、二阶系统在单位阶跃输入下的响应，其稳态输出误差应等于零。

单位阶跃函数输入一阶系统时，系统输出的初始上升斜率为 $1/\tau$，但响应的上升速率随时间的增加而减慢，当 $t=\tau$ 时，$y(t)=0.632$；当 $t=4\tau$ 时，$y(t)=0.982$；当 $t=5\tau$ 时，$y(t)=0.993$；理论上系统的响应只有当 t 趋于无穷大时才达到稳态。但实际上当 $t=4\tau$ 时，其输出与稳态响应时的误差已小于 2%，在试验中，认为其达到稳态已足够精确。因此时间常数 τ 越小，则响应越快，动态性能越好，通常采用输入量的 95%～98%所需时间作为一阶系统响应速度的指标。

单位阶跃函数输入二阶系统时，响应在很大程度上取决于系统的固有频率 ω_n 和阻尼比 ζ。ω_n 越高，系统的响应越快。阻尼比 ζ 直接影响超调量和振荡次数。$\zeta=0$ 时超调量为 100%，且持续不断地振荡下去，达不到稳定。$\zeta=1$ 时，虽不发生振荡（即不发生超调），但也需经过较长时间才能达到稳态。只有当 $\zeta=0.6$～0.8 时，最大超调量才不超过 2.5%～10%，当以允许误差为 2.5%～10%趋近“稳态”时，所需调整时间为最短［约为 $(3\%\sim4\%)\zeta\omega_n$］。因此很多测试系统在设计时经常取 $\zeta=0.6$～0.8 就是这个原因。

3. 单位斜坡信号的响应

对系统施加随时间线性增大的输入量，即为斜坡信号输入。由于输入量不断增大，一、二阶系统的输出总是滞后于输入一段时间，存在一定的误差，时间常数、阻尼比或固有频率越小则误差越大。

4. 单位正弦信号的响应

输入正弦信号时，一、二阶系统的稳态输出也是该系统输入信号频率的正弦函数，但输出幅值与输入幅值不同，相位滞后。由于标准正弦信号容易获得，用不同频率的正弦信号激励系统，观察稳态时的响应幅值和相位，就可以颇为准确地测试出系统的幅频和相频特性，这一方法准确可靠，但很费时。

5. 在任意输入作用下的系统响应

若系统的输入为 $x(t_i)$，则该 $x(t_i)$ 信号可用很多等距分割的阶梯条形面积来逼近（图 1-10a），设 t_i 阶梯条形面积为 $x(t_i)\cdot\Delta t$，当 Δt 足够小时，则该面积可看成是在 t_i 时刻输入一个幅度为 $x(t_i)\cdot\Delta t$ 的脉冲信号（图 1-10b）。在 t 时刻观察到对此脉冲信号的响应为 $x(t_i)\cdot\Delta t\cdot h(t-t_i)$（图 1-10c），而 t 时刻输出应为所有 $t_i<t$ 时的各输入响应之总和（图 1-10d）。即：

$$y(t)\approx\sum_{i=0}^{t}[x(t_i)\cdot\Delta t]\cdot h(t-t_i)$$

对 Δt 取极限，得：

$$y(t)=\int_0^t[x(t_i)\cdot\Delta t]\cdot h(t-t_i)\mathrm{d}t=h(t)*x(t) \tag{1-33}$$

上式说明：在时域上系统的响应等于输入信号 $x(t)$ 与权函数 $h(t)$ 的卷积。但卷积计算比较困难，工作量较大。

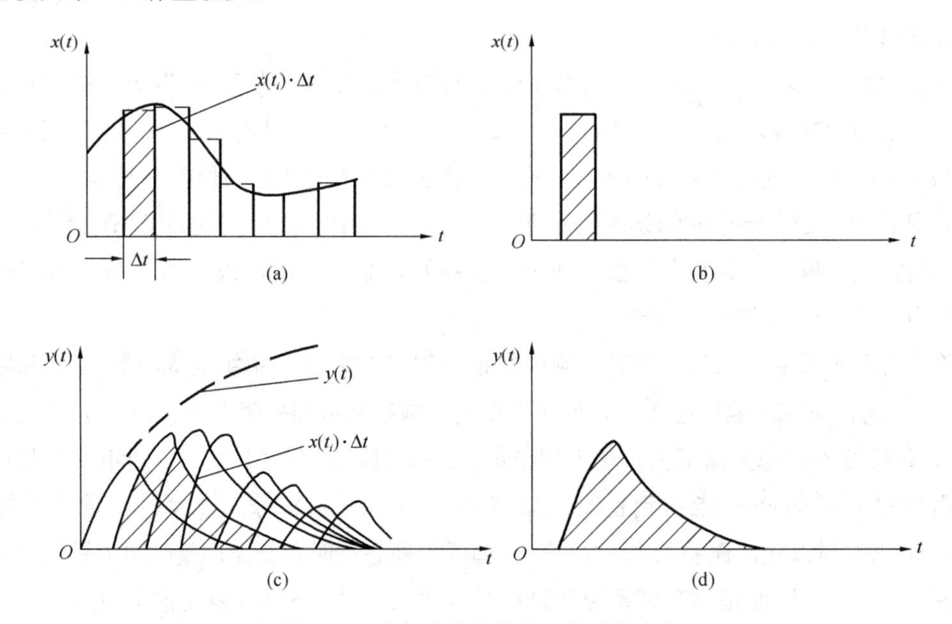

图 1-10　在任意输入作用下的系统响应

若用频域来研究系统对任意输入的响应就方便得多。用拉氏变换即可得输入、输出和系统特性三者的关系：

$$Y(s)=H(s)\cdot X(s)$$

对稳态系统并设输入符合傅氏变换条件时，则：

$$Y(j\omega)=H(j\omega)\cdot X(j\omega)$$

可见在频域上处理在任意输入时的系统响应问题，就比较简单了。

三、测试系统实现不失真传递的条件

信号通过测试系统后不发生任何变化，完全保留信号的原型，这当然是最理想的，但实际上做不到。因此，从满足测试要求的实际出发，所谓信号不失真传递是指系统的响应 $y(t)$ 的波形与输入 $x(t)$ 的波形完全相似，就能保持原信号的特性和全部信息。图 1-11 绘出了满足上述要求时，输出波形不失真复现输入波形的情况，输出 $y(t)$ 和输入 $x(t)$ 在幅值上成比例，在相位上可以有一定的滞后，这两个波形的数学关系可由下式表示：

$$y(t)=A_0x(t-t_0) \tag{1-34}$$

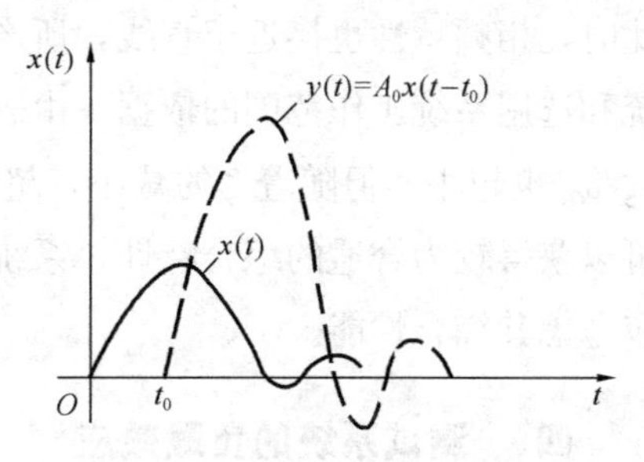

图 1-11　波形的不失真复现

式中　A_0 和 t_0 均为常数。

不失真传递系统应具备的条件可作如下推导。由于延迟性，上式的傅里叶变换为：

$$y(t)=A_0\mathrm{e}^{-j\omega t_0}X(j\omega) \tag{1-35}$$

则系统的频率响应函数为：

$$H(j\omega)=\frac{Y(j\omega)}{X(j\omega)}=A\mathrm{e}^{-j\omega t_0} \tag{1-36}$$

因此，不失真传递系统的频率响应应当满足：

$$\begin{aligned}A(\omega)&=A_0\\ \varphi(\omega)&=-t_0\omega\end{aligned} \tag{1-37}$$

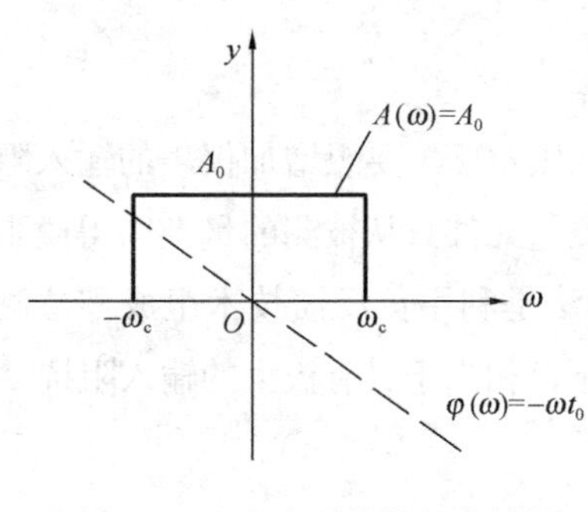

图 1-12　不失真系统的频率特性

就是说，不失真传递系统应具备两个条件：(1) 系统的幅频特性 $A(\omega)$ 在 $x(t)$ 的频谱范围内为一常数；(2) 系统的相频特性 $\varphi(\omega)$ 是经过原点的直线。例如，设某信号 $x(t)$ 的频谱函数为 $X(j\omega)$，且当 $|\omega|>\omega_c$ 时，$X(j\omega)=0$，此时，只要系统具有图 1-12 所示的幅频、相频特性，那么，该系统对 $x(t)$ 来说，就是不失真传递系统。

从系统不失真传递条件和其他工作性能综合考虑，对一阶系统来说，原则上时间常数 τ 越小越好。τ 越小，系统对输入信号的响应就越快，系统的动态特性也就越好。如对斜坡函数的响应，τ 越小，其时间滞后和稳态误差就越小。一阶系统时间常数 $\tau=a_1/a_0$，一般来说 a_0 取决于灵敏度，所以只能改变 a_1 来满足时间常数的要求。

对于二阶系统来说，在特性曲线的 $\omega<0.3\omega_n$ 范围内，$\varphi(\omega)$ 的数值较小，且 $\varphi(\omega)$-ω 特性接近直线。$A(\omega)$ 在该范围内的变换不超过 10%，可作不失真的波形输出。在 $\omega>$

$(2.5\sim3.0)\omega_n$ 范围内，$\varphi(\omega)$ 接近 180°，且差值甚小，如在实测或数据处理中用减去固定相位差值的方法，则也可以接近于不失真地恢复被测的原波形。若输入信号的频率范围在上述两者之间，由于系统的频率特性受 ζ 的影响较大，因而需作具体分析。分析表明，当 $\zeta=0.6\sim0.7$ 时，在 $\omega>(0\sim5.8)\omega_n$ 的频率范围中，幅频特性 $A(\omega)$ 的变化不超过 5%，此时，相频特性也接近于直线，所产生的相位失真很小。通常将上述数值作为设计测试系统和选用系统工作范围的依据。由表 1-1 分析可知，ζ 越小，对斜坡输入响应的稳态误差 $2\zeta/\omega_n$ 也越小。但随着 ζ 的减小，超调量增大，回调时间加长。只有 $\zeta=0.6\sim0.7$ 时，才可以获得较为合适的综合特性，系统中 ω_n 与 a_0、a_2 有关，而 a_0 与灵敏度有关，在设计中应考虑其综合性能。

四、 测试系统的负载效应

大多数测量元件（或仪表）总要从被测对象中吸收一些能量，它会或多或少地改变被测量的数值，这种效应称为系统的负载效应。如使用热电耦测量温度时，热电耦必须接触被测物体而吸收部分热量，从而会改变被测物体的温度。显然，测量元件（或仪表）对被测的负载效应越小越好。为了比较各种仪表的负载效应，在电测仪表中常使用输入阻抗 Z。输入阻抗可定义为：

$$Z=\frac{q_{i1}}{q_{i2}} \tag{1-38}$$

其中变量：

$$q_{i1}q_{i2}=P(\text{功率}) \tag{1-39}$$

对于电能，q_{i1} 为电压，q_{i2} 为电流；对于热能，q_{i1} 为温度 T，q_{i2} 为热传导系数 ρ 等。

将式（1-38）代入式（1-39）中，可得测量元件（或仪表）消耗的功率为：

$$P=\frac{q_{i1}^2}{Z} \tag{1-40}$$

为了尽可能减少消耗功率 P，仪表必须具有很大的输入阻抗 Z，要想增加仪表的输入阻抗又不影响仪表的其他性能，可采用辅助能源放大器，使测量元件只从被测的量上取得微小的功率，再借助放大器使仪表获得所需的功率。另一个办法是利用负反馈技术组成零位测量，在达到平衡时理论上可以认为不消耗被测介质中的能量，相当于具有极大的输入阻抗。

五、 测试系统特征参数的测定方法

对于测试系统要进行精确和定期的标定，标定和校准就其实验内容来说，都是测定测试系统的特性参数。

在测定静态特性参数时，以标准量作为输入信号，测出输出-输入曲线，以获得标定曲线，确定其直线性、灵敏度和滞后量。所采用的标准量的误差应为被标定的测量结果的误差的 1/10。

而求取一、二阶系统动态特性的过程，也就是通过对系统的测试来确定其时间常

数 τ、频率 ω_n 和阻尼率 ζ。这里介绍用阶跃响应测定一、二阶系统的动态特性参数。

1. 一阶系统阶跃响应法

确定一阶系统时间常数 τ 的较简单的方法是测得阶跃响应之后，取其输出值达到最终稳态值的 63％所经过的时间（参见表 1-1）。但是，这样求取的 τ 值，没有涉及阶跃响应的全过程，其可靠性仅依赖于某些个别的瞬时值。若对一阶系统的阶跃响应函数：

$$y_n(t) = 1 - e^{-\frac{\tau}{t}} \tag{1-41}$$

作变换：

$$\ln[1 - y_n(t)] = z \tag{1-42}$$

$$z = -\frac{t}{\tau}$$

则可由下式求 τ 值：

$$\tau = \frac{\Delta t}{\Delta z} \tag{1-43}$$

显然，这种方法考虑了瞬态响应的全过程。不管采用哪一种方法，要获得较为精确的测量结果，都要求所输入的阶跃信号的上升时间必须远远小于被测试系统的时间常数。

2. 二阶系统阶跃响应法

二阶系统的阻尼比，通常都取 $\zeta=0.6\sim0.7$。这种典型的欠阻尼二阶系统，其阶跃瞬态响应是以 $\omega_d = \omega_n\sqrt{1-\zeta^2}$ 的圆频率作衰减振荡（图 1-13a)，ω_d 称为有阻尼固有频率。欠阻尼二阶系统的阶跃响应函数式为：

$$y_n(t) = 1 - \frac{e^{-\zeta\omega_n t}}{\sqrt{1-\zeta^2}}\sin(\omega_d t + \varphi) \tag{1-44}$$

式中，$\varphi = \arctan\frac{\sqrt{1-\zeta^2}}{\zeta}$，$\omega_d = \frac{2\pi}{T_d}$。

从图中可知，最大超调量 M，出现的时间 t_p 为半周期，即 $t_p = \frac{T_d}{2} = \frac{\pi}{\omega_d}$，把 t_p 代入式（1-41）中的 t，可求得最大超调量与阻尼比的关系：

$$M_1 = e^{-\frac{\zeta\pi}{\sqrt{1-\zeta^2}}} \tag{1-45}$$

或：

$$\zeta = \sqrt{\frac{1}{\left(\frac{\pi}{\ln M_1}\right)^2 + 1}} \tag{1-46}$$

因此，测得 M 之后，通过上式则可求得阻尼比 ζ；或按上式作出 M-ζ 曲线（图 1-13b）也可以求取阻尼比。

如果测得的阶跃响应具有较长的瞬变过程，即记录的阶跃响应曲线上有若干个超调量出现时，则可利用任意两个超调量 M_i 和 M_{i+1} 来求取被测系统的阻尼比 ζ，n 为这两个超调量之间相隔的周期数，设它们分别对应的时间为 t_i 和 t_{i+1}，则：

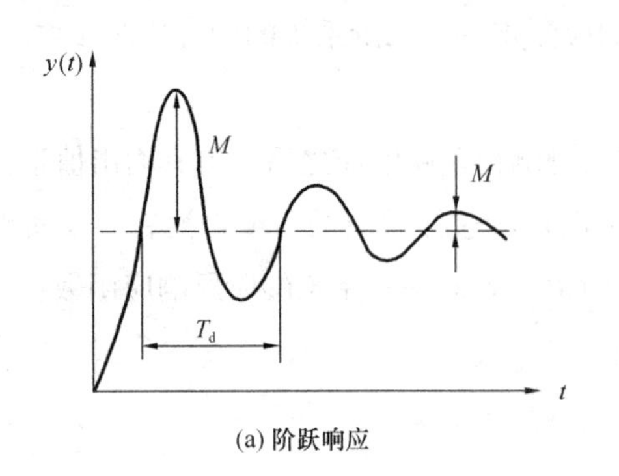

(a) 阶跃响应

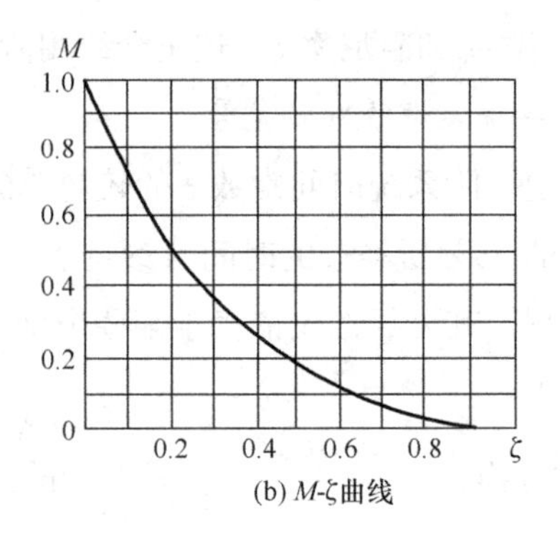

(b) M-ζ曲线

图 1-13 欠阻尼二阶系统的阶跃响应及 M-ζ 曲线

$$t_{i+n}=t_i+\frac{2n\pi}{\omega_d} \tag{1-47}$$

令

$$\delta_n=\ln\frac{M_i}{M_i+n} \tag{1-48}$$

将 t_i和 t_{i+1}分别代入式（1-41），求出 M_i和 M_{i+1}，再代入式（1-48）得：

$$\delta_n=\frac{2n\pi\zeta}{\sqrt{1-\zeta^2}} \tag{1-49}$$

整理后得：

$$\zeta=\sqrt{\frac{\delta_n^2}{\delta_n^2+4n^2\pi^2}} \tag{1-50}$$

据上所述，将实测得到的 M_i和 M_{i+1}代入式（1-48）中，由式（1-50）求得阻尼比 ζ，然后，固有频率 ω_n可按下式求取：

$$\omega_n=\frac{2n\pi}{T_d\sqrt{1-\zeta^2}}$$

式中的周期 T_d 可在阶跃响应曲线上测得。

上述方法对于任何系统的动态特性参数 τ、ω 和 ζ 的确定都是普遍适用的。

第五节　测试系统选择原则

选择测试系统的根本出发点是测试的目的和要求。但是，若要做到技术上合理和经济上节约，则必须考虑一系列因素的影响。下面针对系统的各个特性参数，就如何正确选用测试系统予以概述。

（1）灵敏度

测试系统的灵敏度高意味着它能检测到被测物理量极微小的变化，即被测量稍有变化，测量系统就有较大的输出，并能显示出来。但灵敏度越高，往往测量范围越窄，稳定性也越差，对噪声也越敏感。在土木工程监测中，被测物理量往往变化范围比较大，所需要的是相对精度在一定的范围内，而对其绝对精度的要求不是很高，因此，最好选择灵敏度有若干档可调的仪器，以满足在不同的测试阶段对不同灵敏度的测试要求。

（2）精度

精度表示测试系统所获得的测量结果与真值的一致程度，并反映了测量中各类误差的综合。精度越高，则测量结果中所包含的系统误差就越小。测试系统的精度越高，价格就越昂贵。因此，应从被测对象的实际情况和测试要求出发，选用精度合适的系统，以获得最佳的技术经济效益，在土木工程监测中，监测系统的综合误差为全量程的 1.0%～2.5%时，这样的精度基本能满足施工监测的要求。误差理论分析表明，由若干台不同精度仪器组成的测试系统，其测试结果的最终准确度取决于精度最低的那一台仪器。所以，从经济性来看，应当选择同等精度的仪器来组成所需的测试系统。如果条件有限，不可能做到等精度，则前面环节的精度应高于后面环节，而不希望与此相反的配置。

（3）线性范围

任何测试系统都有一定的线性范围。在线性范围内，输出与输入成比例关系，线性范围越宽，表明测试系统的有效量程越大。测试系统在线性范围内工作是保证测量精度的基本条件。然而，测试系统是不容易保证其绝对的直线性的，在有些情况下，只要能满足测量的精度，也可以在近似线性的区间内工作，必要时，可以进行非线性补偿或修正，非线性度是测试系统综合误差的重要组成部分，因此，非线性度总是要求比综合误差小。

（4）稳定性

稳定性表示在规定条件下，测试系统的输出特性随时间的推移而保持不变的能力。影响稳定性的因素是时间、环境和测试系统的器件状况。在输入量不变的情况下，测试系统在一定时间后，其输出量发生变化，这种现象称为漂移。当输入量为零时，测试系统也会有一定的输出，这种现象称为零漂。漂移和零漂多半是由系统本身对温度变化的敏感以及元件不稳定（时变）等因素所引起的，它对测试系统的精度将产生影响。

土木工程监测的对象是野外露天和地下环境中的岩土介质和结构，其温度、湿度变化大，持续时间长，因此对仪器和元件稳定性的要求比较高，所以，应充分考虑到在监测的整个期间，被测物理量的漂移以及随温度、湿度等引起的变化与综合误差相比在同一数量级。

（5）各特性参数之间的配合

由若干环节组成的一个测试系统中，应注意各特性参数之间的恰当配合，使测试系统处于良好的工作状态。譬如，一个多环节组成的系统，其总灵敏度取决于各环节的灵敏度以及各环节之间的连接形式（串联、并联），该系统的灵敏度与量程范围是密切相关的，当总灵敏度确定之后，过大或过小的量程范围，都会给正常的测试工作带来影响。对于连续刻度的显示仪表，通常要求尽量避免输出量落在接近满量程的 1/3 区间内，否则，即使仪器本身非常精确，测量结果的相对误差也会增大，从而影响测试的精度。若量程小于输出量，很可能使仪器损坏。由此来看，在组成测试系统时，要注意总灵敏度与量程范围匹配。又如，当放大器的输出用来推动负载时，它应该以尽可能大的功率传给负载，只有当负载的阻抗和放大器的输出阻抗互为共轭复数时，负载才能获得最大的功率，这就是通常所说的阻抗匹配。

总之，在组成测试系统时，应充分考虑各特性参数之间的关系。除上述必须考虑的因素外，还应尽量兼顾体积小、重量轻、结构简单、易于维修、价格便宜、便于携带、通用化和标准化等一系列因素。

思考题和简答题

1. 测试系统的主要性能指标有哪些？它们的含义各是什么？
2. 什么是理想的测试系统，它应该是什么样的？
3. 线性系统的主要特性是什么？它们各包含什么意思？
4. 测试系统的主要静态特性参数有哪些？它们的含义是什么？
5. 什么是测试系统的传递特性？知道测试系统的传递特性有什么作用？
6. 选择测试系统应考虑哪些因素？为什么？

第二章 传 感 器

在土木工程测试中，所需测量的物理量主要为位移、应变、压力、应力等，它们难以直接测定和记录。为使这些物理量能用电测方法和光测方法等来测定和记录，必须设法将它们转换为电量和光量，这种将被测物理量直接转换为相应的容易检测、传输或处理的信号的元件称为传感器，也称换能器、变换器或探头。

根据《传感器的命名法及代码》GB 7666—2005 的规定，传感器的命名应在主题（传感器）前面加四级修饰词：主要技术指标-特征描述-变换原理-被测量，例如，100mm 应变式位移传感器。但在实际应用中可采用简称，除第一级修饰词（被测量）不可省略，其他三级修饰词可省略任一级，例如，可简称电阻应变式位移传感器、荷重传感器等。传感器一般可按被测量的物理量、变换原理和能量转换方式分类，按变换原理分类如：电阻应变式、钢弦频率式、差动变压器式、电容式、光电式等，这种分类易于从原理上识别传感器的变换特性，对每一类传感器应配用的测量电路也基本相同。按被测量的物理量分类如：位移传感器、压力传感器、加速度传感器等。

第一节 应力计和应变计原理

应力计和应变计是土木工程测试中常用的两类传感器，其主要区别是测试敏感元件与被测对象的相对刚度的差异。图 2-1 所示的系统，是由两根相同的弹簧将一块无重量的平板与地面相连接所组成的，弹簧常数均为 k，长度为 l_0，设有力 P 作用在板上，将弹簧压缩了 Δu_1，如图 2-1 所示，则：

$$\Delta u_1 = \frac{P}{2k} \tag{2-1}$$

如果想用一个测量元件来测量未知力 P 和压缩变形 Δu_2，在两根弹簧之间放入弹簧常数为 K 的元件弹簧，则其变形和压力为：

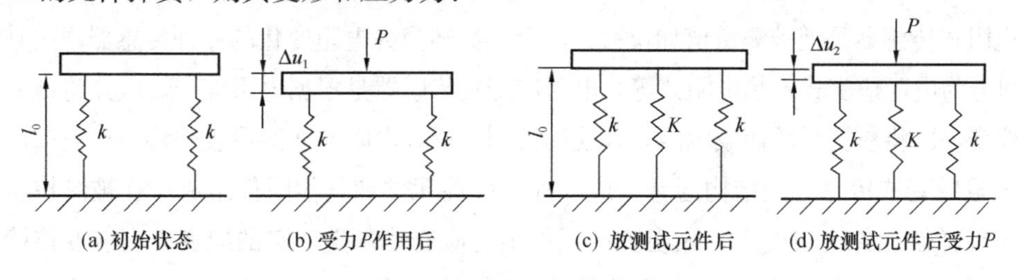

图 2-1 应力计和应变计原理

$$\Delta u_2 = \frac{P}{2k + K} \tag{2-2}$$

$$P_2 = K\Delta u_2 \tag{2-3}$$

式中 P_2、Δu_2——元件弹簧所受的力和位移。

将式（2-1）代入式（2-2）有：

$$\Delta u_2 = \frac{2k\Delta u_1}{2k + K} = \Delta u_1 \frac{1}{1 + \frac{K}{2k}} \tag{2-4}$$

将式（2-2）代入式（2-3）有：

$$P_2 = K\frac{P}{2k + K} = P\frac{1}{1 + \frac{2k}{K}} \tag{2-5}$$

在式（2-4）中，若 $k \gg K$，则 $\Delta u_1 = \Delta u_2$，说明弹簧元件加进前后，系统的变形几乎不变，弹簧元件的变形能反映系统的变形，因而可看作一个测试变形的测长计，把它测出来的值乘以一个标定常数，可以指示应变值，所以它是一个应变计。

在式（2-5）中，若 $K \gg k$，则 $P_2 = P$，说明弹簧元件加进前后，系统的受力与弹性元件的受力几乎一致，弹簧元件的受力能反映系统的受力，因而可看作一个测力计，把它测出来的值乘以一个标定常数，可以指示应力值，所以它是一个应力计。

在式（2-4）和式（2-5）中，若 $K \approx 2k$，即弹簧元件与原系统的刚度相近，加入弹簧元件后，系统的受力和变形都有很大的变化，则既不能做应力计，也不能做应变计。

上述结果，也很容易用直观的力学知识来解释，如果弹簧元件比系统刚硬很多，则力 P 的绝大部分就由元件来承担，因此，元件弹簧所受的压力与 P 近乎相等，在这种情况下，该弹簧元件适合做应力计。另一方面，如果弹簧元件比系统柔软很多，它将顺着系统的变形而变形，对变形的阻抗作用很小，因此，元件弹簧的变形与系统的变形近乎相等，在这种情况下，该弹簧元件适合做应变计。在对钢材或岩石试件加载测试其力学性能试验时，粘贴在试件表面上的应变片就是应变计，而放在试件上面测试其压力的压力传感器就是应力计。

第二节 电阻式传感器

电阻式传感器是把被测量值如位移、力等参数转换为电阻变化的一种传感器，按其工作原理可分为电阻应变式、热电阻式等，电阻应变式传感器是根据电阻应变效应先将被测量转换成应变，再将应变量转换成电阻，其使用特别广泛，电阻应变测量技术将在第三章详述。

电阻应变式传感器的结构通常由应变片、弹性元件和其他附件组成。在被测拉压力的作用下，弹性元件产生变形，贴在弹性元件上的应变片产生一定的应变，由应变仪读出读数，再根据事先标定的应变-力对应关系，即可得到被测力的数值。弹性元件是电阻应变式传感器必不可少的组成部分，其性能好坏是保证传感器质量的关键。弹性元件的结构形式是根据所测物理量的类型、大小、性质和安放传感器的空间等因素来确定的。

一、 测力传感器

测力传感器常用的弹性元件形式有柱（杆）式、环式和梁式等。

（1）柱（杆）式弹性元件。其特点是结构简单、紧凑、承载力大。主要用于中等荷载和大荷载的测力传感器。其受力状态比较简单，在轴力作用下，同一截面上所产生的轴向应变和横向应变符号相反。各截面上的应变分布比较均匀。应变片一般贴于弹性元件中部。图 2-2 是拉压力传感器结构示意图，图 2-3 是荷重传感器结构示意图。

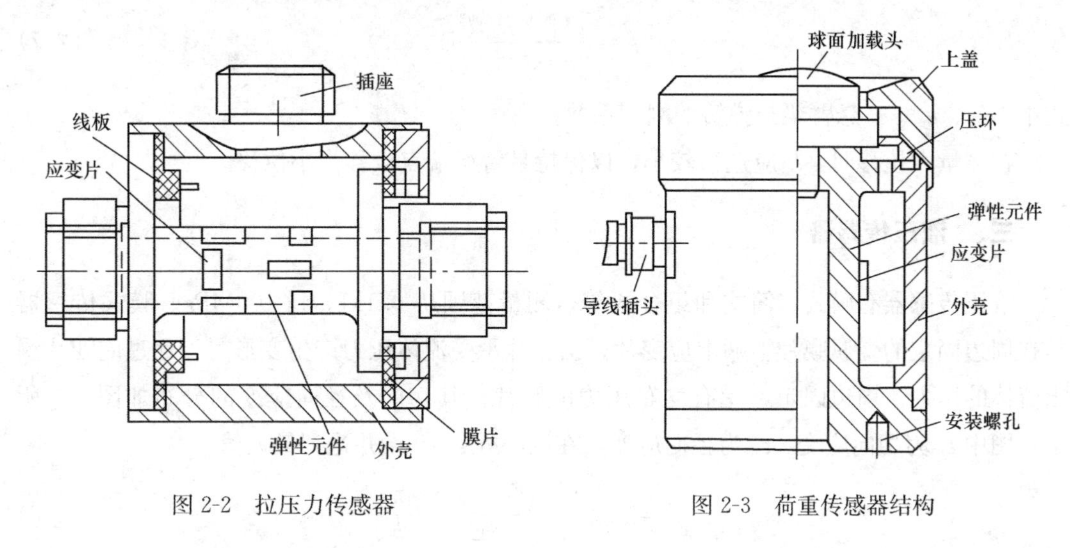

图 2-2 拉压力传感器　　图 2-3 荷重传感器结构

（2）环式弹性元件。其特点是结构简单、坚固、稳定性好。主要用于中小荷载的测力传感器。其受力状态比较复杂，在弹性元件的同一截面上将同时产生轴向力、弯矩和剪力，并且应力分布变化大。应变片应贴于应变值最大的截面上。

（3）梁式弹性元件。其特点是结构简单、加工方便，应变片粘贴容易且灵敏度高。主要用于小荷载、高精度的拉压力传感器。梁式弹性元件可做成悬臂梁、铰支梁和两端固定式等不同的结构形式，或者是它们的组合。其共同特点是在相同力的作用下，同一截面上与该截面中性轴对称位置点上所产生的应变大小相等而符号相反。应变片贴于应变值最大的截面处，并在该截面中性轴的对称表面上同时粘贴应变片，一般采用全桥接片以获得最大输出。

二、 位移传感器

用适当形式的弹性元件，贴上应变片也可以测量位移，测量的范围为 0.1～100mm。弹性元件有梁式和弹簧组合式等。位移传感器的弹性元件要求刚度小，以免对被测构件形成较大反力，影响被测位移。图2-4是双悬臂式位移传感器或夹式引伸计及其弹性元件，根据弹性元件悬臂梁上距自由端为 x 的某点的应变读数 ε，即可测定自由端的位移 f 为：

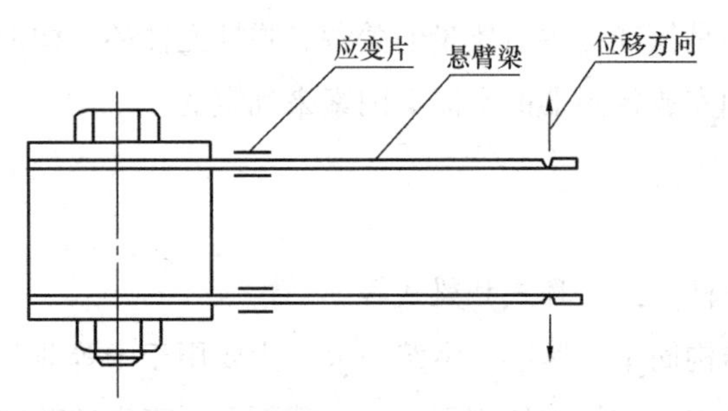

图 2-4 双悬臂式位移传感器

$$f=\frac{2l^3}{3hx}\varepsilon \tag{2-6}$$

式中 l——悬臂梁的长度；

h——悬臂梁的高度。

弹簧组合式传感器多用于大位移测量，如图 2-5 所示，当测点位移传递给导杆后使弹簧伸长，并使悬臂梁变形，这样根据悬臂梁上距固定端为 x 的某点的应变读数 ε，即可测得测点的位移 f：

$$f=\frac{(k_1+k_2)l^3}{6k_2(l-x)}\varepsilon \tag{2-7}$$

式中 k_1、k_2——悬臂梁与弹簧的刚度系数。

在测量大位移时，k_2应选得较小，以保持悬臂梁端点位移为小位移。

三、 液压传感器

液压传感器有膜式、筒式和组合式等，测量范围从 0.1kPa 到 100MPa。膜式传感器是在周边固定的金属膜片上贴上应变片，当膜片承受流体压力产生变形时，通过应变片测出流体的压力。周边固定，受有均布压力的膜片，其切向及径向应变的分布如图 2-6 所示，图中 ε_t 为切向应变，ε_r 为径向应变，在圆心处 $\varepsilon_t=\varepsilon_r$ 并达到最大值。

$$\varepsilon_{tmax}=\varepsilon_{rmax}=\frac{3(1-\mu^2)}{8E}\frac{pR^2}{h} \tag{2-8}$$

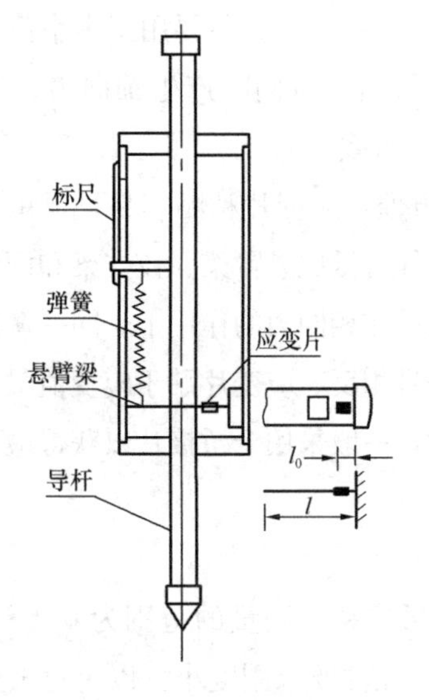

图 2-5 弹簧组合式传感器

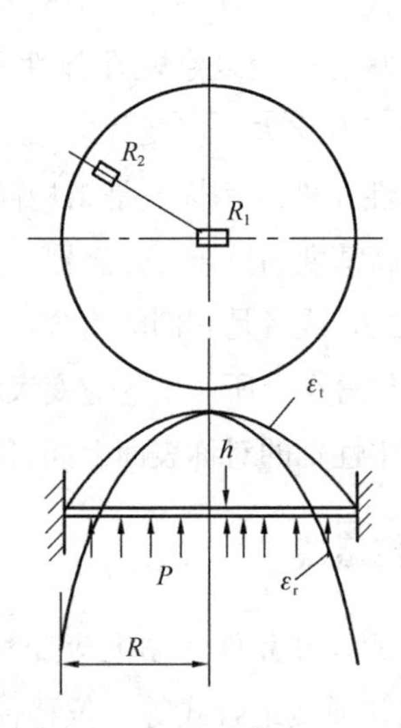

图 2-6 膜式压强传感器膜片上的应变分布

在边缘处切向应变 ε_t 为零，径向应变 ε_r 达到最小值：

$$\varepsilon_{rmin}=-\frac{3(1-\mu^2)}{4E}\frac{pR^2}{h} \tag{2-9}$$

根据膜片上应变分布情况，可按图 2-6 所示的位置贴片，R_1贴于正应变区，R_2贴于负应变区，组成半桥（也可用四片组成全桥）。

筒式压强传感器的圆筒内腔与被测压力连通，当筒体内受压力作用时，筒体产生变形，应变片贴在筒的外壁，工作片沿圆周贴在空心部分，补偿片贴在实心部分，如图 2-7 所示。圆筒外壁的切向应变为：

$$\varepsilon_t=\frac{P(2-\mu)}{E(n^2-1)} \tag{2-10}$$

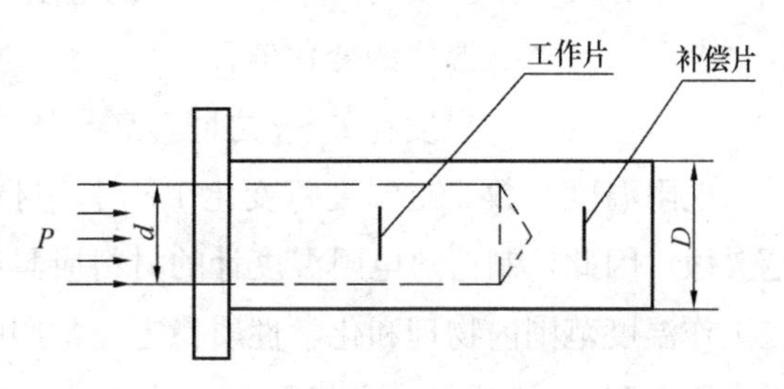

图 2-7 筒式压强传感器

式中 n——筒的外径与内径之比 D/d。

对应薄壁筒，可按下式计算：

$$\varepsilon_t=\frac{Pd}{SE}(1-0.5\mu) \tag{2-11}$$

式中 S——筒的外径与内径之差。

这种形式的传感器可用于测量较高的液压。

四、 压力盒

电阻应变片式压力盒也采用膜片结构，它是将转换元件（应变片）贴在弹性金属膜片式传力元件上，当膜片感受外力变形时，将应变传给应变片，通过应变片输出的电信号测出应变值，再根据标定关系算出外力值。图 2-8 是应变片式压力盒的构造。

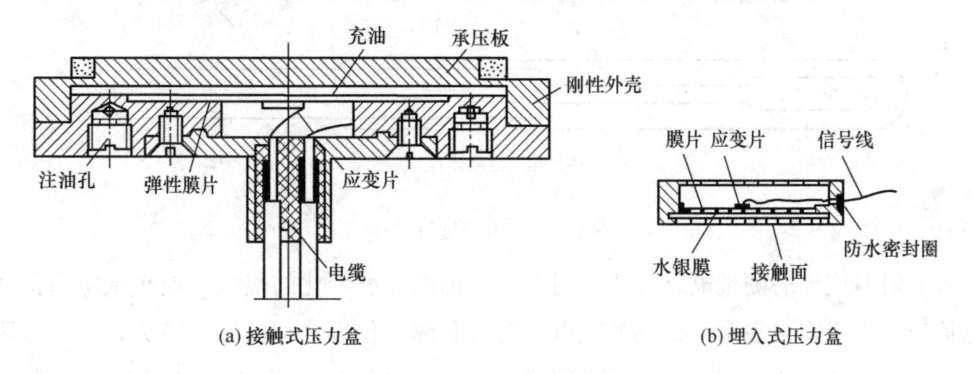

图 2-8 应变片式压力盒的构造

五、 热电阻温度计

热电阻温度计是利用某些金属导体或半导体材料的电阻率随温度变化而变化（或增大

或减小）的特性，制成的各种热电阻传感器，用来测量温度，达到温度变化转换成电量变化的目的，因而，热电阻传感器一般是温度计。金属导体的电阻和温度的关系可用下式表示：

$$R_t = R_0(1 + \alpha\Delta t) \tag{2-12}$$

式中　R_t、R_0——温度为 t℃和 t_0℃时的电阻值；

$\Delta t = t - t_0$——温度的变化值；

α——温度在 $t_0 \sim t$ 之间金属导体的平均电阻温度系数。

电阻温度系数 α 是温度每变化 1℃时，材料电阻的相对变化值。α 越大，电阻温度计越灵敏。因此，制造热电阻温度计的材料应具有较高、较稳定的电阻温度系数和电阻率，在工作温度范围内物理和化学性质稳定。常用的热电阻材料有铂、铜、铁等，其中铜热电阻常用来测量−50～180℃范围内的温度，可用于各种场合的温度测量，如大型建筑物厚底板温差控制测量等。其特点是，电阻与温度成线性关系，电阻温度系数较高，机械性能好，价格便宜。缺点是体积大，易氧化，不适合工作于腐蚀性介质与高温下。图 2-9（a）是铜电阻温度计结构，采用漆包铜线，直径为 0.07～0.1mm 双绕在圆柱形塑料骨架上，由于铜的电阻率小，需多层绕制，因此，它的体积和热惯性较大。图 2-9（b）是热敏电阻温度计结构。

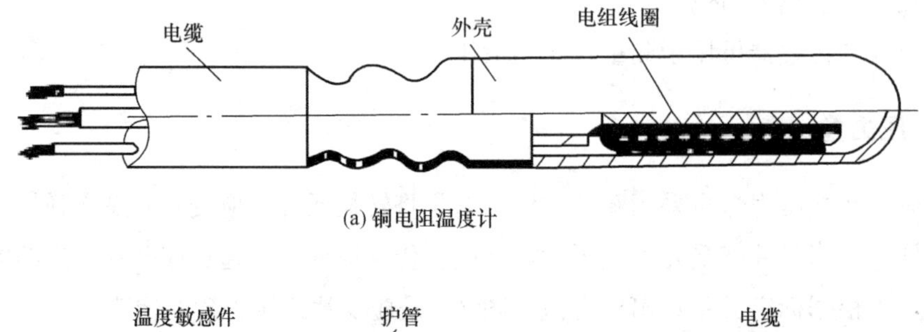

(a) 铜电阻温度计

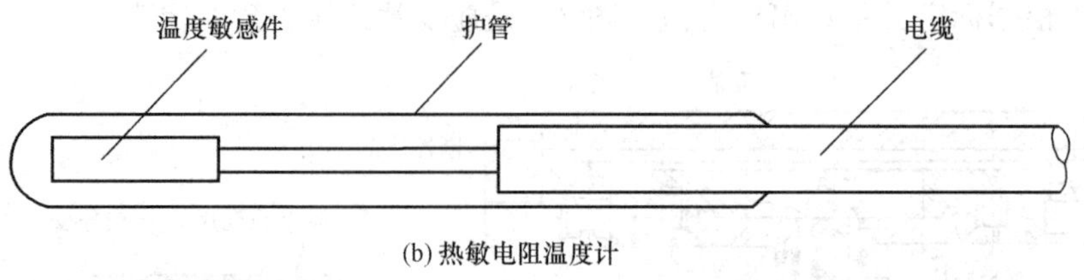

(b) 热敏电阻温度计

图 2-9　电阻温度计结构

热电阻温度计的测量电路一般采用电桥，把随温度变化的热电阻或热敏电阻值变换成电信号。由于安装在测温现场的热电阻有时和测量仪表之间的距离较大，引线电阻将直接影响仪表的输出，在工程测量中常采用三线制接法来替代半桥电路的二线制接法（图 2-10），三线制接法使连接热电阻相邻两臂的引线等长度而使引线电阻能基本相等地接入电桥，避免引线电阻的较大差异影响温度的测试，热电阻给出二根引线和三根引线都能达到这个目的，但热电阻本身给出三根引线时效果会更好，而且连接时也不容易出错。

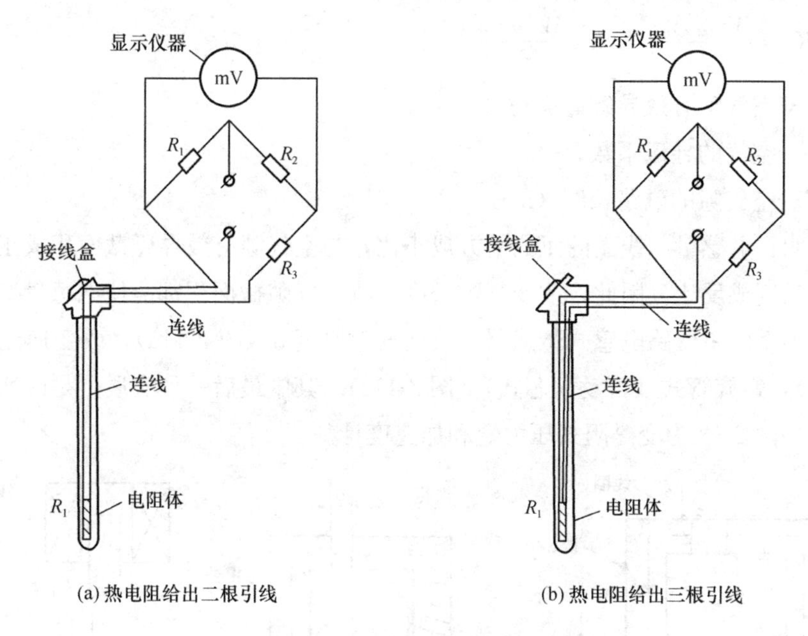

图 2-10 三线制热电阻测量电桥

第三节 电 感 式 传 感 器

电感式传感器是根据电磁感应原理制成的，它是将被测量的变化转换成电感中自感系数 L 或互感系数 M 的变化，引起后续电桥桥路的桥臂中阻抗 Z 的变化，当电桥偏离平衡时，就会输出与被测量成比例的电压 U_c。电感式传感器常分成自感式（单磁路电感式）和互感式（差动变压器式）两类。

一、 单磁路电感式传感器

单磁路电感式传感器由铁芯、线圈和衔铁组成，如图 2-11（a）所示。当衔铁运动时，衔铁与带线圈的铁芯之间的气隙发生变化，引起磁路中磁阻的变化，因此，改变了线圈中的电感。线圈中的电感量 L 可按下式计算：

$$L=\frac{W^2}{R_m}=\frac{W^2}{R_{m0}+R_{m1}+R_{m2}} \tag{2-13}$$

式中 W——线圈的匝数；

R_m——磁路的总磁阻（H^{-1}）；

R_{m0}、R_{m1}、R_{m2}——空气隙、铁芯、衔铁的磁阻。

由于铁芯和衔铁的导磁系数远大于空气隙的导磁系数，所以铁芯和衔铁的磁阻 R_{m1}、R_{m2} 可略去不计，故有：

$$L=\frac{W^2}{R_m}\approx\frac{W^2}{R_{m0}}=\frac{W^2\mu_0 A_0}{2\delta}=K\cdot\frac{1}{\delta}=K_1\cdot A_0 \tag{2-14}$$

其中：$K=\frac{W^{2}\mu_{0}A_{0}}{2}$；$K_{1}=\frac{W^{2}\mu_{0}}{2\delta}$。

式中 A_0——空气隙有效导磁截面积（m^2）；

μ_0——空气的导磁系数；

δ——空气隙的磁路长度（m）。

上式表明：电感量与线圈的匝数平方成正比，与空气隙有效导磁截面积成正比，与空气隙的磁路长度成反比。因此，改变气隙长度和改变气隙截面积都能使电感量变化，从而可形成3种类型的单磁路电感式传感器：改变气隙厚度δ（图2-11a），改变通磁气隙面积S（图2-11b），螺旋管式（可动铁芯式）（图2-11c）。其中最后一种实质上是改变铁芯上的有效线圈数。图2-12为变磁阻式压力盒和加速度计。

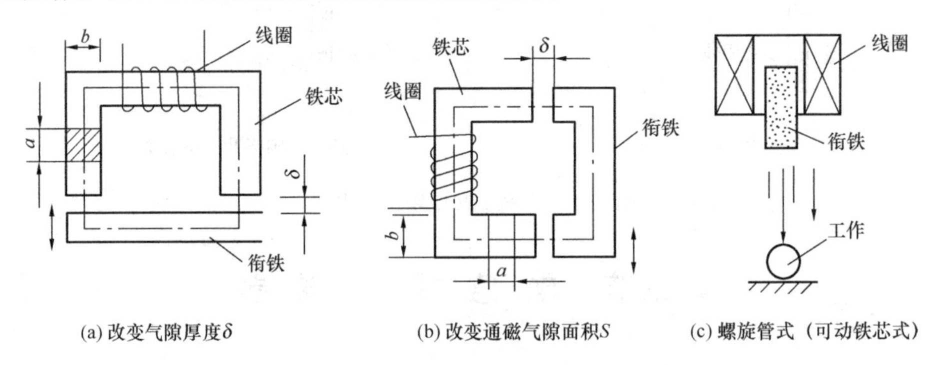

图2-11 单磁路电感式传感器原理图

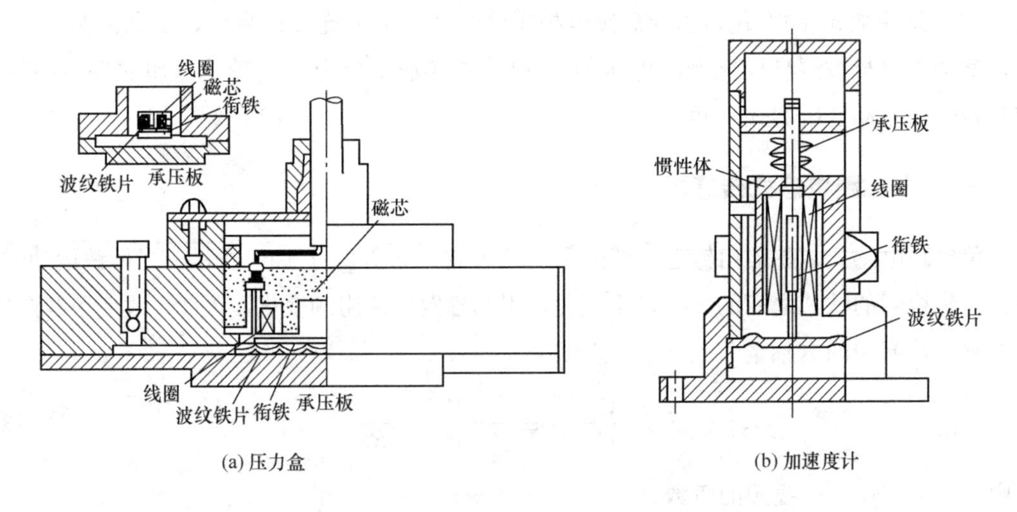

图2-12 变磁阻式压力盒和加速度计

二、 差动变压器式

差动变压器式传感器是互感式电感传感器中最常用的一种。其原理如图2-13（a）所示，当初级线圈L_1通入一定频率的交流电压E激磁时，由于互感作用，在两组次级线圈L_{21}和L_{22}中就会产生互感电势e_{21}和e_{22}，其计算的等效电路如图2-13（b）所示。

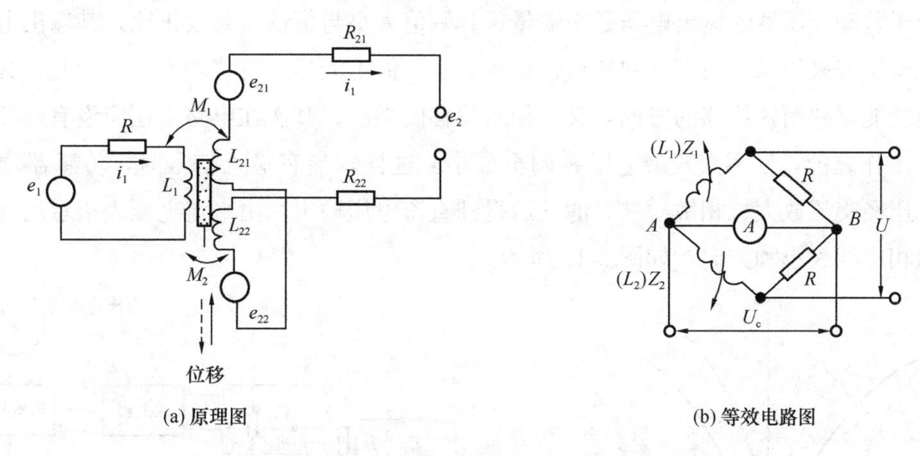

图 2-13 差动变压器式传感器原理图和等效电路图

按理想化情况（忽略涡流、磁滞损耗等）计算，初级线圈的回路方程为：

$$\dot{I}_1=\frac{\dot{E}_1}{R_1+j\omega L_1} \tag{2-15}$$

次级线圈中的感应电势分别为：

$$\dot{E}_{21}=-j\omega M_1\dot{I}_1;\ \dot{E}_{22}=j\omega M_2\dot{I}_1 \tag{2-16}$$

当负载开路时，输出电势为：

$$\dot{E}_2=\dot{E}_{21}-\dot{E}_{22}=-j\omega(M_1-M_2)\dot{I}_1 \tag{2-17}$$

$$\dot{E}_2=-j\omega(M_1-M_2)\frac{\dot{E}_1}{R_1+j\omega L_1} \tag{2-18}$$

输出电势有效值为：

$$E_2=\frac{\omega(M_1-M_2)}{\sqrt{R_1^2+(\omega L_1)^2}}E_1 \tag{2-19}$$

当衔铁在两线圈中间位置时，由于 $M_1=M_2=M$，所以 $E_2=0$。若衔铁偏离中间位置，$M_1\neq M_2$，若衔铁向上移动，则 $M_1=M+\Delta M$，$M_2=M-\Delta M$，此时，上式变为：

$$E_2=\frac{\omega E_1}{\sqrt{R_1^2+(\omega L_1)^2}}2\Delta M=2KE_1 \tag{2-20}$$

式中 ω——初级线圈激磁电压的角频率。

由上式可见，输出电势 E_2 的大小与互感系数差值 ΔM 成正比。由于设计时，次级线圈各参数对称，则衔铁向上与向下移动量相等时，两个次级线圈的输出电势相等 $e_{21}=e_{22}$，但极性相反，故差动变压器式电感传感器的总输出电势 E_2 与激励电势 E_1 的两倍成正比。E_2 与衔铁输出位移 x 之间的关系如图 2-14 所示，交流电压输出存在一定的零点残余电压，这是由于两个次级线圈不对称、次级线圈铜耗电阻的存在、铁磁材质不均匀、线圈间存在分布电容等原因所造成。因此，即使衔铁处于中间位置时，输出电压也不等于零。

由于差动变压器的输出电压是交流量，其幅值大小与衔铁位移成正比，其输出电压如用交流电压表来指示，只能反映衔铁位移的大小，但不能显示位移的方向。为此，其后接电路应既能反映衔铁位移的方向，又能指示位移的大小。其次在电路上还应设有调零电阻 R_0。在工作之前，使零点残余电压 e_0 调至最小。这样，当有输入信号时，传感器输出的交流电压经交流放大、相敏检波、滤波后得到直流电压输出，由直流电压表指示出与输出位移量相应的大小和方向，如图 2-15 所示。

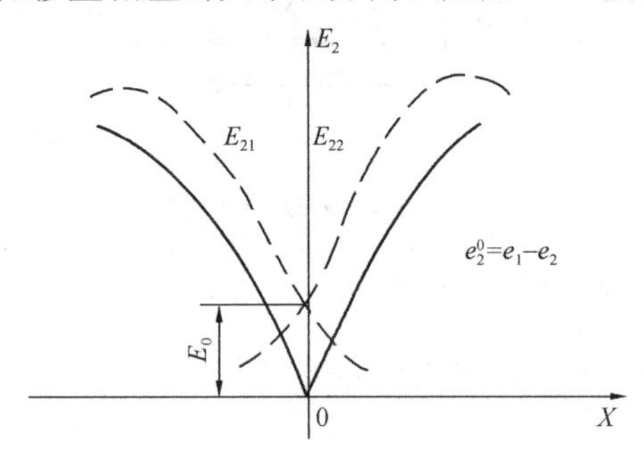

图 2-14　E_2 与衔铁输出位移 x 之间的关系

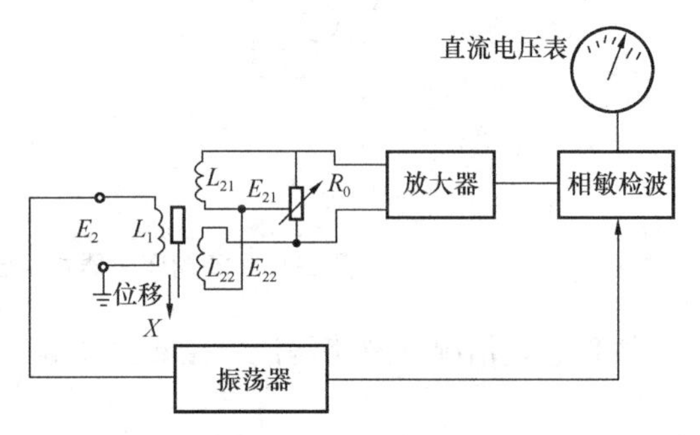

图 2-15　差动变压器的输出电路

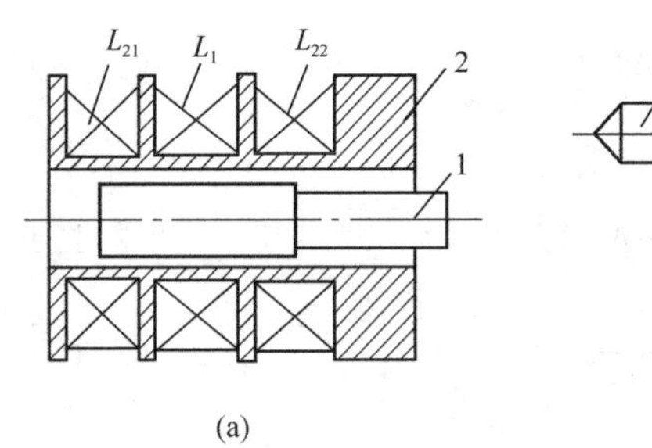

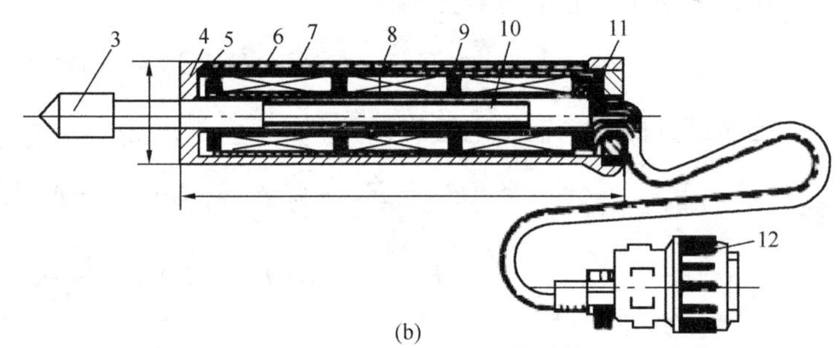

图 2-16　差动变压器式位移传感器

1—衔铁；2—线圈架；3—触头；4—外壳；5—下端盖；6—磁屏蔽；7—次级线圈；8—初级线圈；9—骨架；10—衔铁；11—上端盖；12—插头

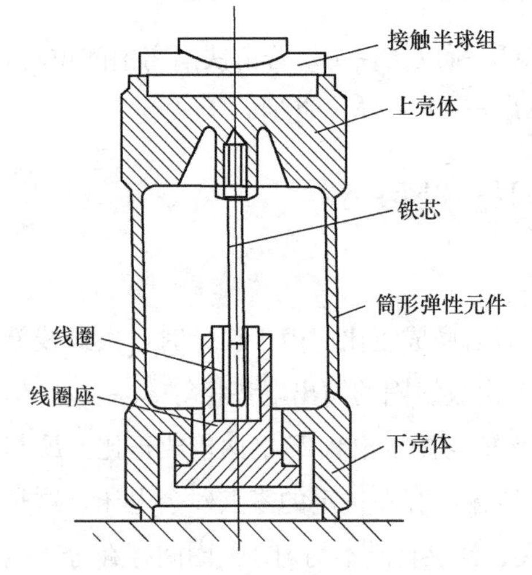

图 2-17　差动变压器式压力传感器

图 2-16 是差动变压器式位移传感器的结构，差动变压器式传感器在结构上做一些变化也可做成差动变压器式压力传感器（图 2-17），该传感器采用一个薄壁筒形弹性元件，在弹性元件的上部固定铁芯，下部固定线圈座，座内安放有 3 只线圈，线圈通过引线与测量系统相连。当弹性元件受到轴力 F 的作用产生变形时，铁芯就相对于线圈发生位移，即它是通过弹性元件来实现力和位移之间的转换。

由于差动变压器式传感器具有线性范围大、测量精度高、稳定性好和使用方便等优点，其广泛应用于线性位移测量中，也可通过弹性元件把位移的变化转换成压力、重量、加速度等参数做成压力和加速度传感器。

土木工程中测试隧洞围岩不同深度位移的多点位移计是根据差动变压器式传感器工作原理制成的。它由位移计、连接杆、锚头的孔或孔底带有磁性铁的直杆产生相对运动，导致通电线中产生感应电动势变化。位移量一般以度盘式差动变压器测长仪直接读取。这种位移计可回收和重复使用，量测也较为方便。

第四节 钢弦式传感器

一、钢弦式传感器原理

在土木工程现场测试中，常利用钢弦频率式应变计、应力计和压力盒等传感器，其基本原理是由钢弦张拉应力的变化转变为钢弦振动频率的变化。根据《数学物理方程》中有关弦的振动微分方程可推导出钢弦张拉应力与其振动频率的关系：

$$f=\frac{1}{2L}\sqrt{\frac{\sigma}{\rho}} \tag{2-21}$$

式中 f——钢弦的振动频率；

L——钢弦长度；

ρ——钢弦的线密度；

σ——钢弦所受的张拉应力。

变换上式得：

$$\sigma=4L^2\rho f^2 \tag{2-22}$$

上式可以看到，钢弦的张拉应力与钢弦的振动频率的平方成正比。

以压力盒为例，当压力盒做成后，L、ρ 已为定值，钢弦有一个初始的张拉应力 σ_0，因而有一个初始的振动频率 f_0，所以，钢弦频率只取决于钢弦上的张拉应力，而钢弦上产生的张拉应力又取决于外来压力 P，从而使钢弦频率与感应膜所受压力 P 的关系是：

$$P\Rightarrow\sigma-\sigma_0=4L^2\rho(f^2-f_0^2)$$

通过标定可以得：

$$f^2-f_0^2=KP \tag{2-23}$$

式中 f——压力盒受压后钢弦的频率；

f_0——压力盒未受压时钢弦的频率；

P——压力盒感应膜所受的压力；

K——标定系数，与压力和构造等有关，各压力盒各不相同。

二、 钢弦式传感器的构造和性能

钢弦频率式压力盒构造简单，测试结果比较稳定，受温度影响小，易于防潮，可做长期观测，故在土木工程现场测试和监测中得到广泛的应用。其缺点是灵敏度受压力盒尺寸的限制，并且不能用于动态测试。图 2-18 是测定结构和岩土体压力常用的钢弦频率式压力盒的构造图。

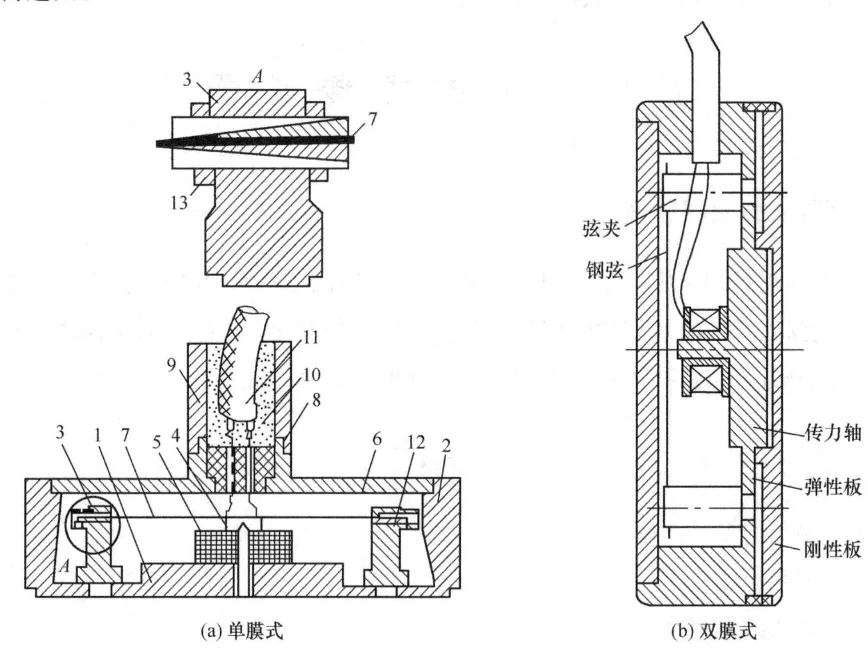

图 2-18　钢弦频率式压力盒的构造图

1—承压板；2—底座；3—钢弦夹；4—铁芯；5—线圈；6—封盖；7—钢弦；8—塞；9—引线管；10—防水涂料；11—上端盖；12—插头；13—拉紧固定螺栓

钢弦频率式传感器还有钢筋应力计和应变计、表面应变计和孔隙水压力计等。图 2-19（a）是钢弦式钢筋应力计的构造图，用于测试钢筋混凝土构件的内力，图 2-19（b）

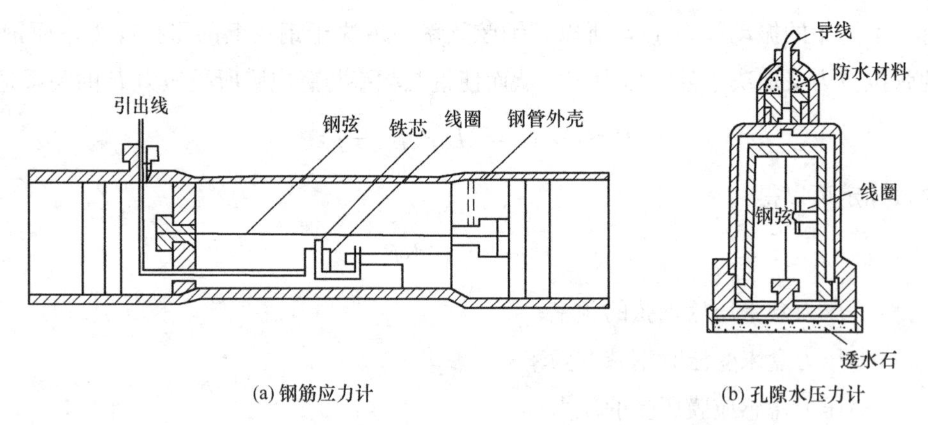

图 2-19　钢弦式钢筋应力计和孔隙水压力计构造图

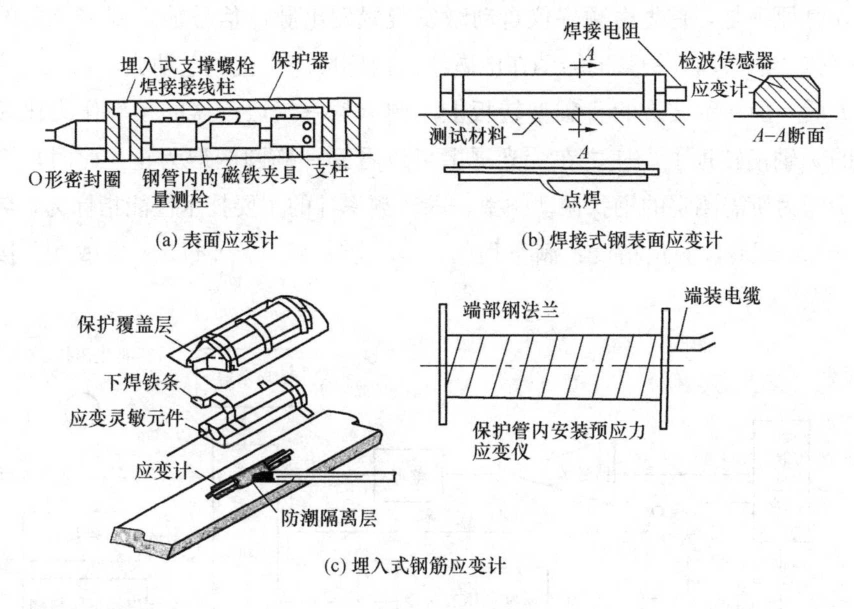

图 2-20 钢弦频率式应变计结构简图

是孔隙水压力计构造图，图 2-20（a）是表面应变计结构简图，安装于金属或混凝土表面可测量支柱、压杆和隧洞衬砌的应变；图 2-20（b）是焊接式钢表面应变计结构简图，焊接在金属构件表面可测量构件表面的应变，焊接在钢筋上时，通过预先的标定，可测量钢筋应力；图 2-20（c）是埋入式钢筋应变计结构，埋入混凝土内可以通过测量混凝土的应变来计算钢筋混凝土的内力。

钢弦频率式位移计也是利用钢弦的频率特性制成，构造如图 2-21 所示，采用薄壁圆管式，适用于钻孔内埋设使用。应变计用调弦螺母、螺杆和固弦销调节和固定，使钢弦的频率选择在 1000～1500Hz 为宜。每一个钻孔中可用连接杆将几个应变计连接一起，导线从杆内引出。应变计连成一根测杆后用砂浆锚固在钻孔中，可测得不同点围岩的变形，也可单个埋在混凝土中测量混凝土的内应变。

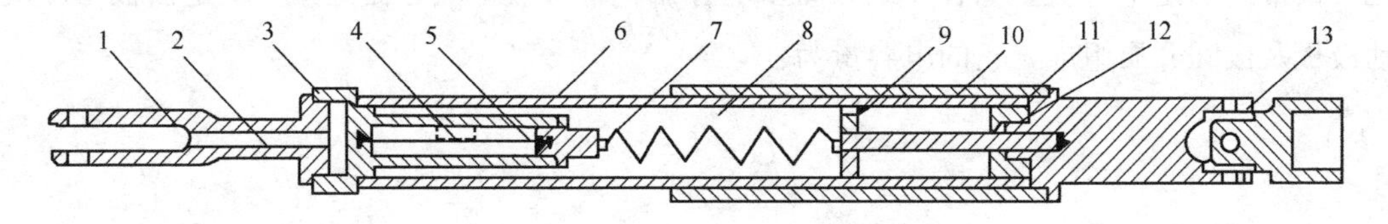

图 2-21 钢弦频率式位移计结构简图

1—拉杆接头；2—电缆孔；3—钢弦支架；4—电磁线圈；5—钢弦；6—防水波纹管；7—传动弹簧；8—内保护筒；9—导向环；10—外保护筒；11—位移传动杆；12—密封圈；13—万向节（或铰）

三、 频率仪

钢弦频率式传感器的钢弦振动频率是由频率仪测定的，它主要由放大器、示波管、振荡器和激发电路等组成，若为数字式频率仪则还有一个数字显示装置。频率仪方框图如图

2-22所示，其原理是，首先由频率仪自动激发装置发出脉冲信号输入到传感器的电磁线圈，激励钢弦产生振动，钢弦的振动在电磁线圈内感应产生交变电动势，输入频率仪中的放大器放大后，加在示波管的 y 轴偏转板上。调节频率仪振荡器的频率作为比较频率加在示波管的 x 轴偏转板上，使之在荧光屏上可以看到一椭圆图形为止。此时，频率仪上的指示频率即为所需测定的钢弦振动频率。国产频率计的主要技术性能指标为，频率测量范围：500～5000Hz，测量精度：满量程的1%，分辨率：±0.1Hz，灵敏度：接收信号≥300μV，持续时间≥500ms。

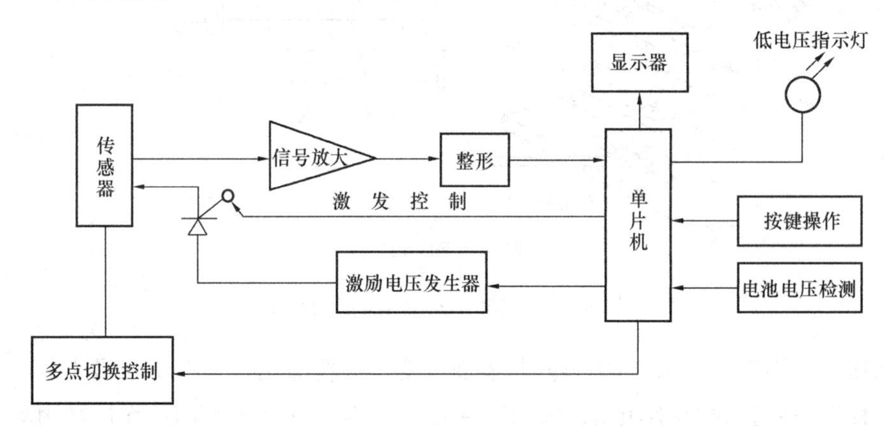

图2-22 钢弦频率计原理图

第五节 电容式、压电式和压磁式传感器

一、电容式传感器

电容式传感器是以各种类型的电容器作为传感元件，将被测量值转换为电容量的变化，最常用的是平行板型电容器或圆筒型电容器。平行板型电容器是由一块定极板与一块动极板及极间介质组成，它的电容量为：

$$C=\frac{\varepsilon_0\varepsilon A}{\delta} \tag{2-24}$$

式中 ε——极板间介质的相对介电系数，对空气 $\varepsilon=1$；

ε_0——真空中介电系数，$\varepsilon_0=8.85\times10^{-12}$F/m；

δ——极板间距离（m）；

A——两极板相互覆盖面积（m^2）。

上式表明：当式中3个参数中任意两个保持不变，而另一个变化时，电容量 C 就是该变量的单值函数，因此，电容式传感器分为变极距型、变面积型和变介质型3类。

根据上式，变极距型和变面积型电容传感器的灵敏度分别为：

变极距型：

$$S=\frac{dC}{d\delta}=-\varepsilon\varepsilon_0 A\frac{1}{\delta^2} \tag{2-25}$$

变面积型：

$$S=\frac{dC}{dx}=-\varepsilon\varepsilon_0 b\frac{1}{\delta} \tag{2-26}$$

式中　b——电容器的极板宽度。

变极距型电容式传感器的优点是可以用于非接触式动态测量，对被测系统影响小，灵敏度高，适用于小位移（数百微米以下）的精确测量。但这种传感器有非线性特性，传感器的杂散电容对灵敏度和测量精度影响较大，与传感器配合的电子线路也比较复杂，使其应用范围受到一定的限制。

变面积型电容式传感器的优点是输入与输出成线性关系，但灵敏度较变极距型低，适用较大的位移测量。

电容式传感器的输出是电容量，尚需有后续测量电路进一步转换为电压、电流或频率信号。利用电容的变化来取得测试电路的电流或电压变化的主要方法有：调频电路（振荡回路频率的变化或振荡信号的相位变化）、电桥型电路和运算放大器电路，其中调频电路用得较多，其优点是抗干扰能力强、灵敏度高，但电缆的分布电容对输出影响较大，使用中调整比较麻烦。

二、压电式传感器

有些电介质晶体材料在沿一定方向受到压力或拉力作用时会发生极化，并导致介质两端表面出现符号相反的束缚电荷，其电荷密度与外力成比例，当外力取消时，它们又会回到不带电状态，这种由外力作用而激起晶体表面荷电的现象称为压电效应，称这类材料为压电材料。压电式传感器就是根据这一原理制成的。当有一外力作用在压电材料上时，传感器就有电荷输出，因此，从它可测的基本参数来讲其是属于力传感器，然而也可测量能通过敏感元件或其他方法变换为力的其他参数，如加速度、位移的传感器和电声能量转换的超声波换能器等。

(1) 压电晶体加速度传感器

图 2-23 是压电晶体加速度传感器的结构图，主要由压紧弹簧 1、惯性质量块 2、压电晶体片 3 和金属基座 4 等零件组成。其结构简单，但结构的形式对性能影响很大。图中 (a) 型是弹簧外缘固定在壳体上，因而外界温度、噪声和实际变形都将通过壳体和基座影响加速度的输出。(b) 型是中间固定型，质量块、压电片和弹簧装在一个中心架上，它有效地克服了 (a) 型的缺点。(c) 型是倒置中间固定型，质量块不直接固定在基座上，可避免基座变形造成的影响，但这时壳体是弹簧的一部分，故它的谐振频率较低。(d) 型是剪切型，一个圆柱形压电元件和一个圆柱形质量块黏结在同一中心架上，加速度计沿轴向振动时，压电元件受到剪切应力，这种结构能较好地隔离外界条件变化的影响，有很高的谐振频率。

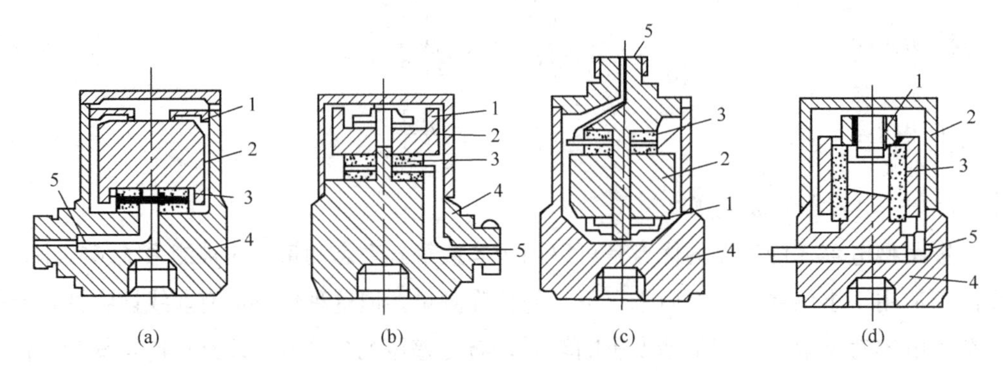

图 2-23 压电晶体加速度传感器

1—压紧弹簧；2—惯性质量块；3—压电晶体片；4—金属基座；5—引出线

根据极化原理，某些晶体当沿一晶轴的方向有力的作用时，其表面上产生的电荷与所受力 F 的大小成比例，即：

$$Q = d_x F = d_x \sigma A \tag{2-27}$$

式中 Q——电荷（C）；

d_x——压电系数（C/N）；

σ——应力（N/m^2）；

A——晶体表面积（m^2）。

作为信号源，压电晶体可以看作一个小电容，其输出电压为：

$$V = \frac{Q}{C} \tag{2-28}$$

式中 C——压电晶体的内电容。

当传感器底座以加速度 a 运动时，则传感器的输出电压为：

$$V = \frac{Q}{C} = \frac{d_x F}{C} = \frac{d_x ma}{C} = \frac{d_x m}{C} \cdot a = ka \tag{2-29}$$

即输出电压正比于振动的加速度。

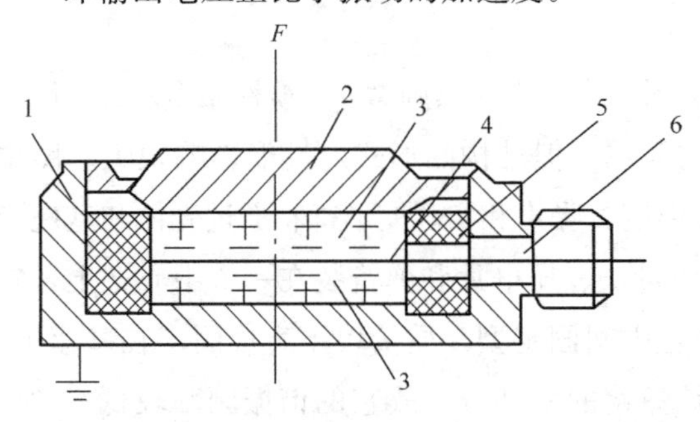

图 2-24 单向压电式测力传感器的结构图

1—壳体；2—弹性盖；3—压电石英；4—电极；5—绝缘套；6—引出导线

压电晶体式传感器是发电式传感器，故不需对其进行供电，但它产生的电信号是十分微弱的，需放大后才能显示或记录。由于压电晶体的内阻很高，又要保证两极板上的电荷不致泄漏，故在测试系统中需通过阻抗变换器送入电测线路。

(2) 压电式测力传感器

图 2-24 为单向压电式测力传感器的结构简图，根据压电晶体的压电效应，利用垂直于电轴的切片便可制成拉（压）型

单向测力传感器。在该传感器中采用了两片压电石英晶体片，目的是使电荷量增加一倍，相应地提高灵敏度一倍，同时也为了便于绝缘。对于小力值传感器还可以采用多只压电晶体片重叠的结构形式，以便提高其灵敏度。

当传感元件采用两对不同切型的压电石英晶片时，即可构成一个双向测力传感器，两对压电晶片分别感受两个方向的作用力，并由各自的引线分别输出。也可采用两个单向压电式测力传感器来组成双向测力传感器。

压电式测力传感器的特点是刚度高、线性好，当采用大时间常数的电荷放大器时，可以测量静态力与准静态力。

压电材料只有在交变力作用下，电荷才可能得到不断补充，用以供给测量回路一定的电流，故只适用于动态测量。压电晶体片受力后产生的电荷量极其微弱，不能用一般的低输入阻抗仪表来进行测量，否则压电片上电荷会很快地通过测量电路泄漏掉，只有当测量电路的输入阻抗很高时，才能把电荷泄漏减少到测量精度所要求的限度以内。为此，加速度计和测量放大器之间需加接一个可变换阻抗的前置放大器。目前使用的有两类前置放大器，一是把电荷转变为电压，然后测量电压，称电压放大器；二是直接测量电荷，称电荷放大器。

三、 压磁式传感器

压磁式传感器是测力传感器的一种，它利用铁磁材料磁弹性物理效应，即材料受力后，其导磁性能受影响，将被测力转换为电信号。当铁磁材料受机械力作用后，在它的内部产生机械效应力，从而引起铁磁材料的导磁系数发生变化，如果在铁磁材料上有线圈，由于导磁系数的变化，将引起铁磁材料中的磁通量的变化，磁通量的变化则会导致线圈上自感电势或感应电势的变化，从而把力转换成电信号。

铁磁材料的压磁效应规律是：铁磁材料受到拉力时，在作用方向的导磁率提高，而在与作用力相垂直的方向，导磁率略有降低，铁磁材料受到压力作用时，其效果相反。当外部作用力消失后，它的导磁性能复原。

在岩体孔径变形预应力法中使用的钻孔应力计就是压磁式传感器，其工作原理如下：元件是由许多如图 2-25（a）所示形状的硅钢片组成。在硅钢片上开互相垂直的两对孔 1、2 和 3、4；在 1、2 孔中绕励磁线圈 W1.2（原阻绕），在 3、4 孔中绕励磁线圈 W3.4（副阻绕），当 W1.2 中流过一定交变电流时，磁铁中将产生磁场。

在无外力作用时，A、B、C、D 四个区的导磁率是相同的，此时磁力线呈轴对称分布，合成磁场强度 H 平行于 W3.4 的平面，磁力线不与绕阻 W3.4 交链，故不会感应出电势。在压力 P 作用下，A、B 区将受到很大压应力，由于硅钢片的结构形状，C、D 区基本上仍处于自由状态，于是 A、B 区导磁率下降，即磁阻增大，而 C、D 区的导磁率不变。由于磁力线具有沿磁阻最小途径闭合的特性，这时在 1、2 孔周围的磁力线中将有部分绕过 C、D 而闭合，如图 2-25 所示。于是磁力线变形，合成磁场强度不再与 W3.4 平

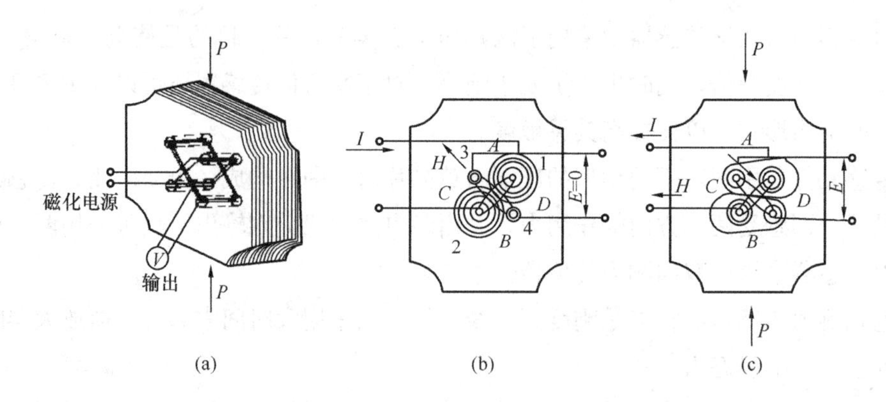

图 2-25　压磁式传感器原理

面平行，而是相交，在 W3.4 中感应电动势 E。压力 P 值越大，转移磁通越多，E 值也越大。根据上述原理和 E 与 P 的标定关系，就能制成压磁式传感器。

图 2-26 是压磁式钻孔应力计的构造图，它包括磁芯部分和框架部分，磁芯一般为工字形，磁芯受压面积应当与外加压应力面积相近，以防止磁芯受压时发生弯曲，影响灵敏度的稳定。

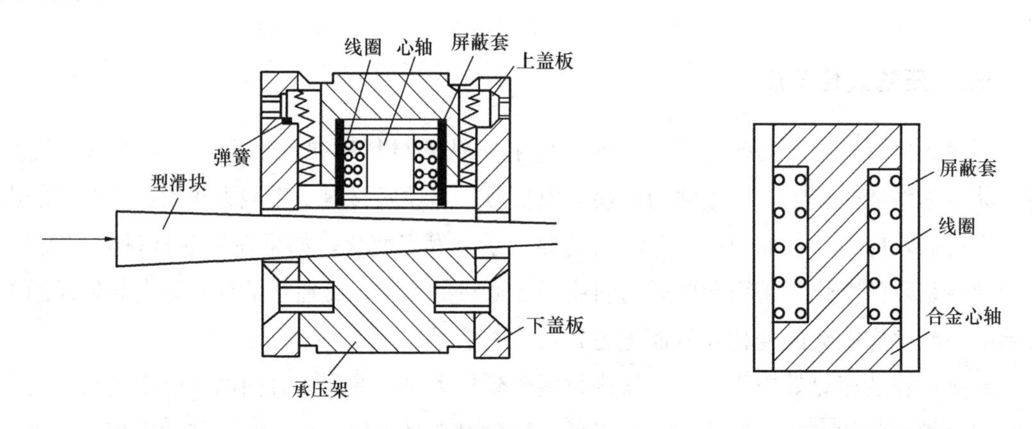

图 2-26　压磁式钻孔应力计的构造图

钻孔应力计的磁芯在外加压力作用下将产生导磁率的变化，导磁率变化能引起阻抗（电感）的变化，并进而引起感应电动势的变化，即，其变化越大，越能提高测量的灵敏度。电感 L 的大小，取决于磁芯上所绕线圈的匝数、磁芯的导磁率和尺寸。

压磁式传感器可整体密封，因此具有良好的防潮、防油和防尘等性能，适合于在恶劣环境条件下工作。此外，还具有温度影响小，抗干扰能力强，输出功率大、结构简单、价格较低、维护方便、过载能力强等优点。其缺点是线性和稳定性较差。

第六节　光纤传感器

光纤传感器是以光作为信号源，以光导纤维为传播媒介或者敏感元件，再由光电转换元件探测受到被测物理量调制的光信号来实现对物理量的测试。

光纤传感器按照测量原理可分为两大类：

（1）物性型光纤传感器：物性型光纤传感器是利用光纤对环境变化的敏感性，将输入物理量变换为调制的光信号。其工作原理基于光纤的光调制效应，即光纤在外界环境因素，如温度、压力、电场、磁场等改变时，其传光特性，如相位与光强，会发生变化的现象。

（2）结构型光纤传感器：结构型光纤传感器是由光检测元件（敏感元件）与光纤传输回路及测量电路所组成的测量系统。其中光纤仅作为光的传播媒质，所以又称为传光型或非功能型光纤传感器。它的优点是性能稳定可靠，结构简单，造价低廉，缺点是灵敏度低。

因此，如果能测出通过光纤的光相位、光强变化，就可以知道被测物理量的变化。这类传感器又被称为敏感元件型或功能型光纤传感器。激光器的点光源光束扩散为平行波，经分光器分为两路，一为基准光路，另一为测量光路。外界参数（温度、压力、振动等）引起光纤长度的变化和光相位变化，从而产生不同数量的干涉条纹，对它的横向移动进行计数，就可测量温度或压力等。

根据光在外界条件作用下发生变化的各项指标不同，物性型光纤传感器又可以主要分为相位调制型、波长调制型、光强调制型、偏振调制型 4 种。本节主要介绍相位调制型的光纤法布里-珀罗传感器（Fiber Fabry-Perot Sensor）和波长调制型光纤布拉格光栅传感器（Fiber Bragg Grating Sensor，FBG Sensor）。

（1）相位调制型光纤传感器：用单模光导纤维构成干涉仪，外界各种物理量的影响因素能导致光导纤维中光程的变化，从而引起干涉条纹的变动。在实际应用中，利用光程变化的相位调制型光纤传感器应用较多。

光纤法布里-珀罗传感器主要是利用反射光的干涉来对外界因素进行测量，可以利用反射光干涉强度来对外界因素进行测量，也可以利用反射光干涉的相位变化等来对外界因素进行测量，但以光强调制应用较早，且应用较多。

（2）波长调制型光纤传感器：波长调制型光纤传感器是利用外界因素改变光纤中光的波长分布，通过检测光谱的波长分布特征来测量被测参数。光纤布拉格光栅传感器是一种典型的波长调制型光纤传感器，基于光纤光栅传感器的传感过程是通过外界参量对布拉格中心波长的调制来获取传感信息。

一、 光纤法布里-珀罗传感器

法布里-珀罗干涉仪（Fabry-Perot Interferometer）是该类光纤传感器的设计基础，其干涉原理如图 2-27 所示，它是由两块端面镀以高反射膜、相互严格平行的光学平板组成的光学谐振腔（以下简称 F-P 腔），当一束平行光束 I_0 入射到 F-P 腔，大部分光在腔中来回反射并折射，折射出 F-P 腔的平行光束 R_i（$i=1$，2，…，n）由于各条光线存在光程

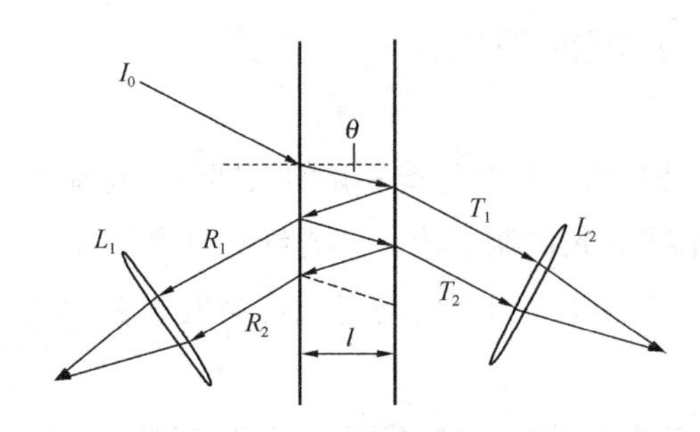

图 2-27　法布里-珀罗干涉原理

差，如果一起通过透镜 L_1，则在焦平面上形成干涉条纹，每相邻两光束在到达透镜 L_1 的焦平面上的同一点时，彼此的光程差值都一样，为 δ。

通过叠加各光束得到反射光 R_i 干涉光强计算公式为：

$$I_r=\frac{\frac{4R}{(1-R)^2}\sin^2\left(\frac{\delta}{2}\right)}{1+\frac{4R}{(1-R)^2}\sin^2\left(\frac{\delta}{2}\right)}I_0 \quad (2\text{-}30)$$

其中：$\delta=\left(\frac{2\pi}{\lambda}\right)2nl\cos\theta$；$\Delta l=2nl\cos\theta$。

式中　Δl——相邻投射光光程差；

n——F-P 腔折射率；

θ——折射角；

I_0——入射光光强；

R——镜面反射比。

当 F-P 腔的参数满足相干条件时，I_r 与空腔的长度 l、空腔折射率 n、入射光波波长 λ 等有关，当这些因素发生变化时，会影响到 R 的光强 I_r。

光纤法布里-珀罗传感器的基本设计如图 2-28 所示。两段石英玻璃光导纤维的两个端面制成抛光的镀膜半透镜面，两镜面绝对平行，形成一个 F-P 腔，封装在陶瓷或金属细管中，用 F-P 腔的反射光束的干涉强度作为测量信号。

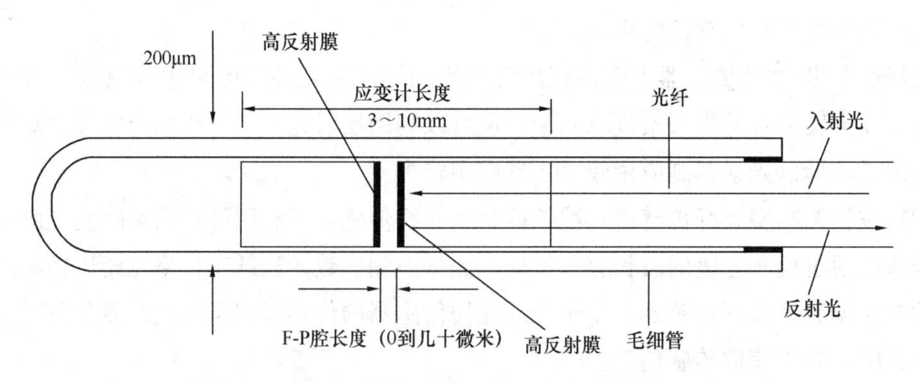

图 2-28　光纤法布里-珀罗传感器原理

当用它来做应变测量时，腔体与普通应变片一样需要黏在被测物体的表面，被测物的应变造成 F-P 腔外壳长度的变化，从而影响到 F-P 腔的长度 l。通过测量反射光波的强度 I_r 变化即可得到 F-P 腔长度 l 的改变，得到应变的数值。

图 2-29 是光纤法布里-珀罗应变传感器测量的系统设计。由激光二极管发射的光通过入射光纤送至双向光耦合器，反射回来的光被送到光的频谱分析传感器（线性 CCD 阵

列），由分析得到的反射光的频率可以计算出应变探头中 F-P 腔的长度，根据 F-P 腔长度的变化可以得到应变的数值。光纤法布里-珀罗传感器所用的光波长并不一定是可见光，也可以使用红外光。

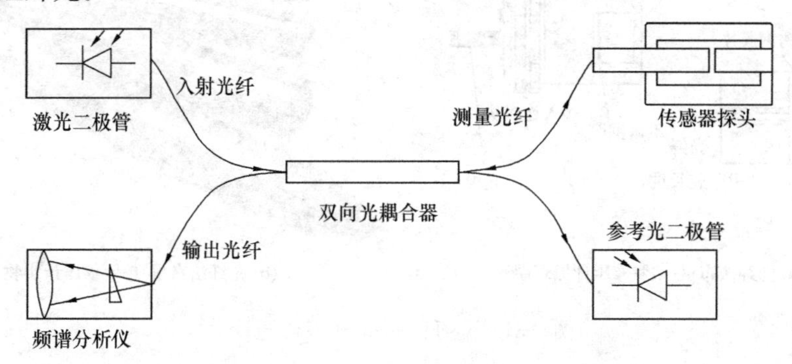

图 2-29 反射式法布里-珀罗 F-P 腔应变传感系统

基于 F-P 腔的应变传感器是各类光纤传感器中最简单的也是应用最早的一种，可以制作成测量应变、力、流体压强、声波震动、温度、湿度等物理量的传感器。

图 2-30 是采用微型弹性膜片的法布里-珀罗压力传感器的原理示意图，F-P 腔形成于光纤的端面与不锈钢膜片之间，膜片受压变形使得腔长改变，腔内光线相干加强和相消的波长位置发生了移动。测量的波长需要通过对反射光的光谱分析来得到压力。光纤直径通常为 100μm，因而传感器探头可以做得很细小。图 2-31（a）是光纤法布里-珀罗渗压计，光纤法布里-珀罗压力和渗压计的测量精度为 0.1% F.S.。

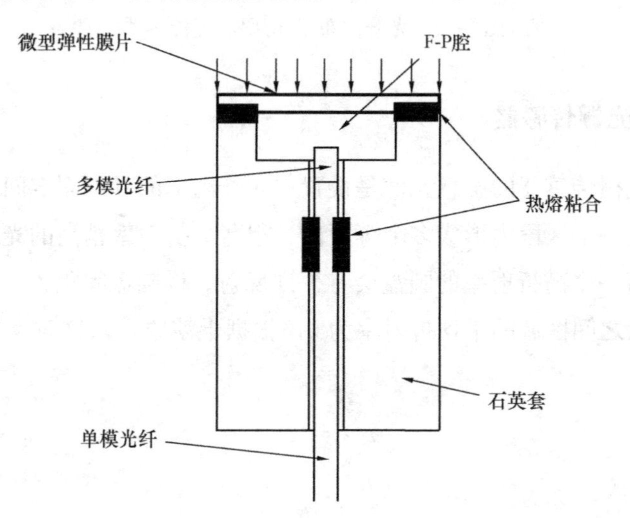

图 2-30 法布里-珀罗压力传感器示意图

图 2-32（a）中是光纤法布里-珀罗温度传感器原理图。由两根石英玻璃光纤的端面形成的 F-P 腔被胶结在一个金属管中，由于石英玻璃和金属的膨胀系数不同，温度改变会使 F-P 腔的宽度发生改变，反射光干涉效应发生波长移动。由于材料的热膨胀线性很好，它的温度响应的线性也很好，使得 F-P 腔的灵敏度非常高，精度可达到 0.1℃以下，工作

温度可达到 300℃以上。

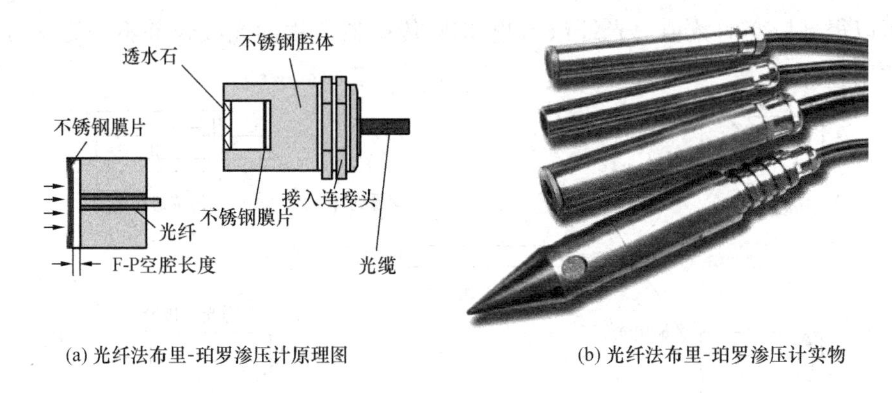

(a) 光纤法布里-珀罗渗压计原理图　(b) 光纤法布里-珀罗渗压计实物

图 2-31　光纤法布里-珀罗渗压计

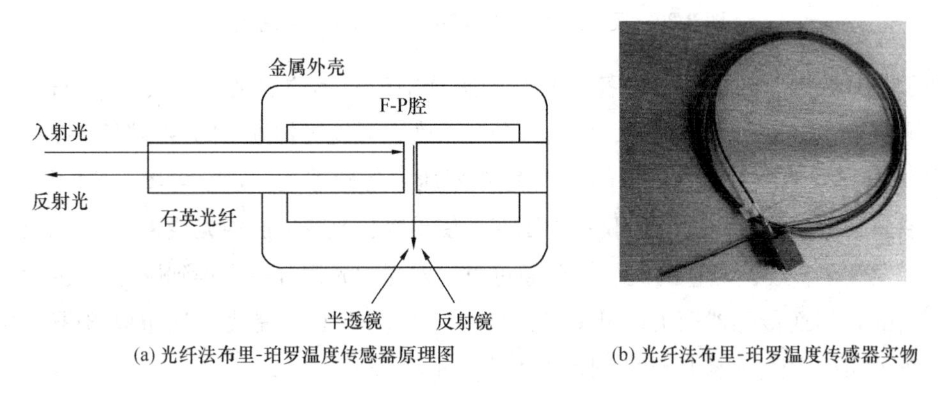

(a) 光纤法布里-珀罗温度传感器原理图　(b) 光纤法布里-珀罗温度传感器实物

图 2-32　光纤法布里-珀罗温度传感器

二、 布拉格光栅传感器

光纤布拉格光栅传感器的敏感元件是设置在光纤内部的具有固定间隔的光栅，它是用特殊工艺在光纤的一个区段内形成多个等距离、很薄、折射率稍高的光纤体圆盘。光线射入这一区域时在每一个高折射率的圆盘会有少许反射。设圆盘间距为 Λ，光波波长为 λ，光纤在高折射率圆盘之间区域的平均折射率为 n。根据干涉原理，这时反射光波加强相干的条件为

$$m\lambda = 2n\Lambda \tag{2-31}$$

式中　m——正整数。

取第一阶相干条件，即 $m=1$，则反射波加强相干的条件简化为

$$\lambda = 2n\Lambda \tag{2-32}$$

当入射光为连续光谱时，满足这一相干条件的反射波由于加强相干而大大增强。也就是说布拉格光栅可以有选择性地使特定波长的光线反射增强，透射光相应地减弱（图 2-33）。

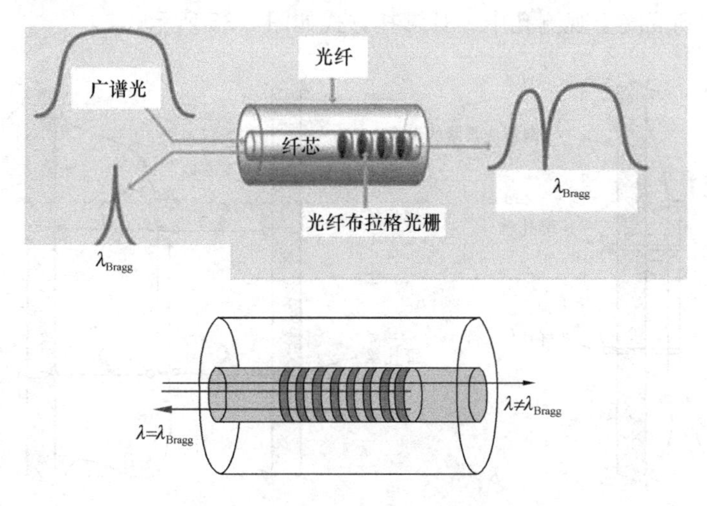

图 2-33 光纤布拉格光栅传感器的反射和透射信号波形（$\lambda_{Bragg}=2n\Lambda$）

布拉格光栅的每个单元仅对很小的一部分光线产生干涉效应。虽然单独一个高折射率的圆盘并不能够反射很多的光波，但将很多个这样低效率的单元叠加在一起，则可产生相干度很高的干涉，信号波形同样是非常锐利的干涉波峰，因而可以对波峰位置进行精度很高的测量。图 2-33 是用广谱光源输入光纤后得到的反射和透射波形。从波峰波长位置的改变可以计算出光纤光栅间距的改变，从而得到被测物体的应变。测量应变时需要将测量段的光纤黏结在被测物体表面。

光纤布拉格光栅传感器能根据环境温度或应变的变化来改变其反射光波的波长，应用较多而且应用范围广。具有测量精度高（0.3%F.S.）、长期零点稳定、温度漂移微小、埋入存活率高、动态特性良好等特点。

光纤布拉格光栅混凝土应变计如图 2-34 所示，将其封装在两端块间的结构件上，端块牢固置于混凝土中，混凝土变形使得两端块相对移动并导致光纤光栅长度变化，从而使光栅反射光波长改变，通过探测反射光的波长来测量混凝土的变形，其应变量程为 $3000\mu\varepsilon$。

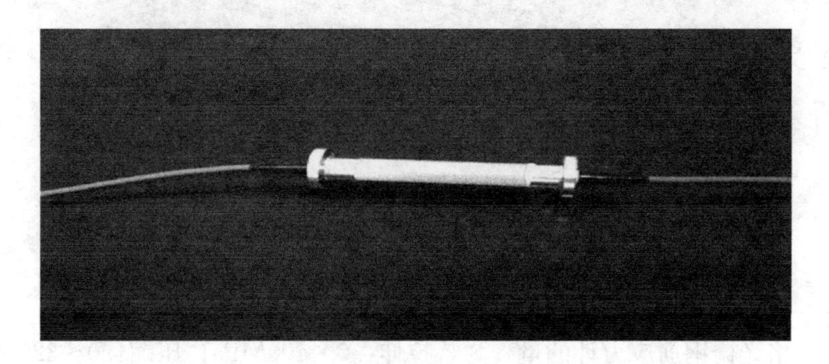

图 2-34 光纤布拉格光栅混凝土应变计

该应变计有两种安装方式：一是将传感器绑扎在钢筋或预应力锚索（或钢绞线）上，再直接埋入混凝土；二是将传感器预先浇筑到混凝土预制块内，再将预制块浇筑到混凝土结构中，或灌注到混凝土观测孔中。其绑扎方式如图 2-35 所示。

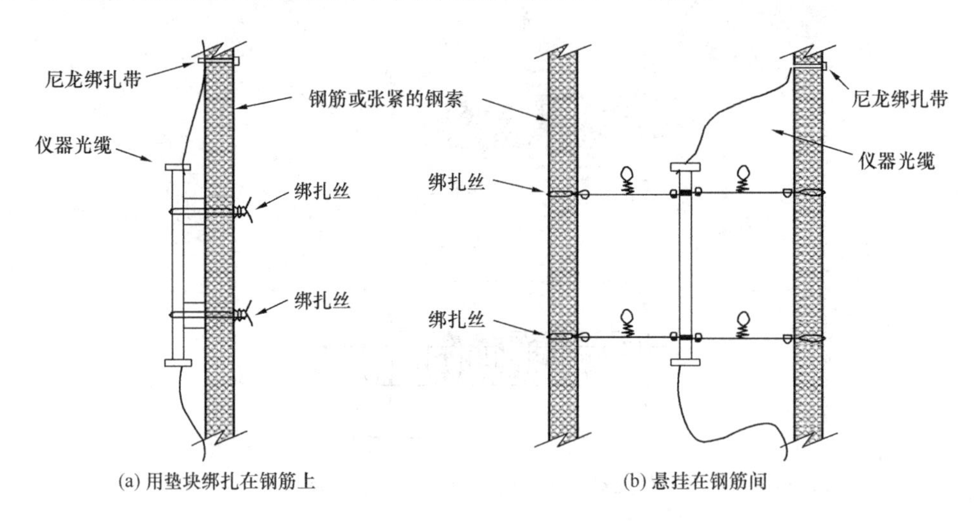

(a) 用垫块绑扎在钢筋上　(b) 悬挂在钢筋间

图 2-35　光纤布拉格光栅混凝土应变计的绑扎

光纤布拉格光栅钢筋应力计的工作原理是由一定长度的高强圆钢沿其中心轴线钻孔，在钻孔内安装一个微型光纤光栅应变计，通过应变计测量的应变再结合材料特性反推其所受的应力。使用时可以与被测钢筋用螺纹连接或焊接，如图 2-36（a）所示。

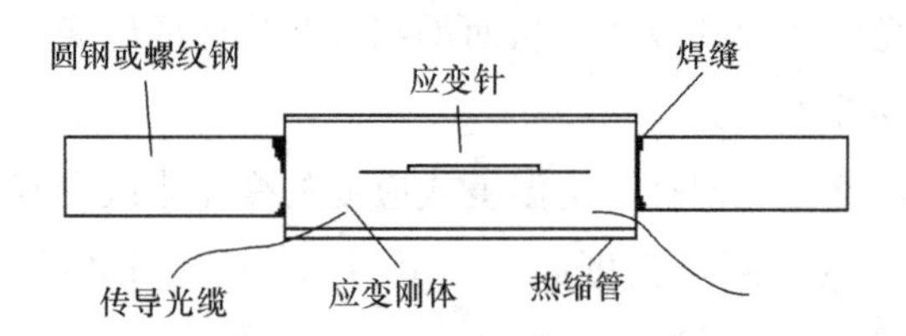

(a) 光纤布拉格光栅钢筋应力计示意图

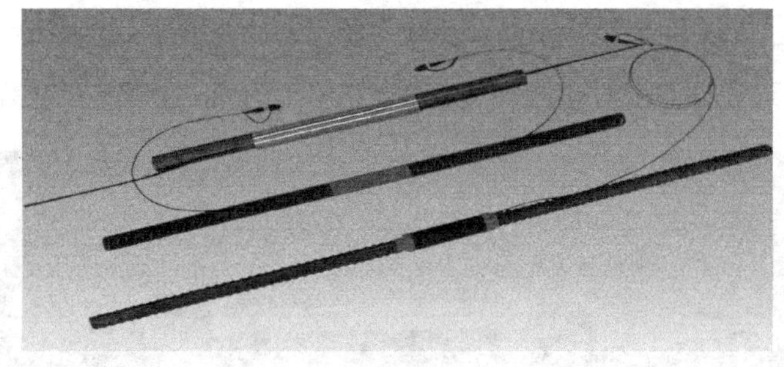

(b) 光纤布拉格光栅钢筋应力计与钢筋的连接

图 2-36　光纤布拉格光栅钢筋应力计

光纤布拉格光栅钢筋应力计的量程为，拉伸：0～400MPa；压缩：0～320MPa，而且不受潮湿、光缆长度的影响，可以根据钢筋的直径订制。

光纤布拉格光栅土压力计（图 2-37）是由两块不锈钢板沿它们的圆周焊到一起，而在它们之间留一个很窄的缝，缝里完全充满除气液压油，通过液压管接到一个将油压转换

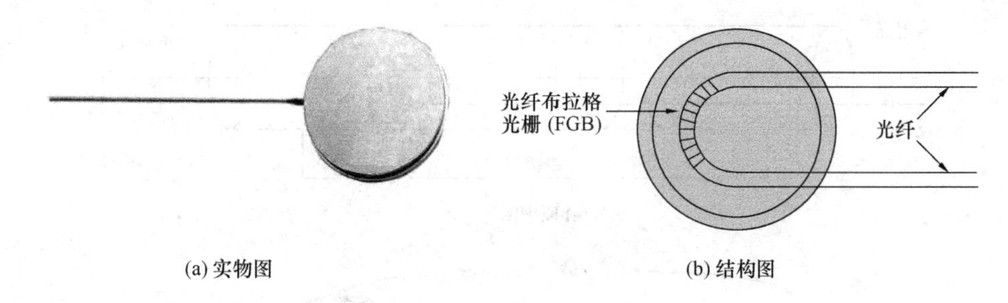

图 2-37　光纤布拉格光栅土压力计

成光信号的压力传感器上，再经光缆将信号传输到光纤光栅分析仪上。其形状有矩形和圆形两种，量程从 0.35MPa 到 20MPa。

光纤布拉格光栅渗压计中有一个灵敏的不锈钢膜片，在它上面连接光纤布拉格光栅传感器。使用时，膜片上压力的变化引起它移动，这个微小位移量导致光纤光栅元件长度的变化，并传输到光纤光栅分析仪上，并在此被解调和显示。其基本结构如图 2-38（a）所示，一般量程从 0.35MPa 到 10MPa，小量程可小到 0.35kPa，大量程可达 60MPa。

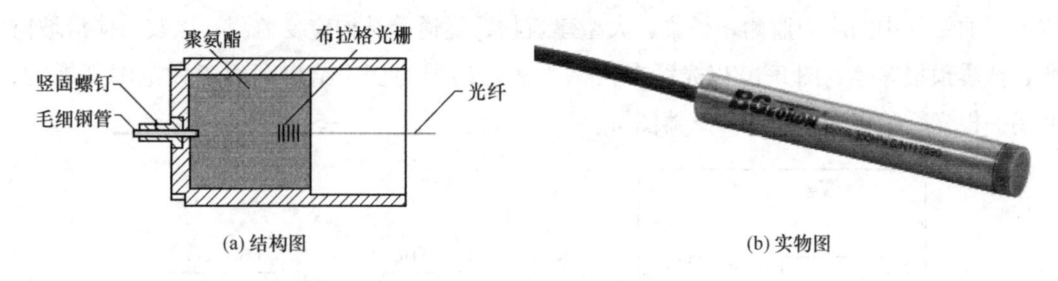

图 2-38　光纤布拉格光栅渗压计

光纤布拉格光栅温度传感器的原理与光纤布拉格光栅应变传感器的类似，这时光纤本身的热膨胀造成了光栅间距的改变。由于玻璃材料的热膨胀系数很小，为了提高布拉格光栅光导纤维温度传感器的灵敏度，可以用特殊工艺把热膨胀系数较大的金属镀在玻璃纤维的表面。例如用真空溅射的方法在玻璃纤维表面镀以薄层微米量级的金属镍层，然后再用电镀的方法增厚。用这种方法可以在光纤外面镀厚达 1mm 的金属镍，其强度足以迫使石英光纤拉伸或压缩。另外一种提高其灵敏度的方法是将铅板胶结在光纤上，如图 2-39（a）所示，由于铅的热膨胀系数远高于石英，受温度影响的应变也大得多。量程从－55℃到＋200℃，测温分辨率为 0.1℃，精度为±0.5℃。

三、 光纤传感器的特点

光纤布拉格光栅传感器可以在同一根长光纤的不同部位设置多个光栅，每个光栅的参数稍有改变，工作波长不重合，分别对不同频段的光波产生共振反射或透射。不同频率的反射波峰或透射波峰由同一根光纤传至频谱分析仪，互相不会干扰。这样用同一根光纤可以得到许多点的测量数据，使单个传感器的成本大大降低。由于光信号在光纤中衰减极

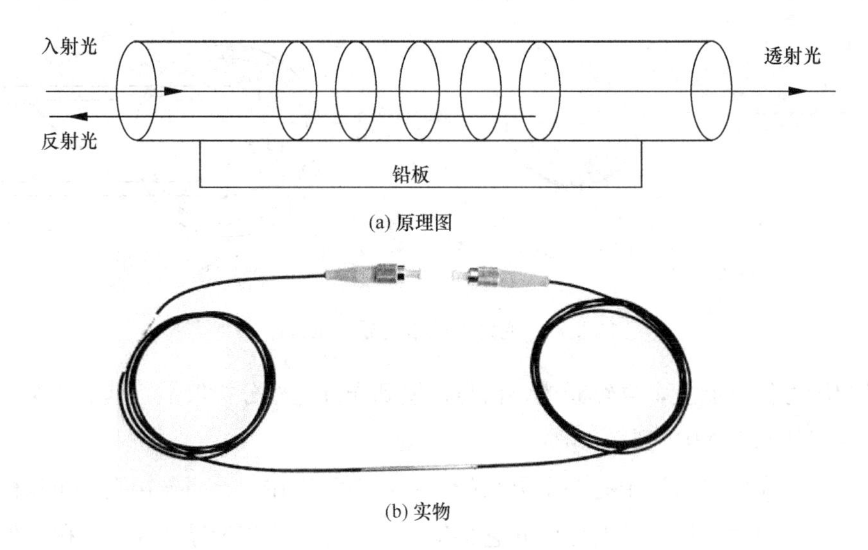

(a) 原理图

(b) 实物

图 2-39　光纤布拉格光栅温度传感器

小，可长距离传输，多单元光纤传感器非常适合大规模部署，包括水坝中的压力形变监测，石油钻井中的应力监测，桥梁、大型建筑物、隧道等结构应变监测，以及山体滑坡监测、地震预报等等。图 2-40 以光纤布拉格光栅传感器为例，给出了用于大范围部署的、共用一根光纤的多通道光纤传感器图解。

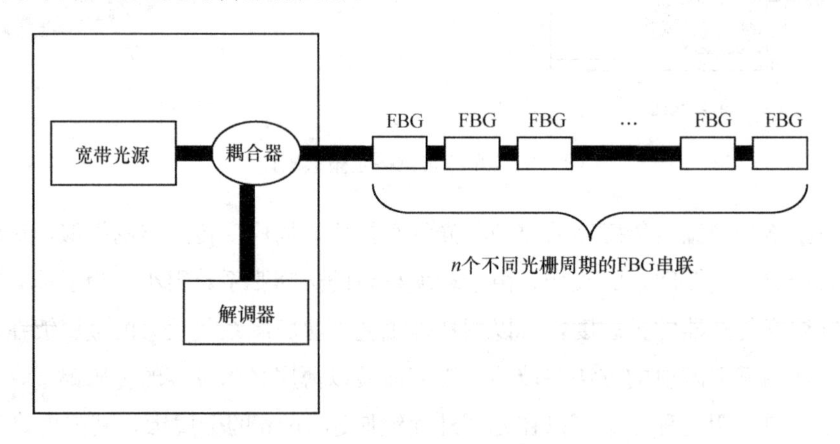

图 2-40　共用同一根光纤的多通道光纤传感器

光纤传感器还具有以下主要优点：

(1) 探头无需电源，不消耗能量和不发热；

(2) 因探头产生的信号是光波，所以信号抗电磁干扰；

(3) 耐腐蚀、耐高温、无需电绝缘；

(4) 信号传输距离远，便于远距离测控；

(5) 同一根光纤可以支持多个传感器探头，便于大范围部署；

(6) 重量轻、体积小、对被测介质扰动较小；

(7) 在某些应用中灵敏度高于其他类型传感器，而在另一些应用中成本低于其他类型的传感器。

用石英玻璃制成的光纤传感器抗化学腐蚀的能力很强，也可耐受较高的温度，光信号衰减很小，所以能远距离传输。

第七节 传感器的选择和标定

一、 传感器选择的原则

选择传感器首先是确定传感器的量程，为此要了解被测物理量在测试期间的最大值和变化范围，这项工作可通过 3 条途径来实现：①查阅工程设计图纸、设计计算书和有关说明；②根据已有的理论估算；③由相似工程类比。传感器的量程一般应按照被测物理量预计最大值的 1.5～2 倍确定。然后需要了解和掌握测试过程中对传感器的性能要求，一般来说，对传感器的基本要求是：

（1）输出与输入之间成比例关系，直线性好，灵敏度高；

（2）滞后、漂移误差小；

（3）不因其接入而使测试对象受到影响；

（4）抗干扰能力强，即受被测量之外的量的影响小；

（5）重复性好，有互换性；

（6）抗腐蚀性好，能长期使用；

（7）容易维修和校准。

在选择传感器时，使其各项指标都达到最佳是最好的，但这样就不经济，实际上也不可能满足上述全部性能要求。

在固体介质（如岩体）中测试时，由于传感器与介质的变形特性不同，且介质变形特性往往呈非线性，因此，不可避免地破坏了介质的原始应力场，引起了应力的重新分布。这样，作用在传感器上的应力与未放入传感器时该点的应力是不相同的，这种情况称为不匹配，由此引起的测量误差叫作匹配误差。故在选择和使用固体介质中的传感器时，其关键问题就是要使传感器与介质相匹配。

为寻求传感器合理的设计方法和埋设方法，以减小匹配误差和埋设条件的影响，需要解决如下两个问题：

（1）传感器应满足什么条件，才能与介质完全匹配？

（2）在传感器与介质不匹配的情况下，传感器上受到的应力与原应力场中该点的实际应力的关系如何？以及在不匹配情况下，传感器需满足什么条件才适合测量岩土中的力学参数，使测量误差最小？

由弹性力学可知，均匀弹性体变形时，其应力状态可由弹性力学基本方程和边界条件决定。当传感器放入线性的均匀弹性岩土体中，并且假定其边界条件与岩体结合得很好，只有当弹性力学基本方程组有相同的解，传感器放入前后的应力场才完全相同，当边界条件相同时，对于各向同性均质弹性材料，决定弹性力学基本方程组的解的因素只有弹性常数，因此，静力完全匹配条件是传感器与介质的弹性模量 E 和泊松比 μ 相等，若静力问题要考虑体积力时，则还须使密度 ρ 相等。而动力完全匹配条件是传感器与介质的弹性模量 E、泊松比 μ 和密度 ρ 相等。这样也满足波动力学中，只有当传感器的动力刚度 $\rho_g c_g$ 与介质的动力刚度 $\rho_s c_s$ 相等时（c 为波速，对各向同性均匀弹性材料，只与 E、μ 有关；ρ 为密度），才不会产生波的反射，也就是达到动力匹配。

显然，要实现完全匹配是很困难的，因此，选择传感器时，只能是在不完全匹配的条件下，使传感器的测量特性按一定规律变化，由此产生的误差为已知的，从而可做必要的修正，或是可以容忍的。

压力盒是最典型的埋入式传感器，根据国内外的研究，对压力盒的各结构参数选择有如下建议：

(1) 压力盒的外形尺寸，应满足厚度与直径之比 $H/D \leqslant 0.1 \sim 0.2$，压力盒直径 D 要大于土体最大颗粒直径 50 倍，还应考虑压力盒直径 D 与结构特性尺寸的关系和与介质中应力变化梯度的关系。

(2) 静力刚度匹配问题：传感器的等效变形模量 E_g 与介质的变形模量 E_s 之比应满足 $E_g/E_s \geqslant 5 \sim 10$。压力盒与被测岩土体泊松比之间的不匹配引起的测量误差较小，可忽略不计。

(3) 带油腔的压力盒，传感器的感受面积 A_g 与全面积 A_0 之比 A_g/A_0 应介于 $0.64 \sim 1$，当传感器直径小于 10cm 时，应使 A_g/A_0 介于 $0.25 \sim 0.45$。当传感器的变形模量 E_g 远大于介质变形模量 E_s 时，d/D 不会对误差产生多大影响，故在这种情况下，关于 A_g/A_0 的条件在选择土压力传感器时并非主要控制因素。

(4) 动力匹配问题：由于动态完全匹配条件过于苛刻而很难满足，所以，一般使传感器在介质中的最低自振频率为被测应力波最高谐波频率的 3～5 倍，并且使传感器的直径必须远远小于应力波的波长。同时应使传感器的质量与它所取代的介质的质量相等而达到质量匹配。

在测斜管、分层沉降管、多点位移计锚固头、土压力盒和孔隙水压力计的埋设中，充填材料和充填要求也应遵循静力匹配原则，即充填材料的弹性模量、密度等都要与原来的介质基本一致，所以，同样是埋设测斜管，在砂土中可以用四周填砂的方法；在软黏土中，最好分层将土取出，测斜管就位后，分层将土回填到原来的土层中；而在岩体中埋设测斜管，则要采取注浆的方法，注浆体的弹性模量与密度要与岩体的相匹配。埋设其他元件时，充填的要求与此类似。

二、 传感器的标定

传感器的标定（又称率定），就是通过试验建立传感器输入量与输出量之间的关系，即求取传感器的输出特性曲线（又称标定曲线）。由于传感器在制造上的误差，即使仪器相同，其标定曲线也不尽相同。传感器在出厂前都作了标定，在采购的传感器提货时，必须检验各传感器的编号，及与其对应的标定资料。传感器在运输、使用等过程中，内部元件和结构因外部环境影响和内部因素的变化，其输入输出特性也会有所变化，因此，必须在使用前或定期进行标定。

标定的基本方法是利用标准设备产生已知的标准值（如已知的标准力、压力、位移等）作为输入量，输入到待标定的传感器中，得到传感器的输出量。然后将传感器的输出量与输入的标准量绘制成标定曲线，或用数学方法拟合成一个标定函数。另外，也可以用一个标准测试系统，去测未知的被测物理量，再用待标定的传感器测量同一个被测物理量，然后把两个结果作比较，得出传感器的标定曲线。

标定造成的误差是一种固定的系统误差，对测试结果影响大，故标定时应尽量设法降低标定结果的系统误差，减小偶然误差，提高标定精度。为此，应当做到：

（1）传感器的标定应该在与其使用条件相似的状态下进行；

（2）为了减小标定中的偶然误差，应增加重复标定的次数和提高测试精度；

（3）对于自制或不经常使用的传感器，建议在使用前后均作标定，两者的误差在允许的范围内才确认为有效，以避免传感器在使用过程中损坏引起的误差。

按传感器的种类和使用情况不同，其标定方法也不同，对于荷重、应力、应变传感器和压力传感器等的静标定方法是利用压力试验机进行标定，更精确的标定则是在压力试验机上用专门的荷载标定器标定，位移传感器的标定则是采用标准量块或位移标定器。传感器的标定可扫描右侧二维码观看。

传感器的标定

思考题和简答题

1. 简述应力计和应变计的工作原理和两者的区别。
2. 测力传感器常用的弹性元件主要有哪几种？
3. 电阻应变片式传感器可分为哪几类？分别简述其工作原理。
4. 电感式传感器可分为哪几类？分别简述其工作原理。
5. 简述差动变压式传感器的工作原理和优点。
6. 简述钢弦式传感器的工作原理和优缺点。
7. 压电式测力传感器中采用两片压电石英晶体片的目的是什么？
8. 光纤传感器有哪几类？简述其工作原理和优点。
9. 确定传感器的量程时可以从哪些途径考虑？
10. 位移传感器是怎么标定的？如何降低其标定误差？
11. 传感器与介质匹配的概念是什么？埋入土压力盒与介质匹配的条件是什么？

第三章　电阻应变测量技术

电阻应变测量的基本原理是用电阻应变片作为传感元件，将应变片粘贴或安置在构件表面上，随着构件的变形，应变片敏感栅也相应变形，将被测对象表面指定点的应变转换成电阻变化。电阻应变仪将电阻变化转换成电压（或电流）信号，经放大器放大后由指示表显示或记录仪记录，也可以输出到计算机等装置进行数据处理，将最后结果打印或显示出来。

电阻应变测量的主要特点是：灵敏度与精确度高，应变片尺寸小，栅长最小为0.178mm；能满足应力梯度较大情况下的应变测量；测量范围广，一般测量范围为 10～10^4量级的微应变；可测静应变，也可测量频率范围 0～500kHz 的动应变；测量精度高，动态精度达 1%，静态精度达 0.1%。应变片可以做成各种形式，或制成各种形式的传感器，可测量力、压强、位移、加速度，以及大变形和裂纹扩展速率等参数，能满足力学测量上的多种需要。同时测量结果为电信号，易于数据处理和实现测试自动化，因而，是目前最常用的测试方法之一。

电阻应变测量只能逐点测量被测对象的表面应变，因应变片丝栅有一定的面积，只能测量该面积的平均应变，对应变梯度很大的测量仍不够精确，在环境恶劣的情况下，如不采取相应的措施，会导致较大的误差。

第一节　电 阻 应 变 片

一、 应变片的构造和工作原理

由物理学可知，金属导线的电阻 $R(\Omega)$与其长度 L(m) 成正比，与其面积 $A(\mathrm{mm}^2)$成反比，即：

$$R=\rho\frac{L}{A} \tag{3-1}$$

式中　ρ——电阻率（$\Omega\cdot\mathrm{mm}^2/\mathrm{m}$）。

大多数金属丝在轴向受到拉伸时，其电阻增加，压缩时，其电阻减小，这种电阻值随变形发生变化的现象称为金属丝的电阻应变效应。对上式两边取对数并微分，得：

$$\frac{\mathrm{d}R}{R}=\frac{\mathrm{d}\rho}{\rho}+\frac{\mathrm{d}L}{L}-\frac{\mathrm{d}A}{A}=\frac{\mathrm{d}\rho}{\rho}+\varepsilon+2\mu\frac{\mathrm{d}L}{L}$$

即：
$$\frac{\mathrm{d}R}{R}=\frac{\mathrm{d}\rho}{\rho}+(1+2\mu)\varepsilon \tag{3-2}$$

式中　ε——金属丝的纵向应变；

μ——金属丝的泊松比。

人们早已发现金属电阻率的变化率与体积的变化率有线性关系，即：
$$\frac{\mathrm{d}\rho}{\rho}=m\frac{\mathrm{d}V}{V} \tag{3-3}$$

其中，m 为常数。

对给定的材料和加工方法，m 是确定值，在单向应力状态下，有：
$$\frac{\mathrm{d}V}{V}=(1-2\mu)\varepsilon \tag{3-4}$$

将式（3-3）和式（3-4）代入式（3-2），则得：
$$\frac{\mathrm{d}R}{R}=[1+2\mu+m(1-2\mu)]\varepsilon=k_0\varepsilon \tag{3-5}$$

其中，$k_0=1+2\mu+m(1-2\mu)$，为金属材料对应变的敏感系数。

由上式可知，当材料确定时，k_0 只是 μ 的函数。一般金属材料当变形进入塑性区时，μ 值要发生变化，所以 k_0 值也要改变。k_0 值与合金成分、加工工艺以及热处理等因素有关，各种材料的灵敏度系数由实验测定。某些材料，如康铜（铜、镍合金）的应变与电阻变化率之间具有良好的线性关系。因为康铜的 $m=1$，理论上，在弹性和塑性区 k_0 都为 2，即其灵敏度系数为常数，而且其热稳定性好，因而它是制作应变片敏感栅的主要材料。应变片的构造如图 3-1 所示。

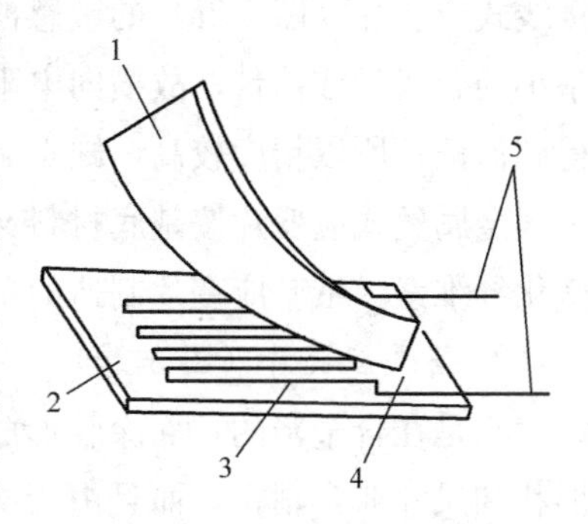

图 3-1　应变片的构造

1—盖层；2—基底；3—敏感栅；4—胶粘剂；5—引线

二、应变片的类型

根据不同的用途和特点，应变片的类型很多，表 3-1 列出了各种类型的应变片及其特点。目前常见的应变片主要有以下几种。

各种类型的应变片及其特点　　表 3-1

分类方法和类型			主要特点
敏感栅材料	金属电阻应变片	丝绕式应变片	横向效应大，灵敏系数值分散度大，价廉
		短接线式应变片	横向效应小，疲劳寿命低
		箔式应变片	横向效应小，散热条件好，蠕变小，疲劳寿命长
	半导体应变片		灵敏系数甚高，温度稳定性差

续表

分类方法和类型		主要特点
敏感栅形状	单轴	用于测量单向应变的应变片
	应变花	用于平面应力状态下测定主应变
基底材料	纸基应变片	耐温，耐热及耐久性差
	胶基应变片	以有机胶膜作基底，耐热，耐湿，耐久性较纸基好
	金属基底应变片	高温应变片类型之一，用焊接方式安装于构件上
	临时基底应变片	高温应变片类型之一
用途	一般用途应变片	指用于应变测量的各种常规应变片
	特殊用途应变片	如半导体应变片、防水应变片、埋入式应变片、双层应变片等
	应变片式传感元件	如裂纹扩展片、疲劳寿命片、测温片、测压片等

1. 金属丝式应变片

金属丝式应变片分为丝绕式和短接线式两种。丝绕式应变片（图 3-2b）是最常用的形式，敏感栅用丝绕机绕成，制造容易，成本低，由于敏感栅存在圆角部分，故横向效应比较大，特别对小标距应变片，由于圆弧形状不易保证，使得其灵敏系数值分散较大。短接线式应变片（图 3-2a）的敏感栅轴向是多根平行排列的电阻丝，而横向是粗而宽且电阻率小的金属丝或箔带，故横向电阻和横向效应都很小。此外由于制作时敏感栅的形状容易得到保证，所以精度较高，缺点是由于焊点多，疲劳寿命短。

金属丝式应变片按基底材料又可分为纸基的、纸浸胶基的和胶基的几种，粘合剂多用硝化纤维素。纸基应变片制造简单，价格便宜，易于粘贴，一般用于常温短期试验。

2. 箔式应变片（图 3-2g）

它是在合金箔的一面涂胶形成胶底，然后在箔面上用照相腐蚀成形法制成，所以几何形状和尺寸非常精密，而且由于电阻丝部分是平而薄的矩形面，所以粘贴牢固，丝的散热性能好，横向效应系数也较低，是目前主要使用的一种应变片。

3. 半导体应变片（图 3-2i）

它是用锗或硅等半导体材料根据其压阻效应制成。其灵敏系数比一般应变片大几十

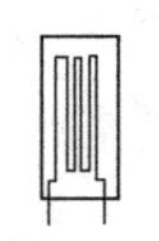

(a) 短接线式

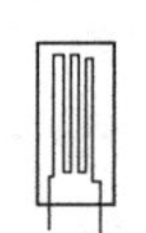

(b) 丝绕式

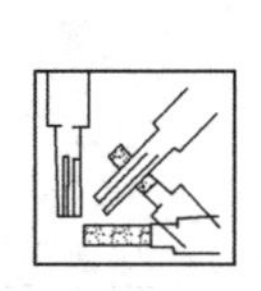

(c) 丝式直角应变花

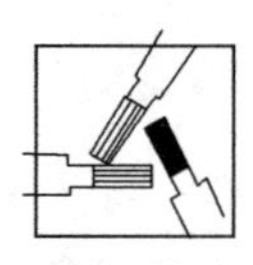

(d) 丝式三角应变花

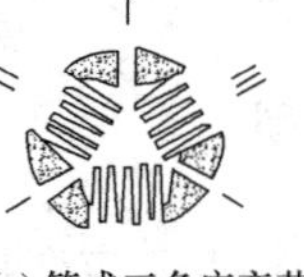

(e) 箔式三角应变花

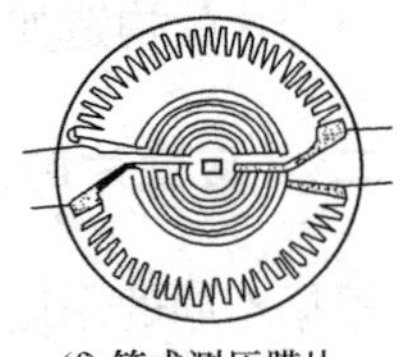

(f) 箔式测压膜片

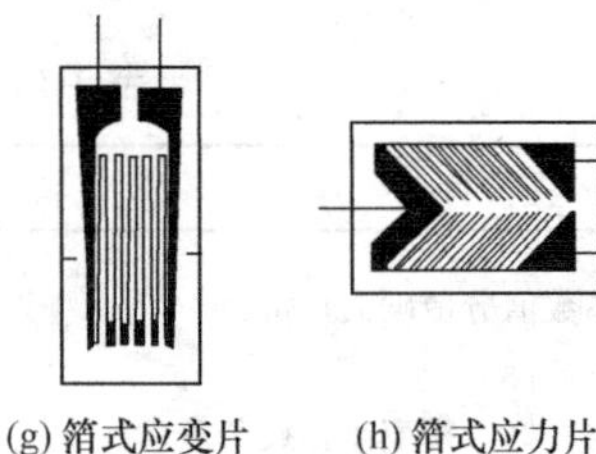

(g) 箔式应变片　(h) 箔式应力片

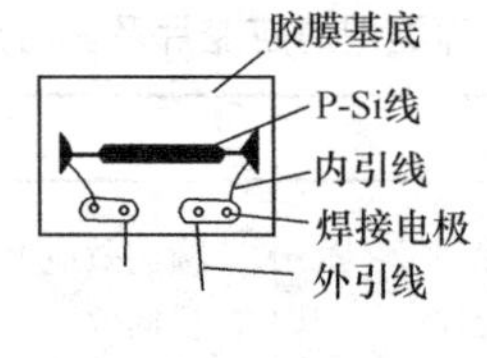

(i) 半导体应变片

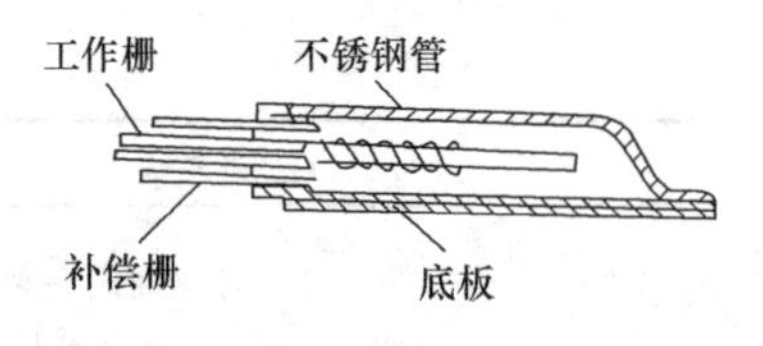

(j) 焊接式应变片

图 3-2　各类应变片示意图

倍，能处理微小信号，可以省掉放大器，使应变测量系统简化。另外，它还有横向效应几乎为零、机械滞后和体积小、频率响应高、频带宽等优点。但也有电阻值和灵敏系数的热稳定性差等缺点。常用于微小应变和高频、超高频动态应变的测量，在遥测和制成各种传感器中都有许多应用。

4. 应变花（图 3-2c、d、e）

在一个基底上由几个按一定角度排列的敏感栅制成的应变层称为应变花。应变花可以是箔式的，也可以是丝式的。应变花的主要用途是通过测量一个点上几个方向的应变，而获得平面应力状态下一个点的主应力及主方向。

5. 应力电阻片（图 3-2h）

假设有两段电阻丝将它们串联起来后对称于轴布置，设它们与 x 轴的夹角各为 α 和 $-\alpha$，若它们的长度均为 l，电阻均为 R，则在应变 ε_x、ε_y 和 γ_{xy} 作用下电阻增量分别为：

$$\Delta R_{+\alpha} = Rk_1(\varepsilon_x\cos^2\alpha + \varepsilon_y\sin^2\alpha + \gamma_{xy}\sin\alpha\cos\alpha)$$

$$\Delta R_{-\alpha} = Rk_1[\varepsilon_x\cos^2(-\alpha) + \varepsilon_y\sin^2(-\alpha) + \gamma_{xy}\sin(-\alpha)\cos(-\alpha)]$$

两者之和为：

$$2\Delta R = 2Rk_1(\varepsilon_x\cos^2\alpha + \varepsilon_y\sin^2\alpha) = 2Rk_1(\varepsilon_x + \varepsilon_y\tan^2\alpha)\cdot\cos^2\alpha$$

选择 $\tan^2\alpha=\mu$，则 $\cos^2\alpha=\dfrac{1}{1+\mu}$，并根据胡克定律有：

$$2\Delta R = 2Rk_1\frac{1}{1+\mu}(\varepsilon_x + \varepsilon_y\mu) = 2Rk\frac{1}{1+\mu}\cdot\frac{1-\mu^2}{E}\sigma_x$$

因而，

$$\sigma_x = \frac{\Delta R}{R}\cdot\frac{1}{k_1(1-\mu)}\cdot E \tag{3-6}$$

由此可见，只要将电阻应变仪的灵敏系数调节器置于 $k_1(1-\mu)$，则读数乘以 E 即为应力 σ_x。

三、 应变片的灵敏系数和横向效应

应变片灵敏系数（即灵敏度）k 定义为：把应变片粘贴在处于单向应力状态的试件表面，使其敏感栅纵向中心线与应力方向平行时，应变片电阻值的相对变化与沿其纵向的应变 ε_x 之比值，即为 k：

$$k = \frac{\dfrac{\Delta R}{R}}{\varepsilon_x} \tag{3-7}$$

k 值不同于 k_0 值，它受敏感栅转弯处横向应变的影响，k 值一般由生产厂家标定后给出。k 总是小于 k_0，因为丝栅转弯处受横向应变 $\varepsilon_y=-\mu\varepsilon_x$ 的影响，所以应变片产生的是直栅与弯头两部分效应之和，在 k 已知的情况下，被测应变可以写成：

$$\varepsilon_x = \frac{1}{k} \cdot \frac{\Delta R}{R} \text{或} \frac{\Delta R}{R} = k\varepsilon_x \quad (3\text{-}8)$$

如果应变片是理想的传感元件，它就应只对其栅长方向的应变“敏感”，而在栅宽方向“绝对迟钝”。当材料产生纵向应变 ε_y 时，由于横向效应，将在其横向产生一个与纵向应变符号相反的横向应变 $\varepsilon_y = -\mu\varepsilon_x$，因此应变片上横向部分的线栅与纵向部分的线栅产生的电阻变化符号相反，使应变片的总电阻变化量减小，此种现象称为应变片的横向效应，用横向效应系数 H 来描述。实际测定时，以一个单向应变分别沿栅宽 B 和栅长 L 方向作用于同批量中的两片应变片所产生的电阻变化率之比值，作为该批应变片的横向效应系数。应当指出，横向灵敏度引起的误差往往是较小的，只有在测量精度要求较高和应变场的情况较复杂时才需要考虑修正。

四、 应变片的工作特性

除应变片的灵敏度 k 和横向效应系数 H 外，衡量应变片工作特性的指标还有以下几种。

1. 应变片的尺寸

顺着应变片轴向敏感栅两端转弯处内侧之间的距离称为栅长（或叫标距），以 l 表示。敏感栅的横向尺寸称为栅宽，以 S 表示。$l \times S$ 称为应变片的使用面积。应变片的基长 L 和宽度 W 要比敏感栅大一些。在可能的条件下，应当尽量选用栅长大一些、栅宽小一些的应变片。

2. 应变片的电阻值

即应变片在没有粘贴、未受力时，在室温下所测定的电阻值。应变片的标准名义电阻值最常用的有 120Ω、350Ω，并有 60Ω、200Ω、500Ω、1000Ω 系列，出厂时提供每包应变片电阻的平均值及单个阻值与平均阻值的最大偏差。应变片在相同的工作电流下，R 越大，允许的工作电压越大，可以提高测试灵敏度。

3. 机械滞后量（Z_f）

在恒定温度下，对贴有应变片的试件进行加卸载试验，对各应力水平下应变片加卸载时所指示的应变量的最大差值作为该批应变片的机械滞后量 Z_f。机械滞后主要是由敏感栅、基底和胶粘剂在承受应变后留下的残余应变所致。在测试过程中，为了减少应变片的机械滞后给测量结果带来的误差，可对新粘贴应变片的试件反复加卸载 3～5 次。

4. 零点漂移（P）和蠕变（θ）

在温度恒定，被测试件不受力的情况下，试件上应变片的指示应变随时间的变化称为零点漂移（简称零漂）。如果温度恒定，应变片承受有恒定的机械应变时，指示应变随时间的变化则称为蠕变。零漂主要是由于应变片的绝缘电阻过低、敏感栅通电流后的温度效应、胶粘剂固化不充分、制造和粘贴应变片过程中造成的初应力，以及仪器的零漂或动漂等所造成。蠕变主要是由胶层在传递应变开始阶段出现的“滑动”造成。

5. 应变极限

在室温条件下，对贴有应变片的试件加载，使试件的应变逐渐增大，应变片的指示应变与真实应变的相对误差达到规定值（一般为10%）时的真实应变即为应变片的应变极限，用ε_j表示，认为此时应变片已失去工作能力。

6. 绝缘电阻（R_m）

绝缘电阻R_m是指敏感栅及引线与被测试件之间的电阻值，常作为应变片胶粘层固化程度和是否受潮的标志。绝缘电阻下降会带来零漂和测量误差，特别是不稳定的绝缘电阻会导致测试失败。所以，应采取措施保持其稳定，这对用于长时间测量的应变片来说是极为重要的。

7. 疲劳寿命（N）

疲劳寿命N是指贴有应变片的试件在恒定幅值的交变应力作用下，应变片连续工作，直至产生疲劳损坏时的循环次数，通常可达10^6～10^7次。

8. 最大工作电流

最大工作电流是允许通过应变片而不影响其工作特性的最大电流，通常为几十毫安。静态测量时为提高测量精度，流过应变片的电流要小一些；短期动测时，为增大输出功率，电流可大一些。

五、应变片的选用

在电阻应变测量时，应变片的选择主要根据工作环境、被测材料的材质、被测物的应力状态及所需的精度进行考虑。

1. 按工作环境选用

应尽量选择适合测试温度范围内的应变片，若明显超出应变片的工作温度范围，应变片的正常工作特性将不能保证。岩土及地下工程的现场往往比较潮湿，对应变片的性能影响很大，常会造成零漂增大，灵敏度下降，由此产生误差。因此，在潮湿环境中，应使用防潮性能好的胶基应变片，并应采取如涂敷防潮剂等适当的防潮措施。

2. 按被测物的材料性质选用

在弹性模量较高的均匀介质上测量时，可选用基长较小的应变片，以提高测量精度，在粗晶粒的岩石、混凝土等不均匀介质上测量时，则应选用基长较长的应变片，一般应大于最大颗粒粒径4倍以上。

3. 按被测试件的受力状态和应变性质选用

在应变梯度较大的区域内测量时，可选用基长较小的应变片，当应变梯度较小且又均匀时，可选用中基长的应变片。对用作长期观测的应变片，要选择具有较高耐久性和稳定性的应变片，通常用胶基、箔式应变片。对用作长期动荷载作用的应变测量，应选用电阻值大、基长相对较短的疲劳寿命应变片，前者有利于提高信噪比，后者有利于提高频率响应特性。而对静态应变测量而言，温度变化是导致误差的重要原因，选用温度自补偿片可减少由此带来的误差，但费用会增大。在测量平面应变时，可采用应变花，如果测量精度要求比较高，则应采用横向效应小的短接式应变花。

4. 按测量精度选用

在一般测量中可选用价格低、粘贴方便的纸基片，精度要求较高时，应采用长期稳定性和防潮性较好的胶基片。当测试线路中包括切换开关、集电器以及其他电阻变化随机源时，选用高阻值的应变片可提高信噪比，从而提高测试精度。静态测量或使用动态应变仪电标定的动态测量，应尽量选用工作电阻为 120Ω 的应变片，否则测得的应变值要加以修正。

第二节　应 变 测 量 电 路

应变片将应变信号转换成电阻相对变化量是第一次转换，而应变基本测量电路则是将电阻相对变化量再转换成电压或电流信号，以便显示、记录和处理，这是第二次转换，通常转换后的信号很微弱，必须经调制、放大、解调、滤波等变换环节才能获得所需的信号，这一切统称应变测量电路，并构成电阻应变仪。应变测量一般采用惠斯登电桥电路。电桥电路可有效地测量 $10^{-6}\sim10^{-3}$ 数量级的微小电阻变化率，且精度很高、稳定性好、易于进行温度补偿，所以在电阻应变仪和应变测量中应用极广。按电源供电方式可分为直流电桥和交流电桥。

一、直流电桥

图 3-3 为直流惠斯登电桥，由 4 个电阻 R_1、R_2、R_3、R_4 组成 4 个桥臂；A、C 为供桥端，接电压为 E 的直流电源，B、D 为输出端，电桥的输出电压为：

$$U_{\mathrm{BD}}=\frac{R_1R_3-R_2R_4}{(R_1+R_2)(R_3+R_4)}\cdot E \tag{3-9}$$

当 $U_{\mathrm{BD}}=0$ 时，电桥处于平衡状态，故电桥的平衡条件为：

$$R_1R_3-R_2R_4=0 \quad 或 \quad \frac{R_1}{R_4}=\frac{R_2}{R_3} \tag{3-10}$$

实际测量时，桥臂 4 个电阻 $R_1=R_2=R_3=R_4=R$，此称等臂电桥。

设 R_1 为工作应变片，当试件受力作用产生应变时，其阻值有一增量 ΔR，此时，桥路就有不平衡输出，由于 $\Delta R\ll R$，由式（3-9）可得电压输出为：

$$U_{\mathrm{BD}}=\frac{\Delta R}{4R}\cdot E=\frac{1}{4}k\varepsilon E \tag{3-11}$$

上式是电阻应变仪中最常用的基本关系式，它表明等臂电桥的输出电压与应变在一定范围内近似成线性关系。

设电桥四臂均为工作应变片，其电阻为 R_1、R_2、R_3、R_4。当应变片未受力时，电桥处于平衡状态，电

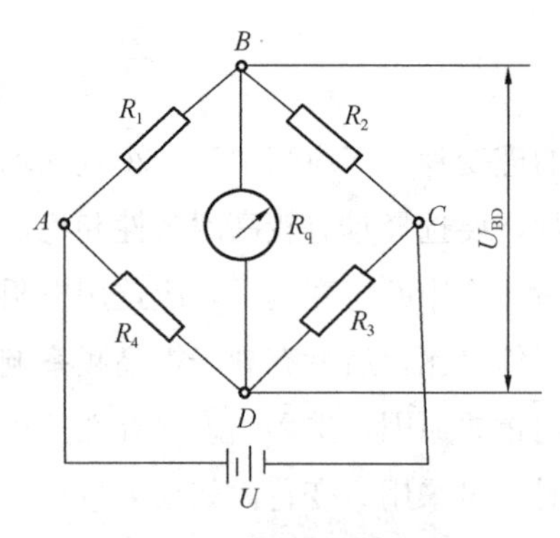

图 3-3　直流惠斯登电桥

桥输出电压为零；当受力后，电桥四臂都产生电阻变化，分别为 ΔR_1、ΔR_2、ΔR_3、ΔR_4，电桥电压输出为：

$$U_{BD}=\frac{\Delta R_1R_3-\Delta R_2R_4+\Delta R_3R_1-\Delta R_4R_2}{(R_1+R_2)(R_3+R_4)}E \tag{3-12}$$

下面根据 3 种桥臂配置情况进行分析：

（1）全等臂电桥，即，$R_1=R_2=R_3=R_4=R$，其电压输出为：

$$U_{BD}=\frac{E}{4}\left(\frac{\Delta R_1}{R_1}-\frac{\Delta R_2}{R_2}+\frac{\Delta R_3}{R_3}-\frac{\Delta R_4}{R_4}\right)=\frac{kE}{4}(\varepsilon_1-\varepsilon_2+\varepsilon_3-\varepsilon_4) \tag{3-13}$$

（2）输出对称电桥：$R_1=R_2$，$R_3=R_4$，其电压输出与全等臂电桥相同；

（3）电源对称电桥：$R_1=R_4$，$R_2=R_3$，并令$\frac{R_2}{R_1}=\frac{R_3}{R_4}=a$，则其电压输出为：

$$U_{BD}=\frac{a}{(1+a)^2}E\left(\frac{\Delta R_1}{R_1}-\frac{\Delta R_2}{R_2}+\frac{\Delta R_3}{R_3}-\frac{\Delta R_4}{R_4}\right)=\frac{akE}{(1+a)^2}(\varepsilon_1-\varepsilon_2+\varepsilon_3-\varepsilon_4) \tag{3-14}$$

从上面分析可知，相邻桥臂的应变若极性一致（即同为拉应变或同为压应变）时，输出电压为两者之差；若极性不一致（即一为拉应变，另一为压应变）时，输出电压为两者之和。而相对桥臂则与上述规律相反，此特性称为电桥的加减特性（或和差特性），该特性对于交流电桥也完全适用。利用该特性可提高电桥的灵敏度，对温度影响予以补偿，从复杂受力的试件上测取某外力因素引起的应变等，所以，它是在构件上布片和接桥时遵循的基本准则之一。

用电桥测量电阻变化有偏位法和零位法两种测量方法。偏位法是在表的刻度盘上刻出 ΔR，或直接刻出应变值（根据 $\Delta R/R=k\varepsilon$），由指针偏转直接指示应变值，或者送到记录器直接记录。零位测量法如图 3-4 所示，电桥原始平衡后，如 R_1变成 $R_1+\Delta R$，则电桥失去平衡，电表指针偏转，此时人为调节可变电阻 r，改变 D 点电位，使之与 B 点电位相同，电桥重新平衡，电表又重新指零，这时可在可变电阻器刻度盘上直接读出应变值，便可测出 R_1变化 ΔR 时所对应的应变值 $\varepsilon=\frac{2\Delta r}{k\cdot R}$。零位测量法与电源电压无关，电源电压变化不影响测量结果，故测量精度较高，但测量时电桥需要重新平衡，较麻烦，所以其只用于静态测试。偏位法输出受电源电压的影响，用于动态测试。

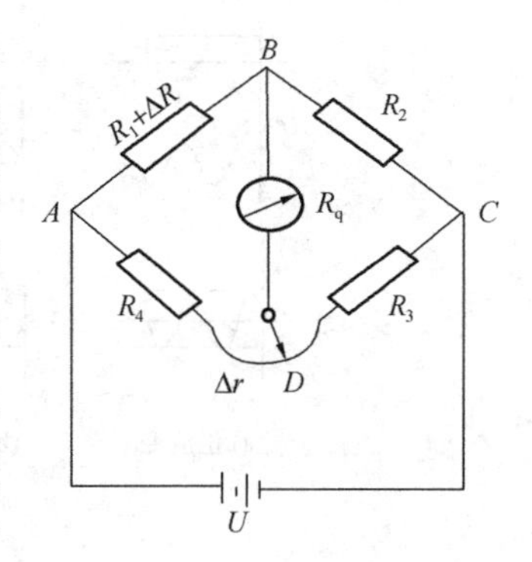

图 3-4　零位测量法电路

二、 交流电桥

采用高稳定性直流放大器复杂而且价格昂贵，故目前电阻应变仪多用正弦交流电压作供桥电源。常用交流电桥也如图 3-4 所示，AB、BC 两臂由应变片组成，在正常情况下，由于应变片的接线和丝栅存在分布电容但影响不大，认为交流电桥四臂都有电阻构成，则交流电桥输出电压的基本公式和直流电桥一样，只是 E 改为 $U_{AC}=V_m\sin\omega t$ 即：

$$U_{BD}=\frac{R_1R_3-R_2R_4}{(R_1+R_2)(R_3+R_4)}\cdot V_m\sin\omega t \tag{3-15}$$

式中　$V_m\sin\omega t$——交流电供桥电压；

V_m——交流电压的最大幅值；

ω——交流电压的圆频率。

当等臂电桥单臂工作时，输出电压与电阻变化的关系式为：

$$U_{BD}=\frac{\Delta R}{R}\cdot V_m\sin\omega t \tag{3-16}$$

当 $R\gg\Delta R$ 时，输出电压随电阻变化量 ΔR 的改变而成比例变化，故交流电桥也能把电阻的变化转换为电压的输出。交流电桥与直流电桥的不同在于交流电桥的输出电压信号是对桥压的调幅信号，称为调幅波。

当试件受静态拉伸应变 ε_+ 时，将使 R_1 变为 $R_0+\Delta R_t$，对应的电桥输出电压为：

$$U_{BDt}=\frac{1}{4}\frac{\Delta R_t}{R_0}\cdot V_m\sin\omega t=\frac{1}{4}k\varepsilon_+ V_m\sin\omega t \tag{3-17}$$

可见，电桥电压输出的幅度与 k、ε_+ 及 V_m 成正比，其频率和相位都和载波电压一样，波形如图 3-5（a）所示。

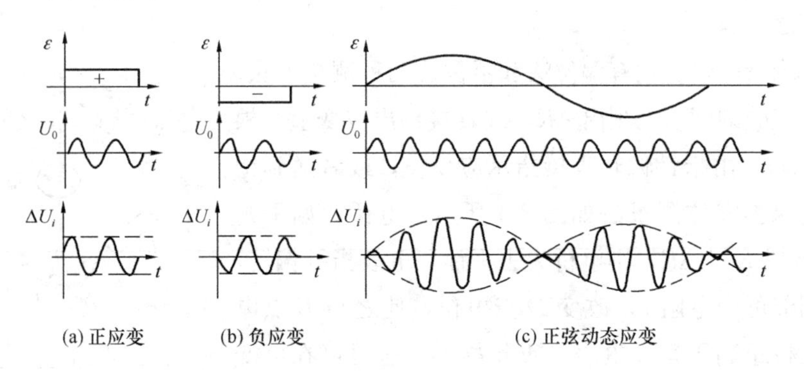

图 3-5　交流电桥输出电压波形

当试件受静态压缩应变 ε_- 时，将使 R_1 变为 $R_0-\Delta R_t$，对应的电桥输出电压为：

$$U_{BDc}=\frac{1}{4}\frac{\Delta R_c}{R_0}\cdot V_m\sin\omega t=\frac{1}{4}k\varepsilon_- V_m\sin(\omega t+\pi) \tag{3-18}$$

可见，压应变时只有相位与载波电压相差 π，其余与拉应变的情况相仿，波形如图 3-5（b）所示。

当试件受如下简谐变化的应变时：

$$\varepsilon_n=\varepsilon_M\sin\Omega t \tag{3-19}$$

式中　ε_n、ε_M——简谐应变的瞬时值和最大值；

Ω——简谐应变的角频率。

$$U_{BDn}=\frac{1}{4}\frac{\Delta R_m}{R_0}\cdot V_m\sin\Omega t\sin\omega t=\frac{1}{8}k\varepsilon_m V_m\sin(\omega-\Omega)-\frac{1}{8}k\varepsilon_m V_m\cos(\omega+\Omega)t \tag{3-20}$$

其波形为一调幅波如图 3-5（c）所示，它可视为由振幅相同、频率分别为（$\omega-\Omega$）和（$\omega+\Omega$）两个谐波叠加而成。但实际应变的变化频率多为非正弦的，其中有不可忽略的高次谐波频率 $n\Omega$，则此时电桥的输出频率宽度为（$\omega\pm n\Omega$）。为使电桥调制后不失真，载波频率 ω 应比应变信号频率 $n\Omega$ 大十倍。当动、静应变同时存在时，则电桥的输出相当于静态应变和动态应变两种情况的叠加。

从以上分析可以知道，电桥如一调制器，它把缓变的被测信号（应变）变为交流信号，使其振幅的大小随被测信号的大小而变，也即交流电桥起到了调幅作用。

三、 电桥的平衡

电桥平衡的物理意义是：试件在不受力的初始条件下，应变电桥的输出也应为零，相当于标定曲线的坐标原点。由于应变片本身的制造公差，任意两个应变片的电阻值也不可能相等，而且接触电阻和导线电阻也有差异，所以必须设置电桥调平衡电路。在交流电桥中，应变片引出导线间和应变片与构件间都存在着分布电容，其容抗与供桥电压圆频率成正比，它与应变片的电阻并联，严重影响着电桥的平衡和输出、降低电桥的灵敏度、导致信号失真。因此，试件加载前，还必须有电容预调平衡。

常用的电阻预调平衡方法有以下几种：

（1）电阻串联平衡法（图 3-6a）。在桥臂中串联一个小阻值的电阻 r，调节此小电阻，改变相邻两臂的电阻值，消除电阻初始的不平衡。

（2）电阻并联平衡法（图 3-6b）。在桥臂中并联一个大阻值的电阻器 W，调节该电阻器，改变相邻两臂的电阻值，达到电桥平衡。

（3）无触点平衡法（图 3-6c）。电桥的 R_3、R_4 两臂由贴在内部小悬臂梁上的两片应变片构成，调节螺钉使梁变形，改变两应变片的阻值，以消除电阻的初始不平衡。

常用的电容预调平衡方法有以下几种：

（1）阻容平衡法（图 3-6d）。并联大阻值电阻器 W_1 调节电阻平衡；调节与一固定电容 C 相连的电阻器 W_2 改变桥臂阻抗相角，达到电容平衡。对这种预调平衡方法，需交替调节电阻和电容平衡，才能消除电阻和电容初始的不平衡。另一个方法（图 3-6e）是并联大阻值电阻器 W 调节电阻平衡；桥臂上并联可变电容 C 调节电容平衡，可变电容 C 也可并联到与之相邻的另一个桥臂上。

（2）差动电容平衡法（图 3-6f）。并联大阻值电阻器 W 调节电阻平衡；在电桥的 R_3、R_4 两臂上并联有同轴差动的电容器 C（分为 C_1、C_2），调节电容时，一个增大，另一个将会等值减小，以此调节电容平衡。该方法可克服调平电容时对电阻平衡的影响，但因差动

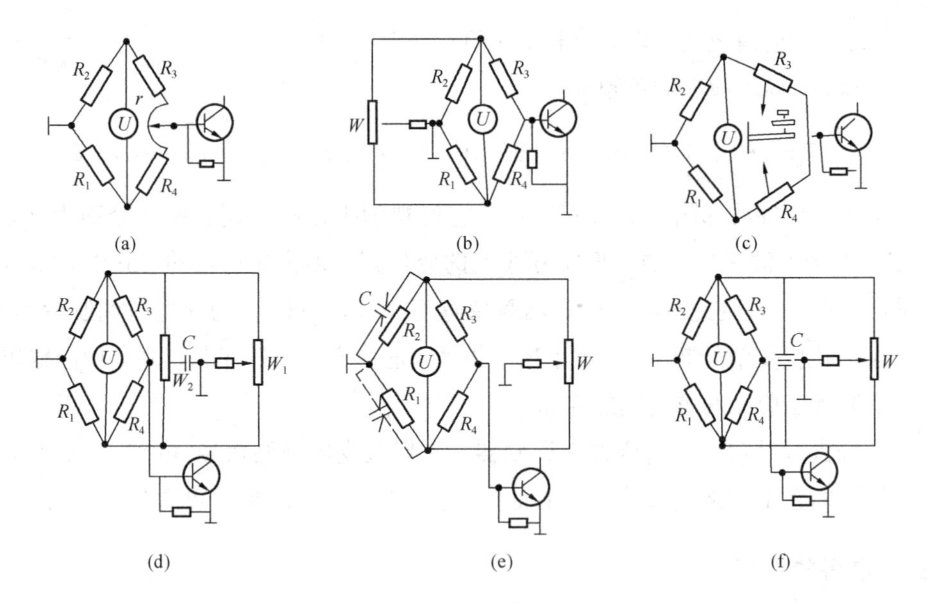

图 3-6　电桥平衡电路

电容的容量较小，电容的平衡范围较小，故通常再备一个固定电容器，当差动电容无法平衡电容的不平衡时，将此电容并联到一个桥臂上，以扩大平衡范围，达到电容平衡。

第三节　应 变 应 力 测 量

根据被测对象的应力状态，选择测点和布置应变片以及合理接桥是实测时应首先解决的问题。布片和接桥的一般原则为：

（1）首先考虑应力集中区和边界上的危险点，选择主应变最大、最能反映其力学规律的点贴片；

（2）利用结构的对称性布点，利用应变电桥的加减特性，合理选择贴片位置、方位和组桥方式，可以达到温度补偿、提高灵敏度、降低非线性误差和消除其他影响因素的目的。

（3）当测量应力时，应尽量避开应力-应变的非线性区贴片；

（4）在应力已知的部位安排测点，以使测量时进行监视和检查试验结果的可靠性。

一、 温度误差及其补偿

应变片由于温度变化所引起的电阻变化与试件（弹性元件）应变所造成的电阻变化几乎有相同的数量级，如果不采取必要的措施克服温度的影响，测量精度将无法保证。下面分析产生温度误差的原因及补偿方法。

（1）温度误差

由于测量现场环境温度改变而给测量带来的附加误差，称为应变片的温度误差。产生温度误差的主要因素有以下两点。

① 电阻温度系数的影响

当温度变化为 ΔT 时，敏感栅的电阻丝电阻随温度的变化值为：

$$\Delta R_{T\alpha} = R_T - R_0 = R_0 \alpha \Delta T \tag{3-21}$$

式中　R_0——T_0（℃）温度时的电阻值；

ΔT——温度变化值；

α——敏感栅材料的电阻温度系数。

② 试件材料和电阻丝材料的线膨胀系数的影响

当试件与电阻丝材料的线膨胀系数相同时，不论环境温度如何变化，电阻丝的变形仍和自由状态一样，不会产生附加变形。

当试件与电阻丝材料的线膨胀系数不同时，由于环境温度变化，电阻丝会产生附加变形，从而产生附加电阻，由于温度变化而引起的总电阻变化为

$$\Delta R_T = \Delta R_{T\alpha} - \Delta R_{T\beta} = R_0 \alpha \Delta T + R_0 T_0 (\beta_g - \beta_s) \Delta T \tag{3-22}$$

式中　β_s 和 β_g——应变丝和试件的线膨胀系数；

$\Delta R_{T\beta}$——由附加应变 $\varepsilon_{T\beta}$ 产生的附加电阻变化。

总附加虚假应变量为：

$$\varepsilon_T = \frac{\frac{\Delta R_T}{R_0}}{K_0} = \frac{\alpha \Delta T}{K_0} + (\beta_g - \beta_s) \Delta T \tag{3-23}$$

由式（3-23）可知，由于温度变化而引起的附加电阻给测量带来的误差，该误差除了与环境温度相关外，还与应变片本身的性能参数（K_0，α，β_s）及试件的线膨胀系数 β_g 有关。

（2）温度补偿方法

电阻应变片的温度补偿方法通常有电桥补偿、应变片自补偿、热敏电阻补偿三大类。

① 电桥补偿法

电桥补偿法也称补偿片法，其原理如图 3-7 所示。电桥输出电压 U_0 与桥臂参数的关系为

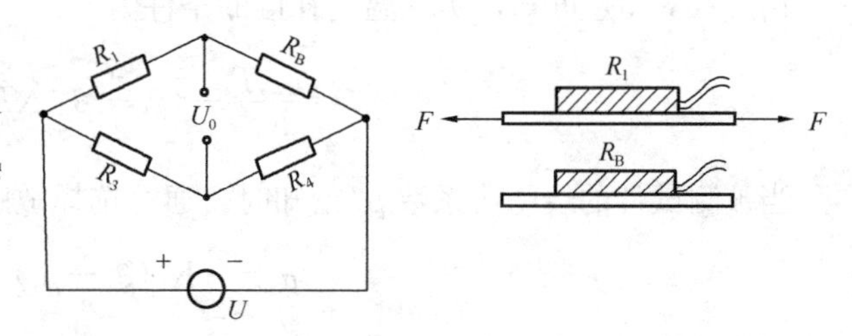

图 3-7　电桥补偿法

R_1—工作应变片；R_B—补偿应变片

$$U_0 = A(R_1 R_4 - R_B R_3) \tag{3-24}$$

式中　A——由桥臂电阻和电源电压决定的常数。

由式（3-24）可知，当 R_3 和 R_4 为常数时，R_1 和 R_B 对电桥输出电压 U_0 的作用方向相反。利用这一基本关系可实现对温度的补偿。

测量应变时，工作应变片 R_1 粘贴在被测试件表面，补偿应变片 R_B 粘贴在与被测试件材料完全相同的补偿块上，置于试件附近，且仅工作应变片承受应变。

当被测试件不承受应变时，R_1 和 R_B 处于同一环境温度为 T(℃)的温度场中，调整电桥参数使之达到平衡，则有

$$U_0 = A(R_1R_4 - R_BR_3) = 0 \tag{3-25}$$

实际测试中，一般按 $R_1 = R_B = R_3 = R_4$ 取桥臂电阻。

当温度升高或降低 ε 时，两个应变片因温度变化而引起的电阻变化量相同，电桥仍处于平衡状态，即

$$U_0 = A[(R_1 + \Delta R_{1T})R_4 - (R_B + \Delta R_{BT})R_3] = 0 \tag{3-26}$$

若此时被测试件有应变 ε 的作用，则工作应变片电阻 R_1 又有新的增量 $\Delta R_1 = R_1K\varepsilon$，而补偿片因不承受应变，故不产生新的增量，此时电桥的输出电压为

$$U_0 = AR_1R_4K\varepsilon \tag{3-27}$$

由式（3-27）可知，电桥输出电压 U_0 仅与被测试件的应变 ε 有关，而与环境温度无关。

电桥补偿法的优点是简单、方便，在常温下补偿效果较好，其缺点是在温度变化梯度较大的情况下，很难做到工作片和补偿片处于温度完全一致的情况，因而影响补偿效果。

② 应变片自补偿法

粘贴在被测部位上的是一种特殊应变片，当温度变化时，产生的附加应变为零或相互抵消，这种应变片称为温度自补偿应变片。利用这种应变片实现温度补偿的方法称为应变片自补偿法。下面介绍两种自补偿应变片。

(a) 选择式自补偿应变片

由式（3-23）可知，实现温度补偿的条件为

$$\varepsilon_T = \frac{\alpha \Delta T}{K_0} + (\beta_g - \beta_s)\Delta T = 0$$

当被测试件的线膨胀系数 β_g 已知时，通过选择敏感栅材料，使下式成立

$$\alpha = -K_0(\beta_g - \beta_s) \tag{3-28}$$

即可达到温度自补偿的目的。

(b) 双金属敏感栅自补偿应变片

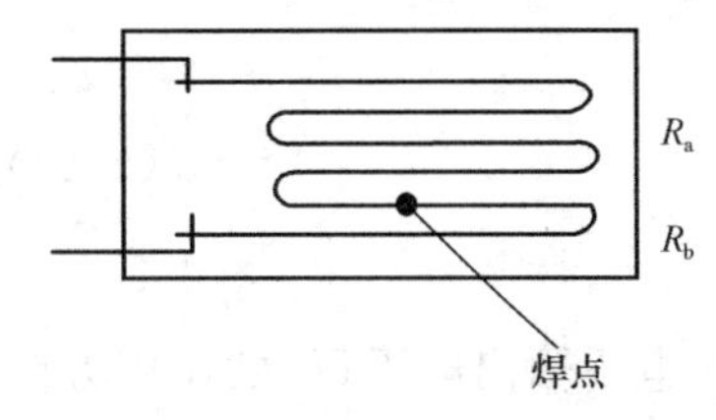

图 3-8　双金属敏感栅自补偿应变片

这种应变片也称组合式自补偿应变片。它是利用两种电阻丝材料的电阻温度系数不同（一个为正，一个为负）的特性，将二者串联组成敏感栅，如图 3-8 所示。若两段敏感栅 R_1 和 R_2 由于温度变化而产生的电阻变化为 ΔR_{1T} 和 ΔR_{2T}，其大小相等而符号相反，则可在一定的温

度范围内和一定的试件材料上实现温度补偿。两段敏感栅的电阻 R_1 与 R_2 的大小可按下式选择

$$\frac{R_1}{R_2}=-\frac{\dfrac{\Delta R_{2T}}{R_2}}{\dfrac{\Delta R_{1T}}{\Delta R_1}}=-\frac{\alpha_2+K_2(\beta_g-\beta_2)}{\alpha_1+K_1(\beta_g-\beta_1)} \tag{3-29}$$

这种补偿效果比前者好，在工作温度范围内通常可达到每摄氏度$\pm 0.14\times10^{-6}\varepsilon$。

③ 热敏电阻补偿法

如图 3-9 所示，图中的热敏电阻 R_t 处在与应变片相同的温度条件下，当应变片的灵敏度 K 随温度升高而下降时，热敏电阻 R_t 的阻值也下降，使电桥的输入电压 U 随温度升高而增加，从而提高电桥的输出，补偿因应变片温度变化引起的输出下降。适当选择分流电阻 R_5 的值，可以达到良好的补偿。

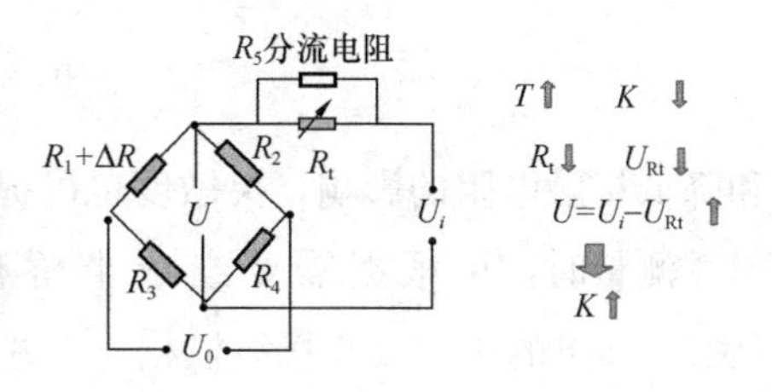

图 3-9　热敏电阻补偿法

二、 非线性误差及其补偿

式（3-15）的线性关系是在应变片的参数变化很少，即 $\Delta R_i \ll R$ 的情况下得出的。若应变片所承受的应变太大，则上述假设不成立，电桥的输出电压与应变之间成非线性关系。在这种情况下，用按线性关系刻度的仪表进行测量必然带来非线性误差。

当考虑电桥单臂工作时，即 R_i 桥臂变化 ΔR，由式（3-14）得理想的线性关系为

$$U_0'=\frac{U}{4}\cdot\frac{\Delta R}{R} \tag{3-30}$$

而由式（3-13）得电桥的实际输出电压为

$$U_0=U\frac{\Delta R}{4R+2\Delta R}=\frac{U}{4}\cdot\frac{\Delta R}{R}\left(1+\frac{1}{2}\cdot\frac{\Delta R}{R}\right)^{-1} \tag{3-31}$$

则电桥的相对非线性误差为

$$\begin{aligned}\delta&=\frac{U_0}{U_0'}-1=\left(1+\frac{1}{2}\cdot\frac{\Delta R}{R}\right)^{-1}-1\\&\approx 1-\frac{1}{2}\cdot\frac{\Delta R}{R}-1=-\frac{1}{2}\cdot\frac{\Delta R}{R}=-\frac{1}{2}K\varepsilon\end{aligned} \tag{3-32}$$

由上式可知，$K\varepsilon$ 越大，非线性误差 δ 也越大，为了消除非线性误差，在实际应用中，常采用半桥差动或全桥差动电路，如图 3-10 所示，以改善非线性误差和提高输出灵敏度。

半桥差动电路接法：用两个电阻应变片作电桥的相邻臂，另两臂为应变仪电桥盒中精密无感电阻所组成的电桥；

全桥差动电路接法：电桥 4 个臂全由电阻应变片构成，它可以消除连接导线电阻影响

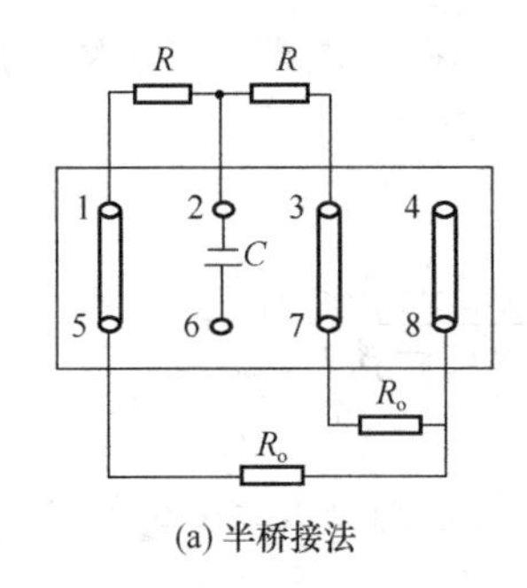

(a) 半桥接法

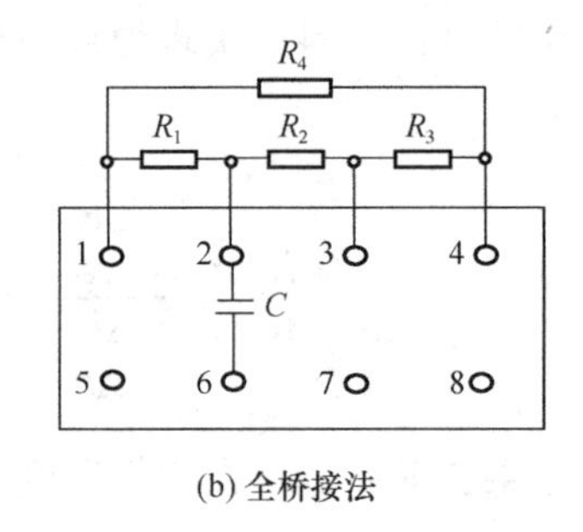

(b) 全桥接法

图 3-10　电桥盒接线图

和降低接触电阻的影响，灵敏度也可提高。

测量时，可根据需要组成半桥和全桥测量。半桥测量时，工作半桥与电桥盒（图 3-10a）的 1、2、3 接线柱相连，并通过短接片与电桥盒中精密无感电阻连接，组成测量电路，接入应变仪。全桥测量时，工作应变片组成的全桥与电桥盒（图 3-10b）的 1、2、3、4 接线柱相连，此测量电路通过电桥盒接入应变仪。

在传感器中经常使用半桥差动电路这种接法。粘贴应变片时，使两个应变片一个受拉，一个受压，应变符号相反，工作时将两个应变片接入电桥的相邻两臂。设电桥在初始时是平衡的，且为等臂电桥，考虑到 $|\Delta R_1|=|-\Delta R_2|=\Delta R$，则由式（3-12）得半桥差动电路的输出电压为

$$U_0=\frac{1}{2}U\frac{\Delta R}{R} \tag{3-33}$$

由上式可见，半桥差动电路不仅能消除非线性误差，而且还使电桥的输出灵敏度比单臂工作时提高一倍，同时还能起温度补偿作用。

如果构成全桥差动电路，同样考虑到 $|\Delta R_1|=|-\Delta R_2|=|\Delta R_3|$，则由式（3-12）得全桥差动电路的输出电压为

$$U_0=U\frac{\Delta R}{R} \tag{3-34}$$

可见，电桥的电压灵敏度提高到了单臂工作时的 4 倍，非线性误差也得以消除，同时还具有温度补偿的作用，该电路也得到了广泛的应用。

三、 各种应力状态的应力应变测量

1. 单向应力状态下的应力应变测量

在拉压应变测量时，最简单的方法是半桥补偿块补偿法，即沿轴向粘贴一个工作片，补偿块上贴一个补偿片，接成半桥测量，但此法不能消除偏心弯矩引起的附加应变，所以实测时一般采用下面的方法。

（1）半桥四片补偿块补偿法测拉压。图 3-11（a）所示为圆柱体受拉贴片图，补偿块

与构件材料相同，补偿片与工作片性能相同，接成半桥如图 3-11（b）所示

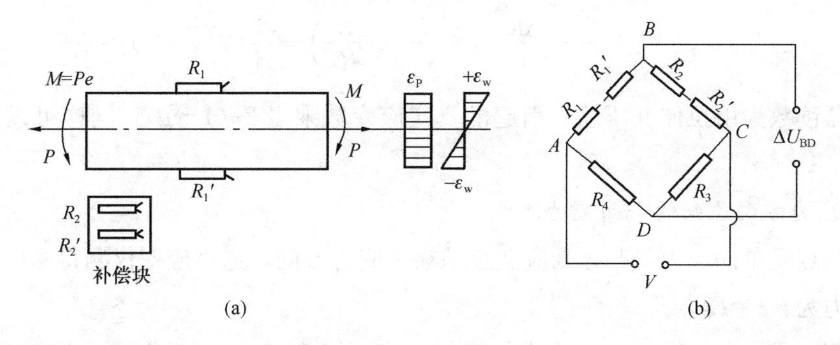

图 3-11　半桥四片补偿块补偿法

对工作片有：$\Delta R_1=\Delta R_p+\Delta R_w+\Delta R_{1t}$

$\Delta R_1'=\Delta R_p-\Delta R_w+\Delta R_{1t}$

对补偿片有：$\Delta R_2=\Delta R_{2t}$

$\Delta R_2'=\Delta R_{2t}'$

上式中 ΔR 的下标 p、w 和 t 分别表示由拉、弯和温度引起的电阻变化。因应变片相同，由式（3-14）得

$$\Delta U_{BD}=\frac{1}{4}V\left(\frac{\Delta R_p+\Delta R_w+\Delta R_{1t}+\Delta R_p-\Delta R_w+\Delta R'_{1t}}{2R}-\frac{\Delta R_{2t}+\Delta R'_{2t}}{2R}\right)=\frac{1}{4}V\frac{\Delta R_p}{R} \tag{3-35}$$

由上式可以看出，仪器读数为由拉伸（压缩）引起的真实应变，消除了偏心的影响，同时也可以看出，串联应变片虽不能提高电桥灵敏度，但可以增加桥压，提高电桥的输出。

（2）全桥四片测拉压。图 3-12 为圆柱体偏心受拉贴片图，接成全桥如图 3-12（b）所示，各桥臂应变值的变化为：

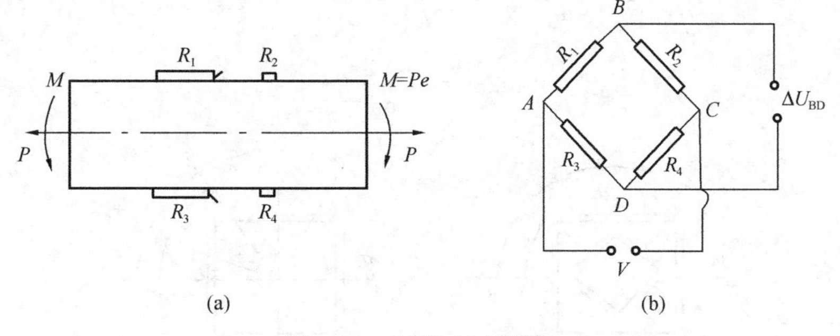

图 3-12　全桥四片测拉压

$$\Delta R_1=\Delta R_p+\Delta R_w+\Delta R_{1t}$$

$$\Delta R_2=-\mu\Delta R_p-\mu\Delta R_w+\Delta R_{2t}$$

$$\Delta R_3=\Delta R_p-\Delta R_w+\Delta R_{3t}$$

$$\Delta R_4=-\mu\Delta R_p+\mu\Delta R_w+\Delta R_{4t}$$

代入式（3-13），经整理得：

$$\Delta U_{\mathrm{BD}}=\frac{1}{4}V\left(\frac{\Delta R_1}{R}-\frac{\Delta R_2}{R}+\frac{\Delta R_3}{R}-\frac{\Delta R_4}{R}\right)=\frac{1}{4}[2(1+\mu)]\frac{\Delta R_{\mathrm{p}}}{R} \tag{3-36}$$

即仪器读数为由拉伸（压缩）引起的真实应变数乘以 2（$1+\mu$），同样可以消除偏心的影响。

2. 主应力方向已知的平面应力测量

若被测点是单向应力状态，则应变片贴在主应力方向，通过应变仪测得主应变，则该点的主应力为：$\sigma=E\varepsilon$。

若被测点是二向应力状态，且其主应力 σ_1、σ_2 的方向已知，工作应变片 R_1 和 R_2 贴在主应力方向，而补偿片 R_3 和 R_4 贴在不受力的补偿块上，分别测出 σ_1、σ_2 的方向的应变 ε_1、ε_2，则可用下式计算主应力：

$$\sigma_1=\frac{E}{1-\mu^2}(\varepsilon_1+\mu\varepsilon_2)$$

$$\sigma_2=\frac{E}{1-\mu^2}(\varepsilon_2+\mu\varepsilon_1) \tag{3-37}$$

3. 主应力方向未知的平面应力测量

只要围绕一点测得 3 个方向的线应变 ε_α、ε_β、ε_φ，就可通过解下列方程组求出 σ_x、σ_y、τ_{xy}，参见图 3-13 所示的单元体。

$$\varepsilon_i=\frac{1}{E}\left[\frac{(1-\mu)(\sigma_x+\sigma_y)}{2}+\frac{(1+\mu)(\sigma_x-\sigma_y)}{2}\cos 2i-(1+\mu)\tau_{xy}\sin 2i\right] \tag{3-38}$$

其中：i 为 α，β，φ 轮换。

从而可根据下列两式求其主应力及其主方向：

$$\sigma_{1,2}=\frac{\sigma_x+\sigma_y}{2}\pm\sqrt{\left(\frac{\sigma_x-\sigma_y}{2}\right)^2+\tau_{xy}^2} \tag{3-39a}$$

$$\tan 2\alpha_0=-\frac{2\tau_{xy}}{\sigma_x-\sigma_y} \tag{3-39b}$$

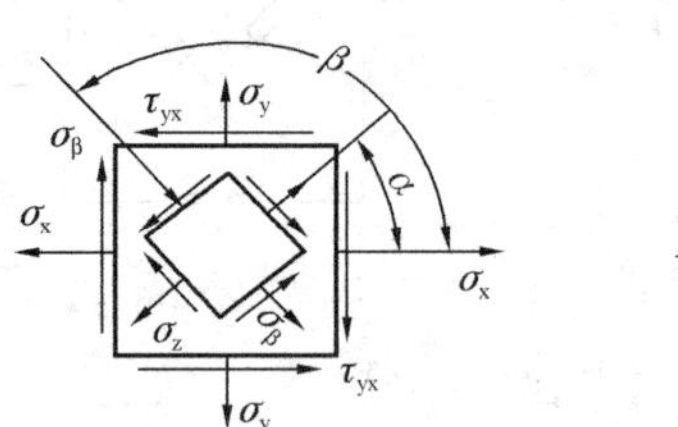

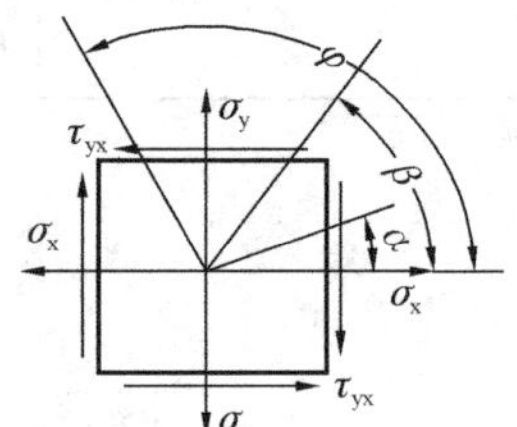

图 3-13　由 3 个方向的线应变求主应力

在岩土和地下工程测试中，主应力的方向往往是未知的，因此，常采用应变花，它是在一点处沿几个方向贴电阻应变片制成的应变花，几种常用应变花及其计算测点主应力的计算公式如表 3-2 所示。

几种常用应变花的计算公式　　表 3-2

计算公式 / 应变花形式 / 需求项目	90°应变花	45°应变花	四片45°应变花	60°应变花	四片60°应变花
最大主应力 σ_1	$\frac{E}{1-\mu^2}(\varepsilon_a+\mu\varepsilon_b)$	$\frac{E}{2(1-\mu)}(\varepsilon_a+\varepsilon_c)+\frac{E}{\sqrt{2}(1+\mu)}\cdot\sqrt{(\varepsilon_a-\varepsilon_b)^2+(\varepsilon_b-\varepsilon_c)^2}$	$\frac{E}{2}\left[\frac{(\varepsilon_a+\varepsilon_c)}{1-\mu}+\frac{1}{1+\mu}\cdot\sqrt{(\varepsilon_a-\varepsilon_e)^2+(\varepsilon_b-\varepsilon_d)^2}\right]$	$\frac{E}{3(1-\mu)}(\varepsilon_a+\varepsilon_b+\varepsilon_c)+\frac{\sqrt{2}E}{3(1+\mu)}\cdot\sqrt{(\varepsilon_a-\varepsilon_b)^2+(\varepsilon_b-\varepsilon_c)^2+(\varepsilon_c-\varepsilon_a)^2}$	$\frac{E}{2}\left[\frac{\varepsilon_a+\varepsilon_d}{1-\mu}+\frac{1}{1+\mu}\cdot\sqrt{(\varepsilon_a-\varepsilon_d)^2+\frac{4}{3}(\varepsilon_b-\varepsilon_c)^2}\right]$
最小主应力 σ_2	$\frac{E}{1-\mu^2}(\varepsilon_b+\mu\varepsilon_a)$	$\frac{E}{2(1-\mu)}(\varepsilon_a+\varepsilon_c)-\frac{E}{\sqrt{2}(1+\mu)}\cdot\sqrt{(\varepsilon_a-\varepsilon_b)^2+(\varepsilon_b-\varepsilon_c)^2}$	$\frac{E}{2}\left[\frac{(\varepsilon_a+\varepsilon_c)}{1-\mu}-\frac{1}{1+\mu}\cdot\sqrt{(\varepsilon_a-\varepsilon_c)^2+(\varepsilon_b-\varepsilon_d)^2}\right]$	$\frac{E}{3(1-\mu)}(\varepsilon_a+\varepsilon_b+\varepsilon_c)-\frac{\sqrt{2}E}{3(1+\mu)}\cdot\sqrt{(\varepsilon_a-\varepsilon_b)^2+(\varepsilon_b-\varepsilon_c)^2+(\varepsilon_c-\varepsilon_a)^2}$	$\frac{E}{2}\left[\frac{(\varepsilon_a+\varepsilon_d)}{1-\mu}-\frac{1}{1+\mu}\cdot\sqrt{(\varepsilon_a-\varepsilon_d)^2+\frac{4}{3}(\varepsilon_b-\varepsilon_c)^2}\right]$
最大剪应力 τ_{tmax}	$\frac{E}{2(1+\mu)}(\varepsilon_a-\varepsilon_b)$	$\frac{\sqrt{2}E}{2(1+\mu)}\cdot\sqrt{(\varepsilon_a-\varepsilon_b)^2+(\varepsilon_b-\varepsilon_c)^2}$	$\frac{E}{2(1+\mu)}\cdot\sqrt{(\varepsilon_a-\varepsilon_c)^2+(\varepsilon_b-\varepsilon_d)^2}$	$\frac{\sqrt{2}E}{3(1+\mu)}\cdot\sqrt{(\varepsilon_a-\varepsilon_b)^2+(\varepsilon_b-\varepsilon_c)^2+(\varepsilon_c-\varepsilon_a)^2}$	$\frac{E}{2(1+\mu)}\cdot\sqrt{(\varepsilon_a-\varepsilon_d)^2+\frac{4}{3}(\varepsilon_b-\varepsilon_c)^2}$
a 片方向与主应力方向夹角 α_0	0	$\frac{1}{2}\arctan\frac{(\varepsilon_a-\varepsilon_c)-(\varepsilon_a-\varepsilon_b)}{(\varepsilon_b-\varepsilon_c)+(\varepsilon_a-\varepsilon_b)}$	$\frac{1}{2}\arctan\left[\frac{\varepsilon_b-\varepsilon_d}{\varepsilon_a-\varepsilon_c}\right]$	$\frac{1}{2}\arctan\left[\sqrt{3}\frac{(\varepsilon_a-\varepsilon_c)-(\varepsilon_a-\varepsilon_b)}{(\varepsilon_a-\varepsilon_c)+(\varepsilon_a-\varepsilon_b)}\right]$	$\frac{1}{2}\arctan\left[\frac{2(\varepsilon_b-\varepsilon_c)}{\sqrt{3}(\varepsilon_a-\varepsilon_d)}\right]$

第四节　应　变　仪

应变仪是将应变电桥的输出信号转换和放大，最后用应变的标度或被测传感器的工程量显示和记录。电阻应变仪具有灵敏度高、稳定性好、测试简便、精确可靠且能做多点较远距离测量等特点。作为应变片以及拉压力传感器、压强（液压）传感器、位移传感器、温度传感器和加速度传感器等应变式传感器的二次仪表，可进行相应物理量的测试。

按应变仪的工作频率相应范围分为静态应变仪和动态应变仪，此外还有测量冲击、爆破振动等变化非常剧烈的瞬态过程的超动态电阻应变仪，以及以测量静态应变为主，也可测量频率较低的动态应变的静动态电阻应变仪。

一、应变测试系统的组成和功能

静态应变仪已经发展到第三代，即多功能静态应变测试系统，它由静态应变测试系统主机（采集器）、网关、USB线（计算机与网关或单台采集器连接用）、天线（多台采集器无线组网时用）、网线（多台采集器总线组网时用）、系统软件和计算机等组成。每台采集器有60个通道静态测点，有6个补偿片接入端子，可在软件中为每个测点分别选择任意补偿片。采集器内置大容量存储器，可保存数万次测试数据，支持在线、离线测试，重新上电可继续上次测量。桥路可以连接线和短接片，切换测点用电子开关，能消除热电势及开关接触电势的影响，具有极高的稳定性及重复性，自身不会产生漂移，能真实反映应变信号的实际变化。每个测点的桥路可以独立组桥，并可以选择全桥（双工作片、四工作片、直角四工作片）、半桥（单工作片、双工作片、直角双工作片）、1/4桥（120Ω应变片无补偿、公共补偿、三线制）等桥路类型。测量类型有应变应力（应变片）、桥式传感器、热电偶、热电阻、电压、电阻、非线性电压、非线性电阻、4-20mA变送器、三线变阻器等。可以设置多种量程，如$\pm15000\mu\varepsilon/\pm30000\mu\varepsilon/\pm60000\mu\varepsilon$，对应的分辨率分别为$0.5\mu\varepsilon/1\mu\varepsilon/2\mu\varepsilon$，测量精度为$\pm0.2\%$ F.S. $\pm1\mu\varepsilon$；具备多组采集频率，采集速率最大为2Hz，具有准动态测试功能，可部分替代动静态应变仪，还可以将振弦式与电阻应变式测试产品无缝集成于一个测试系统中，从而能适应各种应变测试。

系统具有无线和总线组网方式，以及通过无线网关的远程遥测等诸多适应现场测试的人性化功能，特别适合测点分布相对集中的工程测试场合。单台采集器可以通过USB线直接与计算机连接测试，多台之间可以通过网关用天线或网线进行无线或总线连接组网测试，用于爆破振动等动应变测试。

二、应变测试系统的连接和软件功能

1. 应变测试系统的连接

应变测试系统硬件连接有3种方式：

（1）单台 USB 线连接。只用一台采集器时，只需一根 USB 线将其与计算机连接即可。

（2）总线连接。计算机通过 USB 线连接网关，网关再通过一根网线连接 1 号机的输入口，然后 1 号机的扩展口与 2 号机的输入口再通过一根网线连接，以此类推可以将多台采集器用网线串联在一起（图 3-14a）。总线连接时，网关和采集器上都无需接天线，网关上开关拨至总线档。

（3）无线连接。计算机通过 USB 线连接网关，网关和采集器必须都接上天线，网关上开关拨至无线档（图 3-14b），理论上一个网关可以同时与 128 台采集器进行通信。

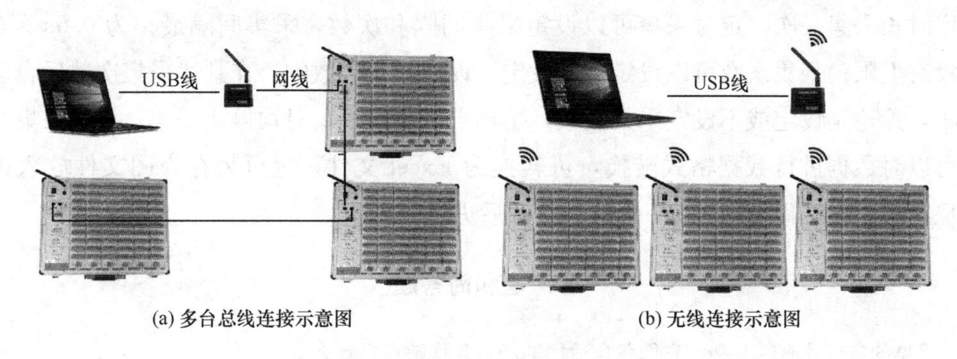

(a) 多台总线连接示意图　　(b) 无线连接示意图

图 3-14　采集器与计算机的连接

2. 应变测试系统的软件功能

软件中可以对每个通道的特征、测量类型、精度以及预警和报警的上下限等通用参数进行设定，并可以对各种测量类型中的特定参数进行设定。通道的特征通常设定为测点的位置或编号，便于分析数据时知道每个通道数据所对应的测点位置。测量类型有应变应力（应变片）、桥式传感器、热电偶、热电阻、电压、电阻、非线性电压、非线性电阻、4-20mA 变送器、三线变阻器等。应变应力（应变片）测试类型中可以设置的特定参数有：显示类型（选应力或应变）、桥路（1/4 桥、半桥、全桥、三线制 4 种）、温度补偿形式（可以选择 6 种补偿形式）、应变片电阻（常用的应变片电阻有 120Ω 和 350Ω，全桥测试不选）、单线导线电阻、应变片灵敏度系数、弹性模量、泊松比、满量程和工程单位。单线导线电阻只有当应变片导线过长时（一般超过 30m）才需设置，软件有自动测量长导线电阻并自动填入表格的功能。测应变时弹性模量无需设定，在测应力时，设定为被测材料的弹性模量，用其和应变换算成应力，泊松比只有在应变片布片方式为半桥直角或全桥直角时才需设定。

桥式传感器测试类型中可以设置的特定参数有：传感器编号、桥路（常见桥式传感器分为全桥和半桥两种，4 根线的是全桥，3 根线的是半桥）、接线方法（全桥接或半桥接）、灵敏度（如位移传感器为多少 μv/mm）、满量程、工程单位等。该应变测试系统还有电阻测量功能，采用工程常用的 1/4 桥公共补偿接法时，可以选择 1/4 桥电阻的功能测量各测点的电阻值，测得的电阻值可以分析判断贴片、焊接和连接中的一些问题，也可以根据应变片阻值计算出连接的长导线电阻，在导线电阻较长时可由软件导入长导线电阻值从而自动修正导线电阻造成的测量误差。桥路的预调平衡采用初读数法，即每个测试通道的应变片或传感器刚开始都会有一个初始值，通过软件将其读出显示，当开始采集时软件将这个值减去，这样刚开始采集的数值就是0，所以，平衡就相当于减去初读数后清零。点击软件“平衡”按钮，会得到所有打开通道的平衡结果（初始值），如果平衡结果值为过载也就是桥路不平衡，就要考虑是否接线有误、通道参数设置有误、传感器自身损坏等问题。

试验时的数据采集可以设置“单次采集”与“定时采集”。“单次采集”就是鼠标点一次“开始”就采集一次，不点不采集，适合于数据量少的桥路静载测试；“定时采集”就是固定时长采集一次，定时采集可以设定采集间隔和次数，采集间隔最小为0.5s采集1次，没有上限；采集次数可以设定或不设定，设定采集次数的，在到达采集次数后自动停止采集，无论是设定或不设定采集次数，手动点击“停止”时均停止采集。数据采集结束后，可以对数据进行数据格式转换，可转换为Excel文件，也可另存为图文件放入表格中，保存的数据文件可通过office软件打开后进行分析。

思考题和简答题

1. 常见的应变片有哪几种？它们各自适用的场合和优缺点是什么？
2. 衡量应变片工作特性的指标主要有哪些？
3. 主要根据哪些因素来选用应变片？这样选的目的是什么？
4. 什么是电桥的加减特性？在应变片布置和桥路连接时有什么作用？
5. 电桥平衡的物理意义是什么？
6. 应变片的温度误差有哪些补偿方法？简述其补偿原理。
7. 全桥差动电路接法的原理及优点是什么？
8. 在岩土和地下工程测试中为什么常采用应变花？
9. 应变仪在使用中需要注意哪些问题？

第四章　现代测试系统和设备

第一节　现 代 测 试 系 统

现代测试系统是具有自动化、智能化、可编程化等功能的测试系统的统称。现代测试系统包括 3 种类型：智能仪器、自动测试系统和虚拟仪器。

一、 智能仪器

1. 智能仪器的定义与特点

智能仪器是以微处理器或单片机为核心，具有对数据的存储、运算、逻辑判断及自动化操作等功能的仪器。智能仪器将计算机技术与测量控制技术结合在一起，组成了“智能化测量控制系统”，与传统仪器仪表相比，智能仪器具有以下功能特点：

（1）操作自动化。仪器的整个测量过程如键盘扫描、量程选择、开关启动闭合、数据的采集、传输与处理以及显示打印等都用单片机或微控制器来控制操作，实现测量过程的全部自动化。

（2）具有自测功能。包括自动调零、自动故障与状态检验、自动校准、自诊断及量程自动转换等。智能仪表能自动检测出故障的部位甚至故障的原因，这种自测可以在仪器启动时运行，同时也可在仪器工作中运行，极大地方便了仪器的维护。

（3）具有数据处理功能。这是智能仪器的主要优点之一。智能仪器由于采用了单片机或微控制器，使得许多原来用硬件逻辑难以解决或根本无法解决的问题，现在可以用软件非常灵活地加以解决。例如，传统的数字万用表只能测量电阻、交直流电压、电流等，而智能型的数字万用表不仅能进行上述测量，而且还具有对测量结果进行诸如零点平移、取平均值、求极值、统计分析等复杂的数据处理功能，不仅使用户从繁重的数据处理中解放出来，也有效地提高了仪器的测量精度。

（4）具有友好的人机对话能力。智能仪器使用键盘代替传统仪器中的切换开关，操作人员只需通过键盘输入命令，就能实现某种测量功能。与此同时，智能仪器还通过显示屏将仪器的运行情况、工作状态以及对测量数据的处理结果及时告诉操作人员，使仪器的操作更加方便直观。

（5）具有可程控操作能力。一般智能仪器都配有 GPIB、RS232C、RS485 等标准的通信接口，可以很方便地与 PC 机和其他仪器一起组成用户所需要的多种功能的自动测量系统，来完成更复杂的测试任务。

2. 智能仪器的基本组成

(1) 硬件

智能仪器的硬件主要包括主机电路、模拟量输入输出通道、人机接口和标准通信接口电路等，如图 4-1 所示。主机电路通常由微处理器、程序存储器以及输入输出（I/O）接口电路等组成，有时主机电路本身就是一个单片机，主机电路主要用于存储程序与数据，进行一系列的运算和处理，并参与各种功能控制。模拟量输入输出通道主要由 A/D 转换器、D/A 转换器和有关的模拟信号处理电路等组成，主要用于输入和输出模拟信号，实现模数与数模转换。人机接口主要由仪器面板上的键盘和显示器等组成，用来建立操作者与仪器之间的联系。标准通信接口使仪器可以接受计算机的程控命令，用来实现仪器与计算机的联系。一般情况下，智能仪器都配有 GPIB 等标准通信接口。

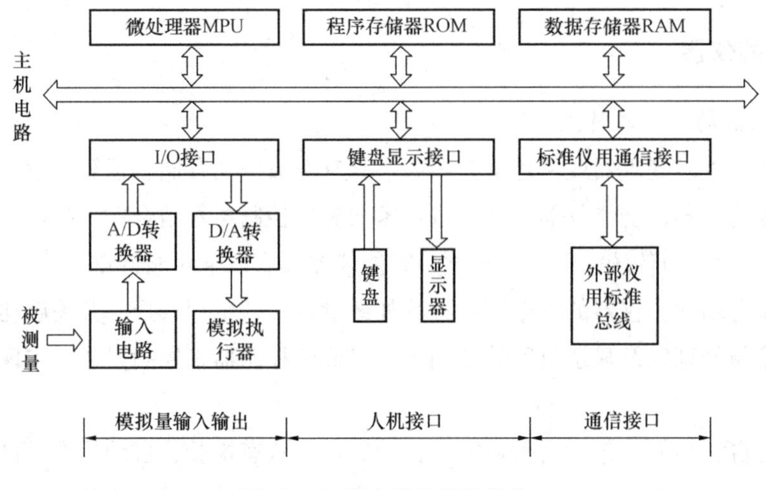

图 4-1　智能仪器的硬件结构

(2) 软件

软件即程序，智能仪器的软件主要包括监控程序、接口管理程序和数据处理程序三大部分。监控程序面向仪器面板和显示器，负责完成如下工作：

1）通过键盘操作，输入并存储所设置的功能、操作方式与工作参数；

2）通过控制 I/O 接口电路进行数据采集，对仪器进行预定的设置；

3）对数据存储器所记录的数据和状态进行各种处理；

4）以数字、字符、图形等形式显示各种状态信息以及测量数据的处理结果。

接口管理程序主要面向通信接口，负责接收并分析来自通信接口总线的各种有关功能、操作方式与工作参数的程控操作码，并根据通信接口输出仪器的现行工作状态及测量数据的处理结果以响应计算机远程控制命令。数据处理程序主要完成数据的滤波、运算和分析等任务。

3. 智能仪器的工作过程

智能仪器的基本组成如图 4-2 所示，智能仪器的工作过程如下：

（1）微处理器接收来自键盘或GPIB接口命令，解释并执行这些命令；

（2）微处理器通过接口发出各种控制信息给测试电路，以规定功能、启动测量、改变工作方式等；

（3）当测试电路完成一次测量后，微处理器读取测量数据，进行必要的加工、计算、变换等处理，最后以各种方式输出。

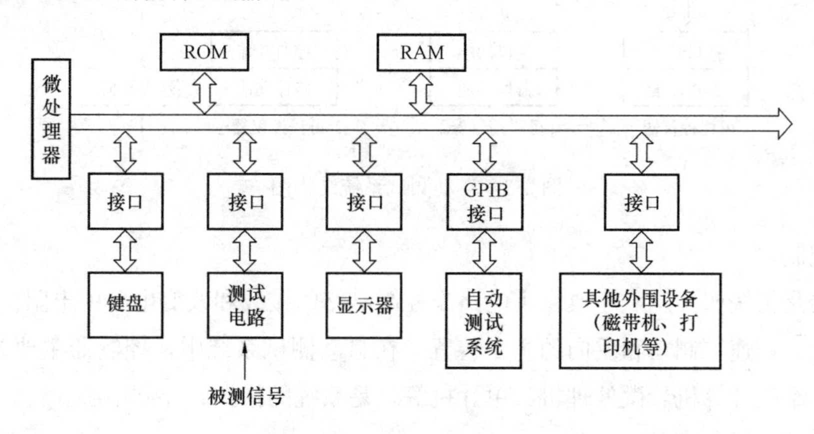

图4-2　智能仪器的基本组成

二、自动测试系统

1. 自动测试系统的概念和特点

通常把以计算机为核心，在程控指令的指挥下，能自动完成某种测试任务而组合起来的测量仪器和其他设备的有机整体称为自动测试系统，简称ATS（Automatic Test System）。

现代的检测技术、传感技术、显示技术、控制技术、数字信号处理技术的成果，特别是计算机技术与超大规模集成电路的发展与成果，都为自动测试技术提供了条件。显然，高速度、高精度、多参数、多功能的自动测试系统是电子测量与仪器和计算机技术密切结合的产物。

自动测试系统是用来测量被测对象性能和诊断故障的系统，在使用自动测试系统进行测量任务时，测量人员不需要亲自采集测试数据，一切的数据传输和处理都可以借助计算机完成，测试人员只需要在测试计算机上分析测试结果就能完成测试任务。进入21世纪以来，自动化测试系统在测试流程上逐渐实现了模块化和标准化，能够快速完成测试数据的高精度传输。计算机技术与测量技术不同形式的组合，可以构造不同结构的现代自动测试系统。从自动测试系统的概念出发，可以抽象出现代自动测试系统模型的结构要素：测试控制机、可程控仪器和数字接口总线。图4-3为自动测试系统的结构图。

2. 自动测试系统的基本组成

一般来说，自动测试系统包括控制器、程控仪器与设备、总线与接口、测试软件和测试对象5个部分。

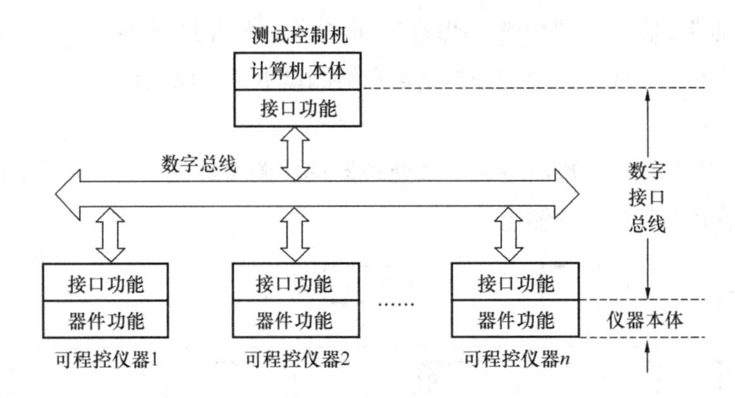

图 4-3　自动测试系统结构图

（1）控制器

控制器是指按照预定顺序改变主电路或控制电路的接线和改变电路中电阻值来控制电动机的启动、调速、制动和反向的主令装置。在自动测试系统中，控制器主要是计算机，如小型机、个人计算机、微处理机、单片机等，是系统的指挥、控制中心。

（2）程控仪器与设备

在自动测试过程中，测量仪器或设备的工作，如测量功能、工作频段、输出电平、量程等的选择和调节都是在微机所发控制指令的控制下完成的，这种能接受程序控制并据之改变内部电路工作状态，以及完成特定任务的测量仪器称为仪器的可程序控制，简称可程控或程控仪器。在自动测试系统中，程控仪器与设备包括各种程控仪器、激励源、程控开关、程控伺服系统、执行元件，以及显示、打印、存储记录等器件，能完成一定的具体测试和控制任务。

（3）总线与接口

总线与接口是连接控制器与各程控仪器和设备的通路，完成消息、命令、数据的传输与交换，包括机械接插件、插槽、电缆等。

（4）测试软件

测试软件是为了完成系统测试任务而编制的各种应用软件，例如，测试主程序、驱动程序、I/O 软件等。

在自动测试系统中，软件设计应满足：①软件具有较高的可靠性；②软件具有较高的效率；③软件尽可能保证不同平台和不同操作系统之间的可移植性，不同测试接口之间最大的兼容性及互换性和不同测试系统之间的通用性。

（5）测试对象

按被测物理量的性质不同，测试对象可分为：①时域量，是以时间为自变量的物理量，如温度、压力、电压、电阻等；②频域量，是以频率为自变量的物理量，如信号频谱、元器件的频率特性、网路的传递函数等；③数据域量，简称数域量，是以次序、编号或离散的时间序列作为自变量的物理量，它存在于数字电路中，只取 0 和 1 两种逻辑值，通常以数据序列的形式出现。

3. 自动测试系统的发展历程

自动测试技术源于20世纪70年代，发展至今，大致可分为三代，每一代的系统组成结构有较大的不同。

(1) 第一代自动测试系统

早期的自动测试系统多为针对具体测试任务而研制的专业系统，主要用于工作重复量大、可靠性和测试速度要求高、测试环境恶劣的测试。图4-4是一套早期的自动测试系统框图，系统包括计算机、可程控仪器等。

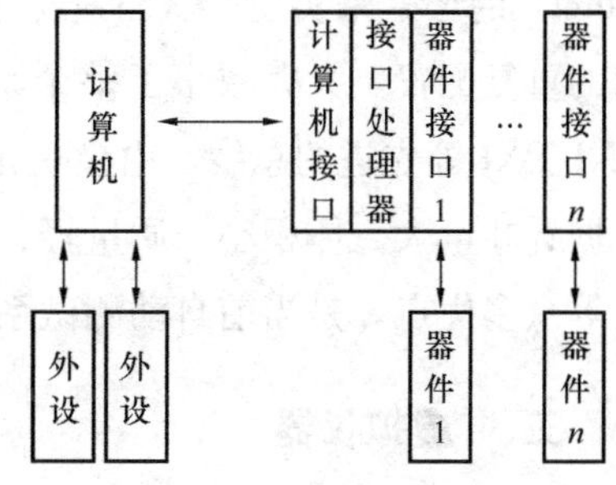

图4-4　第一代自动测试系统框图

第一代自动测试系统的缺点突出表现在接口及标准化方面。在组建这类系统时，设计者要自行解决系统中仪器与仪器、仪器与计算机之间的接口问题。当系统较复杂时，研制工作量很大，组建系统的时间长，研制费用高。除此之外，由于这类系统是针对特定的被测对象而研制的，因此系统间的适用性不强，改变测试内容往往需要重新设计电路，根本的原因是其接口不具备通用性。由于在这类系统的研制过程中，接口设计、仪器设备选择方面的工作都是由系统的研制者各自单独进行的，因此系统的设计者不可能充分考虑所选仪器、设备的复用性、通用性和互换性问题。

(2) 第二代自动测试系统

第二代自动测试系统是在标准的接口总线（GPIB，CAMAC）的基础上，以积木方式组建的系统。这种系统组建方便，一般不需要用户自己设计接口电路。由于组建系统时积木式的特点，这类系统更改、增删测试内容灵活，而且设备资源的复用性好。系统中的通用仪器（如数字万用表、信号发生器、示波器等）既可作为自动测试系统中的设备，也可作为独立的仪器使用。应用一些基本的通用智能仪器，可以在不同时期针对不同的要求，灵活地组建不同的自动测试系统。目前，组建这类自动测试系统普遍采用的接口总线为可程控仪器的通用接口总线GPIB（General Purpose Interface Bus)。

基于GPIB总线的第二代自动测试系统的缺点主要表现为：1）总线的传输速度不够高（最大传输速率为1MB/s＝8Mbit/s)，很难以此总线为基础组建高速、数据吞吐量大的自动测试系统；2）由于这类系统是由一些独立的台式仪器用GPIB电缆串接组建而成的，系统中的每台仪器都有自己的机箱、电源、显示面板、控制开关等，从系统角度看，这些都是重复配置的，它阻碍了系统的体积、质量的进一步降低。这说明以GPIB总线为基础按积木方式难以组建体积小、质量轻的自动测试系统。但在某些应用场合，特别是军事领域，对体积、质量方面的要求是很高的，这样一来，积木式自动测试系统的发展空间就会受到限制。

(3) 第三代自动测试系统

第三代自动测试系统基于VXI、PXI等仪表总线，主要由模块化的仪器或设备组成。在VXI/PXI总线系统中，仪器、设备或嵌入式计算机均以VXI/PXI总线插卡的形式出现，系统中所采用的众多模块化仪器或设备均插入带有VXI/PXI总线插座、插槽。电源的VXI/PXI总线机箱中，仪器的显示面板及操作用统一的计算机显示屏以软面板（Soft Panel）的形式来实现，从而避免了系统中各仪器、设备在机箱、电源、面板、开关等方面的重复配置，大大减小了整个系统的体积和质量，并能在一定程度上节约成本。基于VXI/PXI等先进的总线，由模块化仪器/设备组成的自动测试系统具有数据传输速率高、数据吞吐量大、体积小、质量轻、系统组建灵活、扩展容易、资源重用性好、标准化程度高等众多优点，是当前自动测试系统的主流组建方案。

三、 虚拟仪器

1. 虚拟仪器的概念和特点

虚拟仪器（Virtual Instrument）的概念是美国国家仪器公司（National Instruments Corp.，简称NI）于20世纪80年代中期提出来的。这一概念的核心是以计算机作为仪器的硬件支撑，充分利用PC机独具的运算、存储、回放、调用、显示以及文件管理等智能型的功能，把传统仪器的专业化功能软件化，使之与PC机结合起来融为一体，这样便构成了一台从外观到功能都完全与传统硬件仪器相同，同时又充分享用了PC机智能资源的全新仪器系统，由于仪器的专业功能和面板、控件都是软件的形式，因此国际上把这类新型的仪器称为虚拟仪器。

所谓虚拟仪器，就是在通用计算机上加上一组软件或硬件，使得使用者在操作这台计算机时，就像是在操作一台自己设计的专用传统电子仪器，也就是说虚拟仪器是具有虚拟仪器面板的个人计算机仪器，它由通用个人计算机、模块化功能硬件和控制软件组成。在虚拟仪器硬件系统中，硬件仅仅是解决信号的输入输出，软件才是整个仪器系统的关键。任何一个用户都可以通过修改软件的方法，方便地改变、增减仪器系统的功能与模块。操作人员通过友好的图形界面及图形化编程语言控制仪器的运行，完成对被测量的采集、分析、判断、显示、存储及数据生成。因此，虚拟仪器的基本思想就是利用计算机来管理仪器、组织仪器系统，进而代替仪器完成某些功能，最终达到取代传统仪器的目的。

2. 虚拟仪器的内部功能

测量仪器的内部功能可划分为：输入信号的测量、转换、数据分析处理及测量结果的显示4个部分。虚拟仪器也不例外，但是实现上述功能的方式不同，下面按3个部分来叙述。

（1）信号采集与控制功能

虚拟仪器是由计算机和仪器硬件组成的硬件平台，可以实现对信号的采集、测量、转换与控制。硬件平台由两部分组成：1）计算机，可以是笔记本计算机、PC机或工作站；2）仪器硬件，可以是插入式数据采集板（含信号调理电路、A/D转换器、数字I/O、定时器、D/A 转换器等），或者是带标准总线接口的仪器，如 GPIB 仪器、VXI 仪器、RS-232 仪器等。

（2）数据分析处理功能

虚拟仪器充分利用了计算机的存储、运算功能，通过软件实现对输入信号数据的分析处理。处理内容包括进行数字信号处理、数字滤波统计处理和数值计算与分析等，虚拟仪器有更强大的数据分析处理功能。

（3）测量结果的表达

虚拟仪器可以充分利用计算机资源如内存、显示器等，对测量结果数据的表达与输出有多种方式，例如：1）通过总线网络进行数据传输；2）通过磁盘、光盘拷贝输出；3）通过文件存于硬盘内存中；4）通过计算机屏幕进行显示。

3. 虚拟仪器的硬件构成

虚拟仪器的硬件结构由计算机以及总线与 I/O 接口设备两大部分组成。其中，计算机一般为 PC 机或计算机工作站，是硬件平台的核心；总线是连接 PC 机与各种程控仪器与设备的通道，完成命令、数据的传输与交换；I/O 接口设备主要完成被测信号的采集、放大、A/D 转换。虚拟仪器的硬件构成如图 4-5 所示，根据总线类型的不同，虚拟仪器系统可以分为以下 5 种类型。

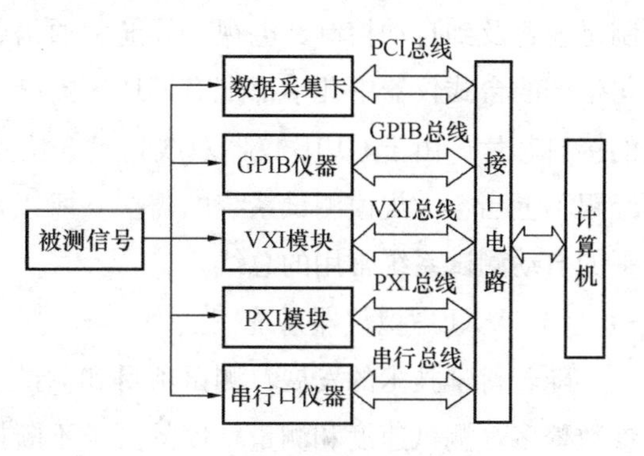

图 4-5 虚拟仪器的硬件构成

（1）PC-DAQ 虚拟仪器系统

PC-DAQ 系统是利用 PC 机组成的灵活的虚拟仪器，是以数据采集卡、信号调理电路与个人计算机为硬件平台组成的插卡式虚拟仪器系统，是现在比较流行的一种虚拟仪器系统。这种系统采用 PC 机本身的 PCI 或 ISA 总线，将数据采集卡插入到计算机的 PCI 或 ISA 总线插槽中，并与专用的软件相结合完成测试任务。充分利用了微计算机的软、硬件资源，更好地发挥了微型计算机的作用，大幅度降低了仪器成本，并具有研制周期短、更新改进方便的优点。

目前，已设计有多种性能和用途的数据采集卡、运动控制卡等各种仪器插卡。按 PC 机总线类型来分，有 ISA 卡和 PCI 卡等类型。随着计算机的发展，ISA 型插卡已逐渐退出舞台，而 PCI 总线正在被广泛使用。PCI 总线的数据传输率高达 132～264MB/s，PCI 总线技术的无限读写突发方式，可在瞬间发送大量数据。PCI 总线上的外围设备可与 CPU 并行工作，从而提高了整体性能。此外，PCI 总线还有自动配置功能，可以使所有与 PCI 兼容的设备实现真正的“即插即用”。

因为 PC 机数量非常庞大，插卡式仪器价格最便宜，因此其用途广泛，特别适合各种实验室条件下使用，目前仍有强大的生命力。然而，这类仪器受计算机机箱和总线的限制，存在电源功率不足、机箱内部噪声较高且无屏蔽、插槽尺寸较小且数量少等缺点。

(2) GPIB 虚拟仪器系统

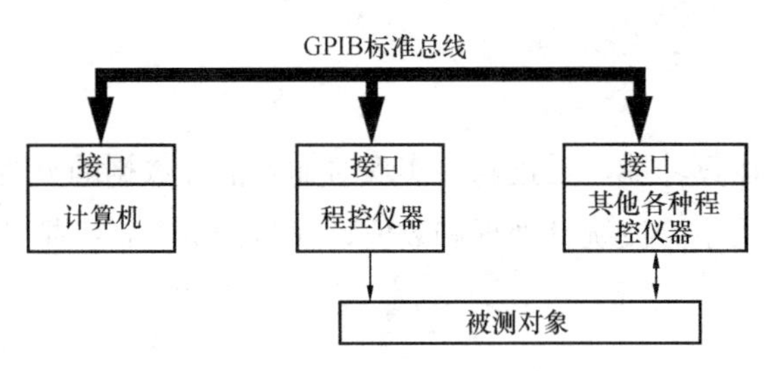

图 4-6 GPIB 自动测试系统框图

GPIB 总线是一种并行方式的外总线，计算机连接的仪器最多不超过 15 台，电缆总长度不超过 20m，最高数据传输速率为 1Mbyte/s。凡是符合 GPIB 标准的仪器设备，不论出自何厂，均可用此标准总线连接起来，构成自动测试系统。图 4-6 为 GPIB 自动测试系统的组成框图。

GPIB 系统成功地将仪器和计算机联系起来。GPIB 系统的应用从最初的测试仪器控制迅速普及到自动控制、电视、导航、通信、核物理和工业控制等众多领域。目前各大公司生产的台式仪器中几乎都配有 GPIB 接口，很多集成电路的制造商也生产了各种 GPIB 的接口芯片。由于 GPIB 仪器总线只是 8 位并行仪器总线，传输速率和传输距离有限，已经跟不上当今大规模测试系统的需求，所以，GPIB 总线也是实验室条件下，组建中等水平的自动测试系统常用的总线。

(3) VXI 虚拟仪器系统

随着科学技术的发展，测试项目和测试范围与日俱增，测试对象也逐渐复杂，测试的参数繁多，测试速度和测量精度的要求不断提高，这就使得用户对开放结构的模块式仪器提出了越来越迫切的要求。在此背景下，由世界上 5 家著名的仪器公司（HP，Wavetek，Tektronix，Racal，Colorado Data Systems）于 1987 年推出了 VXI 总线标准。

VXI 总线是 VME 总线（一种高速计算机总线）在仪器领域的扩展，即在 VME 总线原有的基础上扩展了一些适应仪器系统所需的总线。VXI 总线具有小型、便携、数据传输率高、组建及使用方便等优点，具有标准开放、结构紧凑、数据吞吐能力强，基本总线传输速率为 40Mbyte/s，本地总线可达 1Gbyte/s，具有定时和同步精确、模块可重复利用、众多仪器厂家支持以及电磁兼容性好等特点，已成为当今国际上测量仪器总线的主体，在世界范围内得到了迅速的发展和推广，被称为 21 世纪测试仪器系统的优秀平台。

VXI 仪器是一种模块化仪器，因此减少了虚拟仪器系统的体积，图 4-7 为以外主计算机作为控制器的 VXI 模块化测试系统，图中右边为 VXI 主机箱与插入的仪器模块。

(4) PXI 虚拟仪器系统

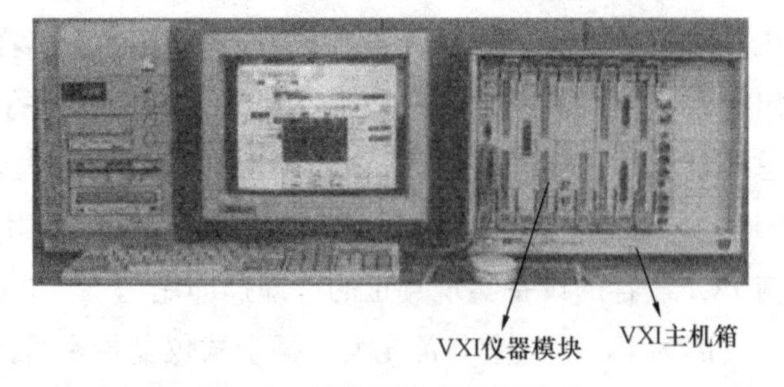

图 4-7 VXI 模块化测试系统

PXI 总线是在 VXI 总线技术之后出现的，汲取了 VXI 总线的技术特点和优势。由于 VXI 总线系统第一次投资成本较大，若采用 VXI 总线组建小规模测试系统，其价格偏高。为适应仪器与自动化测试系统用户日益多样化的需求，美国NI公司基于目前性能最先进的计算机PCI总线，汲取VXI总线精华，简化VXI总线结构，提出了一种新的测试系统总线：PXI总线。PXI是英文PCI Extensions for Instrument的缩写，即PCI总线在仪器领域的拓展。它将Compact PCI规范定义的PCI总线拓展为适合于仪器与测试领域的总线规范，从而形成了新的虚拟仪器体系结构。

PXI总线测试系统的机箱体积和模块尺寸均较小，适合于组建规模不是很大的测试系统。目前PXI总线测试系统已得到较为广泛的应用。PXI测试系统的外形与VXI系统有些相似，如图4-8所示。但用的PCI-PCI桥接器，可扩展到256个扩展槽，价格与VXI系统相比要低。

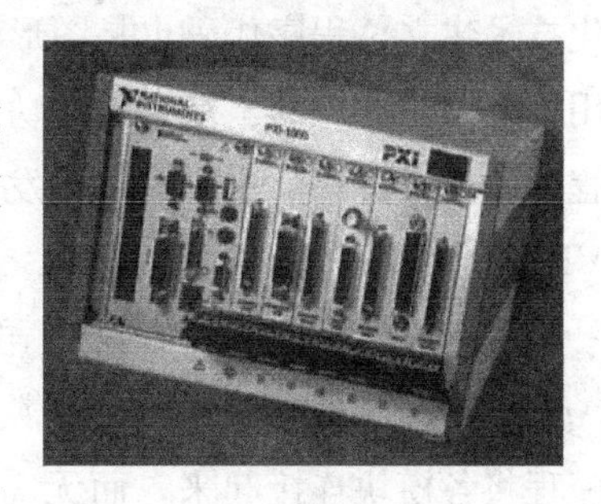

图4-8　PXI系统

（5）串行总线虚拟仪器

RS232总线是将带有RS-232总线接口的仪器作为I/O接口设备通过RS-232串口总线与PC计算机组成虚拟仪器系统，但如今，PC计算机已更多地采用了USB总线和IEEE1394总线。

4. 虚拟仪器的软件构成

软件是虚拟仪器的关键，通过运行计算机上的软件，一方面可以实现虚拟仪器图形化仪器界面，给用户提供一个检验仪器通信、设置仪器参数、修改仪器操作和实现仪器功能的人机接口。另一方面可以使计算机直接参与测试信号的产生和测量特征的分析，完成数据的输入、存储、综合分析和输出等功能。虚拟仪器的软件一般采用层次结构，包含以下3个部分：

（1）输入/输出（I/O）接口软件。I/O接口软件存在于仪器和仪器驱动程序之间，是一个完成对仪器内部寄存单元进行直接存取数据操作，为仪器驱动程序提供信息传递的底层软件，是实现开放的、统一的虚拟仪器系统的基础和核心。

（2）仪器驱动程序。仪器驱动程序的实质是为用户提供用于仪器操作的较抽象的操作函数集，完成特定外部硬件设备的扩展、驱动与通信。仪器的驱动程序对于仪器的操作和管理是通过I/O软件所提供的统一基础和格式的函数库来实现的。仪器驱动程序是连接顶层应用软件和底层I/O软件的纽带和桥梁。

（3）应用软件。虚拟仪器可以在相同的硬件平台下，通过不同测试功能软件模块的组合，实现功能完全不同的各种仪器，即虚拟仪器测量功能是由软件编程来实现的。软件是虚拟仪器的核心，体现了测试技术与计算机技术深层次的结合。

5. 软件开发环境

软件开发环境是系统设计人员进行应用程序开发的工具，所选择的开发环境要擅长于实现预定设计的系统功能，保证所开发系统的稳定性和可靠性，与仪器硬件、计算机硬件及操作系统具有良好的兼容性和通用性，同时能够较好地对软件系统进行维护和更新。

目前的虚拟仪器软件开发平台有如下两类：基于文本式编程语言的开发工具和基于图形化编程语言的开发工具。前者包括VC++、VB、C++Build、LabWindows/CVI及

Delphi 等，这些软件平台均可作为虚拟仪器软件的开发环境，但是这些软件平台对开发人员的编程能力和硬件知识的掌握程度要求较高，使得软件开发周期长、成本昂贵，而且软件的移植和维护、可再用性、可重新配置能力相对较差。

另一类是基于图形化编程语言的开发工具，不仅人机界面使用“所见即所得”的可视化技术建立，程序代码也是图形化的代码，开发人员无需写任何文本格式的代码，只需调用编程语言提供的丰富完善的功能图标，按照实际要求的功能编制流程图，即可完成应用程序的开发过程。这方面的开发平台以美国 NI 公司的 LabVIEW 和安捷伦公司的 Agilent VEE 为代表。

Agilent VEE 是安捷伦公司开发的用于仪器控制和信号分析的图形化编程环境。Agilent VEE 提供了丰富的函数模块以及大量的仪器驱动程序，它简单易用，根据测试流程将各模块连接起来，而无需接触更底层的编程。在仪器控制方面，Agilent VEE 提供了直观的仪器软面板和灵活的直接输入输出方式，是一种面向实际测试人员的、灵活方便、功能强大的编程环境。LabVIEW 是美国 NI 公司推出的一种基于图形开发、调试和运行程序的集成化环境，是目前国际上唯一的编译型的图形化编程语言。在以 PC 机为基础的软件中，LabVIEW 的市场普及率仅次于 C++语言。

LabVIEW 广泛地被视为一个标准的数据采集和仪器控制软件。它不仅提供了几乎所有经典的信号处理函数和大量现代的高级信号分析工具，提供了 PCI、DAQ、GPIB、PXI、VXI、RS-232 和 RS-485 在内的各种仪器通信总线标准的所有功能函数，可以和多种主流的工业现场总线通信以及与通用标准的实时数据库链接，并且内置了便于应用 TCP/IP、DDE、Active X 等软件标准的库函数，支持常用网络协议，方便网络监测系统的开发。

LabVIEW 平台具有如下特点：

(1) 图形化的仪器编程环境。采用“所见即所得”的可视化技术建立人机界面，应用于测试、测量以及过程控制等领域，用户还可以方便地将现有控制对象改成适合自己需要的控制对象。

(2) 内置的程序编译器。通过图形编辑器产生最优化的编辑代码，再由虚拟仪器执行，执行速度与编译 C 语言的速度相当，再利用应用程序生成器，使用户得到虚拟仪器，就如同独立的可执行程序一样。

(3) 灵活的调试手段。用户可以在源代码中设置断点，单步执行源代码，在源代码的数据流上设置探针，在程序运行中观察数据流的变化。

(4) 功能强大的函数库。提供了大量现成函数供用户直接调用，从底层 VXI、GPIB、串口及数据采集板的控制子程序到大量的仪器驱动程序，从基本的功能函数到高级分析库，涵盖了仪器设计中所需要的大部分函数。

(5) 开放式的开发平台。提供了通用接口，使用户在 LabVIEW 平台上能调用其他类型软件平台所编译的模块。

（6）支持多种操作系统平台和较强的网络功能。

第二节　常用计算机接口与总线

就计算机测试系统来说，测试系统的相关仪器，如应变计、温度计、数据采集器、操作面板等都是外部设备。为了解决计算机与种类众多的外部设备之间的信息交换，各种外部设备都需要通过相应的接口电路与主机系统相连。

接口电路的功能可以分为两大类：一类是通过微处理器工作所需要的辅助/控制电路使处理器得到所需要的时钟信号或者接受外部多个中断请求；另一类是I/O接口电路，使微处理器可以接收外部测试系统发送来的信息或将信息发送给外部设备。接口是连接计算机和测试系统的部件，是CPU与外部设备进行信息交换的中转站。

计算机与外部设备之间或者计算机与计算机之间的信息交换过程或者数据传输称为通信。计算机的通信有两种基本方式：并行通信和串行通信。在通信过程中，如果数据的所有位被同时传送出去，称为并行通信；如果数据被逐位顺序传送，则称为串行通信。按照通信方式的不同，分为并行接口和串行接口两种。并行通信和串行通信指的是接口与外部设备一侧的通信方式，而接口与CPU之间的通信都是并行的。并行接口和串行接口在与CPU连接的一侧是相似的，它们在结构和功能上的主要差别在于：串行接口在发送数据时需要实现并/串转换，在接收数据时要进行串/并转换。

总线和微处理器、存储器、输入输出接口构成计算机的硬件基础。微型计算机系统大都采用总线结构，其特点是采用一组公用的信号线作为微型计算机各主要部件之间的公共信息通道，可使计算机系统结构简化、可靠性提高、构成方便、易于扩充和升级。

一、接口技术

接口技术就是采用软件与硬件相结合的方法，使计算机与外部设备进行最佳匹配，实现CPU与外部设备之间高效、可靠地交换信息的一门技术。它可以实现CPU与存储器、I/O设备、控制设备、测量设备、A/D和D/A转换器等的信息交换。图4-9为计算机各类接口的示意图。计算机可以通过接口将各种程控指令送入测试系统，以此调整和控制被测对象的工作状态。

CPU与外部设备两者的信号不兼容，在信号线功能定义、逻辑定义和时序关系上都不一致，两者的工作速度不兼容，CPU速度高，外部设备速度低。若不通过接口，而由CPU直接对外部设备的操作实施控制，就会使得CPU处在疲于应付与外部设备打交道的状态中；若外部设备直接由CPU控制，也会使得外部设备硬件结构依赖于CPU，不利于外部设备本身的发展。因此有必要设置接口电路，以便协调CPU与外部设备之间的工作，提高CPU的效率，并且有利于外部设备的自身规律发展。

接口的功能包括：①数据缓冲，②端口选择，③信号交换，④接受和执行CPU命

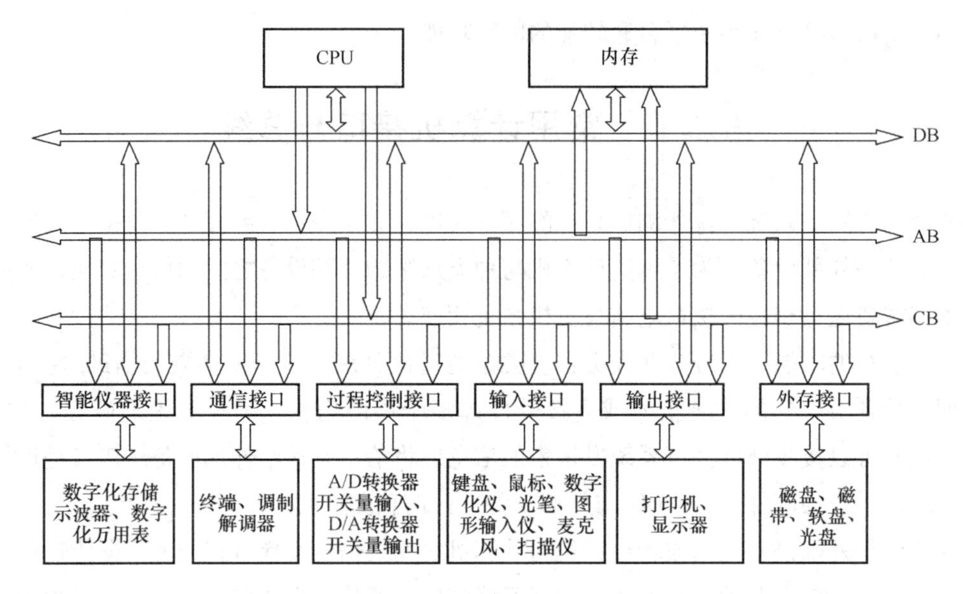

图 4-9 计算机各类接口示意图

令，⑤中断管理，⑥编程。接口的基本结构包括：①端口，②地址译码电路，③数据缓冲器与锁存器。下面将对计算机接口的一些基本概念和相关技术做一个简单的介绍。

1. 波特率和发送/接收时钟

(1) 波特率

在串行通信中，传输速率用波特率来表示。波特率是指单位时间内传送二进制数据的位数，单位为位/秒（bit/s）或称为波特。每秒钟所传输的字符数（字符速率）和波特率是两种概念。

例：某系统每秒传送 120 个字符（即字符速率为 120 个/s），每个字符帧由 1 个起始位、8 个数据位和 1 个停止位组成，则其传送速率为：

$$(1+8+1)\times 120 = 1200\text{bit/s} = 1200\text{ 波特} \tag{4-1}$$

每一位的传送时间（也叫宽度）为波特率的倒数：

$$T_{\mathrm{d}} = 1/1200 = 0.833\text{ms} \tag{4-2}$$

在远程传输时，数字信号送上传输线前要调制为模拟信号，此时，就用波特率作为速率的测量单位。

(2) 发送时钟和接收时钟

在异步串行通信中，发送端需要一定频率的时钟来决定发送每一位数据所占的时间长度，接收端也要用一定频率的时钟来测定每一位输入数据的位宽度。

发送端使用的用于决定位宽度的时钟称为发送时钟，串行数据的发送由发送时钟控制，数据发送时，并行的数据序列被送入移位寄存器，然后通过移位寄存器由发送时钟进行移位（变成串行数据）输出，数据位的时间间隔可由发送时钟周期来划分。图 4-10 为发送时钟的示意图。

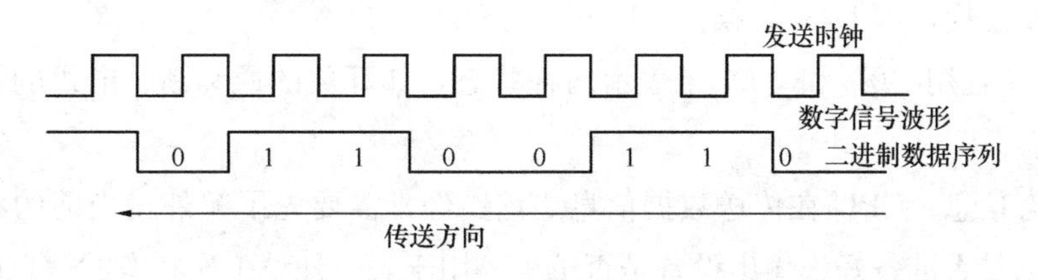

图 4-10 发送时钟示意图

接收端使用的用于测定每一位输入数据位宽度的时钟称为接收时钟，串行数据的接收由接收时钟检测及接收数据组成，数据接收时，把由传输线送来的串行数据序列由接收时钟作为输入移位寄存器的触发脉冲，逐位装入移位寄存器；接收过程就是将串行数据序列逐位移入移位寄存器而装配为并行数据序列的过程。图 4-11 为接收时钟的示意图。

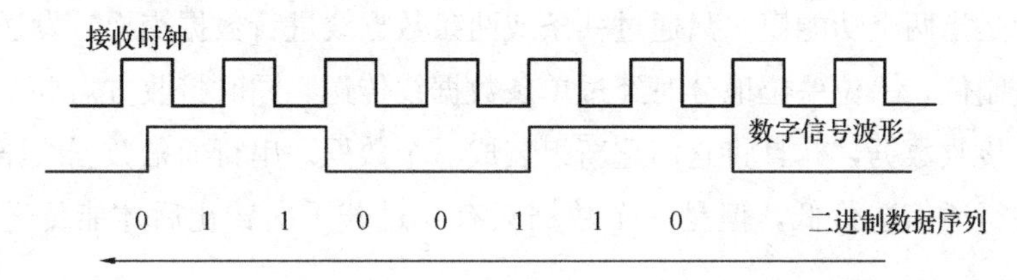

图 4-11 接收时钟示意图

由于发送/接收时钟决定了每一位数据的位宽度，所以，发送/接收时钟频率的高低决定了串行通信双方发送和接收字符数据的速度。

在异步通信中，总是根据数据传输的波特率来决定接收/发送时钟的频率。通常，接收/发送时钟的频率总是取波特率的 16 倍、32 倍或 64 倍，这有利于在位信号的中间对每位数据进行多次采样，以减少读数错误。

接收/发送时钟频率与波特率的关系为：

$$\text{收} / \text{发波特率} = \text{收} / \text{发时钟频率} / N \tag{4-3}$$

式中，N 为波特率因子，$N=1$，16，64（同步取 $N=1$，异步常取 $N=16$，64）。

2. 接口电路中的信息

CPU 为了能够与外部设备进行编程应用，就需要对外部设备进行必要的信息交换。CPU 与外部设备之间可以通过接口传递 3 种信息：数据信息、状态信息和控制信息。习惯上将传递这 3 种信息的端口称为数据端口、状态口和控制口。

（1）数据信息。它是要交换的数据本身，一般是 8 位或者 16 位的二进制数，有以下几种形式：

1）数字量：通常以 8 或 16 位的二进制数以及 ASCII 码的形式传输，主要指由键盘、磁盘、光盘等输入的信息或主机送给打印机、显示器、绘图仪等的信息。

2）模拟量：模拟的电压、电流或非电量。对于模拟量输入而言，需要先经过传感器转化成电信号，再经过 A/D 转换器变为数字量，如果需要输出模拟控制量，需要先经过上述过程的反变换，即 D/A 转换。

3）开关量：用“0”和“1”来表示两种状态，如开关的通和断、电机的转和停、阀门的开和关。

（2）状态信息：CPU 在传送数据信息之前，经常需要先了解外设当前的状态。如输入设备的数据是否准备好、输出设备是否忙等。用于表征外设工作状态的信息就叫作状态信息，它总是由外设通过接口输入给 CPU 的。状态信息的长度不定，可以是 1 个二进制位或多个，含义也随外设的具体情况不同而不同。

（3）控制信息：用来发布控制命令、控制外设工作的信息，例如 A/D 转换器的启停信号，控制信息总是 CPU 通过接口发出的。

3. 串行通信的数据传送方式和通信方式

串行通信是指两个功能模块只通过一条或两条数据线进行数据交换。发送方需要将数据分解成二进制位，一位一位地分时经过单条数据线传送。同时接收方需要一位一位地从单条数据线上接收数据，并且将它们重新组装成一个数据。串行通信数据线路少，在远距离传送时比并行通信造价低，但是一个数据只有经过若干次转化后才能传送完成，速度较慢。

在串行通信中，数据通常是在两个站点（如终端和微机）之间进行传送，按照数据流的方向，串行通信的数据传送方式可以分为全双工、半双工和单工 3 种，单工用得很少。

当数据的发送和接收分流，分别由两根不同的传输线传送时，通信双方都能在同一时刻进行发送和接收操作，这样的数据传送方式就是全双工（Full Duplex）制（图 4-12）。

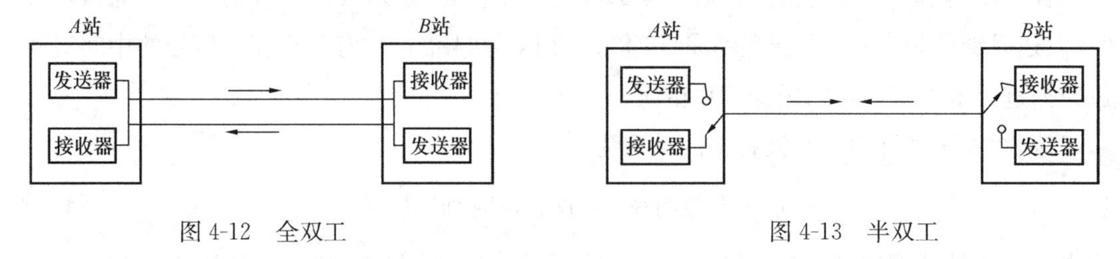

图 4-12　全双工　　　　图 4-13　半双工

若使用同一根传输线既作接收又作发送，虽然数据可以在两个方向上传送，但通信双方不能同时收发数据，这样的数据传送方式就是半双工（Half Duplex）制（图 4-13）。

根据在串行通信中数据定时和同步的不同方式，串行通信的基本方式分为两种，即异步通信和同步通信。

异步串行通信的优点是收发双方不需要严格的位同步。也就是说，在这种通信方式下，每个字符作为独立的信息单元，可以随机地出现在数据流当中，而每个字符出现在数据流的相对时间是随机的。然而一个字符一旦开始发送，就必须连着发出去。由此可见，在异步通信中，所谓“异步”是指字符与字符之间的异步，而在字符内部，仍然是同步发出，因此这种通信的效率比较低。尽管如此，由于异步通信的电路比较简单，其联络协议也不难实现，所以异步通信在串行通信中得到了广泛的应用（图 4-14）。

异步串行通信不需传送同步脉冲，字符帧长度不受限制，所需设备简单，但因字符帧格式复杂，降低了有效数据的传输速率。异步通信一般应用在数据传输速率较慢的场合。

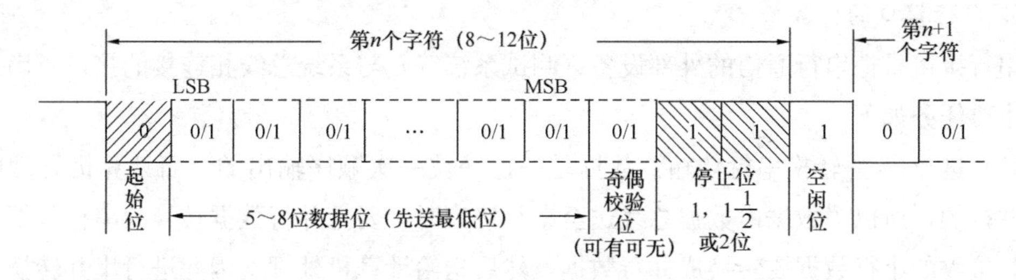

图 4-14　异步串行通信

同步通信的特点是不仅字符内部保持“同步”，而且字符与字符之间也是同步的。在这种通信方式下，收发双方必须建立准确的位定时信号，也就是收发时钟的频率要严格一致。同步通信在数据格式上也要与异步通信不同，每个字符不增加任何附加位，而是连续发送。但是在传递中，数据要分成组（帧），一组包含多个字符代码或独立的码元。为了使收发双方建立同步，在每组的开始和结束需要加上规定的码元序列，作为标志序列。在发送数据之前，必须先发送此标志序列，接收端通过检验该标志序列实现同步。

同步通信方式适合于 24kbit/s 以上的数据传输。由于不需要加起始和停止符，因此传送效率比较高，但是实现起来比较复杂。

4. 信号调制与解调

计算机通信是传送数字信号，远程数据通信往往借用现有的公用电话网，但电话网是为音频模拟信号设计的，一般带宽为 300～3400Hz，由于频带不宽，用来传输数字信号的矩形波有时候会失真，但是用来传输频率 1000～3000Hz 的模拟信号时，仅会有较小的失真。

为此，在发送时需要把数字信号转换成模拟信号，送到通信链路上传输，接收时需要把从通信链路上接收的模拟信号解调成数字信号，如图 4-15 所示。在大多数情况下，通信是双向的，把调制功能和解调功能合成一个装置——调制解调器（Modulation Demodulation，MODEM）。MODEM 也称为通信设备 DEC 或数传机。调制器（Modulator）是一个波形变换器，它将基带数字的波形变换成适合于模拟信道传输的波形。解调器（Demodulator）是一个波形识别器，将接收到的调制后模拟信号恢复成原来的数字信号。

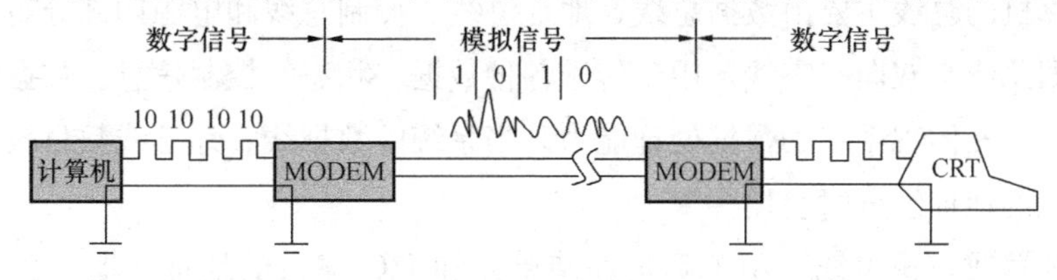

图 4-15　调制与解调

MODEM与计算机连接的方式分为内接式和外接式，内接式就如同一块接口卡一样，插在计算机内的扩展槽上，外接式MODEM则通过RS-232接口与计算机的串行接口相连。

5. 串行接口的任务

串行接口是把串行通信的外部设备（测试系统等）与系统总线相连接的接口。串行接口的主要任务如下：

(1) 进行串-并转换串行传输：数据是一位一位一次顺序输出的，而计算机处理的数据是并行的，所以当数据由数据总线送至串行接口时，要把并行数据转换为串行数据传输出去，接收的串行数据要转换成并行数据，然后送给计算机处理。因此进行串并转换是串行接口最重要的任务。

(2) 实行串行数据格式化：在并行数据转换成串行数据后，串行接口要能实现不同通信方式下的数据格式化。

(3) 可靠性检验：在发送串行数据时，接口电路要能自动生成供检测的信息，而在接收串行数据时，接口电路要能够进行检测，以确定是否发生了传输错误。

(4) 实施接口与通信设备之间的联络控制：串行接口是计算机与通信设备之间进行通信的连接通路，因此，应提供符合通信标准的联络、控制信号线。

二、 总线技术

总线是实现芯片与芯片之间、模块与模块之间、系统与系统之间以及系统与控制对象之间进行信息传递的各种信号线的集合，它为模块各部件之间和模块与模块之间提供了标准信息通路。

按总线规则，可易于实现复杂大系统的总线式模块化设计、制造、安装和调试，易于实现系统升级，并有良好的可维护性和经济性。

1. 总线的分类和组成

按使用范围，总线可以分为：微处理器芯片内的片内总线，微处理器应用系统中连接各芯片的片间总线，微机中连接各插件板的板级总线（内总线），以及用于微机系统之间、微机系统与外设之间通信的通信总线（外总线）。对计算机测试系统来说，需要选择的总线一般是外总线。

总线按数据传送方式可以分为：并行总线、串行总线。

微型计算机的总线主要由数据总线、地址总线、控制总线和电源四部分组成：

(1) 数据总线。双向三态线，用于传送各种数据、状态、控制信息。数据线的位数即微机的字长，直接体现系统的数据处理能力。当系统的数据线、地址线数目较多时，常将数据线与低位的地址线分时复用。

(2) 地址总线。输出线，用于确定存储单元和I/O端口的地址。地址总线的多少直接体现系统寻址能力的大小。低位地址常被用来与数据线分时复用，以减少信号线数目，提高总线的利用率。

(3) 控制总线。包括时钟信号、中断信号、DMA 控制信号、仲裁信号等各种复杂的管理及控制信号线。控制总线是判断一种总线标准是否具有高性能的关键。

(4) 电源。

2. 总线的数据传输

总线可传输程序指令、运算处理的具体数据、设备的控制命令、状态字、设备间传输的具体数据等；如何保证数据在总线上高速可靠的传输是系统总线的基本任务。总线完成一次数据传输的时间称为传输周期，一般可分为 4 个阶段：

(1) 申请分配阶段。需要使用总线的主模块向总线分配仲裁功能申请下一个传输周期的总线使用权。

(2) 寻址阶段。取得总线使用权的主模块通过总线发出本次打算访问的从属模块或设备编号的地址及有关命令，以启动参与本次传输的从属模块，建立数据传输通路。

(3) 传输数据阶段。

(4) 结束阶段。主、从模块的有关信息均从系统总线上撤除，让出总线。

不同的传输方式主要是要实现主从模块间的协调和配合，主要包括同步式传输、异步式传输、半同步式传输和分离式传输。

3. 常用的总线标准

(1) MULTIBUS 总线

MULTIBUS 总线又称 IEEE-796 总线，是 Intel 公司 1977 年开发的板级连接标准总线。MULTIBUS 总线支持微处理器和存储器扩展板、I/O 扩展板以及外设控制板之间进行的 8 位或 16 位数据信息传输。

(2) GP-IB 并行总线

GP-IB（通用接口总线）又称 IEEE-488 总线，1972 年由 HP 公司提出，1975 年被 IEEE 和 IEC 定为测量仪器系统的标准总线，目前广泛应用于各种智能测试仪器仪表中。

(3) VXI 总线

VXI 总线是继 GP-IB 第二代自动测试系统之后，为适应测试系统从分立台式和装架叠式结构向高密度、高效率、多功能、高性能的模块结构发展需要，吸收智能仪器和 PC 仪器的设计思想，结合 GP-IB 接口和高级微机内 VME 总线的优点，于 1987 年推出的一种开放的新一代自动测试系统工业总线规范。VXI 总线是仪器与计算机技术、通信技术深层次结合的产物，易于构成虚拟仪器等模块化仪器。

(4) PXI 总线

PXI 总线是 PCI 在仪器领域的扩展，是 1997 年由 NI 公司推出的一种全新的开放式、模块化的仪器总线规范。将 PCI 总线技术扩展为适合于试验、测量与数据采集场合应用的机械、电气和软件规范。将台式 PC 的性能价格比优势与 PCI 总线面向仪器领域应用扩展完美结合起来，形成一种新的虚拟仪器测试平台。PXI 产品填补了低价位 PC 系统与高价位 GPIB 和 VXI 系统之间的空白。

(5) 串行总线

常见的串行总线主要包括 RS-232C、RS-485 和 USB。三者的对比如表 4-1 所示。

串行总线标准 表 4-1

总线类型	RS-232C	RS-485	USB
最高传输速率	20kbit/s	2Mbit/s	480Mbit/s
最高传输距离	15m	1500m	30m (通过 Hub 或中继器)
安装过程	复杂	复杂	支持热插拔和即插即用
接头形式	25 针 D 型插头、8 根信号线		四芯电缆，一对信号，一对电源，采用差分数据结合 NRZI 时钟编码的方式实现串行传输
可靠性	高	高	较高

(6) PC 系列总线

PC 系列总线的发展历程为：IBMPC/XT→ISA→EISA→PCI 局部总线。

1) PC 总线

PC 总线是指 IBMPC/XT 机及兼容机使用的总线。

IBMPC/XT 机系统板有 8 个 62 芯扩展槽，可以插入不同功能的插件板来扩展系统功能。连接扩展槽的 62 根信号线组成了 IBMPC/XT 机系统总线。62 根引脚按功能不同可分为数据线、地址线、控制线、状态线以及辅助和电源线五类。

2) ISA 总线

ISA 总线是为满足存储器与 CPU 之间较高的数据传输率要求，而形成的存储器总线与系统总线分开的 16 位总线，可寻访 16MB 地址单元。ISA 总线的典型时钟频率为 6MHz，最大系统总线传输率为 8MB/s，存储器传输率为 32～80MB/s。图 4-16 为 ISA 总线插槽。

3) EISA 总线

EISA 总线是在 ISA 总线基础上发展起来的一种高性能的标准总线，总线宽度为 32 位，总线的引脚也扩展到 196 个引脚，并且有高速同步传送功能。EISA 与 ISA/PC 总线完全兼容，支持 EISA 和 ISA 接口卡。

EISA 总线的 196 根信号线可分成地址总线和数据总线组、数据传输控制线组、总线仲裁信号线组和其他功能连线组等 4 组，其中除了 ISA 原有的信号外，EISA 还增加了一些信号线。EISA 总线的最大传输率为 33Mbit/s，总线时钟频率为 8～10MHz。

4) PCI 局部总线

随着 Pentium 系列微机的工作频率迅速提高，ISA、EISA 总线的工作速度不能与之匹配，为此，在系统总线结构上又推出了 PCI 等局部总线。局部总线的传输率接近存储器总线，提高了总线时钟频率，但要限制扩展槽的数量以及总线长度。

PCI 局部总线是独立于处理器的 32 位（支持 64 位机）总线结构，典型工作频率为 33MHz，总线最大传输率为 132MB/s，存储器传输率为 264MB/s。

PCI 总线的自适配特性：当外设在和系统连接时，能自动进行中断设置和 I/O 端口地址分配，并能与 ISA、EISA 总线兼容。

PCI 局部总线结构：单一的 PCI 总线通常最多只允许 4 个 PCI 扩展槽，通常采用 PCI-PCI 桥实现扩展。PCI 局部总线结构如图 4-17 所示。

PCI 局部总线通过 PCI 桥路将一些高速外设挂到 CPU 芯片总线上，以协调数据传输并提高总线接口。PCI 桥路实现驱动 PCI 总线所需的全部控制，增设标准总线桥路，将 PCI 信号转换为 ISA、EISA 总线等信号，以便与 ISA、EISA 等总线设备相连。

图 4-16　ISA 总线插槽

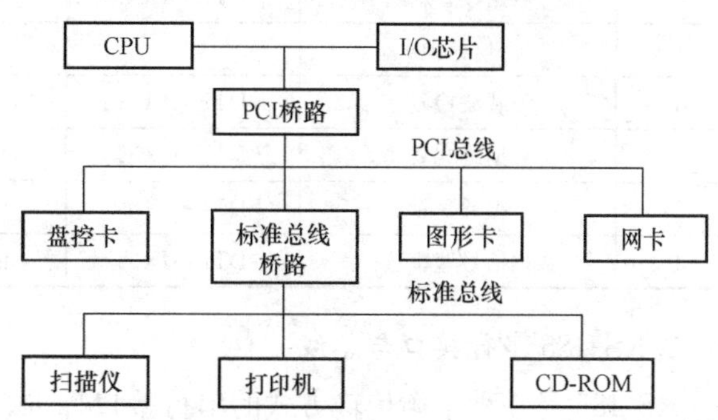

图 4-17　PCI 局部总线结构

三、 典型串行接口与总线

1. RS-232C 串行接口与总线

RS-232C 是用于数据终端设备（DTE）和数据通信设备（DCE）之间的串行异步通信接口，主要用在使用模拟信道传输数字信号的场合。

RS-232C 采用双极性负逻辑电平工作，即：逻辑“1”用负电平表示，有效电平范围是－15～－3V。逻辑“0”用正电平表示，有效电平范围是＋3～＋15V。－3～＋3V 为过渡区，逻辑状态不定，为无效电平。

RS-232C 标准接口有 25 根线，采用 25 芯 D 型连接器（含插头/插座）（图 4-18a），包括 4 条数据线、11 条控制线、3 条定时线以及 7 条备用和未定义线。但在实际进行异步

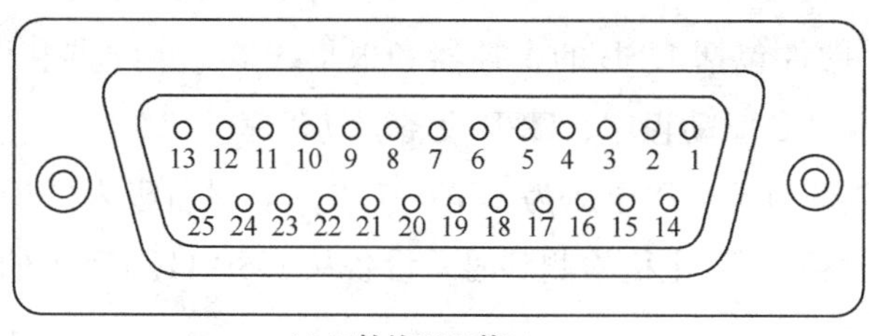

(a) 25针的COM接口

(b) 9针的COM接口实物

图 4-18　COM 接口

通信时，只需 9 个信号即够用，因此，也可以采用 9 脚 D 型连接器（图 4-18b）。

用于异步通信 RS-232C 的引脚定义如表 4-2 所示。

用于异步通信 RS-232C 的引脚定义 **表 4-2**

引脚	信号名称	信号流向	简称	信号功能
1	保护地			接设备外壳，安全地
2	发送数据	DTE→DCE	Txd	DTE 发送串行数据
3	接收数据	DTE←DCE	Rxd	DTE 接收串行数据
4	请求发送	DTE→DCE	RTS	DTE 请求切换到发送方式
5	清除发送	DTE←DCE	CTS	DCE 已切换到准备接收状态
6	数据设备就绪	DTE←DCE	DSR	DCE 准备就绪，可以接收
7	信号地			公共信号地
8	载波检测	DTE←DCE	DCR	DCE 接收到远程载波
0	数据终端就绪	DTE→DCE	DTR	DTE 准备就绪可以接收
2	振铃显示	DTE←DCE	RT	通知 DTE 通信线路已接通
3	数据信号速率选择	DTE↔DCE	dsrd	选择较高的速率，双向通知

2. RS-485 串行接口与总线

RS-485 是一种平衡传输方式的串行接口标准，所谓平衡方式，是指双端发送和双端接收，所以，传送信号要用两条线 AA' 和 BB'，发送端和接收端分别采用平衡发送器（驱动器）和差动接收器。RS-485 在电路中可允许有多个发送器，因此，它是一种多发送器的标准；允许一个发送器驱动多个负载设备，负载设备可以是驱动发送器、接收器或收发器组合单元；其发送器、接收器、组合收发器可挂在平衡传输线上的任何位置，实现在数据传输中多个驱动器和接收器共用同一传输线的多点应用。

RS-485 标准的特点有：

（1）由于 RS-485 采用差动发送/接收，所以，其共模抑制比高，抗干扰能力强，传输速率高，它允许的最大传输速率可达 10Mbit/s（传送 15m），传输信号的摆幅小（200mV）；

（2）传送距离远（指无 MODEM 的直接传输），采用双绞线，当具有 100kbit/s 的传输速率时，可传送的距离为 1.2km，若传输速率下降，则传送距离可以更远。

3. USB 串行接口与总线

USB 系统由硬件和软件组成，硬件包括 USB 的主控器和根集线器、集线器和设备，软件包括 USB 的主控器驱动程序、USB 驱动程序、USB 设备驱动程序。

USB 主机或根 Hub 对设备提供的对地电源电压为 4.75～5.25V，设备吸入的最大电流值为 500mA。当 USB 设备第一次被 USB 主机检测到时，设备从 USB Hub 吸入的电流值应小于 100mA。

USB 设备有两种供电方式，自给方式（设备自带电源）和总线供给方式。USB Hub

采用自给方式。图 4-19 是两种标准的 USB 串行接口。

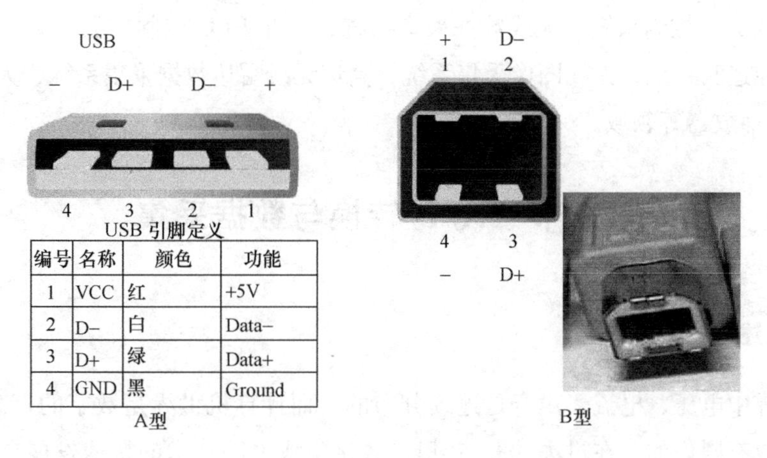

USB 引脚定义

编号	名称	颜色	功能
1	VCC	红	+5V
2	D–	白	Data–
3	D+	绿	Data+
4	GND	黑	Ground

图 4-19　USB 的两种接口

USB 主机有一个独立于 USB 的电源管理系统（APM），USB 系统软件与主机电源管理系统交互来处理诸如挂起和唤醒等电源事件。为了节省能源，对于暂时不用的 USB 设备，电源管理系统将其置为挂起状态，等有数据传输时，再唤醒设备。

USB 接口总线有黑色、绿色、白色和红色四根信号线，分别是地线（GND）、正和负信号线（D_+、D_-）以及电源线 VCC。USB 与机器的连接方式如图 4-20 所示。

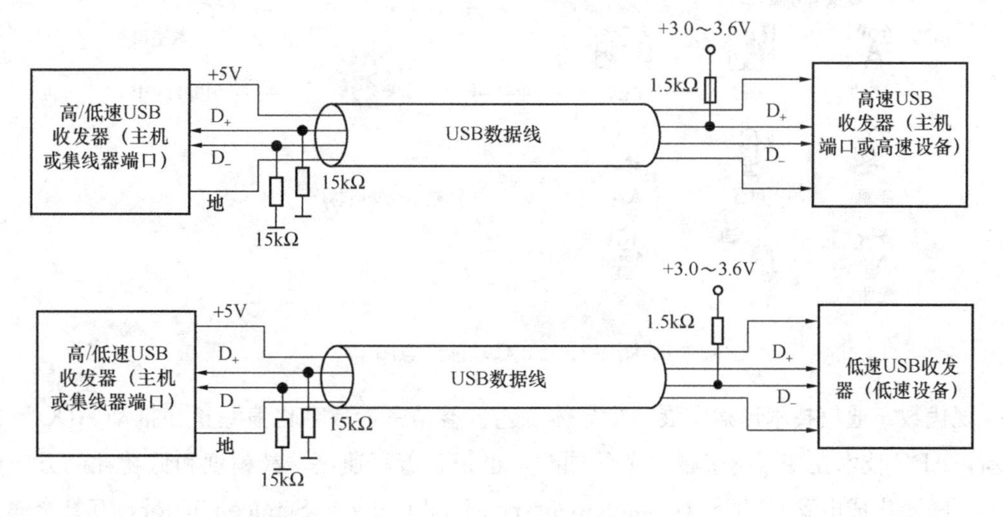

图 4-20　USB 与机器的连接方法

USB 数据流类型有如下几种：

（1）控制信号流：当 USB 设备加入系统时，USB 系统软件与设备之间建立起控制信号流来发送控制信号；

（2）块数据流：用于发送大量数据；

（3）中断数据流：用于传输少量随机输入信号；

（4）实时数据流：用于传输连续的稳定速率的数据。

USB 的传输类型有：控制传输、批传输、中断传输和等时传输，其广泛应用于多通道数据采集及 I/O 控制系统、无线数据采集系统、工业 PLC 控制、数字虚拟示波器、门禁系统、遥控遥测系统、无线图像采集系统、高速无线雷达数据采集系统、大容量存储器领域和 MP3 播放器等领域。

第三节 A/D 转换与数据采集

一、概述

物理世界中电压、电流、声音是连续分布的，而计算机世界是数字的，离散分布的，是可以被分成有限份的。在过去的 20 年里，数字集成电路技术的快速发展导致了越来越复杂的信号处理系统，这些系统在连续时间信号上运行，包括语音、图像、生物识别、仪器仪表、消费电子和通信（图 4-21），为了实现对这些电模拟量的测量、运算和控制，就需要模拟量和数字量之间的相互转化（Analog/Digital Convert，A/D 转换），模数转换器（Analog-to-Digital Converter，ADC）便是其中的桥梁，它将连续时间信号转换为离散时间的 N 位二进制数字输出信号，从而实现物理世界数据向数字世界的转化。

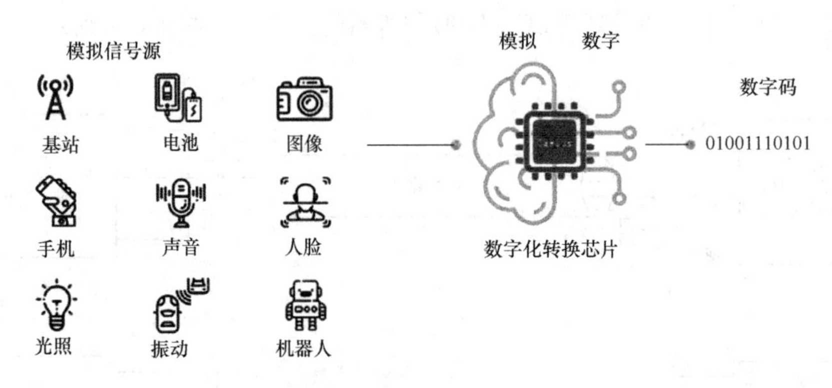

图 4-21 ADC 功能示意图

现代数字通信技术迅猛发展，半导体工艺日益精密，数字化浪潮正在推动 ADC 不断革新，ADC 技术在变得越来越复杂的同时，也正朝着高速度、高精度和低功耗的方向迈进。而随着集成电路 CMOS（Complementary Metal Oxide －Semiconductor，互补金属氧化物半导体）技术的发展，ADC 的尺寸不断变小，性能不断提升。例如在通信领域，新一代 5G 通信技术为 ADC 性能的改进提供了强有力的推动力，单个 5G 基站所需的超高性能 ADC 数量超过两位数，单个 ADC 在 12bit 分辨率多通道情况下，采样速度达到 GSPS 级别（Gigabit Samples per Second，10 亿采样每秒）。

ADC 作为物理世界与数字世界的桥梁，在土木工程领域，特别是在岩土及地下工程领域，其主要应用场景集中通过与各类传感器集成，实现对结构、地质、水文等状态的监控量测，为工程的勘察、设计、施工、运维的安全高效运行提供支撑。

ADC的基本原理是通过一定的电路将模拟量转变为数字量，但在ADC转换前，输入到ADC的输入信号必须经各种传感器把各种物理量转换成电压信号。在土木工程领域，常见的传感器包括压力、位移、温度、湿度、声音等，通过光敏电阻、电磁互感、热敏电阻、应变片等元器件，实现了从一般物理量向电压信号的转换。其中，土木工程领域应用较多的应变采集仪就是一种ADC。在结构试验中，应变片伴随结构变形自身电阻发生变化，通过桥接电路，将电阻的变化量转换为电压值，测得的电压值通过数据采集仪中的ADC部件实现了从模拟量向数字量的转变。

二、 数据采集装置

数据采集装置是将传感器的输出信号变换成计算机能接受的信号的装置，当传感器的信号为模拟信号时，它就必须经过信号处理、采样保持、模/数转换等多个环节才能被计算机接受。

根据不同的需要，信号处理可选择的内容包括：信号的放大或衰减、信号滤波、阻抗匹配、非线性补偿和电流/电压转换等。在实际测试中，测试点往往有多个，由于微机工作速度快，而被测参数变化比较慢，所以一台微机可同时处理多个测试点。但是微机在某一时刻只能接收一个通道的信号。因此必须设置多路数据，在计算机的控制信号作用下，顺序接通或断开每个开关，达到把多个来自传感器的电信号，依次地分别送入微机的目的。在多路开关之后，设置一可编程序放大器，利用计算机编程控制其增益，以满足各通道信号的不同放大量要求，使模数转换器信号的满量程达到均一化，以提高多路数据采集的精度。

在数据采集装置中，如直接用A/D转换器对模拟量进行模/数转换，由于转换需要一定的时间，而被测参数又是一个变化的信号，这样在转换期间就带来了转换误差。为了改善这种误差，可以采用采样保持器，使其在A/D转换期间，保持被测模拟量的幅值基本不变。采样保持器的工作原理如图4-22所示。它由输入缓冲器A、模拟开关K、保持电容C和输出放大器A组成。采样保持器有采样和保持两种工作状态，当控制信号为低电平时，模拟开关K导通，输入信号U经输入放大器A与保持电容相连，因而输出电压跟随输入信号变化，这就是采样期。当控制信号为高电平时，模拟开关断开，此时，电容C

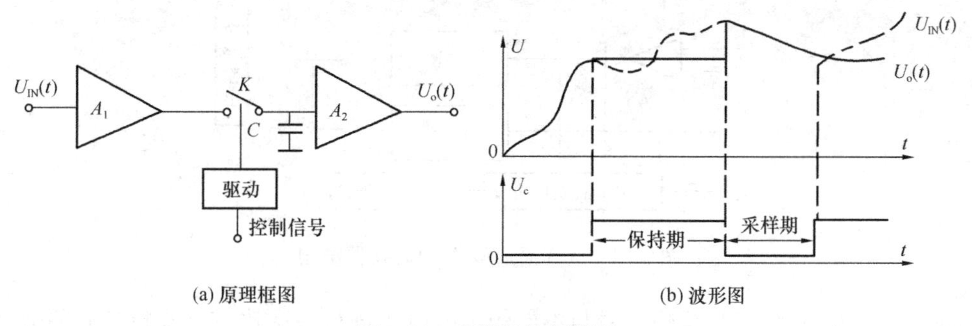

(a) 原理框图　　(b) 波形图

图4-22　采样保持原理图

上保持着模拟开关 K 断开瞬间的输入电压 U 不变，输出放大器 A 输出保持恒定，一直到模拟开关导通。

三、A/D 转换技术的分类及原理

数字系统是不能直接接收模拟量的，必须首先通过模数转换器将测得的模拟量转换成数字量，才能被计算机接受、处理和记录。因此，模数转换器要执行两个基本任务——量化和编码。量化是将连续幅度的采样信号转换成离散时间、离散幅度的数字信号，量化的主要问题就是量化误差，量化单位越小，误差也越小。编码是将量化后的信号用二进制码赋值，A/D 转换器的输出码通常是采用二进制或 BCD 码。

A/D 转换技术主要有以下几种：

1. 积分型 ADC

积分型 A/D 转换技术包括单积分和双积分两种转换方式，其中单积分 A/D 转换首先将需要转换的电信号变成一段时间间隔，然后对时间间隔进行计数，间接地把模拟量转换成数字量。双积分型转换器结构如图 4-23 所示，通过两次积分把输入的模拟电压转换为与平均值成正比关系的时间间隔，同时利用计数器计数，从而实现 A/D 转换。

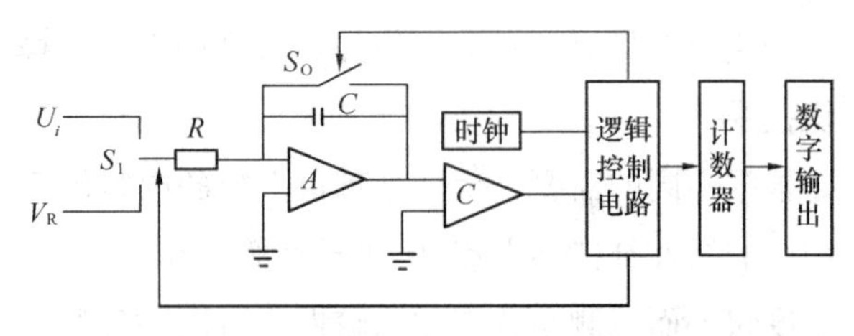

图 4-23　积分型 A/D 转换器结构

积分型 ADC 具有功耗低、成本低、分辨率高（可达 24 位）的优点，因为其输入端采用了积分器，对高频噪声和固定的低频干扰（如 50Hz 或 60Hz）的抑制能力很强，所以主要应用在嘈杂的工业环境中。但由于其转换速度太慢，转换精度随转换速率的增加而降低，转换速率在两位时为 100～300SPS，对应的转换精度为 12 位，因此主要应用于低速高精度的转换领域。

2. 逐次逼近型 ADC

逐次逼近型 A/D 转换器是由比较器、D/A 转换器、比较寄存器 SAR、时钟发生器以及逻辑控制电路组成，其结构如图 4-24 所示。

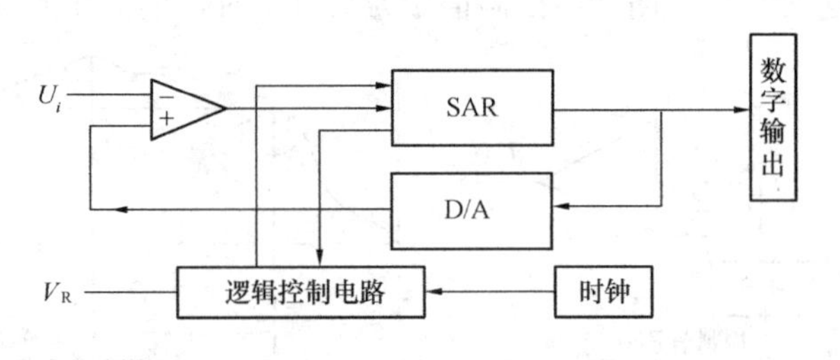

图 4-24　逐次逼近型 A/D 转换器结构

逐次逼近型 ADC 是将模拟信号与不同的参考电压进行多次比较，使转换后的数字量在数值上逐次逼近输入模拟量的对应值，一个时钟周期内只完成一位转换。具体过程是：先将 N 位移位寄存器的最高位（D_{N-1}）置“1”，其余位均为“0”，并把这一数码（100…0）送到 D/A 转换器，转换成参考电压，然后将它与输入电压一起加在比较器上进行比较。控制器根据比较器的输出结果进行判断，如果输入电压大于或等于参考电压，则保留这一位的“1”（$D_{N-1}=1$），否则将这一位的“1”舍去（$D_{N-1}=0$）。再将下一位 D_{N-2} 置“1”，与上一位一起进入 D/A 转换器，转换后再进入比较器比较……如此一位一位地继续下去，直到最后一位 D_0 比较完毕为止，这时，寄存器的数字量即为输入电压所对应的值。如以一个输入转换电压量程为 5V 的 8 位 A/D 转换器，把 3V 的电压转换成二进制码为例：内部设置一套标准电压分别为 2.5V，$\frac{1}{2}\times 2.5V=1.25V$，$\frac{1}{2^2}\times 2.5V=0.625V$，$\frac{1}{2^3}\times 2.5V=0.3125V$，$\frac{1}{2^4}\times 2.5V=0.15625V$，$\frac{1}{2^5}\times 2.5V=0.073125V$，$\frac{1}{2^6}\times 2.5V=0.0365625V$，$\frac{1}{2^7}\times 2.5V=0.01828125V$，共 8 种电压，相邻两个电压为两倍的关系，即二进制。它的逐次比较逼近过程如表 4-3 所示。经过 8 次比较，D_7 到 D_0 各位的值均已确定，它们就是对应模拟电压 3V 的数字量 10011001，该数字所对应实际电压量是 2.98703125V，与输入值 3V 之间相差 0.01296875 的误差，这就是量化误差。

逐次逼近过程表 **表 4-3**

比较电压	比较过程	A/D 各位输出
2.5	2.5<3.0	$D_7=1$
2.5+1.25	3.75>3.0	$D_6=0$
2.5+0.625	3.125>3.0	$D_5=0$
2.5+0.3125	2.8125<3.0	$D_4=1$
2.8125+0.15625	2.96875<3.0	$D_3=1$
2.96875+0.073125	3.041875>3.0	$D_2=0$
2.96875+0.0365625	3.0053125>3.0	$D_1=0$
2.96875+0.01828125	2.98703125<3.0	$D_0=1$

逐次逼近型 ADC 原理简单、功耗低，由于其转换速度较高，可以达到 1MSPS，不存在延迟问题，所以应用于中速率的场合。此外它在低于 12 位分辨率的情况下，电路实现上较其他转换方式成本低，所以实际中广泛使用。但是，这种 A/D 转换方式的分辨率和采样速率相互矛盾，分辨率高时采样速率较低，因此要提高分辨率，采样速率就会受到限制。此外这种转换方式需要 D/A 转换电路，而高精度的 D/A 转换电路需要较高的电阻或电容匹配网络，所以在高精度 D/A 转换领域的应用受到很大限制。

3. 并行 ADC

并行 A/D 转换器也称为 Flash ADC，是目前速度最快的一种结构。并行转换是一种直接的 A/D 转换方式，主要由电阻分压网络、比较器、编码器等组成。一个 N 位的并行

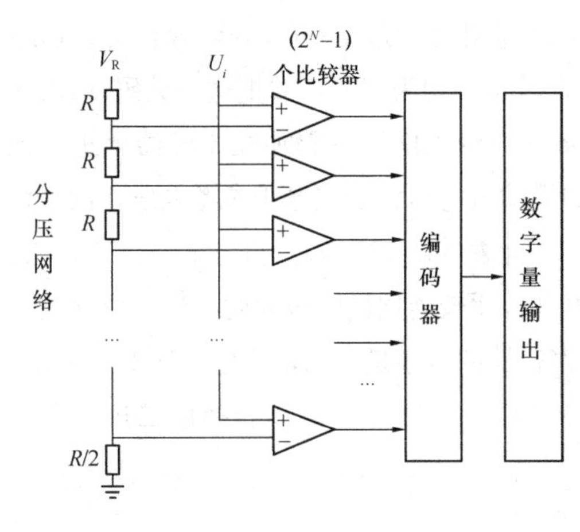

图 4-25　并行比较型 A/D 转换器结构

ADC 包含 2^N-1 个比较器与 2^N-1 个参考电压值，其结构如图 4-25 所示。

每个比较器对输入信号采样并把输入信号与参考电压相比较，然后每一个比较器产生一位输出，表明输入信号与参考电压的大小关系。当输入信号高于比较器反向输入端电压时，比较器会输出高电平 1，反之输出低电平 0，该码编码后即可得到对应的数字量。

该转换的主要优点是并行，处理速率较快，目前四位转换精度的转换速率可达 10GSPS 以上。但是由于管芯尺寸比较大，与一般的流水线结构相比，输入电容和功率损耗分别要高出 6 倍和 2 倍，功耗与成本高。而且分辨率提高时，元件数目按照几何级数猛增，位数越多，电路越复杂，越难集成，还会产生静态误差、闪烁码温度计气泡等不利现象，因此只适用于速度要求特别高的领域，如视频、图像转化等，在红外影像监测、图像识别等在线监测场景中应用较多。

4. 过采样Σ-ΔADC

过采样Σ-ΔADC 由Σ-ΔADC 调制器和数字滤波器构成，调制器是核心部分，其结构近似于积分型 A/D 转换器，由积分器、比较器、1 位 D/A 转换器等组成，主要提供增量编码即Σ-ΔADC 码；数字抽样滤波器完成对Σ-ΔADC 码的抽样滤波。

Σ-ΔADC 调制器以极高的频率对输入模拟信号进行采样，并对 2 个采样的差值以极低的分辨率（1 位）进行量化，得到用低位数码表示的数字信号即Σ-ΔADC 码，这种Σ-ΔADC码接着送到数字滤波器进行滤波，经过滤波处理后，采样率被大大降低，可得到高分辨率的数字信号。

硬件方面，该转换方式采用了极低位量化器，巧妙避免了高位转换器和高精度电阻网络的制造困难；由于Σ-ΔADC 码位低，采样与量化编码可以同时完成，不再需要采样保持电路，系统的结构大为简化；与 DSP 技术兼容，便于实现系统集成；大部分是数字电路，对电路匹配要求较低，易于 CMOS 实现；在技术指标方面，该转换方式的转换精度很高，可达到 24 位以上；转换速率高、分辨率高；而且价格低廉，所以过采样方式在目前 A/D 转换方式中性价比较高，在很多对精度、分辨率、速度要求比较高的集成电路中得到广泛应用。过采样的缺点在于转换器采样率较低，不适合处理高频信号；在转换速率相同的条件下，比积分型和逐次逼近型功耗高；当高速转换时，还需要高阶调制器，价格较高，因此Σ-ΔADC 应用于低频中速的场合。

四、 A/D 转换基本指标

A/D 转换器是自动测试系统中模拟量输入通道的重要组成部分，其技术性能指标主要有分辨率、转换精度、转换速度等。

(1) 分辨率。分辨率是指 A/D 转换器所能分辨的最小电压增量，它反映了对微小输入量变化的敏感性。以二进制码数字量输出的 A/D 转换器的分辨率采用二进制数的位数来表示。如 12 位二进制 A/D 转换器的分辨率为 $\Delta=\frac{1}{2^{12}}=0.0244\%$。A/D 转换器还有一个经常使用的术语，即"量化误差"，在量化过程中用有限数字量，对模拟量的幅值进行离散取值，将引起舍入误差即量化误差，量化误差的大小取决于数字量对模拟量离散取值的细化程度。在理论上量化误差的数值等于一个 LSB（最小有效值），可见量化误差与分辨率是统一的，提高了分辨率就可以减少量化误差。

(2) 转换精度。A/D 转换器的转换精度是指实际输出的量化值与理想量化值之间的差值。应该注意的是理论和实际输出的量化值本身还存在量化误差，因此，为获得高精度的 A/D 转换结果，要选择有足够分辨率的转换器以减少量化误差，然后才是选择性能好的 A/D 转换器以提高转换精度。

(3) 转换速度。A/D 转换速度一般指每秒完成的转换次数，转换速度主要取决于转换器的类型与结构，A/D 转换器的速度和精度是一对矛盾，提高速度就会降低精度，反之亦然，因此，在评价 A/D 转换器技术水平时常把速度和精度结合起来考虑。

第四节　系　统　实　例

节理全剪切渗流耦合试验系统

1. 概述

在岩石节理剪切过程中渗透水压会对节理的剪切力学特性产生影响，节理在剪切过程中上下节理面的接触状态不断发生变化，且会发生膨胀、突起剪断、残渣堵塞渗流通道等现象，也不断地改变节理的渗流特性，节理的剪切与渗流性质相互影响，即为节理剪切-渗流耦合特性。

岩石节理剪切渗流耦合试验系统（可扫描右侧二维码观看）主要包含以下子系统：剪切盒及其密封系统、渗流伺服控制系统、主机加载系统、高精度测量系统、多通道伺服加载控制系统和试验操作软件系统。该系统能够实现的主要功能有：

(1) 岩石节理常法向应力、常法向刚度和常法向位移 3 种边界条件下的伺服控制岩石节理剪切试验；

(2) 岩石节理试件在不同渗透水压下（最高 3MPa，最低 0.003MPa）的剪切-渗流试验；

(3) 岩石与岩石节理的单轴蠕变试验、松弛试验；

(4) 常法向应力、常法向刚度、常法向位移 3 种边界条件下的伺服控制岩石节理剪切流变试验；

(5) 常法向应力、常法向刚度、常法向位移 3 种边界条件下的伺服控制岩石节理剪切蠕变-渗流耦合试验。

该试验系统的技术性能指标主要体现在荷载伺服系统、渗流伺服系统和蠕变系统，如表 4-4 所示。

系统主要技术性能指标　　表 4-4

荷载伺服系统	剪切盒内部空间尺寸		垂直方向	剪切方向
			200mm（渗流方向）×100mm（渗流宽度）×100mm（高度）	
	荷载	量程	600kN	600kN
		精度	示值的±1%	
	作动器位移		60mm（或可接长）	60mm（或可接长）
	剪切盒位移	范围	0～10mm	0～25mm
		分度值	0.0001mm	0.01mm
		精度	0.001mm	0.03mm
渗流伺服系统	渗透压力	范围	0.003～3MPa	
		精度	示值的±0.5%	
		稳定度	示值的±1%	
		稳定时间	10 天	
	流量计	量程	0～75L/min、0～10L/min	
		精度	1%	
	电子秤	量程	15kg	
		精度	0.1g	
	渗流持续时间		在整个剪切过程中，渗流持续进行	
流变系统	流变持续的基本时间		90 天	

岩石节理剪切-渗流试验系统试验原理如图 4-26 所示，上下岩块间含有节理面，节理面上作用有法向应力 σ_n 和剪切应力 τ，在上下节理面间发生剪切位移的同时沿节理面方向流过一定渗透压差的水，其中进水口水压 p_1，出水口水压 p_2。试验过程中通过记录剪切应力-剪切位移、法向位移-剪切位移、流量-剪切位移等数据研究节理剪切力学特性和节理

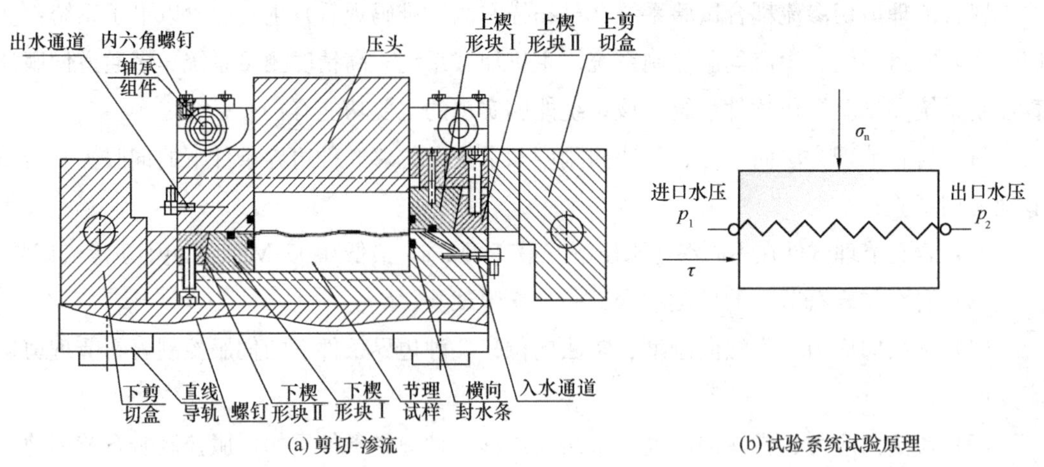

图 4-26　岩石节理剪切-渗流试验系统试验原理

水力特性。

2. 测试系统

(1) 测试项目与传感器

该试验系统测试项目有法向和剪切荷载、法向和剪切位移、水压和流量等。传感器主要有荷载传感器、液压传感器、位移传感器和流量计，主要型号及参数如表 4-5所示。

法向和剪切两个方向的荷载均由作动器活塞杆上的荷载传感器测量，该荷载传感器均采用高精度、高稳定性的轮辐式压力传感器，型号为 1240AJ-900kN，能测量的最大荷载为 900kN，荷载传感器与 EDC220 控制器中的 X14 接口相连。

伺服加载作动器的法向和剪切位移测量采用非接触的磁致伸缩位移传感器，量程 0～400mm。其温度系数低，因而在作动器油腔内不受液压油及温度的影响。其底部固定于作动器加载油缸底座，活动磁环固定于活塞杆上以控制作动器使活塞杆发生位移，进而测得活塞位移。

液压传感器包括有测量水压的和测量油压的两种。水压传感器主要用于测量入口和出口伺服渗流加载系统的水压力值，用以监测试验过程中水头压力变化。根据所需测量的压力值大小，选择不同量程的水压传感器。油压传感器用于测量渗流剪切盒围压伺服加载系统中密封胶囊的油压。液压传感器也直接与 EDC 控制器相连。

节理面的法向和剪切位移用安装于主机框架测试剪切盒上的水平位移传感器和垂直位移传感器测量，法向（4 支）和剪切（2 支）位移传感器均采用精度高、抗干扰能力强和稳定性均好的差动变压器式位移（LVDT）传感器（无温漂、时漂）。位移传感器通过 X21′和 X22 接口与 EDC220 控制器相连。

水流量是节理剪切-渗流试验的重要数据，为了保证其测量精度，在剪切盒出口处设计有两条管路，其中一条管路连接有小量程流量计和电子秤，用于测量低水压条件下岩石节理剪切过程中的流量变化和高法向力条件下岩石节理初始剪切过程中流量变化，另一条管路直接连数显齿轮流量计，并且带有累积量统计功能，主要用于测量在高水压及低法向力条件下岩石节理剪切过程中的渗流量，如图 4-27 所示。

传感器名称与技术指标 **表 4-5**

<table>
<tr><th colspan="2">测试项目</th><th>传感器类型</th><th>量程</th><th>精度</th></tr>
<tr><td rowspan="2">荷载</td><td>作动器法向荷载</td><td rowspan="2">轮辐式压力传感器</td><td rowspan="2">900kN</td><td rowspan="2">示值的±1%</td></tr>
<tr><td>作动器剪切荷载</td></tr>
<tr><td rowspan="4">位移</td><td>作动器法向位移</td><td rowspan="2">磁致伸缩位移传感器</td><td rowspan="2">0～400mm</td><td rowspan="2">示值的±0.5%</td></tr>
<tr><td>作动器剪切位移</td></tr>
<tr><td>节理面法向位移</td><td>差动变压器式
位移传感器（4 支）</td><td>±6.25mm</td><td rowspan="2">示值的±0.5%</td></tr>
<tr><td>节理面剪切位移</td><td>差动变压器式
位移传感器（2 支）</td><td>±12.5mm</td></tr>
</table>

续表

测试项目		传感器类型	量程	精度
压力	进出口水压	液压传感器	3MPa	0.1%F.S.
	油压			
流量	流量计	质量流量计（小量程） 流量计（大量程）	0～10L/min 0.5～75L/min	1% 0.5%
	电子秤	—	15kg	0.1g

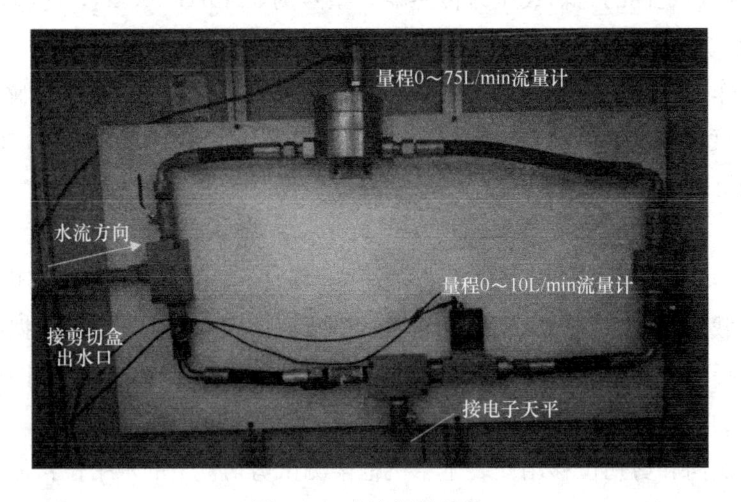

图 4-27　水流测量管路

（2）数据采集与控制系统

该试验系统的高精度测量与计算机控制单元是整个剪切-渗流耦合试验系统控制的核心部分，包括 EDC 控制器、控制阀、传感器、交流伺服电机以及系统设计软件，如图 4-28 所示。试验过程中用户通过系统设计软件来控制 EDC，EDC 控制器将系统设计软件中设定的命令传给各个测量和控制单元，来完成整个试验过程的数据采集、数据处理、数据显示以及数据保存。

共有 5 台 EDC220 全数字伺服测控器，分别控制两个主机加载油缸、两个渗流伺服控制系统和一个渗流剪切盒围压加载系统，组成各自独立的加载系统。每个系统都可以按照预定或自定义的控制参数和控制目标独立进行工作，系统之间保持相对独立、互不干扰。因此可以使一个系统改变试验状态时另一系统仍保持原试验状态不变。EDC220 全数字伺服测控器具有多个测量通道，可以对其中任意一个通道进行闭环控制，并且可以在试验过程中对控制通道进行无冲击转换，且具有先进数字技术的全部特点；具有数字 P、I、D 调节、菜单式试验设置、自动标定、自动清零、故障自诊断和多功能软保护等功能；具有测量和控制精度高、分辨率强（180000 码）、可靠性好等特点。

EDC220 控制口采用高精准 32 位 A/D 转换通道，精度可以达到示值±0.1%，数据的采样速度可达 10kHz，可以快速地采集当前的传感器信号，以便闭环控制模块，更好地进行实时闭环控制。设置有 12 个数据采集通道：2 个荷载传感器通道、2 个位移传感器通道、4 个变形传感器通道、3 个液压传感器通道、1 个流量传感器通道，其他通道备用。

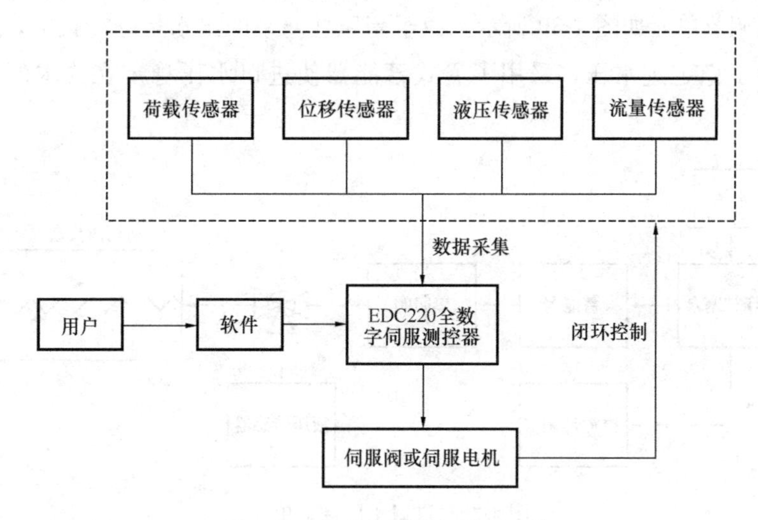

图 4-28　核心的测量与控制系统

3. 伺服控制系统

(1) 渗流伺服控制系统

渗流伺服控制系统包括入水口渗流伺服控制系统和出水口渗流伺服控制系统。渗流伺服控制系统主要由渗透水压加载系统、伺服交流驱动器、EDC 控制器、流量计等组成。采用该系统可以实现多级可控的恒渗透压力和渗透流量控制。渗流伺服控制系统的方案如图 4-29 所示。

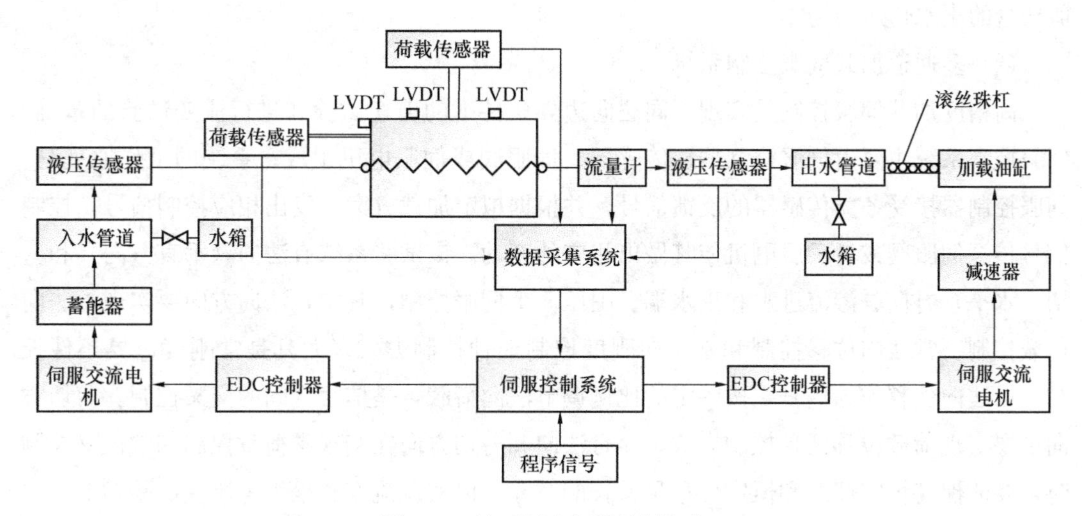

图 4-29　渗透压力伺服控制方案

该试验系统采用稳压及压差控制系统，包括依次循环连接的水箱、渗流剪切盒及其进口水压和出口水压的水压调节单元及流量计，进口和出口水压调节单元均与控制软件连接。试验时，通过控制软件控制进口和出口水压调节单元，使得节理渗流剪切盒的进口和出口水压及其压差可精确调控，低水压和高水压状态下，分别利用伺服电机和变频电动机带动低功率和高功率高压柱塞泵配合蓄能器精确控制水压。

进口水压调节单元如图 4-30 所示。由于高压柱塞泵的出水是脉冲式的，所以水压也呈脉冲式，为了稳定进水压，采用了囊式蓄能器使进口水压稳定在要求的范围内，如图 4-30所示。

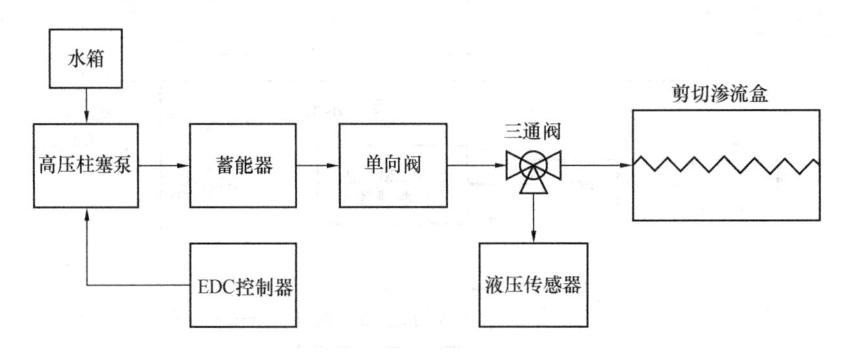

图 4-30 进口水压调节单元

EDC220 为 6 通道信号测量控制系统，包括一个液压测量通道，一个荷载通道，4 个位移测量通道。

出水口渗流伺服加载系统的储水压力室尾端直接与输水管道相连，排气口通过三通阀与水桶相连。输水管线与三通接头相连，接头的一端连接出水伺服渗透加载系统，另一端连接有针阀，针阀的一端连接了渗流剪切盒的出水口，另一端与流量计相连。针阀的目的是控制渗流剪切盒出水口压力的大小，如果不对出水伺服渗透加载系统进行控制，则渗流剪切盒的出水口压力为零。

(2) 多通道加载伺服控制系统

高精度加载伺服控制是实现不同法向边界条件下的剪切试验和进行流变试验的基础。伺服控制系统主要由伺服控制器、传感器、伺服阀或伺服电机组成。系统的工作原理是：伺服控制器接受各类传感器的反馈信号，并根据拟定加载方案，发出相应控制信号，控制信号传至伺服阀或者伺服电机使其做出相应的变动。该试验系统有法向（垂直方向）和剪切（水平）方向、渗流进水和出水端、围压 5 个伺服控制，其中，法向方向要实现常法向荷载控制、常法向位移控制和常法向刚度控制 3 种控制方式。尤其是常刚度边界条件控制，以法向位移作为信号，按一定的比例调节法向荷载，是信号之间的交叉控制。剪切方向也要实现荷载位移两种控制方式，而且法向和剪切方向在实现常荷载控制和常位移控制时，要能保持恒定荷载和恒定位移足够长的时间，以实现流变和松弛等流变试验功能。水压进出端伺服控制主要实现进出口渗透水压不相等，形成压力差的要求，并实现在此要求下流量的监测和数据采集。围压伺服控制是为了精准地对剪切盒侧向施加压力，以保证剪切渗流在试验过程中的密封性。

控制系统设有 7 个独立的电气伺服控制输出接口通道，其中 5 个通道能同时闭环控制伺服电机工作，2 个通道控制伺服阀，保证了整个加载系统的同步或异步控制，大大提高试验系统的稳定性。加载伺服控制系统框图如图 4-31 所示。

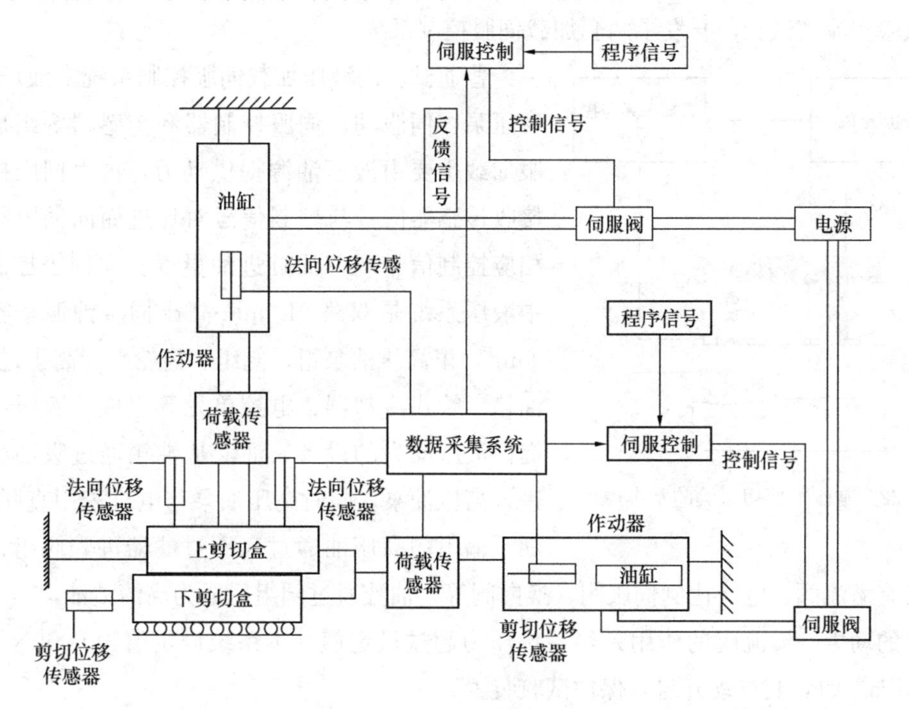

图 4-31 加载伺服控制系统框图

位移伺服控制信号利用安装在加载油缸活塞杆内部的非接触式磁致伸缩传感器获得，荷载伺服控制信号利用安装在加载油缸活塞杆端部的荷载传感器获得。用与法向加载油缸内部活塞杆相连的力传感器的信号作为闭环反馈信号的控制方式是荷载控制方式，可进行常法向荷载下的剪切试验；用安装在加载油缸活塞杆内部的非接触式磁致伸缩传感器的位移信号作为闭环反馈信号的控制方式是位移控制，可进行常法向位移下的剪切试验；常刚度边界条件通过信号之间的交叉控制实现，试验开始前在控制软件中输入法向刚度常数 k_n，试验过程中通过 4 个法向位移传感器获得法向位移信号传递给控制软件，经计算取其平均值作为法向位移 $\Delta\delta_n$，软件系统反馈信号用法向位移 $\Delta\delta_n$ 乘以一个设定的 k_n 作为闭环反馈信号控制法向荷载 P_n，从而实现常法向刚度边界条件下的剪切试验，其基本控制原理如图 4-32 所示。

$$\Delta P_n = k_n \Delta\delta_n \tag{4-4}$$

$$P_n(t+\Delta t) = P_n + \Delta P_n \tag{4-5}$$

式中 k_n——设定的法向刚度；

$\Delta\delta_n$—— Δt 时间内法向位移的变化量；

ΔP_n—— Δt 时间内法向荷载的变化量。

该试验系统能够进行岩石节理的剪切流变试验及剪切流变-渗流耦合试验。流变相关的试验和普通试验最大的区别在于试验时间，要实现长达 90 天的流变试验，如果使用普通的液压油源加载，发热量非常大，会造成系统损坏，影响系统的使用寿命，且难以保证试验顺利开展；而普通试验所需的加载能力又要比流变试验大。为了解决这一问题，针对普通试验和流变试验，开发了两套加载伺服控制系统。

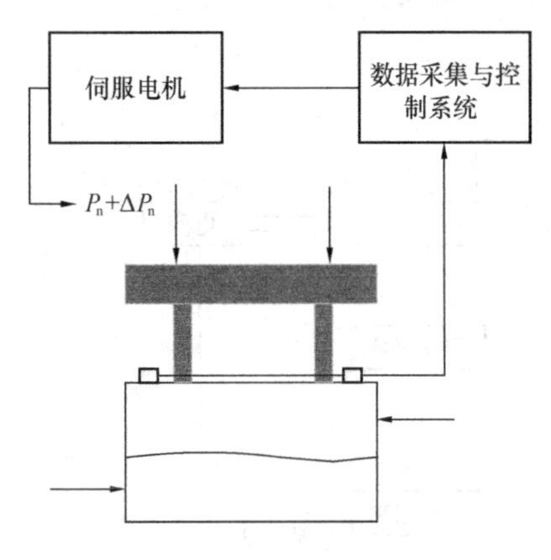

图 4-32　常刚度剪切试验的基本原理

普通试验的液压加载伺服控制系统由液压油源、液压泵、伺服阀、伺服控制器和传感器等组成。伺服加载主要由液压油源提供动力，再由伺服控制器接收传感器信号与控制信号对比进而向伺服阀发出相应控制信号调节油缸进油量以实现伺服控制，其中液压系统是双路 5L/min 高压伺服油源，容积为 96m^3，由高压油泵组、阀组、齿轮泵、高压过滤器、油箱、管式冷却器、电控单元等组成。液压油源是提供液压动力的设备，油液从油箱通过吸油滤油器进入高压油泵，同时高压油泵与电机采用直联方式，油泵输出的高压油通过高压过滤器进入阀组；阀组上安装有溢流阀、电液比例伺服阀、换向阀等，油液通过阀组后成为高清洁油，是加载伺服油缸的动力。溢流阀的作用是当系统压力超过设定值（本系统设定值为 600kN，液压缸 30MPa）时，其自动开启，保护试验装置。

流变试验的加载伺服控制系统由伺服电机、减速器、同步齿形带、滚珠丝杠、储油缸、伺服控制器和传感器等组成。由伺服电机带动减速器通过同步齿形带驱动滚珠丝杠移动使得储油缸内活塞往复运动，活塞正向运动为对储油缸内液压油施加压力，油压通过高压管路传递到加载油缸，为流变试验提供加载动力，利用伺服控制器控制伺服电机转向、改变移动速度。

4. 软件操作系统

(1) 控制系统开发平台与开发工具

由于该试验系统的伺服控制系统对实时性、控制的速度和精度要求较高，选择的微机硬件配置为 Inter(R)Core(TM)i5-4460CPU@3. 20GHz、4G 内存和 1000G 硬盘，软件平台采用 Microsoft Windows7 操作系统，它为用户提供了友好的操作界面和丰富的软件开发工具，能够实现动态数据交换、模块动态链接和支持面向对象的程序设计，并且还支持 PCI 和 USB 总线技术，只要将相关硬件插入 PCI 插槽或链接到 USB 结构，系统将自动对硬件进行检测和配置，然后安装相应的驱动程序，此硬件即能正常使用。试验系统的软件是采用 Visual Basic 6. 0 开发，它是一种可视化的、面向对象和采用时间驱动机制的结构化高级程序设计语言，可用于开发 Windows 环境下的各类应用程序。在 Visual Basic 环境下，开发人员利用时间驱动的编程机制、新颖易用的可视化设计工具，使用 Windows 内部的应用程序接口（API）函数、动态链接库、对象的链接和嵌入、开放式数据连接等技术，可以高效、快速地开发 Windows 环境下功能强大、图形界面丰富的应用软件系统。

(2) 控制软件组成模块与功能分析

试验系统采用了具有数据采集和闭环控制功能，功能强大、性价比高的 EDC220 控制器，具有串行通信口，能通过以太网或 USB 通信用于控制通信和调试。EDC220 控制器提供了完整的链接函数，只需调用即可，使用 USB/LAN 连接 PC 机较为方便。试验系统应用程序的功能需求主要如下：

1) 最基本的功能：实现试验过程中位移、力、渗流压力、渗流流量、剪切盒胶囊密封油压等数据的采集、显示、保存、回放、打印等。

2) 反馈控制（闭环控制）：试验系统不同的试验边界条件需要实现反馈控制，如常法向荷载、常法向位移、常法向刚度以及恒定的渗流压力、恒定的渗流流量以及恒定的出入水口渗流压力差等。尤其常法向刚度更是要实现法向位移和法向荷载的同步反馈控制，对反馈控制的及时性和精确性要求较高。

3) 数据存储：为了防止各种不可预见的事故发生时导致数据未及时存储，在试验过程中设定自动保存间隔时间，且可随时手动保存。

4) 开环控制：在正式试验开始前或者试验结束后，能够实现系统的开环控制，加快试验进度，减少试验周期。

5) 数据的显示：在试验过程中可以选择实时绘制各种试验曲线，可以自由选择绘制曲线的横坐标项和纵坐标项，如剪切力-时间曲线、剪切力-剪切位移曲线、水流量-剪切位移曲线等。通过曲线不仅可以观察节理的力学、渗流行为，同时能直观地反映试验系统的控制性能，而且还可以通过曲线的趋势决定接下来所应采取的应对措施。

6) 数据的输出：数据能够导出为 EXCEL 文件和 TXT 文件，以方便后期利用其他处理工具进行后处理，软件上显示的曲线可以直接保存为图形文件。

7) 控制方式切换和保护功能：在试验过程中，系统可以在各种控制方式之间平滑切换，具有系统安全保护措施，发现系统异常和硬件故障时，紧急情况下可以自动停机。

该软件采用模块化的设计思路和面向对象的程序设计方法，主要由系统初始化设置、数据采集、数据处理、数据显示 4 个模块组成，各功能模块的功能如下：

1) 系统初始化设置模块：主要完成系统各传感器标定以及采样通道、采样频率、分析结果数据的存盘路径、软件运行模式等选项及设置。

2) 数据采集模块：主要负责与 EDC220 控制器的通信，完成数据的输入和输出。

3) 数据处理模块：它是整个控制系统软件的核心，主要对采集到的数据进行处理。将采集到的信号进行滤波处理，剔除有误数据，并且与控制信号进行比较得出差值，然后对差值进行 PID 处理，同时根据差值对 PID 控制参数做实时调整，以达到更佳的反馈控制效果；通过计算、比较求出试验的最大荷载、最大位移；对试验结果进行分析，自动计算试验过程中的应力、曲线斜率等。

4) 数据显示模块：主要完成试验数据的实时显示、试验曲线的实时绘制、显示和保存，使试验结果更加清晰、直观。

5. 典型试验结果

（1） 常法向荷载下节理剪切-渗流耦合试验结果

常法向荷载下的剪切-渗流耦合试验是给节理试样施加预定法向荷载并保持其恒定再在水平向以恒定剪切速率施加水平荷载，并同时在岩石节理剪切过程中施加渗透水压并保持其恒定。图 4-33 给出了节理粗糙度系数 JRC 分别为 11.8 和 14.9 的两个岩石节理试件 S1、S2 在恒定渗透水压 3MPa 下力学性质和渗流特性关系曲线。在整个试验过程中，渗流剪切盒未出现漏水现象，试样的流量曲线总体上与法向变形曲线变化趋势一致，呈现出先增大而后基本保持稳定的趋势。试样 S1 在初始剪切阶段就出现了水流，随着剪切位移

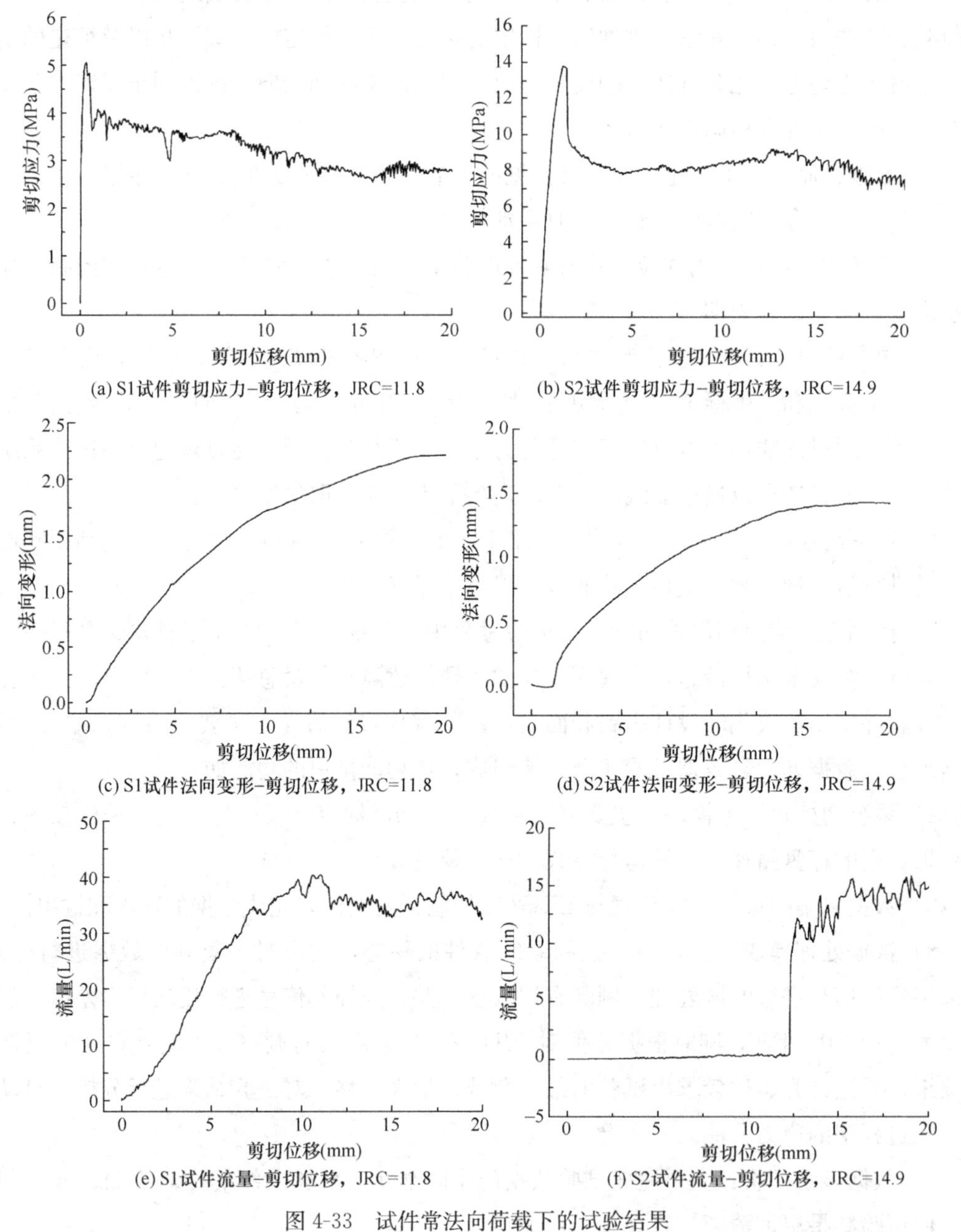

图 4-33　试件常法向荷载下的试验结果

的增加渗流流量逐渐增大，最大值达到 40.4L/min，待剪切位移达到 12mm 后，节理渗流流量基本稳定在 35L/min。当剪切位移达到 12mm 后，随着剪切位移的增大，节理的隙宽理论上会增大，流量也会随之增大。

（2）常法向刚度下节理剪切-渗流耦合试验结果

常法向刚度下的伺服控制剪切试验是给节理施加预定初始法向荷载后，在水平向以恒定剪切速率施加水平荷载，且在水平荷载施加过程中法向荷载以预设的刚度值为比例随着法向剪胀的增加而增加。同一岩石节理面复制的 3 个硅胶节理面的 JRC 均为 11.1，研究进行了 0.4GPa/m、0.8GPa/m、1.6GPa/m 3 种常法向刚度的剪切-渗流耦合特性试验，初始法向应力均为 2.0MPa，渗透压力均为 0.5MPa，图 4-34 为其试验结果。在常刚度边界条件下，当试样存在剪缩现象时，法向应力会发生先减小而后增大的现象，法向剪应力和位移总体上随着剪切位移的增加而增大，增大的速率逐渐减小至平稳。法向应力随着法向刚度的增加而增大，而法向位移减小，说明了法向刚度的增大将对节理的剪胀起到限制作用。随着法向刚度的增加，试样的峰值剪切强度增大，峰值时的剪切位移也增大，峰值剪切强度与残余剪切强度的比值也增大，但试样的剪切刚度呈现减小的现象。

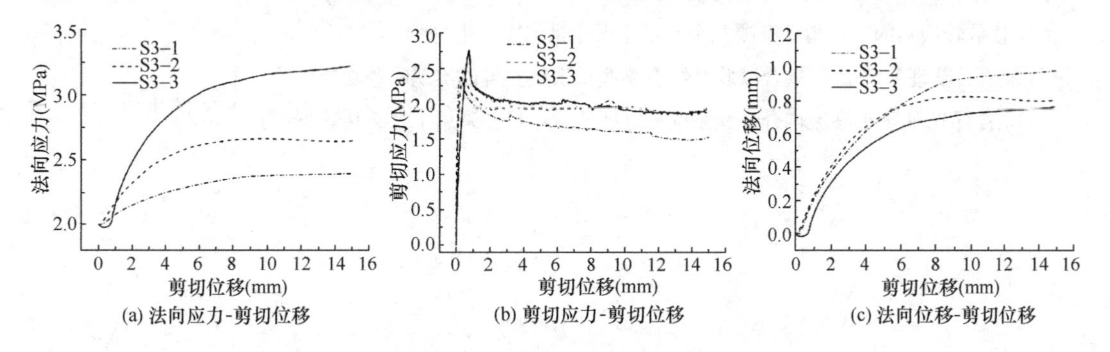

图 4-34　3 种常法向刚度下节理试件的试验结果，JRC=11.1

图 4-35(a) 是节理在 3 种不同法向刚度下流量-剪切位移试验结果，在初始剪切阶段就出现了水流现象，且随着剪切位移的增加，流量迅速增大，待剪切位移达到 3.0mm 后，流量增长的速率变小，流量逐渐趋于平稳。值得注意的是，在较高法向刚度条件下，

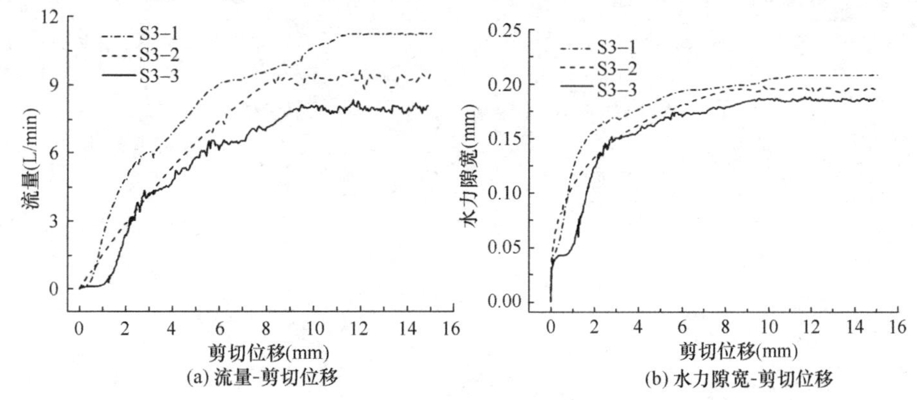

图 4-35　3 种常法向刚度下节理试件的渗流特性试验结果

试样 S3-3 在剪切初期出现了剪缩现象，对应的流量基本为零。图 4-35(b) 为试样在不同法向刚度条件下的等效水力隙宽变化规律，由于法向刚度对节理法向变形起限制作用，随着法向刚度的增加，试样的水力隙宽相应地减小。节理水力隙宽变化曲线分为两个阶段：迅速增大阶段和趋于平稳阶段。在剪切位移达到 3mm 前，水力隙宽迅速增大，之后水力隙宽增加较缓，几乎不再发生变化，达到残余水力隙宽值。

思考题和简答题

1. 智能仪器的定义是什么？它的功能特点有哪些？
2. 自动测试系统包括哪些组成部分？
3. 简述智能仪器与虚拟仪器的区别。
4. LabVIEW 平台的特点有哪些？
5. 接口的主要功能有哪些？
6. 串行接口的主要任务有哪些？
7. USB 数据流类型有哪些？
8. 模数转换器有哪几类？分别简述其基本原理。
9. 模数转换器的基本指标有哪几个？量化误差是怎样产生的？
10. 岩石节理剪切-渗流耦合试验系统有哪些子系统？可以实现哪些功能？
11. 岩石节理剪切-渗流耦合试验系统有哪些测试项目？采用了什么传感器？

第五章　模　型　试　验

岩土与地下工程是介质性质、受力条件和边界条件都很复杂的力学作用体。多年来，解析方法只能为形状简单的岩土与地下工程（例如圆形或椭圆形等巷道）提供围岩应力场与位移场的理论解，许多分析性的预见大多来自现场实测与模拟研究的成果。近几十年来，尽管有限元、边界元和离散元等数值分析方法与计算机的结合为岩土与地下工程的分析与计算提供了有力的工具，但模型试验因具有直观性与全场逐点给出结论的优点，因而在解决岩土与地下工程力学问题中至少在如下两个方面起着重大作用：

（1）探索许多目前用解析方法尚不易解决的问题，诸如岩体在弹性、塑性、黏性范围直到破坏的机理；

（2）用模型试验验证数值分析的正确性，然后用一系列不同的参数进行数值分析。这样理论解析模型与物理模型互为验证，既保存了模型试验的优点，又可充分发挥理论解析模型快速高效率的计算功能，减少重复进行模型试验的工作量。

通过模型试验可实现如下 4 个方面研究的内容：

（1）研究岩土与地下工程在各种荷载作用下的应力分布特征与变形、位移规律；

（2）研究岩土与地下工程在荷载作用下的破坏形式及其原因，通过逐级超载试验可以估计原型的总安全系数和稳定程度；

（3）研究岩土与地下工程中结构的最佳方案，围岩与衬砌的相互作用等设计中需要解决的问题；

（4）研究各类岩土与地下工程结构的变形与强度特征及其与结构的相互作用。

第一节　相　似　理　论

相似的概念首先出现在几何学里，例如两个三角形，如果各对应的角相等，或各对应的边长保持相同的比例，则称两个三角形相似。推而广之，各种物理现象也都可以实现相似。

如果表征一个系统中的物理现象的全部量（如长度、力、位移等）的数值，可由第二个系统中相对应的量乘以不变的无量纲数得到，这两个系统的物理现象就是相似。根据相似现象的定义，相似现象有如下两个性质：

（1）相似现象的两个系统中各对应物理量之比应当是无量纲的常数，称为相似系数，或相似比。

（2）相似现象的两个系统，均可用一个基本方程组，各物理量的相似常数间的制约关系可由此基本方程组导出。

在模型试验中，只有模型和原型保持相似，才能由模型试验的数据和结果推算出原型的数据和结果。模型试验中的相似是原型和模型两系统相对应的各点及在时间上对应的各瞬间的一切物理量成比例，则两个系统（或现象）相似。相似系统中，各相同物理量之比称为相似常数（或称为相似比、相似系数）。

为了满足模型与原型相似，模型试验必须服从相似理论的3个相似定理。相似第一定理给出了两个系统相似的必要条件，所以又称相似条件定理，是从原型到模型因而也称作相似正定理。相似第二定理给出了确定相似判据 π_1 项的方法，所以又称 π 定理。相似第三定理给出了两个系统相似的充分条件是相似模型试验结果返回到原型并能唯一描述原型的单值条件，因而也称相似逆定理。

一、 相似第一定理（相似条件定理）

若两个弹性力学系统是力学相似的，若以下标p和m分别表示原型和模型的物理量，则原型和模型都应满足弹性力学的基本方程。

1. 原型和模型的基本方程

（1）平衡方程式：

原型：

$$\left.\begin{aligned}\frac{\partial(\sigma_x)_p}{\partial x_p}+\frac{\partial(\tau_{xy})_p}{\partial y_p}+X_p=0\\ \frac{\partial(\sigma_y)_p}{\partial y_p}+\frac{\partial(\tau_{xy})_p}{\partial x_p}+Y_p=0\end{aligned}\right\} \tag{5-1a}$$

模型：

$$\left.\begin{aligned}\frac{\partial(\sigma_x)_m}{\partial x_m}+\frac{\partial(\tau_{xy})_m}{\partial y_m}+X_m=0\\ \frac{\partial(\sigma_y)_m}{\partial y_m}+\frac{\partial(\tau_{xy})_m}{\partial x_m}+Y_m=0\end{aligned}\right\} \tag{5-1b}$$

（2）相容方程式：

原型：

$$\left(\frac{\partial^2}{\partial x_p^2}+\frac{\partial^2}{\partial y_p^2}\right)[(\sigma_x)_p+(\sigma_y)_p]=0 \tag{5-2a}$$

模型：

$$\left(\frac{\partial^2}{\partial x_m^2}+\frac{\partial^2}{\partial y_m^2}\right)[(\sigma_x)_m+(\sigma_y)_m]=0 \tag{5-2b}$$

（3）物理方程式：

原型：

$$\left.\begin{aligned}(\varepsilon_x)_p&=\frac{1+\mu_p}{E_p}[(1-\mu_p)(\sigma_x)_p-\mu_p(\sigma_y)_p]\\ (\varepsilon_y)_p&=\frac{1+\mu_p}{E_p}[(1-\mu_p)(\sigma_y)_p-\mu_p(\sigma_x)_p]\\ (\gamma_{xy})_p&=\frac{2(1+\mu_p)}{E_p}(\tau_{xy})_p\end{aligned}\right\} \tag{5-3a}$$

模型：

$$\left.\begin{aligned}(\varepsilon_x)_m &= \frac{1+\mu_m}{E_m}\left[(1-\mu_m)(\sigma_x)_m - \mu_m(\sigma_y)_m\right]\\(\varepsilon_y)_m &= \frac{1+\mu_m}{E_m}\left[(1-\mu_m)(\sigma_y)_m - \mu_m(\sigma_x)_m\right]\\(\gamma_{xy})_m &= \frac{2(1+\mu_m)}{E_m}(\tau_{xy})_m\end{aligned}\right\} \tag{5-3b}$$

（4）几何方程式：

原型：

$$\left.\begin{aligned}(\varepsilon_x)_p &= \frac{\partial u_p}{\partial x_p}\\(\varepsilon_y)_p &= \frac{\partial v_p}{\partial y_p}\\(\gamma_{xy})_p &= \frac{\partial u_p}{\partial y_p} + \frac{\partial v_p}{\partial x_p}\end{aligned}\right\} \tag{5-4a}$$

模型：

$$\left.\begin{aligned}(\varepsilon_x)_m &= \frac{\partial u_m}{\partial x_m}\\(\varepsilon_y)_m &= \frac{\partial v_m}{\partial y_m}\\(\gamma_{xy})_m &= \frac{\partial u_m}{\partial y_m} + \frac{\partial v_m}{\partial x_m}\end{aligned}\right\} \tag{5-4b}$$

（5）边界条件：

原型：

$$\left.\begin{aligned}\bar{X}_p &= (\sigma_x)_p\cos\alpha + (\tau_{xy})_p\sin\alpha\\\bar{Y}_p &= (\sigma_y)_p\sin\alpha + (\tau_{xy})_p\cos\alpha\end{aligned}\right\} \tag{5-5a}$$

模型：

$$\left.\begin{aligned}\bar{X}_m &= (\sigma_x)_m\cos\alpha + (\tau_{xy})_m\sin\alpha\\\bar{Y}_m &= (\sigma_y)_m\sin\alpha + (\tau_{xy})_m\cos\alpha\end{aligned}\right\} \tag{5-5b}$$

式中，α 是边界面的法线与 x 轴所呈的角。

2. 各物理量的相似比

设各物理量之间的相似比定义为：

几何相似比：$$C_l = \frac{x_p}{x_m} = \frac{y_p}{y_m} = \frac{u_p}{u_m} = \frac{v_p}{v_m} = \frac{l_p}{l_m}$$

应力相似比：$$C_\sigma = \frac{(\sigma_x)_p}{(\sigma_x)_m} = \frac{(\sigma_y)_p}{(\sigma_y)_m} = \frac{(\tau_{xy})_p}{(\tau_{xy})_m} = \frac{\sigma_p}{\sigma_m}$$

应变相似比：$$C_\varepsilon = \frac{(\varepsilon_x)_p}{(\varepsilon_x)_m} = \frac{(\varepsilon_y)_p}{(\varepsilon_y)_m} = \frac{(\gamma_{xy})_p}{(\gamma_{xy})_m} = \frac{\varepsilon_p}{\varepsilon_m}$$

弹性模量相似比：$$C_E = \frac{E_p}{E_m}$$

泊松比相似比：$$C_\mu = \frac{\mu_p}{\mu_m} \tag{5-6}$$

边界力相似比：$C_{\overline{X}}=\dfrac{\overline{X}_p}{\overline{X}_m}=\dfrac{\overline{Y}_p}{\overline{Y}_m}$

体积力相似比：$C_X=\dfrac{X_p}{X_m}=\dfrac{Y_p}{Y_m}$

位移相似比：$C_\delta=\dfrac{\delta_p}{\delta_m}$

容量相似比：$C_\gamma=\dfrac{\gamma_p}{\gamma_m}$

3. 相似判据的导出

将式（5-6）中有关的相似比代入式（5-1b）中，并在等式两边各乘 C_X，得到：

$$\left.\begin{aligned}\frac{C_XC_l}{C_\sigma}\left[\frac{\partial(\sigma_x)_p}{\partial x_p}+\frac{\partial(\tau_{xy})_p}{\partial y_p}\right]+X_p=0\\ \frac{C_XC_l}{C_\sigma}\left[\frac{\partial(\sigma_y)_p}{\partial y_p}+\frac{\partial(\tau_{xy})_p}{\partial x_p}\right]+Y_p=0\end{aligned}\right\}\tag{5-7}$$

为了使模型的应力状态能反映原型的应力状态，必须使得式（5-7）与式（5-1a）一致，则必须：

$$\frac{C_XC_l}{C_\sigma}=1\tag{5-8}$$

同理，将式（5-6）中有关的相似比分别代入式（5-2b）、式（5-3b）、式（5-4b）、式（5-5b），可得下列各种相似关系：

$$\left\{\begin{aligned}&\frac{C_\varepsilon C_E}{C_\sigma}=1\\ &C_\mu=1\\ &C_\varepsilon=1\\ &\frac{C_{\overline{X}}}{C_\sigma}=1\end{aligned}\right\}\tag{5-9}$$

由式（5-6）与式（5-1a）可知，唯有 $C_XC_l/C_\sigma=1$ 时，两个力学系统的平衡方程才相同，在相似理论中，称这个约束各相似常数的指标 $K=C_XC_l/C_\sigma=1$ 为相似指标。同理，唯有满足式（5-9）各式，两个力学系统的其他方程式才相同，式（5-9）各式左边均为相似指标，其值为1。因此，相似第一定理可表述为："对于相似的现象，其相似指标等于1"。

另一方面，根据相似指标，有：

$$\frac{X_pl_p}{\sigma_p}=\frac{X_ml_m}{\sigma_m}=\pi_1;\frac{E_p\varepsilon_p}{\sigma_p}=\frac{E_m\varepsilon_m}{\sigma_m}=\pi_2;\mu_p=\mu_m=\pi_3;$$

$$\varepsilon_p=\varepsilon_m=\pi_4;\frac{\overline{X}_p}{\sigma_p}=\frac{\overline{X}_m}{\sigma_m}=\pi_5\tag{5-10}$$

上式说明原型与模型中某些物理量之间的组合是相等的，并等于一个定数 π，在相似理论中称这种组合为相似判据或相似准则。因此，相似第一定理也表述为“在相似系统中，相似判据应该相等”。

地下工程中通常体积力即为重力，若设 $Y=\gamma$，$X=0$ 则 $C_X=C_\gamma$，从而可得到如下相似关系判据：

$$\frac{\gamma'_p l_p}{\sigma_p}=\frac{\gamma'_m l_m}{\sigma_m}=\pi'_1 \tag{5-11}$$

此外，模型材料与原型材料强度包络线也必须相似，具体地就是要模型材料的抗拉强度 $(\sigma_t)_m$、抗压强度 $(\sigma_c)_m$、抗剪强度 C_m、φ_m 等等都要与原型材料的对应参数相似：

$$\frac{(\sigma_t)_p}{(\sigma_t)_m}=\frac{(\sigma_c)_p}{(\sigma_c)_m}=\frac{C_p}{C_m}=\frac{\sigma_p}{\sigma_m} \tag{5-12}$$

$$\varphi_p=\varphi_m \tag{5-13}$$

研究岩土及地下工程破坏情况的模型设计，原则上应当根据上述相似关系，但在实际试验时，要全部满足这些关系是非常困难的，一般只能满足其中的一部分主要关系。

相似第一定理用于描述相似现象的性质，决定着模型试验必须测量哪些量，是系统相似的必要条件，揭示了相似系统的本质。

二、相似第二定理（π 定理）

物理量所属的种类，称为这个物理量的量纲，一个物理量可采用不同的单位，但只能有一个量纲。在科学界，选定某些基本量的量纲为基本量纲，基本量纲是彼此独立的。由基本量纲所导出的量纲称为导出量纲，在动力学问题中，有长度 L，质量 M 和时间 T 三个基本量纲。在静力学问题中，则只有长度 L 和质量 M 两个基本量纲。不同量纲的物理量不能进行加减运算，任何一个正确的物理方程中，各项的量纲一定相同，这就是物理方程量纲的和谐性，量纲的和谐性是量纲分析的基础。表 5-1 为岩土与地下工程常用量纲表达式。

岩土与地下工程常用量纲表达式 **表 5-1**

物理量	符号	量纲(ML 制)	量纲(FL 制)	物理量	符号	量纲(ML 制)	量纲(FL 制)
质量	M	[M]	$[F][L^{-1}][T^2]$	剪切弹性模量	G	$[M][L^{-1}][T^{-2}]$	$[F][L^{-2}]$
长度	L	[L]	[L]	泊松比	μ	[0]	[0]
时间	T	[T]	[T]	正应力	σ	$[M][L^{-1}][T^{-2}]$	$[F][L^{-2}]$
角度	Φ	[0]	[0]	剪应力	τ	$[M][L^{-1}][T^{-2}]$	$[F][L^{-2}]$
速度	V	$[L][T^{-1}]$	$[L][T^{-1}]$	正应变	ε	[0]	[0]
加速度(线)	a	$[L][T^{-2}]$	$[L][T^{-2}]$	剪应变	γ	[0]	[0]
加速度(角)	α	$[T^{-2}]$	$[T^{-2}]$	重度	γ	$[M][L^{-2}][T^{-2}]$	$[F][L^{-3}]$
密度	ρ	$[M][L^{-3}]$	$[F][L^{-4}][T^2]$	重力加速度	g	$[L][T^{-2}]$	$[L][T^{-2}]$
力	P	$[M][L][T^{-2}]$	[F]	位移	u,v,w	[L]	[L]
力矩	M	$[M][L^{-2}][T^{-2}]$	[F][L]	内摩擦角	φ	[0]	[0]
弹性模量	E	$[M][L^2][T^{-2}]$	$[F][L^{-2}]$	黏聚强度	C	$[M][L^{-1}][T^{-2}]$	$[F][L^{-2}]$

注：$F=M[L][T^{-2}]$；$M=F[T^2][L^{-1}]$。

量纲分析可用于：①检查所建立的方程是否正确；②变换单位；③确定正确表征物理现象的有关物理量的合理形式；④设计系统的试验，并分析试验结果。

量纲分析法可用来确定相似模型试验的相似判据，以进行相似模型试验的设计。相似第二定理或π定理可表述为：设一物理系统有n个物理量，其中有k个物理量的量纲是相互独立的，那么这n个物理量可表示成相似准则π_1，π_2，…，π_{n-k}之间的函数关系。按照π定理，若物理方程：

$$f(x_1, x_2, \cdots, x_p) = 0 \tag{5-14}$$

共含有p个物理量，其中有r个是基本量，并且保持量纲的和谐性，则这个物理方程可以简化为：

$$F(\pi_1, \pi_2, \pi_3, \cdots, \pi_{p-r}) = 0 \tag{5-15}$$

式中　π_1，π_2，π_3，…，π_{p-r}——方程中的物理量所构成的无量纲积，即相似判据。

把式（5-15）称作准则关系式或π关系式，把式中的相似判据称作π项。

由此可知：把式（5-15）中的参数π_1，π_2，π_3，…，π_{p-r}等看作新的变量，则变量的数目将比原方程所包含的数目减少r个。

确定相似判据π的方法是：从方程（5-14）所有的物理量x_1，x_2，x_3，…，x_p中，按不同的量纲，选择r个。要求所选出的r个物理量的量纲是独立的基本量纲或不能相互导出的量纲，每个基本量纲在所选的r个物理量中，至少要出现一次。将所选的r个物理量组成基本量群，将此基本量群的幂乘积作为分母，未被入选基本量群的余下的每个物理量作为分子，逐个地分别与基本量群的幂乘积构成分式，此分式之值以π表示。设此分式的分子的量纲与分母的量纲相等，则π就是个无量纲参数，即相似判据。

现以弹性力学相似模型为例进行分析：

（1）首先列出弹性力学模型相关参数表达式：

$$f(\sigma, E, \mu, \varepsilon, X, \overline{X}, l, \delta) = 0 \tag{5-16}$$

上式中参数总数p的值为8，基本量纲数目为$r=2$（静力学问题，基本量纲为L，M），根据π定理，独立的π项有6个。

（2）选出体力X和长度l作为基本量群的物理量，它们的量纲是FL^{-3}和L，满足相互独立，基本量纲至少出现一次的原则。

$$\pi_1 = \frac{\sigma}{X^\alpha l^\beta} = \frac{FL^{-2}}{[FL^{-3}]^\alpha L^\beta} \tag{5-17}$$

要使此式成为无量纲参数，则必须：$\alpha = 1$；$-3\alpha + \beta = -2$，解得：$\beta = 1$。故有：

$$\pi_1 = \frac{\sigma}{X \cdot l}$$

同理可得：$\pi_2 = \dfrac{E}{XL}$；$\pi_3 = \mu$；$\pi_4 = \varepsilon$；$\pi_5 = \dfrac{\overline{X}}{XL}$；$\pi_6 = \dfrac{\delta}{L}$

根据两个力学现象相似则相似判据相等，有：

$$\frac{\sigma_p}{X_p l_p}=\frac{\sigma_m}{X_m l_m};\ \frac{E_p}{X_p l_p}=\frac{E_m}{X_m l_m};\ \mu_p=\mu_m;\ \varepsilon_p=\varepsilon_m;\ \frac{\overline{X}_p}{X_p l_p}=\frac{\overline{X}_m}{X_m l_m};\ \frac{\delta_p}{l_p}=\frac{\delta_m}{l_m}$$

或：$\dfrac{C_\sigma}{C_X C_l}=1;\ \dfrac{C_E}{C_X C_l}=1;\ C_\mu=1;\ C_\varepsilon=1;\ \dfrac{C_{\overline{X}}}{C_X C_l}=1;\ \dfrac{C_\delta}{C_l}=1$

上述结论与根据弹性力学基本方程组导出的相似判据是一致的。

三、 相似第三定理 （单值定理）

相似第三定理可表述为：对于同一类物理系统，如果单值量相似，而且由单值量所组成的相似准则在数值上相等，则这两个系统相似。

所谓单值量，是指单值条件中的物理量。单值条件包含：

（1）原型和模型的几何条件相似；

（2）在所研究的过程中具有显著意义的物理常数成比例；

（3）两个系统的初始状态相似；

（4）在研究期间两个系统的边界条件相似。

几何相似只要模型与原型各部分按同样的比例尺缩小或放大。对于二维问题或可简化为平面问题来考虑的三维模型，只要求保持平面尺寸的几何相似，而模型的厚度可按稳定条件选取。定性模型的相似比一般取 100～200，定量模型的相似比一般取 10～50。在制作小模型时，某些构件可采用非几何相似的方法来模拟，但必须以满足不影响模型整体的相似为前提。

初始应力状态是指原型的自然状态，对于岩体来讲，最重要的初始状态是岩体结构特征、分布规律及其力学性质。通常，对主要的不连续面，应当按几何相似条件单独模拟；对于系统的成组结构面，应按地质调查统计所得的优势结构面的方位和间距模拟；对次要的不连续面，可一并考虑在岩土体材料的特性之中，用降低弹性模量及强度的办法来加以调整。

关于边界条件相似，平面应变模型应满足“平面应变”的约束要求，需采取各种措施保证前后表面不产生变形，这一要求对松软岩层或膨胀性岩层尤其重要；采用平面应力模型代替平面应变模型时，由于在前后表面上没有满足原边界条件，模型中介质具有的刚度将低于原型，在设计中可采用 $\left(\dfrac{E}{1-\mu^2}\right)_m$ 代替原来的 E_m 值。用外加载方法研究岩土与地下工程开挖后的应力应变分布，模拟的范围应大于开挖空间的三倍。

相似第三定理由于直接同代表具体现象的单值条件相联系，并且强调了单值量相似，所以就显示出它科学上的严密性。因为，它既照顾到单值量的变化和形成的特征，又不会遗漏掉重要的物理量。

通俗地说，只有满足单值条件，由相似模型试验的结果乘以相应的相似比才能返回到原型并描述原型的真实情况，才能得到原型唯一的结果，所以相似第三定理又称相似逆定理或单值定理。

第二节 相似材料模型试验

相似材料模型试验是用与原型物理力学性质相似的材料按几何相似比缩制成模型，在模型上模拟各种加载、开挖和施工过程，以观察与研究其变形和破坏等的力学现象，或加载到模型破坏以模拟得到其安全系数等。模型内量测到的位移、应力、应变分别乘以相应的相似比即得到原型的位移、应力和应变。

一、相似材料

能满足相似判据要求的材料，称为相似材料，或模型材料。在进行模型试验之前，首先要选择相似材料。由于模拟的对象（原型）的物理力学性能千差万别，所以相似材料的选择必须遵守不同的相似要求。然而，在实际工作中，要同时满足所有相似条件是不可能的，因此只能尽量满足主要参数的相似要求，而放宽或近似满足次要参数的相似要求。对岩土与地下工程来说，主要的原型材料是岩土介质和混凝土，而它们的破坏机理都很复杂。同时，不同的材料各有其特殊性质，就是同一种材料，在应力应变全过程的不同阶段其力学特性也不同，包括受力条件在内的各种外界因素，都可以导致材料性质的多变性。所以，试图寻找一条可供遵循的、简单而通用的规律来指导相似材料的选择是十分困难的，切实的方法是具体问题具体分析。

经验表明，用单一的天然材料直接作为相似材料应用面比较窄，通常是若干天然材料和人工材料配制而成。因此，相似材料一般是多种成分的混合物，而混合物的成分和配比则要通过大量的配比试验才能满足。一般而言，理想的相似材料应具备以下条件：

（1）主要力学性质与模拟的岩层或结构相似；

（2）试验过程中材料的力学性能稳定，不易受温度、湿度等外界条件的影响；

（3）改变材料配比，可调整材料的某些性质以适应相似条件的需要；

（4）制作方便，成型容易，凝固时间短；

（5）成本低，来源丰富。

目前，选用的相似材料大多数是混合物，这种混合物通常由胶结材料和骨料组成，当胶结材料的固化需要水时，水就成了配制相似材料所必需的原料之一。为了改变相似材料的某些性质或为了便于相似材料的配制，常需加入一些称为添加剂的材料，这些材料也是配制相似材料所必需的原材料，通常选用的原材料有：

（1）骨料：砂、岩粉和岩粒、黏土、铁粉、铅丹、重晶石粉、铝粉、云母粉、软木屑、硅藻土和聚苯乙烯颗粒等。

（2）胶结材料：石膏、水泥、石灰、黏土、沥青、水玻璃、碳酸钙、石蜡、树脂等。

（3）添加剂：增密剂、减密剂、缓凝剂、早强剂、速凝剂等。

胶结材料和骨料选好后，应当采用各种不同的配合比进行一系列试验。为减少试验次数和工作量，可采用正交设计选择材料配比，得出模型的若干种物理力学性能指标随着配合比而变化的规律，由此选择出模型材料合适的配合比。

此外，在混合材料中掺入少量添加剂可以改善相似材料的某些性质，如在以石膏为胶结材料的相似材料中，加入硅藻土可改变相似材料的水膏比，使其软硬适中，便于制作和测试；加入砂土可提高相似材料的强度和弹性模量；加入橡皮泥可以提高相似材料的变形性；加入钡粉可以增加相似材料的重度等。相似材料的选择是费时费钱的事，选择时参考已有的配方和经验是最为合算的。

通常模拟混凝土的相似材料有纯石膏、石膏硅藻土、水泥浮石砂浆等，模拟岩石的相似材料有石膏胶结材料、石膏铅丹砂浆、环氧树脂胶结材料等。此外，用油脂类涂料可模拟黏土夹层的黏滞滑动，而滑石涂料可模拟塑性滑动。各种纸质面层、石灰粉、云母粉、滑石粉等可模拟岩石节理面和分层面，也可用锯缝来模拟结构面。

二、 物理相似及相似比的确定

根据相似条件和 π 定理，量纲相同的物理量的相似比相同，无量纲的物理量如应变 ε、泊松比 μ、内摩擦角 φ 相似比为 1，即模型与原型的相应物理量相等。根据量纲相同则相似比相同这一要求，在力学模型中，弹性模量、应力和强度的相似比都应相等，即 $C_E=C_\sigma=C_c$。事实上，要选择一种相似材料既使其弹性模量满足选定的相似比，又要使其强度满足同样的相似比是很困难的，这就要根据所研究问题的需要来选择首先满足哪个物理量的相似比。如研究的目的是模型在破坏前的弹性阶段，则首先应使弹性模量满足选定的相似比；如研究目的是模型的破坏特性，则首先应使强度满足选定的相似比。因此，分弹性模型和破坏模型来分析。

1. 弹性模型

岩土与地下工程在自重作用下的弹性力学模型所要确定的相似比有：几何相似比 C_l，重度相似比 C_γ，应力相似比 C_σ，应变相似比 C_ε，弹性模量相似比 C_E，泊松比相似比 C_μ，位移相似比 C_δ 等。根据相似条件，各相似比之间有如下关系：

$$\frac{C_\sigma}{C_l C_\gamma}=1 \tag{5-18a}$$

$$C_E=C_\sigma \tag{5-18b}$$

$$C_\varepsilon=C_\mu=1 \tag{5-18c}$$

$$C_\delta=C_l \tag{5-18d}$$

通常 C_l 是根据试验需要、既有试验设备的大小人为选取的，然后再根据试验设备的加载条件选取 C_σ，从而由式（5-18a）、式（5-18b）确定 C_γ 和 C_E，然后进行相似材料配比试验选定材料，获得实际的弹性模量相似比和重度相似比，再由式（5-18a）确定实际的几何相似比，并由式（5-18b）确定应力相似比 C_σ，据此设计加载量级。模型试验结果通常为应力、应变和位移，原型的应变与模型的应变相等，其余可乘以相应的相似比得到。

但不计自重时，则不受式（5-18a）的限制，弹性模量相似比的选取只取决于加载设备的能力。

2. 破坏模型

在研究破坏的相似模型时，应在满足强度相似的前提下，尽可能地满足模型变形性质的相似。要使模型材料与原型材料的强度曲线完全相似也是很难完全满足的，通常将强度曲线简化为直线。为保证直线型强度曲线的相似，只要求材料的抗压强度和抗拉强度的相似比满足相似条件，或黏结力和内摩擦角的相似比满足相似条件。破坏模型的相似比制约关系与弹性模型的相同。抗压强度、抗拉强度、应力和黏结力等量纲相同的物理量的相似比应该相等，摩擦角的相似比应为 1，即模型与原型的摩擦角相等。

三、 荷载的模拟和加载系统

岩土与地下工程的荷载主要来自自重应力、构造应力和工程荷载。利用相似材料本身的重量模拟自重是最简单的方法，当模拟的地层很深，而所要研究的问题仅涉及洞室附近一部分围岩时，常常用施加面力的办法来代替研究范围以外的岩土介质的自重。在大的平面模型中可采用分块加载模拟自重，它是利用加载钢丝将荷载悬挂在模型下部，为此常将模型划分成许多立方体，并将荷载分散施加在每个立方块的重心处，这种均匀分布于结构内部的垂直力系与自重力系最接近，因而适用于研究应力-应变特征的模型。利用离心机旋转产生的离心力可获得均匀分布的自重应力场，这就是离心机模型试验的理论基础。对于埋深较深的平面模型，可利用面摩擦力来模拟自重应力，它是将模型平放在粗糙的纸带上，使砂纸带不断移动，即在模型面上产生摩擦力，从而模拟重力。对于构造应力和工程荷载，在设计模型时，应当采用双向或三向加载的液压加载系统来模拟。模拟试验可在一般的或专用的框架型静力台架上进行，一般的静力台架可将预制好的模型安装在台架上进行试验，因而可对不同的模型进行试验。专用的台架则是为某一模型试验特制的，通常模型就在台架上浇筑制作，因而试验周期较长。

图 5-1 是同济大学 TJ-TUE2010 隧道及地下工程多功能相似模拟试验系统。系统包括隧道及地下工程物理模拟试验加载框架、液压加载系统、控制测量及采集分析系统。该模型试验系统可进行二维准平面应变模型试验，最大试样尺寸为 1.2m×1.2m×0.3m。加载框架最大承载能力为 2MPa，框架最大挠度≤2.0mm。竖向和水平向均由三台最大试验力为 96kN 的加载作动器组成、最大加载能力为 0.8MPa、最大加载行程为 150mm，试验速度范围为 10～100kPa/min，试验持续时间可达两周，其中边坡模型试验最大抬升角度达 30°、立面旋转加载最大旋转角度达 45°。可进行系统自动控制和人工控制，具备数显和绘图功能。

图 5-1 TJ-TUE2010 多功能相似模拟试验系统

图 5-2 TJ-YTM2000 岩体工程物理模型试验系统

图 5-2 是同济大学 TJ-YTM2000 岩体工程物理模型试验系统。该模型试验系统可进行二维准平面应变模型试验，最大试样尺寸为 2m×2m×0.4m。试验箱前后 2m×2m 大板可承受的最大均布荷载为 2.4MPa，中心挠度≤3.0mm，能够满足平面应变模型试验对边界的刚度要求。该试验台架竖向及水平向均采用液压系统独立加载，通过比例伺服控制，最大加载能力达 4MPa，试验速度范围为 10～100kPa/min，水平方向可分五路独立加载，因此能够灵活地模拟地应力场。模型试验箱内侧采用聚四氟乙烯板从而达到减小摩擦力的目的，使相似材料在试验过程中能满足平面应变的要求并保持与原型的相似度。在模型试验箱前大板中部开口，安装尺寸为 0.8m×0.8m×0.04m 的有机玻璃板，为观察隧道围岩的收敛位移和破坏开展过程提供方便。有机玻璃板通过螺栓固定于钢框架上，并装入模型台架。

四、 量测系统

在模型试验中，通常要测量的物理量是应变、位移和应力等，同时要对试验过程中模型的变形和破坏的宏观现象进行观测、描述和记录。

1. 应变量测

(1) 应变片

在模型试验中用到的应变片主要为电阻式应变片（图 5-3a），但也有近几年发展起来的光学式应变片（图 5-3b）。应变片直接粘贴固定于模型被测部位表面，或模型中钢结构、混凝土结构的表面和混凝土结构中钢筋的表面。

(2) 应变计

应变计可分为表面应变计和埋入式应变计。表面应变计用于测量模型结构表面应变，需在被测部位表面开凿凹槽后，再由胶结剂将其粘贴至凹槽内后由充填剂抹匀，或直接粘贴固定于结构被测部位表面。埋入式应变计用于测量模型内应变，将其埋入模型岩土体中

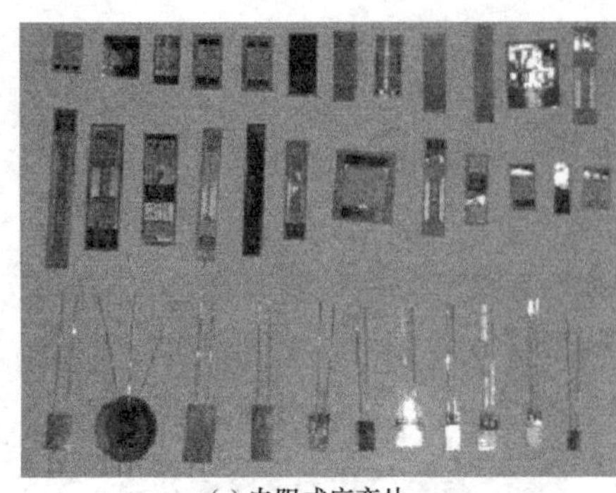

(a) 电阻式应变片

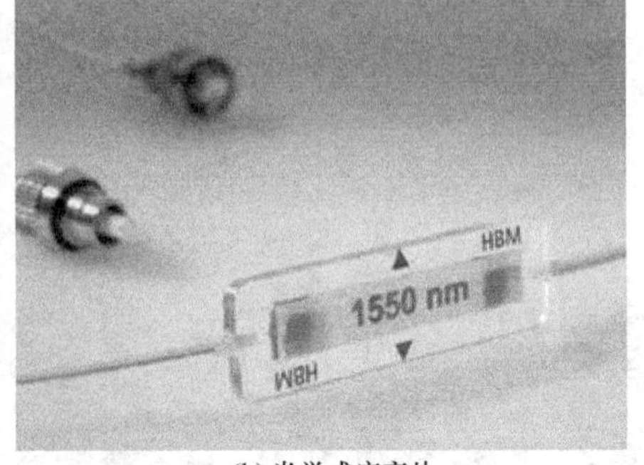

(b) 光学式应变片

图 5-3 应变片

及地下结构近旁。图 5-4 为振弦式应变计和光纤式应变计。

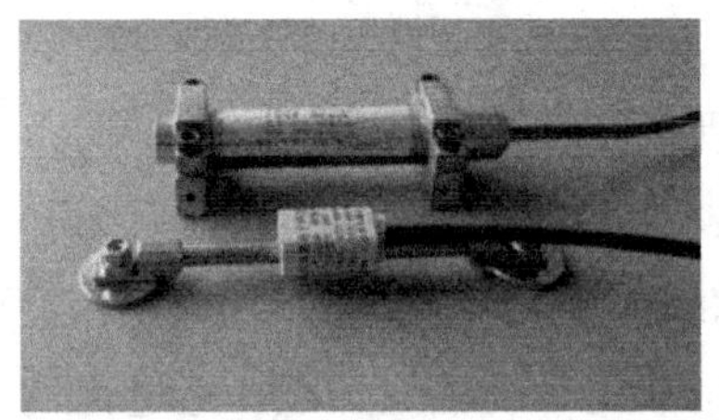

(a) 振弦式应变计

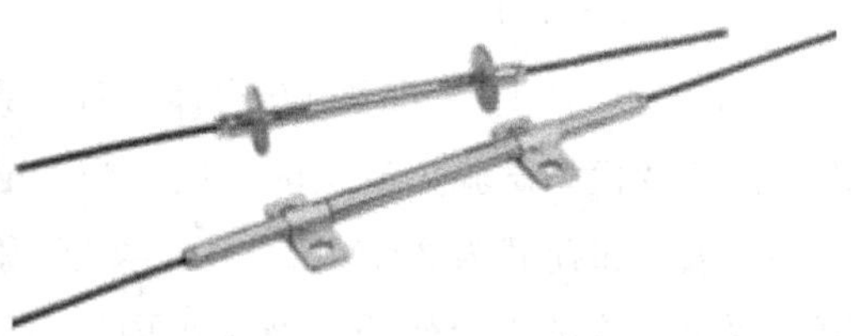

(b) 光纤式应变计

图 5-4 应变计

(3) 应变砖

应变砖用于测量模型岩土体及地下结构的内部应变，用与模型岩土体或地下结构同样的相似材料制作应变砖砖体，然后采用胶粘剂将应变片粘贴于应变砖砖体表面，在浇筑模型岩土体或地下结构时将其布置于待测部位。应变砖可避免由于传感器本身物理和力学性质与模型岩土体或地下结构不完全匹配而引起的匹配误差。图 5-5 为部分应变砖实物。

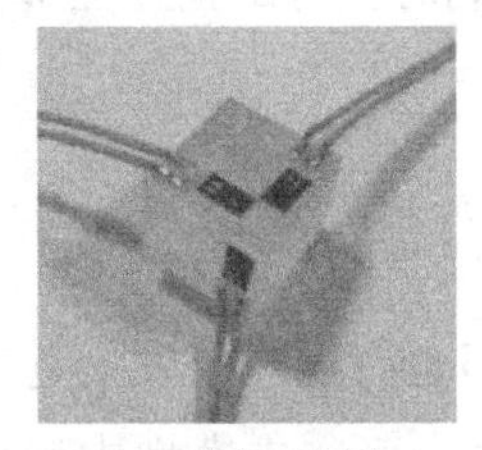

(a) 线应变监测

(b) 平面应变监测

(c) 空间应变监测

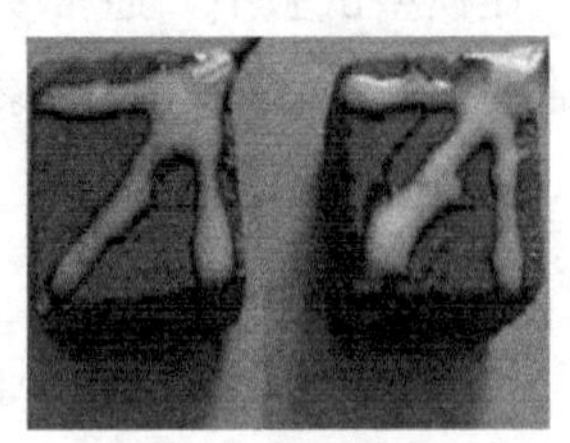

(d) 光纤应变砖

图 5-5 应变砖

2. 应力量测

模型中应力的测量，在弹性范围内可采用应变片和应变计测量出应变，再由应变根据胡克定律求出应力。当需要测量超出弹性极限后的应力值时，就要采用压力盒或压力传感器，而模型试验中的应力量测通常采用微型压力盒（图 5-6、图 5-7）。测量模型中岩土体与地下结构表面接触压力时，可由粘贴剂直接将微型压力盒背面粘贴至地下结构的表面。测量模型岩土体和地下结构内部应力时，微型压力盒可用双膜埋入式，可埋置于模型岩土体的被测部位或地下结构的被测部位。

图 5-6　微型电阻应变片式压力盒

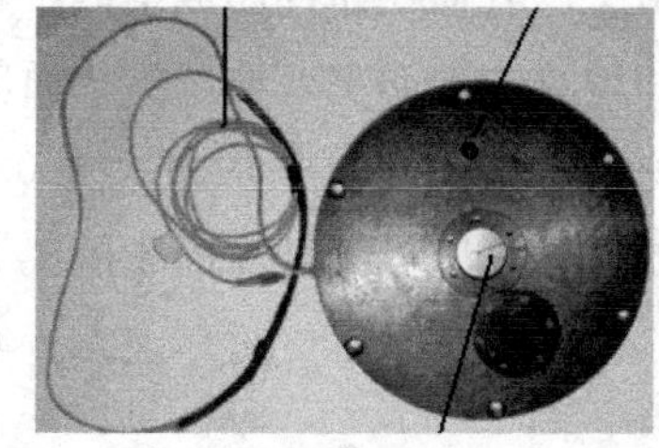

(a) 光纤压力盒

(b) 三向压力盒

图 5-7　新型土压力盒

3. 表面位移量测

模型表面位移量测通常采用千分表和位移传感器，使用时将千分表的测头与模型表面或测点上的位移传递片接触，测试位移的千分表可由磁性表座固定于模型的基准梁或模型架上，通过读取表盘上的位移差值来得到位移数值。但现在更多的是采用位移传感器并用数据采集器自动采集。而激光位移传感器（图 5-8）和近景摄影位移量测技术（图 5-9）可实现非接触式测量。

图 5-8　激光位移传感器

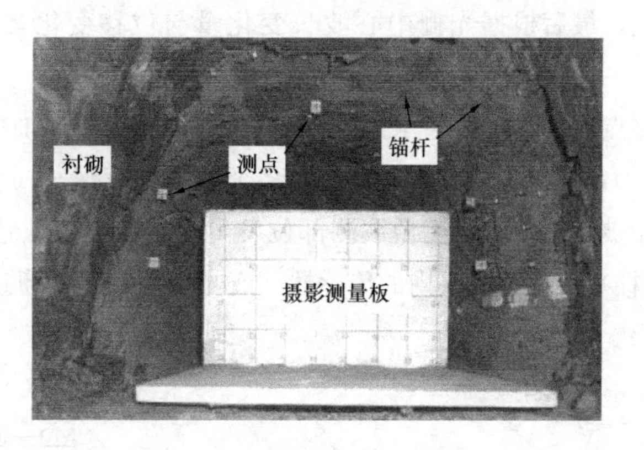

图 5-9　近景摄影位移量测技术

近景摄影位移量测时，模型开挖后在隧洞表面布设监测点，然后将制作好的摄影测量板，放置在固定的位置，在模型上设置水平与垂直标尺，同时在模型上设置测标，组成平行于固定标尺的方格网，测点密度取决于观察目的与照相条件。试验时，对不同加载或开挖阶段的模型表面进行系统拍照，然后在比长仪上比较各照片上测标的距离，就可求得绝对位移，也可利用读数显微镜读出不同时间所拍胶片上测标的距离。目前，通常采用根据摄影测量原理编制的程序对物体变形前后图像的对比分析来实现对模型表面变形场的测量，称为数字散斑相关法（Digital Speckle Correlation Method，DSCM），又名数字图像相关法（DIC），是一种光学测量法，由硬件和软件 2 个部分，硬件有数码相机和高速摄像机等摄影设备。能进行平面应变、三维表面应变、全场实时应变等测量，以及进行隧道围岩破裂带的识别等，提取和分析隧道的应力应变数据；在采空区围岩变形破坏过程模拟试验中，反演采空区变形破坏的时空变化特征。

图像信息监测技术由于没有损耗器件而成本低，并且对模型扰动小、监测范围广，但只能监测模型表面变形和裂纹，因而主要适用于平面应力模型试验。平面应变模型的监测区域受限于试验系统开窗面积的大小（一般最大为 0.4m×0.4m），往往要求模型相似比不能太大，并且巷道或隧道的跨度小于开窗面积的 1/3 为宜。

4. 岩土体内部位移

单点位移计用于测量模型试验岩土体内部单点的位移，单点位移计采用微型 FBG 位移传感器（图 5-10）时，与测量光栅 FBG2 连接的基座埋在试验岩土体内部待测点，钢丝固定在不与被测岩土体共同变形的某一固定点。当岩土体发生位移变化时，传感器基座随之移动，从而带动弹性体产生变形，引起测量光栅产生轴向变形，导致光栅中心波长产生变化，最后根据光栅中心波长变化量与位移变化之间的关系得出模型岩土体的绝对位移。

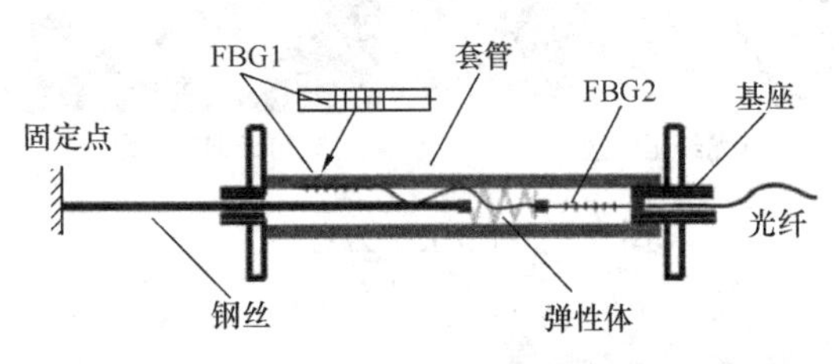

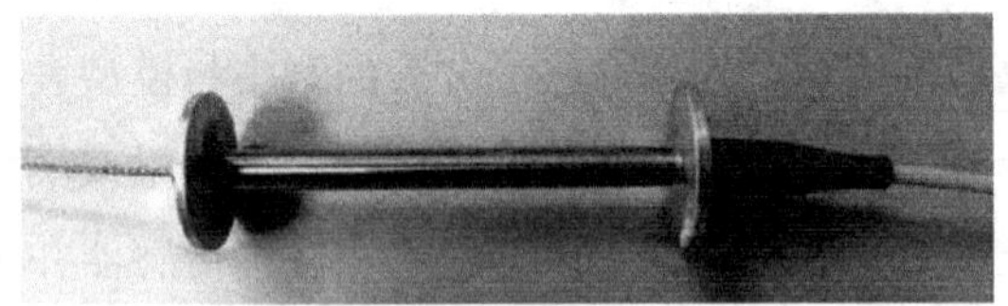

图 5-10 微型 FBG 单点位移传感器

多点位移计是用于测量模型岩土体与地下结构内部不同部位处的位移（图 5-11、图 5-12），在施作模型岩土体时将多个不同长度钢丝（或测杆）上的测点（或锚头）埋设于模型被测部位，当模型被测部位发生位移时，其位移量就通过与测点连在一起的钢丝（或测杆）传递到测头内的传感器（或光栅尺）上，通过二次仪表或自动检测系统得到测量结果。

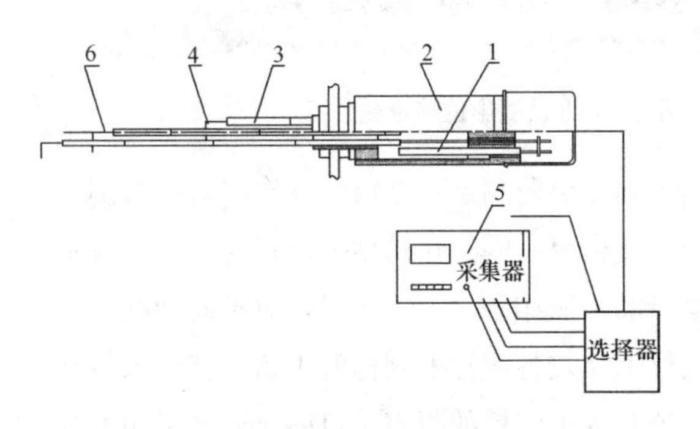

图 5-11 电阻式微型多点位移计

1—传感器；2—测头；3—护管；4—锚头；5—测读仪器；6—测杆

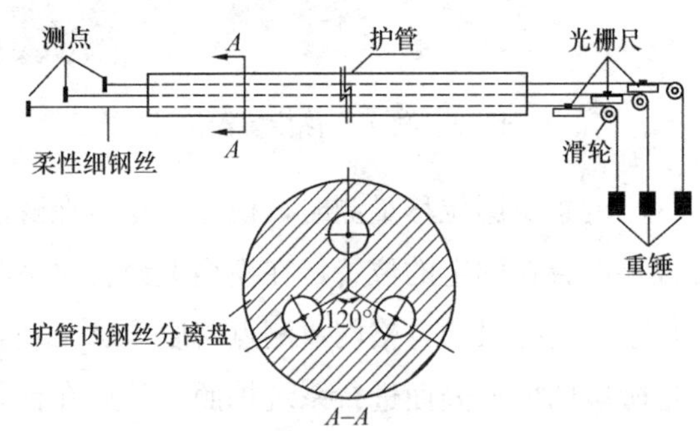

图 5-12 光栅式微型多点位移计

5. 温度量测

测量模型岩土体或地下结构内部温度常采用热电阻温度传感器，在浇筑模型时将其埋设于模型被测部位，试验时采集该点的温度数据。为了测试一条测线上温度的分布，常将温度传感器制作成传感器组，将温度传感器探头按所设定的间距布置，然后将其导线绑成一束组成多点传感器组（图 5-13b）。在浇筑模型时，将多点传感器组对应埋置于各自的测线上，并检查核对各传感器与各被测点的对应情况，试验时采集各被测部位的绝对温度数据。

当模型试验中温度梯度大，需要布置的测点密度大时，多点传感器组布设就会十分困难，并会影响被测温度场的分布。而分布式 FBG 温度传感器（图 5-14）上刻蚀有多个具有不同反射波长的光纤光栅，具有尺寸小、布置方便快捷、对被测温度场影响小等优点，因此，其更适合模型温度场的测量。

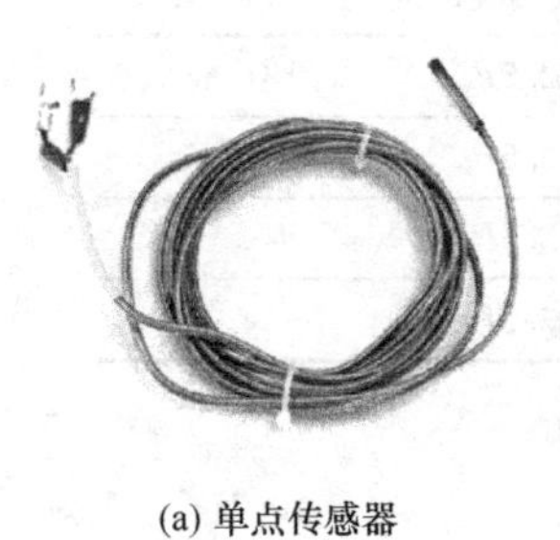

(a) 单点传感器

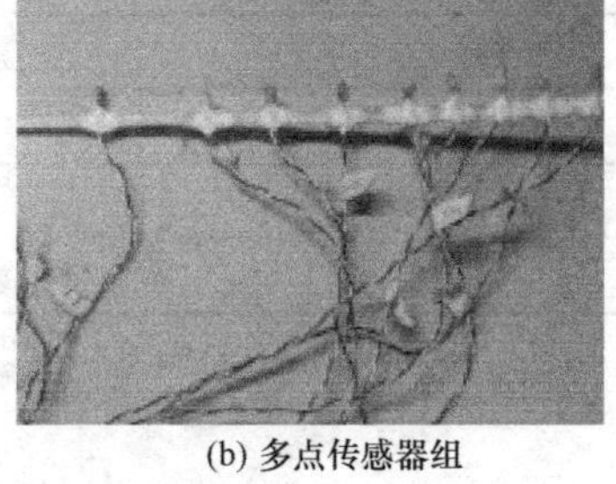

(b) 多点传感器组

图 5-13 热电阻温度传感器

光纤光栅 光纤

入射光

反射光 FBG_1 FBG_2 FBG_3 FBG_4

图 5-14 分布式 FBG 温度传感器

第三节 相似材料模型试验实例

一、江阴长江公路大桥锚碇试验

江阴长江公路大桥锚碇试验

江阴长江公路大桥是 6 车道单跨悬索桥，跨中长度 1385m，由主梁、缆索、塔墩和锚碇四大部分结构组成。北锚碇承受的主缆合力为 640MN，按主缆轴向与水平轴的夹角 25.39°计算，承受的主缆水平力为 590MN。为满足北塔墩以及整个桥梁体系的稳定要求，北锚碇的最大水平位移必须小于 10cm，最大垂直沉降小于 20cm。在工程初步设计阶段提出了地下连续墙结构和沉井结构两种方案。地下连续墙方案采用 78.5m×61.5m 的矩形格构式现浇钢筋混凝土框架结构，墙体长度 40m，开挖深度 21m，内衬按逆作法施筑，基底以下和相邻土层进行压密注浆和旋喷桩加固。沉井方案为 65.3m×59m 的矩形结构，内分 49 个隔舱，下沉标高为－55m，埋深 58m，封底厚 12m，按 5m 为接高段高度分级下沉。

1. 试验目的和内容（扫描右侧二维码观看试验现场照片）

作为桥梁受力体系的一部分，锚碇结构的作用是将北塔墩传递过来的主缆锚拉力分布到相邻土层中去，利用本身自重产生的基底摩阻力，以及相邻土层，特别是前侧土层所提供的被动土压力，克服水平拉力并达到整个桥梁体系的静力平衡。因此，根据相似理论设计模拟现场结构和相邻土层状况，通过开展北锚碇模型试验以达到如下目的：

（1）观测不同结构形式在不同荷载条件下的变位和转动，相邻土层的侧移和隆起，土层附加应力的分布，以及土层最终破坏和失稳状态等。

（2）观测锚拉力施加后直至土层发生破坏和滑移为止锚碇结构的水平位移、垂直沉降以及刚性转动，锚碇结构和相邻土层在极限荷载下的破坏和失稳状态。

为达到上述试验目的，试验中对 4 种结构形式，即沉井、浅地下连续墙（埋置深度－37.5m）、浅地下连续墙加地层加固、深地下连续墙（埋置深度－59m）进行加载试验，表 5-2 为所实施的试验内容和测试次数。

试验内容和测试次数 **表 5-2**

结构形式	试验次数	施加最大荷载
沉井	5	$2.5P_0$
浅地下连续墙	5	$3.5P_0$
浅地下连续墙加地层加固	5	$3.5P_0$
深地下连续墙	6	$3.5P_0$

注：P_0 为锚拉力设计值。

2. 模型设计的基本思想

（1）锚碇结构在施工期与运营期的变位和稳定与锚碇体以及相邻土层有关，相比之下，结构本身无论就其刚度还是强度，均比土层高得多。不论采用何种结构形式，决定锚碇结构安全与稳定的关键因素是相邻土层能否提供足够的抗力以限制结构位移。

（2）锚碇结构的施筑是一个很复杂的过程，所承受的荷载可分为施工荷载和运营荷载，就其所需完成的功能而言，锚碇结构在锚拉力和自重应力下的变化性态是主要的。

（3）锚碇结构承受的最大锚拉力设计值为 $P_0=640\text{MN}$，但在锚碇结构设计中，结构抗力应具有一定量的安全储备，模型试验中最大锚拉力可施加至 3.5 倍的 P_0，通过试验可大致估算结构具有的安全度以及在极限荷载作用下土层的破坏状况。

3. 锚碇及其周围土层的模拟

（1）锚碇结构模拟。根据试验条件和模拟范围，按静力学问题的相似理论，取几何相似比为 1∶100，即令 $C_l=100$。按结构方案计算锚碇结构的实体体积和锚碇基底与土层的接触面积，从而计算得出实型的总质量及其受到的基底正应力。令模型与原型对基底土层的应力相似比为 C_σ，重度相似比为 C_γ，则荷载相似比为：

$$C_{\mathrm{N}}=\frac{N_{\mathrm{p}}}{N_{\mathrm{m}}}=\frac{\sigma_{\mathrm{p}} l_{\mathrm{p}}^{2}}{\sigma_{\mathrm{m}} l_{\mathrm{m}}^{2}}=C_\sigma \cdot C_l^2$$

由弹性模型的相似条件：

$$C_\sigma=C_{\mathrm{E}}=C_\gamma C_l \tag{5-19a}$$

$$C_N = C_\sigma C_l^2 = C_\gamma C_l^3 \tag{5-19b}$$

故：

$$N_m = \frac{N_p}{C_\gamma C_l^3} \tag{5-19c}$$

在 C_l 已确定的情况下，只要选定相似材料，则 C_E 和 C_γ 就确定了，并可由式（5-19c）确定模型的锚索拉力。由式（5-19a）可知，提高相似材料重度，可降低重度相似比 C_γ 和弹性模量相似比 C_E，但由此会增大模型锚索的拉力。因此，应寻找在满足弹性模量相似比条件下，重度尽量低的材料，能使模型锚索的拉力较小，从而简化加载系统。

试验中选择的主要模型参数列于表 5-3，其中相似材料的重度相似比 C_γ 为 1.37，计算的荷载相似比 C_N 为 1.37×10^6，因此，当加载到设计荷载时，模型锚索的拉力为：

$$N_m = \frac{N_p}{C_N} = \frac{640\times10^6}{1.37\times10^6} = 467\text{N}（对应 46.7\text{kg}）$$

加载到 3.5 倍的设计荷载时，模型锚索的拉力为 1634.5N（对应 163.45kg），因此，可设计用砝码的加载系统。

模型设计参数 **表 5-3**

模型类型	几何相似比 C_l	应力相似比 C_σ	重度相似比 C_γ	荷载相似比 C_N	基底应力 σ_m（kPa）	模型质量（kg）	充填质量（kg）
沉井	100	137	1.37	1.37×10^6	7.5	197	50
地下连续墙	100	137	1.37	1.37×10^6	7.5	256	62

（2）土层模拟。按加权平均方法计算出实际土层主要物理力学性质参数的平均值，按设定的各物理量的相似比求得模型试验中土层相似材料的相应参数。通过大量比较，采用粉质红砂作为模拟实际土层的相似材料，其力学特性与所要求的相似材料的参数基本一致，误差控制在 10%以内。

锚碇结构所处地层为半无限体，为了尽可能减小模型试验边界效应对模拟真实性的影响，将土箱设计成具有 2.6m×2.5m×1.5m 的体积，使得锚碇模型外缘至土箱内侧之间的距离远大于模型半宽，锚碇前侧土层宽度为模型半宽的 3.5 倍，并在土箱内侧采用砂浆抹面打光处理。土箱的具体尺寸和装置如图 5-15 所示。按照所设定的几何相似比 $C_l=100$ 换算，土层模拟的范围为 166m（前侧），94m（左右两侧），20m（后侧）和 89m（基底以下）。−83m 以下的基岩通过将材料锤击夯实进行模拟。

（3）土层加固模拟。在所设计的浅地下连续墙方案中，拟对锚碇结构相邻土层及基底土层进行加固，加固方法是在土层中浇筑 ϕ1800mm 的低强度等级混凝土桩或旋喷桩，加固深度至−59m。按所取定的几何相似比，试验中在锚碇模型相邻土层中设置直径为 18mm、壁厚 2mm 的 PVC 管，平面分布参照原型方案取定，结构底面以下注浆区以 C10 混凝土模拟，内插 PVC 管模拟加固桩，深度均达−59m 标高。

4. 加载系统和量测系统

（1）加载系统。试验中除锚碇结构本身质量外，荷载主要来自锚拉力，荷载通过在两根平行钢丝绳上施加砝码，由门式加载架作为转向支点，将锚拉力作用在锚碇结构上，锚拉力作用方向与水平轴相交角度为 25.39°。在与锚碇相交处的钢丝绳上，并排串联两个平行的弹簧测力计，以测定锚索在克服了摩阻力后实际施加在锚碇结构的拉力，在整个加载系统中，门式加载架相当于大桥的北塔墩，两根钢丝绳相当于设置在大桥两侧的锚索，加载系统如图 5-15 所示。

（2）量测系统。试验中观测的物理量为锚索荷载、锚碇结构和相邻土层的水平位移和垂直沉降、土层中和结构侧壁的附加应力与基底应力。水平位移和垂直沉降通过设置的百分表观测，土压力通过在土层中埋设微型压力盒测定。

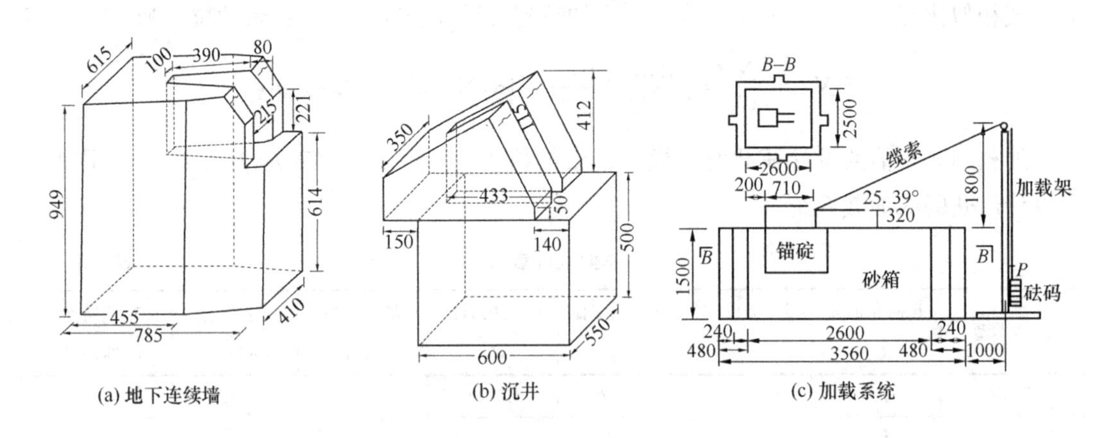

(a) 地下连续墙　　(b) 沉井　　(c) 加载系统

图 5-15　锚碇模型和模型试验加载系统

5. 试验和试验成果

（1）试验步骤

试验按以下步骤进行；第一步：锚碇结构就位；第二步；测试元件设置；第三步：加载试验；第四步：卸载与重复试验。卸载后撤除所有测点，提升锚碇模型取出所有扰动土层，然后按上述第一步开始进行重复试验。相同结构形式的加载测试一般重复 5 次以上，以获得精确的数据。

锚碇结构施锚点在不同荷载条件下的位移　　表 5-4

项目	结构形式	P_0（kN）	$2P_0$（kN）	$3P_0$（kN）
水平位移（mm）	沉井	129	824	破坏
	浅墙	17	70	223
	浅地下连续墙加地层加固	12	42	105
	深墙	14	48	108
垂直沉降（mm）	沉井	10/−67	107/−332	破坏
	浅墙	8/−4	21/−9	127/−42
	浅地下连续墙加地层加固	6/−2	19/−6	47/−14
	深墙	7/−3	19/−9	48/−21

续表

项目	结构形式	P_0（kN）	$2P_0$（kN）	$3P_0$（kN）
刚体转动（mm）	沉井	0.0580	0.3360	破坏
	浅墙	0.0106	0.0249	0.0500
	浅地下连续墙加地层加固	0.0068	0.0205	0.0500
	深墙	0.0078	0.0236	0.0560

注：正值表示上抬，负值表示下沉。5/－67 表示锚碇后侧上抬 5mm，前侧（锚拉处）下沉 67mm。

（2）试验成果

通过 4 种方案共 21 次试验，得到了如下试验成果（表 5-4）：

1）锚索力施加到设计荷载时，锚索与锚碇接触的施锚点处水平位移值最大，沉井结构最大达 129mm，而浅地下连续墙加地层加固结构最小为 12mm。

2）在设计荷载作用下，距锚碇结构 12m 处，沉井结构为 11mm（水平位移）和 5mm（隆起量），地下连续墙结构为 1mm（水平位移）和 2mm（隆起量），至 50m 左右处，锚碇侧移对土层的影响已衰减为零。

3）锚碇结构前侧土中应力场分布，其水平分布（与锚索力作用方向平行）随测点与锚碇壁面的距离增大而迅速衰减，垂直附加应力随深度逐渐减小。

4）5 个沉井结构试验中，失稳破坏均发生在锚索力增大到 2.5 倍的设计荷载水平阶段。失稳时，锚碇结构前侧土层压力迅速增长，产生局部塑性流动，锚碇前侧下沉和后侧上抬加剧，后侧土层表面出现一明显的呈圆弧状破裂面，破裂面内侧土层下沉，与外侧土层形成一高度为 50cm 的台阶，破裂面的影响半径约为 25m。另外可明显观测到锚碇尾部上抬量达几十厘米，前侧土层的水平位移和隆起量有所增大，但尚未观测到明显破坏滑移状况。

二、 寒区隧道温度场模拟试验

现行的寒区隧道设计没有能认识到循环累积冻结效应及其时空效应，导致逐年累积冻结后排水系统失效、衬砌冻胀开裂和漏水挂冰、隧底鼓胀积冰等冻害灾变。围岩的初始地温和贯通后隧道内的气温是寒区隧道冻害灾变的主要因素，因此，需开发研究隧道温度场演化规律及灾变形成机制的寒区隧道温度场模拟试验装置并开展试验。

1. 隧道温度场模拟试验原理

隧道工程中包括围岩和衬砌的固体区域和隧道净空的空气部分两部分的温度场。只有全面考虑围岩部分的初始地温、地温梯度及隧道净空部分的通风对流等因素的影响，才能正确得出隧道温度场的分布情况，从而真实地了解围岩的冻融状态。在隧道温度场模拟试验中，气体的流速场和温度场问题本身就是非常复杂的问题，再加上考虑了气体与固体对流换热和围岩热传导耦合问题，就使得问题更加复杂。所以为了简化，在推导相似比的过程中做了如下假定：①气体不可压缩；②常密度气体；③气体压力不随时间变化。

（1）对流换热相似

根据质量守恒定律，试验原型与模型均满足质量守恒方程：

$$\frac{\partial u}{\partial x}+\frac{\partial v}{\partial y}+\frac{\partial w}{\partial z}=0 \tag{5-20}$$

式中 x，y，z——分别为直角坐标系的三个方向（m）；

u，v，w——分别为空气在 x，y，z 三个方向的流速（m/s）。

根据动量守恒定律，试验模型与原型均满足动量守恒方程：

$$\left.\begin{aligned}\frac{\partial u}{\partial t}+u\frac{\partial u}{\partial x}+v\frac{\partial u}{\partial y}+w\frac{\partial u}{\partial z}&=-\frac{\partial p}{\rho\partial x}+\frac{\mu}{\rho}\left(\frac{\partial^2 u}{\partial x^2}+\frac{\partial^2 u}{\partial y^2}+\frac{\partial^2 u}{\partial z^2}\right)\\\frac{\partial v}{\partial t}+u\frac{\partial v}{\partial x}+v\frac{\partial v}{\partial y}+w\frac{\partial v}{\partial z}&=-\frac{\partial p}{\rho\partial y}+\frac{\mu}{\rho}\left(\frac{\partial^2 v}{\partial x^2}+\frac{\partial^2 v}{\partial y^2}+\frac{\partial^2 v}{\partial z^2}\right)\\\frac{\partial w}{\partial t}+u\frac{\partial w}{\partial x}+v\frac{\partial w}{\partial y}+w\frac{\partial w}{\partial z}&=-\frac{\partial p}{\rho\partial z}+\frac{\mu}{\rho}\left(\frac{\partial^2 w}{\partial x^2}+\frac{\partial^2 w}{\partial y^2}+\frac{\partial^2 w}{\partial z^2}\right)\end{aligned}\right\} \tag{5-21}$$

式中 ρ——空气的密度（kg/m^3）；

p——空气的压强（Pa）；

μ——空气的动力黏度（Pa·s）；

t——时间（s）。

根据能量守恒定律，试验模型与原型均满足能量守恒方程：

$$\frac{\partial T}{\partial t}+u\frac{\partial T}{\partial x}+v\frac{\partial T}{\partial y}+w\frac{\partial T}{\partial z}=\frac{\lambda}{\rho c}\left(\frac{\partial^2 T}{\partial x^2}+\frac{\partial^2 T}{\partial y^2}+\frac{\partial^2 T}{\partial z^2}\right) \tag{5-22}$$

式中 c——比热容［J/(kg·℃)］；

T——温度（℃）；

λ——导热系数［W/(m·℃)］。

（2）热传导相似

固体域的热传导方程：

$$\frac{\partial T}{\partial t}=\alpha\left(\frac{\partial^2 T}{\partial x^2}+\frac{\partial^2 T}{\partial y^2}+\frac{\partial^2 T}{\partial z^2}\right) \tag{5-23}$$

式中 α——热扩散率（m^2/s）。

（3）边界条件相似

隧道洞内空气与壁面发生强迫对流换热，第三类边界条件关系式：

$$\lambda\frac{\partial T}{\partial r}=h\Delta T \tag{5-24}$$

式中 r——径向坐标（m）；

h——对流传热表面传热系数［$W/(m^2·℃)$］。

移动边界条件关系式：

$$\lambda_{\mathrm{f}} \frac{\partial T_{\mathrm{f}}}{\partial r}\bigg|_{r=\xi} - \lambda_{\mathrm{u}} \frac{\partial T_{\mathrm{u}}}{\partial r}\bigg|_{r=\xi} = Q\frac{\mathrm{d}\xi}{\mathrm{d}t} \tag{5-25}$$

式中 λ_{f}、λ_{u}——分别为已冻结、未冻结岩土体的导热系数［W/(m·℃)］；

T_{f}、T_{u}——分别为已冻结、未冻结岩土体的温度（℃）；

ξ——冻结壁边界位置坐标（m）；

Q——单位岩土体的凝固热（$\mathrm{J/m^3}$）。

外边界条件关系式：

$$T(\infty,t) = T_0 \tag{5-26}$$

初始边界条件关系式：

$$T(r,0) = T_0(r) \tag{5-27}$$

（4）相似比制约关系推导过程

原型与试验模型各物理量的相似比为：

速度相似比：

$$C_{\mathrm{u}} = \frac{u_{\mathrm{p}}}{u_{\mathrm{m}}} = \frac{v_{\mathrm{p}}}{v_{\mathrm{m}}} = \frac{w_{\mathrm{p}}}{w_{\mathrm{m}}} \tag{5-28a}$$

长度相似比：

$$C_{\mathrm{l}} = \frac{l_{\mathrm{p}}}{l_{\mathrm{m}}} = \frac{r_{\mathrm{p}}}{r_{\mathrm{m}}} = \frac{\xi_{\mathrm{p}}}{\xi_{\mathrm{m}}} = \frac{x_{\mathrm{p}}}{x_{\mathrm{m}}} = \frac{y_{\mathrm{p}}}{y_{\mathrm{m}}} = \frac{z_{\mathrm{p}}}{z_{\mathrm{m}}} \tag{5-28b}$$

压强相似比：

$$C_{\mathrm{p}} = \frac{p_{\mathrm{p}}}{p_{\mathrm{m}}} \tag{5-28c}$$

密度相似比：

$$C_{\rho} = \frac{\rho_{\mathrm{p}}}{\rho_{\mathrm{m}}} \tag{5-28d}$$

动力黏度相似比：

$$C_{\mu} = \frac{\mu_{\mathrm{p}}}{\mu_{\mathrm{m}}} \tag{5-28e}$$

温度相似比：

$$C_{\mathrm{T}} = \frac{(T_{\mathrm{f}})_{\mathrm{p}}}{(T_{\mathrm{f}})_{\mathrm{m}}} = \frac{(T_{\mathrm{u}})_{\mathrm{p}}}{(T_{\mathrm{u}})_{\mathrm{m}}} = \frac{T_{\mathrm{p}}}{T_{\mathrm{m}}} \tag{5-28f}$$

时间相似比：

$$C_{\mathrm{t}} = \frac{t_{\mathrm{p}}}{t_{\mathrm{m}}} \tag{5-28g}$$

热扩散率相似比：

$$C_{\alpha}=\frac{\alpha_{\mathrm{p}}}{\alpha_{\mathrm{m}}} \tag{5-28h}$$

导热系数相似比：

$$C_{\lambda}=\frac{\lambda_{\mathrm{p}}}{\lambda_{\mathrm{m}}}=\frac{(\lambda_{\mathrm{u}})_{\mathrm{p}}}{(\lambda_{\mathrm{u}})_{\mathrm{m}}}=\frac{(\lambda_{\mathrm{f}})_{\mathrm{p}}}{(\lambda_{\mathrm{f}})_{\mathrm{m}}} \tag{5-28i}$$

比热容相似比：

$$C_{\mathrm{c}}=\frac{c_{\mathrm{p}}}{c_{\mathrm{m}}} \tag{5-28j}$$

对流换热系数相似比：

$$C_{\mathrm{h}}=\frac{h_{\mathrm{p}}}{h_{\mathrm{m}}} \tag{5-28k}$$

凝固热相似比：

$$C_{\mathrm{Q}}=\frac{Q_{\mathrm{p}}}{Q_{\mathrm{m}}} \tag{5-28l}$$

式中　l——长度（m）。

将式（5-20）的模型物理量用原型的物理量和相似比表示，即把式（5-28a）、式（5-28b)代入式（5-20）中，得到用相似比和原型物理量表示的模型质量守恒方程：

$$\frac{C_{\mathrm{l}}}{C_{\mathrm{u}}}\left(\frac{\partial u_{\mathrm{p}}}{\partial x_{\mathrm{p}}}+\frac{\partial v_{\mathrm{p}}}{\partial y_{\mathrm{p}}}+\frac{\partial w_{\mathrm{p}}}{\partial z_{\mathrm{p}}}\right)=0 \tag{5-29a}$$

同理，将式（5-21）～式（5-27）中的模型物理量用式（5-28）中有关的原型的物理量和相似比表示，得到用相似比和原型物理量表示的模型动量守恒、能量守恒等方程：

$$\left.\begin{aligned}
\frac{C_{\mathrm{t}}}{C_{\mathrm{u}}}\frac{\partial u_{\mathrm{p}}}{\partial t_{\mathrm{p}}}+\frac{C_{\mathrm{l}}}{C_{\mathrm{u}}^{2}}\left(u_{\mathrm{p}}\frac{\partial u_{\mathrm{p}}}{\partial x_{\mathrm{p}}}+v_{\mathrm{p}}\frac{\partial u_{\mathrm{p}}}{\partial y_{\mathrm{p}}}+w_{\mathrm{p}}\frac{\partial u_{\mathrm{p}}}{\partial z_{\mathrm{p}}}\right)=-\frac{C_{\rho}C_{\mathrm{l}}}{C_{\mathrm{p}}}\frac{\partial p_{\mathrm{p}}}{\rho_{\mathrm{p}}\partial x_{\mathrm{p}}}+\frac{C_{\rho}C_{\mathrm{l}}^{2}}{C_{\mu}C_{\mathrm{u}}}\frac{\mu_{\mathrm{p}}}{\rho_{\mathrm{p}}}\left(\frac{\partial^{2}u_{\mathrm{p}}}{\partial x_{\mathrm{p}}^{2}}+\frac{\partial^{2}u_{\mathrm{p}}}{\partial y_{\mathrm{p}}^{2}}+\frac{\partial^{2}u_{\mathrm{p}}}{\partial z_{\mathrm{p}}^{2}}\right)\\
\frac{C_{\mathrm{t}}}{C_{\mathrm{u}}}\frac{\partial v_{\mathrm{p}}}{\partial t_{\mathrm{p}}}+\frac{C_{\mathrm{l}}}{C_{\mathrm{u}}^{2}}\left(u_{\mathrm{p}}\frac{\partial v_{\mathrm{p}}}{\partial x_{\mathrm{p}}}+v_{\mathrm{p}}\frac{\partial v_{\mathrm{p}}}{\partial y_{\mathrm{p}}}+w_{\mathrm{p}}\frac{\partial v_{\mathrm{p}}}{\partial z_{\mathrm{p}}}\right)=-\frac{C_{\rho}C_{\mathrm{l}}}{C_{\mathrm{p}}}\frac{\partial p_{\mathrm{p}}}{\rho_{\mathrm{p}}\partial y_{\mathrm{p}}}+\frac{C_{\rho}C_{\mathrm{l}}^{2}}{C_{\mu}C_{\mathrm{u}}}\frac{\mu_{\mathrm{p}}}{\rho_{\mathrm{p}}}\left(\frac{\partial^{2}v_{\mathrm{p}}}{\partial x_{\mathrm{p}}^{2}}+\frac{\partial^{2}v_{\mathrm{p}}}{\partial y_{\mathrm{p}}^{2}}+\frac{\partial^{2}v_{\mathrm{p}}}{\partial z_{\mathrm{p}}^{2}}\right)\\
\frac{C_{\mathrm{t}}}{C_{\mathrm{u}}}\frac{\partial w_{\mathrm{p}}}{\partial t_{\mathrm{p}}}+\frac{C_{\mathrm{l}}}{C_{\mathrm{u}}^{2}}\left(u_{\mathrm{p}}\frac{\partial w_{\mathrm{p}}}{\partial x_{\mathrm{p}}}+v_{\mathrm{p}}\frac{\partial w_{\mathrm{p}}}{\partial y_{\mathrm{p}}}+w_{\mathrm{p}}\frac{\partial w_{\mathrm{p}}}{\partial z_{\mathrm{p}}}\right)=-\frac{C_{\rho}C_{\mathrm{l}}}{C_{\mathrm{p}}}\frac{\partial p_{\mathrm{p}}}{\rho_{\mathrm{p}}\partial z_{\mathrm{p}}}+\frac{C_{\rho}C_{\mathrm{l}}^{2}}{C_{\mu}C_{\mathrm{u}}}\frac{\mu_{\mathrm{p}}}{\rho_{\mathrm{p}}}\left(\frac{\partial^{2}w_{\mathrm{p}}}{\partial x_{\mathrm{p}}^{2}}+\frac{\partial^{2}w_{\mathrm{p}}}{\partial y_{\mathrm{p}}^{2}}+\frac{\partial^{2}w_{\mathrm{p}}}{\partial z_{\mathrm{p}}^{2}}\right)
\end{aligned}\right\} \tag{5-29b}$$

$$\frac{C_{\mathrm{t}}}{C_{\mathrm{T}}}\frac{\partial T_{\mathrm{p}}}{\partial t_{\mathrm{p}}}+\frac{C_{\mathrm{l}}}{C_{\mathrm{u}}C_{\mathrm{T}}}\left(u_{\mathrm{p}}\frac{\partial T_{\mathrm{p}}}{\partial x_{\mathrm{p}}}+v_{\mathrm{p}}\frac{\partial T_{\mathrm{p}}}{\partial y_{\mathrm{p}}}+w_{\mathrm{p}}\frac{\partial T_{\mathrm{p}}}{\partial z_{\mathrm{p}}}\right)=\frac{C_{\rho}C_{\mathrm{c}}C_{\mathrm{l}}^{2}}{C_{\lambda}C_{\mathrm{T}}}\frac{\lambda_{\mathrm{p}}}{\rho_{\mathrm{p}}c_{\mathrm{p}}}\left(\frac{\partial^{2}T_{\mathrm{p}}}{\partial x_{\mathrm{p}}^{2}}+\frac{\partial^{2}T_{\mathrm{p}}}{\partial y_{\mathrm{p}}^{2}}+\frac{\partial^{2}T_{\mathrm{p}}}{\partial z_{\mathrm{p}}^{2}}\right) \tag{5-29c}$$

$$\frac{C_{\mathrm{t}}}{C_{\mathrm{T}}}\frac{\partial T_{\mathrm{p}}}{\partial t_{\mathrm{p}}}=\frac{C_{\mathrm{l}}^{2}}{C_{\alpha}C_{\mathrm{T}}}\alpha_{\mathrm{p}}\left(\frac{\partial^{2}T_{\mathrm{p}}}{\partial x_{\mathrm{p}}^{2}}+\frac{\partial^{2}T_{\mathrm{p}}}{\partial y_{\mathrm{p}}^{2}}+\frac{\partial^{2}T_{\mathrm{p}}}{\partial z_{\mathrm{p}}^{2}}\right) \tag{5-29d}$$

$$\frac{C_{\mathrm{l}}}{C_{\lambda}C_{\mathrm{T}}}\lambda_{\mathrm{p}}\frac{\partial T_{\mathrm{p}}}{\partial r_{\mathrm{p}}}=\frac{1}{C_{\mathrm{h}}C_{\mathrm{T}}}h_{\mathrm{p}}\mathrm{d}T_{\mathrm{p}} \tag{5-29e}$$

$$\frac{C_l}{C_\lambda C_T}\left[(\lambda_f)_p\frac{\partial(T_f)_p}{\partial r_p}\bigg|_{r_p=\xi_p}-(\lambda_u)_p\frac{\partial(T_u)_p}{\partial r_p}\bigg|_{r_p=\xi_p}\right]=\frac{C_t}{C_Q C_l}Q_p\frac{d\xi_p}{dt_p} \tag{5-29f}$$

$$\frac{1}{C_T}T_p(\infty,t_p)=\frac{1}{C_T}(T_0)_p \tag{5-29g}$$

$$\frac{1}{C_T}T_p(r_p,0)=\frac{1}{C_T}(T_0(r_p))_p \tag{5-29h}$$

将式（5-29a）～式（5-29h）的等式两边同时除以首项系数得：

$$\frac{\partial u_p}{\partial x_p}+\frac{\partial v_p}{\partial y_p}+\frac{\partial w_p}{\partial z_p}=0 \tag{5-30a}$$

$$\left.\begin{aligned}
\frac{\partial u_p}{\partial t_p}+\frac{C_l}{C_u C_t}\left(u_p\frac{\partial u_p}{\partial x_p}+v_p\frac{\partial u_p}{\partial y_p}+w_p\frac{\partial u_p}{\partial z_p}\right)=-\frac{C_u C_l C_\rho}{C_p C_t}\frac{\partial p_p}{\rho_p\partial x_p}+\frac{C_l^2 C_\rho}{C_\mu C_t}\frac{\mu_p}{\rho_p}\left(\frac{\partial^2 u_p}{\partial x_p^2}+\frac{\partial^2 u_p}{\partial y_p^2}+\frac{\partial^2 u_p}{\partial z_p^2}\right)\\
\frac{\partial v_p}{\partial t_p}+\frac{C_l}{C_u C_t}\left(u_p\frac{\partial v_p}{\partial x_p}+v_p\frac{\partial v_p}{\partial y_p}+w_p\frac{\partial v_p}{\partial z_p}\right)=-\frac{C_u C_l C_\rho}{C_p C_t}\frac{\partial p_p}{\rho_p\partial y_p}+\frac{C_l^2 C_\rho}{C_\mu C_t}\frac{\mu_p}{\rho_p}\left(\frac{\partial^2 v_p}{\partial x_p^2}+\frac{\partial^2 v_p}{\partial y_p^2}+\frac{\partial^2 v_p}{\partial z_p^2}\right)\\
\frac{\partial w_p}{\partial t_p}+\frac{C_l}{C_u C_t}\left(u_p\frac{\partial w_p}{\partial x_p}+v_p\frac{\partial w_p}{\partial y_p}+w_p\frac{\partial w_p}{\partial z_p}\right)=-\frac{C_u C_l C_\rho}{C_p C_t}\frac{\partial p_p}{\rho_p\partial z_p}+\frac{C_l^2 C_\rho}{C_\mu C_t}\frac{\mu_p}{\rho_p}\left(\frac{\partial^2 w_p}{\partial x_p^2}+\frac{\partial^2 w_p}{\partial y_p^2}+\frac{\partial^2 w_p}{\partial z_p^2}\right)
\end{aligned}\right\} \tag{5-30b}$$

$$\frac{\partial T_p}{\partial t_p}+\frac{C_l}{C_u C_t}\left(u_p\frac{\partial T_p}{\partial x_p}+v_p\frac{\partial T_p}{\partial y_p}+w_p\frac{\partial T_p}{\partial z_p}\right)=\frac{C_l^2 C_\rho C_c}{C_t C_\lambda}\frac{\lambda_p}{\rho_p c_p}\left(\frac{\partial^2 T_p}{\partial x_p^2}+\frac{\partial^2 T_p}{\partial y_p^2}+\frac{\partial^2 T_p}{\partial z_p^2}\right) \tag{5-30c}$$

$$\frac{\partial T_p}{\partial t_p}=\frac{C_l^2}{C_t C_\alpha}\alpha_p\left(\frac{\partial^2 T_p}{\partial x_p^2}+\frac{\partial^2 T_p}{\partial y_p^2}+\frac{\partial^2 T_p}{\partial z_p^2}\right) \tag{5-30d}$$

$$\lambda_p\frac{\partial T_p}{\partial r_p}=\frac{C_\lambda}{C_l C_h}h_p dT_p \tag{5-30e}$$

$$\left[(\lambda_f)_p\frac{\partial(T_f)_p}{\partial r_p}\bigg|_{r_p=\xi_p}-(\lambda_u)_p\frac{\partial(T_u)_p}{\partial r_p}\bigg|_{r_p=\xi_p}\right]=\frac{C_T C_t C_\lambda}{C_l^2 C_Q}Q_p\frac{d\xi_p}{dt_p} \tag{5-30f}$$

$$T_p(\infty,t_p)=(T_0)_p \tag{5-30g}$$

$$T_p(r_p,0)=(T_0(r_p))_p \tag{5-30h}$$

为了使模型的状态能反映原型的状态，必须使模型与原型的基本方程相同，因此必须使得式（5-30b）～式（5-30f）与式（5-22）一致，则可得到下列各种相似比之间的关系：

$$\frac{C_l}{C_u C_t}=1 \tag{5-31a}$$

$$\frac{C_u C_l C_\rho}{C_P C_t}=1 \tag{5-31b}$$

$$\frac{C_l^2 C_\rho}{C_\mu C_t}=1 \tag{5-31c}$$

$$\frac{C_l^2 C_\rho C_c}{C_t C_\lambda}=1 \tag{5-31d}$$

$$\frac{C_l^2}{C_t C_\alpha} = 1 \tag{5-31e}$$

$$\frac{C_\lambda}{C_l C_h} = 1 \tag{5-31f}$$

$$\frac{C_T C_t C_\lambda}{C_l^2 C_Q} = 1 \tag{5-31g}$$

如果满足所有的相似比制约关系来设计试验困难很大时，需对这些相似比制约关系加以适当的甄选，保留对研究起决定性作用的相似比的制约关系，而舍弃那些次要的相似比制约关系。应从物理现象的本质入手对相似关系进行取舍，本试验主要考虑的是传热过程的相似，因此应主要考虑有传热过程的相似比制约关系，即

$$C_l^2 C_\rho C_c = C_t C_\lambda \tag{5-32a}$$

$$C_l^2 = C_t C_\alpha \tag{5-32b}$$

$$C_T C_t C_\lambda = C_l^2 C_Q \tag{5-32c}$$

$$C_h = C_u C_\rho C_c \tag{5-32d}$$

其中：式（5-32a）反映着空气域的对流传热过程；式（5-32b）反映着固体域的热传导过程；式（5-32c）反映着固体域移动边界的热传导过程；式（5-32d）是由式（5-31a）和式（5-31d）代入式（5-31f）得到，式（5-32d）即斯坦顿数反映流体与固体壁面之间的对流换热过程。

2. 相似比的确定

（1）几何相似比

几何相似比的确定关系着试验结果的精度和模型试验的可实施性，为了减小外边界对隧道温度场数据采集区域的影响，一般外边界范围取为隧道半径的 3～5 倍。根据试验场地条件，综合考虑了精度和可行性后将几何相似比 C_l 确定为 100。

（2）时间相似比

根据式（5-32a）可得

$$C_t = \frac{C_l^2 C_\rho C_c}{C_\lambda} \tag{5-33}$$

因模型与原型均为空气，且不考虑海拔对空气的影响，故空气密度相似比为 $C_\rho = 1$，空气比热容相似比为 $C_c = 1$，空气导热系数相似比为 $C_\lambda = 1$，将 $C_\rho = 1$、$C_c = 1$ 和 $C_\lambda = 1$ 代入式（5-33）得 $C_t = C_l^2$。

同样地，根据式（5-32b）可得

$$C_t = \frac{C_l^2}{C_\alpha} \tag{5-34}$$

当模型中围岩和衬砌结构的热物理参数采用相似材料配成与原型相同时，导热系数相似比 $C_\alpha = 1$，将 $C_\alpha = 1$ 代入式（5-34）得 $C_t = C_l^2$。

(3) 温度相似比

根据式 (5-32c) 可得

$$C_{\mathrm{T}}=\frac{C_{\mathrm{Q}}C_{\mathrm{l}}^{2}}{C_{\mathrm{t}}C_{\lambda}} \tag{5-35}$$

当模型中围岩和衬砌结构的热物理参数采用相似材料配成与原型相同，且模型与原型中含水量也一致时，凝固热相似比 $C_{\mathrm{Q}}=1$、导热系数相似比 $C_{\lambda}=1$，且 $C_{\mathrm{l}}=100$、$C_{\mathrm{t}}=10000$。将 $C_{\mathrm{Q}}=1$、$C_{\lambda}=1$、$C_{\mathrm{t}}=C_{\mathrm{l}}^{2}$ 代入式 (5-35) 得 $C_{\mathrm{T}}=1$。所以模型中衬砌与围岩的温度与原型中对应位置处衬砌与围岩的温度值相等。

(4) 风速相似比

根据式 (5-32d) 可得

$$C_{\mathrm{u}}=\frac{C_{\mathrm{h}}}{C_{\rho}C_{\mathrm{c}}} \tag{5-36}$$

因模型与原型均为空气，且不考虑海拔对空气的影响，则对流换热系数相似比为 $C_{\mathrm{h}}=1$，空气密度相似比为 $C_{\rho}=1$，空气比热容相似比为 $C_{\mathrm{c}}=1$，将 $C_{\mathrm{h}}=1$、$C_{\rho}=1$、$C_{\mathrm{c}}=1$ 代入式 (5-36) 得 $C_{\mathrm{u}}=1$。所以模型中各点的风速与原型中对应位置的风速相同。

3. 设备

夏才初教授课题组根据高寒高海拔地区隧道气候寒冷、地质恶劣及地温复杂等实际特点，自主研制了能源地下结构与地下环境调控试验模拟平台 (EUS-UEC 模拟试验平台)，如图 5-16 所示。该试验平台由地下环境模拟系统、地温控制系统、洞外气温控制系统、数据采集及处理系统、操作运行辅助设备五部分系统组成。地下环境模拟系统可根据不同工程实例灵活布设。

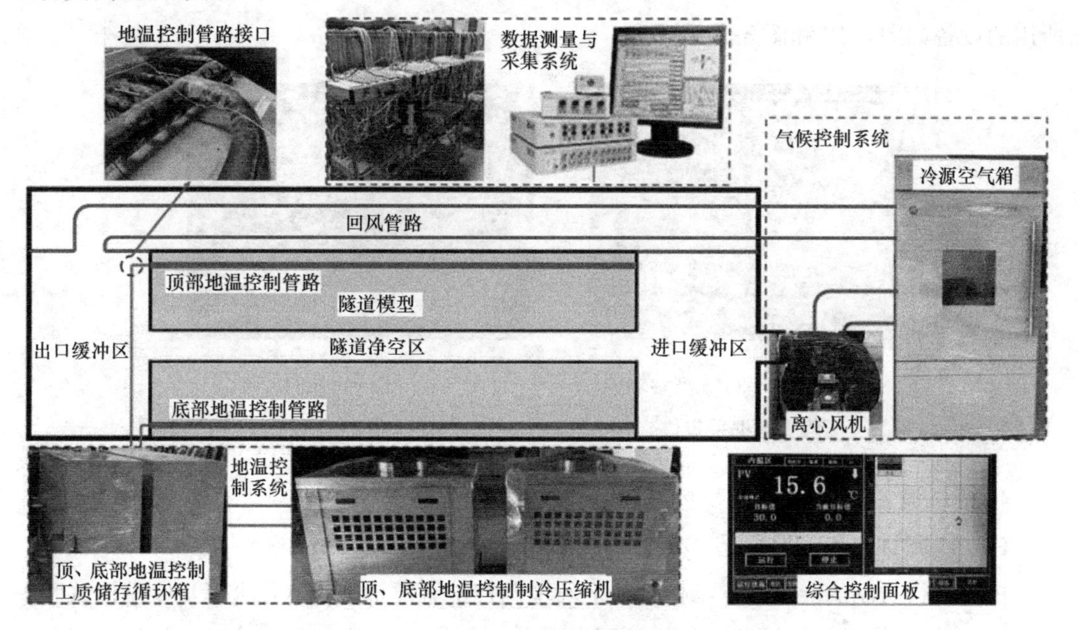

图 5-16 能源地下结构与地下环境调控试验模拟平台示意图

（1）地温控制系统

该系统包括两台冷却压缩机，通过分别控制围岩顶、底层初始地温来控制围岩地温梯度，工质采用冰和冷媒。设备机组在环境温度为35℃的情况下，将充满工质的冷媒储液箱内冷媒温度维持在－20℃，再将温度进一步下调时机组的剩余制冷量为20kW；设备机组在环境温度为35℃的情况下，将充满工质的冷媒储液箱内冷媒温度维持在25℃，再将温度进一步下调时机组的剩余制冷量为60kW。冷媒储液箱最大循环泵压为0.6MPa，最大循环流量为300L/min，并设置阀门及流速监测器用以调控流量流速。

在试验过程中，布置于顶、底部地温控制管路同水平的伺服控温传感器和地温梯度传感器将采集的温度数据传输给地温控制系统的温度伺服控制器，控制器根据拟定的温度加载方案，发出相应的控制信号，控制冷却压缩机的制冷功率及地温控制管路中的流速。

(a) 离心风机

(b) 冷源空气箱

图5-17 洞口气温控制系统

（2）洞外气温控制系统

该系统包括进口冷源空气箱：温度调节范围为－30～60℃；离心风机：风速调节范围1～10m/s；能够保证模型隧道入口的风速和风温稳定（图5-17）。洞外气温控制系统可以控制通过冷源空气箱向隧道内吹入的空气温度。

进风口和冷源空气箱内的气温传感器将采集的温度数据传给气温伺服控制器，控制器根据拟定的温度加载方案，发出相应的控制信号，控制信号经由磁力耦合式换向比例阀控制冷源空气箱的压缩机制冷功率，有效解决了气温长期周期性稳定控制的难题。数据采集所用的设备如图5-18和图5-19所示。

图5-18 JM-3813型多功能静态数据采集仪

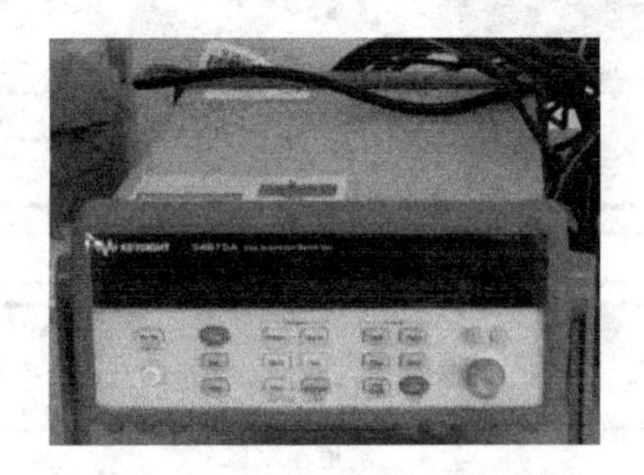

图5-19 Keysight34970A数据采集记录仪

4. 隧道温度场模拟试验设计

（1）研究目的和工程概况

依托自行研制的能源地下结构与地下环境调控试验模拟平台（EUS-UEC模拟试验平台），开展渐冻隧道模型试验，得到不同工况条件下的隧道温度场随时间变化的数据，研究隧道围岩温度沿径向与纵向的演化特征，重点研究隧道冻结锋面扩展范围分布特征及其影响因素。

隧道温度场模拟实验以姜路岭隧道为原型，研究隧道渐冻的演化规律。姜路岭隧道隧址区（图5-20）属于中高山脉终年霜雪不断，无绝对无霜期，全年冰冻期长达7个月，年平均气温－4.2℃，年最高平均气温3.5℃，年温度振幅为6.9℃，年最低平均气温－10.3℃，极端最高气温26.6℃，极端最低气温－48.1℃，多年平均降水量369.2mm（实际降水量要大，多集中在6～9月），最大积雪深度160mm，最大冻结深度277mm。

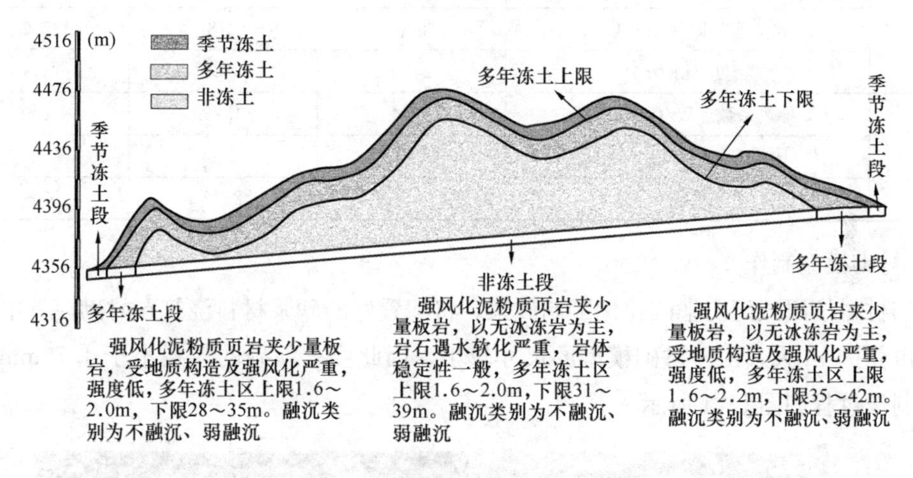

图5-20 姜路岭隧道围岩纵断面图

隧道温度场模拟试验设计内容主要有几何相似比、衬砌模型和围岩相似材料制备、温度控制系统、测试系统及试验工况等。

（2）相似比的确定

几何相似比的确定关系着试验结果的精度和模型试验的可实施性，为了减小外边界对隧道温度场数据采集区域的影响，一般外边界范围取为隧道半径的3～5倍。根据试验场地条件，综合考虑了精度和可行性后将几何相似比C_l确定为100。将几何相似比代入式（5-33）～式（5-36）可得模型试验系统的相似比，各相似比如表5-5所示。

模型参数的相似比（原型：模型） **表5-5**

几何尺寸	时间	温度	风速	导热系数	比热容	空气密度
100∶1	10000∶1	1∶1	1∶1	1∶1	1∶1	1∶1

（3）相似材料和衬砌模型设计

1）相似材料配制

配制相似材料所选用的原材料分别有：强度等级为32.5、42.5的水泥、细砂、标准砂、黄宝河砂（中砂）、细石及粗石。加工了多组不同配比的试块进行热物理性质测试，经岩土热物理参数测试结果与隧道原型衬砌及围岩热物理参数对比发现，第18组试块的热物理参数与围岩的热物理参数最相近，相似材料与实际材料的导热系数相差2%，比热容相差 7%；第 28 组试块的热物理参数与衬砌的热物理参数最相近：相似材料与实际材料的导热系数相差 2%，比热容相差 5%，第 18 组试块的配合比（水∶水泥∶砂）是 0.25∶1∶1.75，第 28 组试块的配合比（水∶水泥∶砂）是 0.22∶1∶1.67。原型与模型的围岩及衬砌的热物理参数对比见表 5-6。

原型与模型材料的热物理参数对比 表 5-6

	参数	原型	模型	误差
围岩	导热系数［W/(m·℃)］	2.33	2.29	2%
	比热容［kJ/(kg·℃)］	876	818	7%
	密度（kg/m³）	2400	2336	3%
衬砌	导热系数［W/(m·℃)］	1.74	1.72	2%
	比热容［kJ/(kg·℃)］	970	926	5%
	密度（kg/m³）	2200	2372	7%

2）衬砌模型制作

衬砌材料按照试配出来的比例配制砂浆。将配置好的砂浆材料浇筑在衬砌模具中并覆盖湿毛巾养护 14 天。由于衬砌模型的尺寸较小，因此要求河砂的粒径小于 4.75mm。模型衬砌制作过程如图 5-21 所示。

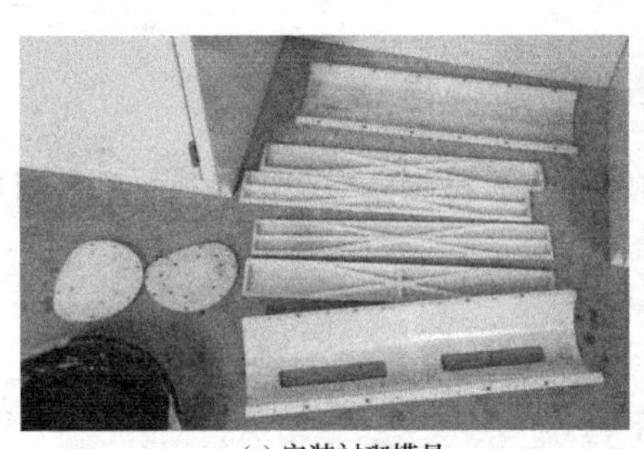

(a) 安装衬砌模具

(b) 衬砌材料浇筑

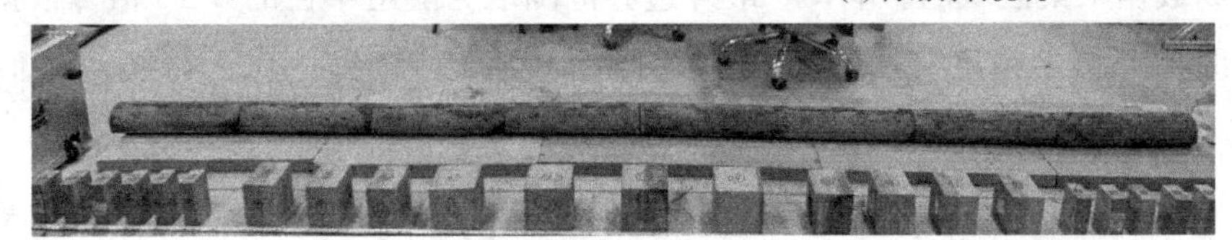

(c) 衬砌成型拼接

图 5-21 衬砌制作

（4）姜路岭隧道模型的构建

1）模型试验箱加工及安装

根据设计图纸将铝合金板材在工厂切割加工后运至现场拼接、安装搭建起模型试验箱，在试验箱内部粘贴保温层，如图 5-22 所示，铝型材和铝合金板用角件和螺栓将立起来的试验箱底板和左右两侧板连接起来，然后在试验箱两侧安装角撑，以保证试验箱的强度和刚度，最后安装试验箱前后两侧的挡板。

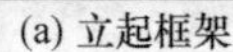
(a) 立起框架

(b) 安装外部支撑及前后端板

图 5-22 试验箱的安装

2）试验箱内保温层及控温管路铺设

如图 5-23 所示，将厚度为 4cm、材质为聚苯乙烯材料的保温材料粘贴在试验箱内侧壁和底部，底层铝板填铺在底部的保温层之上，用于提高模型试验箱体底部的承载能力。如图 5-24 所示，在距离围岩模型顶部以下 5cm 平面处以及底面以上 5cm 平面处布设地温控制恒温液循环管路，管材选用导热系数较大的铜质材料。

(a) 底层保温材料铺设

(b) 保温层粘贴完成

图 5-23 保温材料的铺设

图 5-24 模型底部地温控制恒温液循环管路的布置

3）衬砌模型埋置及围岩相似材料浇筑

围岩相似材料分 5 次浇筑，混凝土浇筑 12h 后基本凝固，养护 14d 后结束养护。如图 5-25所示，模型框架搭建好后开始第一次浇筑，第一次浇筑至刚好没过底层的控温管路。待第一次浇筑的混凝土材料养护结束后开始第二次浇筑，第二次浇筑至模型内部放置的预制墩台的顶部高度处。预制墩台是由相似材料制作、用来放置及固定预制衬砌模型的。第二次浇筑养护结束后，按设计好的位置将墩台和衬砌模型摆放完毕，即可开始第三次浇筑，第三次浇筑至隧道模型中心所在的标高处。第三次浇筑养护结束后进行第四次浇筑，第四次浇筑至距离上层地温控制管路布置高度 10cm 左右的位置处。待第四次浇筑的混凝土凝固后布设上层的控温管路进行第五次浇筑，第五次浇筑养护结束后封箱盖板。

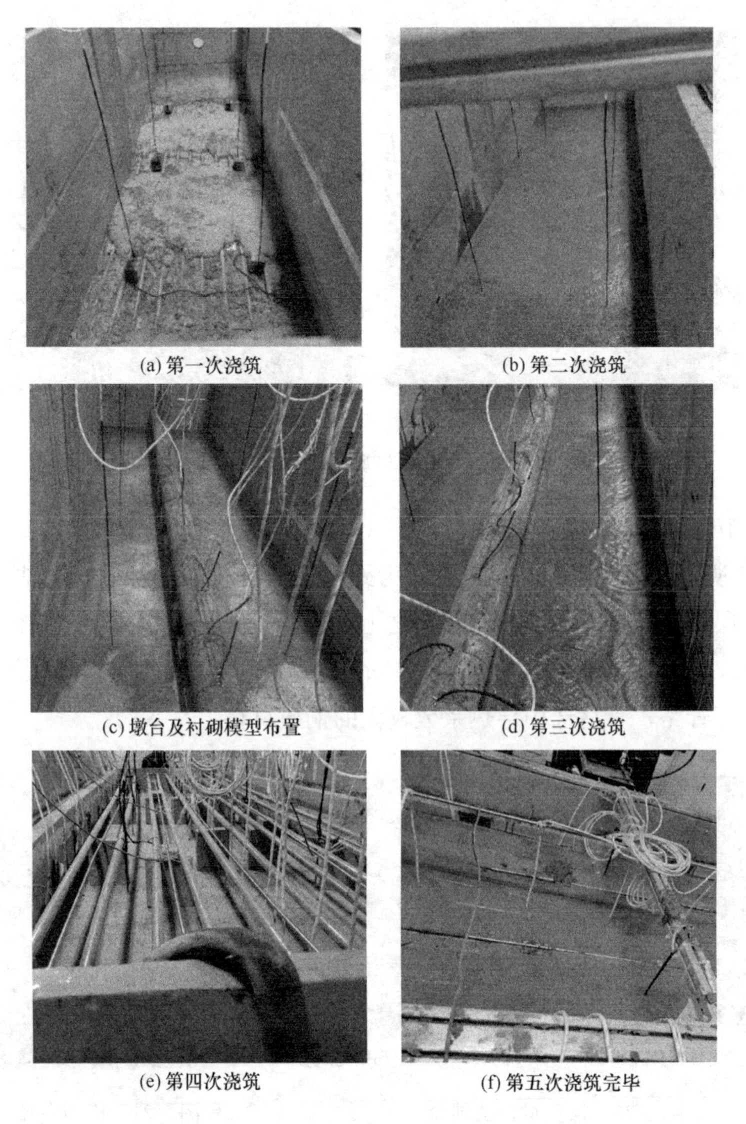

(a) 第一次浇筑　(b) 第二次浇筑　(c) 墩台及衬砌模型布置　(d) 第三次浇筑　(e) 第四次浇筑　(f) 第五次浇筑完毕

图 5-25　围岩相似材料分层浇筑流程

4）采集系统的测点布置

测试系统包括围岩温度（含洞内气温）、初始地温、进出口风速、含水率等的量测（图 5-26）。

每个围岩温度监测断面（含洞内气温）均通过布置在衬砌拱顶、左右拱腰和仰拱处 4 条由衬砌与围岩交界面处沿围岩径向布置的温度传感器组成。其中拱顶围岩温度传感器组有 10 个测点（具体间距见图 5-29a），其靠近衬砌侧的测点布置较密，头部第 1 个测点从预先在模型拱顶的微孔深入衬砌净空内用于测量洞内气温，头部第 2 个测点密贴布置于衬砌与围岩交界面处；左、右拱腰围岩温度传感器组有 9 个测点（具体间距见图 5-29b），其靠近衬砌侧的测点布置较密，头部第 1 个测点密贴布置于衬砌与围岩交界面处；仰拱围岩温度传感器组有 5 个测点（具体间距见图 5-29c），其靠近衬砌侧的测点布置较密，头部

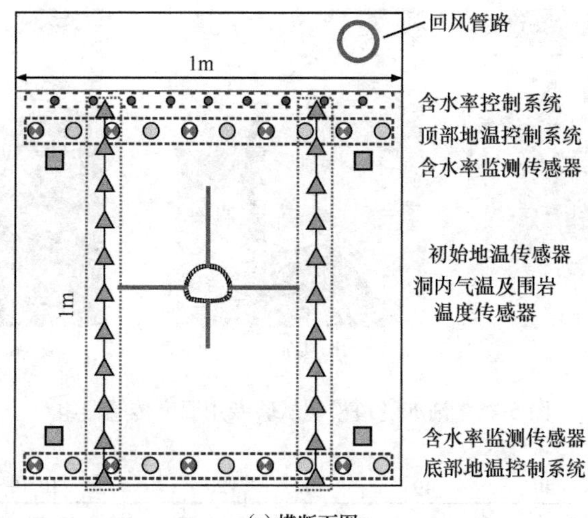

(a) 横断面图

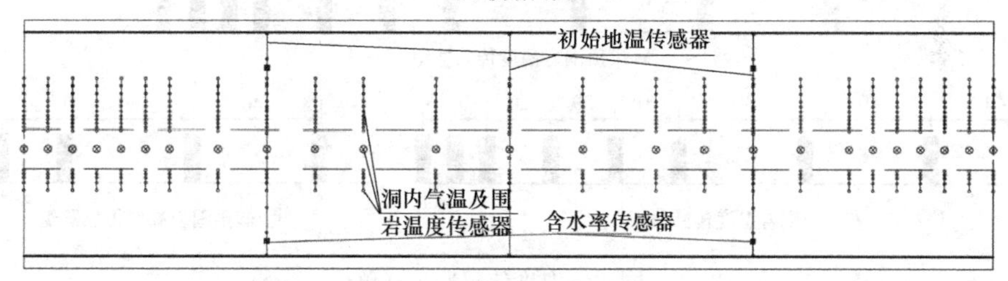

(b) 纵断面图

图 5-26 数据采集测点布置总图

第 1 个测点密贴布置于衬砌与围岩交界面处。一共布置 25 个围岩温度监测断面（含洞内气温），其纵向间距如图 5-27(b) 所示。其中所有温度传感器组均采用 PT1000 温度传感器，其量程为−50～200℃，测量精度为 0.15℃，如图 5-28 所示。

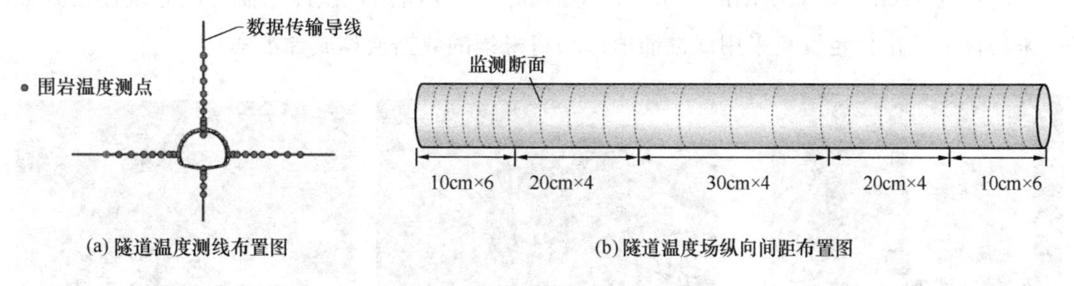

(a) 隧道温度测线布置图 (b) 隧道温度场纵向间距布置图

图 5-27 隧道温度场测点布置图

初始地温通过 6 条温度传感器组测量，每条由 11 个等间距（10cm）布置的 PT1000 温度传感器组成，沿隧道轴向等间距布置 3 个断面，分别布置在距进口 1m、2m 和 3m 的位置，如图 5-26（b）所示，每个断面布置 2 条，如图 5-27(a) 所示，每条测线各距模型左右两侧壁面 20cm，其首尾测点分别与顶底部恒温循环管路在同一高度。初始地温传感器可测试围岩的初始地温，并且反馈初始地温是否分布均匀、具备下一步试验的条件。

进出口风速由布置于模型隧道洞口外壁面的风速传感器测试，并将其采集风向调整至

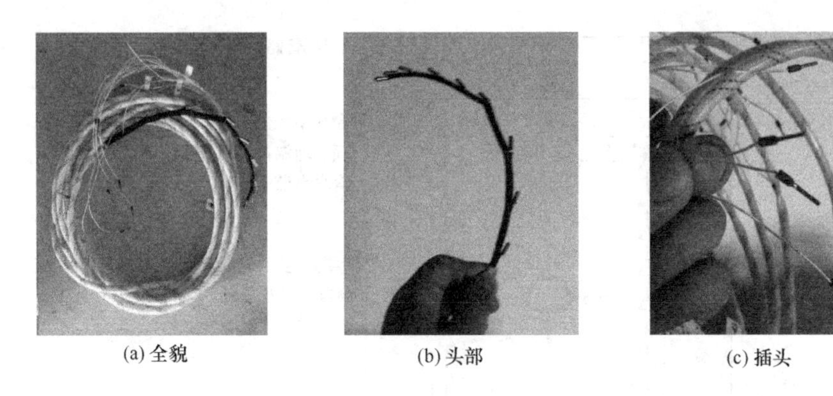

(a) 全貌　(b) 头部　(c) 插头

图 5-28　渐冻隧道模型试验专用温度传感器组

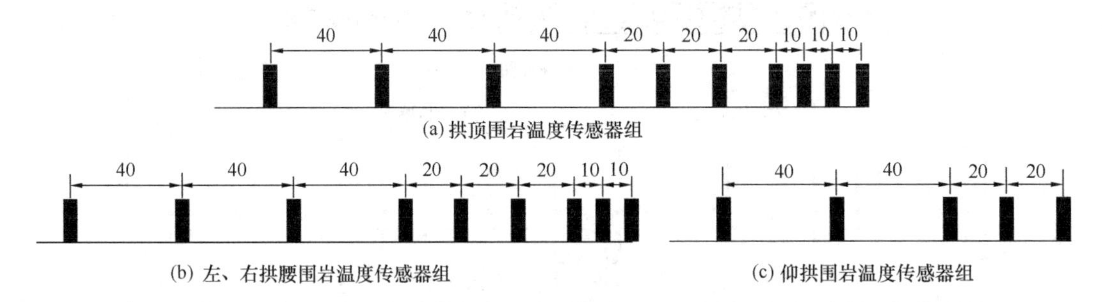

图 5-29　不同位置温度传感器组（单位：mm）

沿隧道中心轴线的延伸线上。试验所用的风速传感器如图 5-30 所示，该传感器除了能直接在表上读取风速值之外，亦可用导线连接到数据采集仪上，由标定资料采用线性插值方法将采集的数据换算成风速。含水率传感器一共 8 个，在距离模型隧道进出口 1m 的位置各布置 4 个，每个含水率传感器距模型箱顶面（或底面）的距离为 20cm、距模型箱侧壁的距离均为 10cm。试验所用的含水率传感器如图 5-31 所示，该传感器可用导线连接到数据采集仪上，由标定资料采用线性插值方法将采集的数据换算成含水率。

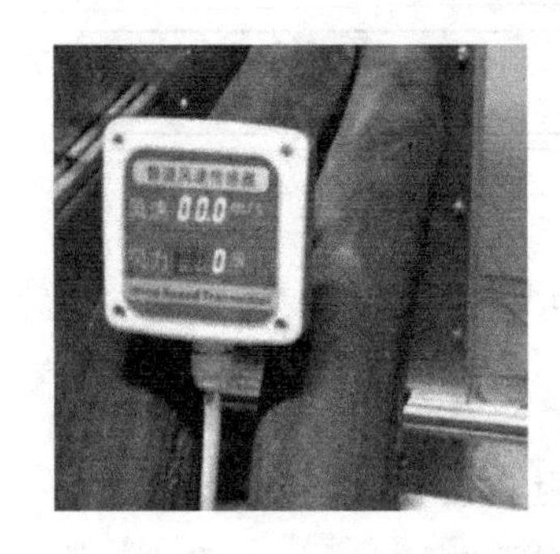

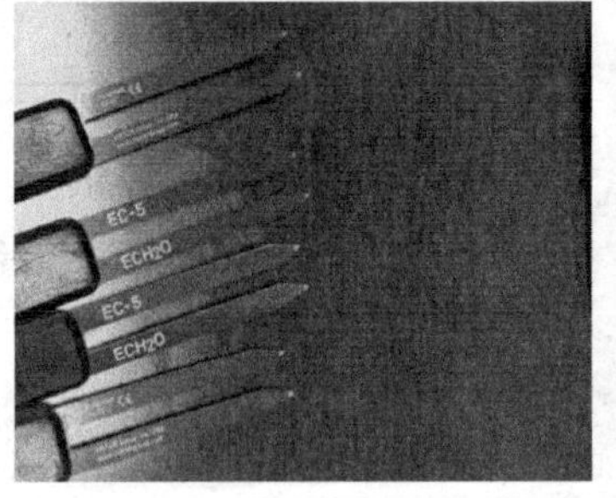

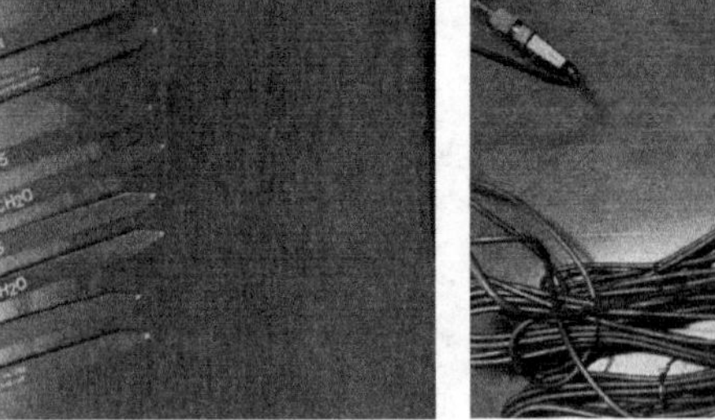

图 5-30　风速传感器　　图 5-31　含水率传感器

5. 试验操作步骤

开启隧道顶部的补水管路以调节围岩含水率，当围岩含水率调节至设定值时，关闭补水管路阀门。将顶部地温控制系统温度调整为 0℃、底部的调整为 3℃。当地温恒定至

0℃（顶部）～3℃（底部）且地温梯度恒定至0.03℃/m时，保持顶底部地温控制系统设定值；开启洞口冷源空气箱，将冷源空气箱参数设定为－4℃，当气温调节至－4℃时，保持冷源空气箱温度设定值。检查温度传感器、含水率传感器、风速传感器等数据采集设备是否处于正常运行状态。将冷源空气箱参数设定为年平均气温－4℃，年温度振幅6℃；同时将离心风机的风速设为3.5m/s并开启风机，试验正式开始，记录开始试验的时间。待试验完成至对应原型100年时，停止试验。

6. 试验结果

试验设置进口处的年平均气温为－4℃，年温度振幅为6℃，年平均气温增长速率为0.05℃/a，风速为3.5m/s，地温的梯度为0.03℃/m，模型顶部和底部围岩温度分别为0℃和3℃，模型隧道中心线处的地温为1.5℃，不采用保温层。当温度测点所测数值小于0℃时，则认为该处已发生冻结。为了直观表达模型试验所对应隧道原型的情况，本节将试验数据经相似比转换为隧道原型所对应的数据。

（1）径向渐冻演化规律

图5-32给出洞口处、距洞口100m及距洞口300m处围岩前10年的冻融演化规律。由图5-32可知，不同进深处围岩的初始冻结时间不同、工程多年冻土形成的时间不同、冻融演化规律也不相同且冻结深度差异较大，但冻结发展稳定的时间基本一致。洞口处的围岩第1年便开始冻结，且产生冻结后就发展成工程多年冻土，最大冻结深度为6.32m；距洞口100m处的围岩在第2年才开始冻结，第4年发展成工程多年冻土，最大冻结深度为3.33m；距洞口300m处的围岩在第2年才开始冻结，第6年发展成工程多年冻土，最大冻结深度为1.38m。由此可以看出，洞口处的渐冻现象发展时间要略早于隧道洞身处，且洞口处围岩的最大冻结深度分别是距洞口100m处及距洞口300m处的1.9倍及4.6倍。

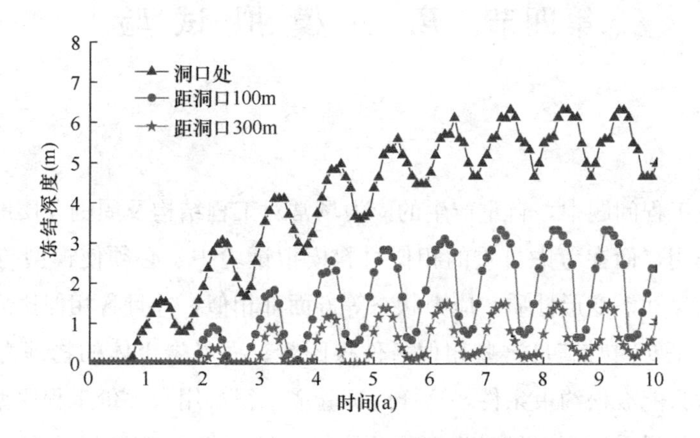

图5-32 不同断面冻融演化规律

（2）纵向渐冻演化规律

图5-33、图5-34给出了不同进深处工程季节冻土及工程多年冻土的形成时间和不同运行年限围岩最大冻结深度纵向分布情况。由图5-33、图5-34可知洞口处的工程季节冻

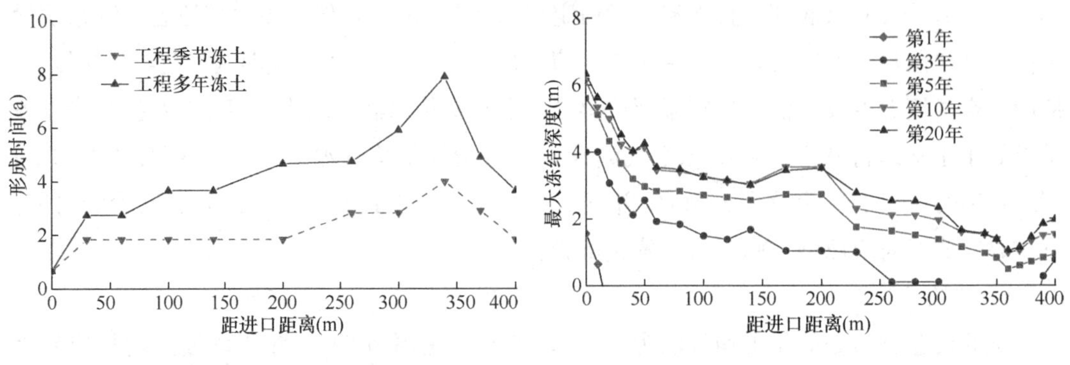

图 5-33　不同进深工程冻土形成时间　　　图 5-34　隧道纵向渐冻规律

土及工程多年冻土的形成时间要早于洞身，工程冻土的形成时间与进深大致成线性关系，且工程季节冻土的发展规律与工程多年冻土的发展规律大致相同；洞口处的渐冻程度要大于洞身，且渐冻程度与进深的关系也大致成线性关系。洞口处工程冻土形成所需的时间最短，第 1 年即形成工程多年冻土；而距进口 340m 处工程冻土所需的时间最长，第 4 年才形成工程季节冻土、第 8 年发展成工程多年冻土，该断面才开始渐冻。运行第 1 年，仅进口处 20m 范围内的围岩产生了冻结，其余断面均未产生冻结；运行第 3 年，除了距进口 300～380m 范围内未产生冻结外，其余断面均产生冻结；运行第 5 年，所有断面均产生冻结，且冻结锋面仍在向深部发展；运行第 8 年，隧道全长发展成工程多年冻土，形成渐冻隧道，此后冻结锋面不再推进。由此可以看出，年平均气温为－4℃时，隧道贯通运行后其冻结圈会逐渐沿隧道纵向推进，并在横断面上向围岩深部发展，引起隧道围岩的渐冻，隧道非冻土会逐年冻结，形成渐冻隧道。

第四节　离心模拟试验

一、原理

岩土与地下工程问题中，自重产生的应力场常对工程结构及周围介质的变形、强度和稳定性起主导作用，而在考虑自重的相似材料模拟试验中，必须使模型与原型在材料强度、重度、几何尺寸、变形性质、应力状态等方面都相似，并且各相似比之间要满足一定的约束条件，但是要同时满足这些相似条件很困难。而且岩土体的物理力学性质又很复杂，因此，通常只能放松约束条件，这样的试验成果很难用来评价工程原型的实际力学行为和工程特性。如果采用原型材料将工程原型按一定比例 C_l 缩制成模型，则模型与原型的物理力学性质完全相同，为了使模型的应力状态能反映原型的应力状态，当体力只有重力时需满足：

$$\frac{C_X C_l}{C_\sigma}=\frac{C_\gamma C_L}{C_E}=1 \tag{5-37}$$

因原型与模型的材料相同，故有 $C_\sigma = C_E = 1$，则有：

$$C_\gamma = \frac{1}{C_l} = \frac{\gamma_P}{\gamma_m} \tag{5-38}$$

即：

$$\gamma_m = C_l \gamma_P \tag{5-39}$$

所以，为使模型与原型的力学状态完全相似，模型的重度需为原型重度的 C_l 倍。因离心加速度场与重力场有完全相同的力学效果，因此若将模型置于 C_l 倍重力加速度的离心加速度场中，模型中应力场与原型中的应力场将完全相似。

根据式（5-38），离心模型的几何相似比越大，其所需要的离心加速度越大，即重度相似比越小。根据相似原理，在离心模型试验中，模型中任意点的应力、应变与实体中对应点的应力、应变均相等，而原型的位移即为模型对应点位移的 C_l 倍。利用相似原理可得到模型和原型其他物理量的等应力相似比（即离心模型与原型应力相似比为 1 条件下，其他物理量的相似比），见表 5-7。

离心模型与原型的等应力相似比 **表 5-7**

物理量	量纲	等应力相似比（原型/模型）	物理量	量纲	等应力相似比（原型/模型）
应力 σ	$ML^{-1}T^{-2}$	1	模量 E	$ML^{-1}T^{-2}$	1
应变 ε	/	1	时间（固结）t_c	T	C_l^2
位移 u	L	C_l	时间（运动）t	T	C_l
力 F	MLT^{-2}	C_l^2	时间（黏滞流）t_v	T	1
力矩 M	ML^2T^{-2}	C_l^3	黏滞系数 η	$ML^{-2}T^{-1}$	1
能量 E	ML^2T^{-2}	C_l^3	阻尼系数 c	MT^{-1}	C_l^2
频率	T^{-1}	$1/C_l$	流量 Q	L^3T^{-1}	C_l^2

离心模拟试验能再现自重应力场及由其引起的相关的变形过程，可以直观揭示变形破坏的机理，并能验证理论分析和数值模拟的可靠性，且因其试验流程容易控制、操作性强、固结时间短而得到越来越广泛的应用。

二、离心机

离心模拟试验的概念是法兰西科学院的 Phillips 于 1869 年提出的，并于 19 世纪 30 年代在苏联首先进行岩土工程试验。国外曾利用离心机进行过斜面稳定、承载力、自重压密、填土和开挖稳定等模型试验，也进行土层中悬臂板桩的变形与破坏、地下洞室的破坏等试验。离心模型试验一般附有拍照量测装置和电子计算机数据处理系统，用以达到指定的功能要求。国内外主要离心机主要技术性能指标如表 5-8 所示。近些年，我国离心机发展迅速，性能也向高、精、尖和多功能方向发展，国内这些离心机的建设必将为推动离心模型试验技术的发展和岩土工程科技进步发挥重要作用。

国内外主要离心机主要技术性能指标　　表 5-8

单位	时间（年）	有效半径（m）	有效载荷（kg）	最大加速度（g）	有效容量（g·t）
意大利结构模型研究所	1987	2	400	600★	240
美国加州大学	1988	9.1	3600	200	1080
美国陆军水道试验站	1998	6.5	8800★	350	1256★
航空部 511	1960	6.5	80	850	68
九院总体所	1969	10.8★	2400	90	216
长江科学院	1983	3	300	500	150
南科院	1992	5	2000	200	400
香港科技大学	2000	4.4	4000	150	400
同济大学	2005	3	750	200	150
浙江大学	2018	4.5		150	400

注：★代表该列最大值。

图 5-36　同济大学 TJL-150 复合型岩土离心机

同济大学岩土及地下工程教育部重点实验室配置有 TJL-150 复合型岩土离心机，如图 5-36 所示。该离心机由动力系统、转动系统、数据采集系统、控制系统和视频监视系统等组成，统一配置了 3 台计算机（主控计算机、测量计算机、摄影和摄像计算机），4 台控制柜（主控柜、多功能操作柜、开关柜和拖动柜），并辅以机室降温系统、自动平衡系统和应急停机系统等。该设备的主要性能指标见表 5-9。

同济大学 TJL-150 复合型岩土离心机主要性能指标　　表 5-9

<table>
<tr><td rowspan="5">离心机主机</td><td>有效半径</td><td>3.0m</td><td rowspan="5">线路系统</td><td>单独线路</td><td>84</td></tr>
<tr><td>最大旋转速度</td><td>244rpm</td><td rowspan="2">供电线路</td><td rowspan="2">10（380V，10A；220V，5A）</td></tr>
<tr><td>功率</td><td>250kW</td></tr>
<tr><td>最大加速度</td><td>200g</td><td rowspan="2">摄像线路</td><td rowspan="2">6 条</td></tr>
<tr><td>最大负载</td><td>1.5MN（100g 时）</td></tr>
<tr><td rowspan="3">操作台规格</td><td>长度</td><td>1.60m</td><td rowspan="3">数据采集</td><td>静态试验</td><td>40 通道</td></tr>
<tr><td>宽度</td><td>1.25m</td><td rowspan="2">动态试验</td><td rowspan="2">32 通道</td></tr>
<tr><td>高度</td><td>2.17m</td></tr>
<tr><td rowspan="3">旋转接头</td><td>2 路供气</td><td>1MPa</td><td rowspan="3">摄像</td><td>频闪观测器</td><td>1 台</td></tr>
<tr><td>1 路供水</td><td>2MPa</td><td rowspan="2">CCD 摄像机</td><td rowspan="2">4 台</td></tr>
<tr><td>2 路供油</td><td>10MPa</td></tr>
</table>

离心机加速度控制包括手动控制和计算机自动控制两种方式：计算机自动控制即在主控计算机上通过人机界面设置运行参数，手动控制是通过主控柜上 ZSG-Ⅱ转速给定仪的码盘设置离心机转速，进而控制离心机加速度。离心机运行参数及状态受主控计算机上手动监视软件的实时监测。

在离心机运转过程中进行手工量测是不可行的，因而须将各种量测的物理量能自动记录下来，一般通过集流环用微机采集测量信号。集流环装置一般由多块导电集流环片与绝缘隔离环片相间重叠固定而成的集流盘和碳刷架组成，通过引导线将参数信号通过碳刷和集流环片传递到控制台。离心机的静态测量系统由 4 块 IMP 静态数据采集模块和测量计算机构成 40 通道的数据采集系统，完成静态应变、电压、温度信号的采集，被测信号经由采集模块及集流环送到地面测量计算机，如图 5-37 所示。其中 IMP 模块通过一种专用微机接口板 36951B 可与 IBM 系列的兼容微机进行连接。接口板可直接插在微机箱内的扩展槽中，并完成 S-网络的通信管理、出错校验和数据缓冲等功能。

离心机的影像采集系统包括摄影系统和摄像系统。摄影系统由数码相机、闪光控制仪、计算机等设备组成，完成单边工作模型的定点照相。摄像系统由摄像头、视频拓展器、计算机等设备组成，主要完成主机室、二层仪器舱、单边工作模型、地下室、机械手的图像监视及录像（图 5-38）。

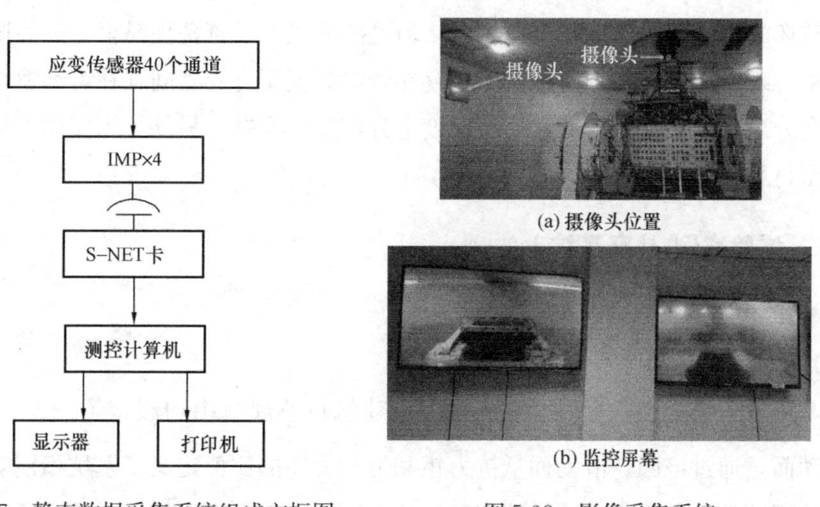

(a) 摄像头位置

(b) 监控屏幕

图 5-37 静态数据采集系统组成方框图

图 5-38 影像采集系统

模型箱尺寸也是离心机的重要技术指标，对于相同的工程，模型箱较小则几何相似比就大，所需离心加速度就较大，但模型就不好制作和观测。所以，对于额定容量的离心机，模型箱大，荷载就大，加速度就要减小，因此，要选定合适的模型箱。模型箱较大，则几何相似比就小，所需离心加速度就较小，模型容易制作和观测，但因离心力与质点离圆心的距离有关，故在模型的顶面与底面上的离心力将有较大的误差，其相对误差为模型高度与离心机有效半径之比。同济大学 TJL-150 复合型岩土离心机的配套试验箱规格长×宽×高为：900mm×700mm×700mm，如图 5-39 所示。

(a) 模型箱实物图

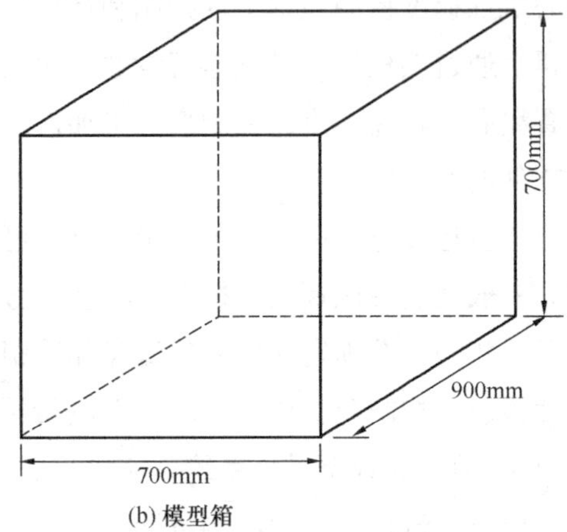

(b) 模型箱

图 5-39　模型箱实物和尺寸示意图

由于离心模型试验能解决其他模拟试验无法解决的问题，它已成为岩土与地下工程物理模型试验水平的标志。世界上离心试验机的最大容量已达 1000～2000gt，并将最新的电子仪器设备及计算机控制等现代技术用于离心机。浙江大学拥有容量为 400gt 的离心机，其有效半径为 5m。

离心模拟试验的优点是可采用实体材料，试验数据很容易换算为实体的数据，并能在变形和破坏的全过程中保持与实体相似，但是离心机的投资费用昂贵，某些试验也不能在离心机中实现。此外，离心模拟试验还存在着诸如模型与容器间存在着摩擦，当地层含水时水分会分离，空气阻力可导致模型温度上升等技术问题。另外，当实体地层的粒径较大时，模型材料的选择也有困难。

三、 试验实例 （窄基坑）

窄基坑离心机模型试验

1. 研究目的和工程概况

(1) 研究目的

对基坑进行稳定性验算时，现有国家和建筑行业规范中均假定了一个圆弧滑动面，通过该圆弧滑动面抵抗力矩和滑动力矩的比值定义了基坑稳定安全系数。然而，在使用圆弧滑动面的方法计算窄基坑的失稳破坏时，会出现假定的圆弧穿过对面一侧围护挡墙的情况，因而使得计算结果不准确。由于围护挡墙的刚度远远大于土体，对边的围护挡墙对于土体有约束作用，窄基坑的受力和变形、稳定性和破坏模式相比于宽度足够大的常规基坑会有较大的不同。目前规范推荐的抗倾覆稳定安全系数计算公式不能反映基坑宽度的影响，造成窄基坑与宽基坑围护挡墙插入深度比相同，没有利用窄基坑的空间效应，导致窄基坑工程较大的浪费。

对窄基坑 3 种小于规范规定的插入比工况进行离心模拟试验，得到在不同插入比下窄基坑的受力、变形以及稳定的状态，为合理减小窄基坑的插入深度提供理论依据，以减少工程造价。

（2）工程概况

所模拟的基坑工程开挖深度为6.0m，基坑宽深比为1。围护挡墙采用ϕ800@1120的C35钻孔灌注桩，在钻孔灌注桩外施工ϕ800@1120高压旋喷桩起止水作用。灌注桩长为12m，插入比为1∶1。基坑顶部浇筑C35混凝土冠梁，其规格为1200mm×1000mm。第一和第二道水平支撑的高度距离坑底分别为5.5m和1.5m，两道支撑均采用ϕ609、Q235热轧无缝钢管，水平向间距为4m。通长腰梁的规格为H400×400。坑底浇筑400mm垫层，垫层浇筑至钻孔灌注桩边缘形成换撑。基坑所处地层主要是淤泥质土，其主要物理力学性质参数为：重度17.29kN/m^3、孔隙比1.159、压缩模量2.44MPa、黏聚力7.05kPa、摩擦角4.13°。

2. 离心模拟试验设计

模拟试验设计内容主要有几何相似比、基坑围护挡墙和支撑、地面堆载、试验工况、测试系统等。

（1）几何相似比的确定

根据模型试验箱的尺寸长×宽×高＝900mm×700mm×700mm和基坑工程开挖宽度6m，基坑模型应该在试验箱内采取对称的布置形式。考虑到试验选用的激光位移计的尺寸和量程，需将基坑模型宽度控制在12cm以上，且较小的几何相似比C_l可以更好地减少应变片、土压力传感器等量测元件带来的影响，经综合考虑，选取几何相似比C_l为40，原型与模型的材料相同，则模型和原型其他物理量的相似比可由表5-9得到。

（2）基坑围护挡墙的模拟设计

先采用刚度等价法将规格为ϕ800@1120的灌注桩换算为等刚度的连续挡墙，由$E_{墙}I_{墙}=E_{桩}I_{桩}$，$E_{墙}=E_{桩}$，得：

$$I_{墙}=\frac{h^3t}{12}=I_{桩}=\frac{\pi D^4}{64} \tag{5-38}$$

则等效连续挡墙的厚度为：

$$h=\sqrt[3]{\frac{12\pi D^4}{64t}} \tag{5-39}$$

式中 $E_{墙}$，$E_{桩}$——等效连续挡墙和灌注桩的弹性模量，C35混凝土取32GPa；

D——灌注桩的直径，取800mm；

t——灌注桩之间的桩心间距，取1120mm；

h——等效连续挡墙的厚度。

图5-41为其等效图，将数据代入式（5-39）计算后可得：

$h=\sqrt[3]{\frac{12\times\pi\times800^4}{64\times1120}}=599.47$mm，取$h$为600mm。

在设计模拟基坑围护挡墙时，如果模型采用与原型相同的钢筋混凝土材料来模拟，模

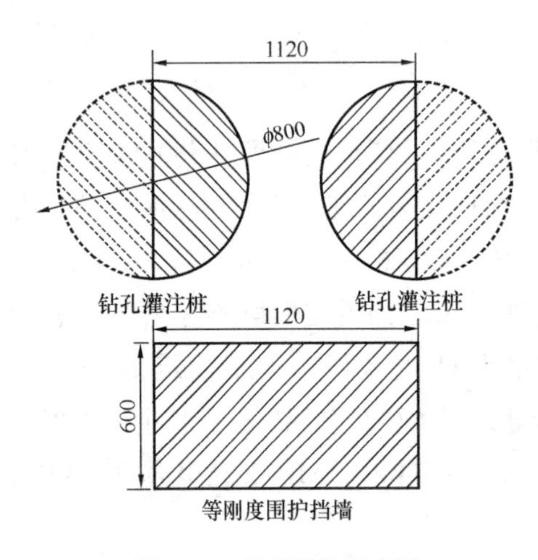

图 5-41　桩墙等效示意图
（单位：mm）

型尺寸为原型的 1/40，这样的模型围护挡墙只有十几毫米厚，配筋和混凝土浇筑都很困难，不易加工。因此，进行离心模型试验时，一般认为在基坑开挖阶段围护挡墙处于弹性变形状态，主要考虑围护挡墙的抗弯刚度满足相似比，采用铝合金板模拟。

围护挡墙的抗弯刚度可以通过梁的抗弯刚度来计算，单位宽度围护挡墙的抗弯刚度为：

$$EI=\frac{Eh^{3}}{12}\tag{5-40}$$

式中　E——围护挡墙的弹性模量；

h——围护挡墙的厚度。

铝合金板制作的围护挡墙模型需和原型的围护挡墙的抗弯刚度满足相似比，则由相似原理可得围护挡墙的抗弯刚度相似比为：

$$C_{\mathrm{EI}}=\frac{E_{\mathrm{p}}I_{\mathrm{p}}}{E_{\mathrm{m}}I_{\mathrm{m}}}=\frac{E_{\mathrm{p}}h_{\mathrm{p}}{}^{3}}{E_{\mathrm{m}}h_{\mathrm{m}}{}^{3}}=C_{\mathrm{l}}^{3}\tag{5-41}$$

则不同材料组成的围护挡墙模型与原型的厚度应满足如下关系：

$$h_{\mathrm{m}}=\sqrt[3]{\frac{E_{\mathrm{p}}h_{\mathrm{p}}^{3}}{E_{\mathrm{m}}C_{\mathrm{l}}^{3}}}\tag{5-42}$$

式中　C_{l}——几何相似比，取 40；

E_{p}——C35 混凝土的弹性模量，取 32GPa；

h_{p}——原工程灌注桩等刚度换算后的等效连续围护挡墙的厚度，取 600mm；

E_{m}——铝合金挡板的弹性模量，取 70GPa。

代入式（5-42）计算得到铝板厚度：

$$h_{\mathrm{m}}=\sqrt[3]{\frac{E_{\mathrm{p}}h_{\mathrm{p}}^{3}}{E_{\mathrm{m}}C_{\mathrm{l}}^{3}}}=\sqrt[3]{\frac{32\times600^{3}}{70\times40^{3}}}\approx11.6\mathrm{mm}$$

（3）钢管支撑的模拟设计

支撑在基坑工程中的作用主要是承受压荷载，要保证模型和原型的工作状态一致，应当使两者抗压刚度满足相似比，如果用钢管来模拟 ϕ609/12 的原型钢支撑，则模型钢管尺寸为原型的 1/40，找不到合适厚度和直径的模拟钢管，所以采用空心铝管来模拟。杆件的抗压刚度为：

$$k=\frac{EA}{l}\tag{5-43}$$

式中 E——杆件的弹性模量；

A——杆件的截面积；

l——杆件的长度。

由相似原理可得支撑模型与原型的抗压刚度的相似比为：

$$C_K = \frac{E_p A_p l_m}{E_m A_m l_p} = C_L \tag{5-44}$$

式中 C_K——支撑模型与原型的抗压刚度的相似比；

E_p——支撑原型的弹性模量，取钢管的弹性模量，为 200GPa；

E_m——支撑模型的弹性模量，取空心铝管的弹性模量，为 70GPa；

A_p、A_m——分别为支撑原型和模型的截面面积；

l_p、l_m——分别为支撑原型和模型的长度，分别取原型基坑和模拟基坑的宽度，原型基坑宽度为 6m，即 $l_p = 6\text{m}$，则 $l_m = l_p/C_l = 150\text{mm}$。

由式（5-44）得：

$$A_m = \frac{E_p A_p}{E_m C_l^2} \tag{5-45}$$

其中：

$$A_p = \frac{\pi}{4}[D_p^2 - (D_p - 2t_p)^2]$$

式中 D_p——支撑原型（即钢管）的外径，取 609mm；

t_p——支撑原型的壁厚，取 12mm。

则代入数据可得：$A_m \approx 40.19\text{mm}^2$。

空心铝管的截面面积为 $A_m = \pi[D_m{}^2 - (D_m - 2t_m)^2]/4$，得：

$$D_m = \frac{A_m}{t_m \pi} + t_m \tag{5-46}$$

式中 D_m——支撑模型（即空心铝管）的外径；

t_m——支撑模型的壁厚。

为了便于支撑模型中螺纹结构的制作，取支撑模型的壁厚 t_m 为 1mm，由式（5-46）可得空心铝管外径：

$$D_m = \frac{40.19}{\pi} + 1 \approx 13.8\text{mm}$$

（4）试验工况设计

拟进行 3 组离心模拟试验，基坑开挖深度 6.0m，开挖宽度 6.0m，3 组试验分别采用“插入比”为 1.0、0.8、0.67 进行模拟，则由相似比得到模型试验开挖工况，如表 5-10 所示。

离心模型结构参数（几何相似比 C_l=40） 表 5-10

工况	围护挡墙插入比	围护挡墙插入深度（mm）	基坑开挖深度（mm）	基坑开挖宽度（mm）	围护挡墙厚度（mm）	支撑	
						外径（mm）	壁厚（mm）
1	1∶1.00	150	150	150	11.3	13.9	1
2	1∶0.80	120					
3	1∶0.67	100					

原型的基坑布置有两道水平支撑，上下两道支撑的高程差为 4m，支撑水平间距离为 4m，按几何相似比 C_l =40，在模型中两者均为 100mm，具体布置形式见图 5-42。

（5）地面堆载

基坑工程的基坑坑边超载取值为 20kPa，试验中选取单只重量为 1kg 和 1.5kg 的负重沙袋叠加进行堆载模拟。

（6）测试系统及测点布置

试验的 3 组工况只有插入比的区别，因此基坑模型的平面测点布置是相同的，如图 5-43 所示。

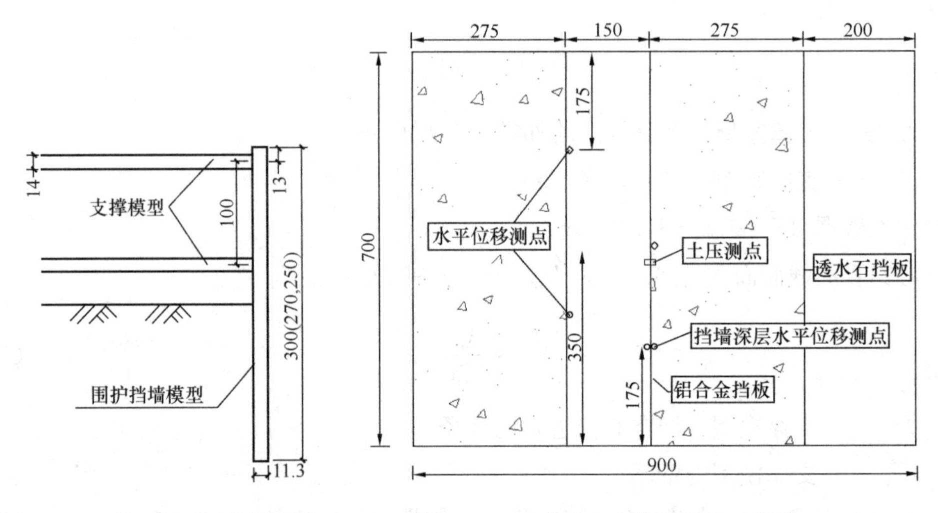

图 5-42 3 种工况下围护挡墙模型支撑布置图（单位：mm）

图 5-43 试验测点布置平面图（单位：mm）

地表沉降及挡墙墙顶的水平位移采用激光位移传感器测量（图 5-44a），量程 10～20cm，具体布置形式见图 5-43。

土压力采用土压力计（图 5-44b）量测，量程为 0～300kPa。基坑主动土压力区布置 5 个土压力计，被动土压力区布置 2 个土压力计，具体布置位置见图 5-45。

围护挡墙深层水平位移量测采用间接方法，即在模型挡墙表面粘贴电阻应变片，根据每步开挖结束时墙体的应变片读数，换算出其曲率分布，进而计算出其深层水平位移（图 5-46）。具体推导过程如下。

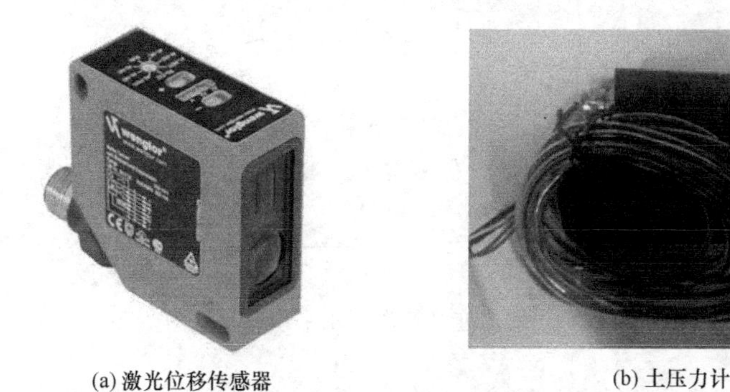

(a) 激光位移传感器　　(b) 土压力计

图 5-44 激光位移传感器与土压力计实物图

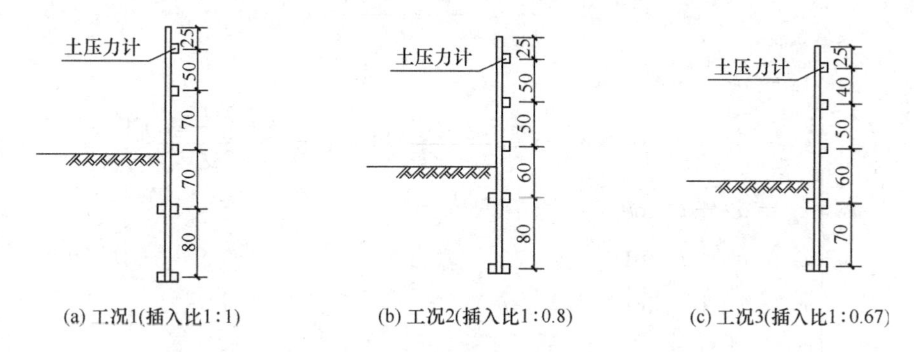

(a) 工况1(插入比1∶1)　　(b) 工况2(插入比1∶0.8)　　(c) 工况3(插入比1∶0.67)

图 5-45 3 个试验工况土压力计布置断面图

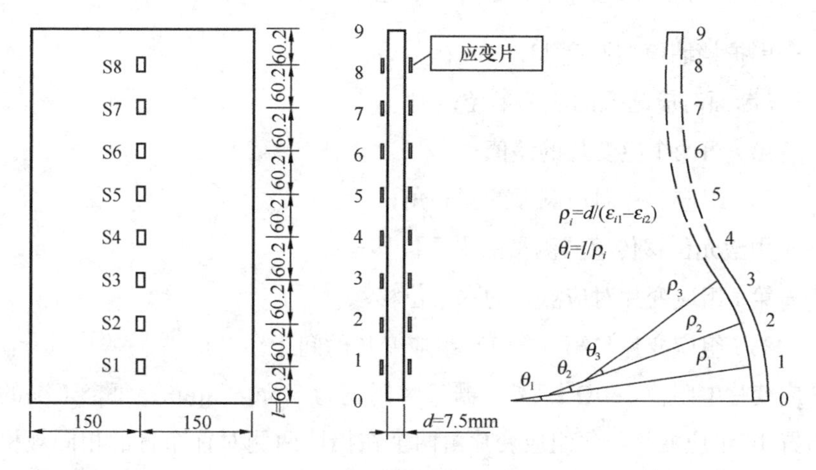

图 5-46 曲率换算示意图

假设：①小变形曲线；②确定光滑曲线是由多段圆弧连接而成；③曲线连续；④0 点是固定点，计算中取墙顶为固定点；⑤各段圆弧内每个点曲率相等。如图 5-47 所示。

由图 5-47 可知，只有第一组应变片直角坐标系与极坐标系的方向一致，剩余组的应变片与极坐标系的夹角为之前组对应圆弧的圆心角之和，第一组应变片对应的水平位移值计算需要其对应圆弧圆心角的余弦，剩余组的应变片水平位移值计算需要之前组对应圆弧的圆心角之和的正弦，具体计算过程如下：

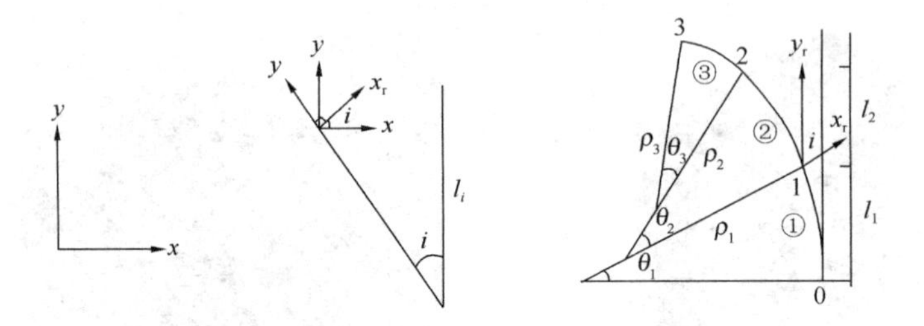

图 5-47　由围护挡墙应变换算深层水平位移示意图

$$\rho_i = \frac{d}{\varepsilon_{i1} - \varepsilon_{i2}} \tag{5-47}$$

$$\theta_i = \frac{l_i}{\rho_i} = \frac{l_i(\varepsilon_{i1} - \varepsilon_{i2})}{d} \tag{5-48}$$

$$\begin{cases} x_0 = \delta_0 \\ x_1 = x_0 + \rho_1(1 - \cos\theta_1) = \dfrac{d}{\varepsilon_{11} - \varepsilon_{12}}\left\{1 - \cos\left[\dfrac{l_1(\varepsilon_{11} - \varepsilon_{12})}{d}\right]\right\} \\ x_2 = x_1 + l_2\sin\theta_1 \\ x_3 = x_2 + l_3\sin(\theta_1 + \theta_2) \\ x_4 = x_3 + l_4\sin(\theta_1 + \theta_2 + \theta_3) \\ \vdots \\ x_i = x_{i-1} + l_i\sin(\theta_1 + \theta_2 + \cdots + \theta_{i-1}) \end{cases} \tag{5-49}$$

式中　d——围护挡墙模型厚度 11.3mm；

ρ_i——i 断面对应圆弧的曲率半径；

$(\varepsilon_{i1} - \varepsilon_{i2})$——第 i 组两个应变片的差值；

θ_i——第 i 组应变片对应圆弧的圆心角；

δ_0——用激光位移传感器测量的水平位移；

x_i——第 i 组应变片对应点处的水平位移；

l_i——第 i 组应变片与第（i−1）组应变片的间距。

采用的应变片电阻值 120Ω±1%，栅长×栅宽为 5mm×3mm。每个工况的挡墙模型上等间距布置 10 组应变片，每组应变片由两个在挡墙两侧对称布置的相同规格的工作应变片组成，如图 5-48 所示，将其接入电桥相邻桥臂，构成差动半桥输入电路。

本模型试验布置和模型示意如图 5-49 所示。

3. 模拟试验过程

(1) 土体制备与固结

土体取自福州市该基坑工程中的淤泥质土，运到实验室后将原状土晾干、粉碎、过筛、浸泡、搅拌制成泥浆，常温密封后保存。

试验土体固结在离心机上，根据土体沉降是否稳定来评判固结状态。具体固结过程

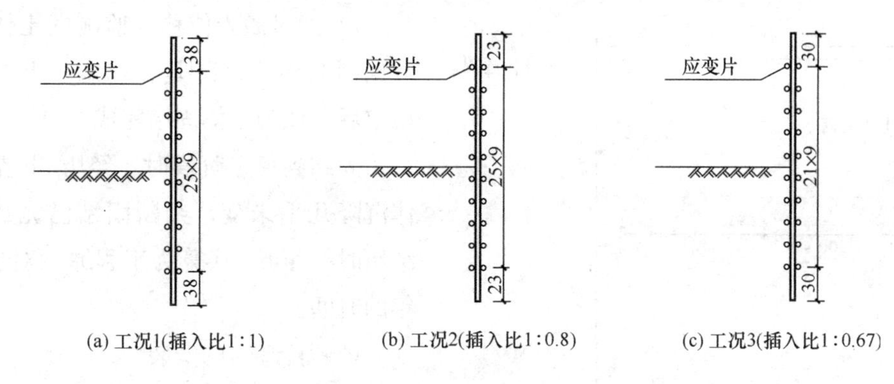

图 5-48　测斜应变片布置截面图

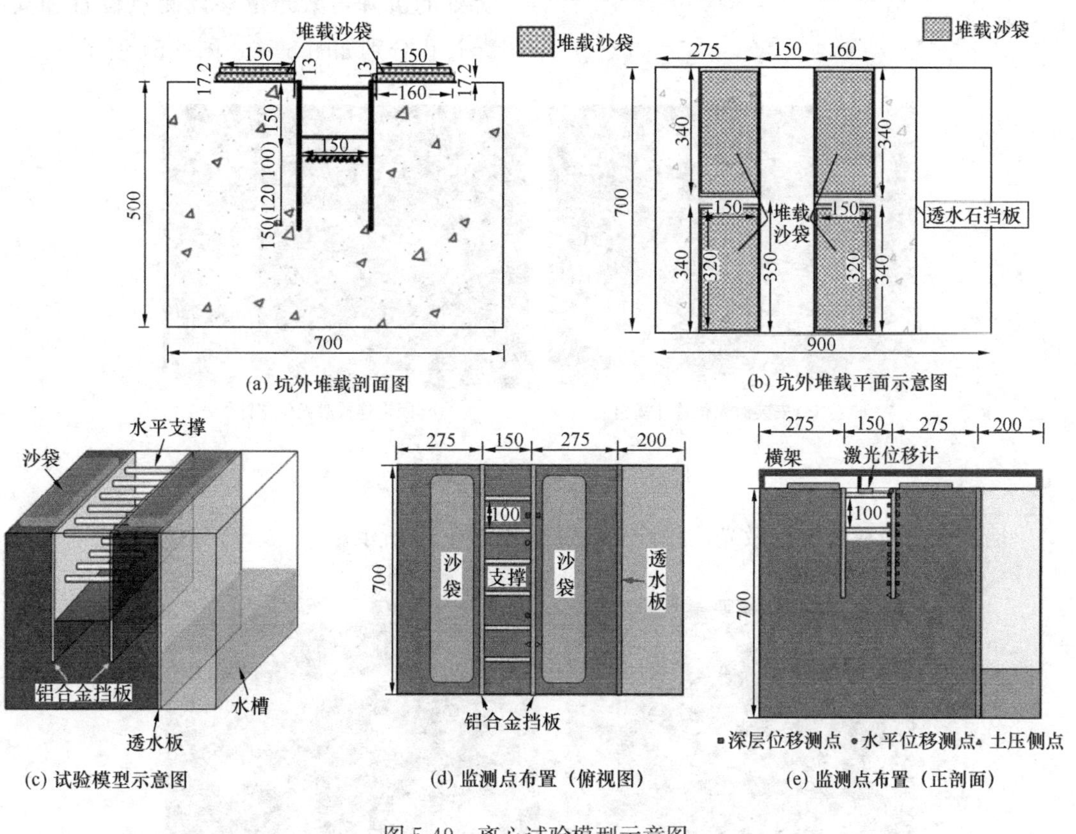

图 5-49　离心试验模型示意图

如下：

1）将试验箱擦洗干净，随后用防水硅胶将阻隔板与试验箱连接；

2）在箱体内的试验区灌满水测试是否存在渗漏水的现象；

3）在箱底铺 15cm 厚的沙子以配合阻隔板侧壁下层的透水石加速固结；

4）将重塑好的泥浆倒入模型箱内，根据模型箱重量调整离心机配重；

5）将模型箱吊入离心机吊篮处，安装激光位移计以在固结时对土体沉降进行监测；

6）利用离心机施加离心场进行土体固结；

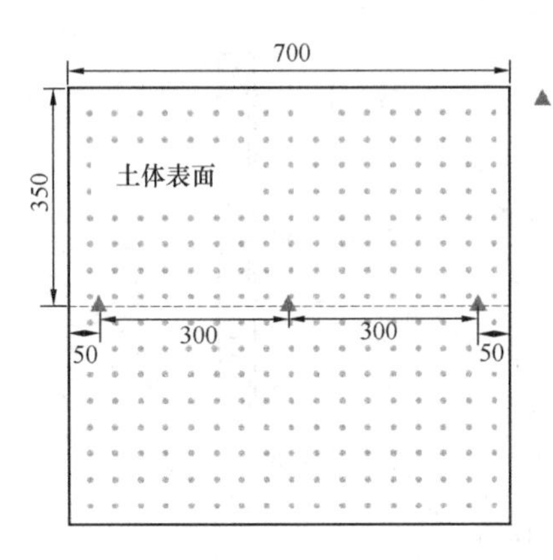

图 5-50　土体沉降激光位移计测点位置示意图

7）通过激光位移计监测的土体沉降数据判断土体沉降是否稳定，土体沉降稳定后，认为土体固结完成。

固结到稳定阶段时，经历 3h 左右土体沉降几乎未变，判断固结已完成。固结历时约 40h，换算为工程原型对应约 7 年的时间。

（2）传感器的安装

固结阶段主要量测土体中心和靠边界处的沉降，激光位移计测点位置和安装过程分别如图 5-50、图 5-51 所示。

(a) 安装激光位移计横架

(b) 固定连接激光位移计

图 5-51　激光位移计布置过程

墙顶水平位移量测用激光位移计安装过程如图 5-52 所示。

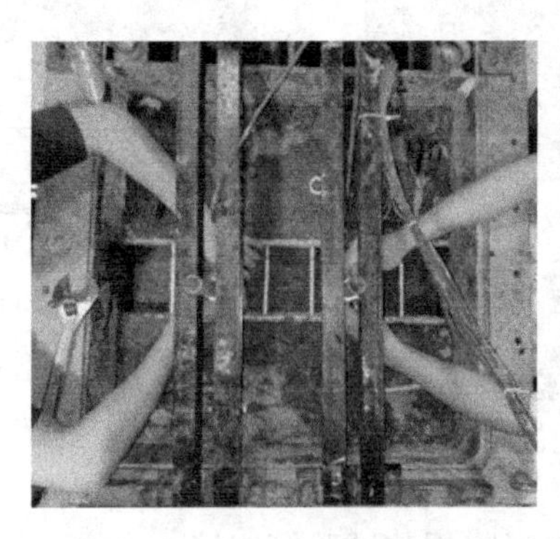

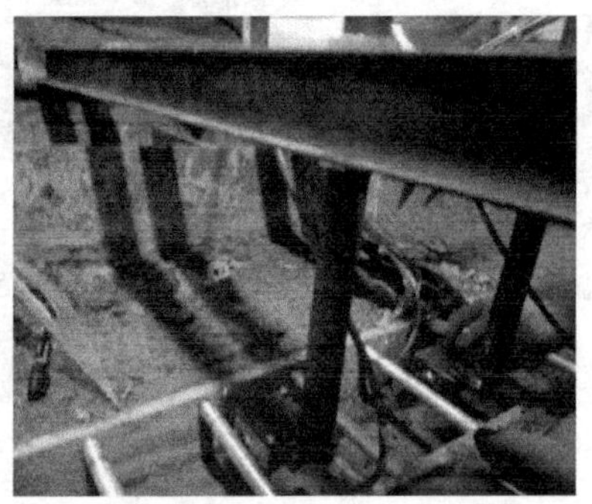

图 5-52　安装墙顶水平位移测量激光位移计

围护挡墙模型应变片和土压力传感器的安装过程如图 5-53、图 5-54 所示。

（3）围护挡墙与支撑的制作和安装

模型围护挡墙一共 6 块，使用铝合金制作。每组试验两块，铝板的长度均为 700mm，厚度均为 11.3mm，高度分别为 300mm、270mm 和 250mm，成品如图 5-55 所示，尺寸误

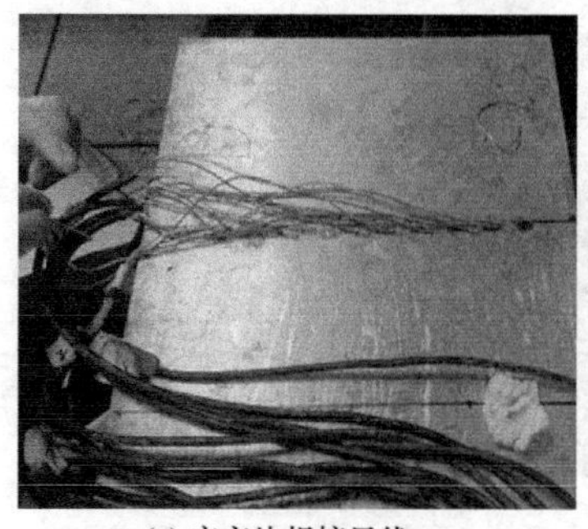
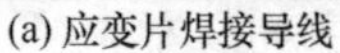
(a) 应变片焊接导线

(b) 在应变片位置处涂上防水硅胶

图 5-53 应变片安装过程

(a) 主动土压力测点安装

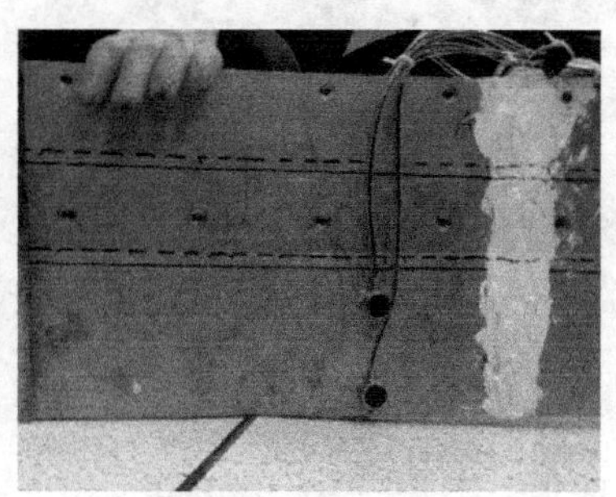
(b) 被动土压力测点安装

图 5-54 土压力传感器布置图

差在 0.1mm 范围内。模型围护挡墙上在支撑位置处预留了适应支撑两端的圆孔和螺孔，形式如图 5-56 所示。

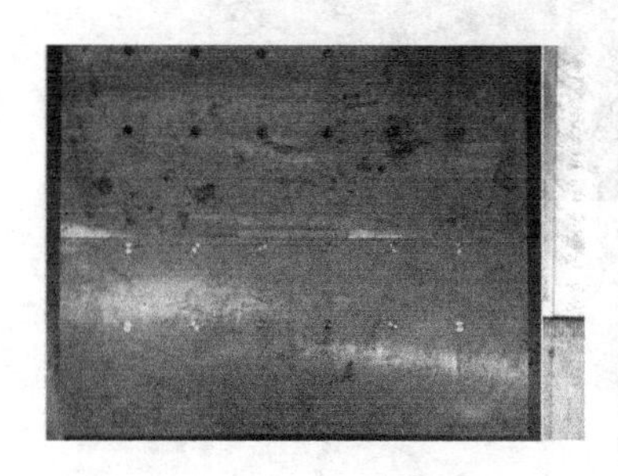

图 5-55 模型围护挡墙

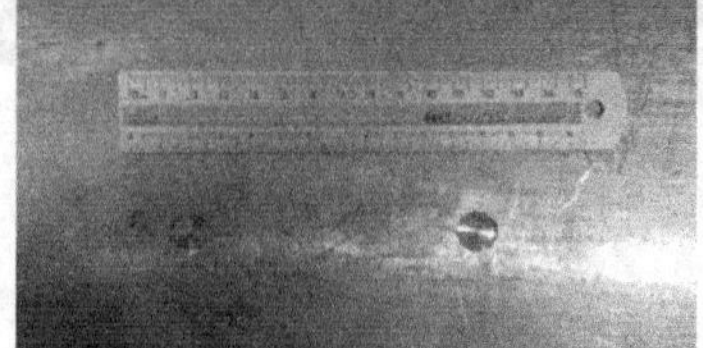
(a) 对应支撑圆环孔洞

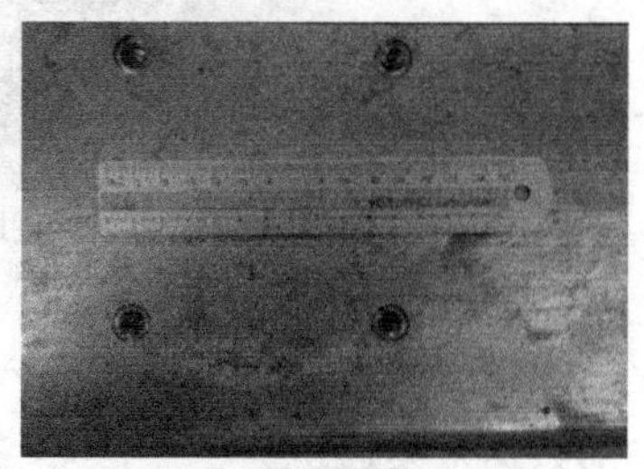
(b) 对应支撑螺纹孔洞

图 5-56 围护挡墙对接支撑的圆孔

每种工况需要使用 10 根支撑，支撑的形式为空心铝管，长为 15cm，外径为 13.9mm，壁厚 1mm，如图 5-57 所示，尺寸误差在 0.1mm 范围内。支撑的一端留有螺纹可以拧入围护挡墙，另一端为普通的圆环截面。

试验期间，当钢尺插入深度与围护挡墙模型接近时，将安装好应变片和土压力计的围护挡墙模型插入对应的土体位置，模拟围护挡墙施工过程，如图 5-58 所示。围护挡墙模型插入前需要记录围护挡墙模型上的应变片和土压力传感器的初始值，以及各传感器对应

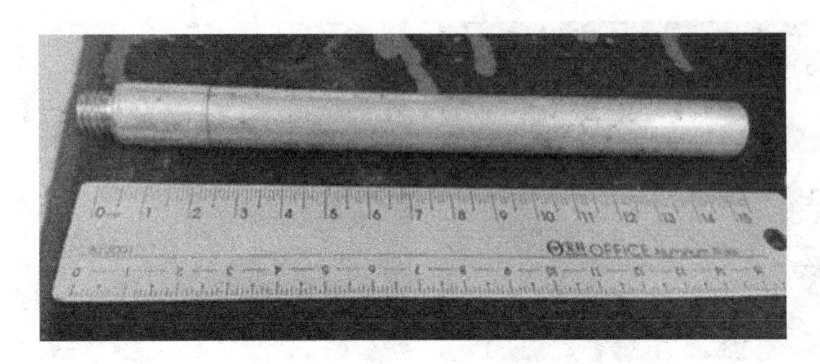

图 5-57　支撑模型

(a) 准备好挡墙模型做好开挖标记　(b) 在预定位置插入挡墙

(c) 将数据线引出　(d) 接好采集端

图 5-58　围护挡墙插入过程

的数据采集通道。

（4）基坑开挖工况模拟

试验采取停机开挖加支撑的方式模拟基坑开挖。土体固结完成后，停机，对基坑模型进行第一开挖工况的开挖。先通过小铲等工具快速开挖，当开挖到距目标深度 1cm 附近后，减小开挖进度，防止超挖（图 5-59）。开挖完成后，安装第一道支撑。然后布置固定激光位移传感器，开机加速至 40g，运行 20min（由相似比可知对应原型时间为 20d 左右，符合实际工程的开挖时间），采集应变、土压力和位移等数据。

完成基坑第一开挖工况的模拟后，停机，进行第二开挖工况的开挖模拟，开挖过程与第一开挖工况相同。完成开挖后加装第二道支撑（图 5-60）。开机加速至 40g，运行 1h 后

(a) 开挖并安装支撑　(b) 安装激光位移计

(c) 检测激光测点　(d) 安放堆载沙袋

图 5-59　第一步开挖过程

停机，并拍照记录此时基坑的状态。至此，一组试验完毕。

4. 试验结果

通过试验，得到了不同插入比工况下基坑围护挡墙墙顶水平位移、挡墙的深层水平位移（即挡墙变形）和挡墙土压力的变化曲线，分别如图 5-61～图 5-63 所示，均已换算成原型。

图 5-60　基坑模型开挖完成示意图

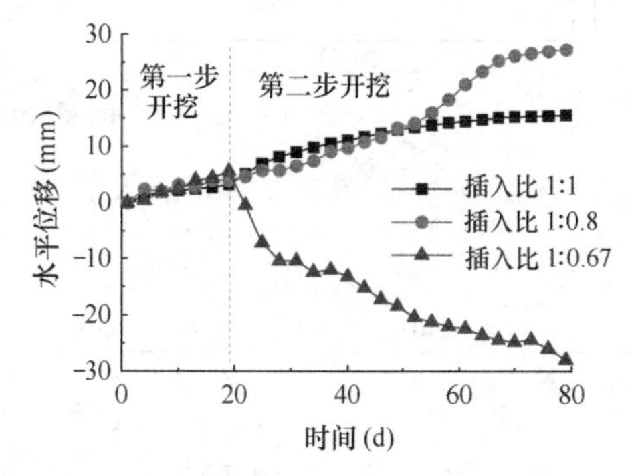

图 5-61　不同插入比下基坑开挖后围护墙顶水平位移变化

（1）当挡墙插入比分别为 1：1（插入深度为 6.0m），1：0.8（插入深度为 4.8m）时，挡墙坑底位移最大值没有超过规范中规定的 0.7%H，而插入比为 1：0.67（插入深度为 4.0m）时墙顶向坑外方向发生了较大的位移且不收敛，基坑发生了失稳破坏。

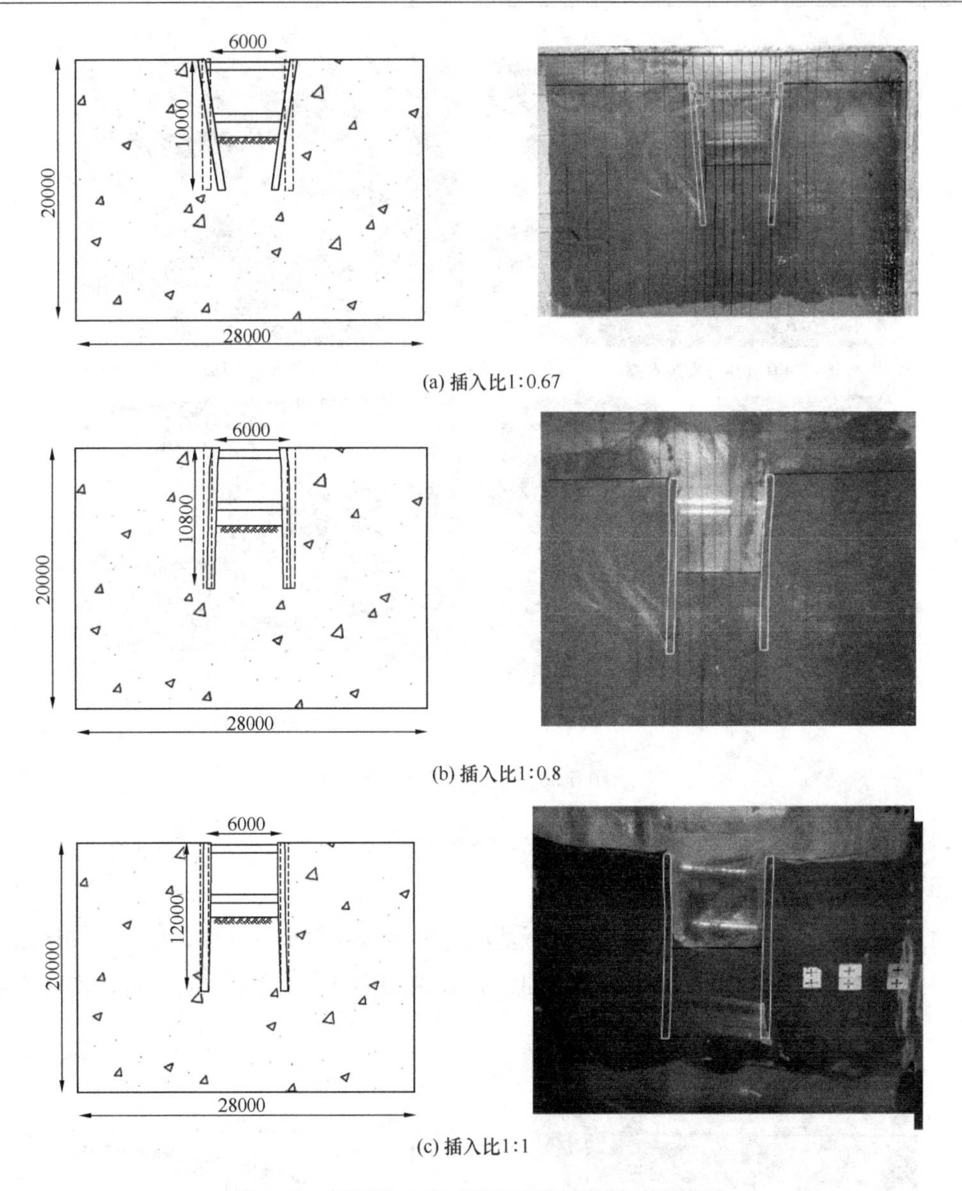

图 5-62　不同插入比工况下基坑围护挡墙变形图

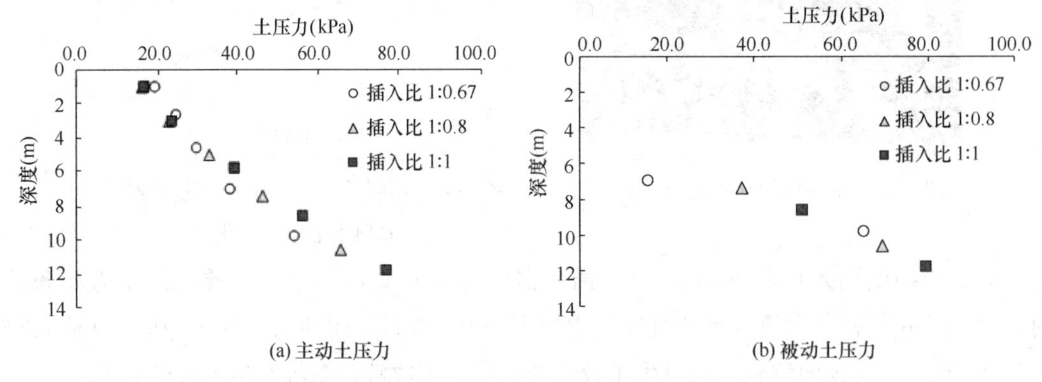

图 5-63　不同插入比工况下开挖到 6m 的主动与被动土压力分布

(2) 围护挡墙插入深度较大时，挡墙的变形表现为“两端小中间大”的鼓形变形模式，随着挡墙的入土深度（插入深度）逐渐减小，墙底部分所受的约束逐渐减小，挡墙踢脚处出现较大的向坑内方向的水平位移，挡墙顶部有着向坑外方向的水平位移，坑底土体大量隆起，挡墙表现出倒“八”字形的变形模式，发展为典型的倒“八”字形破坏模式。

(3) 目前规范的抗隆起计算只考虑了单面滑动情况，将基坑的宽度假设为无限大，无法考虑到窄基坑对对边挡土结构的约束作用，没有利用窄基坑的空间效应。通过离心模拟试验的结果，将该工程的基坑围护桩插入深度改为 4.8m，比按规范设计的 6m 减少了 1.2m，大大地节约了基坑建设成本。

第五节 结构模型试验

一、原理

结构模型试验是采用与实体结构相同的材料制作的，几何尺寸按一定比例缩小的结构模型进行的力学试验。

由于制作模型的材料与原型的材料相同，故有：

$$\frac{(\sigma_t)_p}{(\sigma_t)_m}=\frac{(\sigma_c)_p}{(\sigma_c)_m}=\frac{c_p}{c_m}=\frac{\sigma_p}{\sigma_m}=\frac{\tau_p}{\tau_m}=C_\sigma=1 \tag{5-50}$$

$$\frac{E_p}{E_m}=C_E=1 \tag{5-51}$$

且不计体力，故不受 $C_\sigma=C_lC_x$ 的约束，即 C_l 可任选，但需 $C_E=C_\sigma$，则模型与原型的强度、弹性模量、泊松比、黏结力、内摩擦角都相同。若取几何相似比为 C_l，则模型与原型各参数之间的关系为：

含钢率： $\rho_m=\rho_p$

钢筋直径： $d_m=\dfrac{d_p}{C_l}$ (5-52)

几何尺寸： $l_m=\dfrac{l_p}{C_l}$

均布荷载： $q_m=q_p$

轴向力及剪力： $N_m=\dfrac{N_p}{C_l^2}$；$S_m=\dfrac{S_p}{C_l^2}$

弯矩： $M_m=\dfrac{M_p}{C_l^3}$ (5-53)

模型中量测到的数据与原型结构的换算关系为：

$$
\begin{aligned}
&\text{应变：} && \varepsilon_p = \varepsilon_m \\
&\text{正应力：} && \sigma_p = \sigma_m \\
&\text{剪应力：} && \tau_p = \tau_m \\
&\text{位移：} && \delta_p = C_l \delta_m \\
&\text{截面转角：} && \theta_p = \theta_m
\end{aligned}
\tag{5-54}
$$

显然，结构模型试验是相似材料模型试验在 $C_\sigma = C_E = 1$，并不计体力情况下的特例。这种试验可以在地下工程现场进行，从而可使模型与原型的工程地质条件尽量一致，充分显示其优越性，也可以把岩土介质对结构的作用简化为荷载，试验在实验室内进行。

二、 梁板叠合结构模型试验

1. 试验研究目的

福州市某 220kV 电力电缆隧道采用 DN3000 的顶管敷设，隧道及顶管工作井的整体防水等级为二级，顶管工作井的尺寸为：宽 6.0m×长 8.0m×深 13.0m，位于双向 6 车道的市政主干道，覆土厚度为 2.0m。为了合理缩短工期，顶管工作井的顶板采用钢与混凝土叠合梁板结构，平面尺寸为 9200mm×7200mm，混凝土板的厚度为 300mm，强度等级为 C30。混凝土板内受拉区和受压区都配置相同的钢筋，主筋为 HRB400、ϕ20@200，分布钢筋为 HRB400、ϕ16@200。混凝土板底部设有 3mm 厚的钢模面板作为浇筑时的模板，钢模面板采用花纹钢板以增加与混凝土板之间的阻力，钢板底部连接槽钢，槽钢和 H 型钢互相垂直焊接在一起，通过槽钢将上部荷载传递到下部 H 型钢上。所采用的槽钢型号为［8，共计 15 根；H 型钢型号为 HM340×250×9×14，沿长边方向共设置 6 根 H 型钢。其顶管工作井顶板平面图如图 5-64 所示。

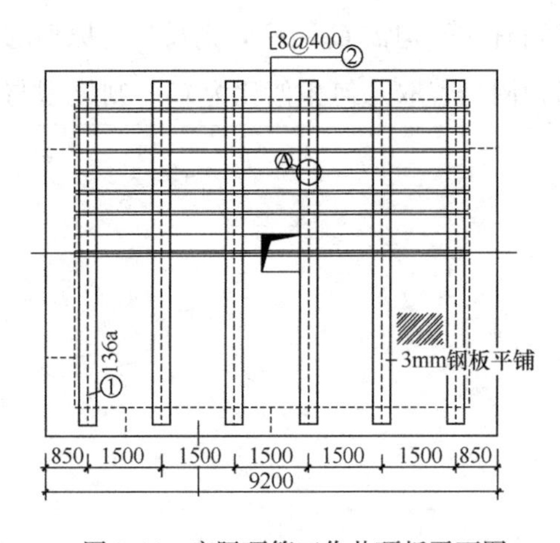

图 5-64 实际顶管工作井顶板平面图

梁板叠合结构是一种由一部分预制构件在现场安装后，二次浇灌混凝土而形成的整体结构，具有施工效率高、精度高、质量好等特点，在工程领域中应用广泛。尤其是对于采用钢筋混凝土材料的梁板叠合结构，叠合的形式不仅可以有效降低截面高度，还有利于钢梁和混凝土两种材料强度的充分发挥。而在实际工程中，不同的梁板结构在受力特性以及变形特征上会有较大差异。不合理的梁板叠合结构会导致结构承载力降低，变形增大，从而增加工程成本。

以上述电力顶管工作井当中的顶板作为研究对象，使用钢梁和混凝土作为主要组成材料，设计两种不同的梁板叠合结构，通过试验对比得出哪一种结构的极限承载能力更大，以便为实际工程项目提供参考和指导。

2. 梁板叠合结构模型设计

模型试验设计内容主要有试验模型原型范围的确定、模型相似比的确定、梁板叠合结构模型试件设计等。

(1) 试验模型原型范围的确定

为研究顶管工作井结构顶板的实际承载能力及其对应的挠度，考虑到若将整个顶板作为试验模型的原型，按相似比缩小后尺寸依旧过大，不利于在实验室进行抗弯承载能力试验，而选用两跨来进行模型试验，相比多跨所得到的承载能力是偏于安全的，更有利于确保实际工程的使用安全。故选取顶板沿长边(9200mm)方向当中的两跨 H 型钢作为此次模型的试验范围，两根 H 型钢中心跨距为 1500mm，混凝土板平面尺寸 3000mm × 7200mm，厚度为 300mm，选取结构即为图 5-65 虚线框内部分。

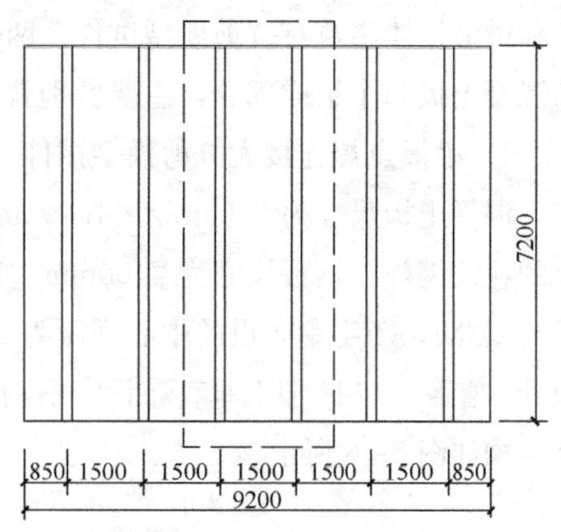

图 5-65 试件原型选取

(2) 模型相似比的确定

根据工程实际情况和既有试验设备及试验场地条件，将几何相似比 C_l 确定为 3，则模型试件混凝土板的尺寸为 1000mm×2400mm，厚度为 100mm，型钢的中心间距为 500mm。模型制作所用材料均选取与原型相同的材料，控制模型与原型材料的强度和弹性模量相同，则模型所承受的应力 σ_m 与实际工程顶板所承受的应力 σ_p 相等，即应力相似比 $C_\sigma=1$，并有模型和原型材料的弹性模量相似比 $C_E=1$。根据抗弯构件的应力计算公式：

$$\sigma_m=\frac{M_m}{W_m},\ \sigma_p=\frac{M_p}{W_p} \tag{5-55}$$

$$由\ \sigma_m=\sigma_p\ ，得\ \frac{W_m}{W_p}=\frac{M_p}{W_p},\ 即\ C_W=\frac{W_m}{W_p}=\frac{M_m}{M_p}=C_M; \tag{5-56}$$

式中 W——试件的抗弯截面模量；

M——试件截面产生的弯矩。

由于荷载的量纲为 $P=\sigma l^2$，则荷载相似比 C_P 为：

$$C_P=C_\sigma\times C_l^2=9 \tag{5-57}$$

而抗弯截面模量的量纲是长度的三次方，所以其相似比 C_W 为：

$$C_W=C_M=C_l^3=27 \tag{5-58}$$

工程原型中型钢型号为 HM340×250×9×14，抗弯截面模量 1280cm^3，根据抗弯截面模量相似比，模型试件的抗弯截面模量为 47.4cm^3，由于没有刚好为此抗弯截面模量的工字钢，因此选择 10 号工字钢来代替，其抗弯截面模量为 49cm^3，实际的抗弯截面模量

相似比 C_W 为 26.1，基本符合相似比要求，型钢牌号为 Q235。钢模面板作为浇筑混凝土板的模板不承担荷载，选用 3mm 厚的花纹钢板，提供摩阻力防止混凝土板的水平滑移；槽钢在结构当中不起承载力作用，只起传递荷载的作用，且符合槽钢截面模量相似比、适用于模型的槽钢型号过小，难以找到对应的型号，因此将其型号选择为［5。

（3）梁板叠合结构模型试件设计

试验设计了两种梁板叠合结构模型试件进行对比，分别为梁板点焊连接无抗剪模型试件和梁板整体浇筑有抗剪模型试件。两个模型试件都可分为底部的钢骨架和上部后期浇筑的混凝土板两个组成部分，主要区别就在于钢骨架的不同。

1）梁板点焊连接无抗剪模型试件

混凝土板尺寸为 2400mm×1000mm×100mm，C30 混凝土浇筑，底部满铺一层 2mm 厚的花纹钢板，钢板尺寸为 2400mm×1000mm；底部设置 10 号热轧普通工字钢，型钢牌号为 Q235，工字钢布设的中心间距为 500mm，共设置 2 根；在钢板和工字钢之间焊接 5 根［5 槽钢，与 H 型钢垂直布设，槽钢布设间距为 400mm，H 型钢和槽钢采用点焊连接，其结构如图 5-66 所示。

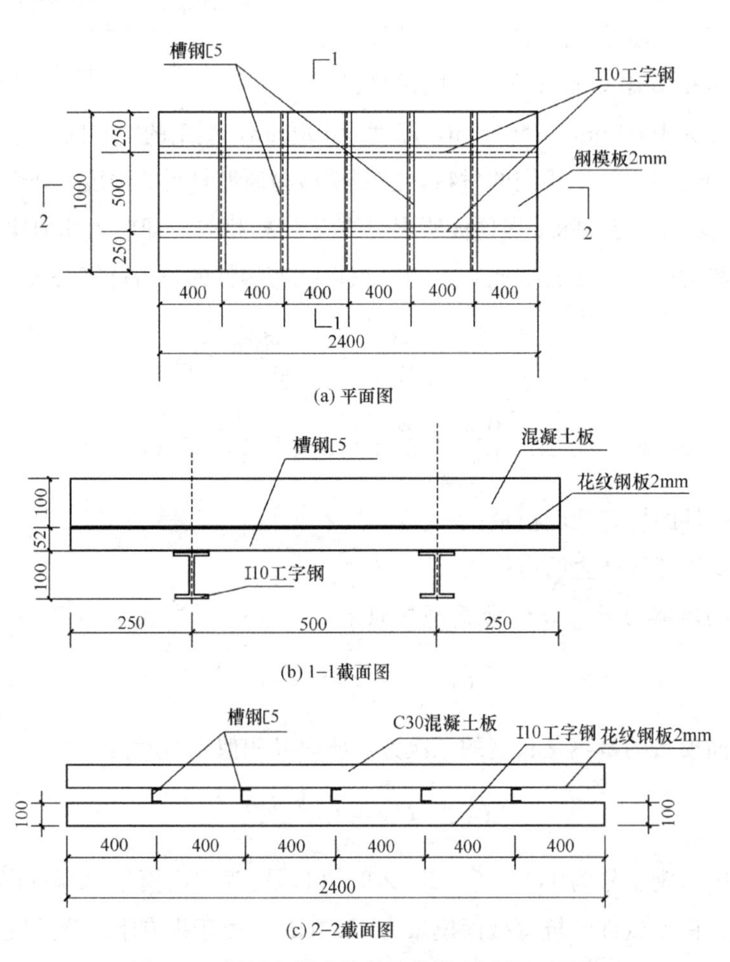

图 5-66　梁板点焊连接无抗剪模型试件三视图

2）梁板整体浇筑有抗剪模型试件

混凝土板尺寸与梁板点焊连接无抗剪模型试件完全相同，尺寸为 2400mm×1000mm×100mm，C30 混凝土浇筑，所不同的是底部工字钢与混凝土是直接联结的，[5 槽钢焊接在工字钢上翼缘板的下侧作为次梁，槽钢方向与工字钢方向垂直，然后在槽钢上侧焊接花纹钢板作为钢模面板。工字钢布设中心间距为 500mm，共 2 根；需 5 根长度为 495mm 的槽钢和 10 根长度为 247mm 的槽钢分别垂直焊接在两根工字钢上翼缘板的下侧。所需的花纹钢板尺寸为：2400mm×432mm 的钢板 1 块，2400mm×216mm 的钢板 2 块。另外，在工字钢上翼缘板上方中心位置焊接 [5 槽钢作为联结混凝土板的剪力件，槽钢方向与工字钢方向垂直，作为剪力件的 [5 槽钢的长度为 60mm，其结构如图 5-67 所示。

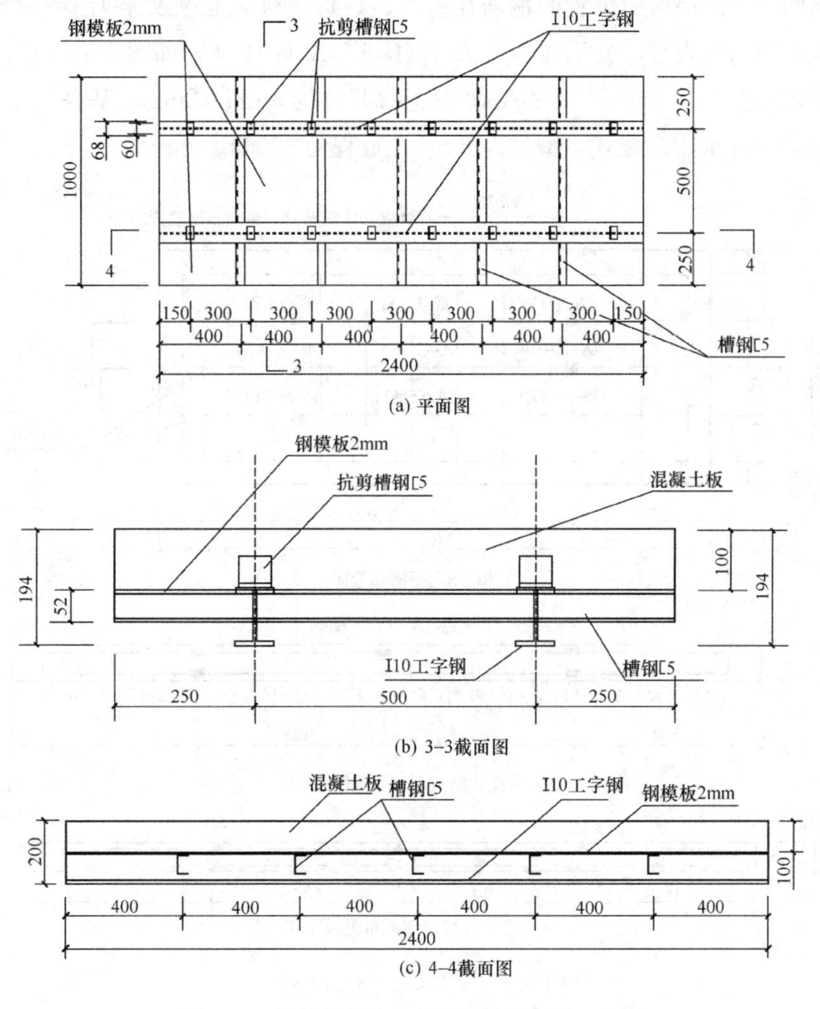

图 5-67 梁板整体浇筑有抗剪模型试件三视图

3. 量测系统和加载系统

(1) 量测系统

模型试验量测系统的量测内容包括：混凝土板内钢筋的应变和轴力、工字钢应变、混凝土板上板面中线边缘处的挠度和工字钢下翼缘底面跨中的挠度、千斤顶的施加荷载等。

1）钢筋的应变和轴力测点布置

混凝土板内钢筋的应变和轴力分别采用应变片和钢筋应力计量测，在混凝土板内居中的钢筋上串接钢筋应力计量测其轴力，在与其邻近的钢筋上粘贴应变片量测其应变，应变片和钢筋应力计分别布置在混凝土板的跨中、1/4、3/4 跨度处，如图 5-68(a) 所示，而且在混凝土板的上下两层钢筋中同时布置，如图 5-68(b) 所示，图中钢筋网上下两层各设置 6 个应变片测点，共计 12 个钢筋应变片测点。由于要将钢筋网和应变片埋入混凝土当中，而混凝土中环境复杂，有可能会破坏应变片的性能，因此在每个测点上粘贴两片应变片以防止因应变片损坏而无法取得数据，钢筋应变片用字母标记为 A(B)-S-1～A(B)-S-24。钢筋网上下两层居中位置的钢筋在跨中、1/4、3/4 跨位置处各焊接一个钢筋应力计，总计 6 个钢筋应力计，分别标号为 A(B)-G-1～A(B)-G-6，如图 5-68(c)所示。

试验采用应变片的型号为 120-3AA，敏感栅尺寸为 3mm×2mm，基底尺寸为 7mm×4mm；钢筋应力计采用应变式，型号为 KS-2，量程为 3000kg/cm^2。

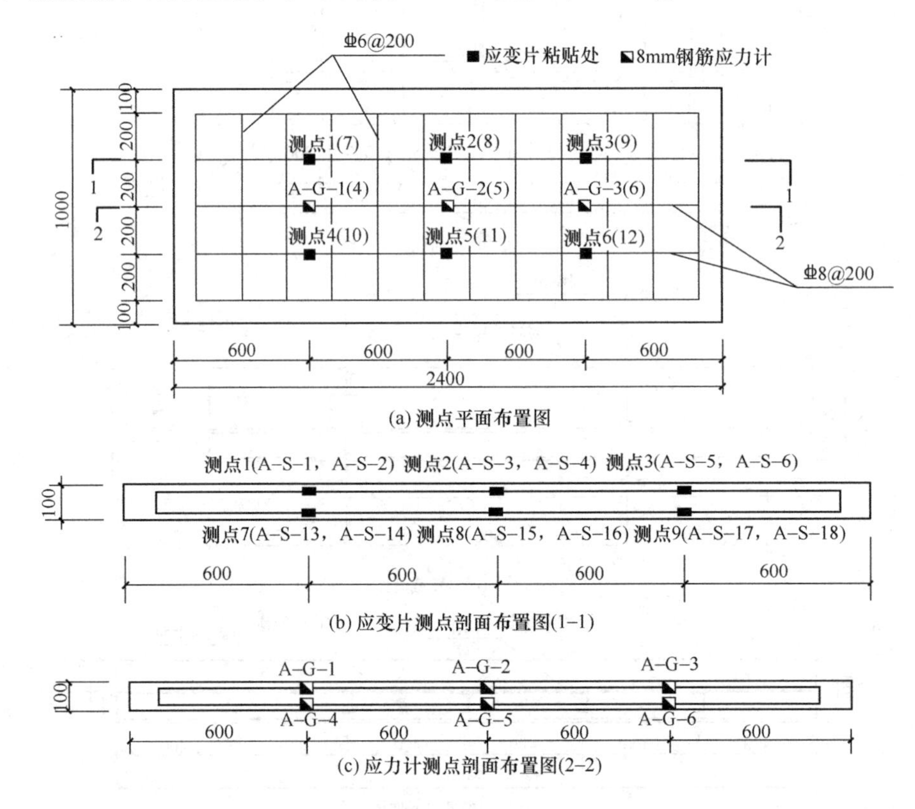

图 5-68　钢筋应变测点布置图

2）工字钢应变测点布置

工字钢应变采用应变片量测，分别粘贴在工字钢翼缘的上面和底面。每个试件有 2 根工字钢，对应标号为 A(B)-H1(2)。梁板点焊连接无抗剪模型试件工字钢上部由于在跨中焊接槽钢，底面跨中是位移传感器的测点，不便粘贴应变片，因此在距离跨中 10cm 位置处和1/4、3/4跨处粘贴应变片，标号为A-H1(2)-1～A-H1(2)-8。梁板整体浇筑有抗剪模型试件工字钢上翼缘的应变片分别贴在跨中、1/4、3/4跨位置，由于应变片直接暴露在混凝土中，所受环境较复杂，因此每个测点粘贴2个应变片以保证数据的可靠性。梁板整体浇筑有抗剪模型试件工字钢下翼缘底面应变片粘贴与梁板点焊连接无抗剪模型试件工字钢应变片相同。标号分别为B-H1(2)-1～B-H1(2)-10，如图5-69所示，所用应变片型号规格与钢筋的相同。

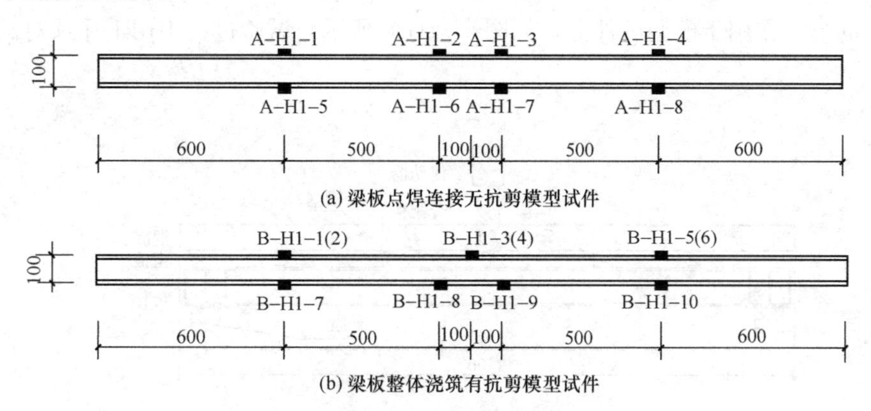

图5-69　工字钢应变测点布置图

3）测量模型试件挠度的位移传感器的布置

混凝土板顶面和工字钢底面跨中挠度的量测采用位移传感器，混凝土板上面挠度测点布置在分配梁的两侧，让位移传感器的测杆垂直向下对准混凝土板跨中分配梁中线的两侧测点位置。由于工字钢跨中挠度的测点布置在工字钢跨中底面，较难放置位移传感器，因此，在两根工字钢跨中各焊接一个位移传递片，位移传递片伸出混凝土板的宽度范围一定距离，让位移传感器的测杆垂直对准位移传递片，测得的位移传递片的位移即为工字钢跨中的位移。4个位移传感器的布置位置如图5-70所示。

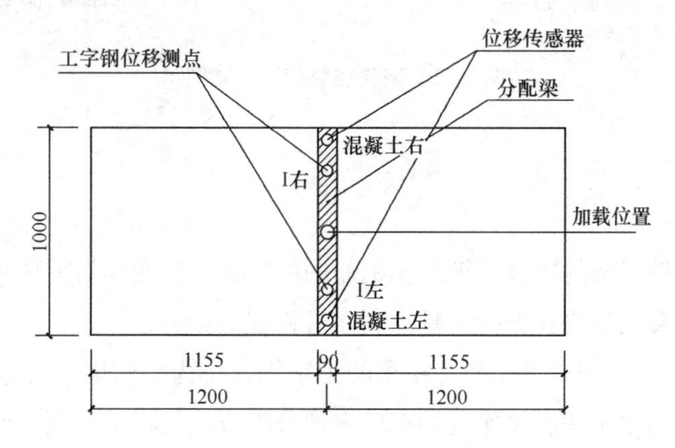

图5-70　位移传感器布置图

(2) 加载方式和荷载的量测

模型试验采用三点弯加载方式，如图5-71(a) 所示。根据计算，模型试件两根工字钢的弹性极限承载力均为19kN、塑性破坏承载力为33kN，混凝土板的破坏承载力为6kN，两者之和为39kN。因此，采用实验室安装在地梁上的龙门反力架和30t千斤顶加载系统进行组合改装用于本模型试验。原有的龙门反力架横梁的位置较高，移动下来很不方便，所以，在原有龙门反力架两根立柱之间的合适位置焊接一根横梁，然后将300kN千斤顶加载系统通过螺栓连接的方式固定在横梁上，经过计算设计，横梁采用型号为HM300×200的H型钢，尺寸为294×200×8×12。千斤顶作动器的荷载通过分配梁以沿试件横向均布荷载的形式作用于模型试件上，如图5-71(c)所示，试验过程中用千斤顶对试件进行加载。

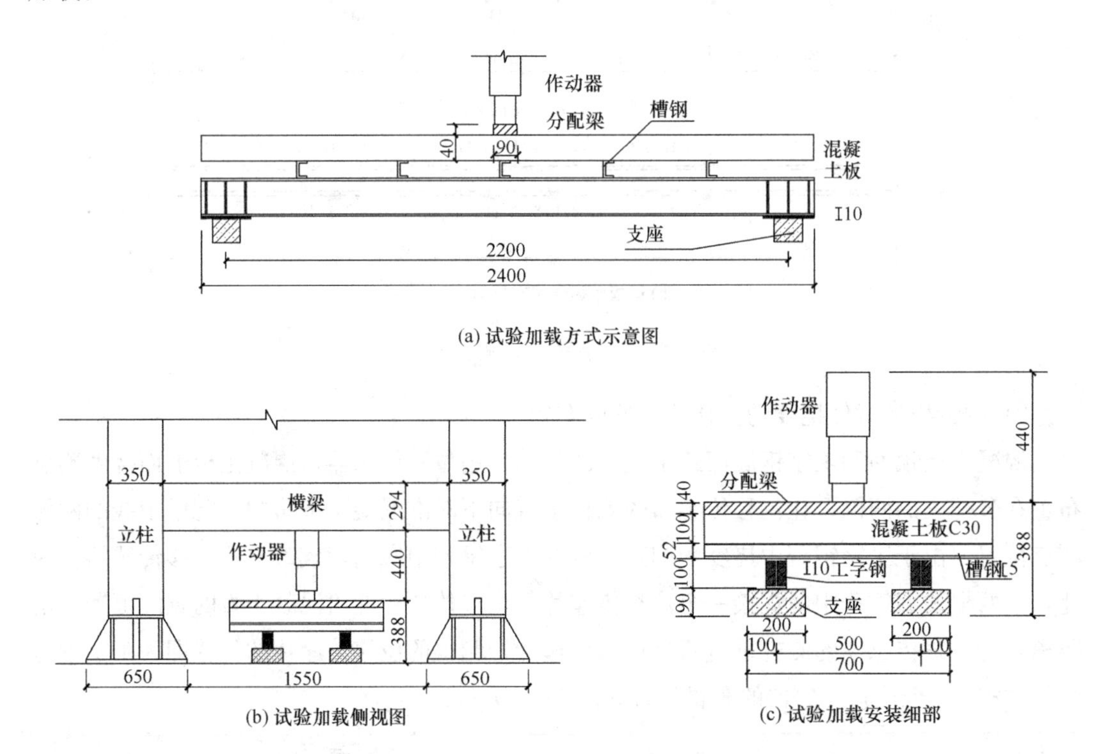

图5-71 试验加载装置示意图

4. 试验过程

(1) 模型的制备

模型制备包括钢骨架的搭设、钢筋和钢筋网的布设、应变片的粘贴和钢筋应力计的安装、制作木模、混凝土浇筑和养护，具体制作过程如下：

1) 钢骨架的搭设。钢骨架由作为主梁的工字钢、作为次梁以及传递荷载作用的槽钢和在浇筑混凝土板当中担任底模作用的钢板三部分组成。先将工字钢、槽钢和钢板根据设计中的要求切割成所需尺寸，然后进行焊接。

2) 钢筋和钢筋网的布设。混凝土板配筋与工程原型相同，主筋采用直径为20mm的HRB400钢筋，分布钢筋为直径16mm的HRB400钢筋。混凝土板的受拉钢筋选用直径为 8mm 的 HRB400 钢筋，间距为 200mm；板的分布钢筋选用直径为 6mm 的 HRB400 钢筋，间距为 200mm。钢筋保护层厚度为 15mm，混凝土板受压区钢筋和受拉区钢筋配筋相同。钢筋网中主筋选用直径为 8mm 的螺纹钢筋，分布筋为直径 6mm 的光圆钢筋，钢筋间距都为 200mm。首先将钢筋切割成所需长度，将主筋和分布钢筋按照间距 200mm 的要求排列焊接，然后将焊接好的两片钢筋网按设计间距重叠起来，两片钢筋网间距为 $d=100-15\times2-8\times2=54$mm。

3）应变片的粘贴和钢筋应力计的安装。在浇筑混凝土前需在钢筋和工字钢上粘贴应变片，在钢筋上安装钢筋应力计。在钢筋上粘贴应变片时，用记号笔在每根钢筋的测量位置标上记号，使用磨光机将螺纹钢筋进行打磨，将钢筋的肋打磨掉一些，直至钢筋表面光滑平整露出原本金属光泽，再用砂纸进行二次打磨抛光。之后再用脱脂棉蘸取适量无水乙醇清洗打磨处，去除表面灰尘和油渍，待无水乙醇蒸发后可正式粘贴应变片。用 502 胶水在应变片背面涂抹，迅速粘贴在钢筋指定位置并进行按压，并将端子与导线一端一并粘贴在应变片后侧。工字钢应变片的粘贴与钢筋应变片粘贴类似，抛光工字钢测点处表面清理干净后，用 502 胶水把应变片粘在测点上，并将端子和导线一端粘在应变片后侧。安装钢筋应力计时，在钢筋网上的测点处切割钢筋，留出 20cm 的距离，用点焊的方式将钢筋应力计上的引出钢筋和钢筋网上的钢筋焊接牢固。

4）制作木模。在浇筑混凝土前，需制作木模。为保证浇筑混凝土时木模底部不会向外侧移，在钢结构的钢板四周焊接几个角钢，长边方向焊接 4 个，短边方向焊接 2 个，安装好各块木板之后采用螺丝将各木板固定，以支撑木模并控制木模的侧向移动。由于木模与钢板底模之间有裂缝，为避免在浇筑混凝土时混凝土从裂缝中漏出，用速干水泥填塞侧边接缝处。

5）混凝土浇筑与养护。支好木模后，要进行混凝土浇筑。将钢筋网放在钢板上，在钢筋交叉点放置几个垫块，用以保持底部混凝土的保护层厚度，将应变片的导线整理并引出，浇筑混凝土并进行振捣，然后用抹子将混凝土表面抹平。在混凝土浇筑 18h 后开始养护混凝土，在 24h 之后稍微松开模板以保证拆模顺利。浇水之后使用塑料薄膜对混凝土暴露面进行紧密覆盖，尽量避免表面混凝土的暴露时间，防止表面水分蒸发。

（2）模型试件的定位和试验系统的安装

1）试件的定位

当模型试件制作及养护完成后，需要将模型试件移动到加载架下进行试验，每个模型试件的重量约 0.7t，要使用叉车来移动。先用叉车伸入两根工字钢底部，避开底部应变片的粘贴位置，将模型试件如图 5-72(a) 所示方向放置在加载架之前，用叉车和千斤顶将模型试件上标记的中心交叉点对准龙门架横梁中间位置上放下的铅锤。模型试件位置调整好之后在工字钢两端放置钢板和简支支座，慢慢将模型试件移动到已调平的支座上方并对准支座中心缓慢放下。接着用吊车将模型试件吊起进行微调，最终使模型试件完全支承在

4 个支座上，检查模型试件是否水平、对中。

2）加载装置安装

使用千斤顶对模型试件加载。将千斤顶用固定装置悬挂在横梁上，并在混凝土板顶面中间放上起分载作用的分配梁。通过在横梁上移动千斤顶的位置，使千斤顶作动器的中线对准分配梁的中线并且保持接触面的水平，以保证加载对称。然后旋紧固定装置的螺栓，使千斤顶位置固定，加载装置如图 5-72 所示。

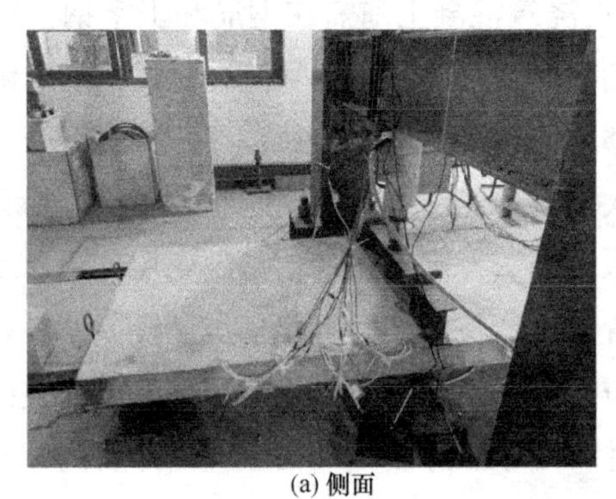
(a) 侧面

(b) 正面

图 5-72　试验加载装置

3）位移传感器安装

将测混凝土板顶面跨中挠度的位移传感器固定在万用磁性表座上，让位移传感器的测杆垂直对准混凝土板跨中分配梁中线的两侧测点所对应的混凝土底面的位置；将测工字钢底面跨中挠度的位移传感器固定在万用磁性表座上，让位移传感器的测杆垂直对准位移传递片。所有磁性表座底部都放置一块钢板底座，打开磁性表座开关，使磁性表座固定，避免发生移动。

位移传感器安装如图 5-73 所示，图中共有两个位移传感器，左侧位移传感器测的是混凝土板的挠度，右侧位移传感器测的是工字钢的挠度。

4）数据采集系统调试

采用多功能静态应变仪对试验全过程的应变、钢筋应力计拉压力和位移进行数据采集，采集到的数据经变换后输入计算机并显示出来。

在采集数据前，要将各传感器与多功能静态应变仪相连接。模型试验中的应变片和钢筋应力计都是在模型试件的受拉侧与受压侧同时对称布置的，因此采用半桥双工作片的方式进行接桥，可以消除温度效应带来的影响。即将受拉（压）侧应变片的导线接在多功能静态应变仪的“A”和“B”之间，将受压（拉）侧应变片的导线接在多功能静态应变仪的“C”和“D”之间。位移传感器的接线采用 1/4 桥接桥，即将位移传感器的导线接在多功能静态应变仪的“A”和“B_Q”之间。应变片和钢筋应力计的接桥方式如图 5-74(a) 所示，位移计的接桥方式如图 5-74(b) 所示。

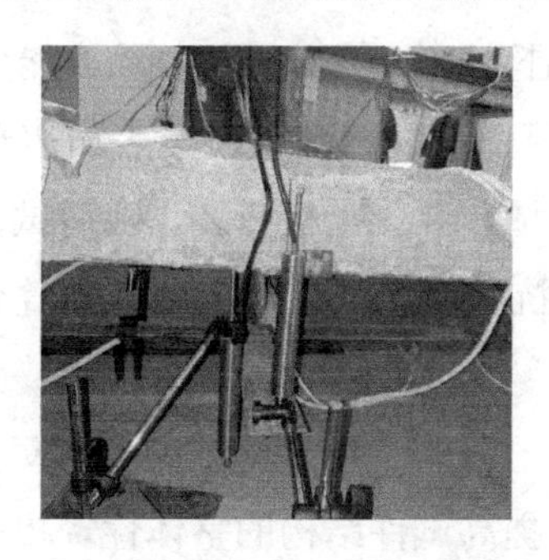

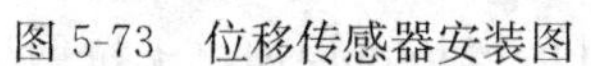

图 5-73 位移传感器安装图

(a) 应变片和钢筋应力计接桥

(b) 位移计接桥

图 5-74 传感器接线示意

(3) 试验加载与数据采集

试验加载采用分级加载，根据换算，模型试件弹性范围的承载力约为 19kN，塑性破坏承载力大于 39kN。开始施加的每级荷载为 1kN，停留时间为 5～10min，然后进行下一级荷载加载。应变仪采集方式选择为定时采集，间隔为 1s，即在点击开始按钮之后，各通道内的数据每 1s 自动采集一次，直至试验完成。

在正式加载前，应进行 2 次预加载，目的是使试件各部件接触良好，使其能正常进入工作状态，消除应变片的机械滞后性，使荷载与变形关系趋于稳定，并且可检验全部试件装置的可靠性和仪器的工作正常与否。正式加载时根据计算所得的梁的受弯承载力，采用力控制加载。

加载初期，试件在弹性变形范围内，试验梁的挠度和应变随荷载基本成线性变化，之后混凝土开始出现裂缝。加载到每一级荷载并稳定后，仔细观察混凝土板裂缝并将其绘制下来。完成之后再开始施加下一级荷载，重复上述操作。取 3～6 个测点测量第一条裂缝开裂时的宽度，取裂缝的平均宽度为 0.2mm 时所对应的荷载为开裂荷载。当施加的荷载可能已经达到弹性极限承载力，模型试件可能发生塑性破坏时，加载的荷载以跨中两个工字钢位移量的数值作为参考，直至加载至工字钢试件达到屈服破坏后停止加载。在试验中，当模型试件出现下面任何一种现象时，可认为已达到极限承载力：

1) 受压区混凝土压碎；

2) 构件的挠度达到跨度的 1/50，即 44mm；

3) 混凝土板最大裂缝宽度达到 2mm；

4) 工字钢翼缘产生局部屈曲。

叠合梁模型试验

5. 试验结果

经过对试验数据的处理与分析，得到两组试件受力和变形的特征。梁板点焊连接无抗剪模型试件的最大弹性范围为 0～34kN，当最大荷载达到 68kN 时失去承载能力。在 34kN 时会听到钢板和混凝土板之间脱模的声音，此时挠度为 4mm，随后挠度增长较快，混凝土板侧面裂缝开始发展，到 68kN 听到脆声之后，模型试件产生局部屈曲，丧失承载能力。由此可得，当荷载为 0～306kN 时梁板点焊连接无抗剪模型试件对应的原型叠合梁板处于弹性阶段，当荷载达到 612kN 时失去承载能力。

梁板整体浇筑有抗剪模型试件的最大弹性变形范围为 0～70kN，失去承载能力时的最大荷载为 113kN，模型试件破坏之前跨中挠度和混凝土板裂缝都较小，表面表现出来的特征不明显，当达到最大荷载之后，试件跨中挠度急增，混凝土板开裂，随后试件被破坏。由此可得，当荷载为 0～630kN 时梁板整体浇筑有抗剪模型试件对应的原型叠合梁板处于弹性阶段，当荷载达到 1017kN 时失去承载能力。

根据以上试验数据，可得到以下结论：

（1）在钢骨架和混凝土板之间设置剪力件能够有效提高试件结构的整体性，提高试件的承载能力，并且可以推迟裂缝的开裂和发展：初始设计的梁板点焊连接无抗剪模型试件对应的结构原型叠合梁板只在 0～306kN 之间处于弹性阶段，结构优化后的梁板整体浇筑有抗剪模型试件对应的原型叠合梁板在 0～630kN 之间都属于弹性阶段。初始设计的梁板点焊连接无抗剪模型试件对应的原型叠合梁板的最大承载能力只有 612kN，而优化后梁板整体浇筑有抗剪模型试件对应的原型叠合梁板的最大承载能力为 1017kN。优化后的梁板整体浇筑有抗剪叠合梁板与初始的梁板点焊连接无抗剪叠合梁板相比弹性阶段的荷载范围扩大了 105%；最大承载能力提高了 66%。

（2）梁板整体浇筑有抗剪叠合梁板的不利之处在于它的破坏是突发性的，难以从外观上估计结构是否即将破坏，不利于预防和排除安全隐患。梁板整体浇筑有抗剪叠合梁板的施工步骤相较于梁板点焊连接无抗剪叠合梁板来说较为复杂，对精度和施工技术要求高，而后者施工快速。

三、 虎门大桥东锚碇模型试验

广东虎门大桥东航道是主跨为 888m 的悬索桥，由主梁、缆索、塔墩和锚碇四大部分组成。东航道锚碇设计方案之一是采用隧道式锚碇（图 5-75），锚碇构筑在一山体内。锚碇位置的工程岩体按国家标准综合分级属Ⅳ类，当地下水发育时为Ⅴ类。设计主钢缆最大拉力为 158MN，巨大的主缆拉力通过锚碇结构传递到锚碇区岩体上，所以，工程岩体的稳定性是该大桥成败的关键。另一方面，为满足主塔及整个桥梁体系的稳定要求，东锚碇的最大水平位移和最大垂直位移都必须控制在一定的数值范围内。因此，通过现场结构模型试验以达到如下目的：

（1）获得锚碇结构在设计荷载作用下山体的变形量值，研究山体变形的力学机制及稳定状态，分析山体变形的敏感部位；

（2）通过超载试验，获得锚碇的实际安全系数及可能的破坏模式。

研究结果既可与数值分析结果相互补充，互为印证，为锚碇方案的选择和优化提供依据，也可为以后施工及运营过程中的长期监测方案的设计提供依据。

选定模型的几何相似比为 $C_l=50$，则模拟锚索的拉拔力为：

$$N_m=\frac{N_p}{C_l^2}=\frac{158000}{50^2}=63.20\text{kN}$$

模型试验中量测到的数据与实体结构的换算关系可用式（5-54）。

1. 试验选点与制备

经反复从地质条件、岩体结构、模拟荷载量级等各方面比较论证，选择了威远山脚处距东锚碇较近的人防洞内进行现场试验，洞内岩体质量与锚碇区岩体十分相近。先按平行桥轴线方向定出隧道锚模型轴线，按 1∶50 的比例在洞底平面开挖出与实际地形相似的模拟山脊和坡面，再开挖隧道锚模拟洞室。安装好锚固件后浇筑混凝土，在隧洞口装好挡板和转角鞍，修整好洞口，浇水养护 28d 后再进行试验。锚索用 5 根钢绞线模拟，用工具锚锚固在锚碇底部，在内侧用一块厚 3cm，直径 30cm 的传力板，钢绞线的拉拔力是通过锚固头由传力板传向锚碇结构及其周围的岩体的。

2. 加载和测量系统

采用液压千斤顶加载。加载系统由上下横梁和反力墩及两个相同的千斤顶组成，上下横梁中间都开有直径为 10cm 的孔，模拟锚索从中间穿过，上横梁用两根长 1m 的 10 号槽钢对合焊制，下横梁用两根 25 号工字型钢并排拼合焊制而成，反力墩也用两根 25 号工字型钢并排拼合焊制，做成梯形。两个千斤顶放在上下横梁之间，锚索位于横梁的中间，锚索在横梁上用工具锚锚固，试验加载时，千斤顶向上顶上横梁，横梁通过锚固件拉拔锚索实现力的传递。在加载系统设计时，从强度和刚度两个方面一起考虑，设计的加载最大值为 320kN，即大于设计锚索拉拔力的 5 倍。

位移量测采用百分表和千分表，分别在过锚碇锚索出口的中心沿锚碇受力轴线及垂直受力轴线两个剖面线上布置测点，横轴线上有 *A*、*B*、(*I*)、*C*、*D* 5 个测点，纵轴线上有 *E*、*F*、*G*、*H*、*I*、*J* 6 个测点，测点与锚索出口中心的位置关系如图 5-75 所示，图中标出了各测点上的位移测试内容。各测点上埋设位移传递片，测试位移用的千分表和百分表用磁性表座固定于悬架在模拟山体上面的钢梁上，钢梁与山体不直接接触以保证所测位移的精确性。

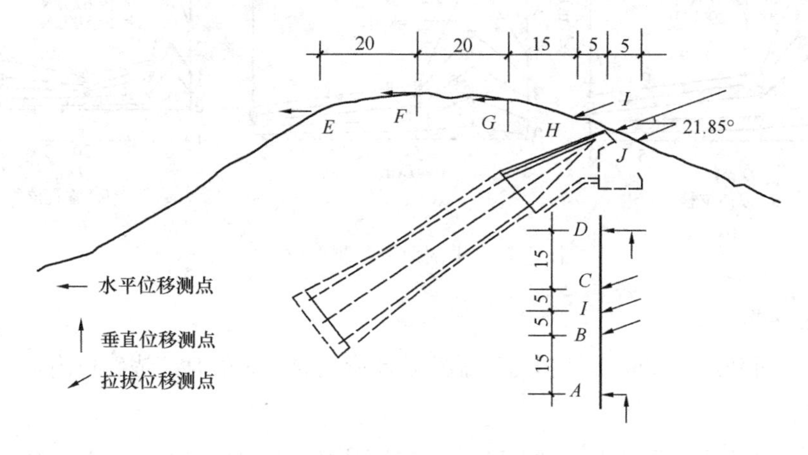

图 5-75 隧道锚方案的锚碇结构（单位：m）

试验时，先详细地检查各仪表并记录初始读数，试验过程中，按每次 10kN 的拉拔力间隔加载，当荷载加到 120kN（约为设计荷载的 2 倍）后，每隔 30kN 加载一次。拉拔力缓慢地施加，尽量保持准静态，当加载到预定荷载后，立即读千分表和百分表的读数，保持该荷载恒定不变，持续 10min 后再测读一次，然后继续加载，如此重复，最大拉拔力加到 320kN。试验时在模拟山体上各测点测得的位移量如图 5-76～图 5-78 所示。

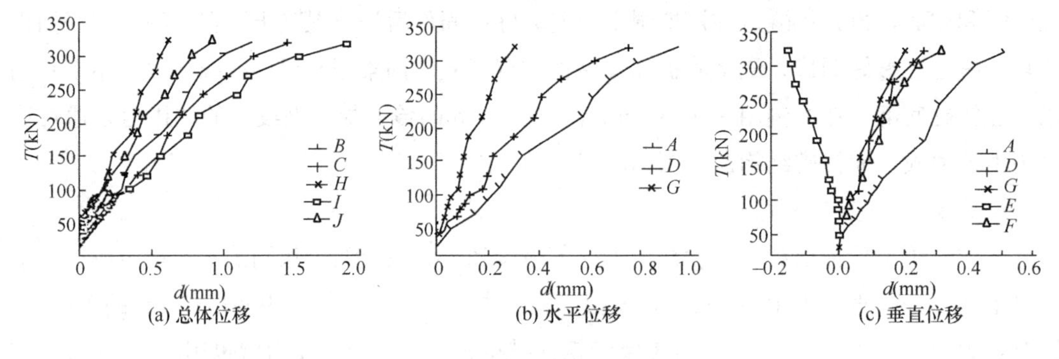

图 5-76 各测点实测位移

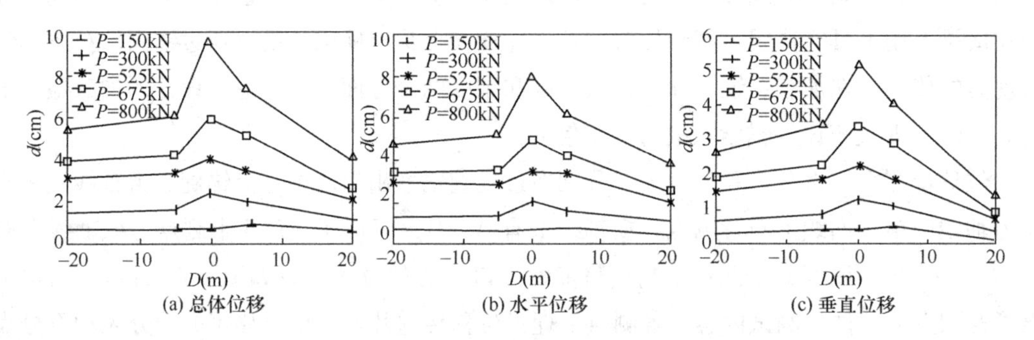

图 5-77 横剖面上各测点位移

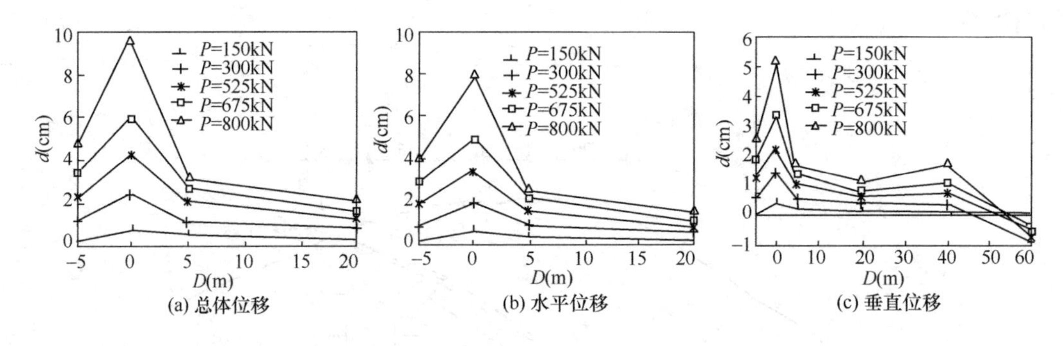

图 5-78 纵剖面上各测点位移

3. 研究成果

（1）试验荷载达到 290kN，相当于锚碇设计荷载的 4.8 倍时，锚碇口附近岩体开始进入塑性状态。

（2）锚碇口的位移量最大，试验荷载达到设计荷载时为 6.5mm，达到弹性极限时为

95mm，距离锚碇口越远位移量越小。

(3) 当荷载达到一定值时，锚碇口下部的位移以垂直位移为主，其他部位锚碇周围岩体的位移均以水平位移为主。

(4) 锚碇口附近的位移量与其岩性、岩层关系、岩体构造和风化程度有关，也与岩体所受的应力状态有关。

(5) 山体顶部在试验加载过程中是上抬的，相当于实际山体的上抬量为：达到设计荷载时为 0.8mm，达到弹性极限荷载为 16.5mm。距山体顶部 20m 的山后背的岩体，在荷载达到一定值时呈现出下沉趋势，当达到弹性极限荷载时，实际山体下沉约为 6.85mm。

(6) 后面锚碇施工和运营过程中应重点监测的是锚碇口中心、锚碇口下部、锚碇上部岩层、锚碇口附近较软弱和风化程度较高的岩层，其中锚碇口下部应重点监测垂直位移，其他部位则应重点监测水平位移。

第六节 光弹性模型试验

一、光弹性原理

由弹性力学知识可知，在不计体力或体力为常量的情况下，在弹性力学平面问题中，决定应力分布的各方程并不包含材料的弹性性质参数，所以，应力分布将与材料的弹性性质参数无关。换句话说，只要所研究对象的几何形状相同，承受的荷载相同，那么，在所有各向同性材料中，其应力分布规律将是相同的。这就可以采用透明材料做成的模型进行试验，来得到模型中的应力分布，并可将其直接应用到岩石、混凝土等各种材料中去，这是光弹性模型法的力学基础。

当一束光线进入某些透明的各向同性材料后，在受有应力或应变时，将分成两束光线沿不同的方向折射，这就是所谓的双折射现象。随着应力或应变的消失，双折射现象也就消失，所以是暂时双折射。试验得到，光线进入透明模型平面应力场中某一点时，双折射的方向和该点两个主应力的方向相同，而且沿着一个主应力方向的传播比沿着另一个主应力方向的传播要快些，从而引起了光程差。这种光程差，与该点的两个主应力之差成正比，可以用下式表示：

$$R_t = C\delta(\sigma_1 - \sigma_2) \tag{5-59}$$

式中 R_t——光程差；

δ——模型厚度；

σ_1、σ_2——模型内某点的最大和最小主应力；

C——与材料性质有关的常数，称为应力光学系数。

式 (5-59) 是建立了光学量与力学量之间关系的实验定律，称为应力-光学定律，它是光弹性模型试验的物理基础。

由光源、起偏镜、检偏镜所组成的系统称为单式偏振光镜，观测时，将透明材料做成的模型放在起偏镜和检偏镜之间，如图 5-79 所示，其光学效应过程如下。

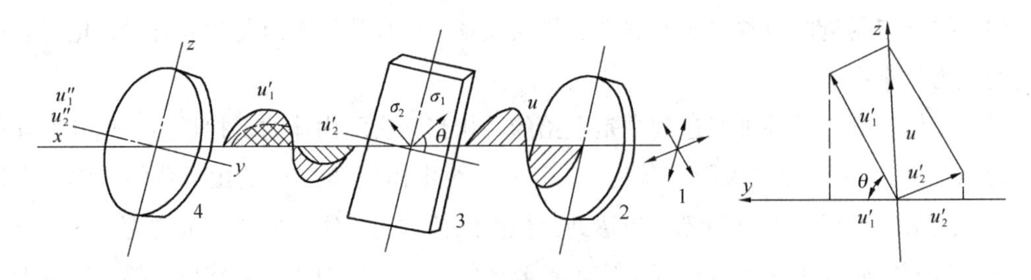

图 5-79 光弹性模型试验的光学系统

1—光源；2—起偏镜；3—模型；4—检偏镜

(1) 天然光经过起偏镜后成为与 z 轴方向相平行的平面偏振光 u，可用下式表示：

$$u = A\sin\frac{2\pi}{\lambda}vt \tag{5-60}$$

式中 A——振幅；

λ——波长；

v——传播速度；

t——时间。

(2) 偏振光 u 通过受力模型内某一点时，产生沿主应力 σ_1 、σ_2 方向的双折射，成为两组互相垂直的分量 u_1 和 u_2：

$$\left.\begin{aligned} u_1 &= A\sin\frac{2\pi}{\lambda}vt\sin\theta \\ u_2 &= A\sin\frac{2\pi}{\lambda}vt\cos\theta \end{aligned}\right\} \tag{5-61}$$

式中 θ 为主应力 σ_1 与 σ_2 的夹角，产生了光程差，则 u_1 和 u_2 射出模型后成为 u'_1 和 u'_2 ：

$$\left.\begin{aligned} u'_1 &= A\sin\theta\sin\frac{2\pi}{\lambda}vt \\ u'_2 &= A\cos\theta\sin\frac{2\pi}{\lambda}(vt-R_t) \end{aligned}\right\} \tag{5-62}$$

式中 R_t——所产生的光程差。

(3) 偏振光分量 u'_1 和 u'_2 经过检偏镜时，由于起偏镜光轴沿 z 轴方向，而检偏镜光轴沿 y 方向，它只允许 u''_1 和 u''_2 通过：

$$\left.\begin{aligned} u''_1 &= u'_1\cos\theta = A\sin\theta\cos\theta\sin\frac{2\pi}{\lambda}vt \\ u''_2 &= u'_2\sin\theta = A\cos\theta\sin\theta\sin\frac{2\pi}{\lambda}(vt-R_t) \end{aligned}\right\} \tag{5-63}$$

由图可知，u''_1 和 u''_2 又可合成为 u_3：

$$u_3 = u''_1 - u''_2 = A\sin\theta\cos\theta\left[\sin\frac{2\pi}{\lambda}vt - \sin\frac{2\pi}{\lambda}(vt - R_t)\right] \tag{5-64}$$

利用三角公式可化简为：

$$u_3 = A\sin2\theta\sin\frac{\pi R_t}{\lambda}\cos\frac{2\pi}{\lambda}(vt - R_t) \tag{5-65}$$

由上式可知，u_3的振幅 A' 为：

$$A' = A\sin2\theta\sin\frac{\pi R_t}{\lambda} \tag{5-66}$$

由弹性力学可知，已知某单元主应力 σ_1 和 σ_2 后，则该单元所受的最大剪应力为：

$$\tau_{\max} = \frac{\sigma_1 - \sigma_2}{2} \tag{5-67}$$

代入式（5-59），则得：

$$\tau_{\max} = \frac{R_t}{2C\delta} = \frac{\lambda n}{2C\delta} = \frac{f}{\delta}n \tag{5-68}$$

式中 λ——光波波长；

n——条纹级数（即波长的倍数）；

$f = \dfrac{\lambda}{2C}$——材料条纹值。

材料条纹值的物理意义为：光通过 1cm 的材料形成的光程差正好等于 1 个波长时，材料所受的最大剪应力值。

因而，在应力光学系数 C 和模型厚度 δ 为已知时，只要测得模型上的光程差 R_t或条纹数 n，就可求得模型上各点的最大剪应力。

根据光学原理，射到检偏镜后面幕布上的光强度 I 与偏振光 u_3的振幅 A' 的平方成正比：

$$I = K_c A'^2 = K_c A^2 \sin^2 2\theta \sin^2 \frac{\pi R_t}{\lambda} \tag{5-69}$$

式中 K_c——一个比例常数。

由上式可知，凡符合下述条件之一者，光强度为零，即射到幕布上呈现黑色。

1）$\sin2\theta = 0$，即 $\theta = \dfrac{n\pi}{2}$（n=0，1，2…），满足该条件所产生的黑色条纹，称为“等倾线”，在这些条纹上的各点，其主应力方向与偏振方向相一致；

2）$\sin\dfrac{\pi R_t}{\lambda} = 0$，即 $R_t = n\lambda$（n=0，1，2，…），满足该条件所产生的黑色条纹，称为“等差线”，在这些条纹上的各点，其主应力差相等。

事实上，从式（5-69）也可以看出，光强度 I 和主应力方向（以倾角 θ 反映）以及主应力差值（以光程差 R_t 反映）直接相关。换句话说，主应力方向和主应力的差值这两个因素直接影响光强度 I，当光强度为零时，在幕布上将呈现黑色条纹，由条件 1）所产生的即为等倾线，由条件 2）所产生的即为等差线。根据式（5-67），等差线又称为最大剪应力线。

模拟实体的透明模型是按照相似原理进行制作的，模型的几何形状与原型相似，而且所加荷载亦成一定比例。光弹性模拟方法的优点是：

（1）不受模型形状及荷载方式的限制；

（2）能全面了解应力情况，直接观测到应力集中或应力甚小的部位；

（3）已经从定性了解发展到定量分析，与弹性理论互为补充。

其缺点是只能给出等倾线及等差线，必须经过理论分析或辅助试验才能给出具体数值。

光弹性方法在地下工程中有两个方面的应用，一个是在现场利用光弹性元件进行实测（如：光应力计、光应变计），另一个是在实验室内进行光弹性模型的模拟试验。

二、 光弹性模型试验

1. 材料与制模

光弹性模型所用材料的性能和质量将直接影响试验的进行及其测量精度，对于光弹性模型所用的材料的要求是：无色透明且均质各向同性；光学灵敏度高，即加载小而出现的条纹级数多；服从胡克定律且力学和光学比例极限比较高；性能稳定、制作加工容易且价格低廉。

常用的光弹性材料是环氧树脂和明胶，环氧树脂为基的光弹性材料可浇铸成平板及立体模型，满足光弹性材料的各项要求，而聚碳酸酯具有更高的光学灵敏度和透明度，因而是室温下进行光弹性试验的优良材料。

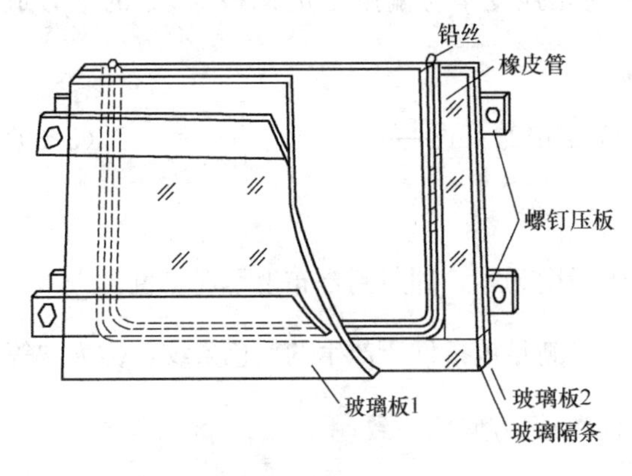

图 5-80 制造平板模型的玻璃模具

明胶具有很高的光学灵敏度，由于其弹性模量很低，其自重产生的应力状态就可获得明显的光学效应，因而适用于模拟自重产生的应力场的模型。

环氧树脂模型通常是用环氧树脂加一定配比的固化剂和增塑剂调好后，在模具中浇铸而成。图 5-80 是制造平板模型的玻璃模具，制造尺寸为 300mm×300mm×(6～8)mm 的平板材料。

模具玻璃常用 5～7mm 厚的玻璃，要求玻璃表面完整，在光照下检查无水纹。模具两侧边和底边所用的玻璃隔条的厚度等于平板材料所需的厚度。为防止树脂混合液渗漏，用套有铅丝的橡皮管衬在玻璃隔条内侧，橡皮管的直径比隔条的厚度大，直径约 2～3mm 的铅丝起定位作用，整个模具用螺钉压板压紧，压板与玻璃间衬以薄橡皮有利于压紧。要浇铸环氧树脂的部位均需用清洗剂清洗干净，并涂上脱膜剂。形状简单的立体模型可用厚度为 0.3～0.7mm 的白铁皮焊制而成。将环氧树脂混合液浇铸在模具中，先使其在较低温度下（约 42～50℃）固化成胶凝状，随后拆去模具，在高温下（约 100～110℃）再继续固化直至最后。由于在第二次固化时，光弹性模型可在没有外界约束的情况下进行收缩，同时，第二次固化又相当于一个退火过程，所以模型初应力大为减小。对于厚度小于 10mm，而形状比较简单的模型或平板模型，可采用一次固化法，再作退火处理。浇铸好的平板材料，用专门的车床、铣床、钻床或工具将其加工成所需模拟的模型。平板材料的尺寸为 20cm×30cm，几何相似比受此尺寸的限制。

模型浇铸好后，需测试模型材料的主要光力学性质，需测试的参数主要有材料条纹值 f_0［N/(条·m)］、光学比例极限 σ_{0p}（kPa）、弹性模量（kPa）和泊松比等，测试这些光力学性质的试件用与浇铸模型的相同材料制作。

由于材料条纹值为 $f=\frac{\tau_{max}}{n}\delta$，与模型的形状、尺寸及受力方式无关，因此，只要制作一简单形状的试件，测量其厚度，并能在加载过程中测出该试件上某点的最大剪应力 τ_{max} 和条纹值 n，就能求得这种光弹性材料的材料条纹值。实际采用的有拉伸试件、纯弯试件、纯压缩试件和对径受压圆盘型试件。现以对径受压圆盘型试件为例进行说明。

将材料加工成直径为 30～40mm，厚度为 3～10mm 的圆盘，沿对径方向加荷载 P，并读出圆盘中心处的条纹级数 n。因径向圆盘中心点主应力的理论解为：

$$\sigma_1=\frac{2P}{\pi d\delta};\quad \sigma_2=-\frac{6P}{\pi d\delta} \tag{5-70}$$

故有：

$$f=\frac{\tau_{max}}{n}\delta=\frac{\delta}{n}\frac{\sigma_1-\sigma_2}{2}=\frac{4P}{n\pi\delta} \tag{5-71}$$

测量结果必须注明单色光源的波长和测试温度，并转动一相同角度后重复测试。

弹性模量和泊松比可采用轴向拉伸试件或弯曲试件进行测定，方法与测定金属材料的类似。

2. 试验与观测

模型制作好后放到光弹仪上加载进行观测。加载设备对应力分布图精确性的影响很大，除了一些典型的光弹性试验可以采用光弹仪上的加载设备外，大部分模型需要专门设计加载设备，或者制作与标准加载设备配合的夹具装置。常用的加载架有：杠杆砝码加载架、液压加载、气压加载、水银加载及离心机加载法等。

为计算出模型上各点的应力，需要在模型试验时观测的原始资料为等差线图和等倾线图。

（1）等差线图的观测。等差线图上的条纹代表各点的主应力差。同一级条纹上各点的主应力差相等，即各点的最大剪应力相等。当材料条纹值已知时，为确定每点的最大剪应力，须首先确定条纹的级数。根据受力模型中应力变化的连续性，可以断定等差线条纹级次也是连续的，因此，只要确定了零级条纹就可按顺序确定其他级次。零级条纹的判断方法如下：

1）在零级条纹上，$\sigma_1=\sigma_2=0$ 或 $\sigma_1-\sigma_2=0$，因此零级条纹是没有光程差的黑点或黑线，称为各向同性点。可按如下判断各向同性点：

① 空边方角上，主应力 σ_1 和 σ_2 都等于零，该处一定是各向同性点；

② 空边上主应力符号改变的过渡点必是各向同性点；

③ 模型内部的各向同性点周围经常出现封闭的条纹圈。

以上 3 类黑点又称永久性黑点，在确定零级条纹时，应注意区别永久性黑点与暂时性黑点（发源点和隐没点）。后者并非零级点，它随外荷载的增加或减少时而变暗时而变亮。

2）非零级条纹级数根据如下几点确定：

① 先用白光观察。非零级条纹线由彩色条纹带组成，颜色相同的条纹级数相等。每一级条纹由低向高的色序为黄、红、绿，每循环一次条纹提高一级，但级别越高，颜色越淡。以零级条纹与各向同性点为基准，顺着由黄至绿的方向，可以确定条纹级数升降的规律。

② 由于应力分布是连续的，所以，如已确定条纹图中某一条纹为 n 级，则其相邻条纹只有 $n+1$ 级、n 级或 $n-1$ 级这三种可能。相邻的同级条纹在转动检偏镜时互相靠拢，而 $n+1$ 级与 $n-1$ 级则可按色序区别。

③ 当模型上无零级条纹时（如受均匀压应力或拉应力的板），可用动态载荷法来确定，它是由零开始一边加载一边观察图内形成的条纹，可直接数出模型在某荷载下的条纹级数。

（2）等倾线的特征。不承受外荷载作用的边界称为自由边界，自由边界上各点的切线或法线方向即为该点的主应力方向，如图 5-81 所示。自由直线边界本身即为等倾线，等

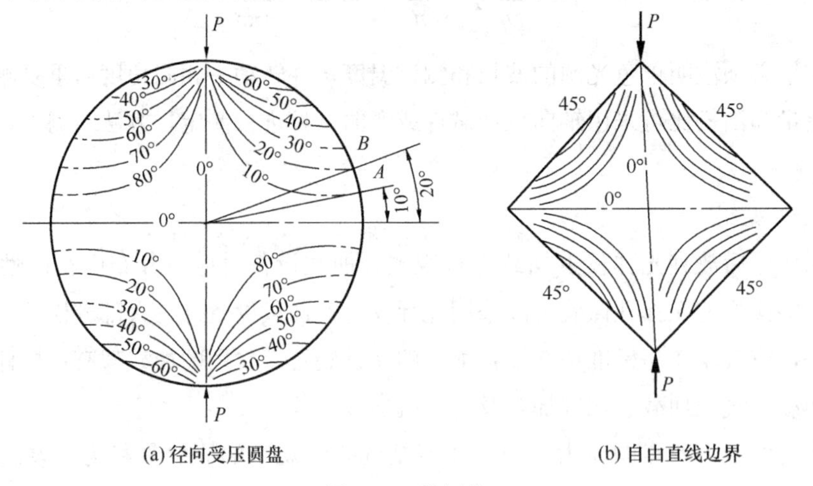

(a) 径向受压圆盘　　(b) 自由直线边界

图 5-81　等倾线

倾线的参数由直线边界与水平轴夹角决定，如对角线方向受压的方板，4 条边界即为 45°等倾线。角边界放大便是曲边界，在该角处，将有 0°～90°的等倾线汇集。自集中力作用点所作的每一条辐射线都是等倾线，这是因为集中力作用点的周围各点只有径向主应力作用。几何形状和荷载都对称的应力模型，由于对称轴上各点无剪应力，所以对称轴必为应力主轴，对称轴本身就是等倾线，该轴两侧的等倾线图形对称，在各向同性点上 $\sigma_1=\sigma_2=\sigma_0$，其应力圆为一点圆，所以各向同性点上任一方向都是主应力方向，所有不同方向的等倾线都通过它。因此，等倾线除各向同性点、集中力作用点以及自由方角处可以汇交外，其他任何地方都不能相交，且相邻两等倾线的角度变化是连续的。

（3）等倾线的描绘。通常采用白光来描绘等倾线。将模型放在平面偏振场中，以水平轴作为基准轴，并定为 0°；观察加载的模型，可看到一组彩色条纹图和一组黑色条纹图。前者是等差线，后者是 0°等倾线。然后按逆时针方向同步旋转起偏镜与检偏镜，隔 10°～15°停一次，描绘下相应的黑色条纹，即为该度数下的等倾线。等倾线的变化以 90°为周期。

（4）主应力迹线的绘制。主应力迹线是用以表示主应力方向的曲线簇，在该曲线上，每一点的切线方向即为该点的一个主应力方向。因此，主应力迹线总是由两簇彼此正交的曲线组成，通常用实线簇表示 σ_1 方向，虚线簇表示 σ_2 方向。根据等倾线作主应力迹线常用如下方法：

1）设已获得一组 $\theta=15°$，30°，45°，60°…等倾线；

2）取水平轴 ox 作为基准线，并在基准线上画出 15°，30°，45°，60°…的斜线分别与同度数的等倾线相交；

3）在各条等倾线上作一系列平行短线，平行于相应的斜线；

4）以这些短线为切线连成一条光滑曲线，即得一条主应力迹线，以 S_1 表示；

5）再作一系列与 S_1 正交的曲线族（图 5-82 中的虚线簇），即得另一簇主应力迹线，以 S_2 表示。

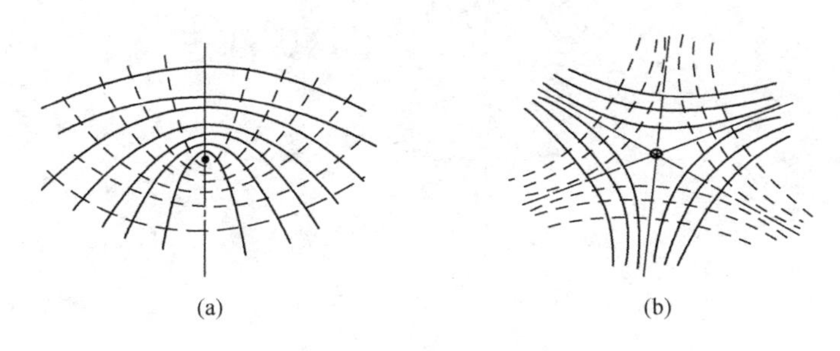

图 5-82 正交各向同性点周围的主应力迹线

（5）主应力迹线的特点及应用

主应力迹线有如下特点，据此可在模型观测和设计中应用：

1）两簇曲线呈正交；

2）无各向同性点的自由边界和对称轴本身就是一条主应力迹线；

3）正各向同性点附近的两簇主应力迹线是闭合的，如图5-82（a）所示；负各向同性点附近的两簇主应力迹线是不闭合的，如图5-82（b）所示。

主应力迹线是土建工程结构中布置钢筋方向的依据。

思考题和简答题

1. 相似理论的三个相似定理分别是怎么表述的?
2. 怎么用π定理确定相似判据?
3. 岩土与地下工程考虑自重作用时的弹性力学相似模型要确定哪些相似比?
4. 模型试验中位移量测有哪几种，通常采用什么传感器?
5. 相似材料模型试验设计时主要设计哪些内容?
6. 隧道温度场模拟试验需要满足哪些条件的相似?
7. 简述离心模拟试验的原理和离心机的主要结构。
8. 简述离心模拟试验与结构模型试验的异同和适用条件。
9. 简述光弹性模型试验的原理和优缺点。
10. 什么是主应力迹线，它有哪些特点?

第六章　岩土与地下工程检测

岩土与地下工程的最大特点是构筑物施筑在岩土介质之中，赋存条件直接决定了工程的设计与施工，同时将影响工程的长期使用。作为岩土与地下工程的设计依据，地质勘探起到十分重要的作用，是了解和掌握构筑物赋存环境的主要渠道。然而，地质勘探在描述地层概貌和揭示介质物理力学性质方面还是存在着相当的局限性和近似性，这一不足通常可以通过在施工过程中采取相应的测试方法予以弥补，在不扰动介质性状、不损害材料受力能力的条件下实现对相邻土层分布和性质的测定。

采用矿山法或盾构法施工的隧道等，由于地质条件的复杂多变，对掘进面前方的岩土层状况，诸如含水层、溶洞、流砂、断层、破碎带、沼气等不利构造，必须预先掌握，提前采取措施和改变施筑方法，将声发射或地质雷达技术应用于对隧道开挖面前方几十至几百米的地质条件的探测和剖析，确保地下开挖顺利安全。

与一般土建结构一样，施筑完成后的地下结构，其质量验收大都采用各种波动理论为基础的无损检测技术，所不同的是地下结构的质量检测在时间上有一定的限制。地下结构埋设于地表以下，属隐蔽工程，施筑完成后通常需被岩土材料或地面建筑所覆盖，诸如钻孔灌注桩桩基、地下连续墙等是直接以土层为模筑支挡的，因而必须在后道工序开始之前即将已施筑结构的质量检测完成。相邻岩土介质的存在，使得地下工程的无损检测更为复杂和困难，需要在检测结果中剔除介质边界的影响，提高检测精度和准确度。

无损检测技术在岩土与地下结构工程中的应用与其他勘察和结构测试技术相比显得比较稚嫩，具体表现在测试精度和置信度上，还未能建立针对岩土与地下工程特点的完整测试体系，这一方面是由于岩土介质本身的性质，如离散性、构造性等造成，同时也因为缺乏足够的工程经验与应用实践，然而，鉴于无损检测技术所具有的不可替代的潜在优势，随着对方法本身的研究提高以及在工程中推广应用，这一先进手段将在岩土与地下工程建设中发挥越来越大的作用。

第一节　波的传播规律

波是介质中的质点受各类振动的影响而发生的以自身平衡位置为中心的往返振动，通过介质中的质点之间的相互作用而传播。在弹性介质内某一点由于某种原因而引起初始扰动或振动时，这一扰动或振动将以波的形式在弹性介质内传播，形成弹性波。声波是弹性波的一种。若视岩土和混凝土介质为弹性体，则声波在岩土和混凝土中的传播服从弹性波传播规律。声波的本质是机械振动能在介质中以一定方式沿一定方向的传播。

一、 波动方程

由弹性力学可知，经过静力学、几何、物理三方面的综合以后，可以得出拉密运动方程。当不计体力时，该方程可表示为：

$$\left.\begin{aligned}(\lambda+G)\frac{\partial\theta}{\partial x}+G\nabla^2 u=\rho\frac{\partial^2 u}{\partial t^2}\\(\lambda+G)\frac{\partial\theta}{\partial y}+G\nabla^2 v=\rho\frac{\partial^2 v}{\partial t^2}\\(\lambda+G)\frac{\partial\theta}{\partial z}+G\nabla^2 w=\rho\frac{\partial^2 w}{\partial t^2}\end{aligned}\right\}\tag{6-1}$$

其中
$$\theta=\varepsilon_x+\varepsilon_y+\varepsilon_z=\frac{\partial u}{\partial x}+\frac{\partial v}{\partial y}+\frac{\partial w}{\partial z}\tag{6-2}$$

$$G=\frac{E}{2(1+\mu)}\tag{6-3}$$

$$\lambda=\frac{\mu E}{(1+\mu)(1+2\mu)}\tag{6-4}$$

式中 λ, G——拉密系数；

θ——体积应变；

ρ——介质密度；

u, v, w——分别为质点在 x，y，z 方向的位移；

μ——泊松比，表示介质横向缩短与纵向伸长之比；

ρ——密度，表示介质的质量与体积之比（kg/cm^3）。

代号 ∇^2 是拉普拉斯算子：

$$\nabla^2=\frac{\partial^2}{\partial x^2}+\frac{\partial^2}{\partial y^2}+\frac{\partial^2}{\partial z^2}$$

通过对拉密运动方程的转化，可以得出几种不同类型波的波速：

（1）纵波

质点振动方向与波的传播方向一致时称为纵波。设 $u=u(x,t), v=0, w=0$，则拉密运动方程可写成：

$$(\lambda+G)\frac{\partial^2 u}{\partial x^2}+G\frac{\partial^2 u}{\partial x^2}=\rho\frac{\partial^2 u}{\partial t^2}\quad 或\quad \frac{\partial^2 u}{\partial t^2}=V_P^2\frac{\partial^2 u}{\partial x^2}\tag{6-5}$$

其中
$$V_P=\sqrt{\frac{\lambda+2G}{\rho}}\tag{6-6}$$

式（6-5）为无限介质中纵波的波动方程，V_P即为纵波的传播速度，如果将 λ 和 G 用 E 和 μ 表示，则可得出：

$$V_P = \sqrt{\frac{E(1-\mu)}{\rho(1+\mu)(1-2\mu)}} \tag{6-7}$$

纵波在气体和液体中传播的表现形式是介质局部密度和压缩的变化，在固体中传播时是在固体中局部产生沿与传播方向平行的压缩和拉伸应变。

（2）横波

质点振动方向与波的传播方向垂直时称为横波，设 $u=0, v=0, w=w(x,t)$，则拉密运动方程可写成：

$$G\frac{\partial^2 w}{\partial x^2} = \rho\frac{\partial^2 w}{\partial t^2} \tag{6-8}$$

或写成

$$-\frac{\partial^2 w}{\partial t^2} = V_S^2\frac{\partial^2 w}{\partial x^2} \tag{6-9}$$

其中
$$V_S = \sqrt{\frac{G}{\rho}} \tag{6-10}$$

式（6-9）为无限介质中横波的波动方程，V_S即为横波的传播速度，如果将λ和G用E和μ表示，则可得出：

$$V_S = \sqrt{\frac{E}{2\rho(1+\mu)}} \tag{6-11}$$

在横波中介质的质点沿着与波传播垂直的方向振动，介质因受到剪切力而发生剪切变形。由于剪切变形只有在弹性固体中才能发生，所以横波只有在固体中才能传播。

（3）表面波

沿介质表面和交界面传播，波动振幅随深度增加而迅速衰减的波称为表面波（R波，瑞利波）。表面波质点振动的轨迹是椭圆形，长轴垂直于传播方向，短轴平行于传播方向。表面波在介质中的传播速度为

$$V_R = \frac{0.87+1.12\mu}{1+\mu}\sqrt{\frac{E}{2\rho(1+\mu)}} = \frac{0.87+1.12\mu}{1+\mu}V_S \tag{6-12}$$

理想的表面波具有定向性，能量不发散，其传播的方向性的好坏主要受频率决定，频率越高定向性越好，高频波可以形成相当好的表面波，可用于高分辨率成像。

设震源辐射出的能量为100%，则沿表面方向上纵波、横波和瑞利波所占的能量分别为7%、26%和67%，又因表面波的能量衰减较慢，故在介质表面上表面波是最强的优势波，其次是横波和纵波。

（4）一维波动方程

对于一根混凝土桩，当桩的长度L远大于桩的直径D，即：$L \gg D$时，可把桩看成是具有侧限约束（围压）的杆系结构。在桩顶施加一个初始扰动力（锤击一下），弹性波立即从桩头沿桩身往桩底传播，并满足一维波动方程。在一维情况下，拉密运动方程变为

$$V_B^2 \frac{\partial^2 u}{\partial x^2} = \frac{\partial^2 u}{\partial t^2} \tag{6-13}$$

$$V_B = \sqrt{\frac{E}{\rho}} \tag{6-14}$$

式中 V_B——波速；

u——轴向位移。

对于液体和气态介质，声速可用式（6-15）计算：

$$V_L = \sqrt{\frac{K}{\rho}} \tag{6-15}$$

式中 V_L——纵波声速（m/s）；

K——体积弹性模量，表示介质产生弹性体积应变所需应力（N/mm^2或 MPa）。

同一介质中的纵波声速大于横波声速，横波声速又大于表面波声速。钢的泊松比约为0.28，它的横波声速约为纵波声速的55%；表面波声速约为横波声速的90%。

由于超声波在混凝土中传播速度与介质的弹性及密度有关，测得超声传播速度便可计算混凝土的动力弹性模量和泊松系数两个弹性特征。

泊松系数可根据混凝土棱柱体超声波传播速度及纵向共振固有频率计算而得：

$$\left(\frac{V_L}{2f_0 l}\right)^2 = \frac{1-\mu}{(1+\mu)(1-2\mu)}$$

式中 f_0——试件的固有频率（Hz）；

l——试件的长度（cm）。

将 μ 值代入式（6-7）中便求得混凝土介质的动力弹性模量。

比较 V_P,V_S 和 V_B 三式，不难看出：

$$\sqrt{\frac{1-\mu}{(1+\mu)(1-2\mu)}} = \sqrt{\frac{1-\mu}{1-\mu-2\mu^2}} > 1; \quad \sqrt{\frac{1}{2(1+\mu)}} < 1$$

故有 $V_P > V_B > V_S$，即纵波速度总是大于横波速度，因此，纵波又称 P（Primary）波，意即初至波，因其波速 V_P 最快，横波又称 S（Secondary）波，意即次波，因此波速 V_S 最小。

波的衰减是一个复杂的过程。在不同的介质中波的衰减特性完全不同。波的衰减和频率有很强的依赖关系，频率越高衰减越快。波的强度在某介质中的衰减可用指数关系来近似描述，即有：

$$I = I_i e^{-a_0 f^n}$$

式中 I_i——波的初始强度；

f——波的频率；

a_0——在某一频率下测定的常数；

n——与介质种类和声波频率相关的系数，一般介于1和2之间。

当波在介质中传播时，介质对其产生波阻抗Z，波阻抗可由介质密度ρ和传播速度v的乘积得到，即$Z=\rho v$，介质的波阻抗也称介质的动力刚度，其单位是$kg/(m^2 \cdot s)$。

由波速的表达式可知，弹性介质的性质及种类不同，弹性参数及密度也不同，因此，弹性波在介质中传播的速度也不同。这样，如用人工（爆破、锤击等）发生弹性波，并设法用接收仪表测定其波速，则可以用来判别岩体的特性及状态（如坚硬或松软，裂隙与完整等）以及混凝土桩基的完整性和承载力等，这就是工程上经常使用的“弹性波探测法”的理论依据。

实测时，由于S波的发生和接收都比较困难，以及一些其他原因，故多以测P波为主。所谓P波也就是声波，因此，弹性波探测又称为声波探测。它在各个工程领域已得到广泛的应用。

二、波的反射和透射

当弹性波在传播过程中遇到介质突然变化的界面时（如岩体中的节理、裂隙和断层等；岩石与混凝土的界面；基桩的桩底、桩身的夹泥薄层、断裂、严重扩颈和缩颈等），将会产生反射和透射，这是因为波动方程不满足界面上质点位移连续和应力连续条件。现考察图6-1，并分析反射和透射的特点。当振幅为A_0的纵波入射到界面R上时，为了满足边界条件，会产生振幅为A_1的反射纵波、振幅为A_2的透射纵波、振幅为B_1的反射横波和振幅为B_2的透射横波，它们之间的关系由斯奈尔定律决定，即

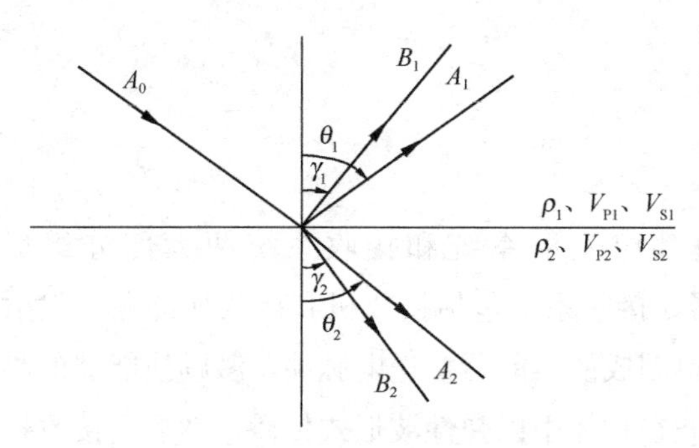

图6-1　波的反射和透射

$$\frac{\sin\theta_1}{V_{P1}}=\frac{\sin\theta_2}{V_{P2}}=\frac{\sin\gamma_1}{V_{S1}}=\frac{\sin\gamma_2}{V_{S2}} \tag{6-16}$$

式中　θ_1——纵波入射角和反射角；

θ_2——纵波透射角；

γ_1, γ_2——分别为横波的反射角和透射角；

V_{P1}, V_{P2}——分别为界面上下两种介质的纵波速度；

V_{S1}, V_{S2}——分别为界面上下两种介质的横波速度。

当平面波垂直入射（$\theta_1=0$）到传播介质中时，碰到弹性介质性质突然变化的界面时，不产生波的转换，仅有反射波和透射波的存在，面上不存在反射横波和透射横波，即$B_1=B_2=0$，故

反射系数为：$n=\dfrac{A_1}{A_0}=\dfrac{Z_2-Z_1}{Z_2+Z_1}-1\leqslant n\leqslant 1$

透射系数为：$T=\dfrac{A_2}{A_0}=\dfrac{2Z_1}{Z_2+Z_1}$

式中　A_0, A_1, A_2——分别为反射纵波，入射纵波和透射纵波振幅；

Z_1, Z_2——分别为第一层介质和第二层介质的波阻抗。

反射系数的物理意义是弹性波垂直入射到反射界面上后被反射回去能量的多少，说明界面上能量的分配问题。而反射系数的大小取决于上下介质的波阻抗差。波阻抗差越大，n 越大，反射波的振幅也越大；反之，反射波的振幅就小，当 $Z_1=Z_2$ 时，则不产生反射。

第二节　声　波　测　试

声波测试技术是近年来发展非常迅速的一项新技术。它的基本原理是用人工的方法在岩土介质和结构中激发一定频率的弹性波，这种弹性波以各种波形在材料和结构内部传播并由接收仪器接收，通过分析研究接收和记录下来的波动情况，来确定岩土介质和结构的力学特性，了解它们的内部缺陷。由于声波测试与其他材料试验方法相比有轻便、灵活、可以大范围测试等一系列优点，因而在水利、矿业、交通、铁道、市政等岩土与地下工程中得到广泛的应用。

一、声波测试系统和测试技术

1. 声波测试系统

声波探测使用的仪器是声波仪，一般都由发射系统和接收系统两大部分组成(图 6-2)，发射系统包括发射机和发射换能器，接收系统包括接收机和接收换能器。发射机是一种声源讯号的发射器，由它向压电材料制成的换能器输送电脉冲，激励换能器的晶片，使之振动而产生声波并向物体发射，声波在物体中以弹性波形式传播，然后由接收换能器接收，该换能器将声能转换成电子信号送到接收机，经放大后在接收机的示波管屏幕上显示波形。通过调整游标电位器可在数码显示器上显示波至时间。若将接收机与微机连接，则可对声波讯号进行数字处理，如频谱分析、滤波、初至切除、计算功率谱等；并可

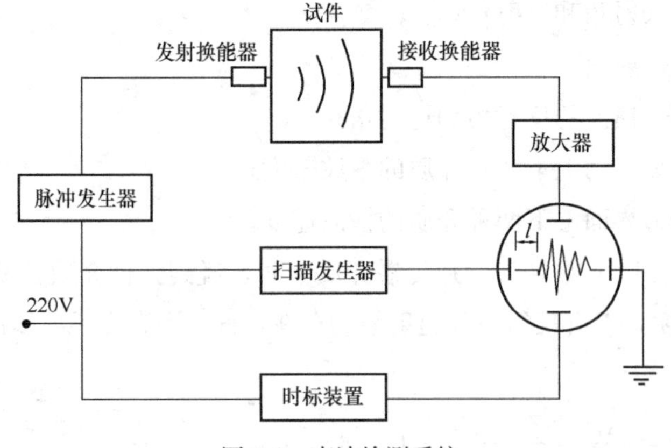

图 6-2　声波检测系统

通过打印机输出原始记录和成果图件。

由于被测结构的尺寸、密实程度的不同及检测目的与检测方法的不同，需要使用不同的换能器。声波探测使用的是电声换能器. 它是声波仪的重要组成部分。发射换能器可以将发射机送来的电能转换为弹性振动形式的机械能，从而产生声波和超声波；接收换能器将接收到的岩体中的弹性波转换为电能，然后输送给接收机。

为了使声波有效地发射到被测介质或结构中，以及有效地接收到从被测介质或结构中传来的声波，必须使发射和接收换能器与被测表面有良好的接触，须将被测表面平整后，用传声性能良好的耦合剂涂在换能器与被测表面之间，以紧密地填充换能器与被测表面间的空隙。常用的耦合剂为机油、黄油或其他油类。将探头固定在液体中对介质或结构进行探测时，其耦合剂就是水或液体，若测孔位于边墙或拱顶上，则需专门的供水和上水设备。

测点处的表面要清理干净，粗糙不平的地方要打磨平整，如果是不易打磨的表面，可以用环氧胶泥把测点处抹平，硬化后再涂上耦合剂。测量时，换能器应使耦合剂尽量薄，以减少耦合剂对声波传播时间和振幅的影响。

2. 换能器

换能器（探头）是电声能量转换的器件。发射换能器将从仪器发射系统输出的电信号转换成声信号，并向被测介质辐射，接收换能器接收被测介质传来的声信号，并转换成电信号输入仪器的放大系统中。

超声波换能器主要采用压电片的压电效应获得能量的转换，压电晶片有单晶体和多晶体的压电陶瓷等。换能器采用的压电晶片，厚度不同其自振频率也不同。设 δ 为晶片的厚度，v 为超声波在晶片中的传播速度，则自振频率的公式为：

$$f_0 = \frac{v}{2\delta}$$

除石英等天然晶体外，其他压电体因制造工艺及配方不同，声速也就不同。于是，压电晶片的自振频率与其晶体厚度有特定的关系。

超声仪器的换能器一般采用锆钛酸铅多晶的压电陶瓷换能器。频率为 200～500kHz 的纵波换能器，通常采用厚度振动换能器；频率为 100kHz 以下的纵波换能器大多采用夹心式、单片弯曲式和增压式压电陶瓷换能器（图 6-3）；频率为 500kHz～1MHz 的横波换能器一般采用厚度切变振动换能器。

厚度振动换能器结构如图 6-3（a）所示，晶片前面的外壳厚度在机械强度允许的情况下越薄越好。当晶片和外壳组合成换能器后，其频率比晶片的共振频率略有降低。

单片弯曲式换能器采用一片压电陶瓷片和金属黏结在一起。它具有结构简单、灵敏度高的优点，但由于强度低，不能承受大功率，所以只作接收器用，其结构如图 6-3（b）所示。

夹心式换能器（喇叭式换能器）是在压电陶瓷片两面分别夹以不同金属块而成的换能

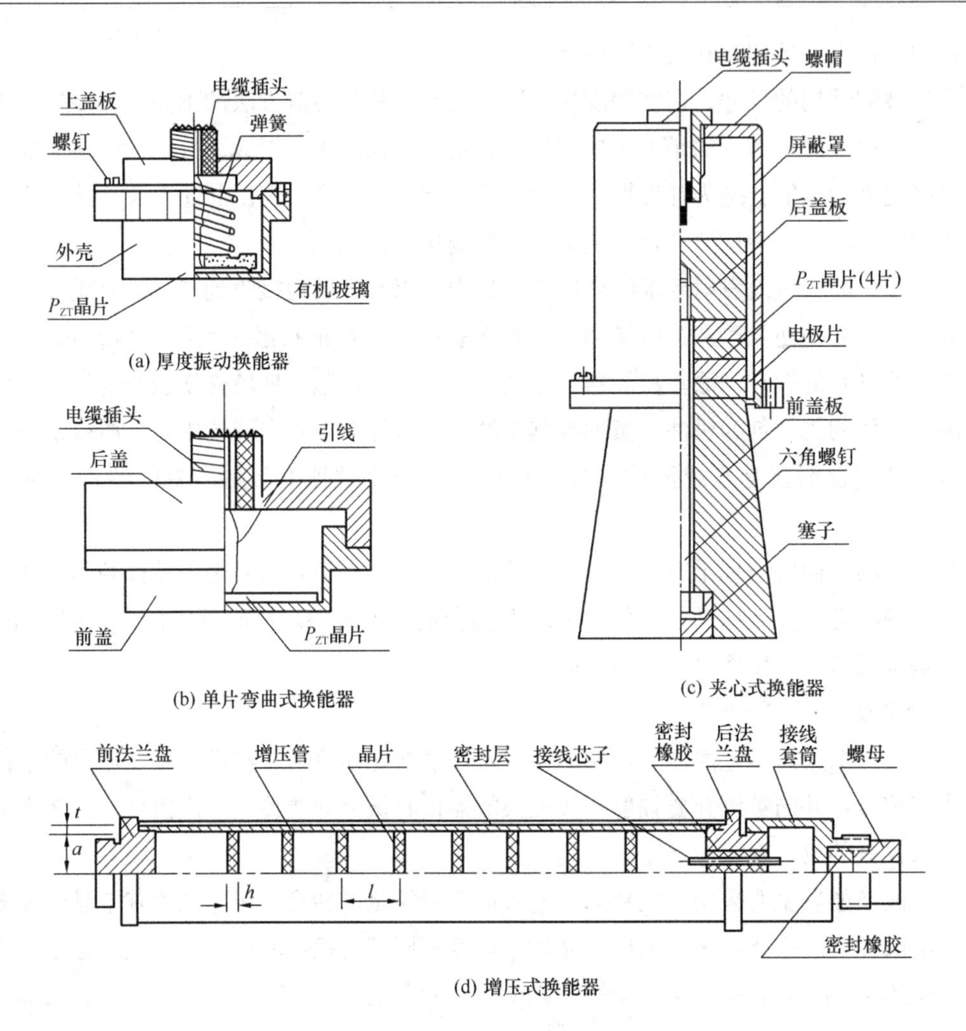

图 6-3　各种形式的换能器

器，其结构如图 6-3（c）所示。这种换能器多用于较低超声频率的工作中（几千赫兹到几万赫兹）。

增压式换能器是一种圆柱状换能器。这种换能器在谐振点以下有较高的接收灵敏度和比较平坦的频率响应，在声波探测中用于孔中测量。增压式换能器的结构如图 6-3（d）所示。增压管内按一定间距平行装有若干压电晶片，它们与管壁之间紧密而刚性地连接着。压电晶片之间按需要采用并联、串联或串并联同时使用。沿增压管的轴向对称开若干条缝（通常开 2 条、4 条，也有 6 条的），开缝的目的是增加增压管的切向柔顺性，缝越多，柔顺性越好（但轴向刚性变差），且沿径向振幅分布也越均匀。

3. 测试方法

按换能器的布置，测试方法主要有如下几种（图 6-4）：

（1）直接穿透法。它是将声波发射换能器和接收换能器放置在介质相对的两个表面上，根据声波穿透介质后波速和能量的变化来判断介质的质量的方法（图 6-4a），这种方法具有灵敏度和准确性高的特点，可以用于厚度比较大，并且两个表面都易于安设换能器的情况，声波可以采取垂直或倾斜传播，可用于地下工程围岩松动带的测试、围岩分类、岩体物理力学参数测定和地下大体积混凝土构件质量检验等的测试中。

（2）反射法。它是换能器向介质发射声波，波动沿发射方向传播到介质的底面后，被反射回来再由换能器接收，根据反射波传播的时间和显示的波形来判断介质内部的缺陷和材料性质的方法（图 6-4b），这种方法适用于介质的另一面无法安放换能器的情况，在隧道与地下结构混凝土厚度检测、桩基完整性检测中采用反射法。

（3）单面平测法。又称沿面法，这种方法是发射换能器将纵波以一定角度入射到介质中，被转换成表面波，通过对表面波特性的测定来判断介质的缺陷和材料的性能的方法（图 6-4c）。用于只有一个可测面的情况，可以探测混凝土底板、路面、隧道衬砌和大坝等的浅层缺陷和裂缝深度。

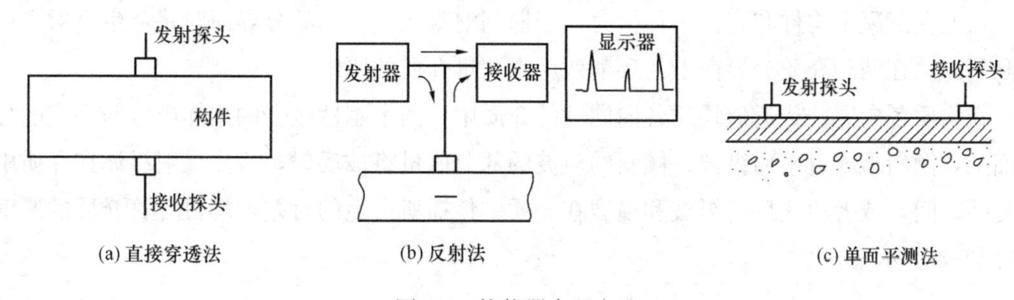

(a) 直接穿透法　(b) 反射法　(c) 单面平测法

图 6-4　换能器布置方法

为了在测距短、波速较高的情况下保证有较高的测量精度，则要求有足够高的探测频率，在介质疏松或破碎、吸收衰减严重时，使用的探测频率应小一些。频率越低传播的距离越远，穿透深度较大，但如果声波频率过低，就会使分辨率降低，并使指向性变差。测试岩石、混凝土类介质时，采用的频率一般在 20kHz 上下，其最高频率的上限为 100kHz。

二、混凝土结构厚度和质量的声波检测

声波法检测混凝土质量主要是利用声波在混凝土中传播的声速、振幅、频率等声学参数的相对变化，来判断混凝土的缺陷和结构的厚度。声波测试中波的频率大部分在超声波范围，所以大部分情况为超声波测试。

超声波在混凝土中传播的声速与混凝土的密实程度有较大的关系，当混凝土较密实时，声速较快，相反，则声速较慢。声波在混凝土中传播，当遇到缺陷时会产生绕射，可根据声波参数的变化，判断和计算缺陷的大小。超声波在缺陷界面发生散射和反射，到达接收换能器的声波能量显著变小，可根据波幅变化的程度判断缺陷的性质和大小。超声波各频率成分在缺陷界面的衰减程度不同，接收信号的频率明显降低，可根据接收信号主频或频谱的变化分析判断缺陷的情况。超声波通过缺陷时，部分声波会产生路径和相位变

化，不同路径或不同相位的声波叠加后，造成接收信号波形畸变，可参考畸变波形分析判断缺陷。

超声波法检测混凝土缺陷主要受耦合状态、水分和钢筋等因素的影响。换能器耦合状态对超声波波形有重要影响，如果换能器耦合不好，会造成大量声能损失，使测得的波幅型号偏低。超声波在水中传播速度比在空气中快许多，另外，当混凝土中缺陷被水充填时，超声波在缺陷界面处将不再发生反射与绕射，而直接通过缺陷中的充填水，给检测工作带来极大的干扰。在采用超声波检测混凝土内部缺陷时，若换能器附近有钢筋的干扰，部分超声波通过钢筋传播，必然会导致所测声速偏高，同时还会伴随发生一定的首波畸变。在采用超声波进行混凝土内部缺陷检测时，传感器应避开钢筋位置，并使超声波传播方向尽量远离钢筋轴线方向。

1. 混凝土结构厚度检测

声波在混凝土构件和岩体中传播时，当遇到混凝土与岩体的分界面时将产生反射，可以利用声波在两种介质分界面上的反射效应来测量介质的厚度。

在均质各向同性或近似均质各向同性的介质中，两个刚性接合的固体半空间平直的分界面上，倾斜地入射平面纵波，倾斜的声波的部分能量将被反射，检测反射纵波在介质中的传播时间，或者检测反射纵波和横波在介质中传播所产生的时差，均可计算介质的厚度（如图 6-5 所示）。

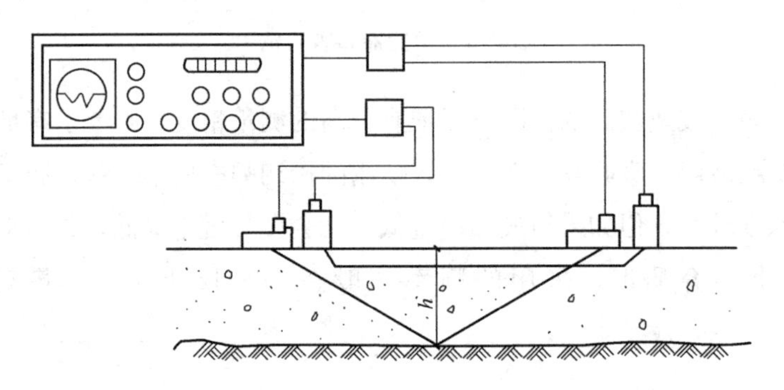

图 6-5 混凝土厚度检测原理

由于在隧道衬砌质量检测中，只有一个面可以布设传感器，所以用穿透法是不可行的，在衬砌厚度也不确定而要进行探测的情况下，被探测衬砌的厚度和波速都是未知的，在这种情况下可以用如下检测方法：在衬砌壁面上放置发射和接收探头，两探头间的距离为 d_1，测得声时值 t_1，将两者沿其连线向外或向内移动相同的距离，使发射和接收探头间的距离为 d_2，测得声时值 t_2，则衬砌厚度 h 和声波在隧道混凝土衬砌中的传播速度 v 可由如下方程组确定：

$$\left(\frac{d_1}{2}\right)^2 + h^2 = \left(\frac{vt_1}{2}\right)^2 \tag{6-17a}$$

$$\left(\frac{d_2}{2}\right)^2 + h^2 = \left(\frac{vt_2}{2}\right)^2 \tag{6-17b}$$

联立求解得：

$$v=\sqrt{\frac{d_2^2-d_1^2}{t_2^2-t_1^2}} \tag{6-17c}$$

$$h=\sqrt{\frac{d_2^2t_1^2-d_1^2t_2^2}{t_2^2-t_1^2}} \tag{6-17d}$$

2. 混凝土中空洞和不密实的检测

对于混凝土内部大于10cm的空洞，可以通过测量声波传播时间的突然变化来判定它的存在，并计算出空洞的尺寸，计算空洞半径的公式为

$$R=\frac{l}{2}\sqrt{\left(\frac{t_d}{t_c}\right)^2-1} \tag{6-18}$$

式中　l——直达声路长度；

t_d，t_c——有空洞处与无空洞处声波传播时间。

采用平行网格测点，可判定空洞的形状、大小和所在部位。

不密实区是指因振捣不够、漏浆或石子架空等造成的蜂窝状或缺少水泥形成的松散状或意外损伤造成的疏松状区域。特别是体积较大的混凝土结构或构件，这种情况尤其容易发生。在混凝土水灰比较小或配筋较密的情况下，施工时漏振或振捣不充分，往往会出现石子架空，在混凝土内部形成空洞的情况。进行混凝土不密实区与空洞区检测时，可根据现场施工记录和外观质量情况，估计不密实区与空洞可能出现的大致位置，并确定合适的检测区域范围。检测时可根据现场的实际情况，采用对测法和斜测法。

对测法如图6-6（a）所示，在两对相互平行的表面上，分别画出100～300mm的等间距网格，确定测点位置并逐点测试对应的声时、波幅和频率，并同时量测测试距离。斜测法如图6-6（b）所示，斜测法测试时调整换能器安放位置，以使在任意两个平面进行交叉测试。

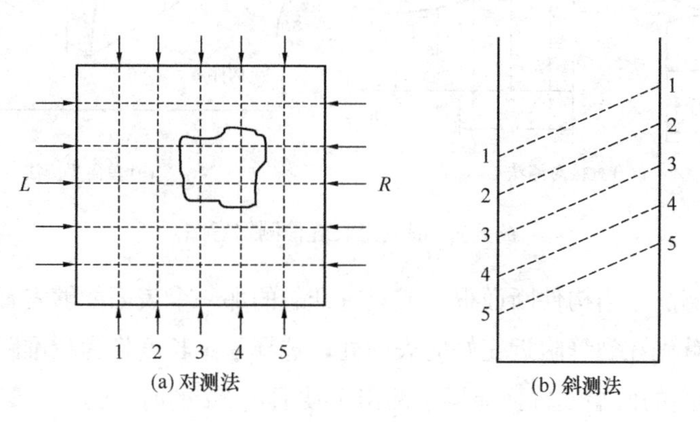

图6-6　对测法和斜测法示意图

当测得某些位置的声学参数出现异常时，可结合异常测点的分布及波形情况确定混凝土内部存在不密实区和空洞的位置及范围。

混凝土裂缝总是存在个别相连的地方，当采用单面平测法时，超声波一部分绕过裂缝末端，另一部分穿过裂缝中的相连部分，以不同的声程到达接收换能器，在仪器的接收信号首波附近形成一些干扰波，严重影响首波起点的辨认，故当结构物的裂缝部位具有一对相互平行的表面时，宜优先选用双面斜测法。

当超声波在有裂缝的混凝土中传播时，一部分超声波穿过裂缝传播，一部分超声波在完好的混凝土中传播。由于裂缝对超声波的干扰作用，穿过裂缝的超声波与未穿过裂缝的超声波，其接收信号的频率与振幅会有明显的差异。双面斜测法就是利用接收信号的这种差异，对混凝土中裂缝进行检测。采用双面斜测法进行检测时，测点布置可如图 6-6（b）所示，将 T、R 换能器分别置于两测试表面对应的 1、2、3…的位置，读取相应的声时值、波幅值及主频值。根据接收信号的振幅及频率的“突变”判断裂缝深度及是否在所处断面内贯通。这里需要注意的是，所谓“突变”指的是接收信号的首波发生突变，至于续至波可能由于绕过裂缝而加强，不能作为鉴别裂缝尾段位置的相对变量。

3. 混凝土结构裂缝深度检测

若混凝土结构中有裂缝存在，声波在裂缝处产生反射和通过裂缝顶端绕射，使接收到的声波信号幅度减小，由于绕射使声程增加，传播时间也有所增加，有如下两种检测方法：

（1）直接对测法。当构件的截面不大，而且有裂缝构件的两个侧面都能放置换能器时，可以对裂缝直接进行检测（图 6-7a）。当发射、接收两个接头在两个侧面相对的位置移动时，测出不同位置声波传播的时间 t，作出 b-t 曲线，曲线转折处的横坐标即为裂缝的深度 h_f。

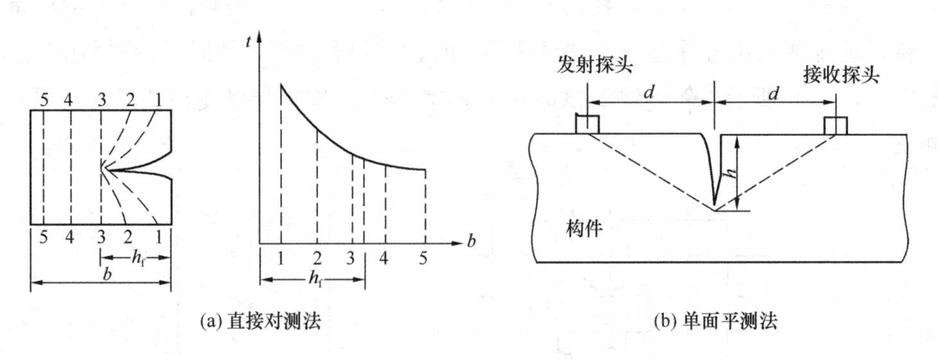

(a) 直接对测法　　(b) 单面平测法

图 6-7　混凝土裂缝检测示意图

（2）单面平测法。当构件断面很大或只有开裂的那一个表面能够安置换能器时，可以采用单面检测。首先在裂缝附近完好的表面处，选择一定长度作为校准距离，设这段距离为 $2d$，在这段距离的两端放置换能器，测出声波通过 $2d$ 的时间为 t_0，然后把发射和接收换能器放置于裂缝的两侧，并使两个探头至裂缝的距离均为 d（图 6-7b），测得此处的声波传播时间 t_1，如果裂缝与表面正交，则可得到下列方程：

$$\frac{4(d^2+h^2)}{t_1^2}=\frac{4d^2}{t_0^2} \tag{6-19}$$

则裂缝深度的计算公式为：

$$h=d\sqrt{\frac{t_1^2}{t_0^2}-1} \tag{6-20}$$

上述方法假定裂缝面与被测的结构表面正交，这对于大部分受弯构件是合理的。

一般来讲，超声波法检测混凝土裂缝主要采用单面平测法、双面斜测法等检测方法。基础底板、隧道衬砌和道路路面等混凝土构筑物发生裂缝时，通常只有一个表面可供检测，若估计裂缝深度不大于500mm时，可采用单面平测法对其进行裂缝深度检测。单面平测法检测混凝土裂缝大致可分为完好混凝土声速检测、破损混凝土声时检测、混凝土裂缝深度确定3个部分。

实际测试时，可以取不同的测距进行测试，并对所有测试结果计算的裂缝深度取平均值，将各次测距与裂缝深度平均值进行比较，凡测距小于裂缝深度平均值或大于裂缝深度平均值3倍的，则应剔除该数据，然后取剩余的裂缝深度值计算其平均值，作为该裂缝的深度值。

4. 混凝土结构斜裂缝延伸深度的检测（椭圆法）

已知混凝土结构表面有张开斜裂缝，并知其倾向，设其倾角为 α（图6-8）。先在裂缝一侧由已知间距测得完整混凝土的波速 V_c，然后在裂缝两侧布置声波发射和接收探头，声波由发射点 T 到接收点 R 是在张开裂缝的闭合点 C 绕射的，T 与 R 的内边缘距离是 L，所以由完整混凝土波速 V_c 及时间可以算得绕射的路程长度。由几何学可知，与某两定点的间距之和为常数的轨迹是椭圆，而 T 和 R 为椭圆焦点，可做出一个椭圆。将发射点和接收点都同方向移动同一距离，保持 T' 和 R' 的内边缘距离仍然为 L，同上方法，再次画出一个椭圆，两个椭圆交点即为裂缝闭合点 C，从图中得出裂缝深度 h_c。测量裂缝口 A 到 C 点在测试平面上的垂足 B 的距离，就可以确定裂缝的倾角 α。为了检验其准确性，可以继续改变发射点和接收点的位置，做出其他椭圆来进行对比，但当裂缝中有坚硬填充物，声波可以通过填充物穿过裂缝时，测试结果就不可靠。该方法也可以用来测定岩体表面张开裂隙的延伸深度。

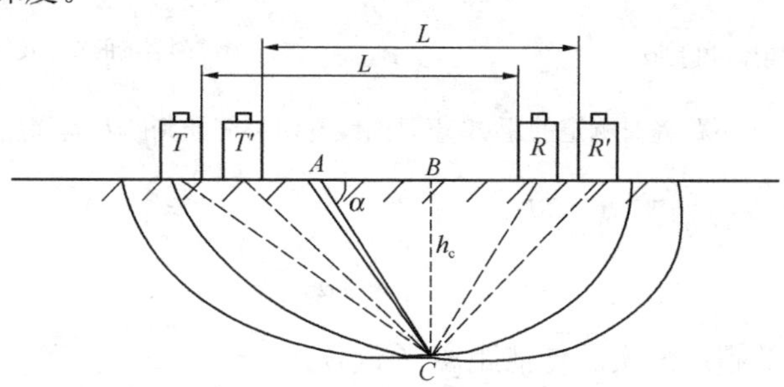

图6-8　混凝土结构斜裂缝延伸深度的检测（椭圆法）

5. 混凝土结构斜裂缝延伸深度的检测

使用非金属超声波检测仪测试可以对裂缝与混凝土结构表面关系进行判断，并能够快速计算裂缝的深度。

(1) 混凝土声速值的测定

在裂缝旁边完好结构的表面上布置测线，进行不跨缝的声时测试，每条测线布置 7 个或以上测点，且发射和接收换能器的轴线应在同一条线上。取发射换能器 T 和接收换能器 R 内边缘的间距 l_i（通常可取 100mm、150mm、200mm、250mm、300mm 和 350mm），分别进行测试（图 6-9），读取声时值 t_i，绘制距离-声时曲线（图 6-10a），并回归得到测试距离与声时值的直线回归方程：

$$l_i = a + vt_i \tag{6-21}$$

式中 l_i——第 i 点的发射换能器 T 和接收换能器 R 内边缘间距（mm）；

t_i——第 i 点的发射换能器 T 和接收换能器 R 测试时读取的声时值（μs）；

a——距离-声时曲线在距离轴上的截距（mm）；

v——测区的声波声速值（km/s），由回归得到。

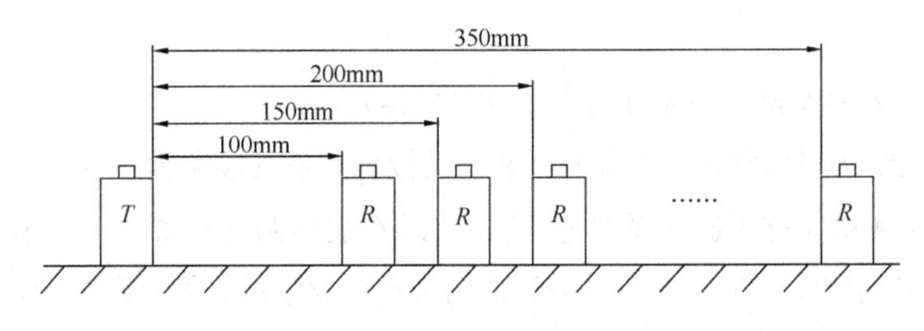

图 6-9　混凝土声速值的测定

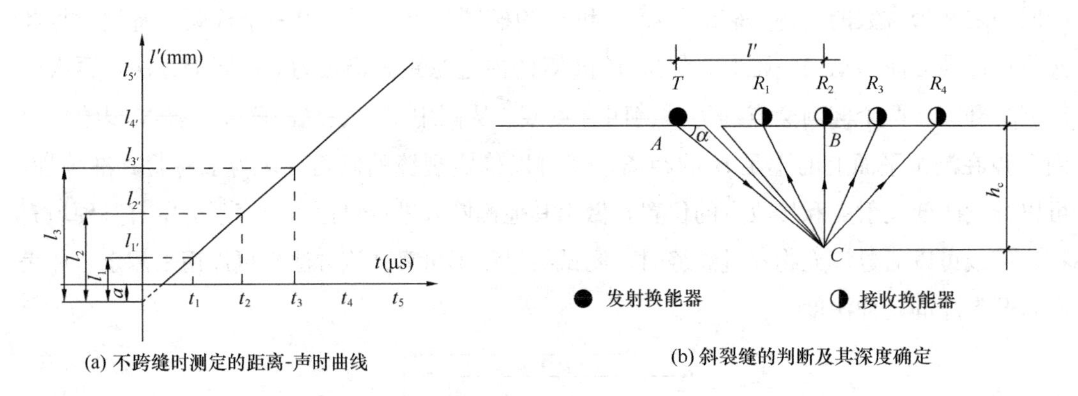

图 6-10　不跨缝时测定的距离-声时曲线和斜裂缝的判断及其深度确定

各测点超声波实际传播距离 l'_i 为：

$$l'_i = l_i + |a| \tag{6-22}$$

式中 l'_i——第 i 点的超声波实际传播距离（mm）。

(2) 裂缝与混凝土结构表面关系的判断及裂缝深度计算

如图 6-10（b）所示，可将发射换能器 T 固定在裂缝的一侧，然后让接收换能器在裂缝的另一侧远离裂缝逐点移动，并测试声时值，只有 $BC \perp AB$ 时，声波走的路程才是最短的，即声时值最小，此时的声时值为 t_{min}。可见，在接收换能器移动的过程中，声时值将逐渐变小，达到一最小点，然后一直增加，声时值有此变化规律即可判断裂缝为斜裂缝。如果声时值一直增大，可将发射换能器置于裂缝另一侧，接收换能器远离裂缝逐点移动，并测试声时值。如果接收换能器在裂缝两边逐点移动时，测得的声时值都是增大，则可以判定裂缝是垂直的。裂缝深度和俯倾角可以通过下面方法计算：

$$AC^2 = AB^2 + BC^2 \tag{6-23}$$

$$AC = vt_{min} - BC \tag{6-24}$$

$$BC = h_c, AB = l' \tag{6-25}$$

$$l'^2 + h_c^2 = (vt_{min} - h_c)^2 \tag{6-26}$$

$$h_c = \frac{v^2 t_{min}^2 - l'^2}{2vt_{min}} \tag{6-27}$$

$$\alpha = \arctan\left(\frac{h_c}{l'}\right) \tag{6-28}$$

式中　l'——不跨缝平测时超声波实际传播距离（mm），由式（6-22）得出；

h_c——裂缝深度值（mm）；

t_{min}——跨缝平测的声时最小值（μs）；

v——不跨缝平测时超声波声速值（km/s）。

该方法克服了椭圆法存在的操作步骤较为烦琐、发射和接收换能器内边缘距离过大或过小均会影响裂缝深度测试精度的两个缺陷，操作布置简单，无须在坐标纸上画椭圆，直接代入公式计算裂缝深度，且不会造成较大误差。

6. 结构表面损伤层检测

混凝土结构受火灾、冻融破坏、化学侵蚀时，可使其表面损坏形成疏松层。当对混凝土表面损伤层进行检测时，应根据构件的损伤情况与外观质量选取有代表性的部位进行检测，被测部位表面应尽量平整，并保持自然干燥状态，无暗缝和饰面层。表面损伤层检测时应选择频率较低的厚度振动式换能器。测试时，将发射换能器放置于 A 点并保持不动，然后将接收换能器依次放置于间距为 10mm 的测点 B_1、B_2、B_3…连续扫测，如图 6-11 所示。

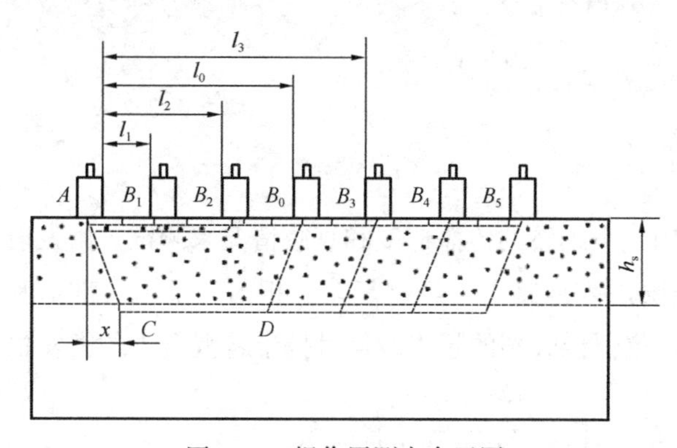

图 6-11　损伤层测点布置图

声波传播距离在损伤混凝土为：$l_f = a_1 + V_1 t_f$；在未损伤混凝土为：$l_a = a_2 + V_2 t_a$。

当接收换能器置于 B_0 位置，部分声波穿过损伤层沿未损伤层混凝土传播一定距离后，再穿过损伤层到达接收换能器的时间，恰好与声波沿损伤层直接传播到达接收换能器的时间相等。

即

$$l_0 = a_1 + V_1 t_0$$
$$l_0 = a_2 + V_2 t_0$$

式中　V_1——超声波在损伤层混凝土的传播速度；

V_2——超声波在密实混凝土中的传播速度。

求解以上两式得：

$$l_0 = (a_1 V_2 - a_2 V_1)/(V_2 - V_1) \tag{6-29}$$

由图中的几何关系可知，超声波在损伤层传播距离为 $2\sqrt{h_s^2 + x^2}$ ，在未损伤层传播距离为 $l_0 - 2x$。超声波的传播时间满足如下方程式：

$$\frac{l_0}{V_1} = \frac{2\sqrt{h_s^2 + x^2}}{V_1} + \frac{l_0 - 2x}{V_2} \tag{6-30}$$

式中　l_0——沿直线传播时发射换能器与接收换能器之间的距离；

h_s——损伤层的厚度；

x——折线 AC 或 DB_0 在水平线上的投影距离。

在式（6-30）中，未知数 x 根据超声波传播的最短时间来确定：

$$t = \frac{2\sqrt{h_s^2 + x^2}}{V_1} + \frac{l_0 - 2x}{V_2}$$

$$\frac{\mathrm{d}t}{\mathrm{d}x} = \frac{\mathrm{d}}{\mathrm{d}x}\left(\frac{2\sqrt{h_s^2 + x^2}}{V_1} + \frac{l_0 - 2x}{V_2}\right) = 0$$

即：

$$\frac{2x}{V_1\sqrt{h_s^2 + x^2}} - \frac{2}{V_2} = 0$$

求得：

$$x = \frac{h_s V_1}{\sqrt{V_2^2 - V_1^2}}$$

将 x 值代入式（6-30），可得：

$$h_s = \frac{l_0}{2}\sqrt{\frac{V_2 - V_1}{V_2 + V_1}} \tag{6-31}$$

三、 混凝土结构强度的声波检测

1. 基本原理

目前超声波检测混凝土强度主要利用超声纵波的传播速度和衰减情况来测试。由发射换能器 T 产生的超声脉冲波，通过耦合层进入混凝土，经过复杂（折射、反射、散射和绕射）的传播过程，到达接收换能器 R，仪器接收到的超声波信号携带着混凝土的密实情况、动弹特性等质量信息。

可将混凝土简化分成两部分：一个是由粗骨料组成的惰性部分；另外一个是活性部

分，即其中含有水分、微孔隙及微裂缝的水泥砂浆，则在混凝土及其粗骨料和砂浆中声波传播的声速和传播距离之间的关系为：

$$\frac{l}{v}=\frac{l_a}{v_a}+\frac{l_m}{v_m} \tag{6-32}$$

式中　l、l_a、l_m——分别为超声波在混凝土及其粗骨料和砂浆中的传播距离；

v、v_a、v_m——分别为超声波在混凝土及其粗骨料和砂浆中的声速。

将式（6-32）整理后得到式（6-33）：

$$v=\frac{lv_a v_m}{v_m l_a+v_a l_m} \tag{6-33}$$

当混凝土试件的粗骨料品质及用量固定且超声测距一定时，式（6-33）中的 l、v_a、l_a、l_m 均为固定值，混凝土中的声速 v 只随砂浆中声速 v_m 而变化，而砂浆中的声速又与其强度密切相关，因此，混凝土的超声传播速度与其强度之间存在着密切关系。

超声法检测混凝土强度主要是通过测量在测距内超声波传播的平均声速来推定混凝土的强度，评价其质量。混凝土构件的几何尺寸及所处环境、钢筋、粗骨料品种、粒径和含量、混凝土龄期和养护方法等是其强度的主要影响因素。

2. *超声测试及声波值计算*

测试前要先确定测区和测点，测区的尺寸宜为 200mm×200mm，每一混凝土结构或构件测区数不应少于 10 个，对某一方向尺寸小于 4.5m 且另一方向尺寸小于 0.3m 的构件，其测区数量可适当减少，但不应少于 5 个。测区宜均匀布置且相邻两测区的间距应控制在 2m 以内，测区离构件端部或施工缝边缘的距离不宜大于 0.5m，且不宜小于 0.2m。测区应首先选在使传感器处于水平方向检测混凝土浇筑侧面。当不能满足这一要求时，可使传感器处于非水平方向检测混凝土浇筑侧面、表面或底面；测区宜选在构件的两个对称可测面上，也可选在一个可测面上，如隧道衬砌表面和基础结构底板表面，且应均匀分布。在构件的重要部位及薄弱部位必须布置测区，并应避开预埋件；检测面应为混凝土表面，并应清洁、平整，不应有疏松层、浮浆、油垢、涂层以及蜂窝、麻面，必要时可用砂轮清除疏松层和杂物，且不应有残留的粉末或碎屑。

在每个测区相对的两侧面选择相对的呈梅花状的 5 个测点。对测时，要求两换能器的中心置于一条轴线上。涂于换能器与混凝土测面之间的黄油是为了保证两者之间具有可靠的声耦合。测试前应将仪器预热 10min，并用标准棒调节首波幅度至 30～40mm 后测读声时值作为初读数。实测中应将换能器置于测点并压紧，接收信号的读数扣除初读数后即为各测点的实际声时值。

计算测区声速值时，当在混凝土浇筑方向的侧面对测时，取各测区 5 个声时值中的 3 个中间值的算术平均值作为测区声时值 t_m（μs），则测区声速值为：

$$v=\frac{1}{3}\sum_{i=1}^{3}\frac{l_i}{t_i-t_0} \tag{6-34}$$

式中　v——测区混凝土中声速代表值（km/s）；

l_i——第 i 个测点的超声测距（mm）；

t_i——第 i 个测点的声时读数（μs）；

t_0——声时初读数（μs）。

3. 混凝土强度的评定

超声法检测混凝土强度主要采用混凝土声速法和浆体声速法。混凝土声速法主要是用来建立专用测强曲线，其曲线形式一般都用幂函数方程：

$$f_{cu} = av^b \tag{6-35}$$

式中　v——混凝土声速；

f_{cu}——混凝土换算强度；

a、b——回归系数。

当在混凝土浇筑的顶面和底面测试时，测区声速值应按下列公式修正：

$$V_a = \beta V \tag{6-36}$$

式中　V——测区声速值（km/s）；

V_a——修正后的测区声速值（km/s）；

β——超声测试面修正系数，在混凝土浇筑顶面和底面测试时，β=1.034。

4. 超声回弹综合法评定结构混凝土强度

回弹法和超声法是检测结构混凝土常用的方法，但两者所测得的混凝土强度值会相差较多。因为回弹检测反映的主要为构件的表面或浅层的强度状况，回弹值受构件表面影响较大，超声检测反映的为构件内部的强度状况，但声波速度值受骨料粒径、砂浆等影响较大。因此，综合这两种检测方法的超声回弹综合法所建立的超声波传播速度和回弹值与混凝土抗压强度的关系，能综合反映混凝土的浅层和内部的强度状况，更为全面和准确，所以适用范围广。

超声回弹综合法检测回弹值和超声波传播速度的测区数量、抽样要求及现场准备与前述超声法的要求相同，但需先进行回弹值测量，后进行超声波传播速度测量。

测量回弹值应在构件测区内超声波的发射和接收面各弹击 5 点，测定每一测点的回弹值，测读精确至 0.1。测点在测区范围内宜均匀布置，但不得布置在气孔或外露石子上。相邻两测点的间距不宜小于 30mm；测点距构件边缘或外露钢筋、铁件的距离不应小于 50mm，同一测点只允许弹击一次。测区回弹代表值应从该测区的 10 个回弹值中剔除 1 个最大值和 1 个最小值，用剩余 8 个有效回弹值按下列公式计算：

$$R = \frac{1}{8}\sum_{i=1}^{8} R_i \tag{6-37}$$

式中　R——测区回弹代表值，精确至 0.1；

R_i——第 i 个测点的有效回弹值。

回弹测试时，应始终保持回弹仪的轴线垂直于混凝土测试面，宜首先选择混凝土浇筑方向的侧面进行水平方向测试。如不具备浇筑方向侧面水平测试的条件，可采用非水平状态测试，或测试混凝土浇筑的顶面或底面。测试时回弹仪处于非水平状态，同时测试面又非混凝土浇筑方向的侧面，则应对测得的回弹值先进行角度修正，然后对角度修正后的值再进行顶面或底面修正。

混凝土强度换算值可采用测强曲线计算，包括由与结构或构件混凝土相同的材料、成型养护工艺配制的混凝土试件，通过试验所建立的专用测强曲线，由本地区常用的材料、成型养护工艺配制的混凝土试件，通过试验所建立的地区测强曲线，以及由全国有代表性的材料、成型养护工艺配制的混凝土试件，通过试验所建立的全国测强曲线。应按专用测强曲线、地区测强曲线、全国测强曲线的次序选用测强曲线，因此有条件的地区和部门宜制定专用测强曲线或地区测强曲线，也可以用规范规定的测区混凝土抗压强度换算表换算，或按下列全国统一测区混凝土抗压强度换算公式计算：

$$f^{c}_{cu,i} = 0.0327V_{ai}^{1.919}R_{ai}^{1.154} \tag{6-38}$$

式中　$f^{c}_{cu,i}$——第 i 个测区混凝土抗压强度换算值（MPa），精确至 0.1MPa；

V_{ai}——第 i 个测区修正后的超声波声速值（km/s）；

R_{ai}——第 i 个测区修正后的回弹值。

四、岩体中的声波检测

岩体中往往包含有各种层面、节理和裂隙等结构面，岩体中的这些结构面在动荷载作用下产生变形，对岩体中的波动过程产生了一系列的影响，如反射、折射、绕射和散射等。这样，岩体界面起着消耗能量和改变波的传播途径的作用，并导致岩体波动的非均质性及各向异性。因此，岩体结构影响着岩体中声波的传播过程，也就是说岩体声波的波动特性反映了岩体的结构特征，所以，声波探测技术已成为工程岩体研究中一项有效而简便可靠的手段。

岩体在动应力作用下产生 3 种弹性波，即纵波（P 波）、横波（S 波）和面波（R 波）。它们的传播可以用波速、振幅、频率和波形来描述。目前采用的声波测试主要是纵波波速，其次是横波波速，并开始注意研究它们的振幅特性和频率特性。由现场和试验室研究表明，声波在岩体中的传播速度与岩体的种类、弹性参数、结构面、物理力学参数、应力状态、风化程度和含水量等有关，具有如下规律：

（1）弹性模量降低时，岩体声波速度也相应地下降，这与波速理论公式相符。

（2）岩石越致密，岩体声速越高。波速公式中，波速与密度成反比，但密度增高，弹性模量将有大幅度的增高，因而波速也将越高。常见的几种完整岩石的纵波波速为：变质岩 5500～6000m/s；火成岩、石灰岩及胶结好的砂岩 5000～5500m/s；沉积岩、胶结差的碎屑岩 1500～3000m/s。

（3）结构面的存在，使得声速降低，并使声波在岩体中传播时存在各向异性，垂直于结构面方向声速低，平行于结构面方向声速高。

（4）岩体风化程度大则声速低。

（5）压应力方向上声速高。

（6）孔隙率 n 大，则声速低；密度高、单轴抗压强度大的岩体声速高。

声波振幅同样与岩体特性有关，当岩体较破碎、节理裂隙发育时，声波振幅小，反之，声波振幅较大。垂直于结构面方向传播的声波振幅较平行方向小。

1. 围岩松弛带测试

洞室围岩由于开挖及爆破作用，会引起洞壁附近岩体完整性和强度的下降，形成应力降低区，或称松弛区，围岩松弛带厚度是评价隧道围岩稳定性和支护结构设计的重要依据。

声波测定松弛带是根据声速与岩体的完整性和应力情况等的关系，在同一地段围岩原始性质相同的条件下，根据波速的变化就可确定松弛带的厚度。松弛带的测试一般是在被测洞室中的横断面上布置测孔，各部位测孔倾角：拱顶为 90°，拱脚为 45°，边墙为 −5°（图 6-12），并可采用双孔或单孔法进行测试。为了了解岩体的各向异性，可沿洞轴线方向增加一些测孔。

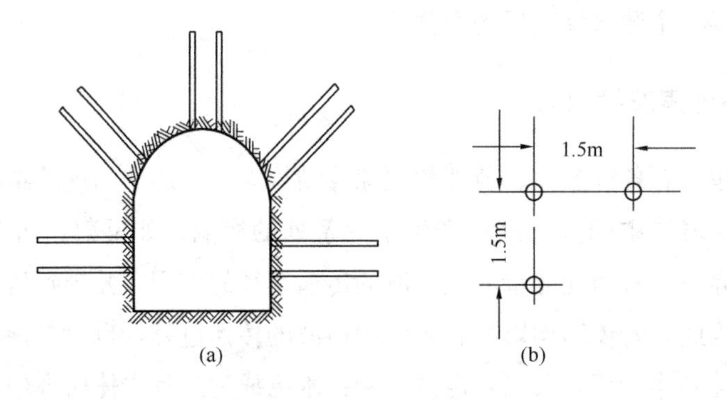

图 6-12 松弛带测孔布置图

一般认为，洞室围岩中波速小于原岩波速的范围称为松弛带或应力降低区 I，大于原岩波速值的范围即为压密带，或称为应力增高区，实测的纵波波速与测孔深度的关系曲线可归纳为如下几种（图 6-13）。

（1）一字型曲线（图 6-13a）。波速与孔深关系曲线基本上保持在原岩波速值，说明岩体完整，洞室开挖后围岩完整性和应力没有明显的变化，因此，可认为围岩没有松弛。

（2）厂字型曲线（图 6-13b）。曲线前部波速较低，后段较高，且接近于原岩波速值，说明围岩表面有松动，有应力降低区产生。

（3）衰减型曲线（图 6-13c）。曲线前部比原岩波速高，而后部逐渐接近于原岩波速值，表明岩体完整坚硬，围岩无松弛带，相反却有应力增高区出现。

（4）峰值型曲线（图 6-13d）。曲线前部波速较低，而中部却高于原岩波速值，后接

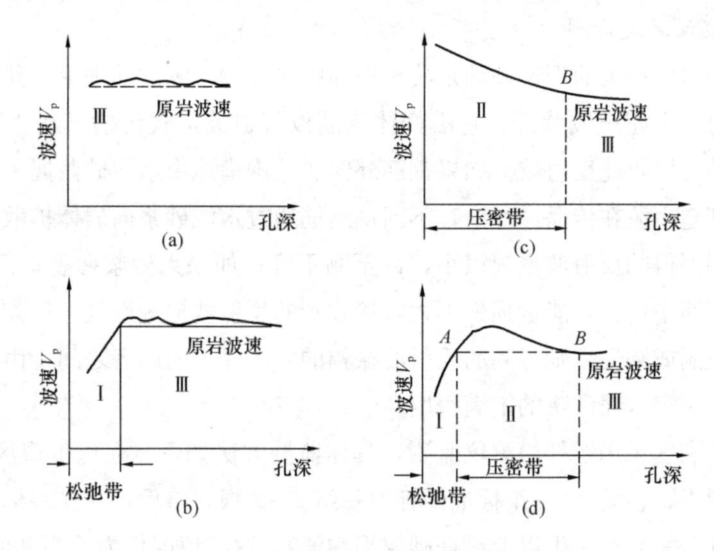

图 6-13　纵波波速与测孔深度的关系曲线

近于原岩波速值，说明围岩表面出现松弛带，应力降低，中部为压密带，即为应力增高区，而后为原岩压力区。

当节理裂隙比较发育时，波速与深度曲线会出现比较复杂的形态，应注意其总趋势。当探测深度中有几种岩层时，应注意岩性和各向异性对波速的影响，正确地确定围岩松弛带、压密带和原岩带的划分，判断围岩的稳定性，为设计和施工提供依据。

2. 岩体强度和完整性程度评价

首先在现场采集岩块试样，测定声波在岩块及采样地点岩体一定区域内的传播速度 V_c 和 V_m，用下式计算岩体的完整性系数或称龟裂系数 C_m：

$$C_m = \left(\frac{V_m}{V_c}\right) \tag{6-39}$$

C_m 是岩体分类中常用的指标之一，也可用来直接评价岩体完整性程度，具体如下：

$C_m > 0.75$ 完整性好，裂隙小；

$C_m = 0.75 \sim 0.45$ 完整性较好，裂隙间距在 20～30cm 以上；

$C_m < 0.75$ 完整性差，裂隙间距小于 20～30cm。

3. 岩体力学参数测定

通过测定岩体中的纵、横波速度，根据岩体纵、横波速与弹性模量、泊松比的关系计算出弹性模量和泊松比，通过测出现场岩体和室内试块的弹性波波速及抗压和抗拉强度，可估算岩体的抗压和抗拉强度：

$$\sigma_{cm} = \sigma_c C_m^2 \tag{6-40a}$$

$$\sigma_{tm} = \sigma_t C_m^2 \tag{6-40b}$$

式中　σ_{cm}，σ_{tm}——分别是岩体的抗压和抗拉强度；

σ_c，σ_t——分别是岩石试块的单轴抗压和抗拉强度。

4. 锚杆砂浆注满度检测

锚杆砂浆注满度检测的理论基础是波在杆件中传播的一维波动理论，其基本原理在锚杆杆体外端发射一个超声波脉冲，它沿杆体钢筋以管道波形式传播，到达钢筋底端后反射，在杆体外端可接收此反射波。如果钢筋外密实、饱满地由水泥砂浆握裹，砂浆又与周围岩体黏结，则超声波在传播过程中，不断从钢筋通过水泥砂浆向岩体扩散，能量损失很大，在杆体外端测得的反射波振幅很小，甚至测不到；如果无砂浆握裹，仅是一根空杆，则超声波仅在钢筋中传播，能量损失不大，接收到的反射波振幅则较大；如果握裹砂浆不密实，中间有空洞或缺失，则得到的反射波振幅的大小介于前两者之间。由此，可以根据反射波振幅大小判定水泥砂浆的饱满程度。

锚杆砂浆注满度采用锚杆检测仪监测，具体监测方法如下：在施工现场按设计参数，对不同类型的围岩，各设 3～4 组标准锚杆，每组 1～2 根。然后，在这些标准锚杆上测定反射波振幅值（若每组有一根以上锚杆则取平均值），这些值即作为检测其他锚杆的标准。这些标准值在进行其他锚杆的检测前储入仪器，在检测其他锚杆时可由测量仪器自动显示被测锚杆的长度与砂浆密实度的级别，通常分四级：A 表示饱满；B 表示较饱满；C 表示一般；D 表示差。通常，按锚杆数量的 1%进行抽查检测。

图 6-14（a）是某隧道锚杆砂浆注满度实测波形，锚杆设计长度是 2m，实测为 1.95m，从图中可以看出波形衰减慢，且在锚杆底端反射明显，波形最后趋近基线，说明注浆效果一般，在离锚杆外端 0.65m 和 1.05m 处可见到反射子波的叠加，可见该两处锚固效果不是很好，锚固质量一般。

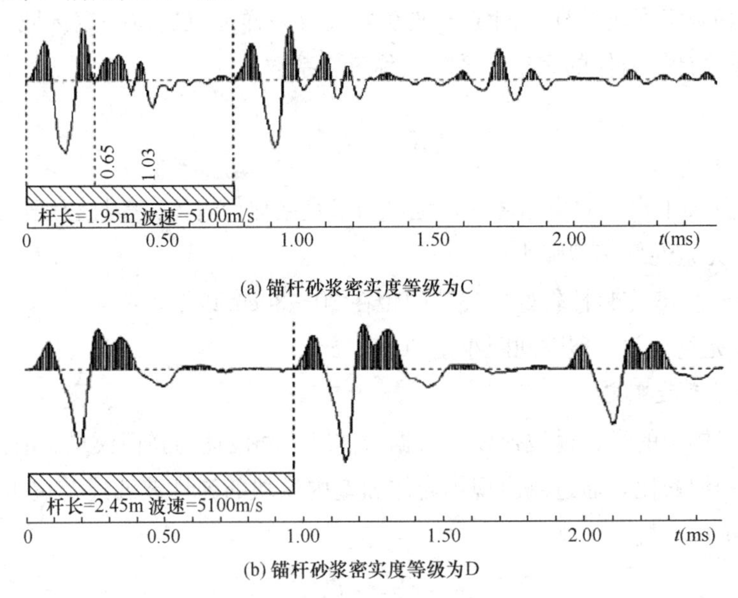

(a) 锚杆砂浆密实度等级为C

(b) 锚杆砂浆密实度等级为D

图 6-14　锚杆砂浆注满度实测波形

图 6-14（b）是某隧道锚杆砂浆密实度实测波形，锚杆设计长度是 2.5m，实测为 2.45m，可以看出波形衰减较慢，锚杆底端反射很明显，波形变化规律和自由锚杆相似，

综合判定该锚杆锚固质量较差。检测后经破坏性拉拔试验验证，抗拔力低于设计值，锚杆实际长度是 2.47m，测量误差为 0.02m。

五、冲击回波法

冲击回波法是根据应力波在混凝土介质中的传播原理，检测结构厚度、缺陷等的一种无损测试方法。该方法不仅能够快速确定混凝土、砌体结构中的孔洞、蜂窝、裂缝、剥离以及其他缺陷，而且能够确定结构构件的厚度以及缺陷的深度等。IES（Impact Echo Scanner）扫描式冲击回波仪不仅可以快速连续检测，还可对结构厚度、缺陷进行三维成像。

1. 冲击回波法的原理

冲击回波法先用一个金属端斗敲击测试表面产生一个机械振动，所产生的声波从冲击点开始在混凝土半平面内分别以表面波、纵波和横波的形式传播，通过对在结构构件内部传播的回波进行频域分析，确定结构构件的厚度以及缺陷的深度等信息。在混凝土表面，表面波的振幅远远大于其他两种波，但它随深度的增加迅速下降。相反，纵波和横波沿球形波阵面向结构内部传播。横波所引起的质点位移在与冲击方向呈 45°的方向上最大，而纵波位移在冲击方向上的位移最大，其能量超过了横波。冲击回波法主要是分析纵波在冲击面和底面或有足够阻抗变化的中间面多次反射。这些瞬时波的共振由位于表面上与冲击点很近的传感器记录下来，并在记录下的频谱图上分析其振幅和频率的分布。结构中有关的反射信号，可以通过有明显峰值的频率位置挑选出来。界面深度可以通过纵波的波速和峰值频率来确定。谱图中最高的峰正是由于波在顶面与界面来回反射形成的振幅加强所致，这最高峰所对应的频率就是板厚度频率。

在靠近冲击点处所接收到的反射纵波，其传播路径大致是板厚 h 的 2 倍。来回反射一次的周期应等于纵波的速度 v 除传播路径 $2h$。频率是周期的倒数，故与某厚度相应的频率 f 应为：

$$f = \frac{v}{2h} \tag{6-41}$$

从上式可知，在频谱图上某个峰所对应的厚度可由下式计算：

$$h = \frac{v}{2f} \tag{6-42}$$

式中　f——频谱图上该峰所对应的频率值；

　　　v——被测体声速，可通过已知厚度，用上述公式来率定获得，也可通过实测获得。

2. 检测系统

测试系统（图 6-15）由下列几部分组成：冲击器、信号接收传感器、信号采集与处理系统、笔记本电脑。

（1）冲击器

冲击器的合适与否对冲击回波的测试结果非常重要。冲击源应满足以下要求：①冲击接触时间必须是瞬态的，即冲击脉冲宽度窄，其频率成分可覆盖测试中有用的频率部分；②冲击力有一定的能量能够激振起结构厚度反射波；③避免干扰振动信号混入，特别是与反射回波相近的频率成分（图 6-16）。目前所使用的冲击源多采用钢弹子或小余震激振锤。

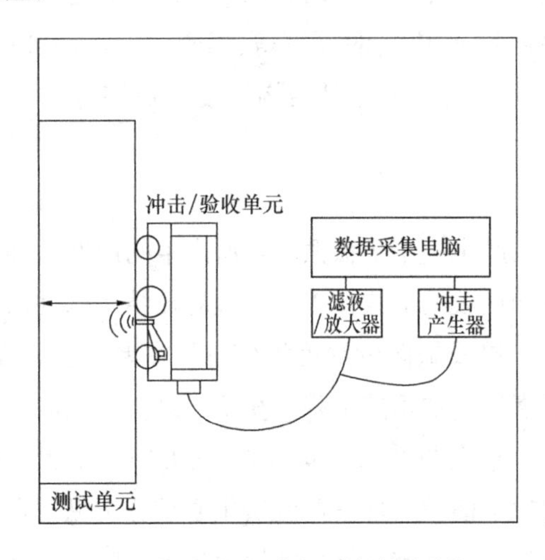

图 6-15　扫描式冲击回波检测系统

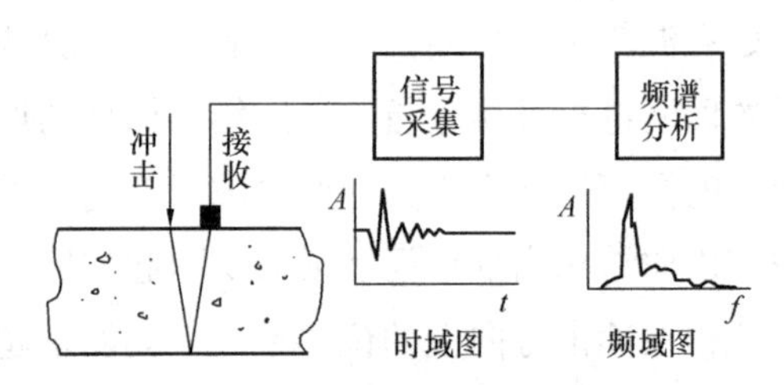

图 6-16　冲击回波测试原理

（2）信号接收传感器

冲击源冲击混凝土表面产生的振动由压缩波（纵波）、剪切波（横波）和瑞利波（表面波）组成。瑞利波沿表面传播；纵波、横波则向混凝土结构内传播，当遇到结构与其他介质的界面时反射，并在表面与界面之间形成多次反射。冲击回波测试接收的主要是横波的反射回波信号。安放在混凝土表面的接收传感器在响应回波信号的同时，也混入了其他振动信号，如何使传感器在回波频率附近有较高的频率响应，而抑制其他振动信号（如瑞利波最先到达传感器），是测试成功的关键。一般传感器所接收到的冲击信号中，各种信号成分混杂在一起，其反射波信号很难分辨。锥形传感器是一种针对冲击回波测试研制的接收传感器，该传感器主要由 3 个部分组成：①锥形压电晶体，它具有宽带并对横波有较好的频响特性，是将回波转换成电信号的元件；②背衬，它抑制、衰减沿表面传播的振动信号；③放大器，放大回波电信号。

（3）信号采集与处理系统

冲击回波信号经过 A/D（模/数）转换后被采集、存储下来，采样频率范围多采用 100～500kHz，根据测试的厚度、精度来确定。计算机对所采集的信号进行滤波、平滑、快速傅里叶变换（FFT）等处理后，将回波信号的频率幅值谱显示出来。由于厚度在信号中占主要成分，因此厚度频率幅值峰在频谱图中较为突出，混凝土厚度即可根据其回波频率 f 及波速 v 计算得到。当需要更加精确的数据时，还可通过频率细化处理提高测量精度。

（4）波速测试

由于混凝土原材料、配合比、设计强度等的差别，冲击回波试验中需根据不同结构的混凝土测定其应力波速度 v。应力波速度常采用两种方法测试：①通过超声仪测量混凝土的声波速度，根据应力波速度约为声波速度 0.9 倍的关系，估算结构混凝土应力波速度值；②采用冲击回波试验测定被测混凝土结构上一已知厚度 T 处的厚度频率 f，根据 T、f 值求得 v 值。显然，通过冲击回波测试得到的速度值较为准确，但条件是现场必须有一已知厚度的混凝土块。

3. 检测系统技术参数

冲击回波法分单点式和扫描式，单点式冲击回波系统每小时可测 30～60 个点，用于较小、非常关键的部位，通过仪器屏幕上象征性波形判断厚度及有无缺陷，而且为了保证准确率，有时要反复测数次以保证结果可靠，因而检测效率低，每分钟只能测 1～6 个可靠数值。而扫描式冲击回波系统采用滚动传感器技术，每小时可测 2000～3000 个点，可进行大面积普查检测，极大地提高了检测效率，可沿直线以 2.5cm 的间隔进行快速测试，多条测试线组成的测试数据经软件处理可快速三维成像，直观显示结构的厚度变化以及缺陷位置及程度。图 6-17 是 IE Scanner 扫描式冲击回波测试系统。

该仪器的主要技术特点如下：

（1）冲击器单元与接收器单元一体化设计，冲击器采用内置螺线管冲击器，接收器采用滚动接收传感器，只需一个测试面，如图 6-17 所示的小推车式设计；

（2）能采用慢速的步行速率进行连续测试，每隔 1ft 测试一个点，每小时能完成 3000 个点的测试，测试速度快，每分钟可获 60～100 个包括缺陷、厚度信息的检测值；

图 6-17　IE Scanner 扫描式冲击回波测试系统

（3）测试的厚度范围为 5～180cm，在已知厚度处标定后每个测点直接得出结构厚度或缺陷位置、深度信息，测试精度可达±2%；

（4）测试的数据能够用分析软件分析后获得混凝土厚度，并对内部缺陷（空洞、蜂窝、裂缝、剥离等）进行三维成像，准确、直观显示厚度变化及缺陷位置；

（5）机械冲击产生的低频声波（频率范围通常在 2～20kHz），避免了超声波测试中遇到的高信号衰减和过多杂波干扰问题。

在测试时，系统主要考虑了两种路径，一种是无管道无缺陷时的路径，一种是有管道或缺陷时的路径，以绕射为主。在测试中从孔洞处得到的直接回波不进行观测。孔洞处只

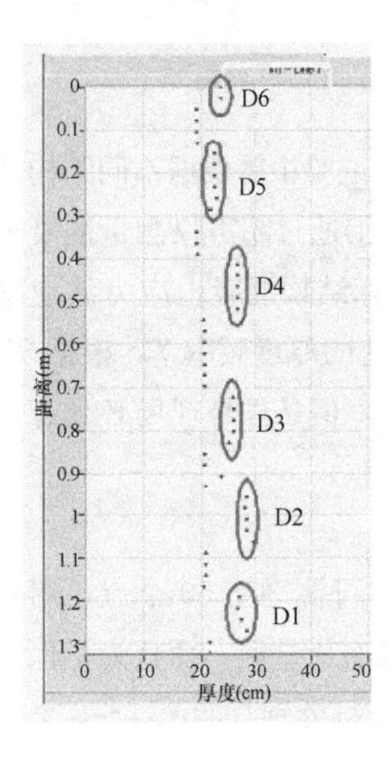

图 6-18　测点采集图

考虑因频域漂移而得到的厚度增加值。

4. 测试实例

图 6-18 为对张拉预应力管道内缺陷的模型用扫描式冲击回波法检测的结果，图中画圈的 D1 到 D6 区域，代表了管道 M1-1 到 M1-6 共 6 条管道的位置。图 6-19 的二维图形通过颜色的深浅来表示厚度偏移量的大小，颜色由浅入深，代表厚度越来越大。通过颜色的判断，相邻条形的深色区域之间有大量的浅色区域，深色区域代表偏移量大的有缺陷的地方，浅色区域代表偏移量小的混凝土无缺陷区。横向上呈条形分布的深色区域代表管道走向，与模型中实际管道走向相符，纵向上深色区域与浅色区域相间分布，能区分管道在纵向上的位置；在铁管区域（图 6-19 下部），M1-5 处颜色最浅，M1-6 处其次，M1-4 处最深，可判断管道内压浆情况；在塑料管区域（图 6-19 上部）则没有相同的情况。将三维图像与二维图像相比较，三维图在颜色深浅表示厚度的同时，还标出厚度的数值。

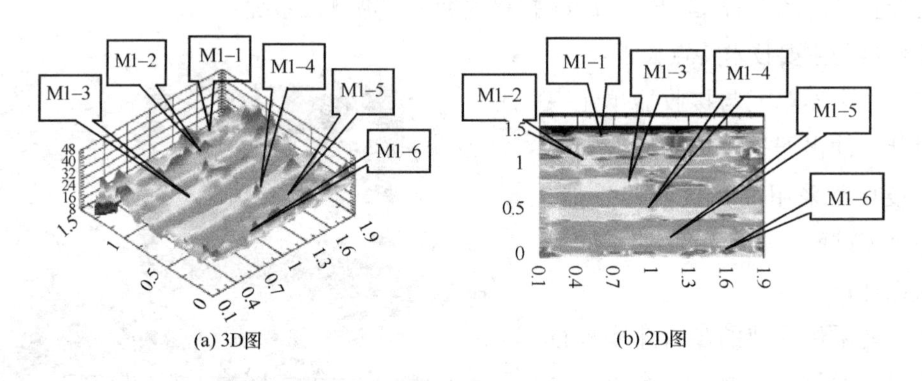

图 6-19　检测结果的 3D 和 2D 图

第三节　地 质 雷 达 探 测

一、地质雷达探测的原理与方法

1. 地质雷达探测的原理

地质雷达探测以电磁波传播理论为基础，是一种地下甚高频～微波段电磁波反射探测法。其探测原理是：以目标体与周围介质的介电性质差异为前提，通过发射高频电磁波（中心频率为数十兆赫兹到上千兆赫兹），以宽带短脉冲形式在掌子面上由发射天线 T 送入前方，经目标体界面反射回来，由接收天线 R 接收，如图 6-20（a）所示；电磁波信号在介质中传播，遇到介电性质不同的分界面就会产生反射、色散和衰减等现象。在时域上得到反射回波及其往返传播时间，并首先沿两天线所在表面形成直达波被最先接收到，作为系统起始零点。取反射波往返时间的一半，乘以相应介质的雷达波速度便得出反射目标所在深度，再根据反射波的形状、幅度及其在横向和纵向上的组合特征和变化情况，结合地质背景，判断目标性质即进行目标识别或地质解释，如断层破碎带、溶洞等。发射和接收天线在测线上按一定的间距同步移动，获得该测线的雷达探测图像（图 6-20b）。

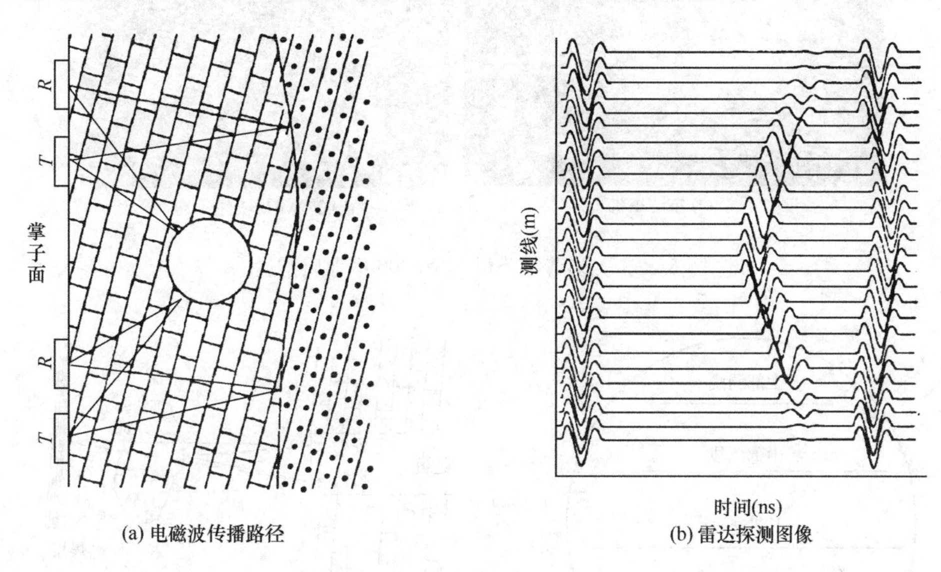

(a) 电磁波传播路径　　(b) 雷达探测图像

图 6-20　雷达探测原理示意图

2. 地质雷达系统

地质雷达系统主要由以下几部分组成：

（1）控制单元：控制单元是整个雷达系统的管理器，由计算机对如何进行探测给出详细的指令。控制单元控制着发射机和接收机，同时跟踪当前的位置和时间；

（2）发射机：发射机根据控制单元的指令，产生相应频率的电信号并由发射天线将一定频率的电信号转换为电磁波信号向目标体发射，其中电磁信号主要能量集中于向探测的介质方向传播；

（3）接收机：接收机把接收天线接收到的电磁波信号转换成电信号并以数字信息方式进行存储；

（4）电源、电缆、通信电缆、触发盒、测量轮等辅助元件。

图 6-21 和图 6-22 分别为地质雷达系统构成框架图和某型号地质雷达仪器设备图。根据探测前方的岩性特征及现场的工作条件，进行

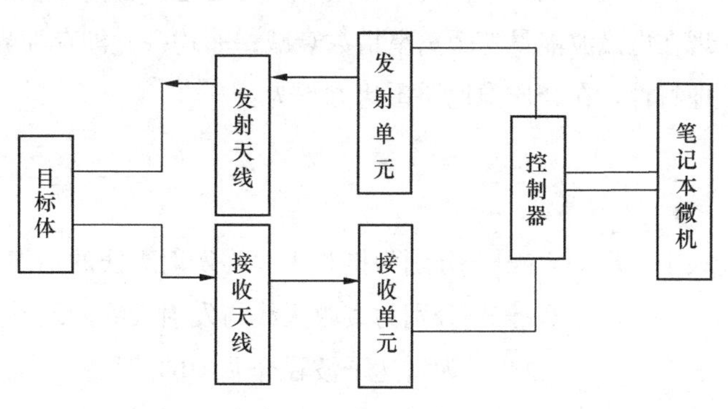

图 6-21　地质雷达系统构成框架图

每个采样点、增益和介电常数等仪器参数调整与设置。对隧道进行现场探测时，在掌子面上来回进行多次、多时窗探测，图 6-23 和图 6-24 分别为隧道掌子面探测线布置和现场探测工作过程示意图。

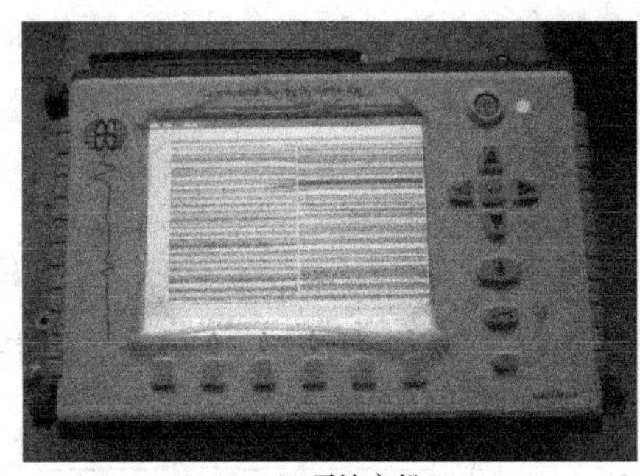

(a) 雷达主机

(b) 270MHz 天线

图 6-22　美国劳雷公司 SIR-3000 型地质雷达

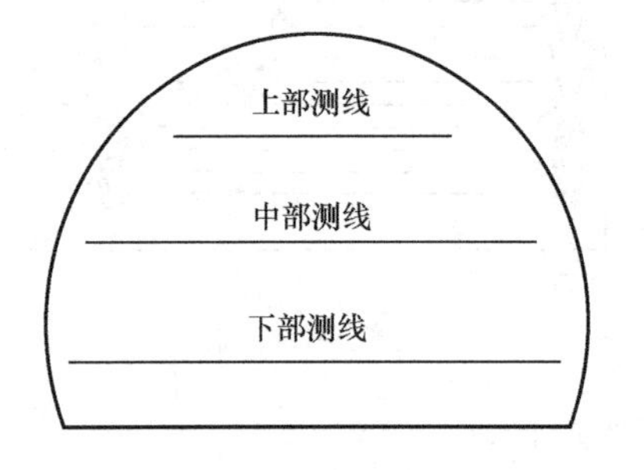

图 6-23　隧道掌子面测线布置示意图

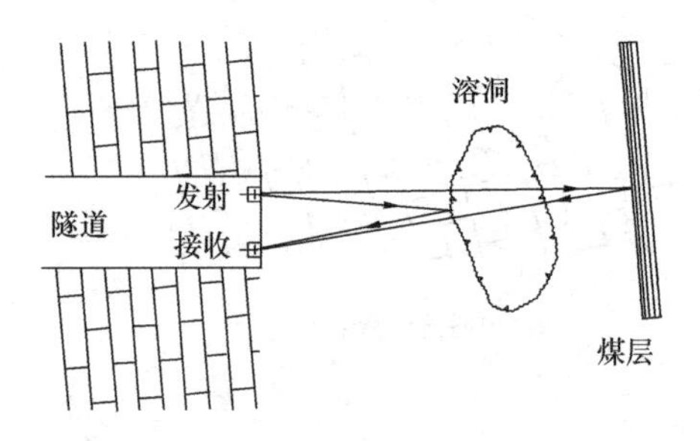

图 6-24　隧道现场探测工作过程示意图

3. 地质雷达的技术参数

(1) 地质雷达方程

地质雷达遵循几何光学原理。根据回波的单程传播时间和电磁波在相应介质中的传播速度确定目标距离，并通过综合分析判断目标性质。影响波形的因素主要有仪器性能、地下介质和界面（目标）特性。

空气一般被看作均一介质，而地层是一种高损耗的非均一导电介质，这种高损耗性表现在电磁波能量随距离呈指数衰减；非均一性即存在界面，界面两侧的介质具有不同的物理特性，在介质中地质雷达方程为：

$$P_{\mathrm{R}}=\frac{P_{\mathrm{T}}G_{\mathrm{T}}G_{\mathrm{R}}\lambda^{2}g\mathrm{e}^{-2\alpha R}}{(4\pi)^{3}R^{4}} \tag{6-43}$$

式中　P_{R}、P_{T}——分别为接收天线与发射天线的功率；

G_{R}、G_{T}——分别为接收天线与发射天线的增益，一般 $G_{\mathrm{R}}=G_{\mathrm{T}}=G$；

λ——为雷达子波在介质中的波长；

g——目标体向后散射截面因子；

α——介质的衰减系数；

R——天线到目标体的距离。

系统的信噪比为：

$$\left(\frac{S}{N}\right)=\frac{P_R}{N_0/2}=\frac{P_T G^2 \lambda^2 g e^{-2\alpha R}}{(4\pi)^3 R^4 (N_0/2)} \tag{6-44}$$

式中　$N_0/2$——背景噪声的功率谱密度。

功率谱密度依赖于雷达接收天线的系统噪声，定义为：

$$N_0/2=K_B T_0 F_N \tag{6-45}$$

式中　K_B——Boltzmann 常数（1.38×10^{-13}J/K）；

T_0——系统温度（290K）；

F_N——系统噪声系数。

如果接收天线不完全匹配，耦合系数 $C_M<1$。如果接收天线完全匹配，耦合系数 $C_M=1$，则信噪比可表示为：

$$\left(\frac{S}{N}\right)=\left[\frac{P_T C_M G^2}{K_B T_0 F_N}\right]\cdot\left[\frac{\lambda^2 g e^{-2\alpha R}}{(4\pi)^3 R^4}\right]=A\cdot B \tag{6-46}$$

式中　A、B——分别与雷达系统、介质性质有关。

（2）地质雷达的探测距离

地质雷达所能探测到的目标体的深度称为地质雷达的探测距离，当 $S/N=1$ 时，为最大探测距离。由式（6-46）可知，当一个地质雷达系统选定后，因子 A 也就随之确定了。因此，地质雷达波在介质中传播的距离 R，主要由电磁波长 λ、目标体向后散射截面因子 g 和介质的衰减系数 α 所决定。下面定性地分析同一目标体在衰减介质中的传播距离。

在均匀的衰减介质中，电磁波传播的波长 λ 与衰减系数 α 为：

$$\lambda=V/f=\frac{C}{f\sqrt{\mu_r\varepsilon_r}} \tag{6-47}$$

$$\alpha=\frac{\sigma\cdot Z_0}{2\cdot W\cdot R\cdot\varepsilon_r} \tag{6-48}$$

式中　C——电磁波在自由空间中的传播速度；

μ_r——介质的相对磁导率；

ε_r——介质的相对介电常数；

σ——电导率；

Z_0——自由空间的波阻抗；

W——能量衰减系数；

f——电磁波的频率。

由式（6-46）～式（6-48）可知，地质雷达的传播距离，仅与相对介电常数、磁导率、电导率，以及电磁波的频率有关。

从而看出，雷达波进入地下介质后，速度变小，波长缩短，因此分辨率有较大提高。

（3）界面（目标）的电磁特性

地下界面的特性（包括电磁特性和形状特性）直接影响着电磁波的反射，能够反映界面电磁特性的物理量是反射系数，由于功率反射系数 η 与电场反射系数 L 成平方关系，即 $\eta=L^2$。对于地下只有一个界面的情形，可导出电场反射系数 L，即

$$L=\frac{Z_2-Z_1}{Z_2+Z_1} \tag{6-49}$$

式中 Z_1、Z_2——分别为第 1、2 层介质的波阻抗（Ω）；

L——电场反射系数。

地下有多个界面时，求解某一界面的反射系数要考虑到其他各个界面对该界面的影响，故情形较为复杂。对于地下有 3 层介质的情形，第 1 个界面的电场反射系数为

$$L_1=\frac{(Z_2+Z_3)(Z_2-Z_1)+(Z_3-Z_2)(Z_2+Z_1)\exp(2jk_2h_2\cos\theta_2)}{(Z_2+Z_1)(Z_3+Z_2)+(Z_2-Z_1)(Z_3-Z_2)\exp(2jk_2h_2\cos\theta_2)} \tag{6-50}$$

式中 Z_1、Z_2、Z_3——1、2、3 层介质的波阻抗（Ω）；

k_2——第 2 层介质的传播常数；

h_2——第 2 层介质的厚度（m）；

θ_2——第 2 层介质的折射角（°）。

从公式可以看出，界面两侧介质的波阻抗差异越大，反射越强，而波阻抗的差异体现在相对介电常数 ε_r、电导率 σ 和磁导率 μ 的差异上，一般岩石为非强磁性介质，$\mu\approx\mu_0$ 变化不大，而变化较大的是 ε_r 和 σ，因此，反射系数主要取决于界面两侧介质的相对介电常数和电导率的差异，这种差异越大，反射越强。

（4）高频电磁参数（ε_r，σ）的影响因素

磁导率的影响可忽略，则电磁波在介质中的传播距离实际仅由相对介电常数、电导率与雷达波的频率决定，可由能量衰减系数 W 来表示：

$$W=2\cdot\pi\cdot f\cdot\varepsilon_r\cdot\sigma \tag{6-51}$$

当电磁波的频率越高，它在介质中衰减越快，传播距离越短；当电磁波的频率一定时，介质的相对介电常数较大，电导率较大时，地质雷达波会很快衰减，传播距离短，地质雷达探测的深度浅。反之，介质的相对介电常数较小，电导率也较小时，地质雷达波衰减慢，传播距离远，地质雷达探测的深度较深。表 6-1 列出了一些常见介质的相对介电常数、电导率、电磁波在介质中的传播速度与吸收系数。据此可知，地质雷达波在金属中传播会很快衰减，而在空气中几乎不会衰减。

介质的相对介电常数、电导率、介质中的传播速度与吸收系数　表 6-1

介质	ε_r	σ (ms/m)	v (m/ns)	β (dB/m)
空气	1	0	0.3	0
淡水	80	0.5	0.033	0.1
海水	80	3×10^4	0.01	1000
干砂	3～5	0.01	0.15	0.01
饱和砂	20～30	0.1～1.0	0.06	0.03～0.3
石灰岩	4～8	0.5～2	0.12	0.4～1
泥岩	5～15	1～100	0.09	1～100
粉砂	5～30	1～100	0.07	1～100
黏土	5～40	2～1000	0.06	1～300
花岗石	4～6	0.01～1	0.13	0.01～1
岩盐	5～6	0.01～1	0.13	0.01～1
冰	3～4	0.01	0.16	0.01
金属	300	10^{10}	0.017	10^8
PVC 塑料	3.3	1.34	0.16	0.14

地下介质的高频电磁参数 ε_r 和 σ 由介质自身的性质决定，并受赋存的外部环境影响。在雷达频率为 160MHz 时岩石的相对介电常数 ε_r 变化较大，一般为 3.0～9.0，个别介质可达 40，水为 81。岩石的电导率变化较大，可从 10^{-8} 到 10^{-2} 量级，石墨可达 10^4～10^6 量级。

相对介电常数随工作频率的升高而降低，在微波段趋于稳定；随地层含水量的增加而增大，但在含水量超过 5%后增加趋缓；在高温、高压下不发生变化。随着工作频率的提高，ε_r 和 σ 随之变化，地层对电磁波的衰减也急剧增大，电导率随工作频率和温度的升高而升高。另外，地层的电导率还具有各向异性。

综上所述，地下非均一介质由于相对介电常数与电导率的明显差异而构成了电磁波反射界面，如含水层与围岩、空洞、溶洞、陷落柱、断层面及煤层顶底板等都是良好的反射界面。

(5) 分辨率

地质雷达的分辨率是指对多个目标体的区分或小目标体的识别能力，取决于脉冲的宽度，频带越宽，时域脉冲越窄，它在射线方向上时域空间的分辨率就越强，或者说深度方向上的分辨率越高。地质雷达的分辨率可分为垂直分辨率和水平分辨率，地质雷达在垂直方向和水平方向上所能分辨的最小异常体的尺寸称为垂直和水平分辨率，其主要取决于介质的吸收特性、天线方向及移动步距等因素。理论上可把 $\lambda/8$ 作为垂直分辨率的极限（波长 λ），但考虑到噪声等因素，一般把 $b=\lambda/4$ 作为垂直分辨率的下限。

雷达剖面的水平分辨率通常可用菲涅尔（Fresnel）带的直径来说明。根据惠更斯电磁波干涉原理，当反射界面的埋深为 H，发射、接收天线间的距离远小于 H 时，第一菲涅尔带的直径可按下式计算：

$$d_F=\sqrt{\frac{\lambda H}{2}} \tag{6-52}$$

式中 λ——雷达子波的波长，$\lambda=v/f$；

H——异常体埋藏的深度。

地质雷达对于单个异常体的横向分辨率要远小于第一菲涅尔带半径。然而要区分两个水平的相邻异常体，所需最小横向距离要大于第一菲涅尔带半径。在噪声较强的场地环境中，地质雷达分辨率将大大减小。

4. 地质雷达信号采集方案确定

地质雷达的信号采集方案涉及场地环境分析及测量参数的优选。测量参数选择合适与否关系到地质雷达测量的应用效果。选取的测量参数包括天线频率、发射-接收天线间距、时窗、采样率、测点点距等。从大量的工程实践中发现正确选择天线频率与发射-接收天线间距极其重要。

(1) 场地环境分析

每接受一个地质雷达测量任务都要对目标体特征与所处环境进行分析，以确定地质雷达测量能否取得预期效果。

目标体的电性（相对介电常数与电导率）必须弄清楚，地质雷达应用的成功与否取决于目标介质是否有足够的反射与散射能量为系统所识别。当围岩与目标体相对介电常数分别为 ε_h 与 ε_t 时，目标体功率反射系数 P_r 的估算式为：

$$P_r=\left|\frac{\sqrt{\varepsilon_h}-\sqrt{\varepsilon_t}}{\sqrt{\varepsilon_d}+\sqrt{\varepsilon_t}}\right|^2 \quad (P_r\geqslant 0.01) \tag{6-53}$$

一般情况下可参考表 6-1，特殊应用时可进行介质的相对介电常数的测试工作。

围岩的不均一性尺度必须有别于目标体的尺度，否则目标体的响应将淹没在围岩变化特征之中而无法识别。

测区的工作环境必须查明。当测区内存在大范围金属体或无线电射频源时，将对地质雷达探测形成严重干扰。由于地质雷达信号在介质中以指数衰减，在空气中以几何级数衰减，地面上大的物体（如大石块、树等）会形成较强的散射。

此外测区的地形、地貌、温度、湿度等条件也将影响到测量能否顺利进行，必须要查明。

(2) 天线中心频率的选择

天线中心频率的选择应兼顾目标体深度、目标体最小尺寸以及天线尺寸是否符合场地的需要。一般来说，在满足分辨率且场地条件许可时，应该尽量使用中心频率较低的天线。如果要求的空间分辨率为 x（单位：m），围岩相对介电常数为 ε_r，则天线中心频率可由下式初步选定：

$$f=\frac{150}{x\cdot\sqrt{\varepsilon_r}} \tag{6-54}$$

根据初选频率，利用雷达探测距离方程，可计算出探测深度。如果探测深度小于目标深度，则需降低频率以获得适宜的探测深度。

(3) 发射-接收天线间距的选择

地下半空间的辐射场强 $E^{(1)}$ 公式：

$$E^{(1)}=\frac{\omega^{2}\mu_{0}p}{4\pi}\cdot\frac{z\cos\theta_{0}}{\cos\theta_{0}+\sqrt{n^{2}-\sin^{2}\theta_{0}}}\cdot\frac{e^{jk_{1}r}}{r} \tag{6-55}$$

式中　ω——天线频率；

μ_0——媒介质磁导率；

p——源的电偶极矩；

n——媒介质的折射率；

θ_0——电磁波的入射角；

j——相位参数，表示相位超前 90°；

k_1——相位常数，等于 $2\pi/\lambda$；

z——天线长度；

r——源到观测点的距离。

图 6-25 为理论与按比例模型实测的电偶极子辐射方向图，条件为：天线互相平行且垂直于测线。从图中可以看出：①地下介质的相对介电常数越大，偶极子源的辐射功率就越往下集中；②地下辐射场 $E^{(1)}$ 在临界角 $\sin\theta_0=\sqrt{\varepsilon_0/\tilde{\varepsilon}_1}$ 方向上辐射方向强度最大。

在设计地质雷达探测方案时，发射-接收天线间距是一个很重要的参数。适当选取发射-接收天线间距，可使来自目标体的回波信号增强。由图 6-25 可知在介电折射率随深度而增加的情况下反射振幅系数随辐射角增大而增加，在临界角时达到最大。然而同时，地质雷达的记录振幅受几何波前扩散与衰减项增大的影响趋于减少，因而存在有一个使反射振幅最大的最优天线间距，在不同地区，由于地层衰减的不同，该发射-接收天线间距一般是不同的。最优的发射-接收天线间距一般通过试验选取或依经验值选定。

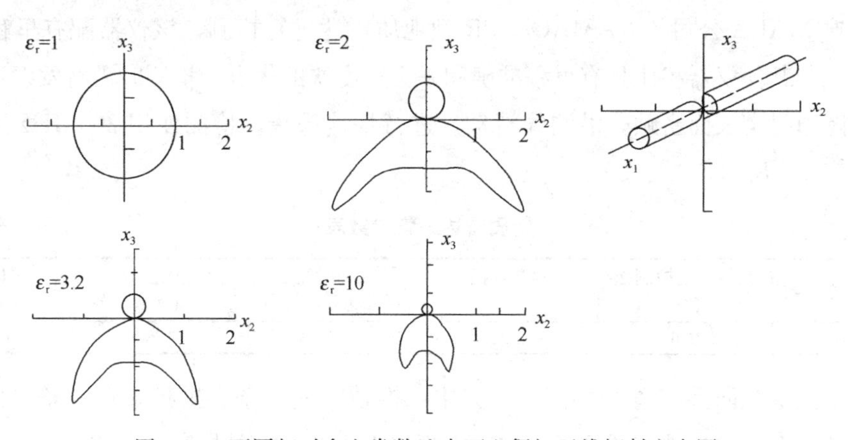

图 6-25　不同相对介电常数地表面上偶极天线辐射方向图

(4) 天线的极化方向

偶极子是地质雷达天线辐射线性极化波。偶极子接收天线对地下目标体散射波的极化方向比较敏感，它依赖于入射电磁波的极化方向。这意味着设计测量方案中，在进行数据处理和地质解释时，极化是一个须考虑的重要因素。

天线的取向要保证电场的极化方向平行于目标体的长轴方向或走向方向，在某些情况下，当目标体的长轴方向不明或要提取目标的方向特性时，最好使用两组正交方向的天线分别进行测量。

(5) 工作特性

工作频率越高，波长越大，能量衰减越慢，探测深度越大，同时分辨率越低。此外探测深度还取决于介质的衰减系数、接收器的信噪比和灵敏度、发射器发射功率、系统总增益、目标的反射系数、几何形状及其产状等。

对于地质雷达在隧道工程地质超前预报中的应用，可得到如下认识：

1) 地质雷达可进行短距离地质预报，根据所采用的工作频率不同，50MHz～2GHz，探测距离从 0.2m 到 40m，并可分辨较小的地质异常目标；

2) 地质雷达对水敏感，并能够探测中风化～强风化破碎带或断层破碎带、溶洞；

3) 在掌子面附近实施超前探测时，地质雷达系统由于工作频率高，因此不受交流电、机械振动等干扰，但为了取得高质量信号对掌子面表面平整状况有一定要求；

4) 由于可分辨较小尺寸的目标，所以在地质情况较为复杂或不均一性较突出的情形下，现场应有较大测线密度才不易漏探；

5) 地质雷达对反射目标体远处一侧的边界定位有时还不准确，但可与地震波法(TSP 或 TGP) 长距离预报结合使用，相互印证。

二、 隧道衬砌质量和厚度检测

隧道衬砌质量和厚度的地质雷达检测采用剖面法，即发射天线 (T) 和接收天线 (R) 以固定间距沿测线同步移动的测量方式，其结果可用地质雷达时间深度剖面图表示。某工程采用瑞典 MALA 公司的 RAMAC/GPR 型地质雷达进行检测，该仪器配有里程轮及高速采集盒，与其他仪器相比具有里程准确和采集速度快的优点，检测时需将发射天线和接收天线与隧道衬砌表面密贴，沿测线滑动，进行快速采集。检测使用 800MHz 天线，采集参数如表 6-2 所示。

地质雷达采集参数表 **表 6-2**

地质雷达工作参数	天线间距检测面 (m)	测点点距 (m)	采样时窗 (ns)	叠加次数 (次)	采样频率 (MHz)
设定值	0.5	0.02	40	128	10000

通常沿隧道纵向共布置 5 条测线，其中：拱顶布置 1 条、拱腰布置 2 条（两侧各 1 条，距边墙 2.5m)、边墙布置 2 条（水沟盖板以上 1.2m)。具体布置方式如图 6-26 所示。

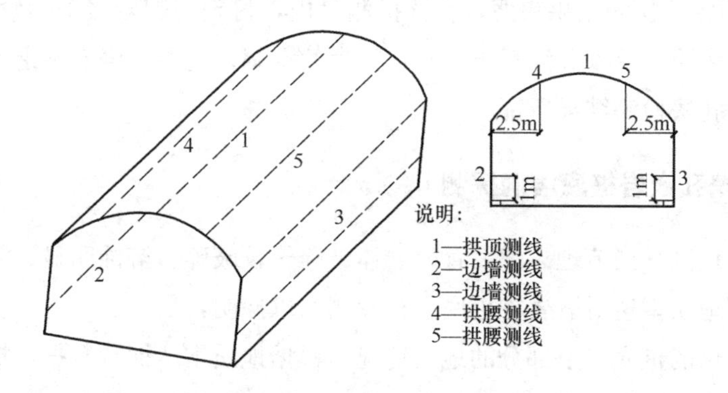

图 6-26　地质雷达测线布置示意图

原始数据（时间剖面）经过数字处理后可以得到时间深度剖面图（图 6-27），对时间深度剖面图加以分析即可获得衬砌厚度及浇筑情况等。

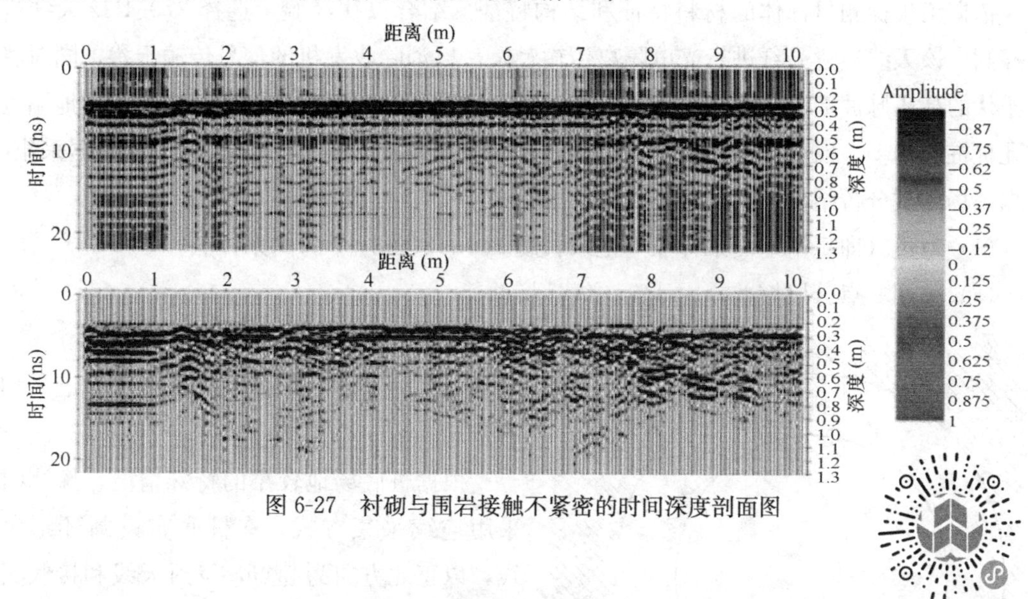

图 6-27　衬砌与围岩接触不紧密的时间深度剖面图

图6-27、图6-28彩图

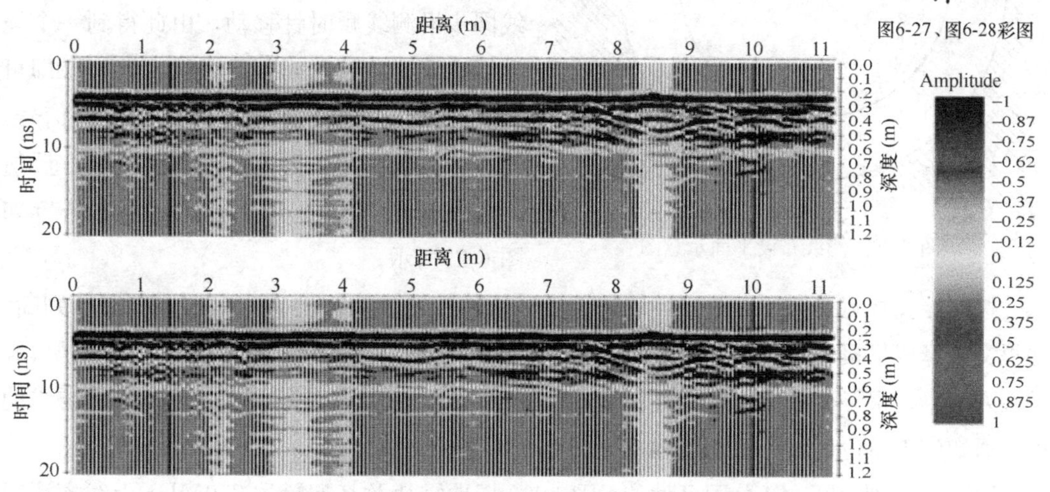

图 6-28　衬砌混凝土内大空洞的时间深度剖面图

图 6-27 地质雷达探测结果表明，在该探测段内，衬砌与围岩接触不紧密；图 6-28 地质雷达探测结果表明，探测段混凝土衬砌存在大的空洞，混凝土浇筑不密实。上述检测结果与判定已为钻孔法检测结果所证实。

三、 人工挖孔嵌岩桩底溶洞探测

在石灰岩桥址区，当节理裂隙发育、岩体破碎～较破碎、溶蚀明显、溶孔溶隙等现象发育时，需要用地质雷达对嵌岩桩桩底进行探测，以探明：

(1) 对照提供的桩底以上部分的地质情况，根据地质雷达探测数据，探测嵌岩桩桩底以下 4 倍桩径或 6m 深度范围之内的岩溶、裂隙或破碎等不良地质现象；

(2) 判断嵌岩桩桩底以下持力层厚度是否满足相关要求，以便在施工时采取恰当的措施，保证桩体达到设计承载力。

依据工程探测目标体的材料特征和结构特征，结合以往经验，选择 270MHz 天线进行探测，该天线通过光纤进行光电隔离传输触发，以消除收发机的信号传输干扰，同时将上千伏的高压脉冲馈入天线进行探测。探测时，在布设的测线位置上使天线尽可能地贴近挖孔桩桩底移动，以保证天线对桩底的耦合性；主机由单人操作，在地面进行数据采集。根据现场调试分析结果，确定主要参数如下：

(1) 每道（即每个地面采样点）记录长度 160ns，1024 个时间采样点；

(2) 采用 9 点分段增益，由浅至深线性增益；

(3) 相对介电常数 7。

(4) 为了消除外界干扰，选用 5 道平均的方式。

根据桩底场地较小的特殊情况，探测时采用连续采集方式，在桩底布设圆环形测线，以正北方向为起点，发射天线和接收天线同步沿测线顺时针移动，由此得到一个地质雷达反射波的时间剖面图像。该记录即可反映出测线下方不同电性界面的反射信号，经过相关数据处理后便可得到测线下方反射界面的起伏变化及介质分布，测线布置如图 6-29所示。

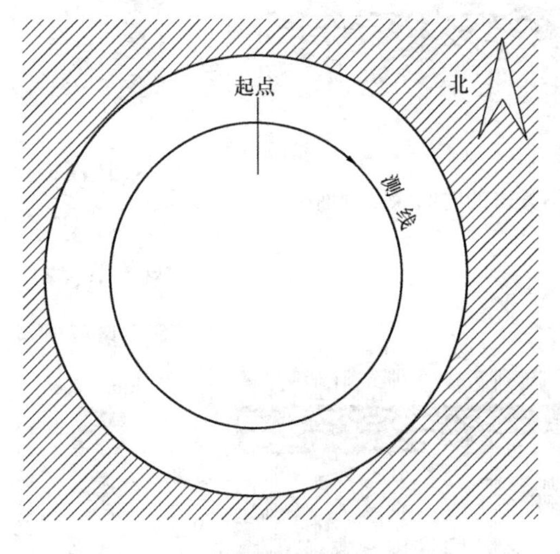

图 6-29　测线布设平面示意图

按照相关规范对桥址区内嵌岩桩进行桩底岩体探测，数据处理后对探测桩进行判断，并提交解释成果报告。对于不符合持力层要求的桩，及时提供异常体性质、位置和规模等一系列信息，报予业主后根据相关规范进行处理，处理完成后进行重测；对于符合要求的桩，通知施工单位可以按照相关规范进行下一步施工。

图 6-30 是使用 GSSI 公司开发的 SIR-3000 探地雷达及其配置的 270MHz 天线探测得

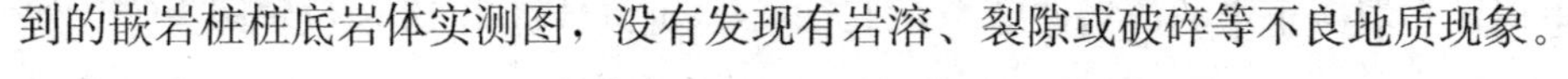

到的嵌岩桩桩底岩体实测图，没有发现有岩溶、裂隙或破碎等不良地质现象。

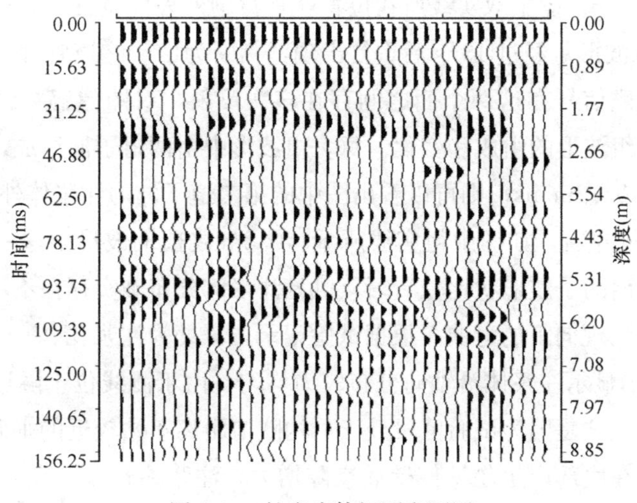

图 6-30　桩底岩体探测实测图

四、 盾构隧道壁后注浆效果探测

盾构隧道壁后注浆效果直接影响隧道的沉降量，通常根据现场隧道和地表的沉降观测数据，来决定是否进行二次注浆或补偿注浆，但根据沉降观测指导再进行注浆控制，在时间上已经滞后了，而且，难以准确知道浆液分布不均匀的地方，注浆控制点的选择往往会比较盲目。利用地质雷达检测壁后注浆质量，能较好地弥补上述缺陷。

以上海地铁区间隧道为例，盾构隧道大多数采用 350mm 厚的管片，盾尾脱出后在管片外形成 100mm 左右的空隙，要探测的注浆体分布的范围要大于盾尾脱出后产生的空隙，因此，地质雷达探测深度可以拟定为 500mm，根据计算，200MHz 天线可以使探测深度达到 750mm 以上。为了能够全方位了解壁后注浆情况，在隧道轴向和环向上均应布测线形成网格，将各测线综合分析，就可以得到管片壁后注浆分布状况。网格状探测测线布置方案如图 6-31所示。

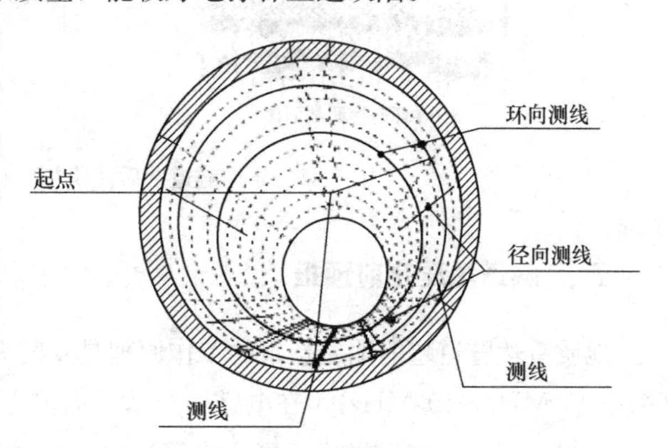

图 6-31　盾构隧道中探地雷达测线布置方案

图 6-32（a）是地质雷达探测剖面图。图中横坐标为测线上的点，0 点位于图中测线起点所标示的位置。图中左侧纵坐标为电磁波双程旅行时间（ns），横坐标为探测深度（m）。从图 6-32（a）中可以看出：在 7ns 位置为 0 点，图中以双虚线表示，从波形看为空气直达波。因为试验中天线即密贴钢筋混凝土管片表面，所以零点位置即钢筋混凝土管

片内表面。电磁波在混凝土中的传播速度为 0.12m/ns，可以计算出 14ns 位置即为管片外表面，深度 $Z=0.36$m。图中双实线所在位置就是衬砌外表面位置，表现为第一道强反射波。14～25ns 部分波形每经过 13ns 后重复出现，判断为由于隧道管片的两个表面是电磁波的强反射面，电磁信号在这两个面之间存在多次反射，对图像解释带来一定影响。因此，应主要关注一组波形的组成和变化。每一组波形中由两道子波组成，取电磁波在注浆体中的传播速度为 0.12m/ns，则可以看出图中的第二道子波为注浆体外表面的反射信号，注浆体厚度在 0.1m 左右，如图中粗实线所示，0.8m 之前的波形中这一道子波位置已经分辨不到了，而后面的子波形状比较清晰，可见注浆体分布确实存在不均匀的现象。图中 1～1.5m 位置波形出现向下的弯曲，根据试验记录，该处为注浆孔。

图 6-32（b）中显示注浆体沿轴向分布较为均匀。由于测线位于隧道底部，从图像上看注浆体厚度较大，这是因为试验区段处于盾构隧道距离车站较近的垂向曲线部分，由于盾构向上转向时，在底部产生超挖使壁后空隙增大，注浆体较厚。在 0～2.5m 处注浆体厚度比其他地方厚，该处可能进行过补浆处理。在 20ns 以下的图像中有不连续的同向轴不均匀分布，是较典型的土层的反射波形。

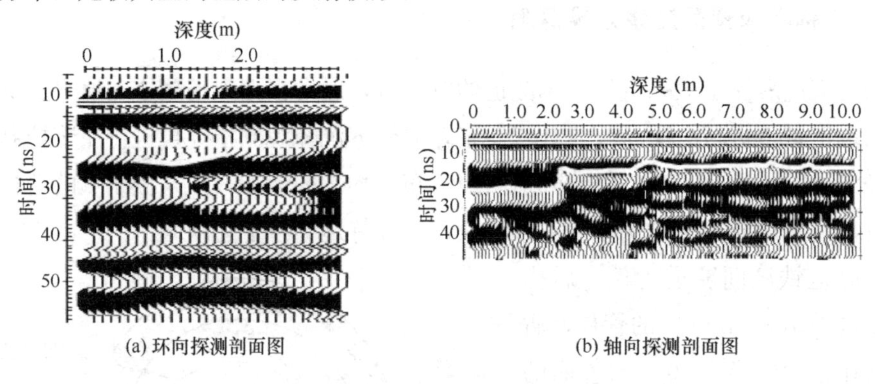

图 6-32 盾构隧道壁后注浆环向和轴向探测剖面图

五、 隧道地质超前预报

地质雷达隧道超前地质预报的工作原理是发射天线向隧道掌子面前方发射电磁波信号(频率 10^6MHz～10^9MHz)，在电磁波向掌子面前方传播的过程中，当遇到电性差异的目标体（如空洞、裂隙、岩溶、富含水等）时，电磁波便发生反射，由接收天线接收反射波。实际上，电磁波在介质界面产生反射就是因为两侧介质的相对介电常数不同，差异越大反射信号越强烈，反之反射信号越差。在对地质雷达数据进行处理和分析的基础上，根据雷达波形、电磁场强度、振幅和双程走时等参数便可推断掌子面前方的地质构造。

地质雷达能发现掌子面前方地层的变化，对于断裂带特别是含水带、破碎带有较高的识别能力。在深埋隧道和富水地层以及溶洞发育地区，地质雷达是一个很好的预报手段。

石灰岩中岩溶形态有：溶蚀孔洞、溶蚀裂隙、溶槽或溶缝、岩溶漏斗、落水洞、溶洞、地下暗河。其充填状态也不同，有充填沙砾、黏土、充水或充水充泥，有无充填、半充填、充满或带压。未充填的干溶洞与空洞的物理性状、地球物理特性、特征是相似的。图 6-33 为溶隙、小溶缝、溶孔发育段雷达图像。

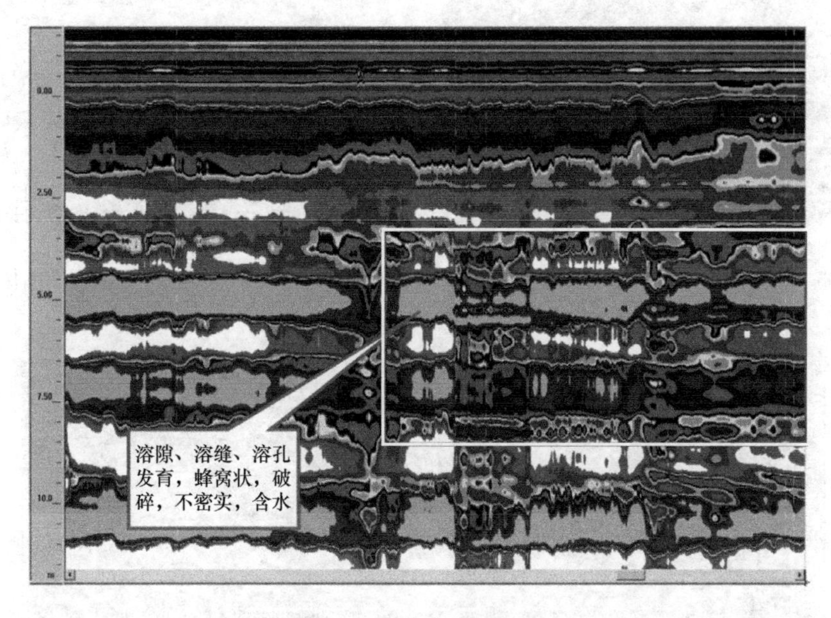

图 6-33　溶隙、小溶缝、溶孔发育段雷达图像

图 6-34 是一个地质雷达探测坎儿井的回波幅度衰减曲线，坎儿井宽度为 60cm，高度 1.3m，顶界埋深 6m，使用频率 160MHz。这时，地质雷达在空气中的波长为 1.875m，而进入坎儿井所处的砂砾层（其相对介电常数约为 9）的波长变为 0.62m。从图中看出，在坎儿井对应的平面部位和顶界深度出现明显衰减。

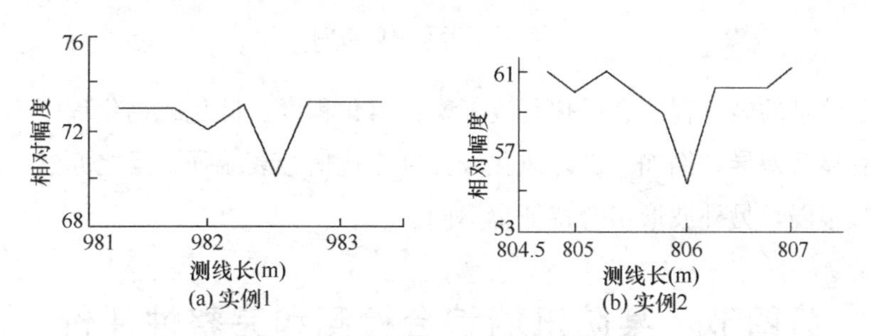

图 6-34　坎儿井的横向衰减曲线

实际应用中，当使用的雷达频率很低时，即其波长相对于探测对象尺寸很大时，雷达灰度图上基本无反映或至多是一个强反射点（白点），不易于分辨解释；当使用的雷达频率较高时，即其在相应介质中的波长显著小于探测对象尺寸时，雷达灰度图上出现典型的反射弧，如图 6-35 所示；当空洞尺寸规模远远大于所使用的工作波长时，反射图像出现强反射条带，有时由于受初次反射表面的影响出现波浪形或锯齿形，如图 6-36 所示。

空洞或溶洞的反射波形特征本应是相似的，但由于工作频率、空洞尺寸规模以及空洞的赋存条件不同，其特征有显著差异，须认真鉴别，图 6-37 为未充填溶洞的雷达图像特征。

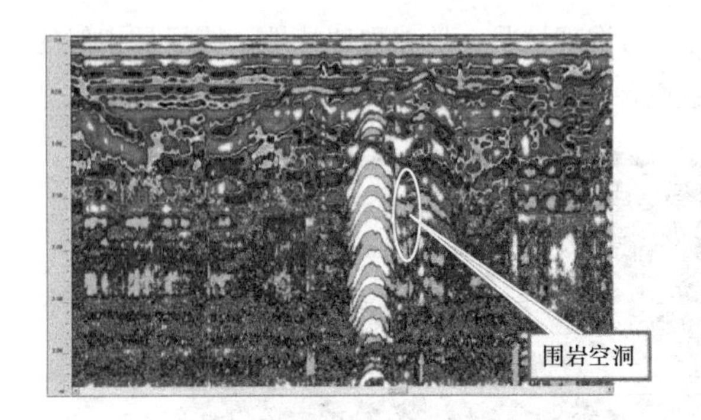

图 6-35　典型的小空洞（溶洞）灰度图图像

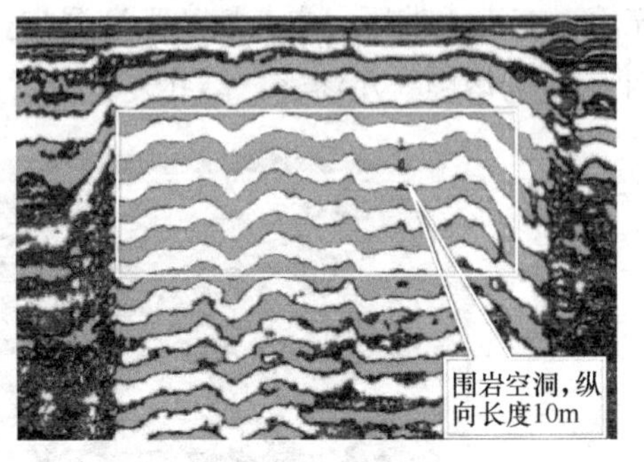

图 6-36　大空洞灰度图图像

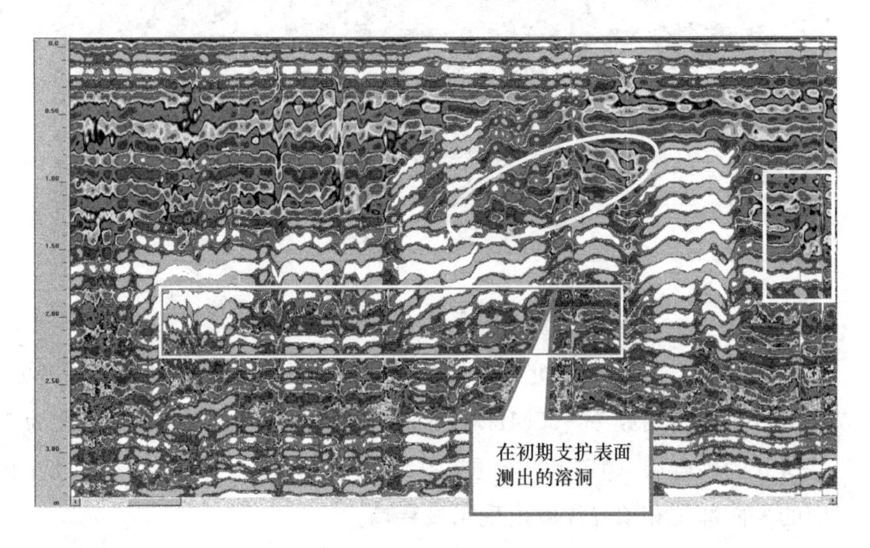

图 6-37　未充填的溶洞

因断层破碎带的破碎程度、风化程度、糜棱岩化程度、硅化或钙化程度不同，其雷达图像特征也有显著差异。例如，破碎风化较强则雷达信号衰减强，反之亦然。糜棱岩硅化或钙化后衰减很弱，另外波形组合特征也不同。

第四节　某防汛墙综合检测和完整性评价

一、工程概况

某防汛墙结构如图 6-38 所示，顶面标高为 6.80m，底面标高为 2.55m，设计地面标高为 4.8m。防汛墙顶部宽度约为 30cm，码头设计吨位为 100t，0～6m 防汛通道禁止堆载，6～10m 设计荷载为 1t/m^2。由于长期以来超重船只的停靠及岸边堆载等诸多因素的影响，防汛墙产生向河道内的位移，明显有位移段长度大约 20m，墙体与原有相邻水平地面发生分离，分离量最大达 9cm。为了确保防汛墙结构能安全地工作，需要对墙体结构的安全性进行检测。

待检测段防汛墙的全景如图 6-39 所示。实测防汛墙墙顶到地面的距离约为 2.7m，墙顶宽度约为 30cm，从墙顶目测发现墙体有稍微的倾斜，墙顶有个别地方存在混凝土剥离现象。为了对防汛墙的完整性进行评估，在现场勘测的基础上，采用多种检测手段相结合的方法对防汛墙体进行检测，综合多种检测的结果对墙体完整性进行判断。

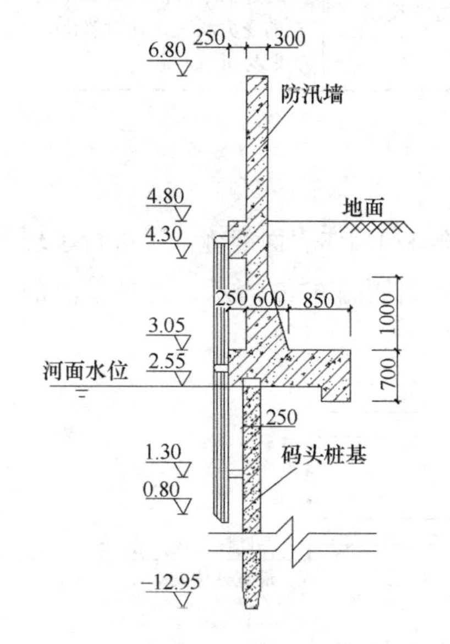

图 6-38　防汛墙结构图
（单位：标高为 m，其余为 mm）

图 6-39　待检测段防汛墙全景图

二、检测方案

由于防汛墙是否断裂的完整性检测是比较特殊的检测任务，且测试现场条件复杂，干扰仪器测试的因素较多，加上墙体本身宽度较窄（约 30cm），在现场测试条件有限，还没有一种能检测防汛墙墙体完整性的成熟方法，因此采用了现场勘测、地质雷达探测法和弹性波探测法 3 种方法相结合的检测方案，然后再用力学反演分析方法，根据现场勘测得到的墙体位移情况对墙体的受力状况进行反演计算分析。在综合以上 4 种方法的基础上对防汛墙的完整性作出评价。各检测方法的实施要点如表 6-3 所示。

检测方案实施要点　　**表 6-3**

检测方法	具体实施过程	预期目标
现场勘测	对防汛墙的现状及位移情况进行必要的测绘，主要包括防汛墙与地坪的脱开情况、墙身裂缝情况以及墙体的倾斜情况	通过现场勘测获得防汛墙的直观现状并为力学反演提供数据
地质雷达探测法	采用美国劳雷公司 SIR-3000 型地质雷达对墙体进行探测，天线频率为 270MHz，沿防汛墙走向布置测线，采用连续测量的方式进行探测	通过分析雷达扫描截面，对墙体完整性进行判断

续表

检测方法	具体实施过程	预期目标
弹性波探测法	在检测范围内沿防汛墙走向每隔0.5m布置测点，在每一个测点处进行弹性波探测，总共测点数约为30个	通过波动理论分析或频域分析，对墙身完整性作出判断
力学反演分析	根据现场勘测得到的防汛墙墙顶水平位移量，采用力学反演分析方法，利用数值计算软件对墙体进行分析	通过力学反演分析墙体现在的受力状况，并对墙体是否断裂进行判断

三、 现场勘测

根据防汛墙的现场情况，对防汛墙与地坪的脱开、倾斜和墙体表面裂缝情况进行了现场量测。现场量测的防汛墙范围为14.0m，防汛墙的平面图如图6-40所示。现场勘测的结果如下所述。

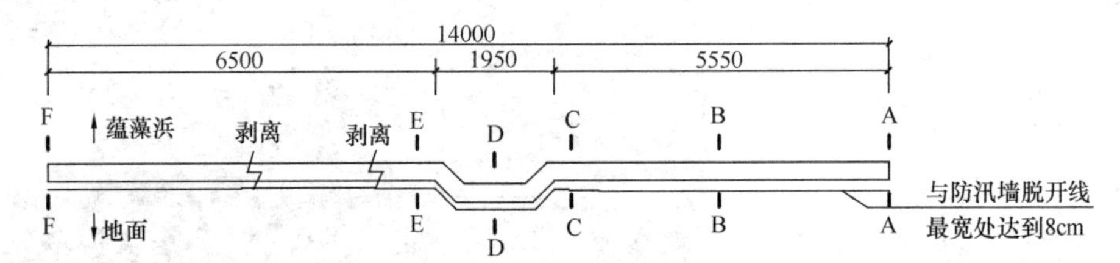

图6-40 待检测段防汛墙的平面图（单位：mm）

1. 防汛墙与地坪的脱开

从现场观测，明显可见被检测段防汛墙与地坪脱开，从被检测段防汛墙最左端（F-F断面）开始，每隔50cm对防汛墙与地坪的脱开量进行测绘，测绘结果列于表6-4。

被检测段防汛墙与地坪脱开距离 **表6-4**

序号	距离左端距离(cm)	脱开距离(cm)	序号	距离左端距离(cm)	脱开距离(cm)
1	0	3.0	16	735	5.0
2	50	2.5	17	785	5.0
3	100	3.0	18	810（拐角）	6.5
4	150	2.0	19	849（拐角）	4.0
5	200	2.0	20	900	6.0
6	250	2.5	21	950	7.0
7	300	3.0	22	1000	7.0
8	350	0.7	23	1050	7.5
9	400	1.0	24	1100	8.0
10	450	1.0	25	1150	8.0
11	500	1.2	26	1200	8.0
12	550	1.5	27	1250	8.0
13	600	2.0	28	1300	8.0
14	650（拐角）	2.0	29	1350	8.0
15	685（拐角）	1.2	30	1400	8.0

由表 6-4 汇总结果可知：整个被检测段防汛墙从左端开始，脱开的距离逐渐增大，与地面脱开最大处在防汛墙的右半段，最大处为 8cm。

2. 墙身裂缝检测

整个被检测段防汛墙整体基本完好，沿着墙面仔细观察发现，在距离被检测段防汛墙左端约 3.5m 和 6m 处顶部有一处剥离，深度不大于 5cm，其他部位无可见裂缝。

3. 倾斜

从现场情况来看，被检测段防汛墙稍稍向外侧倾斜，但是角度不是很大。采用铅垂线法对其内侧倾斜量进行了测量，在距离防汛墙顶面内侧 16cm 处放下一铅垂线，在防汛墙距离地面 20cm 处测得铅垂线距离防汛墙的距离，以此来测得防汛墙的倾斜情况。现场直接量测的是露出地表部分的防汛墙倾斜情况，至于防汛墙总的倾斜情况则要进行一定的换算。图 6-41 是所测 6 个测点处防汛墙的剖面图，最大倾斜发生在检测段防汛墙最右端的 A-A 剖面。

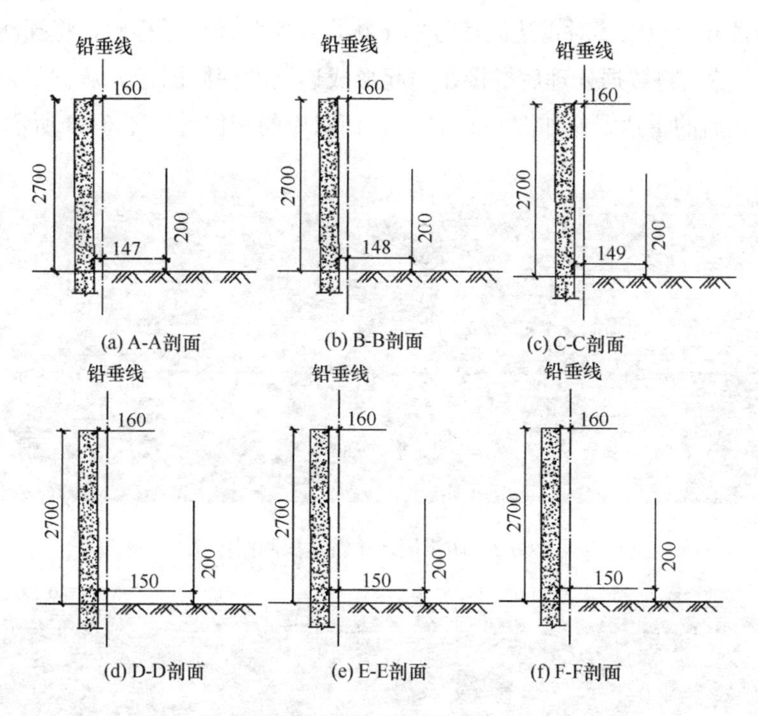

图 6-41 防汛墙测试断面的剖面图（单位：mm）

假设防汛墙下的桩基顶端是固定的，防汛墙刚性转动，则根据防汛墙的高度 (4.25m) 可计算出防汛墙的顶部向外倾斜的距离。修正后的被检测段防汛墙顶部的倾斜值如表 6-5 所示。

防汛墙顶部的倾斜值 表 6-5

测试断面	A-A	B-B	C-C	D-D	E-E	F-F
实测倾斜值（mm）	13.0	12.0	11.0	10.0	10.0	10.0
防汛墙墙顶倾斜值（mm）	22.1	20.4	18.7	17.0	17.0	17.0

四、 地质雷达探测法

地质雷达探测中所使用的仪器为美国劳雷公司生产的 SIR-3000 型地质雷达，采用 270MHz 的单体屏蔽天线，如图 6-22 所示。

根据本次探测对象的实际情况，雷达的主要参数设置如下：

(1) 每道（每个地面采样点）记录长度 150ns，1024 个时间采样点；

(2) 采用 9 点分段增益，由浅至深线性增益；

(3) 相对介电常数为 7；

(4) 为了消除外界干扰，选用 5 道平均的方式。

根据以上的设置，雷达的可信探测深度为 7m，可以满足本次探测的深度要求。

在进行地质雷达探测时，采用连续测量方式，从图 6-40 所示 F-F 断面位置处开始，将天线置于墙顶沿走向连续均匀移动。由于防汛墙顶搁置有输送泥浆的钢管，为了保持天线移动的均匀性和避免钢管对雷达波信号的干扰，在实际操纵过程中，将探测段墙体分为 3 段分别量测，然后将数据处理后拼接在一起形成连续的探测图像。从 F-F 断面开始将 3 幅图像进行拼接后的雷达图像如图 6-42 所示，而对应的相位谱如图 6-43 所示。

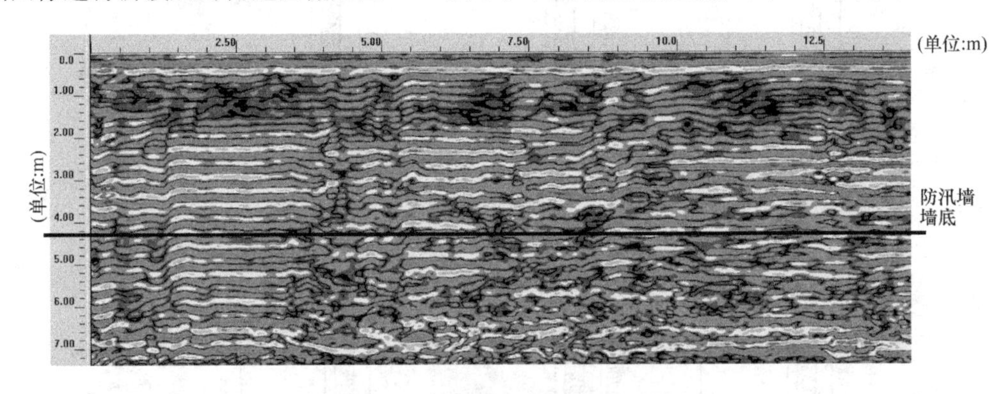

图 6-42 防汛墙地质雷达探测图像

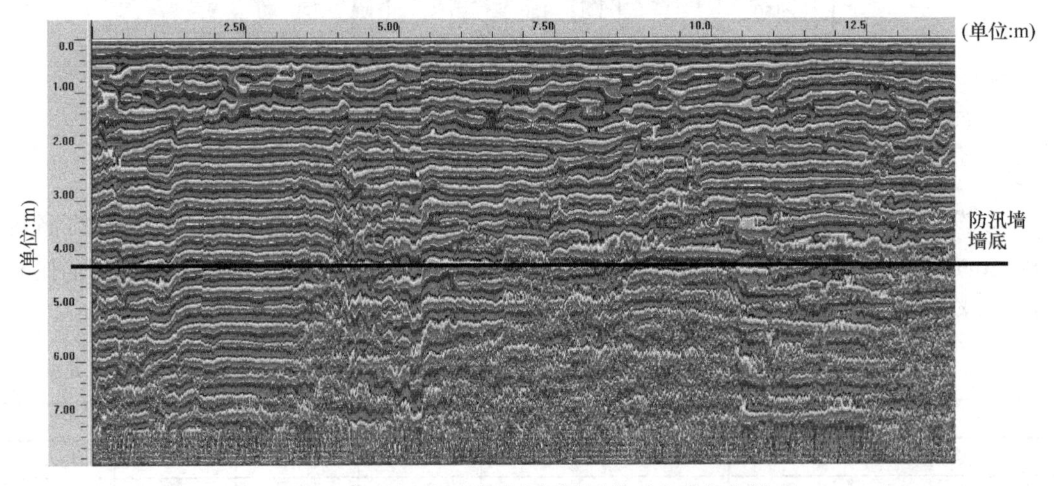

图 6-43 防汛墙地质雷达探测图像对应的相位谱

根据地质雷达探测图像及其对应的相位谱分析，在 4.25m 的探测深度范围内未发现有异常，即防汛墙墙体没有裂缝，墙身结构完整。深度为 4.5m 处雷达图像中出现杂反射现象，在相位谱中发现雷达波相位有较显著的变化，这主要是由于此区域为防汛墙底与土层的分界面，雷达波传递到此界面时发生强反射所致。

五、弹性波检测法

弹性波检测法是目前我国桩基检测中使用最为普遍的方法之一，其基本原理是在桩身顶部进行竖向敲击，在该瞬态敲击作用下，在桩身内部产生一弹性波，沿着桩身向下传播，当桩身存在明显波阻抗差异的界面或桩身截面面积变化（缩径或扩径）部位，将产生反射波。对接收到的反射波数据经过放大、滤波和数据处理，可识别来自桩身不同部位的反射信息，根据这些信息可对桩身完整性进行分析和判断。该方法具有野外采集数据快速、方便，信号分析简单、精确，费用低廉等优点。

考虑到本工程中防汛墙顶部的宽度只有约 30cm，检测操作的空间受到限制，而弹性波探测方法操作简单，所需场地空间小，采集数据也比较快捷方便，因此在本次检测中采用此方法不仅可以规避场地小的限制，还能快速地采集到分析所需的数据。

弹性波检测所采用的主机为 PIT-V 型桩身完整性检测仪，速度传感器为 307B21 型加速度传感器，激振设备为特制力锤，检测工作流程如图 6-44 所示。

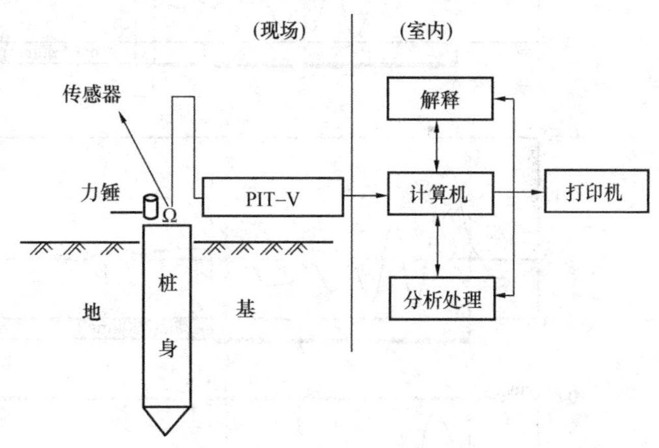

图 6-44　弹性波检测流程图

由图 6-44 可知：弹性波检测分为现场测试采集数据和室内后期数据处理两部分，后期数据处理主要是根据时域波形，比较入射波与反射波到达时刻及其振幅、相位、频率等特征进行判断分析和计算。

桩中波速 C 可按下式进行计算：

$$C=\frac{2L}{\Delta t}$$

式中　L——完整桩的桩长（m）；

Δt——完整桩桩底反射波的传递时间（ms）。

根据上海市工程建设规范《建筑基桩检测技术规程》DGJ 108-218—2003 和上海市工程建设规范《地基基础设计规范》DGJ 08-11—2010，被检测结构的质量评定等级分类及有关说明如下：

Ⅰ类：无任何不利缺陷，结构完整；

Ⅱ类：有轻度不利缺陷，但不影响或基本不影响原设计结构的承载力；

Ⅲ类：有明显不利缺陷，影响原设计结构承载力；

Ⅳ类：有严重不利缺陷，严重影响原设计结构承载力。

对防汛墙进行弹性波法检测时，采用抽样检测方式，沿墙顶自图 6-40 所示 F-F 断面处开始每隔 50cm 设置一个测点，对其进行弹性波探测，总共设置约 30 个测点。由于在墙顶有两处表面剥落的地方，混凝土的剥落使得弹性波信号无法往下传递，因此在这两个剥落处范围内的测点没有进行测试，现场测试中实际测点数为 26 个。

根据现场采集数据进行后期处理，得到防汛墙各测点处的测试结果，图 6-45 呈现了第 1 点和第 26 点的测试曲线，其中第 26 点复测了 2 次所以有 3 条曲线。根据测试结果对防汛墙各测点下墙身的完整性进行评价，第 1～25 个测点下防汛墙墙身结构完整，根据规

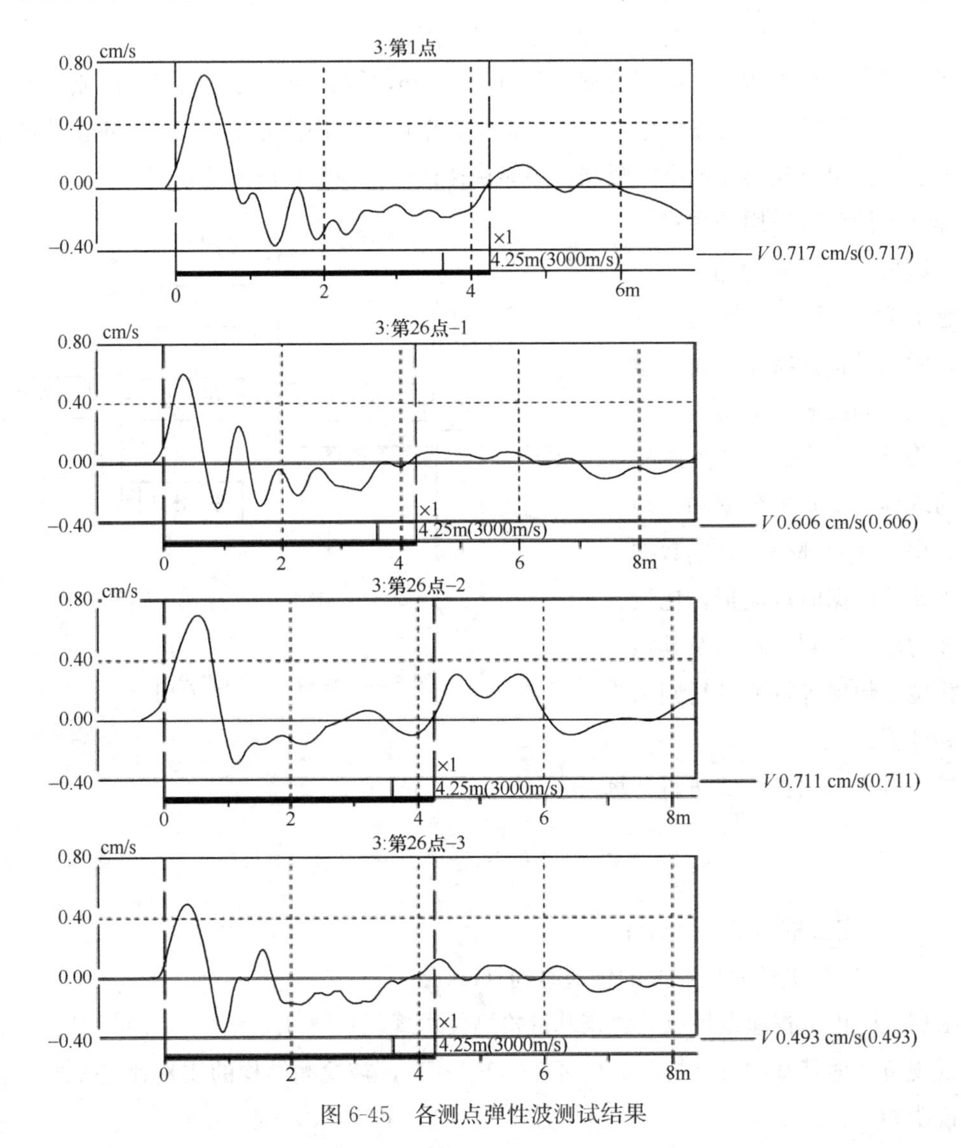

图 6-45　各测点弹性波测试结果

范属于Ⅰ类结构，第 26 个测点下墙身浅部有轻微的缺陷但仍属于Ⅱ类结构，原结构的承载力不受影响。

六、 结构受力和反演分析

根据现场勘测结果，墙顶的水平偏移量在 A-A 测试断面处最大，因此 A-A 断面是最不利的断面，以此作为结构受力分析的典型断面。

1. 防汛墙极限平衡法计算分析

取每延米防汛墙作为研究对象进行受力分析，将其简化为悬臂梁结构，下端为固定约束，承受侧向土压力三角形分布荷载和顶部受沉船拉拽作用的集中荷载，受力简图如图 6-46（a）所示，防汛墙结构尺寸如图 6-46（b）所示。经现场实测，墙顶最大水平位移约为 22.1mm（图 6-47c）。

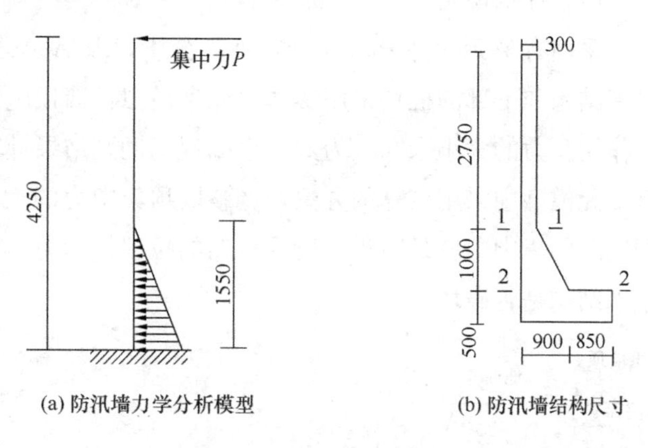

图 6-46　防汛墙力学分析模型和结构尺寸（单位：mm）

土层参数取该地区经验值：$\gamma=19\text{kN/m}^3$，$c=10\text{kPa}$，$\varphi=20°$，$E=2\times10^4\text{MPa}$，$\nu=0.3$，由此计算作用在防汛墙墙后的主动土压力如下：

墙后主动土压力系数为 $K_a=\tan^2\left(45°-\dfrac{20°}{2}\right)=0.49$

则墙后主动土压力为：$P_a=\gamma hK_a-2c\sqrt{K_a}=19\times1.55\times0.49-2\times10\times\sqrt{0.49}=0.43\text{kPa}$

即防汛墙每延米所受到的土压力分布荷载集度为 0.43kN/m。由悬臂梁内力和变形的关系可得，三角形分布荷载作用下的梁端挠度为 3.9×10^{-3}mm，与实测墙顶变形相比可忽略不计，故仅需计算在集中力作用下的变形。

按底部固定约束的悬臂梁模型计算，当墙顶发生 22.1mm 水平位移时，防汛墙结构尺寸突变处 1-1 截面（图 6-46b）受到的剪力为 58kN，弯矩约为 159.5kN · m；在防汛墙底部 2-2 截面（图 6-46b）受到的弯矩约为 217.5kN · m。由于采用简化的极限平衡法进行受力分析，防汛墙底部简化为固定约束，而实际情况中土体对墙脚的约束不是刚性的，允许其发生一定的转动，因此本报告的简化计算模型是保守的，利用该结果进行防汛墙承载力验算是偏于安全的。

因缺少防汛墙的相关设计资料，故本报告根据前面的计算分析及一般设计要求来判断防汛墙是否受到沉船拉力的影响而破坏。根据《水工混凝土结构设计规范》的规定，该防汛墙所处的环境类别为二类，混凝土强度等级为 C30，最小保护层厚度不低于 25mm。取最不利的 1-1 截面按照矩形截面单筋梁来配筋，钢筋采用 HRB335 级钢筋，计算得出钢筋面积为 2197mm^2，选用 7ϕ20，钢筋面积 $A_s = 2199\text{mm}^2$，截面配筋率 $\rho = \frac{A_s}{bh_0} = \frac{2199}{1000 \times 275} = 0.80\%$，这样的截面配筋率对于受弯构件来说是适中的，估计设计时能达到这样的截面配筋率。故防汛墙能满足承载力要求，不会产生断裂。

2. 防汛墙承载力有限元数值模拟分析

(1) 计算说明

采用有限元软件 Plaxis 进行计算分析，取 A-A 断面进行分析。在有限元模型中，防汛墙结构和下部的桩均采用实体单元来模拟，墙顶施加一集中力来模拟防汛墙受沉船的拉拽作用，力的大小未知。为此，根据现场勘测结果计算得到墙顶水平位移（图 6-47c），在有限元模型中采用试算的方法，调整墙顶集中力的大小使得墙顶水平位移与实测值相符，则此时的集中力就是防汛墙所受沉船的拉拽作用力，从而确定防汛墙承受的内力，验算防汛墙结构是否破坏。

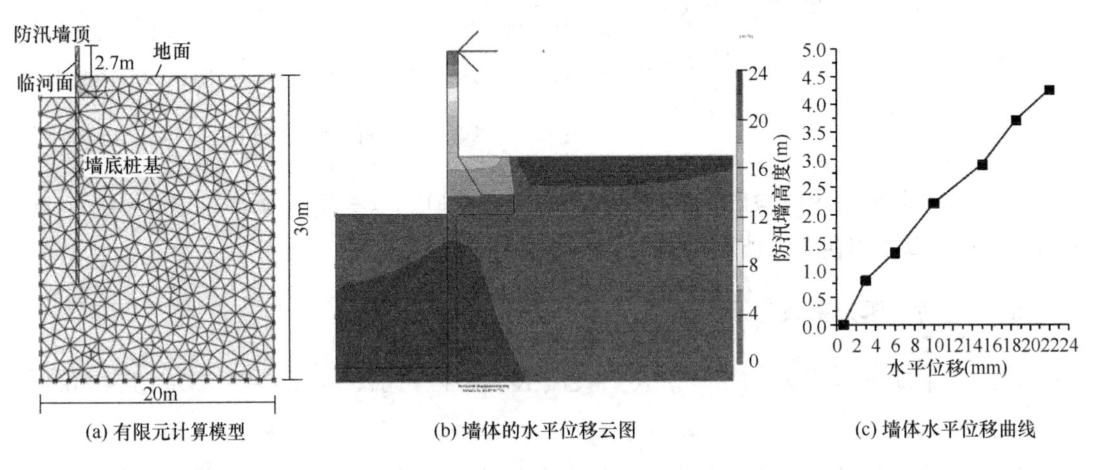

图 6-47　防汛墙有限元计算模型及计算结果

(2) 参数选取

由于防汛墙沿纵向结构形式是一致的，结构所受外力都是垂直于纵轴方向的，且外力的分布规律沿墙体纵向是均匀的，因此可以将防汛墙的受力视为平面应变问题。在建立有限元模型时，取每延米结构作为研究对象，沿高度方向取模型范围为 30m，沿宽度方向取模型范围为 20m，所有结构均采用 15 节点三角形单元，土体本构关系取为摩尔-库仑模型。实测防汛墙墙后地面离墙顶距离为 2.7m，计算时的有限元模型如图 6-47（a）所示。

土层的参数采用该地区的经验值（前面已述），顶部宽度为 0.3m，混凝土的弹性模量为 $E = 3 \times 10^4$ MPa。

计算时防汛墙首先在土体自重应力下达到初始平衡状态，然后在顶部施加集中力荷载 P，逐渐增加 P 值的大小，直至防汛墙顶部发生实际量测出的位移，计算此时墙身控制截面的内力。

（3）计算结果分析

调整作用在防汛墙顶部集中力大小，以达到墙顶位移要求，墙体水平位移云图如图 6-47（b)所示，提取墙体不同深度处的水平位移量，得到该受力条件下墙体达到极限状态时墙体水平位移随墙身高度的变化曲线，如图 6-47（c）所示。

根据有限元计算结果可知，防汛墙顶部受到沉船集中力荷载作用时，控制截面 1-1 处的弯矩值为 112.68kN · m，剪力为 42.36kN。也即，有限元计算结果比前面极限平衡法计算得到的内力小，故防汛墙能满足承载力要求，不会产生断裂。

（4）按设计地坪标高的防汛墙承载力验算

根据防汛墙设计图纸，墙顶标高为 6.80m，地面标高为 4.80m，墙顶离地面的距离约为 2.0m，现场量测时发现实际地面和墙顶之间的距离约为 2.7m。因此在有限元计算中分别建立模型计算这两种情况下防汛墙的受力状况，实际的情况前面已经通过极限平衡分析和有限元分析分别计算，现将设计图纸中的情况进行有限元分析，并利用反演得到内力进行承载力校核。

图 6-48 为设计工况下防汛墙的有限元计算模型及其水平位移云图和墙体水平位移随墙身高度变化曲线。经计算，墙顶发生 22.1mm 水平位移时，墙身 1-1 截面承受的弯矩为 135.25kN · m，剪力为 50.85kN。综合前面的计算分析，3 种情况下防汛墙墙顶水平位移和控制截面内力如表 6-6 所示。

不同情况下防汛墙顶水平位移和控制截面内力　表 6-6

计算情况		墙顶水平位移（mm）	1-1 截面弯矩（kN · m）	剪力（kN）
有限元计算	按实际地坪标高	22.1	112.68	42.36
	按设计地坪标高	22.1	135.25	50.85
极限平衡法计算		22.1	159.50	58.00

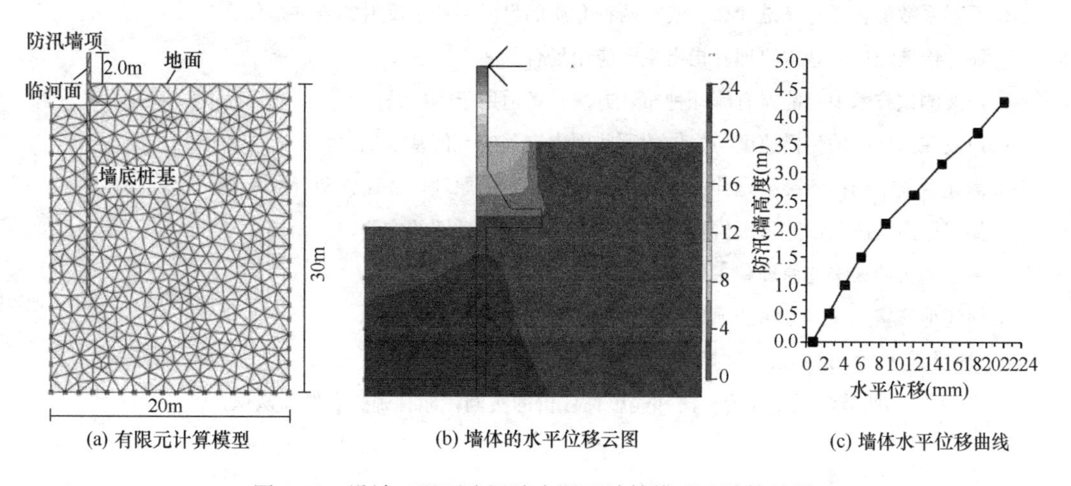

(a) 有限元计算模型　(b) 墙体的水平位移云图　(c) 墙体水平位移曲线

图 6-48　设计工况下防汛墙有限元计算模型及计算结果

综上所述，经计算防汛墙结构能承受此次偶然荷载，虽然墙体发生较明显的水平位移，但墙体结构仍然完整，没有产生断裂。

七、 结论

根据检测方案，采用现场勘测、地质雷达探测和弹性波探测相结合的方法，并辅以力学反演计算分析，对某防汛墙进行检测。根据现场勘测，防汛墙在长期堆载和沉船拖拽荷载作用下，墙身有向外的倾斜，墙身顶部相对于墙脚（桩基顶部）的最大水平位移约为22.1mm，墙身与地面处有脱开现象，最大的脱开量约为8cm，墙身的侧面完整，无剥离，虽然在墙身顶部有一处剥离，但是其发展深度不大，对结构的正常使用不会产生影响。

从地质雷达探测图像上看，在防汛墙所在深度范围内（墙顶下4.25m范围内）未发现异常，再结合弹性波探测结果，推测该防汛墙的内部结构完整，在沉船拖拽荷载作用下墙体结构没有受到破坏，其承载能力不会受到影响。

另外，通过力学简化模型和有限元计算也有力地说明了防汛墙的完整性。

综上所述，防汛墙没有断裂，结构是完整的。

建议：(1) 对墙顶剥离、防汛墙与地坪脱开处进行适当处理；

(2) 严格限制地面堆载，尽量避免船缆等额外荷载的作用。

该检测评价实例是非常规性的，没有规范和标准可遵循，所以，其发挥了技术人员的主观能动性，采用多种探测方法相结合，即现场物理探测和力学分析计算相结合的方法，解决了工程实际中的难题。

思考题和简答题

1. 纵波、横波和表面波各有什么传播特性？
2. 反射系数的物理意义是什么？波在两种介质的界面不产生反射的条件是什么？
3. 简述声波测试的基本原理并指出主要应用场合。
4. 声波测试技术中换能器有哪几种布置方法？各适用于哪些情况？
5. 声波在岩体中的传播速度与岩体的哪些因素有关？有何基本规律？
6. 简述混凝土结构斜裂缝延伸深度的两种检测方法的原理，并比较两者的特点。
7. 简述用声波法测试隧道围岩松动圈的方法和划定松动圈的方法。
8. 简述冲击回波法的原理和主要技术特点。
9. 简述地质雷达探测方法的原理和系统的主要组成。
10. 地质雷达天线频率如何选择？
11. 学习了第四节防汛墙综合检测和完整性评价的实例，你有哪些启发和认识？

第七章　岩土与地下工程监测项目和方法

第一节　地面和结构位移监测

一、竖向位移监测

地面和结构包括建筑物的竖向位移监测是采用重复精密水准测量的方法进行的，为此应建立高精度的水准测量控制网。其具体做法是：在被测目标的外围布设一条闭合水准环形路线，再由水准环中的固定点测定各测点的标高，这样每隔一定周期进行一次精密水准测量，将测量的外业成果用严密平差的方法，求出各水准点和竖向位移监测点的高程值，竖向位移即为该次复测后求得的高程与首次监测求得的高程之差。由此可见，用这种方法求得的竖向位移中，除该点本身的竖向位移外，尚受到两次水准测量误差的影响。

1. 竖向位移监测水准点的布设

竖向位移监测水准点是监测地面和结构竖向位移的基准，在布设时必须考虑下列因素：

（1）根据监测精度的要求，应布成网形最合理、测站数最少的监测环路，如图 7-1 所示。

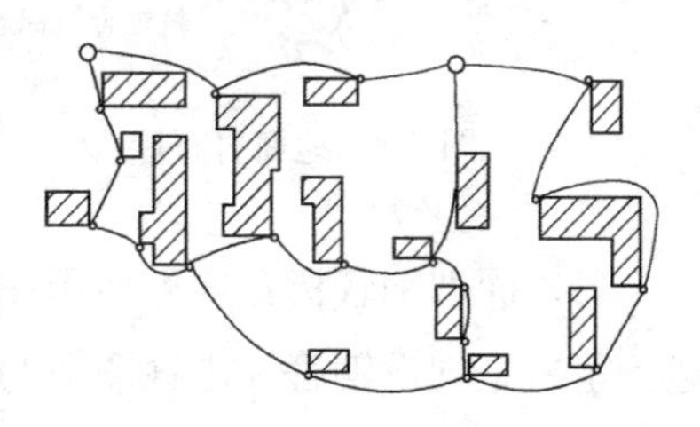

图 7-1　水准网的布设

（2）在整个水准网里，应有 3～4 个埋设深度足够的水准基点作为起算点，其余的可埋设一般地下水准点或墙上水准点。施测时可选择一些稳定性较好的竖向位移点，作为水准线路基点与水准网统一监测和平差。因为施测时不可能将所有的竖向位移点均纳入水准线路内，大部分竖向位移点只能采用中视法测定，而转站则会影响精度，所以选择一些竖向位移点作为水准点极为重要。

（3）水准点应视现场情况，设置在较明显而且通视良好、保证安全的地方，并且要求便于进行联测。

（4）水准点应布设在拟监测的目标物之间，距离一般为 20～40m，一般工业与民用建筑物应不小于 15m，较大型并略有振动的工业建筑物应不小于 25m，高层建筑物应不小于 30m。

（5）监测单独建筑物时，至少布设 3 个水准点，对占地面积大于 5000m^2或高层建筑物，则应适当增加水准点的个数。

（6）当设置水准点处有基岩露出时，可用水泥砂浆直接将水准点浇灌在岩层中。一般水准点应埋设在冻土线以下 0.5m 处，墙上水准点应埋在永久性建筑物上，离开地面高度约 0.5m 左右。

2. 水准基点标志的构造和埋设

水准基点的标志构造，要根据埋设地区的地质条件、气候情况及工程的重要程度进行设计。对于一般的竖向位移监测，可参照水准测量规范三、四等水准点的规定进行标志设计与埋设；对于高精度的变形监测，需设计和选择专门的水准基点标志。

水准基点是作为竖向位移监测基准的水准点，一般设置 3 个水准点构成一组，要求埋设在基岩上或在沉降影响范围之外稳定的建筑物基础上。作为整个高程变形监测控制网的起始点。

为了检查水准基点本身的高程是否有变动，可在每组 3 个水准点的中心位置设置固定测站，经常测定 3 点间的高差，判断水准基点的高程有无变动。

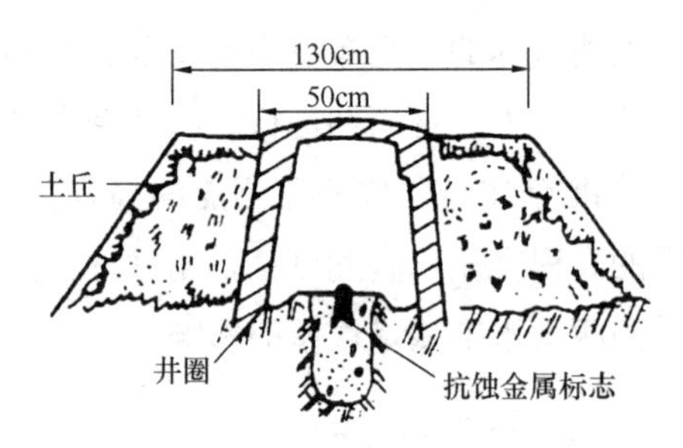

图 7-2　地面岩石标

水准基点的标志，可根据需要与条件用下列几种标志：

（1）地面岩石标：用于地面土层覆盖很浅的地方，如有可能可直接埋设在露头的岩石上（图 7-2）；

（2）下水井式混凝土标：用于土层较厚的地方，为了防止雨水灌进水准基点井里，井台必须高出地面 0.2m（图 7-3）；

（3）深埋钢管标：这类标用在覆盖层很厚的平坦地区，采用钻孔穿过土层和风化岩层达到基岩里埋设钢管标志（图 7-4）。

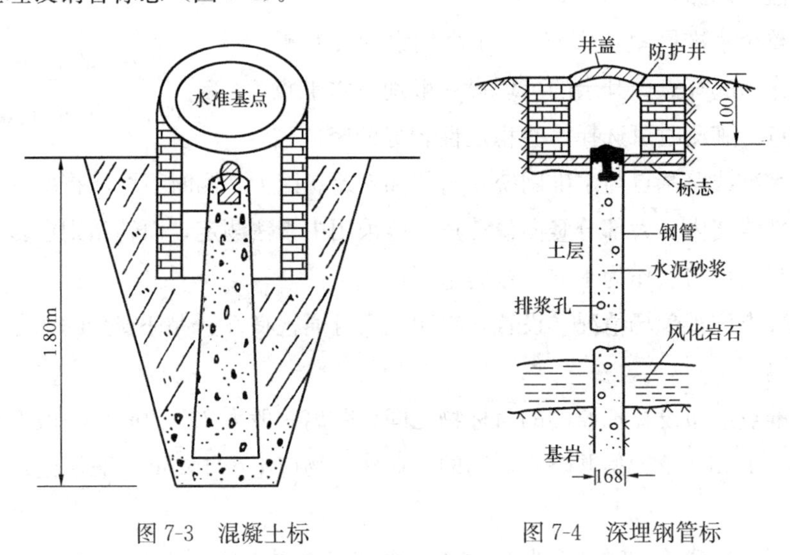

图 7-3　混凝土标　　图 7-4　深埋钢管标

3. 竖向位移监测点的构造和埋设方法

竖向位移监测点是测量竖向位移的依据。监测点是固定在结构基础、柱、墙上的测量标志。竖向位移监测点应布设在最有代表性的地点，即要埋设在真正能反映地面和结构物发生沉降变形的位置。

(1) 基坑监测点：一般利用铆钉和钢筋制作。标志形式有垫板式、弯钩式、燕尾式、U字式，尺寸及形状如图7-5所示。

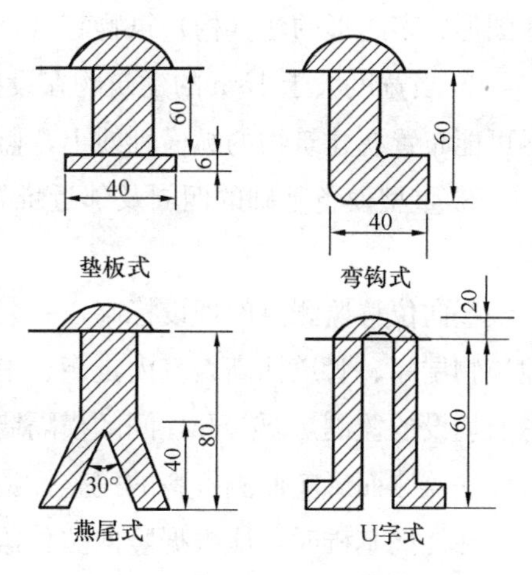

图7-5　设备基础监测点（单位：mm）

(2) 柱基础监测点：对于钢筋混凝土柱是在标高±0.000以上10～50cm处凿洞，将弯钩形监测标志平向插入，或用角铁等呈60°角斜插进去，再以1∶2水泥砂浆填充，如图7-6所示。

对于钢柱上的监测标志，是用铆钉或钢筋焊在钢柱上，如图7-7所示。

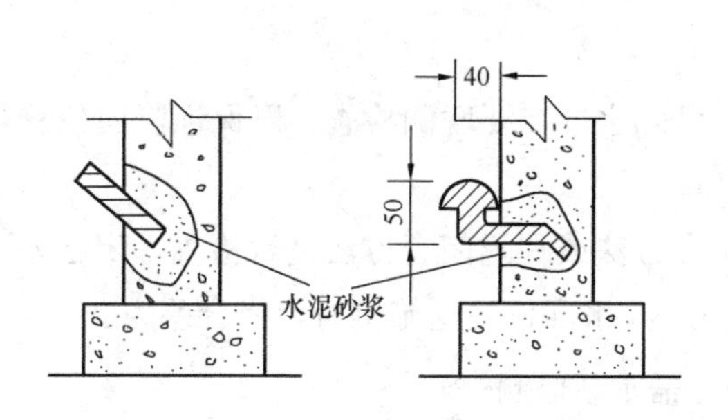

图7-6　柱基础监测点（单位：mm）

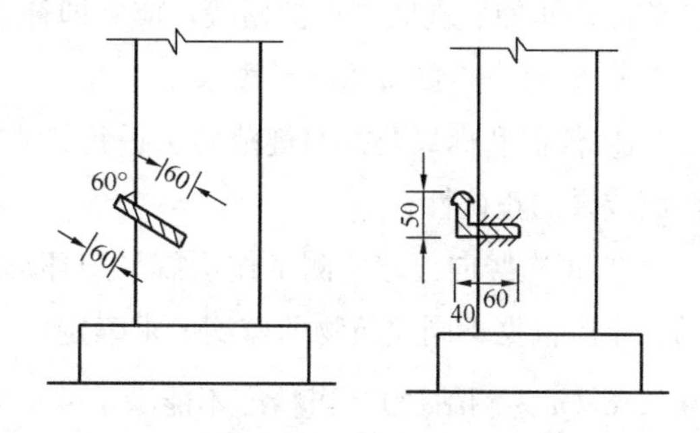

图7-7　钢柱上的监测点（单位：mm）

4. 竖向位移监测点的布设要求

竖向位移监测点的位置和数量应根据建筑物大小、基础形式、结构特征及地质条件等因素确定。一般可根据下列几方面布置：

① 监测点应布置在建筑物沉降变化较显著的地方，并要考虑到在施工期间和投产后，能顺利进行监测的地方；

② 在建筑物四周角点、中点及内部承重墙（柱）上均需埋设监测点，并应沿房屋周长每隔8～12m设置一个监测点，但工业厂房的每根柱子均应埋设监测点；

③ 由于相邻建筑物相互影响的关系，在高层和低层建筑物、新老建筑物连接处，以及建筑物沉降缝、裂缝的两侧都应布设监测点；

④ 在人工加固地基与天然地基交接和基础砌深相差悬殊处以及在相接处的两边都应布设监测点；

⑤ 当基础形式不同时需在情况变化处埋设监测点，当地基土质不均匀，可压缩性土

层的厚度变化不一或有暗滨等情况需适当埋设监测点；

⑥ 在振动中心基础上也要布设监测点，对于烟囱、水塔、油罐、炼油塔、高炉及其他圆形、多边形的建（构）筑物宜沿纵横轴线对称布置，不少于4个监测点；

⑦ 当宽度大于15m的建筑物在设置内墙体的监测标志时，应设在承重墙上，并且要尽可能布置有建筑物的纵横轴线上，监测标志上方应有一定的空间，以保证测尺直立；

⑧ 重型设备基础的四周及邻近堆置重物之外，即有大面积堆荷的地方，也应布设监测点。

竖向位移监测点的埋设标高，一般在室外地坪＋0.5m较为适宜。但在布置时应根据建筑物层高、管道标高、室内走廊、平顶标高等情况来确定监测工作的进行。同时还应注意所埋设的监测点要避开柱间的横隔墙、外墙上的雨水管等，以免所埋设的监测点在施工时无法监测而影响监测资料的完整性。

在浇捣基础时，应根据竖向位移监测点的相应位置，埋设临时的基础监测点。若基础本身荷重很大，可能在基础施工时就产生一定的竖向位移，即应埋设临时的垫层监测点，或基础杯口上的临时监测点，待永久监测点埋设完毕后，立即将高程引到永久监测点上。在监测期间如发现监测点被损毁，应立即补埋。

5. 竖向位移监测的技术要求

① 仪器和标尺要按照规范要求进行检查，已知水准点要联测检查，以保证竖向位移监测成果的正确性；

② 每次竖向位移监测工作均需采用环形闭合方法或往返闭合方法进行检查，闭合差的大小应根据不同建筑物的监测要求确定，当用N3水准仪往返施测时，闭合差为$\pm 0.4\sqrt{n}$mm（n为测站数），当精度不能满足要求时，需重新监测；

③ 每次竖向位移监测应尽可能使用同一类型的仪器和标尺；

④ 场内各水准点应严格按照二等水准测量各项要求进行，监测时，必须连续进行，全部测点需连续一次测完；

⑤ 在建筑施工或安装重型设备期间，以及仓库进货的阶段进行竖向位移监测时，必须将监测时的情况（如施工进展、进货数量、分布情况等）详细记录在附注栏内，以便算出各相应阶段作用在地基上的压力。

二、单向水平位移监测

在基坑工程的开挖或基础打桩过程中，常常需要对垂直于基坑边和打桩方向的单个方向的水平位移进行监测。下面介绍几种简易的单向水平位移监测方法。

1. 轴线法

轴线法也称视准线法，是沿欲测量的基坑边线设置一条视准线（图7-8），在视准线上或邻近处按照需要设置测点，在视准线的两端设置测站A、B。视准线法不需要测角，也不需要测距，只需将视准线用经纬仪投射到测点的旁边，量取测点离视准线的偏距，通

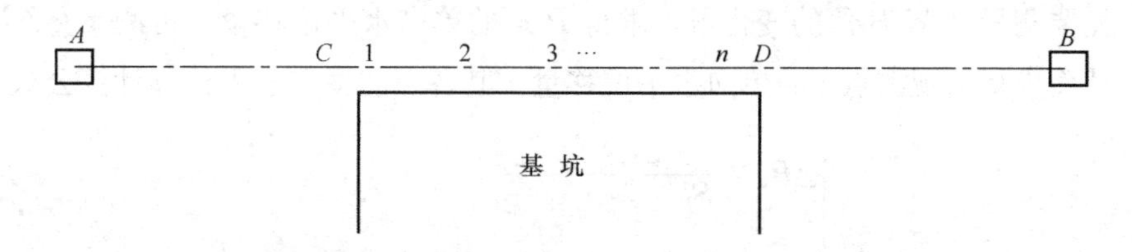

图 7-8　视准线法测围护墙顶横向水平位移

过两次偏距的差值来计算测点的单向水平位移。

这种方法方便直观，但要求仪器架设在变形区外，并且测站与测点不宜太远。对于有支撑的地下连续墙或大孔径灌注桩这类围护结构，基坑角点的水平位移通常较小，这时可将基坑角点设为临时测站 C、D，在每个工况内可以用临时测站监测，变换工况时用测站 A、B 测量临时测站 C、D 的单向水平位移，再用此结果对各测点的横向水平位移值作校正。测点最好设置在基坑圈梁、压顶等较易固定的地方，这样设置方便、不宜损坏，而且能反映基坑真实的横向水平变形，当基坑有支撑时，测点宜设置在两根支撑的跨中。

这种方法方便直观。但此法要求测站与位移点不宜太远。

2. 视准线小角法

视准线小角法与轴线法有些类似，也是沿基坑的每一周边建立一条轴线（即一个固定的方向），通过测量固定方向与测站至位移监测点方向的小角变化 $\Delta\beta_i$，并测得测站至位移监测点的距离 L，从而计算出其位移量：$\Delta_i = \dfrac{\Delta\beta_i}{\rho}L$。此法也要求仪器架设在变形区外，且测站与位移点不宜太远。

3. 观测点设站法

此法将仪器架设在位移监测点上，通过测得位移监测点上两端固定目标的夹角变化，就可计算位移监测点的位移量：$\Delta_i = \dfrac{S_1 S_2}{S_1 + S_2}\dfrac{\Delta\beta}{\rho}$。该法虽然克服了视准线小角法的缺陷，但用此法仪器每设一站，只能测得该站本身的位移量，在有较多观测点时，仪器就需架设许多站，这样就增加了外业的工作量。

4. 单站改正法

这是一种将视准线小角法与观测点设站法结合使用的方法，这种方法只需仪器一次设站加改正来完成所有观测点位移的测算。

如图 7-9 所示，在施工影响之外的坚固建筑物上设了两个标志 A、B。为了避免行人和车辆阻挡视线，A、B 两标志设在较高的墙面上。所以每次

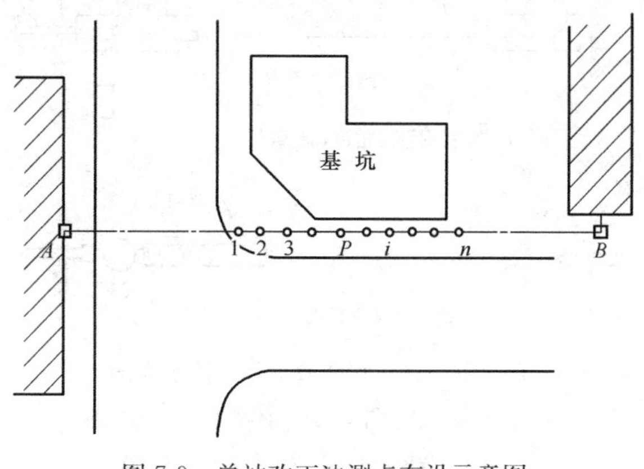

图 7-9　单站改正法测点布设示意图

监测时，先要测量$\angle APB$角的变化量，求得P点的单向水平位移量，再测量$\angle APi$角的变化量，从而求得诸观测点i的单向水平位移量。其各点的横向水平位移计算公式为：

$$\begin{cases}\Delta P=\dfrac{S_{\mathrm{P-A}}S_{\mathrm{P-B}}}{S_{\mathrm{P-A}}+S_{\mathrm{P-B}}}\dfrac{\Delta\beta_{\mathrm{P}}}{\rho}\\ \Delta 1=\dfrac{S_{\mathrm{P-1}}}{\rho}\Delta\beta_1+\left(1-\dfrac{S_{\mathrm{P-1}}}{S_{\mathrm{P-A}}}\right)\Delta P\\ \Delta 2=\dfrac{S_{\mathrm{P-2}}}{\rho}\Delta\beta_2+\left(1-\dfrac{S_{\mathrm{P-2}}}{S_{\mathrm{P-A}}}\right)\Delta P\\ \quad\cdots\cdots\\ \Delta i=-\dfrac{S_{\mathrm{P-}i}}{\rho}\Delta\beta_i+\left(1+\dfrac{S_{\mathrm{P-}i}}{S_{\mathrm{P-A}}}\right)\Delta P\\ \Delta n=-\dfrac{S_{\mathrm{P-}n}}{\rho}\Delta\beta_n+\left(1+\dfrac{S_{\mathrm{P-}n}}{S_{\mathrm{P-A}}}\right)\Delta P\end{cases}\tag{7-1}$$

对于每一个施工区，在测站和位移点设定后，就可求得各点之间的大致距离，从而可事先算得各点系数，以后只要测得角度变化$\Delta\beta=\beta_{本次}-\beta_{上次}$，即可算得位移量（例如某基坑算出系数后得下式）；水平位移的符号相对基坑而言：向内为正，向外为负。

$$\begin{cases}\Delta P=0.2206\cdot\Delta\beta_{\mathrm{P}}\\ \Delta 1=0.1077\cdot\Delta\beta_1+0.7727\cdot\Delta P\\ \Delta 2=0.0619\cdot\Delta\beta_2+0.8694\cdot\Delta P\\ \quad\cdots\cdots\\ \Delta i=-0.0584\cdot\Delta\beta_i+1.1232\cdot\Delta P\\ \Delta n=-0.1340\cdot\Delta\beta_n+1.2829\cdot\Delta P\end{cases}\tag{7-2}$$

三、洞周收敛和拱顶沉降监测

隧道内壁面两点连线方向的相对位移称为隧道洞周收敛，是隧道周边内部净空尺寸的变化。洞周收敛监测的作用是监控围岩的稳定性、保证施工安全，并为确定二次衬砌的施设时间、修正支护设计参数、优化施工工艺提供依据，并为进行围岩力学性质参数的位移反分析提供原始数据。由于洞周收敛物理概念直观明确、监测方便，因而也是隧道施工监测中最重要、最有效的监测项目。可扫描右侧二维码了

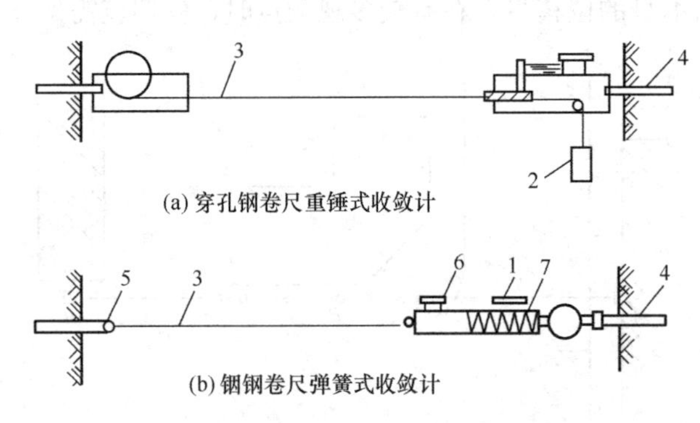

图 7-10　钢卷尺式收敛计监测示意图

1—测读表；2—重锤；3—钢卷尺；4—固定端；5—挂钩装置；6—张拉表；7—张拉弹簧

隧道洞周收敛监测

解更多洞周收敛监测内容。

1. 钢卷尺式收敛计

图 7-10 是两种钢卷尺式收敛计的现场测试示意图，其中图 7-10（a）是穿孔钢卷尺重锤式收敛计，监测的粗读元件是钢尺，细读元件是百分表或测微计，钢尺的固定拉力可由重锤实现，由于百分表的量程有限，钢卷尺每隔数厘米宜打一小孔，以便根据收敛量的变化情况调整粗读数。图中 7-10（b）是铟钢卷尺弹簧式收敛计，收敛位移量由读数表读取，固定拉力由弹簧提供，由测力环配拉力百分表显示拉紧程度（图 7-11），采用铟钢卷尺制作的收敛计，可提高收敛计的温度稳定性，从而提高监测精度。图 7-11 是铟钢卷尺弹簧收敛计监测示意图和仪器构造图，钢卷尺式收敛计的精度为 0.1mm。

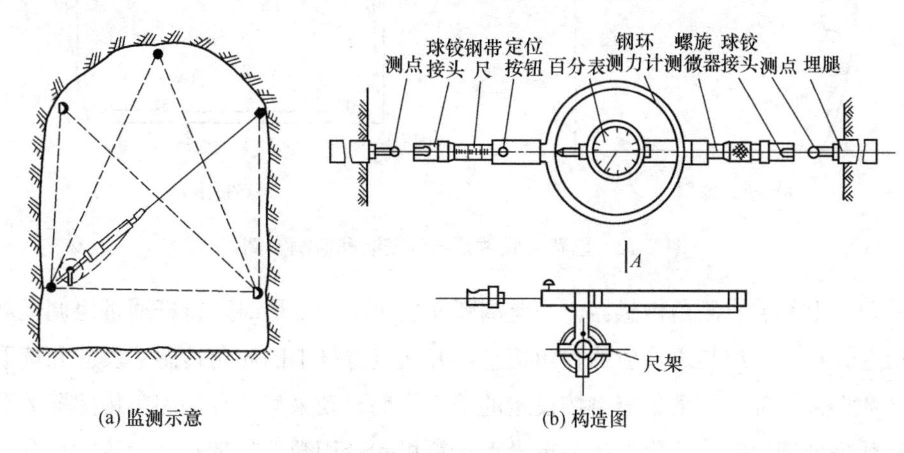

图 7-11　铟钢卷尺弹簧式收敛计

机械钢卷尺式收敛计安装过程较为烦琐，收敛计挂钩和洞壁卡钩的接触部位、钢卷尺的张拉力等均会影响其测量精度。当隧道断面较大时，收敛计挂设困难，严重影响监测效率，而且监测过程中悬挂于隧道中间的收敛计还会影响隧道内正常的施工作业。

跨度小、位移较大的隧道，可用测杆监测其收敛量，测杆可由数节组成，杆端一般装设百分表或游标尺，以提高监测精度，可用位移传感器监测。

2. 巴赛特收敛系统（Bassett Convergence System）

巴赛特收敛系统是一种测量隧道横断面轮廓线的仪器，由多组首尾相接、内设倾角传感器的杆件组成，杆件之间用活动铰连接，隧洞壁上任一点的位移通过杆件的转动使倾角传感器产生角度变化，已知各杆件的长度和一个杆件一端的坐标点及各倾角传感器的起始倾角，就能以此为起点用以后各时刻测得的杆件倾角计算各点的变化值和坐标位置。巴赛特收敛系统配备有一个专用的数据采集系统，既可用串行口与计算机相连，也可用电话线经调制解调器与计算机相连，采集的数据可自动处理。

巴赛特收敛系统由数据量测部分、数据采集部分和数据处理部分 3 个部分组成，图 7-12是其安装示意图和监测实例。

（1）数据量测部分，该部分由安装在隧道断面内壁上首尾铰接的短臂杆和长臂杆组

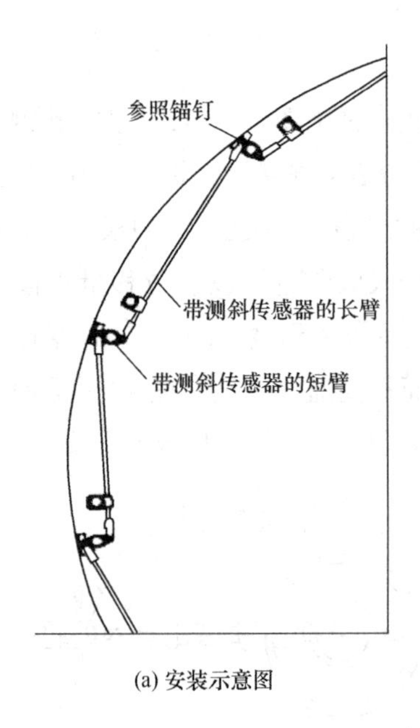

(a) 安装示意图

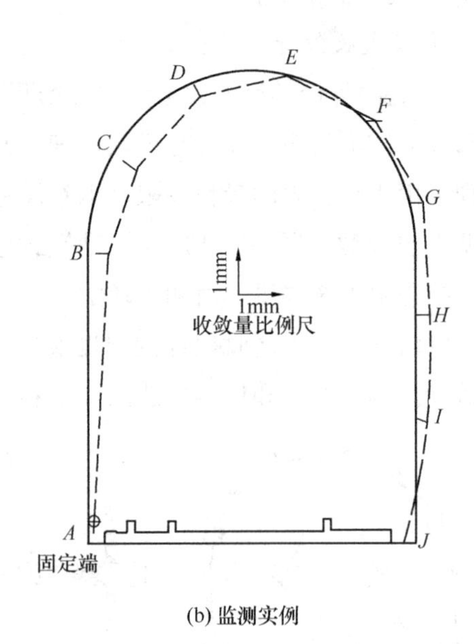

(b) 监测实例

图 7-12　巴赛特收敛系统的安装和监测实例

成，每根臂杆上都装有测角传感器。当监测断面发生某一变形时，臂杆通过协调运动将断面变形信息转换成一组与之对应的转角信息，并通过臂杆上的测角传感器反应和读取；

（2）数据采集部分，采集器将按设定的采样周期自动采集并存储测角传感器的数据；

（3）数据处理部分，该部分是一台微型计算机和专用数据处理软件。该软件利用各臂杆的端点坐标、臂杆的转角增量和温度增量等数据，计算、打印或显示出隧道壁面各测点的二维变形。

用于连接臂杆的铰分为两类，一类是安装在隧道壁面上的固定铰，固定铰同时也是壁面收敛位移的测点；另一类是呈悬浮状态的浮点铰，长、短臂杆由铰连接成不同跨度的受力零杆形式，短杆具有相同的长度，长杆则需视其跨距大小确定。臂杆的安装需做到以下要求：

（1）各定点铰座的中心应保持在垂直隧道中轴线的同一个平面内；

（2）各铰座的转轴线应平行于隧道的中轴线；

（3）在浮点铰处，长、短臂的轴线应构成直角；

（4）为了绕过隧道壁面上的障碍物（如管线、轨道等），长臂可以预制成任何适当的形式，但是杆的两端点连线与短杆在浮点铰处仍应成直角；

（5）定点铰座必须牢靠固定在壁面上，臂杆与铰之间必须连接紧密且转动自如，臂杆不受铰点以外的其他约束；

（6）在有条件的情况下监测断面应尽量按闭合环式布置，以便计算结果平差计算，若闭合布设有困难也可按非闭合形式布设。

3. 拱顶下沉

隧道开挖后，由于围岩自重和应力调整造成隧道顶板的向下移动称为拱顶下沉。拱顶是隧道周边上一个特殊点，通过监测其竖向位移情况，可判断隧道的稳定性，也可为二次衬砌施筑时机的确定提供依据，还可验证用洞周收敛监测结果计算各点位移绝对量的准确性。

由于隧道拱顶一般较高，不能用通常使用的标尺测量，因此可在拱顶用短锚杆设置挂钩，用铟钢丝在下面悬挂标尺，或将钢尺或卷尺式收敛计挂在拱顶作为标尺，后视点设置在稳定衬砌或地面上，然后采用水准仪监测，如图 7-13（a）所示。

为了方便钢尺或卷尺式收敛计的悬挂，可以将挂钩设计成升降式套环，如图 7-13（b）所示。

对于浅埋隧道，可由地面钻孔，测定拱顶相对于地面不动点的位移。

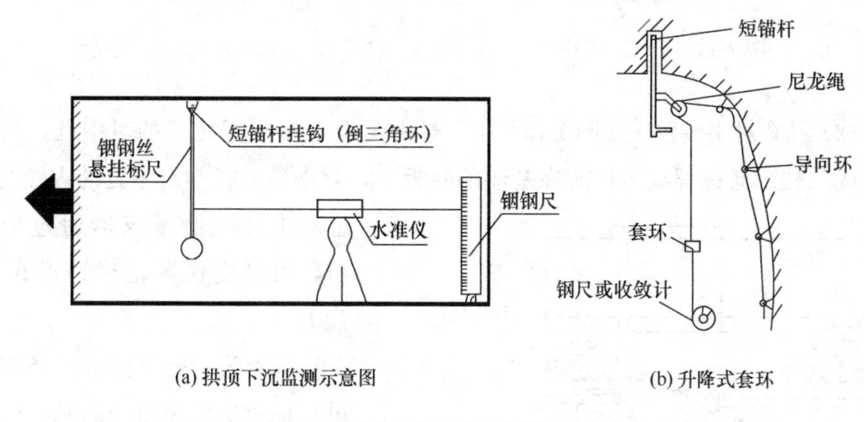

(a) 拱顶下沉监测示意图　　(b) 升降式套环

图 7-13　用水准仪监测隧道拱顶下沉

四、三维变形监测

三维变形监测是同时测定地面和工程结构的三维位移量，即平面位移和高程位移。随着全站仪的普及，用全站仪对地面和地下结构壁面进行三维变形监测的场合越来越多。该方法操作简单、精度高。

1. 三维变形监测的原理

首先在被测对象附近或周围选择几个合适的位置为测站，测站要尽可能地少，最好是只设一站，并使其到后视基准点和各监测点的距离大致相等，然后在各监测点和基准点上粘贴平面反射标志（即丙烯脂胶片）。

测站要求设置强制归心设备，以克服偏心误差的影响，常见的对中装置有下列 3 种：

（1）三叉式对中盘：如图 7-14 所示，盘上铣出 3 条辐射形凹槽，3 条凹槽夹角为 120°，对中时必须先把基座的底板卸掉，将 3 只脚螺旋尖端安放在 3 条凹槽中，即实现仪器在对中盘上的定位。

（2）点、线、面式对中盘：如图 7-15 所示，盘上有 3 个小金属块，分别是点、线、面。“点”是金属块上有一个圆锥形凹穴，脚螺旋尖端对准放上后即不可移动；“线”是金属块上，有一条线形凹槽，脚螺旋尖端在凹槽内可以沿槽线移动。第三块是一个平面，脚螺旋尖端在上面有二维自由度，当脚螺旋间距与这 3 个金属块间距大致相等时，仪器可以在对中盘上精确就位。

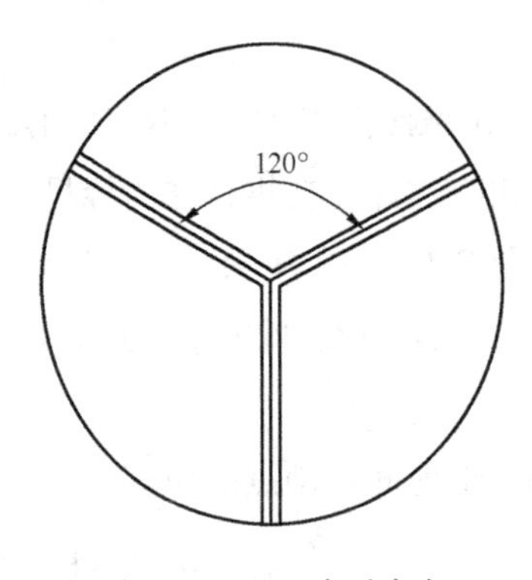

图 7-14　三叉式对中盘

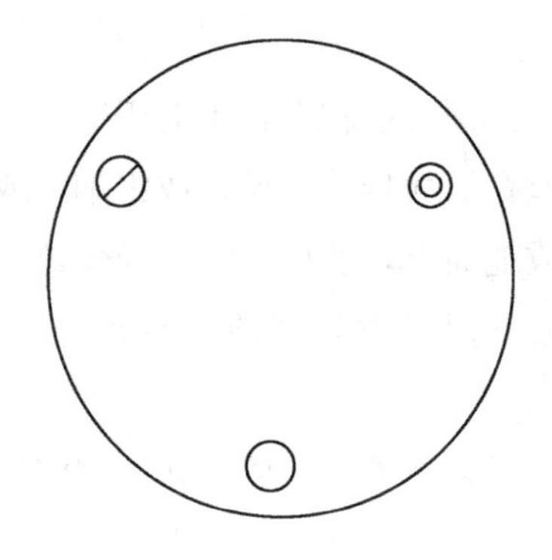

图 7-15　点、线、面式对中盘

（3）球、孔式对中装置：如图 7-16所示，对中盘上有一个圆柱形的对中孔，另有一个对中球（或圆柱）通过螺纹可以旋在基座的底板下，对中球外径与对中孔的内径匹配，旋上对中球的测量仪器通过球、孔接口，可以使仪器精确地就位于对中盘上。

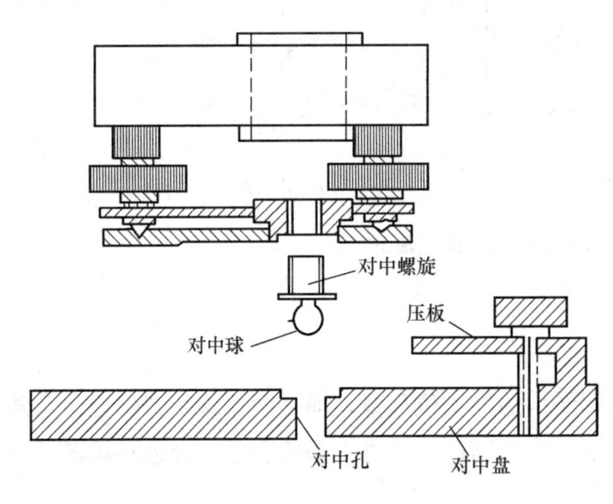

图 7-16　球、孔式对中装置

仪器设置强制归心设备之后，即可保证每次监测时平面基准位置的一致性。

为减少量测仪器高的误差对成果的影响，提高高程测量精度，可采用无仪器高作业法。其基本原理是：假设测站点高程为 H_0，仪器高为 i，从测站监测第一个目标点设为已知高程点，高程为 H_1，目标高为 0，则监测第一点的高程传递表达式为：

$$H_1 = H_0 + i + S_1 \times \cos V_1 = H_0 + i + h_1 \tag{7-3}$$

$$\text{或} \quad H_0 = H_1 - i - h_1 \tag{7-4}$$

式中　S_1、V_1——分别是第一个目标点的高程和倾角。

若仪器高 i 不变，则监测第 j 点的高程传递表达式为：

$$H_j = H_0 + i + S_j \times \cos V_j = H_0 + i + h_j \tag{7-5}$$

将式（7-4）代入式（7-5），有

$$H_j = H_1 - i - h_1 + i + h_j$$
$$= H_1 + h_j - h_1$$
$$= H_1 + \Delta h_{1j} \tag{7-6}$$

式（7-6）说明：第 j 点高程＝已知高程 H_1＋已知高程点至第 j 点的间接高差 Δh_{1j}。由于 h_1 或 h_j 均为全站仪望远镜旋转中心至目标点的高差，并不涉及仪器高，故间接高差 Δh_{1j} 也与仪器高无关。根据这一原理，具体实施时的监测方案如下：

首先监测测站到基准点间的高差 h_1，然后将全站仪置于三维坐标测量状态，输入测站点的坐标 X_0，Y_0，而 Z_0 以虚拟高程 H_0（H_0＝基准点高程$-h_1$）输入，仪器高和棱镜高均输入 0。

对仪器设置好已知数据后，即可进入三维坐标测量状态，测量各监测点的三维坐标，通过比较本次与前次的坐标后，就可得到各监测点的三维位移量。

2. 全站仪三维定点的精度分析

全站仪测定空间某点的三维坐标计算公式为：

$$\begin{aligned} X_p &= X_0 + S \times \sin V \times \cos\alpha \\ Y_p &= Y_0 + S \times \sin V \times \sin\alpha \\ Z_p &= Z_0 + S \times \cos V + i \end{aligned} \tag{7-7}$$

设 $m_\alpha = m_V = m_0$ ，$m_S = a + b \times D$，

因采用无仪器高作业法故 $m_i = 0$，

根据误差传播定律，得：

$$\begin{aligned} m_{x_p}^2 &= \sin^2 V \cdot \cos^2\alpha \cdot m_S^2 + S^2 \cdot \sin^2 V \cdot \sin^2\alpha \cdot m_\alpha^2 + S^2 \cdot \cos^2 V \cdot \cos^2\alpha \cdot m_V^2 \\ m_{y_p}^2 &= \sin^2 V \cdot \sin^2\alpha \cdot m_S^2 + S^2 \cdot \sin^2 V \cdot \cos^2\alpha \cdot m_\alpha^2 + S^2 \cdot \cos^2 V \cdot \sin^2\alpha \cdot m_V^2 \\ m_p^2 &= \sin^2 V \cdot m_S^2 + S^2 \cdot m_0^2 \\ m_{z_p}^2 &= \cos^2 V \cdot m_S^2 + S^2 \cdot \sin^2 V \cdot m_V^2 \end{aligned} \tag{7-8}$$

对于 SET2100 型全站仪，采用盘左盘右坐标取平均，且 $m_0 = 2''$，$m_S = 3 + 2\text{ppm} \times D$，代入式（7-8）计算，结果如表 7-1 所示。

m_p、m_{z_p} 精度（单位：mm）　**表 7-1**

S \ V		60°	70°	80°	90°
60m	m_p	2.01	2.16	2.26	2.29
	m_{z_p}	1.22	0.95	0.72	0.62
70m	m_p	2.05	2.21	2.31	2.33
	m_{z_p}	1.27	1.02	0.81	0.72
80m	m_p	2.10	2.26	2.35	2.38
	m_{z_p}	1.32	1.09	0.90	0.78

续表

S \ V		60°	70°	80°	90°
90m	m_p	2.16	2.31	2.40	2.43
	m_{z_p}	1.38	1.16	0.99	0.93
100m	m_p	2.21	2.36	2.45	2.49
	m_{z_p}	1.44	1.24	1.10	1.03

若在测试中，平均天顶距为 70°，最大视距为 70m，则待测点（采用盘左盘右取平均）的平面点位中误差和高程中误差为 $m_p=\pm2.21$mm，$m_{z_p}=\pm1.02$mm。若采用半测回值，则 $m_p=\pm3.12$mm，$m_{z_p}=\pm1.44$mm。

3. 隧道洞周三维变形监测

采用全站仪监测隧道洞周三维位移的技术近年来正在探索中。通常采用洞内自由设站法，其步骤是：

（1）在洞口设置两个基准点，用常规测量方法测定出其三维坐标；

（2）在开挖成洞的横断面上布设若干测点，测点上贴上反射片（简易反射镜）；

（3）在基准点上安置好反射镜或简易反射镜后，选一适当位置安置全站仪，用全圆方向法测基准点和测点之间的水平角、竖直角、斜距；

（4）当测到一定远处时，再在某一断面上设两个基准点，向后传递三维坐标。

其优点是：①可在运营隧道和施工隧道内自由设站；②在一个测站上可对多个断面进行观测；③各断面上可设置较多的测点。

其不足之处在于：采用该技术需要观测多测回，洞内观测时间太长。断面上设点越多，观测时间越长，对隧道开挖和隧道内运输干扰严重。全站仪免棱镜测量的精度限制以及测点坐标变化换算得到收敛值的误差传递，使得全站仪的实测精度难以满足隧道收敛监测的要求。

五、智能激光收敛仪两点间相对位移监测

激光收敛仪
使用快捷指南

1. 洞周收敛监测

智能激光收敛仪是作者为解决大断面隧道收敛计挂设等困难而研制的，由主机、对准调节装置、固定螺栓、转换接头、反光片，以及后处理软件组成（测量示意图如图 7-17 所示）。测量时调节对准调节装置对准反光片上的目标点后，使用主机测得仪器安装点与目标点间的测线长度，通过测线长度的变化实现隧道洞周收敛的监测。

智能激光收敛仪主机开发有面板，并具有编辑、测量、计算、传输等面板功能，其使用方法可扫描右侧二维码：

（1）编辑功能：测量前，提示输入项目名称、断面编号和测线编号等，可以进行编辑

工作。

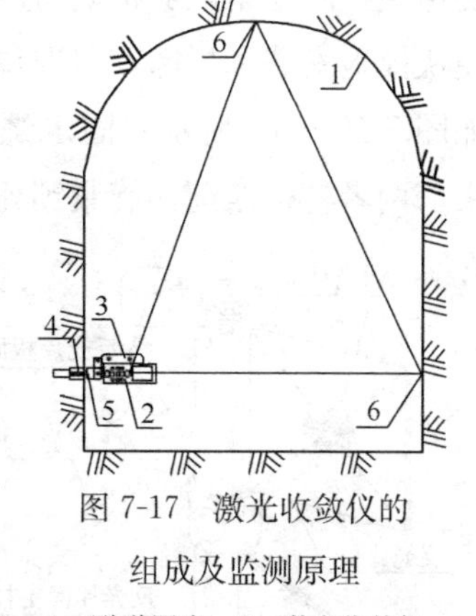

图 7-17　激光收敛仪的组成及监测原理

1—隧道围岩；2—激光收敛仪；3—对准调节装置；4—固定螺栓；5—转换接头；6—反光片

（2）测量功能：对准目标点后，触发外接按钮测量数据并储存于主机内存中，在存储数据时，对测量数据设置了加密算法以防止数据造假。开发外接按钮的目的是避免直接在面板上按测量键引起仪器抖动而影响测量精度。

（3）计算功能：调用该测线的前一次监测数据计算该测线的收敛变形增量，以及调用该测线的第一次监测数据（即初始读数）计算该测线的累计收敛变形量。即时的计算可及时了解监测结果的正确性，也可根据隧道累计收敛变形量和收敛变形增量来判断隧道的安全状况，以便及时地采取对策。

（4）传输功能：主机可以储存 4000 条监测数据，开发了 RS485 数据接口连接电脑，以及蓝牙接口连接电脑和手机。这样，无论隧道工地有多偏僻，均可以通过互联网将数据直接传输给数据处理和分析部门，从而可以大大减少数据处理和分析技术部门的人员数量，提高监测反馈的速度和效率。

传输和导入的数据可以直接与自行开发的后处理软件对接，自动生成监测数据报表、时间-变形曲线和时间-变形速率曲线等，大大提高了监测数据的处理效率。主机和后处理软件对监测数据设置了加密算法，原始数据仅能查看。每个监测数据都标记有详细的编号、测量时间，使得伪造数据的时间成本大于实际的测量时间，从而避免数据造假。

主机的监测精度为±1mm，分辨率为 0.1mm，量程为 30m。

智能激光收敛仪主机和对准调节装置如图 7-18 所示。对准调节装置设有两个转轴，可以实现主机绕俯仰轴、回转轴进行 360°调节，同时具有锁死粗调后进行微调的功能，

(a) 主机及对准调节装置

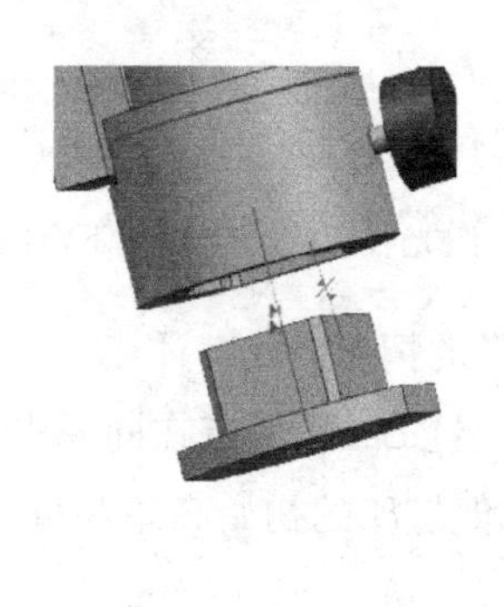

(b) 快接公头和母头

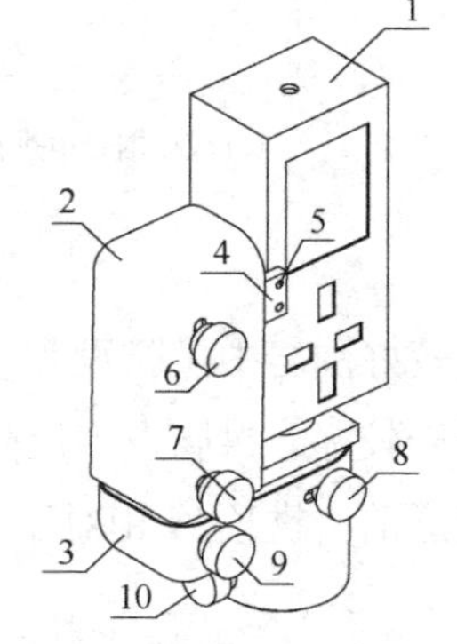

(c) 对准调节装置三维图

图 7-18　隧道激光收敛仪主机及快速安装对准调节装置

1—激光收敛计；2—俯仰架外壳；3—回转架外壳；4—夹具；5—夹具螺母；6—俯仰粗调锁死螺母；7—俯仰微调螺母；8—回转粗调锁死螺母；9—回转微调螺母；10—快速接头锁死螺母

确保主机激光束能够精确对准前方半平面空间内的任一目标点。为了实现对准调节装置方便快捷地安装和拆卸，对准调节装置底部设置了快接母头，固定螺栓上设置了快接公头，如图 7-18（b）所示，固定螺栓埋设固定在隧道围岩上，安装时将快接母头插入快接公头，两者精密匹配，旋紧锁死螺母，即可进行激光点对准调节的操作。

为保证测量精度，拱顶监测点采用可以调节角度的合页反光片（图 7-19），安装时调节合页的角度，使得激光束与反光片尽量能垂直。合页反光片用固定螺钉固定安装于隧道围岩壁面上。

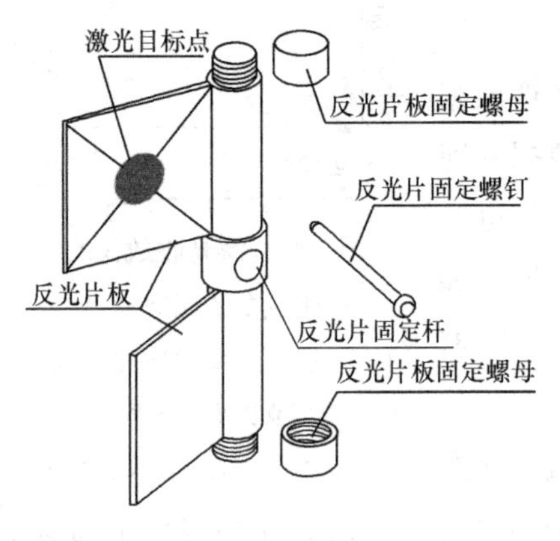

图 7-19　合页反光片

2. 用收敛监测计算拱顶下降

采用收敛仪监测隧道周边收敛，也可以通过计算得到隧道拱顶下沉，其方法的原理如图 7-20 所示。隧道开挖后尽快在靠近掌子面的断面上布置呈三角形的测线 AB、BC、CA，用激光收敛仪测量三条测线 BC、BA 和 CA 的长度，隧道变形后再测量其变形后的长度，用三角形的知识就可以计算隧道拱顶下沉。

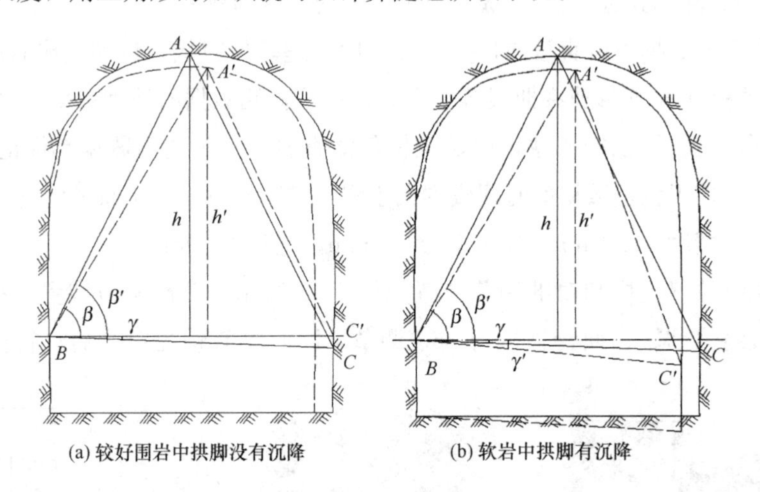

图 7-20　激光收敛仪监测拱顶下沉的原理图

（1）较好围岩中拱脚没有沉降的情况

当围岩较好、拱脚没有沉降，且 B、C 两点在同一水平线上时，以 B 点为基准点，隧道围岩变形前，拱顶 A 相对于基准点 B 的初始高差 h 可由式（7-9）求得：

$$h = BA \cdot \sin\beta \tag{7-9}$$

其中，

$$\beta = \arccos\left(\frac{BC^2 + BA^2 - CA^2}{2BC \cdot BA}\right)$$

式中　β——变形前测线 BC 与 BA 间的夹角。

隧道围岩变形后，用激光收敛仪测量 3 条测线 BC'、BA' 和 $C'A'$ 的长度，则拱顶监测点 A' 相对于基准点 B 的变形后高差 h' 可由式（7-10）求得：

$$h' = BA' \cdot \sin\beta' \tag{7-10}$$

其中，
$$\beta' = \arccos\left(\frac{BC'^2 + BA'^2 - C'A'^2}{2BC' \cdot BA'}\right)$$

式中　β'——变形后测线 BC' 与 BA' 间的夹角。

式（7-9）减去式（7-10）即可得拱顶监测点 A 的拱顶下沉 u：

$$\begin{aligned} u &= h - h' \\ &= BA \cdot \sin\beta - BA' \cdot \sin\beta' \end{aligned} \tag{7-11}$$

（2）软岩中拱脚有沉降的情况

隧道开挖后尽快在靠近掌子面的断面上布置呈三角形的测线 AB、BC、CA，用水准仪测得 C 点相对于 B 点的相对高差 $\Delta y_{BC} = h_C - h_B$。以 B 点为基准点，隧道围岩变形前，拱顶 A 相对于基准点 B 的初始高差 h 可由式（7-12）求得：

$$h = BA \cdot \sin(\beta + \gamma) \tag{7-12}$$

其中，
$$\beta = \arccos\left(\frac{BC^2 + BA^2 - CA^2}{2BC \cdot BA}\right)$$

$$\gamma = \arcsin\frac{\Delta y_{BC}}{BC}$$

式中　β——变形前测线 BC 与 BA 间的夹角；

γ——变形前测线 BC 与水平线之间的夹角。

隧道围岩变形后，用激光收敛仪测量三条测线 BC'、BA' 和 $C'A'$ 的长度，用水准仪测得 C' 点相对于 B 点变形后的相对高差 $\Delta y_{BC'} = h_{C'} - h_B$。拱顶监测点 A' 相对于基准点 B 的变形后高差 h' 可由式（7-13）求得：

$$h' = BA' \cdot \sin(\beta' + \gamma') \tag{7-13}$$

其中，
$$\beta' = \arccos\left(\frac{BC'^2 + BA'^2 - C'A'^2}{2BC' \cdot BA'}\right)$$

$$\gamma' = \arcsin\frac{\Delta y_{BC'}}{BC'}$$

式中　β'——变形后测线 BC' 与 BA' 间的夹角；

γ'——变形后测线 BC' 与水平线之间的夹角。

根据式（7-12）和式（7-13），结合用水准仪测得基准点 B 的沉降，拱顶监测点 A 的拱顶下沉 u 可由式（7-14）求得：

$$\begin{aligned} u &= h - h' + h_B - h'_B \\ &= BA \cdot \sin(\beta + \gamma) - BA' \cdot \sin(\beta' + \gamma') + h_B - h'_B \end{aligned} \tag{7-14}$$

式中　h_B——B 点的初始高程；

h'_B——B 点的变形后高程；两者之差即为 B 点的沉降。

在软岩中，隧道侧壁围岩的竖向位移一般也远小于拱顶，因此，当拱顶下沉较小时，仍然可以按拱脚没有沉降情况用式（7-11）计算拱顶沉降，因而，可以不必每次都量测脚点 B、C 的高程，但监测点布设时应读取脚点 B、C 的初始高程。

通常拱顶下沉达到报警值的 1/2 时，才需要用水准仪定期量测脚点 B、C 的高程，采用拱脚有沉降情况的式（7-14）来精确计算拱顶下沉。这样的话，较好围岩中拱脚没有沉降的情况，用激光收敛仪监测拱顶下沉可以不用水准仪。即使在软岩中拱脚有沉降的情况，也只有当拱顶下沉达到其报警值的 1/2 时，才少量使用水准仪监测拱脚点的下沉，而且这也比用水准仪直接监测拱顶下沉方便容易。

通过发明的隧道周边收敛监测计算拱顶下沉的方法，对隧道周边收敛和拱顶下沉的监测只需一台仪器，而通过洞周收敛的监测一次性完成对两项监测项目的监测，而且只需一人就可以实现，大大地节省了时间、人力和物力。

3. 基坑两对边的墙顶水平位移监测

如图 7-21 所示，在基坑一边设置监测点 B_1、B_2、B_3…，B_1 设在基坑角点作为参考点，在其对边设置监测点 C_2、C_3…，在基坑开挖前，用收敛仪测得 B_1B_2，B_2C_2，基坑开挖后 B_2、C_2 分别移动到 B'_2、C'_2，用收敛仪测得 $B_1C'_2$，$B'_2C'_2$，则：

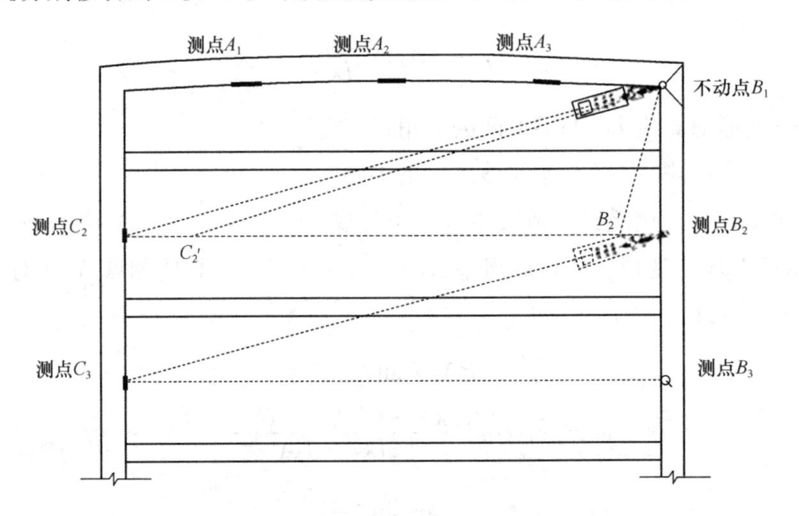

图 7-21 激光测距仪监测基坑两对边墙顶水平位移的方法

B_2、C_2 两点间相对位移 $\delta_{B_2C_2}$ 为：

$$\delta_{B_2C_2} = B_2C_2 - B'_2C'_2 \tag{7-15a}$$

由直角 $\Delta B_1B_2C'_2$ 得：

$$B_2C'_2 = \sqrt{B_1C'^2_2 - B_1B_2^2} \tag{7-15b}$$

C_2 点的绝对位移 δ_{C_2} 为：

$$\delta_{C_2} = B_2C_2 - B_2C'_2 \tag{7-15c}$$

则 B_2 的绝对位移 δ_{B_2} 为：

$$\delta_{B_2} = \delta_{B_2C_2} - \delta_{C_2} \tag{7-15d}$$

同理，以 B_2 为参考点，可测量求得 B_3、C_3 相对于 B_2 的位移，减去 B_2 的绝对位移即可求得其绝对位移，以此类推可求得基坑两对边上其他点的水平位移。

4. 基坑一顶边的墙顶水平位移监测

如图 7-22 所示，在基坑两对边设置监测点 B_2、C_2，在与其相交的顶边设置监测点 A_i，在基坑开挖前分别测得 B_2A_i、C_2A_i 和 B_2C_2 的距离，构成三角形 $\Delta A_iB_2C_2$。在基坑开挖后再测得 $B'_2A'_i$、$C'_2A'_i$ 和 $B'_2C'_2$ 的距离，构成三角形 $\Delta A'_iB'_2C'_2$，通过 $\Delta A_iB_2C_2$ 与 $\Delta A'_iB'_2C'_2$ 间的几何关系，可以计算得到顶边各监测点 A_i 的绝对水平位移 δ_{A_i}。以监测点 A_1 为例，计算 A_1 点水平位移 δ_{A_1} 的公式如下：

$$\delta_{A_1} = A_1B_2\sin\beta - A'_1B'_2\sin\beta' \tag{7-16}$$

其中，$\beta = \arccos\dfrac{A_1B_2^2 + C_2B_2^2 - A_1C_2^2}{2A_2B_2 \cdot C_2B_2}$

$\beta' = \arccos\dfrac{A'_1B'^2_2 + C'_2B'^2_2 - A'_1C'^2_2}{2A'_1B'_2 \cdot C'_2B'_2}$

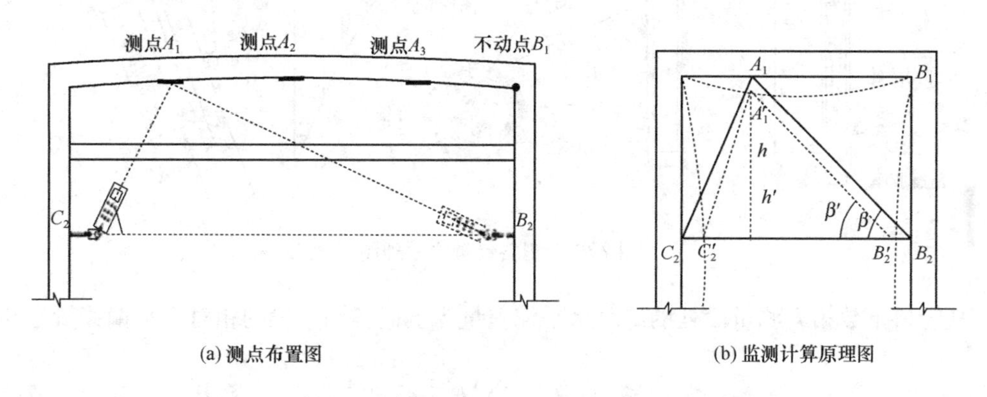

图 7-22　激光测距仪监测基坑一顶边墙顶水平位移的方法

第二节　岩土体和地下结构内部位移监测

一、围护墙和土体深层水平位移监测

围护墙和土体深层水平位移是其在不同深度处的水平位移，按一定比例绘制围护墙和土体在不同深度处侧向水平位移随深度变化的曲线，即是围护墙和土体的深层挠曲线。采用测斜管和测斜仪监测，在施工前将测斜管埋设于围护墙或土体中，测量时，使测斜探头的导向滚轮卡在测斜管内壁的导槽中，沿槽滚动将测斜探头放入测斜管，将测斜管的倾斜角或其正弦值显示在测读仪上，从而测出测斜管不同处的水平位移。

1. 原理

用测斜仪测量土层深层水平位移的原理是将测斜管埋设在土层中，当土体发生水平位移时认为土体中的测斜管随土体同步移动，用测斜仪沿深度逐段测量测斜探头与铅垂线之间倾角 θ，可以计算各测量段上的相对水平偏移量，通过逐点累加可以计算其不同深度处的水平位移（参见图 7-23）。可扫描右侧二维码了解更多内容。

深层水平位移监测

各测量段上的相对水平偏移量为：

$$\Delta\delta_i = L_i \times \sin\theta_i \tag{7-17}$$

式中 $\Delta\delta_i$——第 i 测量段的水平偏差值（mm）；

L_i——第 i 测量段的长度，通常取为 500mm、1000mm；

θ——第 i 测量段的倾角值（°）。

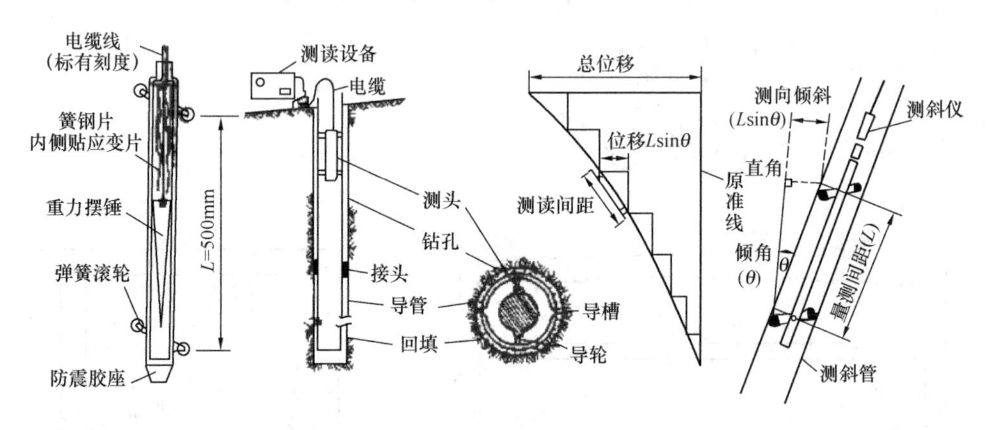

图 7-23 测斜仪量测原理图

从管口下数第 k 测量段处的绝对水平偏差量为上面各测量段的相对水平偏移量之和：

$$\delta_k = d_0 + \sum_{i=1}^{k} L \times \sin\theta_i \tag{7-18}$$

式中 d_0——起算点即测斜管管口的实测水平位移，用其他方法测量。

由于埋设好的测斜管的轴线并不是铅垂的，所以，各测量段第 j 次测量的绝对水平偏差 d_{jk} 应该是该段本次与第一次绝对水平偏差量之差值：

$$d_{jk} = \delta_{jk} - \delta_{1k} = d_{j0} + \sum_{i=1}^{k} L \times (\sin\theta_{ji} - \sin\theta_{1i}) \tag{7-19}$$

式中 δ_{jk}——第 j 次测量的第 k 测量段处的绝对水平偏差；

δ_{1k}——第 k 测量段处的绝对水平偏差的初始值；

d_{j0}——第 j 次测量的起算点即测斜管管口的实测水平位移；

θ_{ji}——第 j 次测量的第 k 测量段处的倾角；

θ_{1i}——第 k 测量段处的倾角初始值。

当测斜管埋设得足够深时，可以认为管底是不动点，可从管底向上计算各段的绝对水平偏差量，此时，$d_{j0}=0$，就不必再用其他方法测量测斜管管口的实测水平位移。

无论是从管口还是从管底起算，起算点都记作 0 点，这样，水平位移测点与测量段的编号就会一致。

2. 测斜仪

测斜仪按传感元件不同，可分为滑动电阻式、电阻应变片式、钢弦式及伺服加速度式 4 种，如图 7-24 所示。

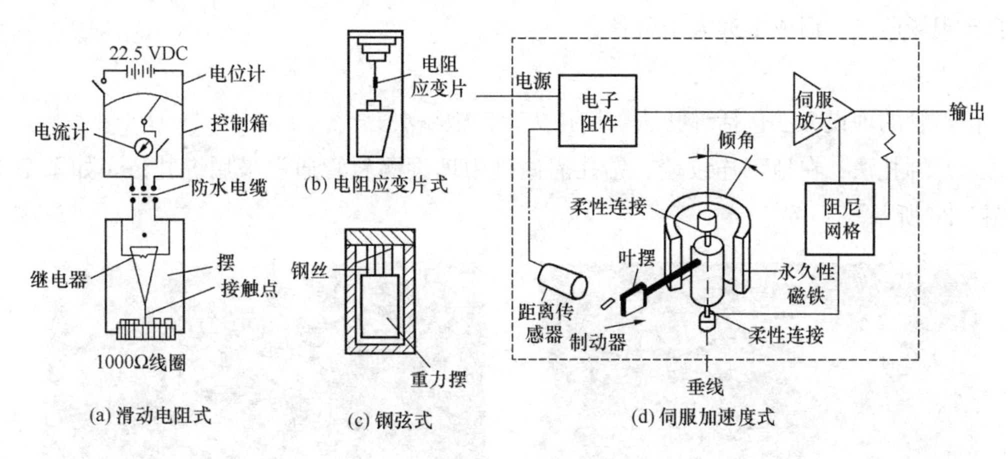

图 7-24　测斜仪工作原理示意图

滑动电阻式探头以悬吊摆为传感元件，在摆的活动端装一电刷，在探头壳体上装电位计，当摆相对于壳体倾斜时，电刷在电位计表面滑动，由电位计将摆相对于壳体的倾摆角位移变成电信号输出，用电桥测定电阻比的变化，根据标定结果就可进行倾斜测量。该探头的优点是坚固可靠，缺点是测量精度不高。

电阻应变片式探头是用弹性好的青铜弹簧片下挂摆锤，弹簧片两侧各贴两片电阻应变片，构成差动可变阻式传感器。弹簧片可设计成等应变梁，使之在弹性极限内探头的倾角与电阻应变读数成线性关系。

钢弦式探头是通过在 4 个方向上十字型布置的 4 个钢弦式应变计测定重力摆运动的弹性变形，进而求得探头的倾角。可同时进行两个水平方向的测斜。

伺服加速度式测斜探头是靠检测质量块因输入加速度而产生惯性力，并与地磁感应系统产生的反力相平衡，感应线圈的电流与此反力成正比，根据电压大小可测定倾角。该类测斜探头灵敏度和精度较高。

测斜仪主要由以下 4 部分组成：装有测斜传感元件的探头、测读仪、电缆和测斜管。

（1）测斜仪探头。它是倾角传感元件，其外观为细长金属鱼雷状探头，上、下近端部配有两对轮子，上端有与测读仪连接的电缆。

（2）测读仪。测读仪是测斜仪探头的二次仪表，是与测斜仪探头配套使用的，是提供电源、采集和变换信号、显示和记录数据的仪器核心部件。

（3）电缆。电缆的作用有 4 个：①向探头供给电源；②给测读仪传递量测信号；③作为量测探头所在的量测点距孔口的深度尺；④提升和下放探头的绳索。电缆需要很高的防水性能，而且作为深度尺，在提升和下放过程中不能有较大的伸缩，为此，电缆芯线中设有一根加强钢芯线。

(4) 测斜管。测斜管一般由塑料（PVC）和铝合金材料制成，管节长度分为 2m 和 4m 两种规格，管节之间由外包接头管连接，管内有相互垂直的两对凹型导槽，管径有 60mm、70mm、90mm 等多种不同规格。铝合金管具有相当的韧性和柔度，较 PVC 管更适合于现场监测，但成本远大于后者。

3. 埋设

测斜管的埋设方法包括绑扎法、钻孔法、钢抱箍法。

(1) 绑扎法：在地下连续墙、钻孔灌注桩中埋设测斜管通常采用绑扎法，如图 7-25 和图 7-26 所示。

图 7-25　钻孔灌注桩中的测斜管

图 7-26　地下连续墙中的测斜管

① 将测斜管按设计长度在空旷场地上将 4m（或 2m）一节的测斜管用束节逐节连接在一起。连接时将测斜管上的凸槽和测斜管接头上的凹槽相吻合，然后沿凹凸槽轻轻推移直至两端的测斜管完全碰头。接管时除外槽口对齐外，还要检查内槽口是否对齐。管与管连接时先在测斜管外侧涂上 PVC 胶水，然后将测斜管插入束节，在束节 4 个方向用 M4 ×10 自攻螺丝或铝铆钉固紧束节与测斜管。在每个束节接头两端用防水胶布包扎，防止水泥浆从接头渗入测斜管内。测斜管长度要略小于钢筋笼的长度。②将连接好的测斜管沿主筋方向放入钢筋笼中，抬测斜管时，要防止其弯曲过大。③调整方向，使一对导槽的延长线经过灌注桩钢筋笼的圆心或垂直于地下连续墙钢筋笼的长边。④用自攻螺丝把底盖固定，然后用 8×400 的扎带将其固定在主筋上。然后依次将测斜管放平顺，沿同一根主筋，用扎带固定在主筋上，注意不要让测斜管产生扭转，扎带要密集，一般每 0.5m 一根扎带，以防止钢筋笼吊起时测斜管扭转以及放笼时水的浮力作用将管子浮起。⑤下钢筋笼时，让测斜管位于迎土侧。

(2) 钻孔法：在土体、搅拌桩、地基加固体中埋设测斜管主要采用钻孔法，如图 7-27所示。

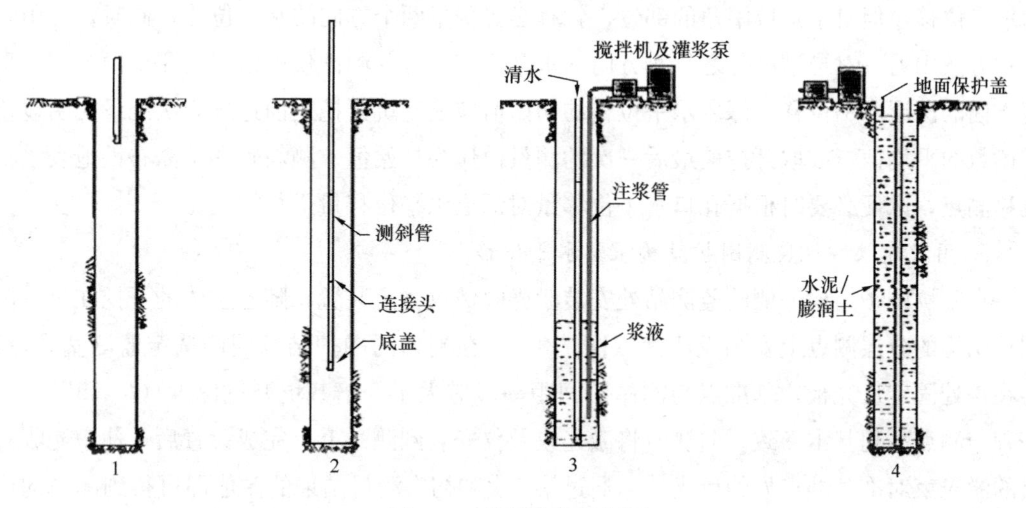

图 7-27　钻孔安装过程图

钻孔位置准确定位后，用工程钻探机钻取直径比测斜管略大，深度比测斜管安装深度稍深一些的钻孔。钻头钻到预定位置后，接水泵向钻孔内灌清水直至泥浆水变成清水为止；再提钻后竖起测斜管，调整好测斜管导向槽方向，借助钻孔钻机或吊机将连接好的测斜管缓慢放入钻孔，可以向管内注入清水以抵抗浮力，同时要注意导向槽的方向不发生变化。测斜管安装到位后，一边慢慢地用中粗砂或现场的细土回填，一边轻轻地摇动测斜管，要避免回填料下不去形成空腔的塞孔情况。当测斜孔较深或埋管与观测时间间隔较短时，应采用孔壁注浆的方法，即管外由下向上注入水泥浆直至溢出地表为止。再进行孔口设置与记录工作，包括：安装保护盖，测斜管四周砌好保护窨井并做标记，测量测斜管顶端高程，记录工程名称、测孔编号、孔深、孔口坐标、高程、埋设日期、人员及该点钻孔地质情况等。待两天或一周后再测读初次读数。

（3）钢抱箍法：在 SMW 工法、H 型钢、钢板桩中埋设测斜管通常采用钢抱箍法。

将测斜管靠在 H 型钢的一个内角，调整一对内槽始终垂直于 H 型钢翼板，间隔一定距离以及在束节处焊接短钢筋把测斜管固定在 H 型钢上。管底口用管盖盖住，然后测斜管随型钢插入水泥土搅拌桩中。

在圈梁施工阶段要注意对测斜管进行保护，在圈梁混凝土浇捣前，应检验测斜管是否能伸出圈梁顶面，是否有滑槽和堵管现象，如有堵管现象要做好记录，待圈梁混凝土浇好后及时进行疏通。

4. 测量

将测头插入测斜管，使滚轮卡在导槽上，缓慢下至孔底，在孔中放 15min 后再开始测读数据。测量自孔底开始，自下而上沿导槽全长每隔一定距离测读一次，每次测量时，应将测头稳定在某一位置上，也可以从顶点开始自上而下。测量完毕后，将测头旋转 180°插入同一对导槽，按以上方法重复测量。两次测量的各测点应在同一位置上，此时各测点的两个读数应是数值相近、符号相反。基坑工程中通常只需监测垂直于基坑边线方向的水平位移，但对于基坑阳角的部位，就有必要测量两个方向的水平位移，此时，可用同样的方法用另一对导槽测与之垂直方向的水平位移。有些测读仪可以同时测出两个相互垂直方向的深层水平位移。深层水平位移的初始值应是基坑开挖之前连续3次测量无明显差异读数的平均值，或取开挖前最后一次的测量值作为初始值。测斜管孔口需布设地表水平位移测点，以便必要时根据孔口水平位移量对深层水平位移量进行校正。

5. 用激光收敛仪监测围护结构深层水平位移

在基坑围护结构一侧的监测站处安装激光收敛仪固定装置，随着土体的开挖在另一侧围护结构的分层测点上安装反光片（图7-28）。在测站的围护结构同侧选定监测基准点，并在该处固定反光板，基准点与测站的间距一般应大于5倍基坑开挖深度（$l_0 \geqslant 5h$），其高程与测点高程基本一致。监测时将激光收敛仪安装到测站上，完成设置后，使激光收敛仪的激光束对准基准点处的反光片，通过第 i 次和初次测量结果的差值即可得到测站的绝对水平位移。

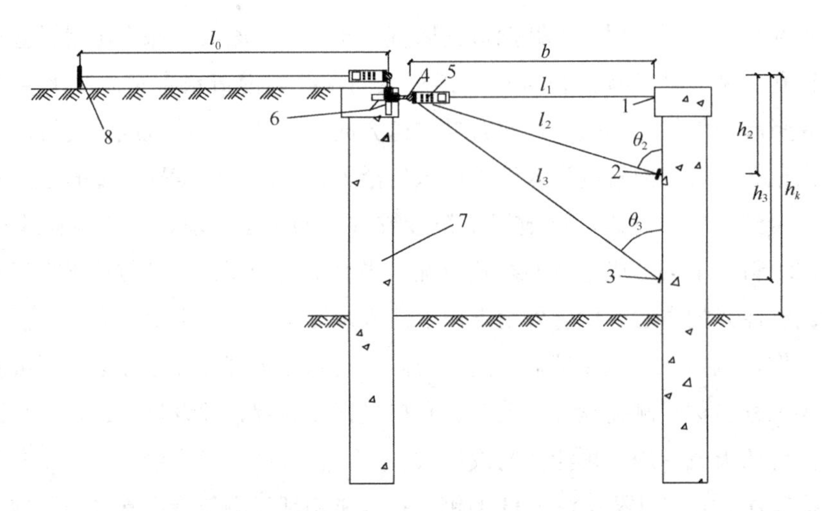

图7-28　用激光收敛仪监测基坑开挖面以上围护结构深层水平位移的方法

1—测点1及反光片；2—测点2反光片；3—测点3反光片；4—对准调节装置；
5—激光收敛仪；6—测站；7—基坑围护结构（墙或桩）；8—基准点

转动对准调节装置，使激光点对准监测点的反光片，通过测得第 i 次和初次测量结果的差值即可得到第 i 次监测时测点 k（k=1、2、3…）与测站距离的变化值，由几何关系式（7-20）计算可得测点 k 与测站的相对水平位移，再与测站的绝对水平位移的差值即为测点 k 第 i 次测量的深层水平位移 $\delta_{k,i}$。

$$\delta_{k,i}=\frac{b}{\sqrt{{h_k}^2+b^2}}\Delta l_{k,i}$$

二、土层分层竖向位移监测

土体分层竖向位移是土体在不同深度处的沉降或隆起，采用磁性分层沉降仪测量。土体分层沉降监测可扫描右侧二维码观看。

1. 原理及仪器

磁性分层沉降仪由对磁性材料敏感的探头、埋设于土层中的分层沉降管和钢环、带刻度标尺的导线以及电感探测装置组成，如图 7-29 所示。分层沉降管由波纹状柔性塑料管制成，管外每隔一定距离安放一个钢环，地层沉降时带动钢环同步下沉。当探头从钻孔中缓慢下放遇到预埋在钻孔中的钢环时，电感探测装置上的蜂鸣器就发出叫声，这时根据测量导线上标尺在孔口的刻度，以及孔口的标高，就可计算钢环所在位置的标高，测量精度可达 1mm。在基坑开挖前预埋分层沉降管和钢环，并测读各钢环的起始标高，与其在基坑施工开挖过程中测得的标高的差值即为各土层在施工过程中的沉降或隆起。土体分层竖向位移监测可获得土体中的竖向位移随深度的变化规律，沉降管上设置的钢环密度越高，所得到的分层沉降规律越连贯与清晰。

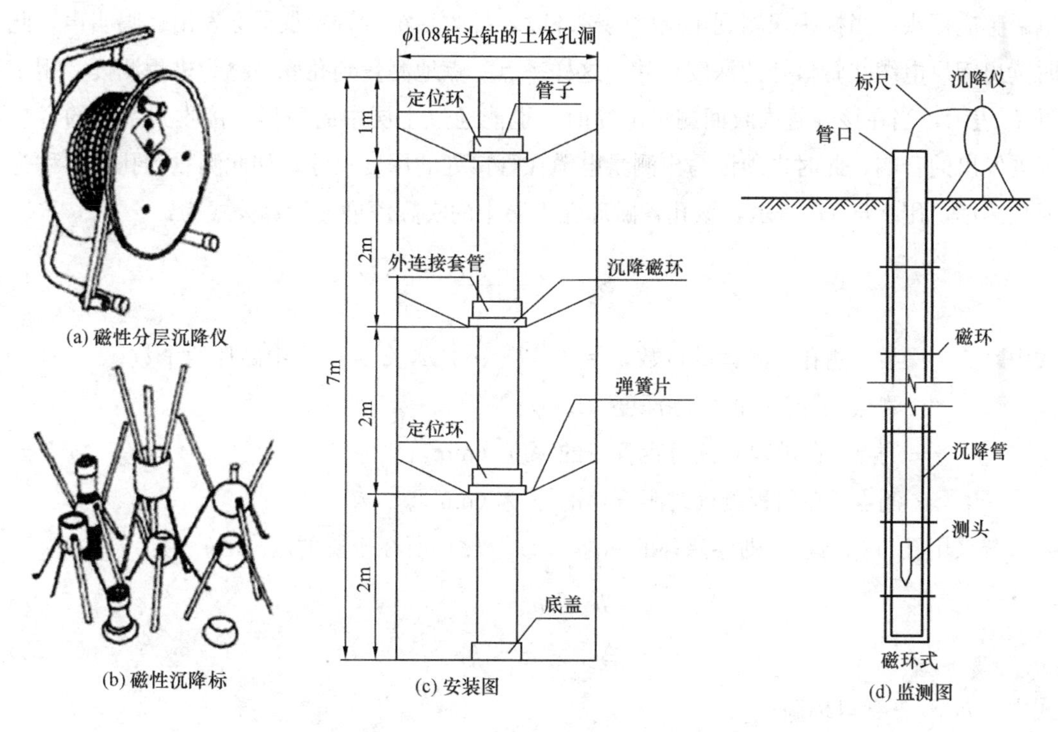

图 7-29　磁性分层沉降仪及埋设示意图

2. 分层沉降管和钢环的埋设

用钻机在预定位置钻孔，取出的土分层分别堆放，钻到孔底标高略低于欲测量土层的标高。提起套管 300～400mm，然后将引导管放入，引导管可逐节连接直至略深于预定的最底部的监测点的深度位置，然后，在引导管与孔壁间用膨胀黏土球填充并捣实到最低的沉降环位置，再用一只铅质开口送筒装上沉降环，套在引导管上，沿引导管送至预埋位置，再用 ϕ50mm 的硬质塑料管把沉降环推出并压入土中，弹开沉降钢环卡子，使沉降环的弹性卡子牢固地嵌入土中，提起套管至待埋沉降环以上 300～400mm，待钻孔内回填该层土做的土球至要埋的一个沉降环标高处，再用如上步骤推入上一标高的沉降环，直至埋完全部沉降环。固定孔口，做好孔口的保护装置。在埋设好后的两天或一周后测量孔口标高和各磁性沉降钢环的初始标高。

3. 测量

测量方法有孔口标高法和孔底标高法两种：①孔口标高法，以孔口标高作为基准点，孔口标高由水准测量仪器测量，通常采用该方法；②孔底标高法，以孔底为基准点从下往上逐点测试，用该方法时沉降管应落在地下相对稳定点。具体测量和计算方法如下：

(1) 分层沉降管埋设完成后，采用水准仪测出管口标高（或利用管口标高计算孔底标高），同时利用分层沉降仪测出各道钢环的初始深度；

(2) 基坑开挖后测量钢环的新深度。测量钢环位置时，要求缓慢上下移动伸入管内的电磁感应探头，当探头探测到土层中的磁环时，接收系统的音响仪器会发出蜂鸣叫声，此时读出钢尺电缆在管口处的深度尺寸，这样一点一点地测量到孔底，称为进程测读，用字母 J_i 表示，当在该导管内收回测量电缆时，也能通过土层中的磁环，接收到系统的音响仪器发出的音响，此时也须读写出测量电缆在管口处的深度尺寸，如此测量到孔口，称为回程测读，用字母 H_i 表示，该孔各磁环在土层中的实际深度的计算公式为：

$$S_i = \frac{J_i + H_i}{2} \tag{7-21}$$

式中 i ——某一测孔中测读的点数，$i=1, 2, \cdots, n$，n 为土层中磁环的个数；

S_i ——测点 i 距管口的实际深度（mm）；

J_i ——测点 i 在进程测读时距管口的深度（mm）；

H_i ——测点 i 在回程测读时距管口的深度（mm）。

若采用孔口标高法，则各磁环的标高 h_i 以及磁环所在土层的沉降 Δh_i 为：

$$h_i = h_{\mathrm{p}} - S_i \tag{7-22}$$

$$\Delta h_i = h_i - h_{i0} \tag{7-23}$$

式中 h_{p} ——管口标高；

h_{i0} ——测点 i 初始标高。

4. 自动化监测装置

传统的磁性分层沉降仪由人工测量，劳动强度大、测量精度低、测读数据不能及时存储处理，近年来，在传统的磁性分层沉降仪基础上装配自动化测量系统，实现了自动化全程测量，测量深度大、精度高，可远程控制。该测量装置的自动化测量系统主要由 3 部分组成：控制部分、测量部分、远程通信部分。其中，测量部分是沉降测量系统的主体结构，由以下部分组成：测头、牵引电缆、同步电机、减速器、编码器、导向轮、绕线轮、限位装置等，如图 7-30 所示。

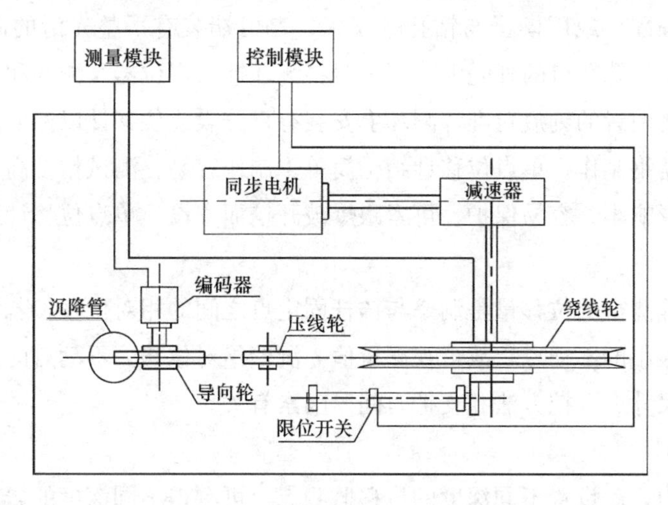

图 7-30　自动化沉降测量系统示意图

三、围岩体内部位移监测

围岩内部位移是隧道围岩内距离洞壁不同深度处沿隧道径向的位移或变形，据此可分析判断隧道围岩位移的变化范围和围岩松弛范围，预测围岩的稳定性，以检验或修改计算模型和模型参数，同时为修改锚杆支护参数提供重要依据。为了监测隧道洞壁的绝对位移和围岩不同深度处的内部位移，可采用单点位移计、多点位移计和滑动式位移计等。

1. 单点位移计

单点位移计是端部固定于钻孔底部的一根锚杆加上孔口的测读装置，其构造和安设方法如图 7-31 所示。位移计安装在钻孔中，锚杆体可用直径 22mm 的钢筋制作，锚固端或

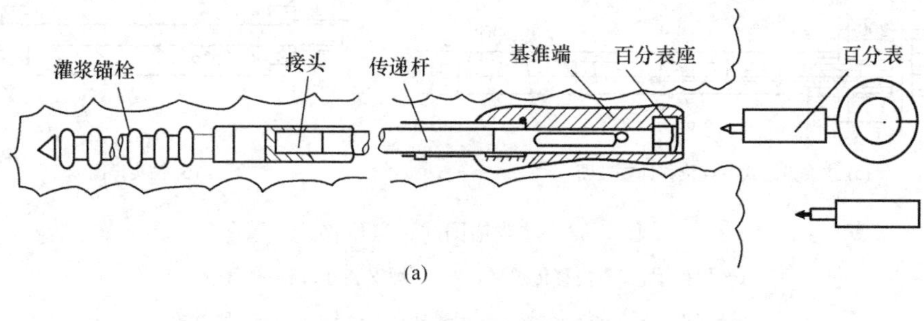

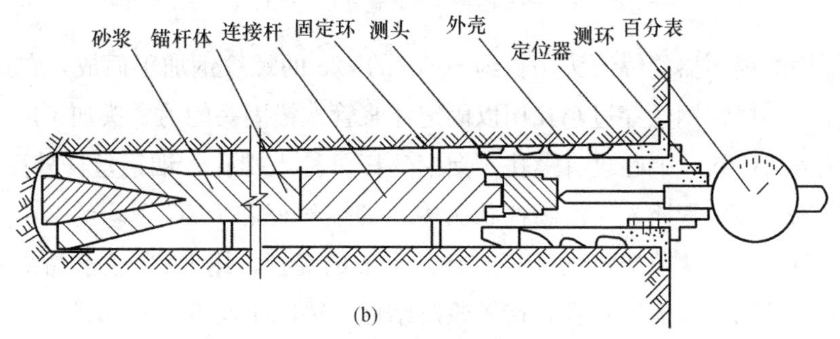

图 7-31　两种单点位移计装置

用螺纹钢筋灌浆锚固，或用楔子与钻孔壁楔紧，自由端装有平整光滑的测头，可自由伸缩。定位器固定于钻孔孔口的外壳上，测量时将测环插入定位器，测环和定位器上都有刻痕，插入测量时将两者的刻痕对准，测环上安装有百分表或位移计以测取读数。测头、定位器和测环用不锈钢制作。单点位移计结构简单、制作容易、测试精度高，以及钻孔直径小、受外界因素影响小、容易保护、可紧跟爆破开挖面安设，单点位移计通常与多点位移计配合使用。

由单点位移计测得的位移量是洞壁与锚杆固定点之间的相对位移，若钻孔足够深，则孔底可视为位移很小的不动点，故可视测量值为洞壁绝对位移。不动点的深度与围岩工程地质条件、断面尺寸、开挖方法和支护时间等因素有关。

2. 多点位移计

在同一测孔内，若设置不同深度的位移监测点，可测得不同深度的岩层相对于隧道洞壁的位移量，据此可画出距洞壁不同深度的位移量的变化曲线。

图 7-32 是注浆锚固式多点位移计，由锚固器和位移测定器组成。锚固器安装在钻孔内，起固定测点的作用，位移测定器安装在钻孔口部，内部安装有位移传感器，位移传感器与锚固器之间用铟钢丝杆联结。同一钻孔中可设置多个测点，一个测点设置一个锚固器，各自与孔口的位移传感器相连，监测值为这些测点相对于隧道洞壁的相对位移量。这种将位移传感器固定在孔口上，用铟钢丝杆把不同埋深处的锚头的位移传给孔口各自的位移传感器的，称作并联式多点位移计。可扫描右侧二维码了解多点位移计安装内容。

多点位移计安装

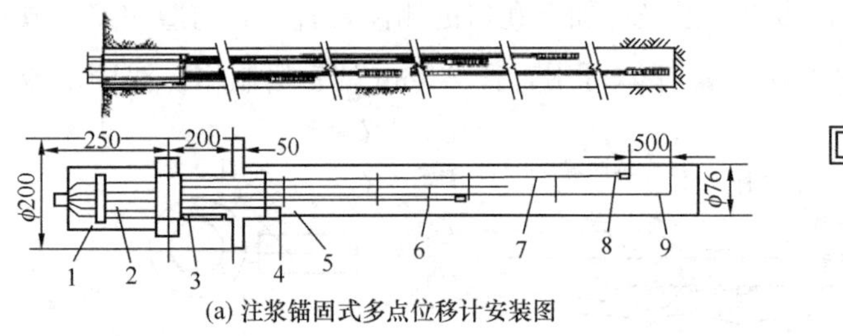

(a) 注浆锚固式多点位移计安装图

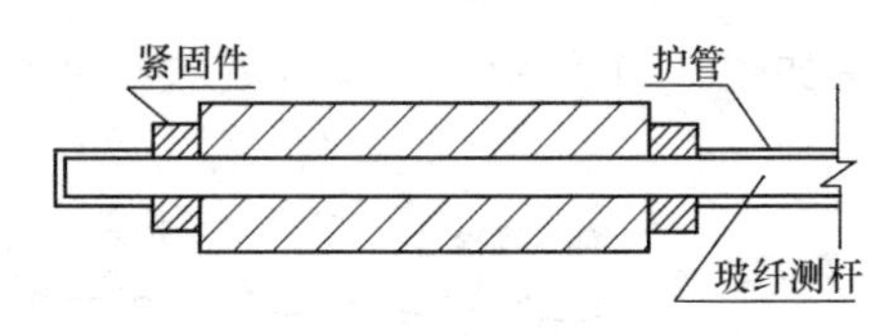

(b) 锚头详图

图 7-32　注浆锚固式多点位移计

1—保护罩；2—位移传感器；3—预埋安装杆；4—排气管；
5—支承板；6—护套管；7—传递杆；8—锚头；9—灌浆管

注浆锚固的锚固器的锚固头用长约 30cm 的 $\phi25$ 的螺纹钢加工而成，在远离孔口的一端钻一小孔，一根细钢丝穿过小孔用以固定注浆管。锚固头的另一头加工成长 3cm，外径为 $\phi20$ 的光滑圆柱状，中心攻有螺孔，铟钢丝杆可拧入螺孔，铟钢丝杆外面用 PVC 管保护，内径为 $\phi20$PVC 管插入光滑圆柱状头中，铟钢丝杆和 PVC 管均约 2m 一节，铟钢丝杆用螺纹逐节连接，两节 PVC 管间套一长 15cm 的套管，用 PVC 胶水黏结。待锚固头下到预定位置后，用砂浆灌满钻孔，待砂浆凝结后，锚固头与围岩一起运动，而铟钢丝杆由 PVC 管与砂浆和周围岩体隔离，不随围岩一起运动，因此，将锚固头处围岩的位移直接传递到孔口。一个孔中一般最多可布设 6 个测点。

3. 滑动式位移计

滑动式位移计（滑动三向位移计）是一种高精度的位移计，用于监测隧道中不同深度处岩土体沿某一测线的轴向位移和互为正交的两个水平位移。它主要由探头、测读仪、操作杆以及套管组成，如图 7-33 所示。套管通常为外径 60mm，壁厚 5mm 的塑料管或铝合金管，沿套管轴向每隔 1m 放置一个具有特殊定位功能的锥形测量标志，带有 PVC 保护套。探头用操作杆送入，测头做成球形，测标下部做成圆锥形，在测量位置时，两者可形成球面和圆锥面间的精密接触。两者都有锲口，当探头转动到滑动位置时，探头能沿着测标滑动，从滑动位置把探头转动 45°就转到测量位置，往回拉紧导杆，就能使探头的两个测头在两个相邻的测标间张紧。当张紧力达到一定值时，探头中的线性位移传感器（LVDT）被触发，测得数据并通过电缆传送到数字式读数器，也可以用一台手提式计算机经过 RS-232 接口来记录数据。松开导杆，把探头转动 45°就转到滑动位置，移到下一个测标位置继续测量。如此可由外向里逐点测试各测点的位移。测头主体长 1m，并装有遥测温度计，以作温差校正。该位移计探头一般也有测斜功能，因而也是测斜探头，通过互为正交的两对槽口分别测量不同深度处的倾斜量就可计算得到该钻孔两个互为正交的水平位移，从而可同时测定钻孔的轴向和两个互为正交的水平位移，即为三向位移计，从而可测定沿钻孔各测点的三向位移分量。

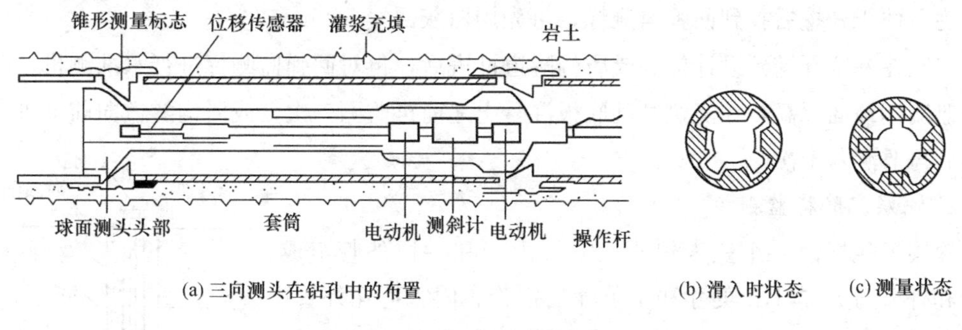

图 7-33　滑动式多点位移计

该种位移计由于不必在钻孔中埋设传感元件，克服了多点位移计测试费用高、测点少、位移计可靠性不易检验及测头易损坏等缺点，具有一台仪器对多个测孔进行巡回检测，而每孔中的测点数不受限制的优点。

四、 土体回弹监测

基坑开挖对坑底土层的卸荷过程引起基坑底面及坑外一定范围内土体的回弹变形或隆起。深大基坑的回弹量对基坑本身和邻近建筑物都有较大影响，因此需进行基坑回弹监测。在地铁盾构隧道掘进中，卸除了隧道内的土层会引起隧道内外影响范围内的土体回弹，土体回弹是地铁盾构隧道推进后相对于地铁盾构隧道掘进前的隧道底部和两侧土体的上抬量。土体回弹监测可采用埋设回弹监测标或深层沉降标两种标志用精密水准仪测量，

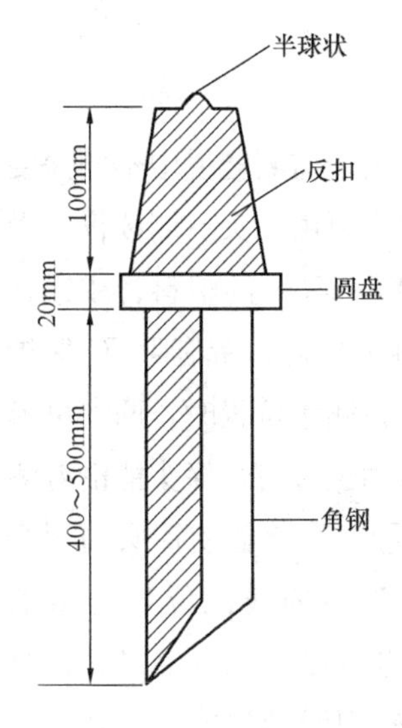

图 7-34　回弹监测标

另外，当分层沉降环埋设于基坑开挖面以下或盾构隧道底部以下时所监测到的土层隆起也就是土体回弹量。回弹监测标只能监测基坑开挖和盾构隧道推进后坑底总的回弹量，而深层沉降标和分层沉降环可以监测基坑开挖和盾构隧道推进过程中坑底和隧底回弹的发展过程，但深层沉降标和分层沉降环在基坑开挖过程中保护比较困难，底部土体回弹桩应埋入隧道底面以下30～50cm，两侧土体回弹桩的埋设要利用回弹变形的近似对称性，对称埋设或单边埋设。

1. 回弹监测标监测

回弹监测标如图 7-34 所示，其埋设和监测方法如下：

(1) 钻孔至基坑设计标高以下 500～1000mm，将回弹监测标旋入钻杆下端，顺钻孔徐徐放至孔底，并压入孔底土中400～500mm，即将回弹监测标尾部压入土中，旋开钻杆，使回弹监测标脱离钻杆，提起钻杆；

(2) 放入辅助测杆，用辅助测杆上的测头进行水准测量，确定回弹监测标顶面标高，即为在基坑开挖或盾构隧道推进之前测读的初读数；

(3) 测读完初读数后，将辅助测杆、保护管（套管）提出地面，用砂或素土将钻孔回填，为了便于开挖后找到回弹监测标，可先用白灰回填 500mm 左右；

(4) 在基坑开挖到设计标高或盾构隧道推进后，再对回弹监测标进行水准测量，确定回弹监测标顶面标高，在浇筑基础底板混凝土之前再监测一次，或盾构隧道向前推进一定距离后再监测若干次。

2. 深层沉降标监测

深层沉降标由一个三卡锚头、一根内管和一根外管组成，内管和外管分别是 1/4 英寸和 1 英寸的钢管。内管可在外管中自由滑动，锚头连接在内管的底部，如图 7-35 所示。用精密水准仪测量内管顶部的标高，标高的变化就相当于锚头位置土层的沉降或隆起。其埋设方法如下：

(1) 用钻机在预定位置钻孔，孔底标高略高于欲测量土层的标高约一个锚头长度；

(2) 将内管旋到锚头顶部外侧的螺纹联结器上，用管钳旋紧，将锚头顶部外侧的左旋螺纹用黄油润滑后，与外管底部的左旋螺纹相联，但不必太紧；

(3) 将装配好的深层沉降标慢慢地放入钻孔内，并逐步加长内管和外管，直到放入孔底，用外管将锚头压入监测土层的指定标高位置；

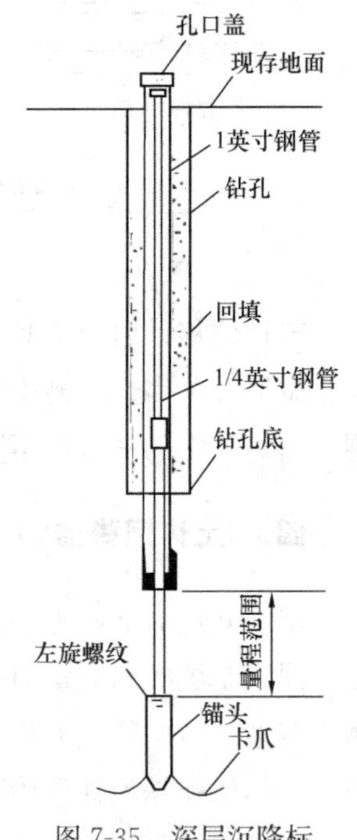

图 7-35　深层沉降标

（4）在孔口临时固定外管，将内管压下约150mm，此时锚头上的三个卡子会向外弹，卡在土层里，卡子一旦弹开就不会再缩回；

（5）顺时针旋转外管，使外管与锚头分离，上提外管，使外管底部与锚头之间的距离稍大于预估的土层隆起量；

（6）固定外管，将外管与钻孔之间的空隙填实，做好测点的保护装置。

孔口一般以高出地面200～1000mm为宜，当地表下降及孔口回弹使孔口高出地表太多时，应将其截去一部分。在基坑开挖或盾构隧道推进过程中，对深层沉降标进行水准测量，确定其标高的变化。

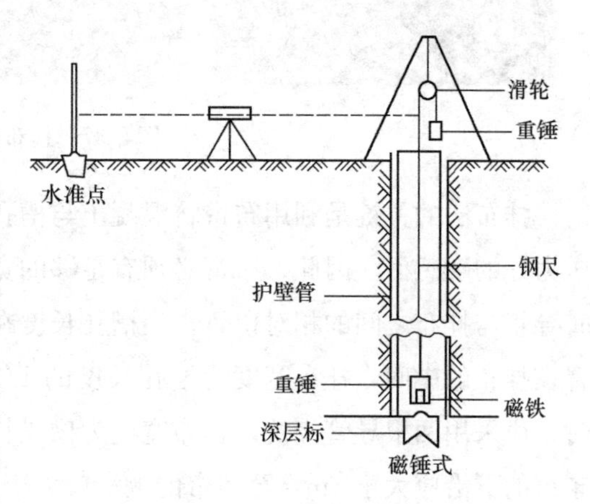

图7-36 磁锤式深层沉降标测量示意图

磁锤式深层沉降标是通过钢尺和水准仪进行监测的，如图7-36所示。孔内重锤靠底部磁块的吸力与标头紧密接触，孔外重锤利用自重通过滑轮将钢尺拉直，用水准仪监测基准点与分层标之间的高差，计算出深层土体的沉降值，所用钢尺在监测前应进行尺长鉴定，同时要考虑拉力、尺长、温度变化的影响。

第三节 土压力和围岩压力监测

一、土压力监测

土压力是周围的土体传递给地下结构的压力，也称支护结构与土体的接触压力，或由自重及隧道和地下工程开挖后土体中应力重分布引起的土体内部的应力。通常采用在监测位置上埋设土压力计来进行监测。土压力计监测的压力为土压力和孔隙水压力的总和，扣除该点孔隙水压力计的监测值才是土体颗粒的压力值。

土压力计的埋设方法有挂布法、钻孔法和钢抱箍法。

1. 挂布法埋设

地下连续墙上土压力计的埋设一般采用挂布法。挂布法的施工步骤为：①将尼龙布拼幅成一定宽度和高度的挂布帷幕，把安装有沥青囊的土压力计用塑化后的聚氯乙烯胶泥粘贴在布帘上，然后在布帘上固定纵向尼龙绳，尼龙绳上沿绑在角钢上、下沿绑在钢筋上；②将已安装好土压力计的挂布帷幕展开铺挂在钢筋笼上并适当固定，将导线固定在钢筋笼上；③起吊钢筋笼，挂布帷幕随同钢筋笼一起吊入槽孔内就位；④向槽孔中浇筑混凝土。在钢筋笼起吊前和吊入槽孔内就位后都要测读土压力计的读数，在浇筑过程中要连续观测土压力计读数，以监视土压力计随混凝土浇筑面上升与槽孔侧壁接触情况的变化。如图7-37所示。

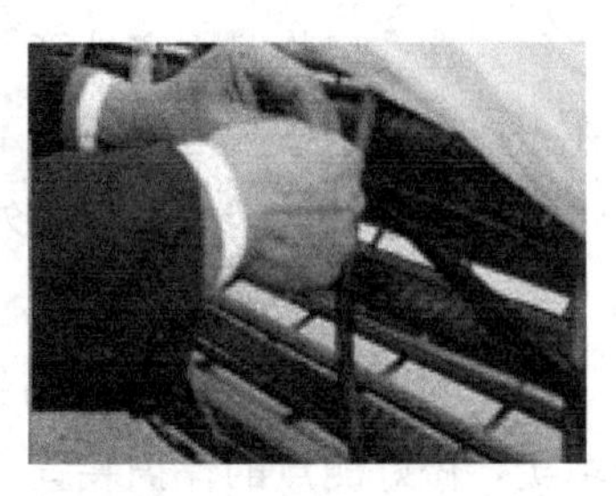

图 7-37　挂布法埋设示意图

挂布法的关键是利用布帘将混凝土与槽孔壁隔离开来，以保证混凝土或砂浆不流入土压力计的敏感面。因此，布帘必须有足够的宽度，其宽度的确定方法主要取决于浇混凝土时导管与挂布之间的相对位置。当槽孔长度在 4m 以下时，可采用一根导管浇筑，导管布置在挂布的中间，挂布宽度为槽孔长度的 1/3～2/3，且不小于 2m。当槽孔长度大于 5m 时，应采用两根导管浇筑，挂布宽度为槽段长度的 2/3，且不小于导管间距。土压力计至布帘的下沿应大于 6m，至布帘的上沿应大于 2.5m。

2. 钻孔法埋设

监测土体内土压力的土压力计埋设可采用钻孔法，如图 7-38 所示。钻孔法是先在预定位置钻孔，钻孔深度略大于最深的土压力计埋设位置，孔径大于土压力计直径，将土压力计固定在定制的薄型槽钢或钢筋架上一起放入钻孔，放入时应使土压力计敏感面面向所测土压力的方向，就位后回填细砂。根据薄型槽钢或钢筋架的沉放深度和土压力计的相对位置，可以确定出其所处的标高，监测导线沿槽钢纵向间隙引至地面。由于钻孔回填砂石的固结需要一定的时间，因而土压力值前期数据偏小。另外，考虑钻孔位置与桩墙之间不可能直接密贴，离开了一段距离，因而测得的数据与直接埋设在桩墙上的相比具有一定近似性。

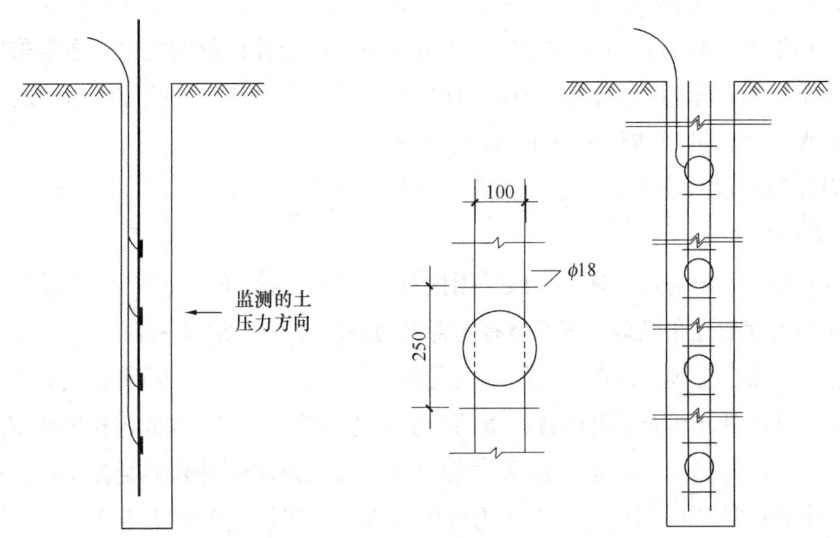

图 7-38　土体中钻孔埋设土压力计（单位：mm）

3. 钢抱箍法埋设

在 SMW 工法的 H 型钢、钢板桩中埋设土压力计，多采用打入或振动压入方式。土压力计及导线只能在施工前安装在构件上，可采用如图 7-39 所示安装结构，土压力计用钢抱箍安装在钢板桩和 H 型钢上，钢抱箍、挡泥板及导线保护管使土压力计和导线在施工过程中免受损坏。

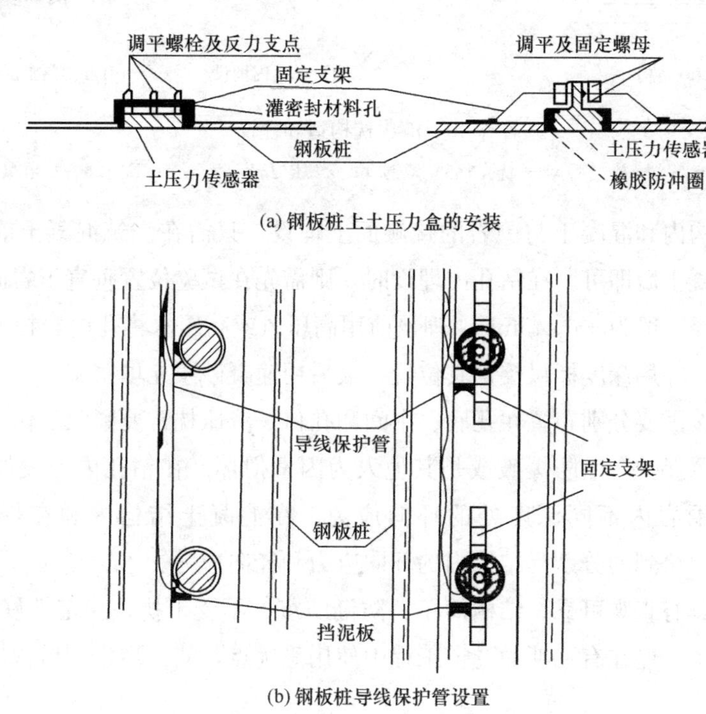

图 7-39　钢板桩上安装土压力盒的安装结构

二、 围岩压力和两支护间压力监测

围岩压力监测包括围岩和初衬间接触压力、初衬与二衬间接触压力以及隧道围岩内部压力和支衬结构内部压力的监测。

1. 液压枕

液压枕，又称油枕应力计，可埋设在混凝土结构内、围岩内，以及结构与围岩的接触面处，长期监测结构和围岩内的压力以及它们接触面的应力。其结构主要由枕壳、注油三通、紫铜管和压力表组成（图 7-40），为了安设时排净系统内空气，设有球式排气阀。液压枕需在室内组装，经高压密封性试验合格后才能埋设使用。

液压枕在埋设前用液压泵往枕壳内充油，排尽系统中空气，埋入测试点，待周围包裹的砂浆达到凝固强度后，即可打油施加初始压力，此后，压力表值待 24h 后的稳定读数定为该测试液压枕的初承力，以后将随地层附加应力变化而变化，定期观察和记录压力表上的数值，就可得到围岩压力或混凝土层中应力变化的规律。

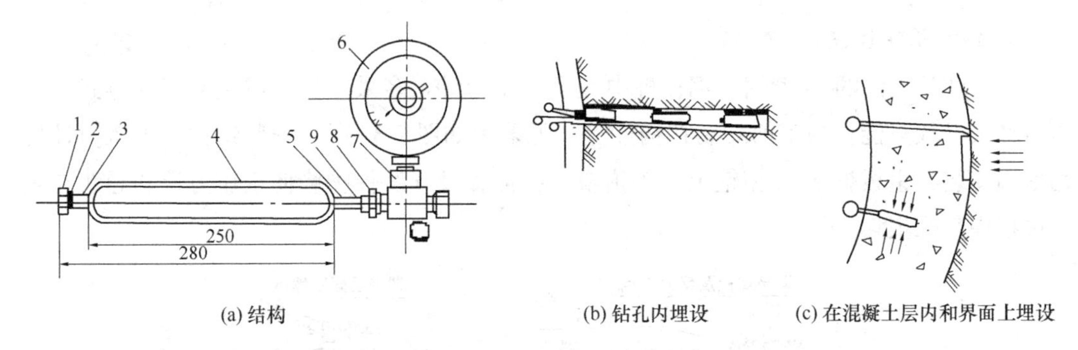

(a) 结构　　(b) 钻孔内埋设　　(c) 在混凝土层内和界面上埋设

图 7-40　液压枕构造和埋设

1—放气螺钉；2—钢球；3—放气嘴；4—枕壳；5—紫铜管；6—压力表；7—注油三通；8—六角螺母；9—小管座

在混凝土结构内和混凝土与围岩的接触面上埋设，只需在浇筑混凝土前将其定位固定，待浇筑好混凝土后即可。在钻孔内埋设时，则需先在试验位置垂直于岩面钻预计测试深度的钻孔，孔径一般为 43～45mm，埋设前用高压风或高压水将孔内岩粉冲洗干净，然后把液压枕放入，并用深度标尺校正其位置，最后用速凝砂浆充填密实。一个钻孔中可以放多个液压枕，按需要分别布置在孔底、中间和孔口。液压枕常要紧跟工作面埋设，对外露的压力表应加罩保护，以防爆破或是其他人为因素损坏。在钻孔内埋设如图 7-40（b）所示，得到的是围岩内不同深度处的环向应力。在混凝土结构内和在界面上埋设如图 7-40（c）所示，得到的分别是结构内的环向应力和径向应力。

液压枕测试具有直观可靠、结构简单、防潮防震、不受干扰、稳定性好、读数方便、成本低、不要电源、能在有瓦斯的隧道工程中使用等优点，故是现场测试常用的手段。

2. 压力盒

压力盒用于测量围岩与初衬之间、初衬与二衬之间接触应力。包括钢弦频率式压力盒、油腔压力盒等类型。

埋设围岩与初衬之间、初衬与二衬之间的压力盒时，可采取如下几种方式：先用水泥砂浆或石膏将压力盒固定在岩面或初衬表面上，使混凝土和土压力盒之间不要有间隙以保证其均匀受压，并避免压力膜受到粗颗粒、高硬度的回填材料的不良影响。但在拱顶处埋时因为土压力盒会掉下来，故先用电动打磨机对测点处岩面进行打磨，然后在打磨处垫一层无纺布，最后采用射钉枪将压力盒固定在岩石表面，如图 7-41 所示。最多采用的方法

(a) 初支表面打磨

(b) 打磨处垫无纺布

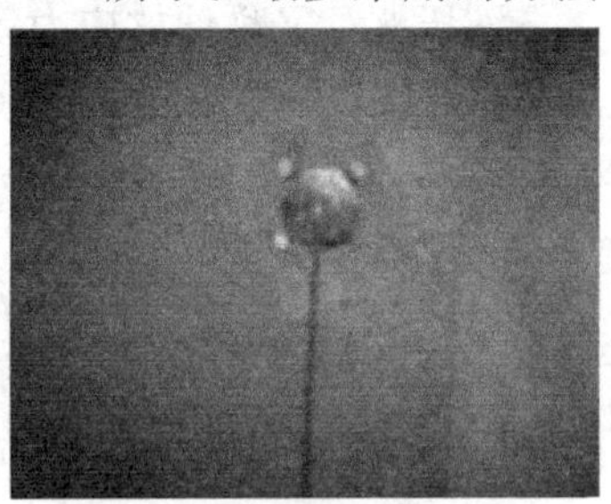
(c) 射钉枪安装压力盒

图 7-41　垫无纺布用射钉枪安装压力盒

是先用锤子将测点处岩面锤击平整，再用水泥砂浆抹平，待水泥砂浆达到一定强度后（约4h），用钻机在所需位置钻孔并将 $\phi14$ 钢筋固定在钻孔中，最后用铁丝将压力盒绑扎在钻孔钢筋上，如图 7-42 所示。埋设初衬与二衬之间的压力盒时，还可以紧贴防水板将压力盒绑扎在二衬钢筋上。为了使围岩和初衬的压力能更好地传递到压力盒上，最好在围岩或初衬与压力盒的感应膜之间放一个直径大于压力盒的钢膜油囊。

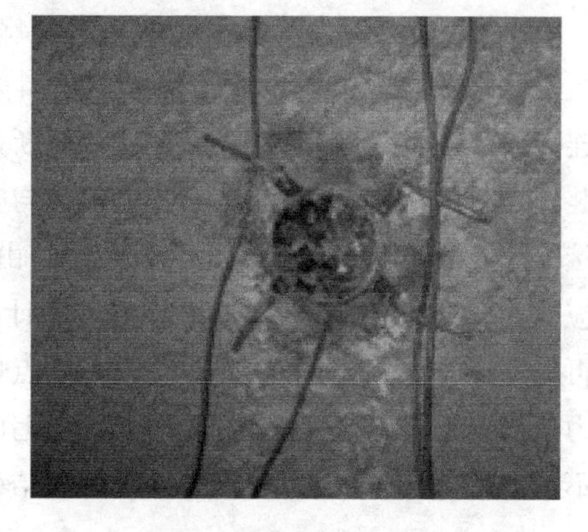

图 7-42　钢筋绑扎法安装压力盒

三、盾构管片上的土压力监测

盾构管片上的土压力监测采用土压力计和频率仪，以了解土体作用于管片外侧的压力情况，分析管片结构的稳定状态。

盾构管片上的土压力计的埋设，先是在管片预制时，在土压力计上点焊 3 根 $\phi6$ 的细钢筋，在水中把细钢筋一头焊到土压力计的周边，3 根细钢筋均匀分布，形成三角支点，再将 3 根钢筋的另一端点焊至管片的钢筋笼上，轻压土压力计，使土压力计受压面与管片外表面平齐或略高出管片混凝土面 1～2mm，如受压面高出管片表面太多，将导致测量结果偏大；如土压力计受压面低于管片表面，测量结果将偏小。然后将土压力计的正面（敏感膜）用聚氯乙烯保护板盖住，管片钢筋笼放入钢模时，应确保土压力计外侧的保护板与钢模贴紧，最后浇筑混凝土。

土压力计的导线沿管片钢筋集中引到在管片内侧布置的接线盒内或专门预埋的注浆孔中，然后从接线盒或预埋注浆孔引出，一般每个注浆孔可引出 3 根导线，在接线盒内或预埋注浆孔中预留导线的长度一般为 300～500mm。

盾构管片钢筋计和土压力盒埋设

更多内容可扫描右侧二维码。

第四节　结 构 内 力 监 测

一、钢筋混凝土结构内力监测

采用钢筋混凝土制作的地下连续墙、钻孔灌注围护桩、支撑、围檩和圈梁等围护支挡构件，岩石隧道衬砌结构、盾构隧道管片、顶管管节等，其内力的监测通常是在钢筋混凝土内部埋设钢筋计，通过测定构件内受力钢筋的应力或应变，然后根据钢筋与混凝土共同工作、变形协调条件计算得到。

钢筋计分为应力计和应变计（图 7-43）两种，源自两者安装方法的不同，轴力和弯矩等的计算方法也略有不同。钢筋应力计是用与主筋直径相等的钢筋计，与受力主筋串联连接的，先把钢筋计安装位置的主筋截断，把钢筋计与安装杆组装后串在钢筋截断处，安装杆全断面焊接在主筋上，或把钢筋计与安装杆组装后伸出钢筋计两边的安装杆与主筋焊接，焊接长度不小于 35 倍的主筋直径，由钢筋应力计测得的是主筋的拉压力值。而钢筋应变计一般采用远小于主筋直径的钢筋计如 $\phi6$ 或 $\phi8$，安装时先将钢筋计与安装杆连接，再把安装杆平行绑扎或焊接在主筋上或点焊在箍筋上，钢筋应变计测得的是钢筋计的拉压力值或应变值。在钢筋计焊接时要用潮毛巾包住焊缝与钢筋计安装杆，并在焊接的过程中不断地往潮毛巾上冲水降温，直至焊接结束，钢筋计温度降到 60℃以下时方可停止冲水。

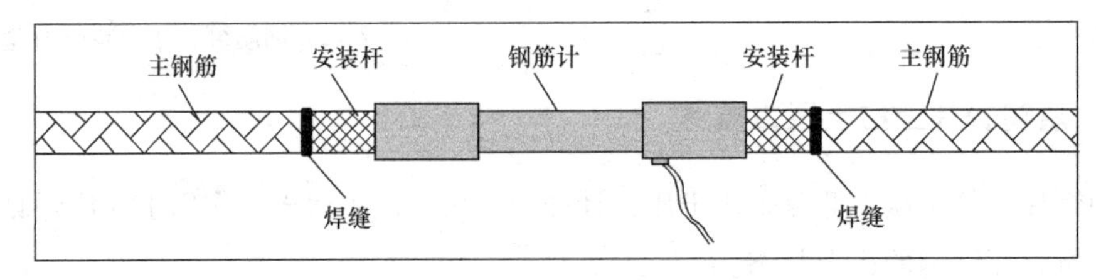

(a) 钢筋应力计：钢筋计与主钢筋对焊串联连接

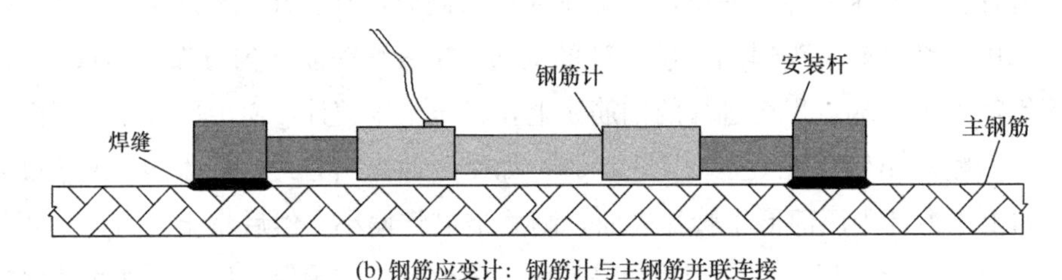

(b) 钢筋应变计：钢筋计与主钢筋并联连接

图 7-43　钢筋混凝土构件中钢筋计安装

由于主钢筋一般沿混凝土构件截面周边布置，所以钢筋计应上下或左右对称布置，或在矩形截面的 4 个角点处布置，如图 7-44 所示。

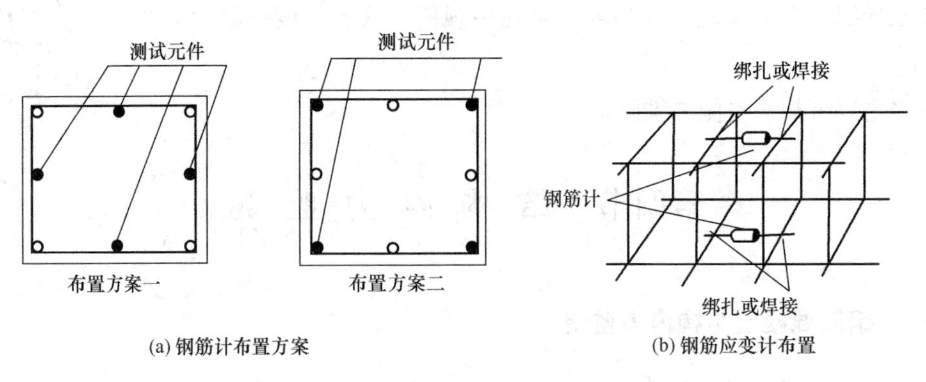

(a) 钢筋计布置方案　　(b) 钢筋应变计布置

图 7-44　钢筋计在混凝土构件中的布置

以钢筋混凝土构件中埋设钢筋应力计为例，根据钢筋与混凝土的变形协调原理，由钢筋应力计的拉力或压力计算构件内力的方法如下。

图 7-45 给出了混凝土构件截面计算简图，全部钢筋承受的轴力 P_g 为：

$$P_g = n\frac{(\bar{P}_1 + \bar{P}_2)}{2} \tag{7-24}$$

式中　$\bar{P}_1$、$\bar{P}_2$——所测的上、下层钢筋应力计的平均拉压力值；

n——埋设钢筋应力计的整个截面上钢筋的受力主筋总根数。

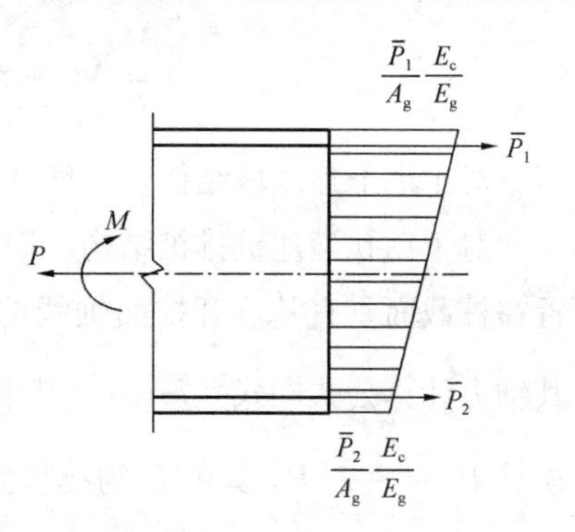

图 7-45　混凝土构件截面计算简图

根据钢筋与混凝土的变形协调原理，钢筋附近混凝土的应变与钢筋的应变相等，所以混凝土上、下层的应变分别为 $\frac{\bar{P}_1}{A_g E_g}$、$\frac{\bar{P}_2}{A_g E_g}$，对应的应力值分别为 $\frac{\bar{P}_1 E_c}{A_g E_g}$、$\frac{\bar{P}_2 E_c}{A_g E_g}$，其应力值在截面上的积分即为混凝土承受的轴力 P_c：

$$P_c = \frac{(\bar{P}_1 + \bar{P}_2)}{2A_g}\frac{E_c}{E_g}(A - nA_g) \tag{7-25}$$

式中　E_c，E_g——分别为混凝土和钢筋的弹性模量（MPa）；

A，A_g——分别为支撑截面面积和单根钢筋截面面积。

支撑轴力 P 等于钢筋所受轴力 P_g 叠加上混凝土所受轴力 P_c，支撑轴力 P 的表达式如下：

$$P = P_g + P_c = n\frac{(\bar{P}_1 + \bar{P}_2)}{2} + \frac{(\bar{P}_1 + \bar{P}_2)}{2A_g}\frac{E_c}{E_g}(A - nA_g) \tag{7-26}$$

上下层（或内外层）钢筋承受的轴力对截面中线取一次矩，可得到由钢筋引起的弯矩 M_g：

$$M_g = \frac{n}{4}(\bar{P}_1 - \bar{P}_2)h \tag{7-27}$$

式中　h——支撑等混凝土结构高度或地下连续墙厚度（mm）。

混凝土应力值的截面积分对截面中线取一次矩，可得到由混凝土引起的弯矩 M_c：

$$M_c = (\bar{P}_1 - \bar{P}_2)\frac{E_c}{E_g A_g}\frac{I_z}{h} \tag{7-28}$$

式中　I_z——截面惯性矩，矩形截面 $I_z = \frac{bh^3}{12}$（mm^4）；

b——支撑宽度（mm）。

支撑等混凝土结构的弯矩 M 等于钢筋轴力引起的弯矩 M_g 叠加上混凝土应力引起的弯矩 M_c，支撑弯矩 M 表达式如下：

$$M = M_g + M_c = (\bar{P}_1 - \bar{P}_2)\left(\frac{nh}{4} + \frac{E_c}{E_g A_g}\frac{I_z}{h}\right) \tag{7-29}$$

对于地下连续墙结构，一般计算单位延米的轴力和弯矩，即取宽度 $b=1000\text{mm}$。

对于钻孔灌注桩排桩结构，图 7-46 给出了钻孔灌注桩的配筋示意图，钢筋应力计布置在桩截面垂直基坑开挖面轴线的上、下两端，其对应的拉压力值分别定义为 P_1、P_2。其轴力计算公式同式（7-25），其中 $\bar{P}_1 = P_1$、$\bar{P}_2 = P_2$。推算成每延米排桩的轴力时，可作换算 $P' = \frac{1000}{D}P$，其中 D 为排桩间距（mm）。

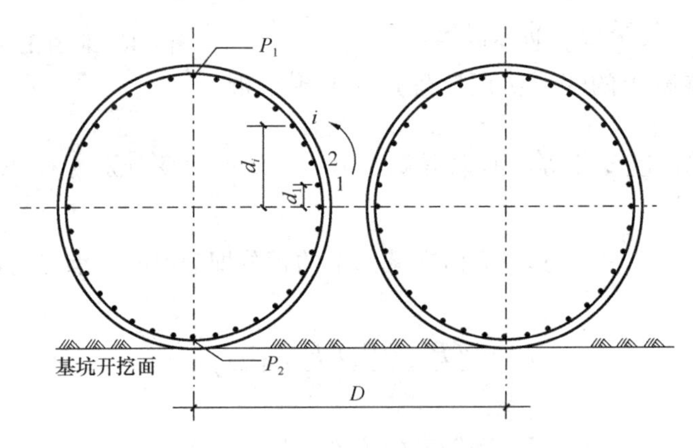

图 7-46　钻孔灌注桩配筋示意图

定义从截面中线右侧逆时针数起，与截面中线距离不为零的受力主筋数为受力主筋编号 i，d_i、F_i 分别为第 i 号受力主筋对应的与截面中线距离和拉压力值。

根据几何关系，有：

$$d_i = \begin{cases} \frac{d}{2}\sin\left(i\frac{2\pi}{n}\right) & (n\%4 = 0) \\ \frac{d}{2}\sin\left[\left(\frac{1}{2}+i\right)\frac{2\pi}{n}\right] & (n\%4 \neq 0) \end{cases} \tag{7-30}$$

式中　d——钻孔灌注桩的直径（mm）；

$n\%$——对 n 进行取余运算。

根据变形协调关系，可得到第 i 号受力主筋的拉压力值：

$$F_i = \frac{P_1 + P_2}{2} + \frac{d_i}{d}(P_1 - P_2) \tag{7-31}$$

所有钢筋承受的轴力对截面中线取一次矩，可得到由钢筋引起的弯矩 M_g：

$$M_g = \begin{cases} 4 \cdot \sum_{i=1}^{\frac{n}{4}}\left[\left(F_i - \frac{P_1+P_2}{2}\right)\cdot d_i\right] & (n\%4 = 0) \\ 4 \cdot \sum_{i=1}^{\left[\frac{n}{4}\right]+1}\left[\left(F_i - \frac{P_1+P_2}{2}\right)\cdot d_i\right] & (n\%4 \neq 0) \end{cases} \tag{7-32}$$

式中　$\left[\frac{n}{4}\right]$——对 $\frac{n}{4}$ 取整。

与矩形截面相比，钻孔灌注桩结构由混凝土引起的弯矩表达式将矩形截面的惯性矩替换成圆形截面的惯性矩即可，即：

$$M_c=(P_1-P_2)\frac{E_c}{E_gA_g}\frac{I_z}{d} \tag{7-33}$$

式中　I_z——截面惯性矩，圆形截面（钻孔灌注桩）$I_z=\frac{\pi d^4}{64}$（mm^4）。

钻孔灌注桩弯矩 M 等于钢筋轴力引起的弯矩 M_g 叠加上混凝土应力引起的弯矩 M_c，至此，给出钻孔灌注桩弯矩 M 的最终表达式如下：

$$M=M_g+M_c=\begin{cases}4\cdot\sum_{i=1}^{\frac{n}{4}}\left[\left(F_i-\frac{P_1+P_2}{2}\right)\cdot d_i\right]+(P_1-P_2)\frac{E_c}{E_gA_g}\frac{I_z}{d} & (n\%4=0)\\ 4\cdot\sum_{i=1}^{\left[\frac{n}{4}\right]+1}\left[\left(F_i-\frac{P_1+P_2}{2}\right)\cdot d_i\right]+(P_1-P_2)\frac{E_c}{E_gA_g}\frac{I_z}{d} & (n\%4\neq 0)\end{cases} \tag{7-34}$$

换算成每延米排桩的弯矩时，可作换算 $M'=\frac{1000}{D}M$。

如果钢筋混凝土构件中埋设的是钢筋应变计，其读数是钢筋应变计的应变值或钢筋应变计拉压力值。当读数是钢筋应变计的应变值时，则 $\bar{P}_1$，$\bar{P}_2$ 为：

$$\bar{P}_1=E_g\bar{\varepsilon}_1A_g \tag{7-35a}$$

$$\bar{P}_2=E_g\bar{\varepsilon}_2A_g \tag{7-35b}$$

式中　$\bar{\varepsilon}_1$、$\bar{\varepsilon}_2$——所测的上、下层钢筋应变计的平均应变值。

当读数是钢筋应变计的拉压力值时，则 $\bar{P}_1$，$\bar{P}_2$ 为：

$$\bar{P}_1=\frac{\bar{P}'_1}{E'_gA'_g}E_gA_g=\frac{\bar{P}'_1}{A'_g}A_g \tag{7-36a}$$

$$\bar{P}_2=\frac{\bar{P}'_2}{E'_gA'_g}E_gA_g=\frac{\bar{P}'_2}{A'_g}A_g \tag{7-36b}$$

式中　$\bar{P}'_1$、$\bar{P}'_2$——所测的上、下层钢筋应变计的拉压力平均值（kN）；

E'_g、A'_g——单根钢筋应变计的弹性模量和截面面积，钢筋应变计钢筋型号一般与受力主筋型号一致，即取 $E'_g=E_g$。

按上述公式进行混凝土结构内力换算时，结构浇筑初期应计入混凝土龄期对弹性模量的影响，在室外温度变化幅度较大的季节，还需注意温差对监测结果的影响。

混凝土冠梁和围檩的轴力和弯矩与上述混凝土支撑的轴力和弯矩计算公式一致。基坑工程中，支撑主要承受轴力，所以，主要计算其轴力，而且支撑轴力监测结果也往往比较可信，而由于支撑结构受力复杂，弯矩的计算结果受多种因素的影响，可靠性比轴力的差。围护墙、圈梁和围檩主要承受弯矩，所以主要计算分析其弯矩。

盾构管片和顶管管节内钢筋应力计的埋设方法与支撑内的基本相同。先将连接螺杆与长约 50cm 的等直径短钢筋焊接牢，然后将连接螺杆拧入钢筋应力计，形成测杆，对于环向钢筋应力计还需将测杆弯成与钢筋笼一样的圆弧形。然后将管片钢筋笼测点处的受力钢筋截去略大于应力计加两根连接螺杆的长度，将钢筋应力计对准受力钢筋截去的缺口处，把测杆两端的短钢筋与受力钢筋焊接牢，如图 7-47 所示。也可以采用钢筋应变计以并联的方式，将其焊接到管片钢筋笼内外缘的主钢筋上。

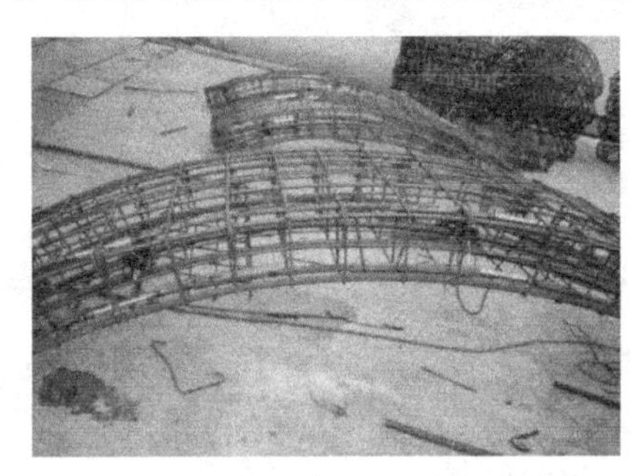

图 7-47　盾构管片钢筋应力计埋设

二、 钢支撑轴力监测

对于 H 型钢、钢管等钢支撑轴力的监测，可通过串联安装钢支撑轴力计的方式来进行，钢支撑轴力计是直径约 100mm，高度约 200mm 的圆柱状元件，安装时要用专门的轴力计支架，轴力计支架是内径和高度分别小于轴力计约 5mm、10mm 的钢质圆柱筒，可以将轴力计放入其内并伸出约 10mm，支架开有腰子眼以引出导线，支架的外面焊接有 4 块翼板以稳定支撑轴力计支架，轴力计支架焊接到钢支撑的法兰盘上，与钢支撑一起支撑到圈梁或围檩的预埋件上（图 7-48）。现场安装监测可扫描右侧二维码。

用应变计监测钢支撑轴力(1)

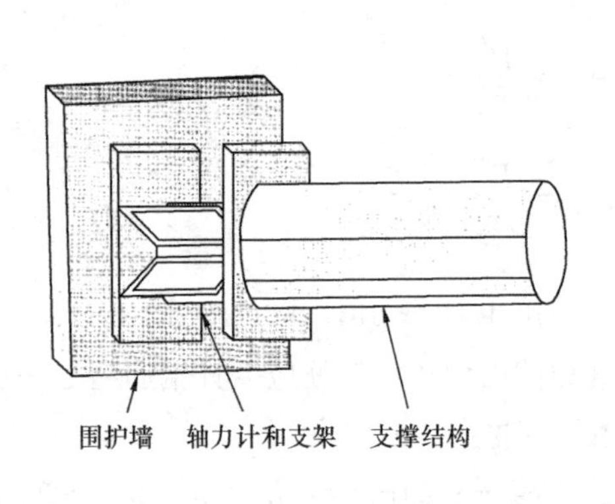

(a)

(b)

图 7-48　钢支撑轴力计安装图

用应变计监测钢支撑轴力(2)

由于轴力计是串联安装的，在施工单位配置钢支撑时就要与施工单位协调轴力计安装事宜，以便合理配置钢支撑的长度，安装好支架，以免引起支撑失稳或滑脱。用支撑轴力计价格略高，但使用后的轴力计经过标定后可以重复使用，测试简单，测得的读数根据标定曲线可直接换算成轴力，数据比较可靠。

也可以在钢支撑表面焊接钢筋应变计（图 7-49）、粘贴表面应变计或电阻应变片等方法测试钢支撑的应变，或在钢支撑上直接粘贴底座并安装位移计、千分表来测试钢支撑变形，通过监测钢支撑断面上的应变或某标距内的变形，再用弹性原理来计算支撑的轴力。一般需在支撑的上下左右 4 个部位布设监测元件，求其平均值。

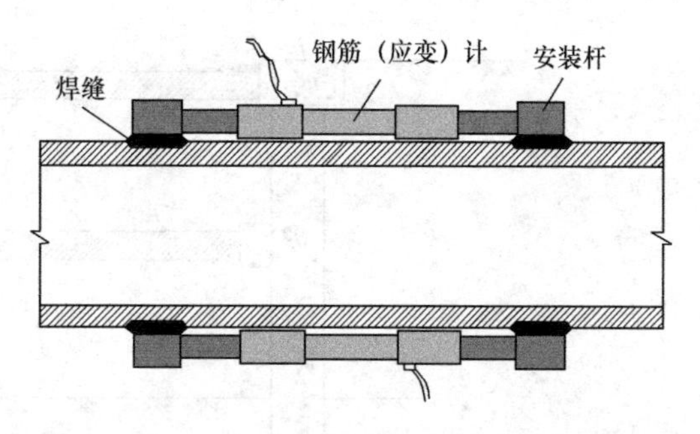

图 7-49　表面焊接钢筋应变计监测钢支撑轴力

$$P = E_g A_g \bar{\varepsilon} = E_g A_g \frac{\bar{\delta}}{L} \tag{7-37}$$

式中　P——钢支撑轴力（kN）；

A_g——钢支撑的钢截面面积；

$\bar{\varepsilon}$——监测断面处几支应变计测试应变值的平均值；

$\bar{\delta}$——监测断面处几支位移传感器测试变形量的平均值；

L——监测变形的标距。

基坑钢支撑和混凝土支撑轴力也可以用激光收敛仪监测，在基坑内支撑施筑前，选取基坑一侧作为测站安装激光收敛仪的固定装置，并在支撑另一侧基坑边测点上安装监测点的反光片，并使激光收敛仪和反光片的照准点在同一高程（参见图 7-50）。监测时将激光收敛仪安装到固定装置上，完成设置后，使激光收敛仪的激光束对准测点处的反光片，通过测得第 i 次测量结果（l_i）和初次测量结果（l_0）的差值即可得到支撑在第 i 次监测时的变形量 Δl_i。利用胡克定律按式（7-38）即可计算得到第 i 次监测时的内支撑轴力 N_i。

$$N_i = \frac{(l_i - l_0) \cdot E \cdot A}{l_0} \tag{7-38}$$

式中　E——内支撑的弹性模量；

A——内支撑的横截面积。

三、 钢拱架内力监测

隧道内钢拱架主要属于受弯构件，其稳定性主要取决于最大弯矩是否超出了其承载力。钢拱架压力监测的目的是监控围岩的稳定性和钢支撑自身的安全性，并为二次衬砌结构的设计提供反馈信息。

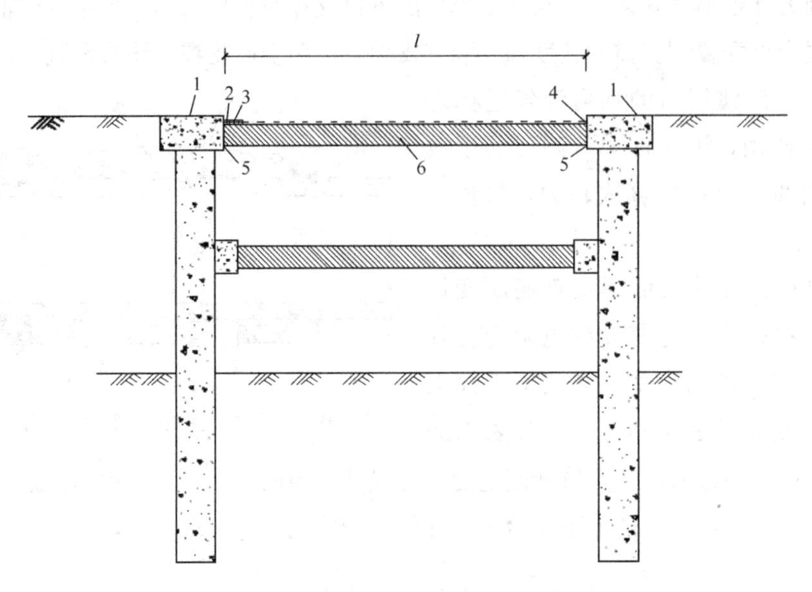

图 7-50　用激光收敛仪监测基坑内支撑轴力的方法

1—圈梁或围檩；2—测站及其固定装置；3—激光收敛仪；4—测点及其反光片；5—钢支撑端部钢垫板；6—钢支撑

钢拱架分型钢钢拱架和格栅钢拱架，型钢钢拱架内力可采用钢应变计、电阻应变片监测，钢应变计埋设如图 7-51 所示，根据其内外两侧监测得到的应变值由压弯构件的应变（图 7-52）按式（7-39）计算其轴力和弯矩：

$$N=\frac{\varepsilon_1+\varepsilon_2}{2}E_0A_0 \tag{7-39a}$$

$$M=\pm\frac{(\varepsilon_1-\varepsilon_2)E_0I_0}{b} \tag{7-39b}$$

式中　A_0——型钢的面积；

I_0——惯性矩；

E_0——钢拱架弹性模量。

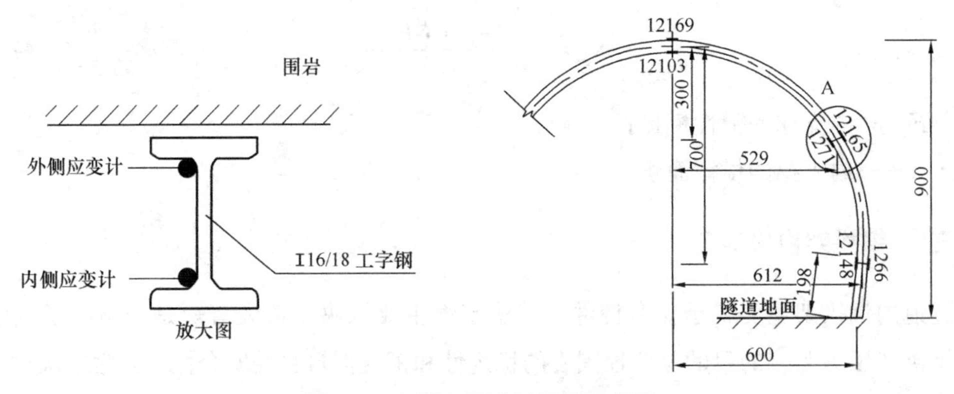

图 7-51　钢拱架压力计埋设示意图

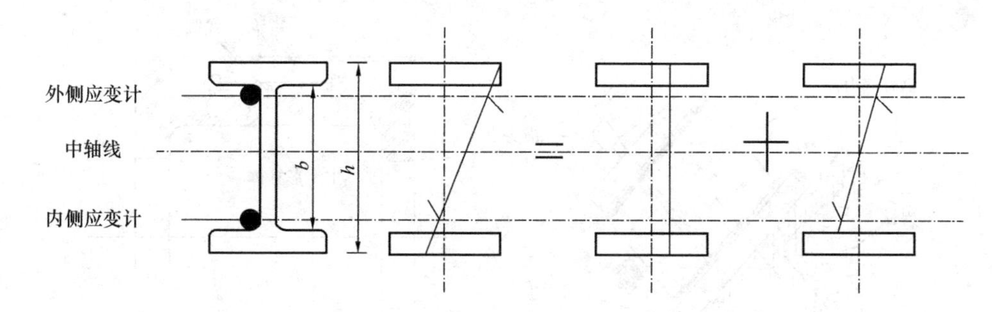

图 7-52　型钢钢拱架内力转化示意图

记受拉应变为正，受压应变为负。

钢拱架内力监测结果分析时，可在隧道横断面上按一定的比例把轴力、弯矩值点画在各测点位置，并将各点连接形成隧道钢拱架轴力及弯矩分布图。

主要承受轴力的型钢钢拱架有时也可以采用支撑轴力计监测其轴力，监测方法参见本节“二、钢支撑轴力监测”。

格栅钢拱架由钢筋制作而成，其内力可以采用钢筋计（钢筋应变计或钢筋应力计）监测，具体的监测和计算方法参考混凝土结构的情况。

第五节　锚杆和螺栓轴力监测

一、土层锚杆拉力监测

土层锚杆由单个钢筋或钢管，或若干根钢筋形成的钢筋束组成。在基坑开挖过程中，土层锚杆要在受力状态下工作数月，为了掌握其在整个施工期间是否按设计预定的方式起作用，需要对一定数量的锚杆进行监测。土层锚杆监测一般仅监测其拉力的变化。

由单个钢筋或钢筋束组成的土层锚杆可采用钢筋应力计和应变计监测其拉力，与钢筋混凝土构件中的埋设和监测方法相类似。但钢筋束组成的土层锚杆必须在每根钢筋上都安装监测元件，它们的拉力总和才是土层锚杆总拉力，而不能只测其中 1 根或 2 根钢筋的拉力求其平均值，再乘以钢筋总数来计算锚杆总拉力，因为由钢筋束组成的土层锚杆，各根钢筋的初始拉紧程度是不一样的，所测得的拉力与初始拉紧程度的关系很大。

单个钢筋和钢管的土层锚杆的拉力可采用专用的锚杆轴力计监测，其结构如图 7-53 所示，锚杆轴力计安装在承压板和锚头之间，锚杆轴力计有套筒状的中空结构，锚杆可以从中穿过，腔体内沿周边安装有数根振弦或粘贴有数片应变片组合成的测量系统。

锚杆钢筋计和锚杆轴力计安装好并在锚杆施工完成后进行锚杆预应力张拉时，在记录张拉千斤顶的读数时要同时记录土层锚杆监测元件的读数，可以根据张拉千斤顶的读数对监测元件的读数进行校核。

土层中土钉的作用类似于岩石隧道中的全长黏结锚杆，需要监测土钉全长的轴力分

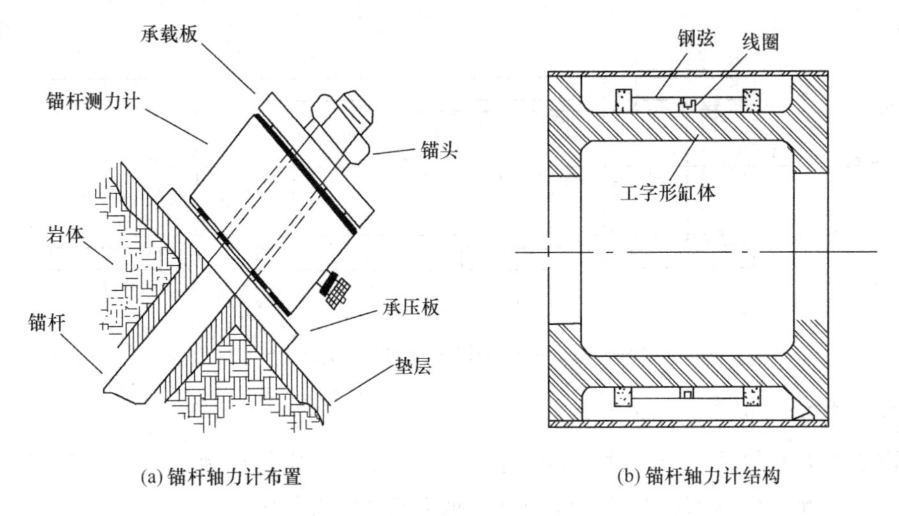

图 7-53　专用的锚杆轴力计结构图

布，可采用下文中的全长黏结锚杆的监测方法。

二、 岩石锚杆轴力监测

岩石锚杆轴力监测是为了掌握锚杆的实际受力状态，为修正锚杆的设计参数提供依据。

岩石锚杆轴力可以采用在锚杆上串联焊接钢筋应力计或并联焊接钢筋应变计的方法监测，安装和监测方法与本章第四节中的钢筋混凝土结构内力监测相类似。只监测锚杆总轴力时，也可以采用在锚杆尾部安设环式锚杆轴力计的方法监测。而在全长黏结锚杆中，为了监测锚杆轴力沿锚杆长度的分布，通常在一根锚杆上布置 3～4 个测点（图 7-54)。岩石锚杆轴力也可以采用粘贴应变片的方法监测，对粘贴应变片的部位要经过特殊的加工，粘贴应变片后要做防潮处理，并加密封保护罩。这种方法价格低廉，使用灵活，精度高，但由于防潮要求高，抗干扰能力低，大大限制了它的使用范围。

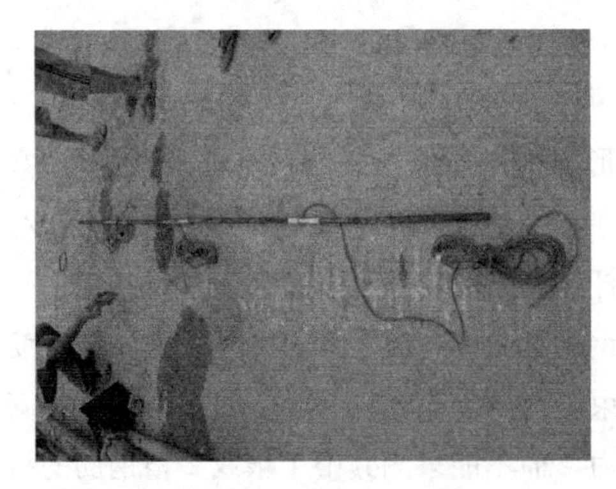

图 7-54　用钢筋应力计监测锚杆轴力组装后的照片

钢管式锚杆可以采用在钢管上焊接钢表面应变计或粘贴应变片的方法监测其轴力，具体方法与第四节中的钢支撑轴力监测方法类似。

三、 盾构管片连接螺栓轴力监测

管片连接螺栓轴力监测采用应变片和电阻应变仪监测，以了解和掌握螺栓的受力情况，分析管片的受力特征及管片结构的安全状态。

用应变片监测螺栓轴力是将应变片粘贴在螺栓的未攻丝部位，先在该部位锉平粘贴好应变片，在螺栓中心从螺栓顶部预钻一个直径 2mm 的小孔，在粘贴应变片部位的附近沿螺栓直径方向也钻一个直径 2mm 的小孔与从螺栓顶部预钻螺栓中心小孔打通，应变片的导线从这个小孔引出，如图 7-55 和图 7-56 所示，应变片的引线与接线端焊接，在接头部位涂上环氧树脂，以保护接头不被损坏，自动或定期用应变仪监测其应变值，根据螺栓的弹性模量和直径可以换算成螺栓轴力。

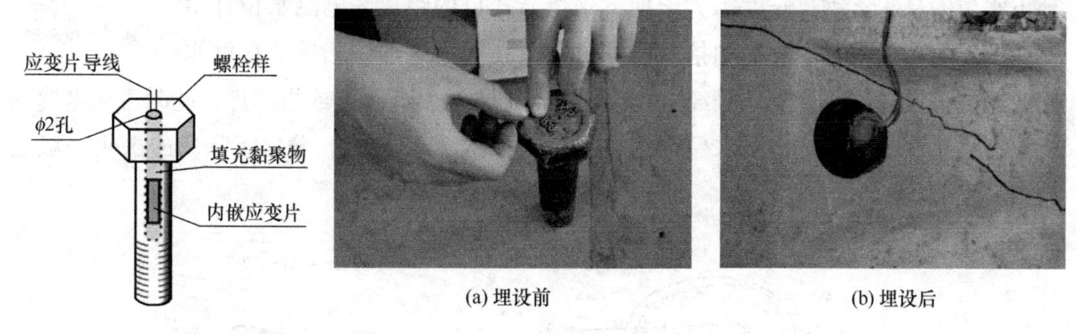

图 7-55　螺栓内部应变片安装示意图

图 7-56　螺栓内部应变片安装照片

第六节　地下水位和孔隙水压监测

一、 地下水位监测

基坑工程地下水位的监测包括基坑内地下水位监测和基坑外地下水位监测。通过坑内地下水位监测可以判断基坑降水是否满足设计要求，是否达到基坑开挖条件。坑外地下水位监测一般是判断止水帷幕是否漏水，从而判断是否会引起地面和周边建（构）筑物沉降。

1. 一般水位观测井

水位观测井的地下水位也可以用激光收敛仪监测，在基坑及降水影响范围内钻孔埋设地下水位监测井，井口安装可转动的金属半环，在井中的浮标上粘贴反光片，参见图 7-57。监测时，转动的金属半环到铅直位置，将激光收敛仪挂到金属半环凹沟处，使激光束对准测点处的反光片，完成设置后进行测量，通过测得第 i 次测量结果（h_i）和初次测

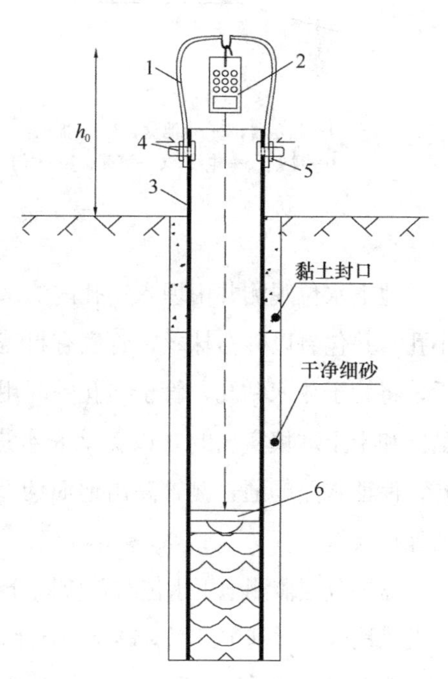

图 7-57　用激光收敛仪监测地下水位的方法
1—金属半环；2—激光测距仪；3—井管；4—螺栓；5—螺母；6—微型浮标

量结果（h_a）的差值即可得到地下水位在第 i 次监测时的变化量 Δh_i，减去金属半环凹沟处到地面的距离（h_0），即可得到距离地面的地下水位。

地下水位是通过埋设地下水位观测井，采用钢尺、电测水位计进行监测，可扫描右侧二维码观看学习。地下水位比较高的情况，可以用干的钢尺直接伸入水位观测井，记录湿迹与管顶的距离，根据管顶高程即可计算地下水位的高程，钢尺长度需大于地下水位与孔口的距离。电测水位计由测头、电缆、滚筒、手摇柄和指示器等组成。其工作原理是当探头接触水面时两电极使电路闭合，信号经电缆传到指示器即触发蜂鸣器或指示灯，此时可从电缆的标尺上直接读出水深，电测水位计结构示意图如图 7-58 所示。分层沉降仪的探头一般也有探测水位的功能。

地下水位监测

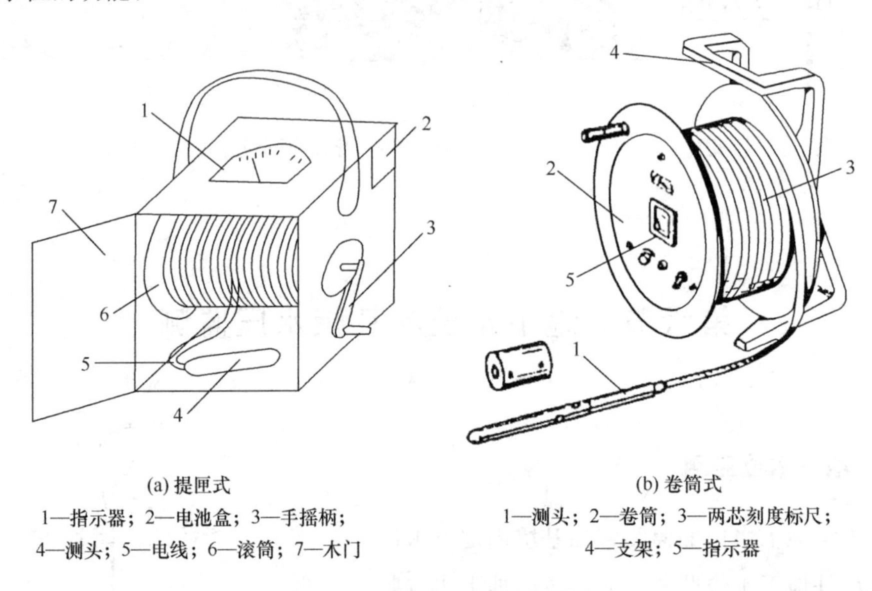

(a) 提匣式
1—指示器；2—电池盒；3—手摇柄；
4—测头；5—电线；6—滚筒；7—木门

(b) 卷筒式
1—测头；2—卷筒；3—两芯刻度标尺；
4—支架；5—指示器

图 7-58　电测水位计结构示意图

地下水位观测井由埋入钻孔内滤水塑料管组成，管子 2m 以下部分或特定的部位钻有小孔，并包裹以砂布抹丝，管底有封盖，管径约 90mm。埋设时用钻机钻孔到要求的深度后，将管子放入钻孔，管子与孔壁间用干净细砂填实，在近地表 2m 内的管子与孔壁间用黏土和干土球填实密封，以免地表水进入孔中，然后用清水冲洗孔底，以防泥浆堵塞测孔，保证水路畅通，测管高出地面约 200mm，上面加盖，不让雨水进入，并做好观测井的保护装置。

需要分层监测地下水位时，应该分组布置水位监测孔，以便对比各层水位变化。如在长江漫滩地区，对基坑工程有影响的含水层为上部由淤泥质粉质黏土组成的潜水含水层以及下部由粉砂组成的承压含水层，应分别对两含水层设置水位监测孔，如图 7-59 所示。此种情况，水位观测井的深度应进入到被测土层 1m 以上，只在埋设到被测土层的管子上钻小孔，包裹以砂布抹丝，并在这段管子与孔壁间用干净细砂填实，其余部分管子与孔壁间用黏土和干土球填实密封。多层地下水位的监测也可通过在各土层中埋设孔隙水压力计来进行。

2. 承压水观测井

承压水指含水层中地下水头高于含水层顶板，呈承压状态，能在各种特定环境下由水压力驱动而自流、自溢的地下水。承压水头作用下的基坑在施工过程中，侧斜、房屋竖向位移、“踢脚”、坑底隆起等会突然加速发展，出现多种较大变形，这种现象是由承压水引起的基坑异常变形的综合表现，具有普遍性。微承压水水头压力较小，但水量并非“微少”。承压水观测井的埋设方法为：(1) 采用正循环钻进成孔，用加入重晶石的、相对密度大的泥浆护壁，当钻进孔深大于上部潜水层厚度时，下入表层套管，套管直径小于孔径，为防止套管倾斜，用扶正器扶正，用清水替换出孔内泥浆，然后在套管和孔壁的环状间隙内灌注水泥浆液，水泥浆液凝固 48 h 以后方可继续钻进；(2) 在下入表层套管后，每钻进 1.5m，在孔底取样，然后压入 1.8m 临时封隔套管，以减少钻孔孔壁泥饼的形成，预防井喷时塌孔及扩径；(3) 当钻孔达到预定深度时，下入滤水管，用气体封隔器封隔井管，气体封隔器绑在井管上，随井管下到含水层上方，向气体封隔器内充气，使其膨胀并固定在孔壁上，以控制承压水压力；(4) 拔出临时套管，先用清水替换气体封隔器上方的泥浆，随后用水泥浆液替换清水，当水泥浆液硬化后，再用清水冲走井管和滤网中的泥浆。以上洗井工作完成后，让地下水自流一段时间，排除含水层中的泥浆。然后在井管上安装一个带阀门的临时排水管，让水流连续流出几天以继续清洗钻孔。拆除临时排水管后在阀门上接压力计便能测量承压层的水压力。

二、孔隙水压力监测

孔隙水压力监测结果可用于固结计算及有限应力法的稳定性分析，在基坑开挖和降水、盾构推进等引起的地表沉降的控制中具有十分重要的作用。其原因在于饱和软黏土受荷后，首先产生的是孔隙水压力的增高或降低，随后才是土颗粒的固结变形。孔隙水压力的变化是土层运动的前兆，掌握这一规律就能及时采取措施，避免不必要的损失。

现场监测用的孔隙水压力计一般是钢弦频率式的，将埋设好后引出的孔隙水压力计的导线与数字式频率仪连接即可读取频率值，用出厂时提供的标定公式换算成土的孔隙水压力值。

孔隙水压力探头由金属壳体和透水石组成。孔隙水压力计的工作原理是把多孔元件（如透水石）放置在土中，使土中水连续通过元件的孔隙（透水后），把土体颗粒隔离在元件外面而只让水进入有感应膜的容器内，容器中的水压力即为孔隙水压力。孔隙水压力计的安装和埋设应在水中进行，滤水石不得与大气接触，一旦与大气接触，滤水石应重新排气。埋设方法有压入法和钻孔法。

(1) 压入法埋设

如果土质较软，可用钻杆将孔隙水压力计直接压入到预定的深度。若有困难，可先钻孔至埋设深度以上 1m 处，再用钻杆将其压到预定的深度，上部用黏土球封孔 1m 以上，然后用钻孔时取出的黏土回填封孔至孔口。

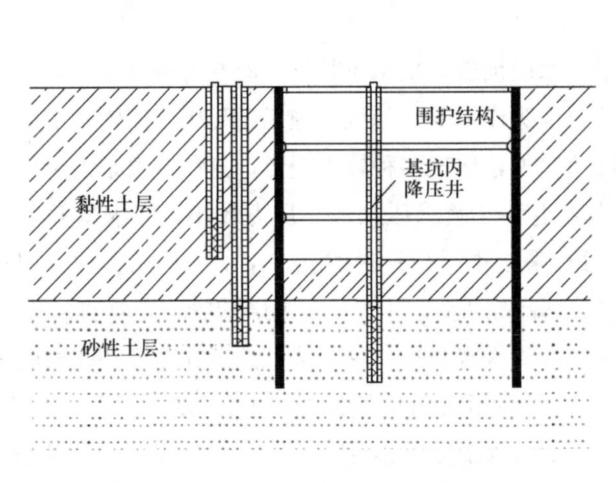

图 7-59　分层水位监测井示意图

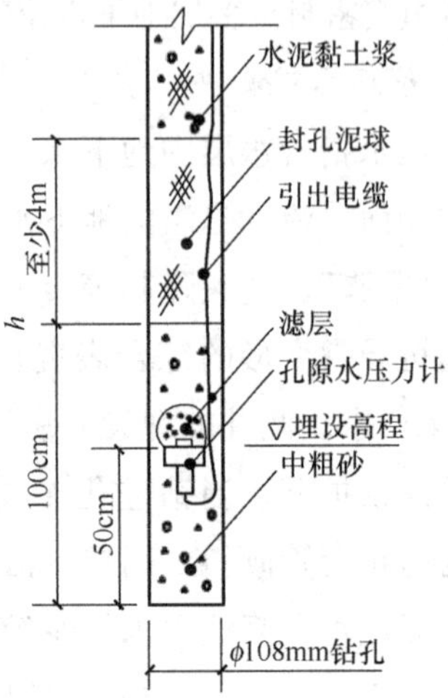

图 7-60　钻孔埋设孔隙水压力计

（2）钻孔法埋设

在埋设地点采用钻机钻深度大于预定的孔隙水压力计埋设深度约 0.5m 的钻孔，达到要求的深度或标高后，先在孔底填入部分干净的砂，将孔隙水压力计放入，再填砂到孔隙水压力计上面 0.5m 处为止，最后采用膨胀性黏土或干燥黏土球封孔 1m 以上。图 7-60 为孔隙水压力计在土中的埋设情况。为了监测不同土层或同一土层中不同深度处的孔隙水压力，需要在同一钻孔中不同标高处埋设孔隙水压力计，各个孔隙水压力计的间距应不小于 2m，埋设时要精确地控制好填砂层、隔离层和孔隙水压力计的位置，以便每个探头都在填砂层中，并且各个探头之间都用干土球或膨胀性黏土实现严格的相互隔离，否则达不到测定各土层孔隙水压力变化的目的。由于在一个钻孔中埋设多个孔隙水压力计的难度很大，所以，原则上一个钻孔只埋设一个孔隙水压力计。

三、 地下水渗透压力和水流量监测

隧道开挖引起的地表沉降等都与岩土体中孔隙水压力的变化有关。通过地下水渗透压力和水流量监测，可及时了解地下工程中水的渗流压力分布情况及其大小，检验有无管涌、流土及不同土质接触面的渗透破坏，防止地下水对工程的影响，保证工程安全和施工进度。

地下水渗透压力一般采用渗压计（也称作孔隙水压力计）进行测量，根据压力与水深成正比关系的静水压力原理，当传感器固定在水下某一点时，该测点以上水柱压力作用于孔隙水压力敏感元件上，这样即可间接测出该点的孔隙水压力。

隧道初期支护孔隙水压力计安装如图 7-61 所示，该断面中埋设了 4 只孔隙水压力计，将孔隙水压力计的电缆在二衬施工完毕后通过 PVC 保护管沿电缆沟引到预埋电缆箱处进行人工或自动化采集。

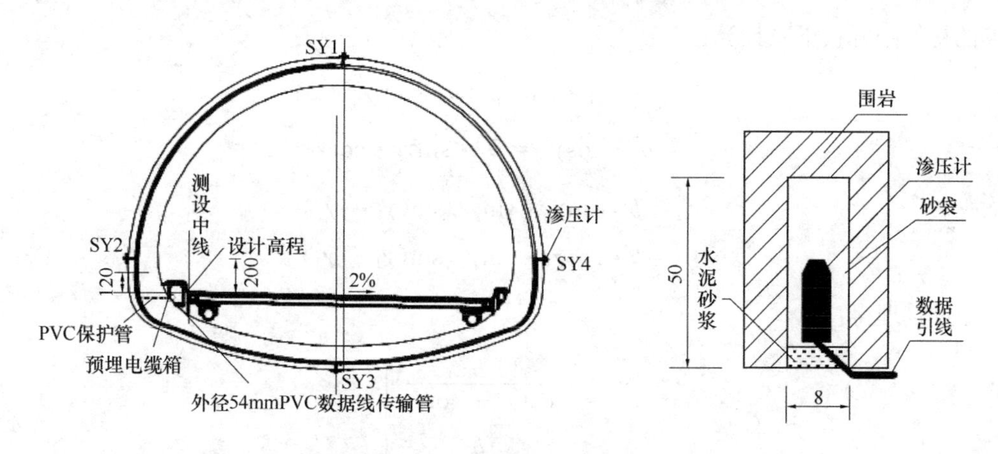

图 7-61　隧道初期支护孔隙水压力计安装图（单位：cm）

第七节　相 邻 环 境 监 测

基坑和岩石隧道开挖、盾构隧道和顶管推进必定会引起邻近建（构）筑物和土体的变形，过量的变形将影响邻近建（构）筑物和市政管线的正常使用，甚至导致破坏，因此，必须在工程施工期间对它们的变形进行监测。根据监测数据，对邻近建（构）筑物的安全作出评价，及时调整开挖或推进速度和支护措施，使工程施工顺利进行，以保护邻近建（构）筑物和管线不因过量变形而影响它们的正常使用功能或被破坏，对邻近建（构）筑物和管线的实际变形提供实测数据。

一、 建筑物水平位移的监测

1. 前方交会法

在测定大型工程建筑物（例如塔型建筑物、水工建筑物等）的水平位移时，可利用变形影响范围以外的基准点（或工作基点）用前方交会法进行监测。

如图 7-62 所示，1、2 点为互不通视的基准点（或工作基点），T_1 为建筑物上的位移监测点。

由于 γ_1 及 γ_2 不能直接测量，为此必须测量连接角 γ'_1 及 γ'_2，则 γ_1 及 γ_2 通过计算可以得到：

$$\left.\begin{aligned}\gamma_1 &= (\alpha_{2\text{-}1} - \alpha_{\text{K-1}}) - \gamma'_1 \\ \gamma_2 &= (\alpha_{\text{P-2}} - \alpha_{1\text{-}2}) - \gamma'_2\end{aligned}\right\} \qquad (7\text{-}40)$$

式中　α——相应方向的坐标方位角。

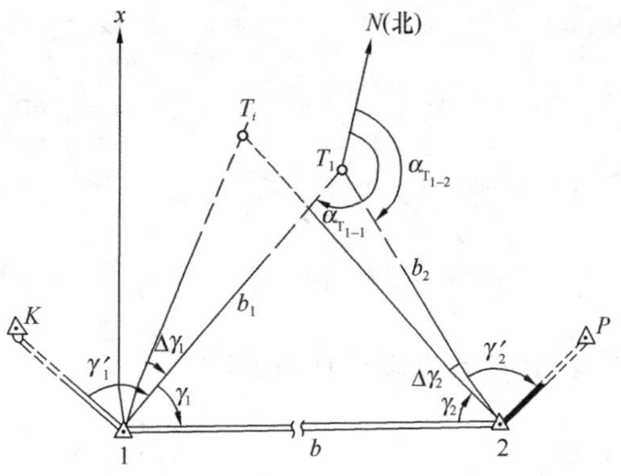

图 7-62　前方交会法

为了计算 T_1 点的坐标，现以点 1 为独立坐标系的原点，1-2 点的连线为 y 轴，则

T_1点的初始坐标按下式计算：

$$\left.\begin{aligned} x_{T_1} &= b_1 \cdot \sin\gamma_1 = b_2 \cdot \sin\gamma_2 \\ y_{T_1} &= b_1 \cdot \cos\gamma_1 = b_2 \cdot \sin\gamma_2 \cdot \cot\gamma_1 \end{aligned}\right\} \tag{7-41}$$

或

$$x_{T_1} = b \cdot \sin\gamma_1 \cdot \sin\gamma_2 / \sin(\gamma_1 + \gamma_2)$$

$$y_{T_1} = b \cdot \cos\gamma_1 \cdot \sin\gamma_2 / \sin(\gamma_1 + \gamma_2)$$

经过整理得：

$$\left.\begin{aligned} x_{T_1} &= \frac{b}{\cot\gamma_1 + \cot\gamma_2} \\ y_{T_1} &= \frac{b}{\cot\gamma_1 \cot\gamma_2 + 1} \end{aligned}\right\} \tag{7-42}$$

若以后各期监测所算得的坐标为 (x_{T_i}, y_{T_i})，则 T 点的坐标变化值即为其两个方向的水平位移：

$$\begin{cases} \Delta x_T = x_{T_i} - x_{T_1} \\ \Delta y_T = y_{T_i} - y_{T_1} \end{cases} \tag{7-43}$$

2. 自由设站法

自由设站法测定建筑物平面位移的基本原理如下：如图 7-63 所示，仪器可自由地架设在便于监测的位置，通过测定位于变形区影响范围之外两个固定已知目标，即测站 P 到两个已知点 $P_1(x_1, y_1)$、$P_2(x_2, y_2)$ 之间的方向值 C_1、C_2 和距离值 D_1、D_2，即可计算测站的坐标，进而可测算各监测点的坐标。

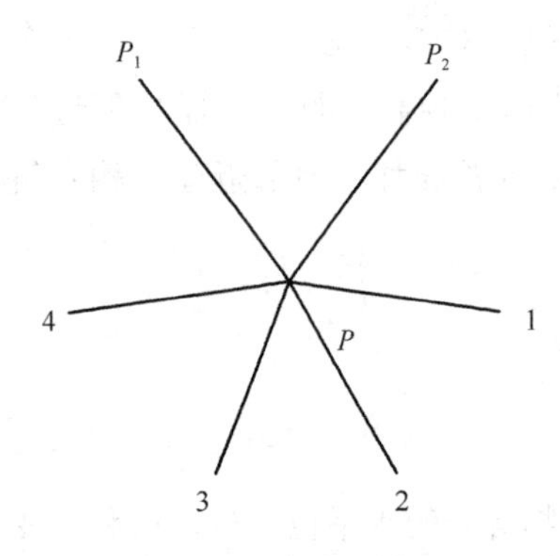

图 7-63　自由设站法

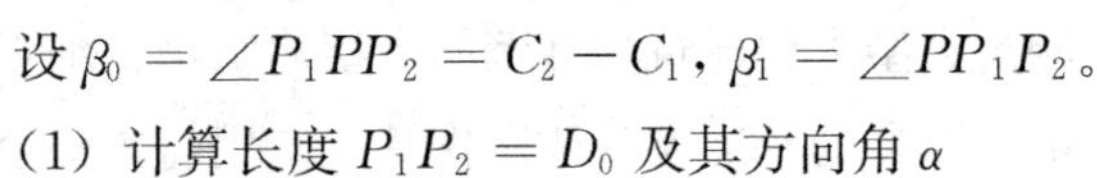

设 $\beta_0 = \angle P_1PP_2 = C_2 - C_1$，$\beta_1 = \angle PP_1P_2$。

（1）计算长度 $P_1P_2 = D_0$ 及其方向角 α

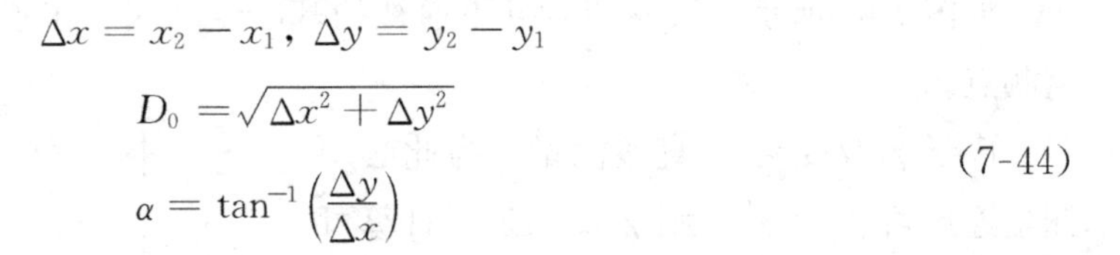

$$\begin{aligned} &\Delta x = x_2 - x_1, \ \Delta y = y_2 - y_1 \\ &D_0 = \sqrt{\Delta x^2 + \Delta y^2} \\ &\alpha = \tan^{-1}\left(\frac{\Delta y}{\Delta x}\right) \end{aligned} \tag{7-44}$$

（2）计算 β_1

$$\beta_1 = \sin^{-1}\left(\frac{D_2 \sin\beta_0}{D_0}\right) \tag{7-45}$$

（3）计算测站点 P 的坐标

$$\begin{cases} x_P = x_1 + D_1 \cos(\alpha + \beta_1) \\ y_P = y_1 + D_1 \sin(\alpha + \beta_1) \end{cases} \tag{7-46}$$

（4）计算各监测点 i 的坐标

$$\begin{cases} x_i = x_P + s_i\cos\alpha_i \\ y_i = y_P + s_i\sin\alpha_i \end{cases} \tag{7-47}$$

二、建筑物倾斜的监测方法

倾斜监测主要是对多层或高层的房屋建筑、电视塔、水塔和烟囱等高耸建筑物测定其顶部和中间各层次相对于底部的水平位移，除以相对高差，以百分率表示，称为倾斜度。同时需要表达的是以建筑物轴线为参照的倾斜方向。测定建筑物倾斜的方法有两类：一类是直接测定建筑物的倾斜，主要有：经纬仪投影法、测水平角、激光垂准仪法、全站仪坐标法，该类方法多用于基础面积过小的超高建筑物，如电视塔、烟囱、高桥墩、高层楼房等。另一类是通过测量建筑物基础沉降的间接方法来确定建筑物倾斜，主要有水准测量法、静力水准法、倾斜仪法，该类方法多用于基础面积较大的建筑物，并便于水准观测。

建筑物主体倾斜观测点位布设要求：

（1）沿对应测站点的某主体竖直线，对整体倾斜按顶部、底部，对分层倾斜按分层部位、底部上下对应布设；

（2）从建筑物外部观测时，测站点选在与照准目标中心连线接近呈正交方向的固定位置处；

（3）用建筑物内竖向通道观测时，可将通道底部中心点作为测站点。

观测点位的标志设置：

（1）建筑物顶部和墙体上的观测点标志，采用埋入式照准标志形式，有特殊要求时，应专门设计；

（2）不便埋设标志的塔形、圆形建筑物以及竖直构件，可照准视线所切同高边缘认定的位置或用高度角控制的位置作为观测点位；

（3）一次性倾斜观测项目，观测点可采用建筑物特征部位。

倾斜测量是用经纬仪、水准仪或其他专用仪器测量建筑物倾斜度随时间而变化的工作。一般在建筑物立面上设置上下两个监测标志，它们的高差为 h，用经纬仪把上标志中心位置投影到下标志附近，量取它与下标志中心之间的水平距离 x，则 $x/h=i$ 就是两标志中心连线的倾斜度。定期地重复监测，就可得知在某时间内建筑物倾斜度的变化情况。

对于烟囱等独立构筑物，可从附近一条固定基线出发，用前方交会法测量上、下两处水平截面中心的坐标，从而推算独立构筑物在两个坐标轴方向的倾斜度。也可以在建筑物的基础上设置一些沉降点，进行沉降监测。设 Δh 为某两沉降点在某段时间内沉降量差数，S 为其间的平距，则 $\Delta h/S=\Delta i$ 就是该时间段内建筑物在该方向上倾斜度的变化。

1. 经纬仪投影法

用经纬仪作垂直投影以测定建筑物外墙的倾斜，如图 7-64 所示，适用于建筑物周围比较空旷的主体倾斜测量。选择建筑物上、下在一条铅垂线上的墙角，分别在两墙面延长线方向、距离约为 (1.5～2.0)h 处埋设观测点 A、B，在两墙面墙角分别横置直尺；分别在 A、B 点安置经纬仪，将房顶墙角投射到横置直尺，取得读数分别为 Δu、Δv，设上下两点的高差为 h，然后用矢量相加，再计算倾斜度 i 和倾斜方向：

$$\left.\begin{aligned} i &= \frac{\sqrt{\Delta u^2 + \Delta v^2}}{h} \\ \alpha &= \tan^{-1}\frac{\Delta v}{\Delta u} \end{aligned}\right\} \tag{7-48}$$

2. 测水平角法

对于水塔、烟囱等构筑物，通常采用测水平角的方法来测定倾斜，图 7-65 即为用这种方法测定烟囱倾斜的例子。离烟囱 50～100m 处，在互相垂直方向上标定两个固定标志作为测站。在烟囱上标出作为观测用的标志点 1、2、3、4、5、6、7、8，同时选择通视良好的远方不动点 M_1 和 M_2 为方向点。然后从测站 A 用经纬仪测量水平角 (1)、(2)、(3) 和 (4)，并计算半和角 $\angle a = \frac{(2)+(3)}{2}$ 及 $\angle b = \frac{(1)+(4)}{2}$，它们分别表示烟囱上部中心 a 和烟囱勒脚部分中心 b 的方向，根据 a 和 b 的方向差，可计算偏歪分量 a_1。同样在测站 B 上观测水平角 (5)、(6)、(7)、(8)，重复前述计算，得到另一偏歪分量 a_2。用矢量相加的办法求得烟囱上部相对于勒脚部分的偏歪值 a（还可根据相似三角形原理计算烟囱上部相对于基础底座的偏歪值 $a' = \frac{h_1 + h_2}{h_1} \cdot a$）。利用式 (7-48) 即可算出烟囱的倾斜度。对于高耸圆形构筑物（如烟囱、水塔等），当顶部或中部设置标志不便时可用照准视线直接切其边缘认定的位置或高度角控制的位置作为观测点位。

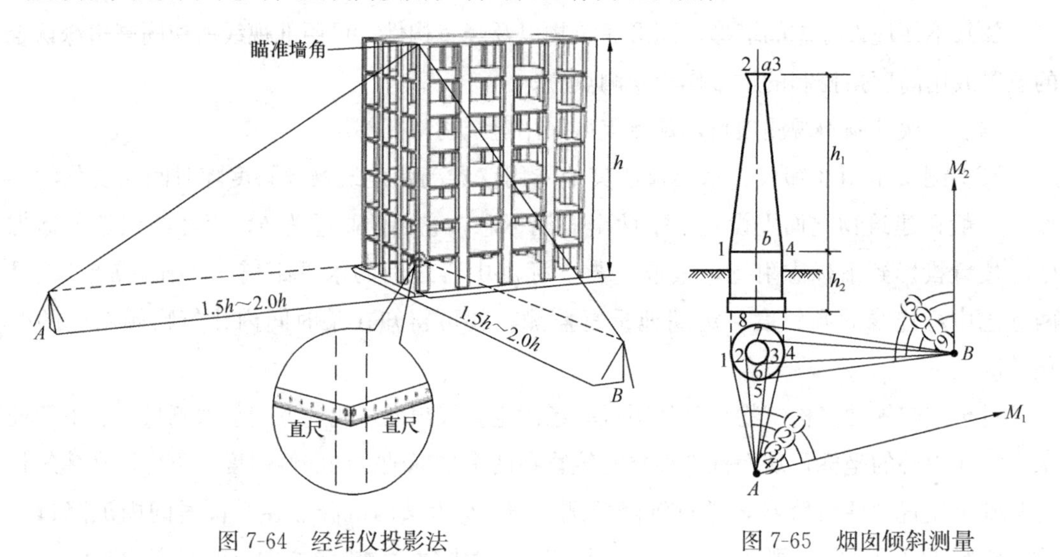

图 7-64 经纬仪投影法

图 7-65 烟囱倾斜测量

3. 激光垂准仪法

激光垂准仪法测倾斜如图 7-66 所示，建筑物顶部与底部间有竖向通道，在建筑物顶部适当位置安置接收靶，垂线下的地面或地板上埋设点位安置激光垂准仪，激光垂准仪的铅垂激光束投射到顶部接收靶，接收靶上直接读取顶部两位移量 Δu、Δv，再按公式（7-48）计算倾斜度与倾斜方向。

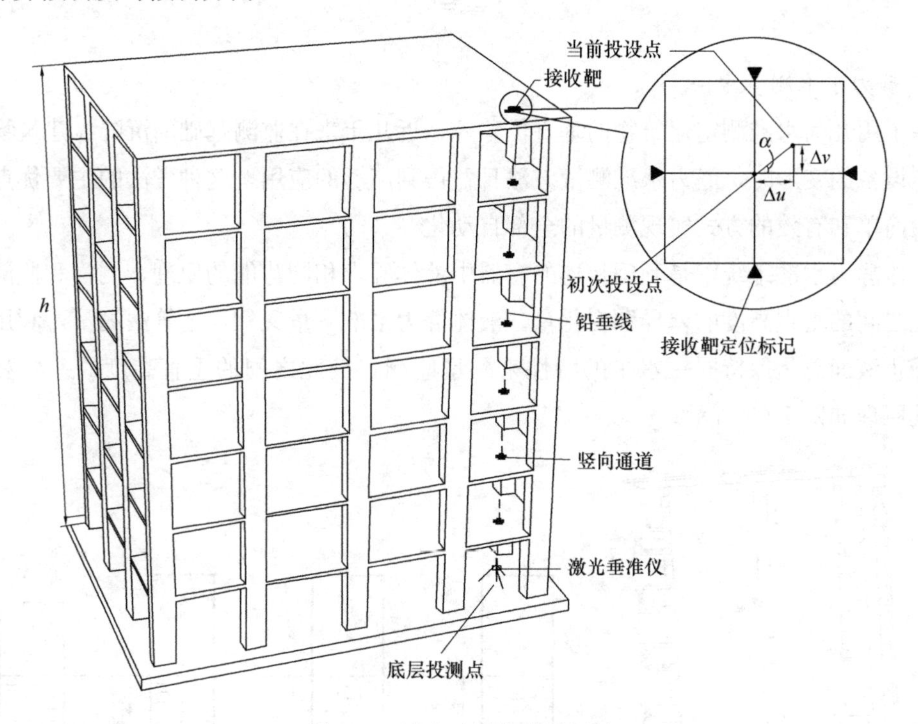

图 7-66 激光垂准仪法测倾斜

4. 全站仪坐标测定法

全站仪坐标测定法能在同一测站对监测对象在两个正交方向的倾斜偏移量进行观测，该方法应满足以下规定：

(1) 在结构的上、下部竖向对应设置观测标志，观测标志宜为小棱镜或反射片，采用基于无合作目标测距技术时可为平整的其他标志；

(2) 测站点应设置在结构边线的延长线或结构边线的垂线上，与观测点的水平距离宜为上、下部观测点高差的 1.5～2.0 倍；

(3) 以测站点为原点、测站点至下部观测点连线为 X 轴正方向、Y 轴垂直于 X 轴、竖直方向为 Z 轴建立独立坐标系，X、Y 两个坐标分量的变化值分别为两个方向的倾斜偏移量；

(4) 历次观测应正、倒镜各观测一次取平均值；

(5) 历次两正交方向的倾斜偏移量的变化值与上、下点高差的比值即分别为相应两个正交方向的倾斜变化率，当上、下点的连线与结构的竖向轴线平行时，倾斜偏移量与高差的比值即为结构的倾斜率。

5. 水准仪测量法

刚性建筑整体倾斜可通过间接测量基础的相对沉降来计算，如图 7-67 所示，建筑物基础上选设沉降观测点 A、B，精密水准测量法定期观测 A、B 两点沉降差 Δh，A、B 两点的距离为 L，基础倾斜度为：

$$i = \frac{\Delta h}{L} \tag{7-49}$$

6. 静力水准测量方法

除了用几何水准测定建筑物的垂直位移外，近几年来在监测基础的沉降、建筑物地基和工艺设备的变形时，静力水准测量方法日益得到广泛的应用，这种方法的主要优点是能用比较简单和有效的方式实现测量的全部自动化。

液体静力水准系统，是利用相连的容器中液体寻求相同势能的原理，测量和监测参考点彼此之间的垂直高度的差异和变化量。液体静力水准测量又称连通管法测量，利用在重力下静止液面总是保持同一水平的特性来测量监测点彼此之间的垂直高度的差异和变化量。其原理如图 7-68 所示。

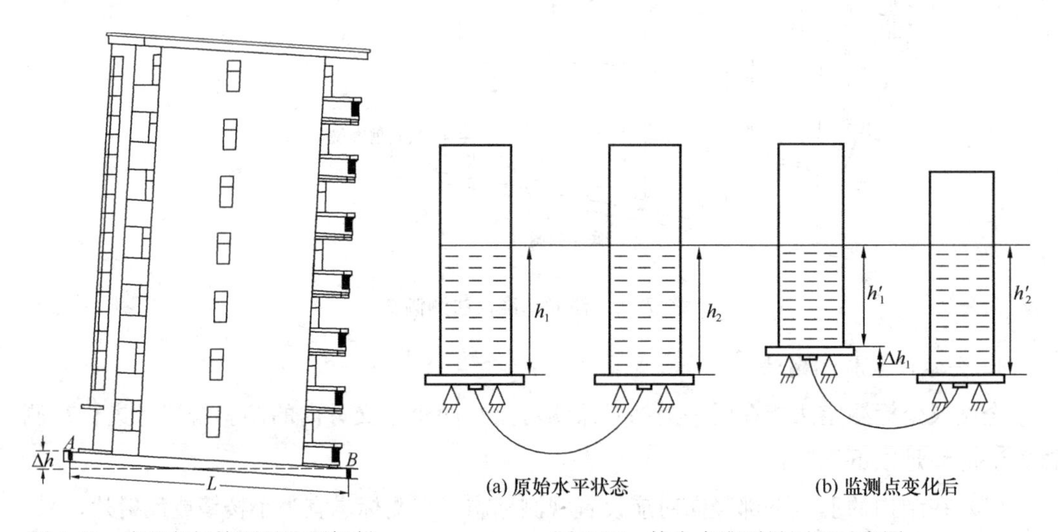

图 7-67　水准仪间接测量法测倾斜

图 7-68　静力水准测量原理示意图

当容器中液体密度一致，外界环境相同时，如图 7-68（a）所示，此时容器中液面处于同一高度，各容器的液面高度为 h_1，h_2，…，h_n。当监测点发生竖向位移，容器内部液面重新调整高度，形成新的同一液面高度时，如图 7-68（b）所示，则此时各容器新液面高度分别为 h'_1，h'_2，…，h'_n。各容器液面变化量分别为 $\Delta h_1 = h'_1 - h_1$，$\Delta h_2 = h'_2 - h_2$，$\Delta h_n = h'_n - h_n$。在此基础上，选定测点 1 为基准点，从而求出其他各测点相对基准点的垂直位移为 $\Delta H_2 = \Delta h_1 - \Delta h_2$，…，$\Delta H_n = \Delta h_1 - \Delta h_n$。由此便可通过每个容器中液面变化的差值来测出竖向位移的大小。

静力水准测试系统分别由主控制器、计算机和多台静力水准仪组成，属于连通管测量系统。图 7-69 是仪器的结构，由玻璃钵、探针、步进电机、信号转换电路、液气管道和主控制器接口等部分组成。

当主控制器按照设定周期向各仪器发送脉冲控制信号后，经 D/ A 转换器使仪器的步进电机带动探针向下运动，探测容器内的液面，当其与液面接触后形成回路，使电机停止下行返回原位，接着进行下一台仪器的测试；从而将微小高差变化，转换为垂直位移量测试；经连续数据采集、计算、存储电路，输出与每台仪器液位相关的数字信号，直接与计算机连接，可实现竖向位移的测量与存储分析。

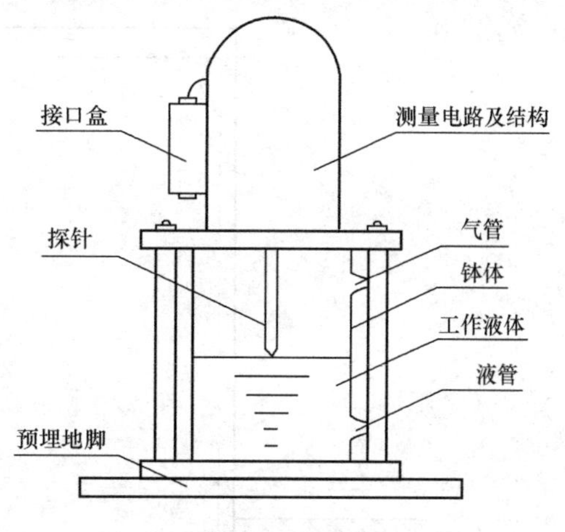

图 7-69　静力水准仪结构示意图

作为高程测量方法，它相对于几何水准和全站仪三角高程测量而言，有以下主要优点：(1) 测量精度高，最高可达到 1μm，一般可达到 0.01mm；(2) 不需要各个点相互通视，可多点同时测量，而且可以在狭小空间以及恶劣环境中测量；(3) 可以实现很高的测量频率，故适合自动化测量和长期连续监测。

静力水准仪的主要误差来自外界温度的变化，特别是监测头附近的局部温度变化。为了削弱温度的影响，应使连接软管下垂量为最小，减少监测头中的液柱高度，静力水准仪尽量远离强大的热辐射源。目前在高精度静力水准测量中往往采用恒温系统。

7. 激光收敛仪监测

在与建筑物相隔一定距离处设置测站（E 点），并在建筑物侧壁上安装 L 形反光板，反光板与侧壁棱边夹角保持 30°，再将激光收敛仪在建筑物侧壁上的照射点作为水平位移监测点 M，将激光收敛仪在反光板上的照射点作为沉降监测点 N，且 M 点与 N 点布置在同一高程上（参见图 7-70）。监测时将激光收敛仪安装到固定装置上，完成设置后，使激光收敛仪的激光束对准水平监测点 M 处的反光板，通过第 i 次和初次测量结果的差值即可得到 M 点水平位移 δ_{Xi} 。将激光收敛仪的激光束对准沉降监测点 N 处的反光板，利用第 i 次和初次测量结果的差值，并由几何关系式（7-50）计算即可得到 N 点的沉降量 δ_{Zi}。

$$\delta_{Zi}=\frac{l_{Zi}-l_{Z0}}{\tan\theta} \tag{7-50}$$

同时在建筑物侧壁的角点上布设 4 个测点，可测得各点的水平位移和沉降。将建筑物视作刚体，可计算出各面的不均匀沉降，并计算其倾斜率。

三、裂缝监测

裂缝观测内容包括裂缝分布位置、走向、长度、宽度及其变化程度等项目，需注明日期，附必要的照片资料。裂缝观测主要方法有：简易观测法、游标卡尺法、测缝计法。

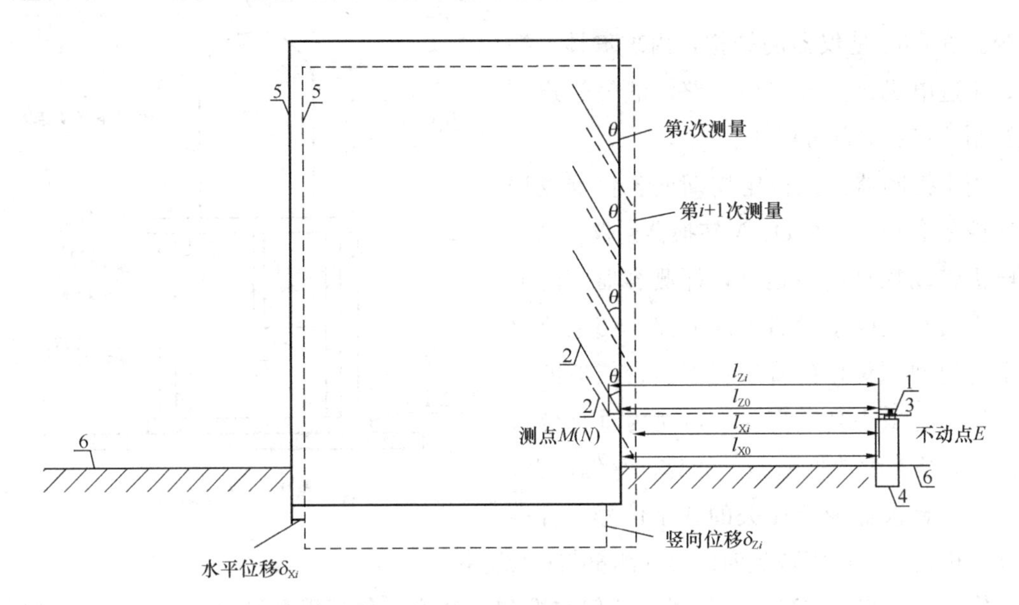

图 7-70 用激光收敛仪监测建筑物倾斜的方法

1—激光收敛仪；2—反光板；3—测站；4—测站基础；5—建筑物侧壁；6—地面

1. 裂缝的简易观测

简易观测法是通过规尺等人工的方法进行监测。可以在墙体关键裂缝处和陡坎（壁）软弱夹层出露处埋设骑缝式简易观测桩，在建（构）筑物（如房屋、挡土墙、浆砌块石沟等）裂缝上设简易玻璃条、水泥砂浆片、贴纸片，在岩石、陡壁面裂缝处用红油漆画线作观测标记等，定期用各种规尺测量裂缝长度、宽度、深度变化及裂缝形态、开裂延伸的方向，图 7-71 为若干简易监测的装置。

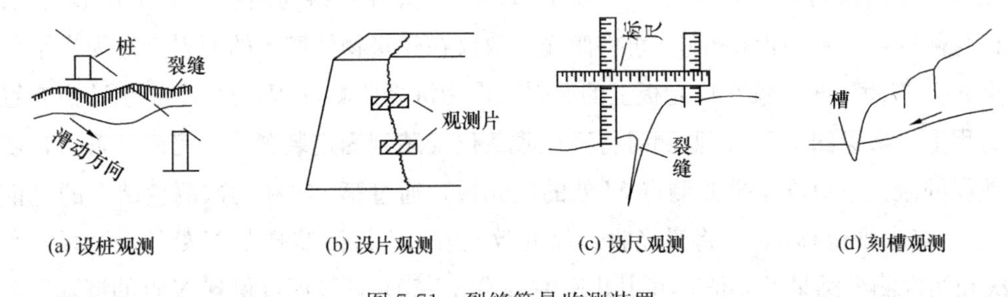

图 7-71 裂缝简易监测装置

该方法主要是通过对地面岩土体和路面的宏观变形迹象及其有关的各种异常现象进行定期的监测，可以从宏观上掌握由工程施工引起的变形动态及发展趋势。也可以结合仪器监测资料综合分析，初步判定工程所处的变形阶段及中短期活动趋势。即使是采用先进的仪器系统对裂缝进行监测，该方法仍然不可缺少。

结构物上裂缝的简易观测法有石膏板标志法和白铁皮标志法。石膏板标志法是用厚10mm，宽约 50～80mm 的石膏板（长度视裂缝大小而定），固定在裂缝的两侧，当裂缝继续发展时，石膏板也随之开裂，从而观察裂缝继续发展的情况，如图 7-72 所示。

白铁皮标志法具体操作如下：

（1）用两块白铁皮，一块取150mm×150mm的正方形，固定在裂缝的一侧；

（2）另一块为50mm×200mm的矩形，固定在裂缝的另一侧，使两块白铁皮的边缘相互平行，并使其中的一部分重叠；

（3）在两块白铁皮的表面，涂上红色油漆；

（4）如果裂缝继续发展，两块白铁皮将逐渐拉开，露出的正方形铁皮上，原被覆盖没有油漆的部分，其宽度即为裂缝加大的宽度，可用尺子量出。

也可以简单地对照图7-73所示的裂缝宽度板大致确定所观察裂缝的宽度。

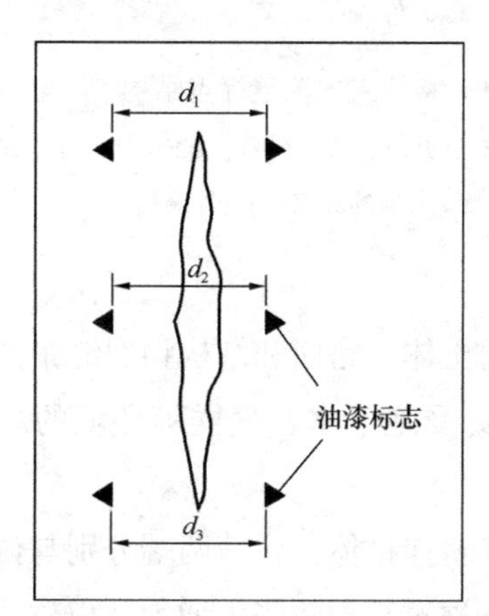

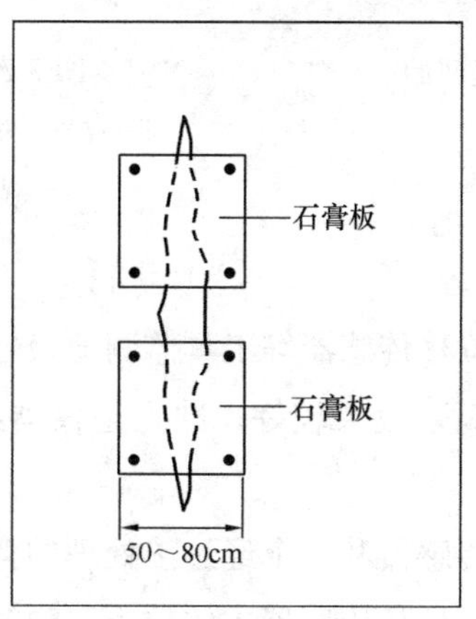

图7-72　石膏板标志法

图7-73　裂缝宽度板

2. *游标卡尺法*

在实际应用中，可根据裂缝分布情况，对重要的裂缝，选择有代表性的位置，在裂缝两侧各埋设一个标点，如图7-74所示。

标点采用直径为20mm，长约80mm的金属棒，埋入混凝土内60mm，外露部分为标点，标点上各有一个保护盖。

两标点的距离不得少于150mm，用游标卡尺定期地测定两个标点之间距离的变化值，以此来掌握裂缝的发展情况，其测量精度一般可达到0.1mm，如图7-75所示。

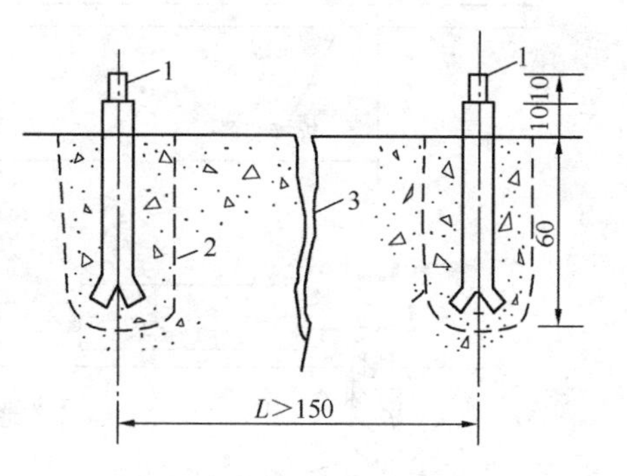

图7-74　裂缝观测示意图（单位：mm）

1—标点；2—钻孔线；3—裂缝

如采用三向测缝标点就可以监测到裂缝3个方向的变化量。板式三向测缝标点（图7-76）是将两块宽为30mm，厚5～7mm的金属板，做成相互垂直的3个方向的拐角，并在型板上焊3对不锈钢的三棱柱条，用以观测裂缝3个方向的变化，用螺栓将型板锚固在混凝土上。用外径游标卡尺测量每对三棱柱条之间的距离变化，即可测得三维相对位移。

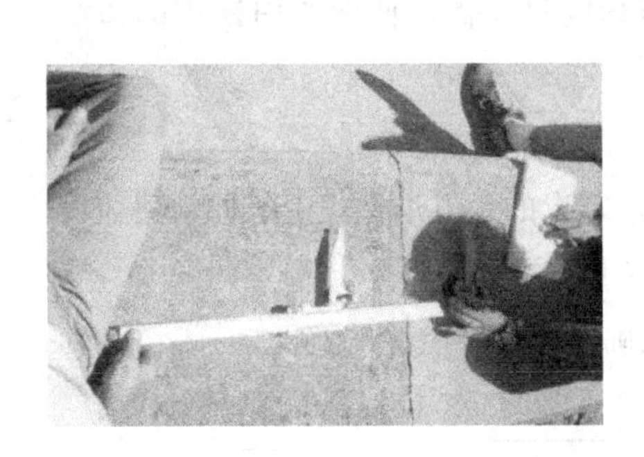

图 7-75 用游标卡尺量裂缝间的距离变化

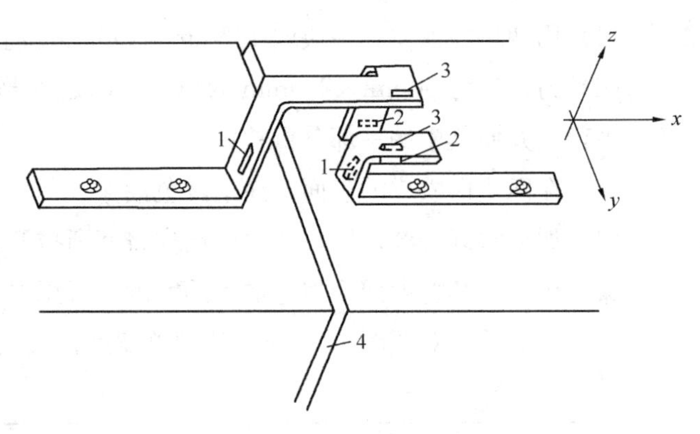

图 7-76 板式三向测缝标点结构

1—观测 x 方向的标点；2—观测 y 方向的标点；3—观测 z 方向的标点；4—伸缩缝

3. 测缝计法

测缝计法主要是利用位移传感器等工具监测地表岩土体、路面和结构物裂缝张开及其变化情况。优点是精度较高，效果较好；缺点是仪器易受地下水、气候等环境的影响和危害。

测缝计包括一个位移传感器和一个经过热处理的弹簧连接体，弹簧两端分别与位移传感器、连接杆相连，当连接杆从传感器主体拉出，弹簧被拉长导致张力增大并由位移传感器感知，据此可以精确地得到裂缝的开合度。具体使用时有 3 种安装方式可以选择：焊接型锚头、膨胀锚头以及灌浆锚头。具体安装如图 7-77 所示。

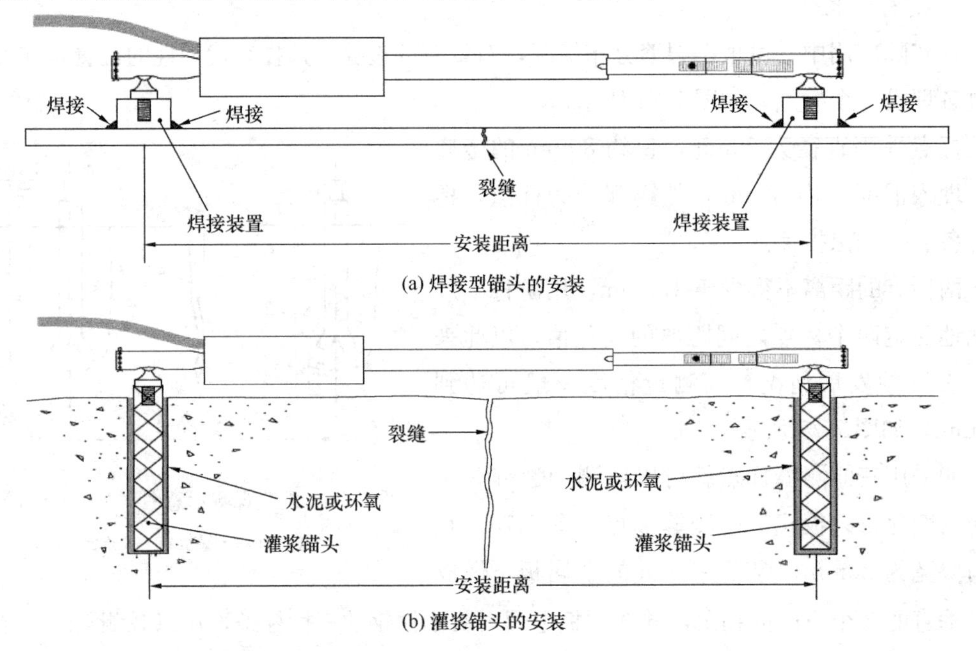

图 7-77 表面裂缝计的安装（一）

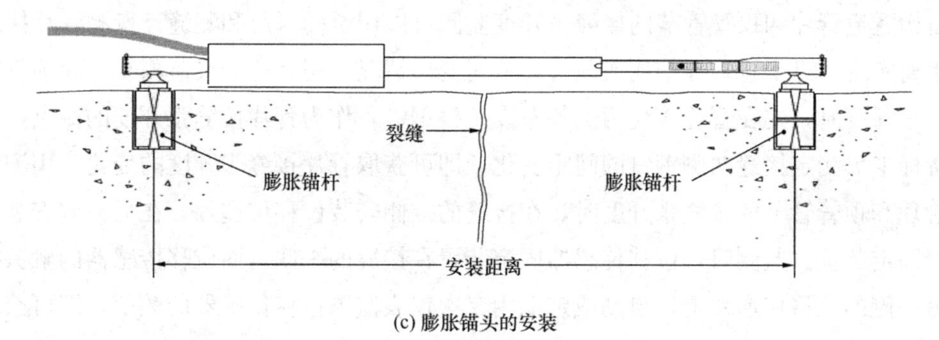

(c) 膨胀锚头的安装

图 7-77　表面裂缝计的安装（二）

由单向大量程位移计构成的三向测缝计组主要用于沿两岩坡周边缝的三向位移监测，即沉降或上升，垂直周边缝的开合位移及沿缝向的剪切位移。三向测缝计结构如图 7-78 所示。

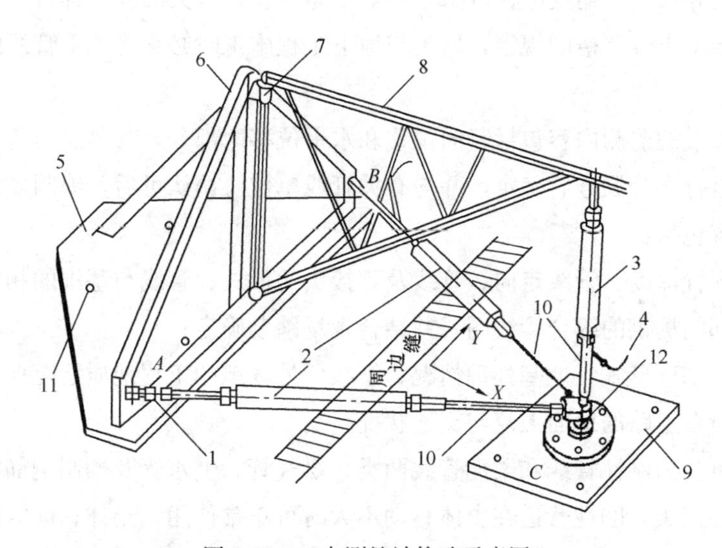

图 7-78　三向测缝计构造示意图

1—万向轴节；2—观测趋向河谷位移的位移计；3—观测沉降的位移计；4—输出电缆；
5—趾板上的固定支座；6—支架；7—不锈钢活动铰链；8—三角支架；
9—面板上的固定支座；10—调整螺杆；11—固定螺孔；12—位移计支座

三向测缝计的工作原理为通过测量标点 C 相对于 A 和 B 点的位移，计算出周边缝的开合度。当产生垂直面板的升降时，位移计 2 和 3 均产生拉伸，当面板仅有趋向河谷的位移时，位移计 3 应无位移量示出，位于上部的位移计 2 拉出，位于下边的位移计 2 压缩，如果有较大位移发生，该位移计也会拉伸。利用量程调节杆 10，可以调节每支位移计的量程在适当范围。

三向测缝计安装埋设要点为：三向测缝计装在趾板与面板所在的平面上。当趾板均高出面板时，在面板上要做一安装墩，其顶部应与趾板面在一个平面上。面板与趾板上要预留固定螺孔。测缝计的传输电缆埋设沟槽应预设在周围的趾板上，直通到监测房。

盾构隧道管片和顶管管节的接缝张开度监测可以用游标卡尺和测缝计量测管片接缝的张开距离实现，以了解管片结构或顶管管节间变形情况。用游标卡尺监测管片和顶管管节的接缝张开度时，先在管片接缝两侧各布设一根钢钉，作为管片接缝张开度的测点，用数字式游标卡尺测定接缝两侧钢钉的间距变化，即可获取管片接缝张开度的变化。用测缝计监测管片和顶管管节的接缝张开度时，在接缝的一侧安装位移传递片，在另一侧安装位移传感器固定装置。监测时，位移传感器固定装置在接缝的一侧，而位移传感器的触头抵到接缝另一侧的位移传递片上，自动或定期用二次仪表监测位移传感器的数值，即可获取管片接缝张开度的变化。

四、 相邻地下管线监测

城市地区地下管线网是城市生活的命脉，其安全与人民生活和国民经济紧密相连。城市市政管理部门和煤气、输变电、自来水和电讯等与管线有关的公司都对各类地下管线的允许变形量制定了十分严格的规定，岩土与地下工程施工时必须将地下管线的变形量控制在允许范围内。

相邻地下管线的监测内容包括竖向位移和水平位移两部分，其测点布置和监测频率应在对管线状况进行充分调查后确定，并与有关管线单位协调认可后，编制监测方案。对管线状况调查内容包括：

（1）管线埋置深度、管线走向、管线及其接头的形式、管线与基坑的相对位置等。可根据城市测绘部门提供的综合管线图，并结合现场踏勘确定；

（2）管线的基础形式、地基处理情况、管线所处场地的工程地质情况；

（3）管线所在道路的地面人流与交通状况。

地下管线可分为刚性管线和柔性管线两类。煤气管、上水管及预制钢筋混凝土电缆管等通常采用刚性接头，刚性管道在土体移动不大时可正常使用，土体移动幅度超过一定限度时则将发生断裂破坏。采用承插式接头或橡胶垫板加螺栓连接接头的管道，受力后接头可产生一定量自由转动的角度，常可视为柔性管道，如常见的下水道等。接头转动的角度 α 及管节中的弯曲应力小于允许值时，管道可正常使用，否则也将产生断裂或泄漏，影响使用。地下管线位于岩土与地下工程施工影响范围以内时，一般在施工前需在调查的基础上，根据工程的设计和施工方案运用有关公式对地下管线可能产生的最大沉降量作出预估，并根据计算结果判断是否需要对地下管线采取主动的保护措施，并提出经济合理和安全可靠的管线保护方法。对地下管线进行主动保护的方法有跟踪注浆加固和开挖暴露管道后对其进行结构加固等多种方法，本节不作详细介绍。

对地下管线进行监测是对其进行被动保护，在监测中主要采用间接测点和直接测点两种形式。间接测点是间接法埋设的测点又称监护测点，不是直接布设在被保护管线上，常设在管线的窨井盖上，或管线轴线相对应的地表，将钢筋直接打入地下，深度与管底一致，作为观测标志；或在管线上方使用水钻在道路路面上开孔，深度要求穿透道路表层结构，并确保监测点在原状土层中的深度不小于0.2m，开孔后垂直打入长1.2m、ϕ20的螺纹钢筋，并安装直径与水钻开孔直径相同的保护筒，再用砂土与木屑的混合填料隔离层将保护筒四周填满。间接测点由于测点与管线之间存在着介质，与管线本身的变形之间有一定的差异，在人员与交通密集不宜开挖的地方，或设防标准较低的场合可以采用。另一种间接法埋设的测点，将测点布设在地下管线靠基坑一侧的内侧土体中（距离管线约2～5m的范围内），若埋设深于管线底部2m的测斜管，通过监测测斜管的水平位移来判断地下管线的水平位移则是比较安全和可靠的方法。

直接测点是通过埋设一些装置直接测读管线的竖向位移，常用方案有：

（1）抱箍式。其形式如图7-79所示，由扁铁做成稍大于管线直径的圆环，将测杆与管线连接成为整体，测杆伸至地面，地面处布置窨井，保证道路、交通和人员正常通行。抱箍式测点能直接测得管线的沉降和隆起，但埋设时必须凿开路面，并开挖至管线的底面，这对城市主干道路来说是很难办到的。对于次干道和十分重要的地下管线，如高压煤气管道等，有必要按此方案设置测点并予以严格监测。

（2）套筒式。用100型钻机垂直钻孔至所测管线管顶深度后找出埋设在地下的所测管线，在管顶安放ϕ50的PVC管直到地表，在PVC管中插入一螺纹钢筋，使钢筋顶端露出地面2～5cm，再在PVC管中装满黄砂，并将PVC管周边土填实，并做好测点保护标志。或金属管打设或埋设于所测管线顶面和地表之间，掏出管中泥土，量测时将测杆放入埋管，再将标尺搁置在测杆顶端，如图7-80所示。只要测杆放置的位置固定不变，监测结果能够反映出管线的竖向位移的变化。套筒式埋设方案简单易行，特别是对于埋深较浅的管线，可避免道路开挖，其缺点是可靠性比抱箍式略差。

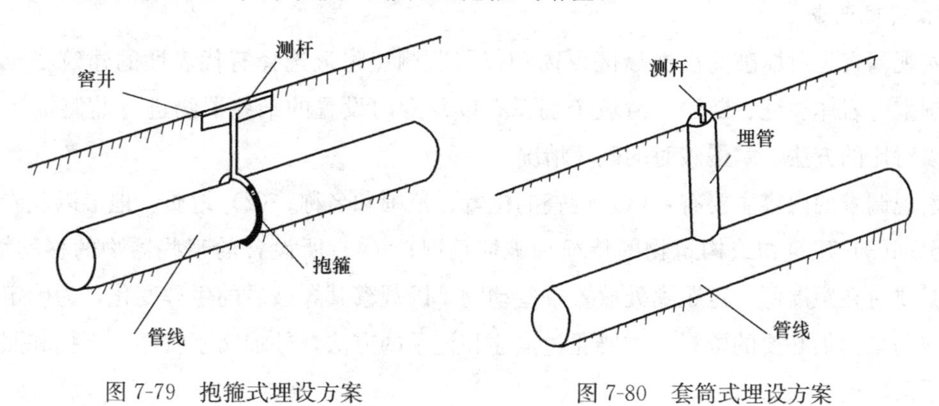

图7-79　抱箍式埋设方案　　图7-80　套筒式埋设方案

为了保证道路、交通和人员正常通行，可以在地面处布置窨井，如图7-81所示。如果具备开挖地面到管线顶部的条件，对金属材质的地下管线则可以将螺纹钢筋测杆焊到其上面（煤气管不能焊接），对其他材质的地下管线，则可以用砂浆等将螺纹钢筋测杆管固定在其上面，以增加监测的可靠性。

此外，有检查井的管线，应打开井盖直接将监测点布设到检查井中的管线上或管线承

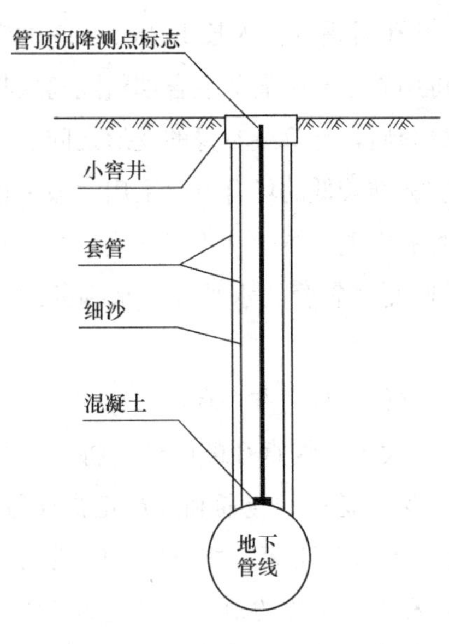

图 7-81　管线直接式监测点示意图

载体上，有开挖条件的管线应开挖并暴露管线，将观测点直接布设到管线上。

五、 爆破振动监测

隧道施工和基坑支撑拆除爆破产生的地震波会对邻近地下结构和地面建（构）筑物产生不同程度的影响，当需要保护这些邻近地下结构和地面建（构）筑物时，需要在爆破施工期间对它们进行爆破振动监测，以便调整爆破施工工艺参数，将爆破振动对地下结构和地面建（构）筑物的影响控制在安全的范围内。连拱隧道、小净距隧道、既有隧道改建和扩建等会遇到后行隧道对先行隧道以及新建隧道对既有隧道爆破施工的影响问题，必要时需要进行爆破振动监测。

爆破振动强度与药量大小、爆破方式、起爆程序、测点距离以及地形地质条件等有关，爆破所引起的振动以波的形式传播，可以用质点的振速、加速度、位移、振幅和振动频率等描述。由于振速具有可以使爆破振动的烈度与自然地震烈度相互参照、标定检测信号较容易、便于换算结构破坏相关判据的特点，因而，多采用质点的振动速度作为衡量爆破地震效应强度的判据。爆破振动的监测主要包括宏观调查、仪器监测及波形分析三部分。

1. 宏观调查

宏观调查是对爆破前后在爆区以内和仪器监测点附近选择有代表性的建筑物、构筑物、洞室、岩体裂缝、断层、滑坡个别孤石以及专门设置的某些器物进行监测描述和记录，以对比的方法了解爆破时的破坏情况。

宏观调查的内容主要有：(1) 调查的位置、范围和名称；(2) 地质、地形以及岩石构造情况；(3) 建筑物或构筑物的特征和破坏情况；(4) 所设置的某些器物的移动情况；(5) 必要时在距爆源一定距离处放置一些动物，以观察其爆破后的生理变化，为确定安全距离或药量提供必要的资料。主要通过描述和记录的方法，外加文字叙述、素描和照相录像等手段辅助。

2. 仪器监测

爆破振动监测系统如图 7-82 所示，由速度传感器或加速度传感器、数据记录仪及数据分析软件组成，传感器与爆破数据记录仪通过线缆连接，传感器将模拟电信号换成数字信号进行存储，再通过记录仪上的数据接口将数据导入计算机中，用专用分析软件在计算机上进行波形显示、数据分析、结果输出。仪器采样频率设置很重要，采样频率越高则振动波形图越精准，但在存储量一定的情况下记录时间就短，所以要兼顾采样精确度和记录

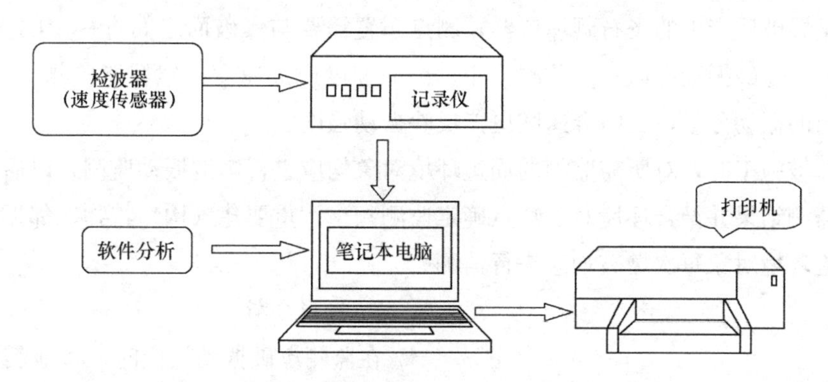

图 7-82 爆破振动监测系统示意图

时间，一般设置采样频率高于十倍被测信号的频率。

速度传感器或加速度传感器可采用垂直、水平单向传感器或三矢量一体传感器。一般采用电磁式振动速度传感器，它是一种惯性式传感器，当传感器随同被测振动物体一起振动时，其线圈与永久性磁钢之间发生相对运动，从而在线圈中产生与振动速度成正比的电压信号，由此测得振动速度。

在评定振动效应时，通常只采用振动波形图上的最大波幅值。若已知位移、速度及加速度 3 个物理量中的一个，经过微分或积分就可以求出其余两个。

在爆破振动监测中，测点的布置极其重要，直接影响监测的效果及监测结果数据的可靠性和精确性。测点布置主要依据监测目的：为了邻近建（构）筑物安全的监测，测点应布设在监测对象振速最大、结构最薄弱、距离振源最近等部位，并应多点布置；为了研究振动强度对距离的衰减规律和确定安全距离，则可以布置一条多测点构成的代表性测振线。在兼顾测点布置方便等情况下，确定代表性测振线应遵循以下主要原则：

（1）由于爆破振波在爆源不同方位有明显差异，其最大值一般在爆破自由面后侧且垂直于炮心连线上，因此，应沿此方向布设测点；

（2）所需要保护的对象距离生产爆破区域较近；

（3）在代表性测振线方向上所需保护的对象抗振性能较差；

（4）为了保障振动强度衰减公式的拟合精度，测点数不宜太少。

为保证爆破振动波质点振速的准确监测，安装传感器时，位置要准确，传感器感振方向要与测量的振动方向一致，垂直速度传感器应该尽量保持与水平面垂直，水平径向速度传感器的安装应该与水平面平行并指向爆心。传感器安装要牢固，并与被测体连成一体。若测点表面为坚硬岩石，可以直接在岩石表面整理出一平面。对于松、软层，在测点处则需施工传感器混凝土安装台，安装台直接接触基岩，台面抹平。每次监测前用生石膏粉加水玻璃调制成浆糊状，将传感器黏结在被施工好的测点上，约 10min 石膏凝固后即可进行监测。监测地下结构内部的强烈爆破振动时，可在内部侧壁用钻孔将钢钎嵌入岩体，并将传感器固定于钢钎上。对于一般地段，也可不安装钢钎，而直接将传感器安装在岩体表面上，以避免振动波形失真。同时，测点布置的位置会因现场条件而受到一定的限制，例如为了防止爆破后产生的飞石砸坏仪器，测点布置需要与爆破面之间有一定的安全距离。一般情况下，爆破振动应以三向监测为主，三向速度或加速度传感器能监测出 x、y 和 z 轴三个方向的振动分量，三向合速度更能反映振动强度。

首次爆破施工时，对所需监测的周边环境对象均应进行爆破振动监测，以后应根据第一次爆破监测结果并结合环境对象特点确定监测频率。重要建（构）筑物、邻近隧道、桥梁等高风险环境对象每次爆破均应进行监测。

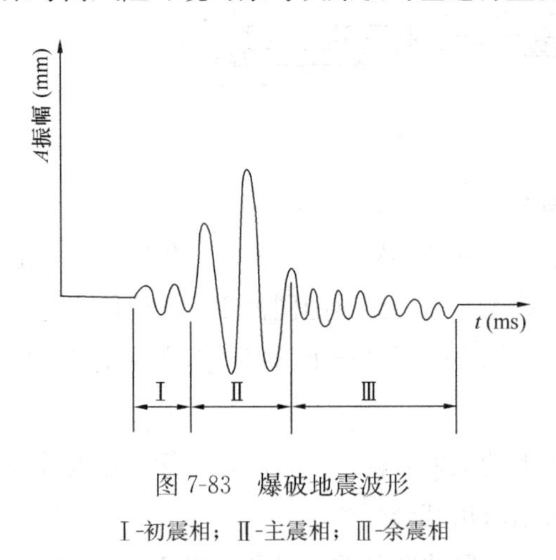

图 7-83　爆破地震波形

Ⅰ-初震相；Ⅱ-主震相；Ⅲ-余震相

3. 波形分析

在监测爆破振动效应时，将地震波分为初震相、主震相和余震相三部分，如图 7-83 所示。

振幅的读数：由于主震相振幅大、作用时间长，故主要测量主震相中的最大振幅，即波形图上的最大偏移；当波形图对称时，量出当中振幅 A 即可，当波形变化不明显对称时，首先画出波形中心线，再以此为基准，量取最大单振幅。

振动持续时间的读数：常采用量取波形图中振幅较大的那一部分。从初至波到波的振幅值 A 这段振动称为主震段，与其对应的延续时间为振动延续时间。时间的计算是以时间振动子的振动频率或频闪灯的时间标志作为依据。

频率和周期的读数：频率和周期互为倒数关系，由于爆破振动具有瞬时性，以量取周期为准。

思考题和简答题

1. 单向水平位移监测方法都有哪些？简述它们的基本原理。
2. 采用洞内自由设站法监测隧道洞周三维位移的优缺点是什么？
3. 试比较用智能激光收敛仪监测拱顶下沉和基坑顶边墙体水平位移的原理。
4. 简述用测斜仪监测深层水平位移的原理和计算方法。
5. 简述监测土层分层竖向位移的沉降管和钢环的埋设方法。
6. 简述注浆锚固式多点位移计的结构和监测方法。
7. 基坑围护结构土压力盒的埋设有哪些方法及其埋设的要点是什么？
8. 简述钢筋混凝土结构内力监测的原理，并说出对传感器在横截面内的布置要求。
9. 简述用钢支撑轴力计监测钢支撑轴力的安装结构和安装方法。
10. 请论述孔隙水压力监测的作用。
11. 简述建筑物倾斜监测的主要方法并分析各自的适用场合。
12. 岩土与地下工程施工监测前对地下管线状况的调查包括哪些内容？

第八章 地下工程监测方案和工程实例

第一节 监测方案和监测报告的编制

岩土与地下工程监测的基本要求是：

(1) 计划性。监测工作必须是有计划的，应根据设计方案提出的监测要求和业主下达的监测任务书制订详细的监测方案，计划性是监测数据完整性的保证，但计划性也必须与灵活性相结合，应该根据在施工过程中变化的情况来修正原先的监测方案。

(2) 真实性。监测数据必须是可靠真实的，数据的可靠性由测试元件安装或埋设的可靠性、监测仪器的精度和可靠性，以及监测人员的素质来保证，所有数据必须是原始记录的，不得更改、删除，但按一定的数学规则进行剔除、滤波和光滑处理是允许的。

(3) 及时性。监测数据必须是及时的，监测数据需在现场及时计算处理，这样在发现计算有问题时可及时复测，尽量做到当天报表当天出，以便及时发现隐患，及时采取措施。

(4) 匹配性。埋设于结构中的监测元件不应影响和妨碍监测对象的正常受力和使用，埋设于岩体介质中的水土压力计、测斜管和分层沉降管等回填时的回填土应注意与岩土介质的匹配，监测点应便于观测，埋设稳固，标识清晰，并应采取有效的保护措施。

(5) 多样性。监测点的布设位置和数量应满足反映工程结构和周边环境安全状态的要求，在同一断面或同一监测点，尽量施行多个项目和监测方法进行监测，通过对多个监测项目的连续监测资料进行综合分析，可以互相印证、互相检验，从而对监测结果有全面正确的把握。

(6) 警示性。对重要的监测项目，应按照工程具体情况预先设定报警值和报警制度，报警值应包括累计值及其变化速率。

(7) 完整性。应及时整理出完整的监测记录表、数据报表、形象的图表和曲线，监测结束后整理出监测报告。

一、监测方案

在岩土与地下工程监测工作实施前，应编制监测方案。监测方案编制是否合理，不仅关系到现场监测能否顺利进行，而且关系到监测结果能否反馈于工程的设计和施工，为推动设计理论和方法的进步提供依据，编制合理、周密的监测方案是现场监测能否达到预期目的的关键。应在收集相关资料、进行现场踏勘的基础上，依据相关规范和规程编制监测方案。所需要收集的资料包括：

（1）工程地质勘察报告；

（2）工程设计文件；

（3）工程影响范围内地形图、地下管线图、建筑物和构筑物位置图；

（4）工程周边和上下方地上和地下邻近建（构）筑物状况（建筑年代、基础和结构形式）等；

（5）工程施工方案。

在阅读熟悉工程和水文地质条件、工程性质、工程设计和施工方案，以及工程周边和上下方地上和地下邻近环境资料的基础上，进行现场踏勘和调查，根据工程的地质条件复杂程度、周边环境保护等级等确定工程监测的等级，在分析研究工程风险及影响工程安全的关键部位和关键工序的基础上，有针对性地编制岩土与地下工程施工监测方案，编制的主要内容是：

（1）监测项目的确定；

（2）监测方法、监测仪器和精度的确定；

（3）监测断面或施测部位和测点布置的确定；

（4）监测频率和期限的确定；

（5）报警值的确定。

监测方案还应包括工程潜在的风险与对应措施，基准点、工作基点、监测点的保护措施，监测断面和监测点布置图，异常情况下的监测措施，监测信息的处理、分析及反馈制度，主要仪器设备和人员配备，质量管理、安全管理及其他管理制度等。

基坑工程施工监测方案还需要征求工程建设相关单位、地下管线主管单位、道路监察部门和邻近建（构）筑物业主的意见并经他们的认定后方可实施。

当岩土与地下工程施工遇到下列情况时，应编制专项监测方案：

（1）穿越或临近既有轨道交通等大型地下设施安全保护区范围；

（2）穿越或临近重要的建（构）筑物、高速公路、桥梁、机场跑道等；

（3）穿越邻近河流、湖泊等地表水体；

（4）穿越岩溶、断裂带、地裂缝等不良地质条件；

（5）穿越或临近城市生命线工程；

（6）穿越或临近优秀历史保护建筑；

（7）穿越或临近有特殊使用要求的仪器设备厂房；

（8）采用新工艺、新工法或有其他特殊要求。

编制专项监测方案时，重点是要调查清楚这些特殊情况的特殊之处，研究岩土与地下工程施工对这些特殊情况的建（构）筑物变形影响的特征和规律，确定它们变形的允许值。

二、监测日报表和阶段报告

监测前要对监测项目根据监测点的数量分布合理地设计好各种记录表格和报表，记录表格的设计应以记录和数据处理的方便为原则，并留有一定的空间，以便记录当日施工进展和施工工况、监测中观测到的异常情况；监测报表有当日报表、周报表、阶段报告等形式，其中当日报表最为重要，通常作为施工调整和安排的依据，周报表通常作为参加工程例会的书面文件，对一周的监测成果作简要的汇总，阶段报告作为工程某个施工阶段或发生险情时监测数据的阶段性分析和小结。

监测的当日报表应包括下列内容：

(1) 当日的天气情况、施工工况、报表编号等；

(2) 仪器监测项目的本次测试值、累计变化值、本次变化值（或变化速率）、报警值，必要时绘制相关曲线图；

(3) 现场巡检的照片、记录等；

(4) 结合现场巡检和施工工况对监测数据的分析和建议；

(5) 对达到和超过监测预警值或报警值的监测点应有明显的预警或报警标识。

监测的当日报表应及时提交给工程建设有关单位，并另备一份经工程建设或现场监理工程师签字后返回存档，作为报表收到的法律依据及监测工程量的结算依据。报表中应尽可能配备形象化的图形或曲线，使工程施工管理人员能够一目了然。报表中呈现的必须是原始数据，不得随意修改、删除，对有疑问或由人为和偶然因素引起的异常点应该在备注中说明。

阶段报告通常包括下列内容：

(1) 相应阶段的施工概况及施工进度；

(2) 相应阶段的监测项目和监测点布置图；

(3) 各监测项目监测数据和巡检信息的汇总和分析，并绘制成相关图表；

(4) 监测报警情况、初步原因分析及施工处理措施建议；

(5) 对相应阶段工程和周边环境的变化趋势的分析和评价，并提出建议。

在监测过程中除了要及时给出各种类型的报表，还要及时整理各监测项目的汇总表，绘制特征变化曲线和形象图：

(1) 各监测项目时程曲线；

(2) 各监测项目的速率时程曲线；

(3) 各监测项目在各种不同工况和特殊日期变化发展的形象图（如围护墙顶、建筑物）。

由于各种可预见或不可预见的原因，现场监测所得的原始数据具有一定的离散性，必须进行误差分析、回归分析和归纳整理等去粗存精的分析处理后，才能很好地解释监测结果的含义，充分地利用监测分析的成果。例如，要了解某一时刻某点位移的变化速率，简单地将相邻时刻测得的数据相减后除以时间间隔作为变化速率显然是不确

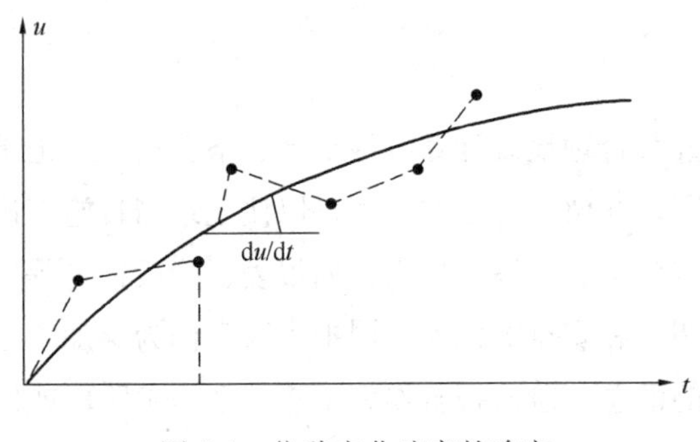

图 8-1　位移变化速率的确定

切的，如图 8-1所示，正确的做法是对监测得到的位移-时间数组作滤波处理，经光滑拟合后得时间-位移曲线 $u=f(t)$，然后计算该函数在时刻 t 的一阶导数 $\mathrm{d}u/\mathrm{d}t$ 值，即为该时刻的位移速率。总的来说，监测数据数学处理的目的是验证、反馈和预报，即：

（1）将不同监测项目的监测数据相互印证，以确认监测结果的可靠性；

（2）研究岩土体和支护系统的变形或受力状态空间分布规律和稳定性特征，为调整施工工艺参数和修正支护系统设计参数提供反馈信息；

（3）监视岩土体和支护系统的变形或受力状态随时间的变化情况，对最终值或变化速率进行预测预报。

在绘制各监测项目时程曲线、速率时程曲线以及在各种不同工况和特殊日期变化发展的形象图时，应将工况点、特殊日期以及引起变化显著的原因标在各种曲线和图上，以便较直观地看到各监测项目物理量变化的原因。特征变化曲线和形象图不是在撰写周报表、阶段报告和最终报告时才绘制，而是应该用 Excel 等软件，每天读入当天监测数据对其进行更新，并将预警值和报警值也画在图上，这样每天都可以看到数据的变化趋势和变化速度，以及接近预警值和报警值的程度。

三、 监测报告

在监测工作结束后应进行回顾和总结、提交完整的监测报告，主要包括如下几部分内容：

（1）工程概况。包括工程地点、工程地质、工程及周边环境情况、工程施工方案和实施情况；

（2）监测的目的和意义；

（3）监测项目及确定依据；

（4）监测历程及工作量；

（5）监测方法与监测仪器和精度；

（6）监测断面和监测点布置；

（7）监测频率和期限报警值；

（8）报警值及报警制度；

（9）监测成果分析；

（10）结论与建议。

监测报告中还应该包括如下图表：岩土与地下工程以及环境监测点实际布置图（包括

平面图、断面图和剖面图)、施工工况进程表、各监测项目特征变化曲线图、观测仪器一览表、各监测项目监测成果汇总表等。

除了 (9)“监测成果分析”和 (10)“结论与建议”以外，其他部分的内容在监测方案中都已经包括，可以以监测方案为基础，按监测工作实施的具体情况，如实地叙述实际监测项目、测点的实际布置埋设情况、监测的实际历程及工作量、监测的实际频率和期限等方面的情况，要着重论述与监测方案相比，在监测项目、测点布置的位置和数量上的变化及变化的原因等。

(9)“监测成果分析”是监测报告的核心，该部分在整理各监测项目的汇总表、时程曲线、速率时程曲线和在各种不同工况和特殊日期变化发展的形象图的基础上，对岩土与地下工程及周围环境各监测项目的全过程变化规律和变化趋势进行分析，提出各关键构件或位置的变形或位移和内力的最大值，与原设计计算值和监测预警值与报警值进行比较，并简要阐述其产生的原因。在论述时应结合监测日记记录的施工进度、开挖部位和开挖量、施工工况、天气和降雨等具体情况对数据进行分析。

(10)“结论与建议”是监测工作的总结，通过工程受力和变形以及对相邻环境的影响程度，对其的安全性、合理性和经济性进行总体评价，总结设计和施工中的经验教训，尤其要总结根据监测结果通过及时的信息反馈对施工工艺和施工方案的调整和改进所起的作用。

工程监测项目从方案编制、实施到完成后对数据进行分析整理、报告撰写，除积累大量第一手的实测资料外，总能总结出相当的经验和有规律性的东西，不仅对提高监测工作本身的技术水平有很大促进，对丰富和提高岩土与地下工程的设计和施工技术水平也有重大意义。监测报告的撰写是一项认真而仔细的工作，需要对整个监测过程中的重要环节、事件乃至各个细节都比较了解，这样才能真正地理解和准确地解释所有报表中的数据和信息，并归纳总结出相应的规律和特点。因此报告撰写最好由参与每天监测和数据整理工作的技术人员结合每天的监测日记写出初稿，再由既有监测工作和设计实际经验，又有较好的岩土力学和地下结构理论功底的专家进行分析、总结和提高，这样的监测总结报告才具有监测成果的价值，不仅对类似工程有较好的借鉴作用，而且对该领域的技术进步有较大的推动作用。

第二节　基 坑 工 程 监 测

随着社会和经济的快速发展，为提高土地的空间利用率，城市建筑和交通快速向地下发展，高层建筑为了抗震和抗风等结构要求，地下室由一层发展到多层，大规模的城市地铁、过江隧道、地下综合管廊等市政工程中的基坑工程也占相当的比例，基坑深度已经达到 20m 甚至更深，基坑工程在总体数量、开挖深度、平面尺寸以及使用领域等方面都得到高速的发展。

在深基坑开挖的施工过程中，基坑内外的土体将由原来的静止土压力状态向被动和主动土压力状态转变，应力状态的改变引起围护结构承受荷载并导致围护结构和土体的变形，围护结构的内力和变形超过某个量值的范围，将造成基坑的失稳破坏或对周围环境造成不利影响，基坑工程往往在城市地上建筑物和地下构筑物密集区，基坑开挖所引起的土体变形将在一定程度上改变这些建（构）筑物的正常状态，甚至造成邻近结构和设施的失效或破坏。同时，相邻的建筑物又相当于基坑坑边较重的荷载，基坑周围的管线常引起地表水的渗漏，这些因素又是导致土体变形加剧的原因。岩土力学性质的复杂性使得基坑围护体系所承受的土压力等荷载存在着较大的不确定性，在基坑围护结构设计时，对地层和围护结构一般都作了较多的简化和假定，与工程实际有一定的差异；在基坑开挖与围护施筑过程中，存在着时间和空间上的延迟过程，以及降雨、地面堆载和挖机撞击等偶然因素的作用，使得基坑工程设计时对围护结构内力和变形、土体变形的计算结果与工程实际情况有较大的差异，因此，只有在基坑施工过程中对基坑围护结构、周围土体和相邻的建（构）筑物进行监测，才能掌握基坑工程的安全性和对周围环境的影响程度，以确保基坑工程的顺利施工，或根据监测情况随时调整施工工艺参数或修改设计参数，或在出现异常情况时及时反馈，采取必要的工程应急措施。

基坑工程监测是通过信息反馈达到如下 3 个目的：

（1）确保基坑围护结构和相邻建（构）筑物的安全

在基坑开挖与围护结构施筑过程中，必须要求围护结构及被支护土体是稳定的，在避免其达到极限状态和发生破坏的同时，不产生由于围护结构及被支护土体的过大变形而引起的邻近建（构）筑物的过度变形、倾斜或开裂，以及邻近管线的渗漏等。从理论上说，如果基坑围护工程的设计是合理可靠的，那么表征土体和支护系统力学形态的一切物理量都随时间而渐趋稳定，反之，如果测得表征土体和支护系统力学形态特点的某几种或某一种物理量，其变化随时间不是渐趋稳定的，则可以断言土体和支护系统不稳定，支护必须修改加强设计参数。在工程实际中，基坑在破坏前，往往会在基坑侧向的不同部位上出现较大的变形，或变形速率明显增大。近几年来，随着工程经验的积累，由基坑工程失稳引起的工程事故已经越来越少，但由围护结构及被支护土体的过大变形而引起邻近建（构）筑物和管线破坏则仍然时有发生。事实上，大部分基坑围护工程的目的也是出于保护邻近建（构）筑物，因此，基坑施工过程中进行周密的监测，使建（构）筑物的变形在正常的范围内时可保证基坑的顺利施工，在建筑物和管线的变形接近警戒值时，有利于及时对建（构）筑物采取保护措施，避免或减轻破坏的后果。

（2）指导基坑开挖和围护结构的施工，必要时调整施工工艺参数和设计参数

基坑工程设计尚处于半理论半经验的状态，还没有成熟的基坑围护结构土压力、围护结构内力变形、土体变形的计算方法，使得理论计算结果与现场实测值有较大的差异，因此，需要在施工过程中进行现场监测以获得其现场实际的受力和变形情况。基坑施工总是从点到面，从上到下分工况局部实施，可以根据由局部和前一工况的开挖产生的受力和变

形实测值与设计计算值的比较分析，验证原设计和施工方案的合理性，同时可对基坑开挖到下一个施工工况时的受力和变形的数值和趋势进行预测，并根据受力和变形实测和预测结果与设计时采用的值进行比较，必要时对施工工艺参数和设计参数进行修正。

（3）为基坑工程设计和施工的技术进步收集积累资料

基坑围护结构上所承受的土压力及其分布，与地质条件、支护方式、支护结构设计参数、基坑平面几何形状、开挖深度、施工工艺等有关，并直接与围护结构内力和变形、土体变形有关，并与挖土的空间顺序、施工进度等时间和空间因素有复杂的关系，现行设计理论和计算方法尚未全面地考虑这些因素。基坑围护的设计和施工应该在充分借鉴现有成功经验和吸取失败教训的基础上，力求更趋成熟和有所创新。对于新设计的基坑工程，尤其是采用新的设计理论和计算方法、新支护方式和施工工艺，或工程地质条件和周边环境特殊的基坑工程，在方案设计阶段需要参考同类工程的图纸和监测成果，在竣工完成后则为以后的基坑工程设计增添了一个工程实例。所以施工监测不仅确保了本基坑工程的安全，在某种意义上也是一次1∶1的实体试验，所取得的数据是结构和土层在工程施工过程中的真实反映，是各种复杂因素作用下基坑围护体系的综合体现，因而也为基坑工程的技术进步收集积累了第一手资料。

一、监测项目的确定

基坑工程监测项目应根据其具体的特点来确定，主要取决于工程的规模、重要性程度、地质条件以及业主的财力和控制风险的意愿。确定监测项目的原则是监测简单易行、结果可靠、成本低，便于监测元件埋设和监测工作实施。此外，所选择的被测物理量要概念明确，量值显著，数据易于分析，易于实现反馈。其中的位移监测是最直接易行的，因而应作为施工监测的重要项目，同时支撑的内力和锚杆的拉力也是施工监测的重要项目。

表8-1是现行国家标准《建筑基坑工程监测技术标准》GB 50497—2019规定的基坑工程安全等级及重要性系数，以及据此等级确定的基坑监测项目表。表中分“应测项目”和“选测项目”两个监测重要性层次。应测项目是指施工过程中为保证工程支护结构、周边环境和周围岩土体的稳定以及施工安全应进行日常监测的项目；选测项目是指可视工程的重要程度和施工难度考虑选用，或是为了设计、施工和研究的特殊需要在局部地段或部位开展的监测项目。

监测项目表　　**表8-1**

岩土体属性	监测项目	基坑工程监测等级		
		一级	二级	三级
土质基坑工程	围护墙（边坡）顶部水平位移	应测	应测	应测
	围护墙（边坡）竖向水平位移	应测	应测	应测
	深层水平位移	应测	应测	宜测

续表

<table>
<tr><th rowspan="2">岩土体属性</th><th rowspan="2" colspan="2">监测项目</th><th colspan="3">基坑工程监测等级</th></tr>
<tr><th>一级</th><th>二级</th><th>三级</th></tr>
<tr><td rowspan="18">土质基坑工程</td><td colspan="2">立柱竖向位移</td><td>应测</td><td>应测</td><td>宜测</td></tr>
<tr><td colspan="2">围护墙内力</td><td>宜测</td><td>可测</td><td>可测</td></tr>
<tr><td colspan="2">支撑轴力</td><td>应测</td><td>应测</td><td>宜测</td></tr>
<tr><td colspan="2">立柱内力</td><td>可测</td><td>可测</td><td>可测</td></tr>
<tr><td colspan="2">锚杆轴力</td><td>应测</td><td>宜测</td><td>可测</td></tr>
<tr><td colspan="2">坑底隆起</td><td>可测</td><td>可测</td><td>可测</td></tr>
<tr><td colspan="2">围护墙侧向土压力</td><td>可测</td><td>可测</td><td>可测</td></tr>
<tr><td colspan="2">孔隙水压力</td><td>可测</td><td>可测</td><td>可测</td></tr>
<tr><td colspan="2">地下水位</td><td>应测</td><td>应测</td><td>应测</td></tr>
<tr><td colspan="2">土体分层竖向位移</td><td>可测</td><td>可测</td><td>可测</td></tr>
<tr><td colspan="2">周边地表竖向位移</td><td>应测</td><td>应测</td><td>宜测</td></tr>
<tr><td rowspan="3">周边建筑</td><td>竖向位移</td><td>应测</td><td>应测</td><td>应测</td></tr>
<tr><td>倾斜</td><td>应测</td><td>宜测</td><td>可测</td></tr>
<tr><td>水平位移</td><td>宜测</td><td>可测</td><td>可测</td></tr>
<tr><td colspan="2">周边建筑裂缝、地表裂缝</td><td>应测</td><td>应测</td><td>应测</td></tr>
<tr><td rowspan="2">周边管线</td><td>竖向位移</td><td>应测</td><td>应测</td><td>应测</td></tr>
<tr><td>水平位移</td><td>可测</td><td>可测</td><td>可测</td></tr>
<tr><td colspan="2">周边道路竖向位移</td><td>应测</td><td>宜测</td><td>可测</td></tr>
<tr><td rowspan="12">岩体基坑工程</td><td colspan="2">坑顶水平位移</td><td>应测</td><td>应测</td><td>应测</td></tr>
<tr><td colspan="2">坑顶竖向位移</td><td>应测</td><td>宜测</td><td>可测</td></tr>
<tr><td colspan="2">锚杆轴力</td><td>应测</td><td>宜测</td><td>可测</td></tr>
<tr><td colspan="2">地下水、渗水与降雨关系</td><td>宜测</td><td>可测</td><td>可测</td></tr>
<tr><td colspan="2">周边地表竖向位移</td><td>应测</td><td>宜测</td><td>可测</td></tr>
<tr><td rowspan="3">周边建筑</td><td>竖向位移</td><td>应测</td><td>宜测</td><td>可测</td></tr>
<tr><td>倾斜</td><td>宜测</td><td>可测</td><td>可测</td></tr>
<tr><td>水平位移</td><td>宜测</td><td>可测</td><td>可测</td></tr>
<tr><td colspan="2">周边建筑裂缝、地表裂缝</td><td>应测</td><td>宜测</td><td>可测</td></tr>
<tr><td rowspan="2">周边管线</td><td>竖向位移</td><td>应测</td><td>宜测</td><td>可测</td></tr>
<tr><td>水平位移</td><td>宜测</td><td>可测</td><td>可测</td></tr>
<tr><td colspan="2">周边道路竖向位移</td><td>应测</td><td>宜测</td><td>可测</td></tr>
</table>

表 8-1 中的基坑工程监测等级分三级，是根据基坑工程安全等级、周边环境保护等级和地质条件复杂程度综合确定的：

一级：周边环境保护等级属一级的基坑，周边环境保护等级属二级且工程安全等级属一级的基坑；

二级：周边环境保护等级属二级且工程安全等级属二级或三级的基坑，周边环境保护等级属三级且工程安全等级属一级或二级的基坑，以及周边环境保护等级属四级且工程安全等级属一级的基坑；

三级：周边环境保护等级、工程安全等级均属三级的基坑，以及周边环境保护等级属四级且工程安全等级属二级或三级的基坑。

其中，基坑工程安全等级分为以下三级：基坑开挖深度大于等于 12m 或基坑采用支护结构与主体结构相结合时，属一级；基坑开挖深度小于 7m 时，属三级；除一级和三级以外的基坑均属二级。周边环境保护等级根据周边环境条件划分为 4 个等级（表 8-2）。当基坑场地遇到厚度较大的特软弱淤泥质黏土、隔水帷幕无法隔断的厚度较大的粉性土或砂土层、大面积厚层填土和暗浜（塘）、渗透性较大的含水层并存在微承压水或承压水，以及邻近江河边等复杂地质条件时可以适当调高基坑工程监测等级。基坑监测项目的确定既与基坑工程的监测等级有关，也与支护结构的形式有关，应在保证基坑和环境安全性的前提下，综合考虑经济性。划分基坑工程监测等级有利于更具针对性地布置工作量，当基坑各侧边条件差异很大且复杂时，每个侧边可确定为不同的工程监测等级，以便于把握工程关键部位，针对受工程影响较大的周边环境对象进行重点监测。

周边环境保护等级划分　　**表 8-2**

周边环境等级	周边环境条件
一级	离基坑 1 倍开挖深度范围内存在轨道交通、共同沟、大直径（大于 0.7m）煤气（天然气）管道、输油管线、大型压力总水管、高压铁塔、历史文物、近代优秀建筑等重要建（构）筑物及设施
二级	离基坑 1～2 倍开挖深度范围内存在轨道交通、共同沟、大直径煤气（天然气）管道、输油管线、大型压力总水管、高压铁塔、历史文物、近代优秀建筑等重要建（构）筑物、城市重要道路或重要市政设施
三级	离基坑 2 倍开挖深度范围内存在一般地下管线、大型建（构）筑物、一般城市道路或一般市政设施等
四级	离基坑 2 倍开挖深度范围以内没有需要保护的管线和建（构）筑物或市政设施等

二、监测精度和方法的确定

监测项目的精度由其重要性和市场上用于现场监测的一般仪器的精度确定，在确定监测元件的量程时，需首先估算各被测量的变化范围。

围护墙（边坡）顶部、邻近建（构）筑物、邻近地下管线等水平位移的监测精度，以及围护墙（边坡）顶部、立柱、地下水位孔口高程、土体分层孔口高程、坑底隆起（回弹）、地表、邻近建（构）筑物、邻近地下管线等竖向位移监测精度要求如表 8-3 所示。

水平和竖向位移监测精度要求（mm）　　**表 8-3**

监测等级	一级	二级	三级
水平位移：监测点坐标中误差	±1.0	±3.0	±5.0
竖向位移：监测点测站高差中误差	±0.15	±0.5	±1.5

深层水平位移监测采用的测斜仪的系统精度不宜低于 0.25mm/m，分辨率不宜低于 0.02mm/0.5m。坑外土体分层竖向位移监测采用的分层沉降仪读数分辨率不应低于 1.0mm，监测精度为±2.0mm，坑底隆起（回弹）可采用埋设在基坑坑内开挖面以下的磁性沉降环或深层沉降标测定，监测精度为±2.0mm。

土压力计、孔隙水压力计、支撑轴力计、用于监测围护墙和支撑体系内力、锚杆拉力的各种钢筋应力计和应变计分辨率应不大于 0.2%F.S.（满量程），精度优于 0.5%F.S.。其量程应取最大设计值或理论估算值的 1.5～2 倍。

地下水位的监测精度优于 10mm，裂缝宽度的监测精度不宜低于 0.1mm，长度和深度监测精度不宜低于 1mm。

监测方法和仪器的确定主要取决于场地工程地质条件和力学性质，以及测量的环境条件。通常，在软弱地层中的基坑工程，对于地层变形和结构内力，由于量值较大，可以采用精度稍低的仪器和装置；对于地层压力和结构变形，则量值较小，应采用精度稍高的仪器；而在较硬土层的基坑工程中，则与此相反，对于地层变形和结构内力，量值较小，应采用精度稍高的仪器；对于地层压力，则量值较大，可采用精度稍低的仪器和装置。

三、 施测部位和测点布置的确定

施测部位和测点布置涉及各监测项目中元件的埋设位置和数量，应根据基坑工程的受力特点及由基坑开挖引起的围护结构及周围环境的变形规律来布设。

1. 围护墙顶水平位移和竖向位移

围护墙顶水平位移和竖向位移是基坑工程中最直接、最重要的监测项目。测点一般布置在将围护墙连接起来的混凝土冠梁上、水泥搅拌桩、土钉墙、放坡开挖时的上部压顶上。水平位移和竖向位移监测点一般合二为一，是共用的。采用铆钉枪打入铝钉，或冲击钻打孔埋设膨胀螺丝，并用涂红漆等作为标记。测点的间距一般取为 8～15m，不宜大于 20m，重要部位适当加密，可以等距离布设，亦可根据支撑间距、现场通视条件、地面超载等具体情况机动布置。对于阳角部位和水平位移变化剧烈的区域，测点可以适当加密，有水平支撑时，测点布置在两根支撑的中间部位。围护墙侧向变形监测（测斜管）处应布设监测点。

2. 立柱竖向位移和内力

立柱竖向位移测点布置在基坑中部多根支撑交汇受力复杂处、施工栈桥处、逆作法施工时承担上部结构荷载的逆作区与顺作区交界处的立柱上。监测点一般直接布置在立柱桩上方的支撑面上，总数不宜少于立柱总桩数的 10%，有承压水风险的基坑，应增加监测点。

立柱内力监测点宜布置在受力较大的立柱上，以及地质条件复杂位置和不同结构类型的立柱上，每个截面传感器埋设不少于 4 个，且布置在坑底以上立柱长度的 1/3 部位。

3. 围护墙深层侧向位移

围护墙深层侧向位移监测亦称桩墙测斜，一般应布设在围护墙每边的中间部位处、阳角部位处。布置间距一般为20～50m，一般在每条基坑边上至少布设1个测斜孔，很短的边可以不布设。监测深度一般取与围护墙入土深度一致，并延伸至地表，在深度方向的测点间距为0.5～1.0m。

4. 支撑、冠梁和围檩内力

对于设置内支撑的基坑工程一般可选择部分有代表性和典型性的支撑进行轴力监测，以掌握支撑系统的受力状况。支撑轴力的测点布置需决定平面、立面和截面三方面的要素，平面指设置于同一标高，即同一道支撑内选择监测的支撑，原则上应参照基坑围护设计方案中各道支撑内力计算结果，选择轴力最大处、阳角部位和基坑深度有变化等部位的支撑，以及数量较多的支撑即有代表性的支撑进行监测。在缺乏计算资料的情况下，通常可选择平面净跨较大的支撑布设测点，每道支撑的监测数量应不少于3。立面指基坑竖直方向不同标高处设置各道支撑的监测，由于基坑开挖、支撑设置和拆除是一个动态发展过程，各道支撑的轴力存在着量的差异，在各施工阶段都起着不同的作用，因而，对各道支撑都应监测，并且各道支撑的测点应在竖向上保持一致，即应设置在同一平面位置处，这样，从轴力-时间曲线上就可很清晰地观察到各道支撑设置—受力—拆除过程中的内在相互关系，对切实掌握水平支撑受力规律很有指导意义。由于混凝土支撑出现受拉裂缝后，受力计算就不符合支撑内钢筋与混凝土变形协调的假定了，计算数据会发生偏差，所以应避免布置在可能出现受拉状态的混凝土支撑上。

混凝土支撑轴力的监测断面应布设在支撑长度的1/3至跨中部位，宜同时监测支撑两端和中部的竖向位移和水平位移。实际量测结果表明，由于支撑的自重以及各种施工荷载的作用，水平支撑的受力相当复杂，除轴向压力外，尚存在竖直方向和水平方向作用的荷载，就其受力形态而言应为双向压弯扭构件。为了能真实反映出支撑杆件的受力状况，采用钢筋应力计或应变计监测支撑轴力时，监测断面内一般配置4个钢筋应力计或应变计，应分别布置在四边中部。H型钢、钢管等钢支撑采用电阻应变片、表面应变计，或位移传感器、千分表等传感器监测轴力时，每个截面上布设的传感器应不少于2个，监测断面应布设在支撑长度的1/3至跨中部位。钢管支撑轴力监测时，轴力计布设在支撑端头。

内力较大、支撑间距较大处的冠梁和围檩应进行其内力监测，监测断面应布设在每边的中间部位、两根支撑间的跨中部位，在竖向上监测点的位置也应该保持一致，即应设置在各道支撑的同一平面位置处。每个监测截面布设传感器不应少于2个，布设在冠梁或围檩两侧对称位置。

5. 围护墙内力

围护墙的内力监测点应设置在围护结构体系中受力有代表性的位置和受力较大的位置。监测点平面间距宜为20～50m，每条基坑边不少于3个监测点。

监测点在竖向的间距宜为3～5m，并在围护结构内支撑及拉锚所在位置、计算的最大弯矩所在的位置和反弯点位置、各土层的分界面、结构变截面或配筋率改变的截面位置布设监测点。

6. 锚杆和土钉拉力

采用土层锚杆的围护体系每层必须选择总数为1%～3%的锚杆进行锚杆拉力监测，并不少于3根。而且应选择在基坑每侧边中间部位、阳角部位、开挖深度变化部位、地质条件变化部位以及围护结构体系中受力有代表性和受力较大处的锚杆进行监测。在每层土层锚杆中，若锚杆长度不同、锚杆形式不同、锚杆穿越的土层不同，则通常要在每种不同的情况下选择3根以上的土层锚杆进行监测。每层监测点在竖向上的位置也应该保持一致。

土钉墙围护中土钉拉力的监测点的布置可以参考土层锚杆的布置原则。

7. 围护墙侧向土压力

作用在围护墙上的土压力监测应设置在围护结构体系中受力有代表性的位置、受力较大的位置或邻近有需要保护建（构）筑物的位置，监测点平面间距宜为20～50m，且每条基坑边不少于1个监测点。监测点在竖向的间距宜为3～5m，并在围护结构内支撑及拉锚所在位置、各土层的中部布设监测点。可以布设在基坑围护墙外侧面和入土段内侧面，土压力计应尽量在施工围护桩墙时埋设在土体与围护桩墙的接触面上。由于土压力计监测得到的是水土压力合力，如需将水压力和土压力分离，则需在布设土压力计的相应位置再布设孔隙水压力计。

8. 坑底隆起（回弹）

坑底隆起（回弹）监测应布置剖面线，剖面线间距宜为20～50m，数量不少于2条，应布置在基坑中部以及距基坑一边1/4基坑长度处。长条形的矩形基坑可垂直长边单向布置剖面线，圆形基坑可以过圆心以中心对称布置剖面线，方形或长度与宽度相近的矩形基坑可按纵横两个方向布置剖面线；剖面线应延伸到基坑外距离基坑边1.5～2.0倍基坑深度的范围内布设地表竖向位移监测点；剖面线上监测点间距宜为10～30m，且数量不应少于3个点。

9. 坑外地下水位和孔隙水压力

施筑在高地下水位的基坑工程，基坑降水期间坑外地下水位监测的目的是检验基坑止水帷幕的实际效果，以预防基坑止水帷幕渗漏引起相邻地层和建（构）筑物的竖向位移。坑外地下水位监测井应布置在搅拌桩施工搭接处、转角处、相邻建（构）筑物处和地下管线相对密集处等，并且应布置在止水帷幕外侧2m处，潜水水位观测管的埋设深度一般在常年水位以下4～5m，监测井间距宜为20～50m，边长大于10m的侧边每边至少布置一个，水文地质条件复杂时应适当加密。

对需要降低微承压水或承压水位的基坑工程，监测点宜布设在相邻降压井近中间部位，间距不宜超过50m，每条基坑边至少布设一个监测点，观测孔的埋设深度应能反映承压水水位的变化，层厚不足4m时，埋到该含水层层底。

10. 建（构）筑物变形

周边邻近建（构）筑物监测项目的确定和布设需根据其种类、性质等确定，主要监测竖向位移，当不均匀竖向位移较大，或有整体移动趋势时，增加水平位移监测，高度大于宽度的建筑物要进行倾斜监测，当建（构）筑物和地表有裂缝时，应选择典型的和重要的裂缝进行监测。建筑物竖向位移和水平位移的布置要求详见第七章。

11. 地下管线变形

地下管线竖向和水平位移监测点的布设应听取地下管线所属部门和主管部门的意见，并考虑地下管线的重要性及对变形的敏感性，结合地下管线的年份、类型、材质、管径、管段长度、接口形式等情况，综合确定监测点。

（1）上水、煤气管尽量利用窨井、阀门、抽气孔以及检查井等管线设备直接布设监测点；

（2）在管线接头处、端点、转弯处应布置监测点；

（3）监测点间距一般为15～25m，管线越长，在相同位移下产生的变形和附加弯矩就越小，因而测点间距可大些，在有弯头和丁字形接头处，对变形比较敏感，测点间距就可以小些；

（4）上水管承接式接头一般应按2～3个节度设置1个监测点；

（5）影响范围内有多条管线时，则应选择最内侧的管线、最外侧的管线、对变形最敏感的管线或最脆弱的管线布置监测点。

12. 地表竖向位移

一般垂直基坑工程边线布设地表竖向位移监测剖面线，剖面线间距为30～50m，至少在每侧边中部布置一条监测剖面线，并延伸到施工影响范围外，每条剖面线上一般布设5个监测点，监测点间距按由内向外变稀疏的规则布置，作为地下管线间接监测点的地表监测点，布置间距一般为15～25m。

在测点布设时应尽量将桩墙深层侧向位移、支撑轴力和围护结构内力、土体分层沉降和水土压力等测点布置在相近的范围内，形成若干个系统监测断面，以使监测结果互相对照，相互检验。

位于地铁、上游引水、合流污水等主要公共设施安全保护区范围内的监测点设置，应根据相关管理部门技术要求确定。

四、监测期限与频率

1. 监测期限

基坑围护工程的作用是确保主体结构地下部分工程快速安全顺利地完成施工，因此，基坑工程监测工作的期限基本上要经历从基坑围护墙和止水帷幕施工、基坑开挖到主体结构施工到±0.000标高的全过程。也可根据需要延长监测期限，如相邻建（构）筑物的竖向位移要监测到其速率恢复到基坑开挖前数值或达到其稳定要求后。基坑工程越大，监测期限则越长。

2. 埋设时机和初读数

地表竖向位移和水平位移监测的基准点应在施测前 15 天埋设，让其有 15 天的稳定期间，并取施测前 2 次观测的平均值作为初始值。在基坑开挖前可以预先埋设的各监测项目，必须在基坑开挖前埋设并读取初读数。

埋设在土层中的元件如土压力计、孔隙水压力计、土层中的测斜管和分层沉降环等需在基坑开挖一周前埋设，以便被扰动的土体有一定的稳定时间，经逐日定时连续观测一周时间，读数基本稳定后，取 3 次测定的稳定值的平均值作为初始值。

埋设在围护墙中的测斜管、埋设在围护和支撑体系中监测其内力的传感器宜在基坑开挖一周前埋设，取开挖前连续 2 天测定的稳定值的平均值作为初始值。

监测土层锚杆拉力的传感器和监测钢支撑轴力的传感器需在施加预应力前测读初读数，当基坑开挖到设计标高时，土层锚杆的拉力应是相对稳定的，但监测仍应按常规频率继续进行。如果土层锚杆的拉力每周的变化量大于 5%，就应当查明原因，采取适当措施。

3. 监测频率

基坑工程监测频率应以能系统而及时地反映基坑围护体系和周边环境的重要动态变化过程为原则，应考虑基坑工程等级、不同施工阶段以及周边环境、自然条件的变化。当监测值相对稳定时，可适当降低监测频率。对于应测项目，在无数据异常和事故征兆的情况下，表 8-4 的现行国家标准《建筑基坑工程监测技术标准》GB 50497—2019 规定了监测频率，表 8-5 是上海市工程建设规范《基坑工程施工监测规程》DG/TJ 08-2001—2006 给出的监测频率，选测项目的监测频率可以适当放宽，但监测的时间间隔不宜大于应测项目的 2 倍。现场巡检频次一般应与监测项目的监测频率保持一致，在关键施工工序和特殊天气条件时应增加巡检频次。

现行国家标准《建筑基坑工程监测技术标准》的监测频率　　表 8-4

基坑类别	施工进程		基坑设计开挖深度			
			≤5m	5～10m	10～15m	>15m
一级	开挖深度(m)	≤5	1 次/d	1 次/2d	1 次/2d	1 次/2d
		5～10		1 次/d	1 次/d	1 次/d
		>10			2 次/d	2 次/d
	底板浇筑后时间(d)	≤7	1 次/d	1 次/d	2 次/d	2 次/d
		7～14	1 次/3d	1 次/2d	1 次/d	1 次/d
		14～28	1 次/5d	1 次/3d	1 次/2d	1 次/d
		>28	1 次/7d	1 次/5d	1 次/3d	1 次/3d
二级	开挖深度(m)	≤5	1 次/2d	1 次/2d		
		5～10		1 次/d		

续表

基坑类别	施工进程		基坑设计开挖深度			
			≤5m	5～10m	10～15m	＞15m
二级	底板浇筑后时间(d)	≤7	1次/2d	1次/2d		
		7～14	1次/3d	1次/3d		
		14～28	1次/7d	1次/5d		
		＞28	1次/10d	1次/10d		

注：1. 当基坑工程等级为三级时，监测频率可视具体情况要求适当降低；

2. 基坑工程施工至开挖前的监测频率视具体情况确定；

3. 选测项目的仪器监测频率可视具体情况要求适当降低；

4. 有支撑的支护结构各道支撑开始拆除到拆除完成后3d内监测频率应为1次/d。

上海市《基坑工程施工监测规程》的监测频率　表8-5

基坑开挖深度（m）＼监测频率＼基坑设计深度（m）	≤4	4～7	7～10	10～12	≥12
≤4	1次/d	1次/d	1次/2d	1次/2d	1次/2d
4～7	—	1次/d	1次/2d～1次/d	1次/2d～1次/d	1次/2d
7～10	—	—	1次/d	1次/d	1次/2d～1次/d
≥10	—	—	—	1次/d	1次/d

注：1. 基坑工程开挖前的监测频率应根据工程实际需要确定；

2. 底板浇筑后3d至地下工程完成前可根据监测数据变化情况放宽监测频率，一般情况每周监测2～3次；

3. 支撑结构拆除过程中及拆除完成后3d内监测频率应加密至1次/d。

原则上实施监测时采用定时监测，但也应根据监测项目的性质、施工速度、所测物理量的变化速率和累计值，以及基坑工程和相邻环境的具体状况而变化。当遇到下列情况之一时，应提高监测频率：

（1）监测数据变化速率达到报警值；

（2）监测数据累计值达到报警值，且参建各方协商认为有必要加密监测；

（3）现场巡检中发现支护结构、施工工况、岩土体或周边环境存在异常现象；

（4）存在勘察未发现的不良地质条件，且可能影响工程安全；

（5）暴雨或长时间连续降雨；

（6）基坑工程出现险情或事故后重新组织施工；

(7) 其他影响基坑及周边环境安全的异常现象。

当有事故征兆时应连续跟踪监测。对于分区或分期开挖的基坑，在各施工分区及其影响范围内，应按较密的监测频率实施监测工作，对施工工况延续时间较长的基坑施工区，当某监测项目的日变化量较小时，可以减少监测频率或暂时停止监测。

监测数据必须在现场及时整理，对监测数据有疑虑时可以及时复测，当监测数据接近或达到报警值或有其他异常情况时应尽快通知有关单位，以便施工单位尽快采取措施。监测日报表应该当天提交以便施工单位尽快据此安排和调整施工进度。监测数据最准确，若不能及时提供信息反馈去指导施工就失去其监测的作用。

五、 报警值的确定

基坑工程施工监测的报警就是设定一个定量化指标体系，在其容许的范围之内认为工程是安全的，并对周围环境不产生有害影响，否则，则认为工程是非稳定或危险的，并将对周围环境产生有害影响。建立合理的基坑工程监测报警值是十分复杂的，工程的重要性越高，其报警值的建立就越重要，难度也越大。

报警值的确定要综合考虑基坑的规模和特点、工程地质和水文地质条件、周围环境的重要性程度以及基坑的施工方案等因素，根据设计预估、经验类比和参照现行的相关规范和规程的规定等确定。

报警值可以分为支护结构和周围环境的监测项目两类，支护结构监测项目的报警值首先应根据设计计算结果及基坑工程监测等级等综合确定。周边环境监测项目的报警值应根据监测对象的类型和特点、结构形式、变形特征、已有变形的现状，并结合环境对象的重要性、易损性，以及各保护对象主管部门的要求及国家现行有关标准的规定等进行综合确定，对地铁、属于文物的历史建筑等特殊保护对象的监测项目的报警值，必要时应在现状调查与检测的基础上，通过分析计算或专项评估后确定。周围有特殊保护对象的基坑工程，其支护结构监测项目的报警值也受到周围特殊保护对象的控制，无论在基坑设计计算时和报警值确定时都要特殊对待。由于基坑各边的周围环境复杂程度不同，基坑各边的支护结构监测报警值也可以不一样。

现行国家标准《建筑基坑工程监测技术标准》GB 50497—2019 将基坑工程按破坏后果和工程复杂程度区分为 3 个等级，根据支护结构类型的特点和基坑监测等级给出了各监测项目的报警值（表 8-6）。监测报警值可分为变形监测报警值和受力监测报警值，变形监测报警值给出容许位移绝对值、与基坑深度比值的相对值以及容许变化速率值。基坑和周围环境的位移类监测报警值是为了基坑安全和对周围环境不产生有害影响，需要在设计和监测时严格控制的；而围护结构和支撑的内力、锚杆拉力等，则是在满足以上基坑和周围环境的位移和变形控制值的前提下由设计计算得到的，因此，围护结构和支撑内力、锚杆拉力等应以设计预估值为确定报警值的依据，该规范中将受力类的报警值按基坑等级分别确定了设计容许最大值的百分比。

基坑及支护结构监测报警值　　　　表 8-6

序号	监测项目	支护结构类型	基坑监测等级								
			一级			二级			三级		
			累计值		变化速率(mm/d)	累计值		变化速率(mm/d)	累计值		变化速率(mm/d)
			绝对值(mm)	相对基坑深度 h 控制值(%)		绝对值(mm)	相对基坑深度 h 控制值(%)		绝对值(mm)	相对基坑深度 h 控制值(%)	
1	墙(坡)顶水平位移	放坡、土钉墙、喷锚支护、水泥土墙	30～35	0.3～0.4	5～10	50～60	0.6～0.8	10～15	70～80	0.8～1.0	15～20
		钢板桩、灌注桩、型钢水泥土墙、地下连续墙	25～30	0.2～0.3	2～3	40～50	0.5～0.7	4～6	60～70	0.6～0.8	8～10
2	墙(坡)顶竖向位移	放坡、土钉墙、喷锚支护、水泥土墙	20～40	0.3～0.4	3～5	50～60	0.6～0.8	5～8	70～80	0.8～1.0	8～10
		钢板桩、灌注桩、型钢水泥土墙、地下连续墙	10～20	0.1～0.2	2～3	25～30	0.3～0.5	3～4	35～40	0.5～0.6	4～5
3	围护墙深层水平位移	水泥土墙	30～35	0.3～0.4	5～10	50～60	0.6～0.8	10～15	70～80	0.8～1.0	15～20
		钢板桩	50～60	0.6～0.7		80～85	0.7～0.8		90～100	0.9～1.0	
		灌注桩、型钢水泥土墙	45～55	0.5～0.6	2～3	75～80	0.7～0.8	4～6	80～90	0.9～1.0	8～10
		地下连续墙	40～50	0.4～0.5		70～75	0.7～0.8		80～90	0.9～1.0	
4	立柱竖向位移		25～35		2～3	35～45		4～6	55～65		8～10
5	基坑周边地表竖向位移		25～35		2～3	50～60		4～6	60～80		8～10
6	坑底回弹		25～35		2～3	50～60		4～6	60～80		8～10
7	支撑内力										
8	墙体内力										
9	锚杆拉力		(60%～70%)f			(70%～80%)f			(80%～90%)f		
10	土压力										
11	孔隙水压力										

注：1. h——基坑设计开挖深度；f——设计极限值；

2. 累计值取绝对值和相对基坑深度 h 控制值两者的小值；

3. 当监测项目的变化速率连续 3 天超过报警值的 50%时，应报警。

上海市《基坑工程施工监测规程》根据上海地区软土时空效应的特点以及施工过程中

分级控制的需求，在监测报警值前还提出了预警值作为引起警戒措施的起始值（表 8-7）。监测预警值主要是位移值，以与基坑深度比值的相对百分数给出。

支护结构及地表相关项目监测预警值　　表 8-7

监测项目	支护结构类型	基坑监测等级		
		一级	二级	三级
围护桩墙顶部水平位移	放坡、锚拉体系、水泥土墙	—	—	$0.6\%h$
	钢板桩、灌注桩、型钢水泥土墙、地下连续墙	$0.15\%h$	$0.25\%h$	$0.4\%h$
围护桩墙顶部竖向位移	放坡、锚拉体系、水泥土墙	—	—	$0.6\%h$
	钢板桩、灌注桩、型钢水泥土墙、地下连续墙	$0.1\%h$	$0.2\%h$	$0.3\%h$
围护桩墙深层水平位移	放坡、锚拉体系、水泥土墙	—	—	$0.6\%h$
	钢板桩、灌注桩、型钢水泥土墙、地下连续墙	$0.18\%h$	$0.3\%h$	$0.5\%h$
地表竖向位移		$0.15\%h$	$0.25\%h$	$0.4\%h$
立柱竖向位移		$0.1\%h$	$0.2\%h$	$0.3\%h$

注：h 为基坑设计开挖深度。

深圳市建设局对深圳地区建筑深地下连续墙作出了稳定判别标准，如表 8-8 所示，表中给出的判别标准有两个特点，首先是各物理量的控制值均为相对量，例如水平位移与开挖深度的比值等，采用无量纲数值，不仅易记，同时也不易搞错。其次是给出了安全、注意、危险 3 种指标，前者比后者更需要引起重视，符合工地施工工程技术人员的思想方式。

深圳地区深基坑地下连续墙安全性判别标准　　表 8-8

监测项目	安全或危险的判别内容	安全性判别			
		判别标准	危险	注意	安全
侧压（水、土压）	设计时应用的侧压力	$F_1=\frac{\text{设计用侧压力}}{\text{实测侧压力（或预测值）}}$	$F_1<0.8$	$0.8\leqslant F_1\leqslant 1.2$	$F_1>1.2$
墙体变位	墙体变位与开挖深度之比	$F_2=\frac{\text{实测（或预测）变位}}{\text{开挖深度}}$	$F_2>1.2\%$ $F_2>0.7\%$	$0.4\%\leqslant F_2\leqslant 1.2\%$ $0.2\%\leqslant F_2\leqslant 0.7\%$	$F_2<0.4\%$ $F_2<0.2\%$
墙体应力	钢筋拉应力	$F_3=\frac{\text{钢筋抗拉强度}}{\text{实测（或预测）拉应力}}$	$F_3<0.8$	$0.8\leqslant F_3\leqslant 1.0$	$F_3>1.0$
	墙体弯矩	$F_4=\frac{\text{墙体容许弯矩}}{\text{实测（或预测）弯矩}}$	$F_4<0.8$	$0.8\leqslant F_4\leqslant 1.0$	$F_4>1.0$
支撑轴力	容许轴力	$F_5=\frac{\text{容许轴力}}{\text{实测（或预测）轴力}}$	$F_5<0.8$	$0.8\leqslant F_5\leqslant 1.0$	$F_5>1.0$
基底隆起	隆起量与开挖深度之比	$F_6=\frac{\text{实测（或预测）隆起值}}{\text{开挖深度}}$	$F_6>1.0\%$ $F_6>0.5\%$ $F_6>0.2\%$	$0.4\%\leqslant F_6\leqslant 1.0\%$ $0.2\%\leqslant F_6\leqslant 0.5\%$ $0.04\%\leqslant F_6\leqslant 0.2\%$	$F_6<0.4\%$ $F_6<0.2\%$ $F_6<0.04\%$
沉降量	沉降量与开挖深度之比	$F_7=\frac{\text{实测（或预测）沉降值}}{\text{开挖深度}}$	$F_7>1.2\%$ $F_7>0.7\%$ $F_7>0.2\%$	$0.4\%\leqslant F_7\leqslant 1.2\%$ $0.2\%\leqslant F_7\leqslant 0.7\%$ $0.04\%\leqslant F_7\leqslant 0.2\%$	$F_7<0.4\%$ $F_7<0.2\%$ $F_7<0.04\%$

注：1. F_2 上行适用于基坑旁无建筑物或地下管线，下行适用于基坑近旁有建筑物和地下管线。
2. F_6、F_7 上、中行与 F_2 同，下行适用于对变形有特别严格的情况。

建筑物变形的允许值　　**表 8-9**

<table>
<tr><th>项目
序号</th><th colspan="2">变形特征或结构形式</th><th colspan="2">允许变形值</th></tr>
<tr><td>1</td><td colspan="2">塔架挠度</td><td colspan="2">任意两点间的倾斜应不小于两点间高差的 1/100</td></tr>
<tr><td>2</td><td colspan="2">桅杆的自振周期</td><td colspan="2">$T \leqslant 0.01L$，T 为周期（s），L 为桅杆高度（m）</td></tr>
<tr><td>3</td><td colspan="2">微波塔在风荷载作用下的变形</td><td colspan="2">（1）在垂直面内的偏角不应大于 1/100；
（2）在水平面内的扭转角不应大于 1°～1.5°</td></tr>
<tr><td>4</td><td colspan="2">框架结构高层建筑物 $\frac{\delta(\text{层间位移})}{H(\text{层高})}$</td><td colspan="2">风荷载 1/400；地震作用 1/250</td></tr>
<tr><td>5</td><td colspan="2">框架-剪力墙结构高层建筑物 $\frac{\delta}{H}$</td><td colspan="2">风荷载 1/600；地震作用 1/350～1/300</td></tr>
<tr><td>6</td><td colspan="2">剪力墙结构高层建筑物 $\frac{\delta}{H}$</td><td colspan="2">风荷载 1/800；地震作用 1/500</td></tr>
<tr><td>7</td><td colspan="2">桅杆顶部位移</td><td colspan="2">不应大于桅杆高度的 1/100</td></tr>
<tr><td rowspan="2">8</td><td colspan="2" rowspan="2">砖石承重结构基础的局部倾斜</td><td>砂土、中和低压缩性黏土</td><td>高压缩性黏土</td></tr>
<tr><td>0.002</td><td>0.003</td></tr>
<tr><td rowspan="2">9</td><td colspan="2">工业与民用建筑相邻柱基的差异沉降
（1）框架结构</td><td>0.0021</td><td>0.0031</td></tr>
<tr><td colspan="2">（2）当基础不均匀沉降时不产生附加应力的结构</td><td>0.0051</td><td>0.0051</td></tr>
<tr><td>10</td><td colspan="2">桥式吊车轨面倾斜</td><td>纵向 0.004</td><td>横向 0.003</td></tr>
<tr><td rowspan="3">11</td><td rowspan="3">高耸结构基础的倾斜</td><td>$h \leqslant 20\text{m}$ 时</td><td colspan="2">0.008</td></tr>
<tr><td>$20\text{m} < h \leqslant 50\text{m}$ 时</td><td colspan="2">0.006</td></tr>
<tr><td>$50\text{m} < h \leqslant 100\text{m}$ 时</td><td colspan="2">0.005</td></tr>
</table>

建筑物的安全与正常使用判别准则应参照国家或地区的房屋检测标准确定，各种建筑物变形的允许值如表 8-9 所示，表 8-10 为上海地区相邻建筑物的基础倾斜允许值。地下管线的允许沉降和水平位移量由管线主管单位根据管线的性质和使用情况确定，或者由经验类比确定。经验类比值是根据大量工程实际经验积累而确定的报警值，表 8-11 是现行国家标准《建筑基坑工程监测技术标准》GB 50497—2019 的建筑基坑内降水或基坑开挖引起的基坑外水位下降、各种管线和建（构）筑物位移监测报警值。

建筑物的基础倾斜允许值　　**表 8-10**

<table>
<tr><th colspan="2">建筑物类别</th><th>允许倾斜</th></tr>
<tr><td rowspan="4">多层和高层建筑基础</td><td>$H \leqslant 24\text{m}$</td><td>0.004</td></tr>
<tr><td>$24\text{m} < H \leqslant 60\text{m}$</td><td>0.003</td></tr>
<tr><td>$60\text{m} < H \leqslant 100\text{m}$</td><td>0.002</td></tr>
<tr><td>$H > 100\text{m}$</td><td>0.0015</td></tr>
</table>

续表

建筑物类别		允许倾斜
高耸结构基础	$H \leqslant 20$m	0.008
	$20\text{m} < H \leqslant 50$m	0.006
	$50\text{m} < H \leqslant 100$m	0.005
	$100\text{m} < H \leqslant 150$m	0.004
	$150\text{m} < H \leqslant 200$m	0.003
	$200\text{m} < H \leqslant 250$m	0.002

注：1. H 为建筑物地面以上高度；

2. 倾斜是基础倾斜方向二端点的沉降差与其距离的比值。

建筑基坑工程周边环境监测报警值 **表 8-11**

项目监测对象				累计值（mm）	变化速率（mm/d）
1	地下水位变化			1000	500
2	管线位移	刚性管道	压力	10～30	1～3
			非压力	10～40	3～5
		柔性管线		10～40	3～5
3	邻近建（构）筑物位移			10～40	1～3

注：1. 第 3 项累计值取最大竖向位移和差异竖向位移两者的小值；

2. 建（构）筑物整体倾斜率累计值达到 2‰或新增 1‰时应报警。

各监测项目的监测值随时间变化的时程曲线也是判断基坑工程稳定性的重要依据，施工监测到的时程曲线可能呈现出三种形态，如果基坑工程施工后监测得到的时程曲线持续衰减，变形加速度始终保持小于 0，则该基坑工程是稳定的；如果时程曲线持续上升，出现变形加速度等于 0 的情况，亦即变形速度不再继续下降，则说明基坑土体变形进入“定常蠕变”状态，需要发出预警，需加强监测，做好加强支护系统的准备；一旦时程曲线出现变形逐渐增加甚至急剧增加，即加速度大于 0 的情况，则表示已进入危险状态，必须发出报警并立即停工，进行加固。根据该方法判断基坑工程的安全性，应区分由于分部和土体集中开挖，以及支撑拆除引起的监测项目数值的突然增加使时程曲线上呈现位移速率加速，但这并不预示着基坑工程进入危险阶段，所以，用时程曲线判断基坑工程的安全性要结合施工工况来进行综合分析。

在施工险情预报中，应同时考虑各项监测项目的累计值和变化速率，及其相应的实际时程变化曲线，结合观察到的结构、地层和周围环境状况等综合因素作出预报。从理论上说，设计合理的、可靠的基坑工程，在每一工况的挖土结束后，应该是一切表征基坑工程结构、地层和周围环境力学形态的物理量随时间而渐趋稳定，反之，如果测得表征基坑工程结构、地层和周围环境力学形态特点的某一种或某几种物理量，其变化随时间不是渐趋稳定的，则可以断言该工程是不稳定的，必须修改设计参数、调整施工工艺。

报警制度宜分级进行，如深圳地区深基坑地下连续墙给出了安全、注意、危险3种警示状态。上海市《基坑工程施工监测规程》在监测报警值前还提出了预警值作为引起警戒措施的起始值，对应3种不同的警示状态，工程人员应采取不同的应对措施：

(1) 未达到预警的“安全”状态时，在监测日报表上作预警记号，口头报告管理人员；

(2) 达到预警值的“注意”状态时，除在监测日报表上作报警记号外，写出书面报告和建议，并面交管理人员；

(3) 达到报警值的“危险”状态时，除在监测日报表上作紧急报警记号，写出书面报告和建议外，应通知主管工程师立即到现场调查，召开现场会议，研究应急措施。

现场巡查过程中发现下列情况之一时，需立即报警：

(1) 基坑围护结构出现明显变形、较大裂缝、断裂、较严重渗漏水，支撑出现明显变位或脱落、锚杆出现松弛或拔出等；

(2) 基坑周围岩土体出现涌砂、涌土、管涌，较严重渗漏水、突水，滑移、坍塌，基底较大隆起等；

(3) 周边地表出现突然明显沉降或较严重的突发裂缝、坍塌；

(4) 建（构）筑物、桥梁等周边环境出现危害正常使用功能或结构安全的过大沉降、倾斜、裂缝等；

(5) 周边地下管线变形突然明显增大或出现裂缝、泄漏等；

(6) 根据当地工程经验判断应进行警情报送的其他情况。

出现以上这些情况时，基坑及周边环境的安全可能已经受到严重的威胁，所以要立即报警，以便及时决策采取相应措施，确保基坑及周边环境的安全。

六、大众汽车基坑工程监测

1. 工程概况

大众汽车基坑实际开挖深度7.15m，采用灌注桩挡土、搅拌桩止水的围护体系，围护灌注桩采用ϕ650@800mm，搅拌桩体为ϕ700@500 mm（双头），止水帷幕厚120mm。基坑外有一条厂区电缆沟，埋土深度1.35 m，电缆沟位于基坑的西侧，与基坑净间距约1.52 m，该区域由于受场地限制，搅拌桩采用套打，灌注桩选用ϕ600@750 mm。基坑内外都已打好了主体结构的工程桩（灌注桩和树根桩）。为了确保基坑施工的安全和稳定，以及对周围承台桩基和电缆沟的有效保护，实现信息化施工，需对基坑围护工程和电缆沟等进行监测。

2. 监测项目与方法

根据基坑设计方案和有关规范，监测内容为围护墙顶水平位移和竖向位移、围护墙体深层位移变形、支撑轴力、电缆沟竖向位移和水平位移、工程桩水平位移等。各测点布置如图 8-2 所示。

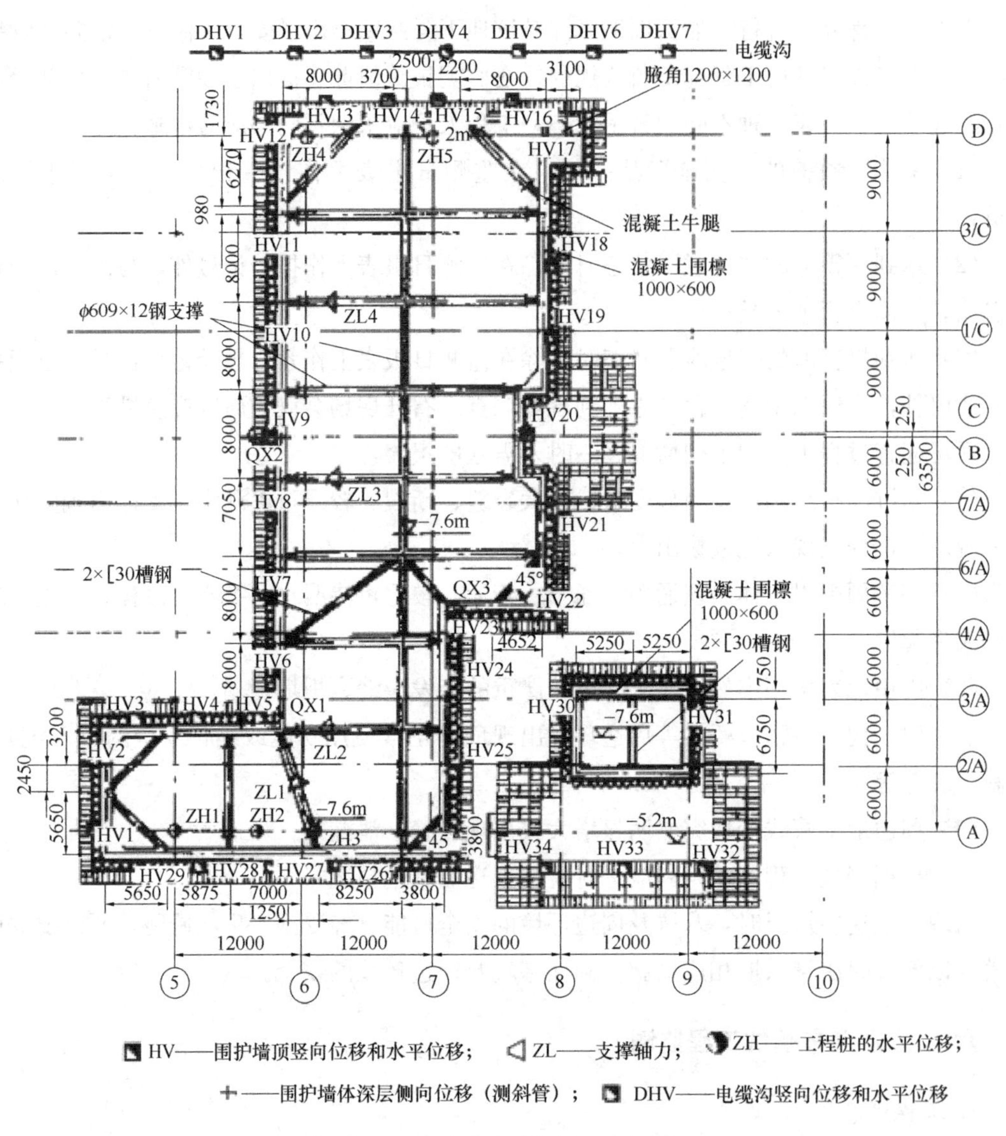

图 8-2 大众汽车基坑测点布置图

围护墙顶水平位移和竖向位移测点的布置，原则上是在围护墙顶两根支撑间的跨中部位，以及基坑阳角部位，测点间隔为 6～12m，共布设测点 34 个。观测标志用膨胀螺栓布设，用红漆编号。水平位移采用 J2-2 光学经纬仪观测，竖向位移采用 DSZ2 自动安平水准仪配 FS1 测微计观测，观测误差不大于 1mm。在远离基坑的地方按规范要求和工地具体情况设置基准点和水平位移测站。

围护墙体侧向观测采用在墙体内预埋测斜管或墙后钻孔埋设测斜管，用 SX－20 型伺服式测斜仪监测，测试误差小于 1 mm。测斜管长度与灌注桩长度相等，沿深度 0.5～1.0 m 测一个点。共埋设 3 个围护墙体侧向观测孔，两个设在基坑阳角部位，一个设在基坑最长边中部（预计变形最大处）。测斜管采用 ϕ120 的 PVC 管，其埋设方法采用桩体内预埋法。因在开挖支撑沟槽时，其中两根测斜管被破坏，后用钻孔法补救。

在受力较大的 4 根钢支撑上布置 4 个支撑轴力计，以监测这 4 根钢支撑的轴力变化情况，轴力计采用 FLJ40 型钢弦式轴力计，用 VW-1 振弦频率读数仪测读，测试精度优于 1%。轴力计的安装在支撑施工时进行，用一个专门的轴力计支架（图 7-48）将轴力计安装在回檩与支撑之间。

电缆沟竖向位移和水平位移监测点布设在电缆沟上面的混凝土盖板上，原则上布设在电缆沟中心轴线与围护墙顶两根支撑间的跨中相对应的部位，并在电缆沟中心轴线上超过基坑边界处也适当布点。测点间隔为 6～12m，共布设 7 个测点。观测标志用膨胀螺栓布设，用红漆编号。电缆沟竖向位移和水平位移监测采用与围护桩顶相应监测项目相同的仪器，观测误差不大于 1mm。水平位移测站布设在电缆沟中心轴线延长线上距离基坑较远处，同时在远离基坑的地方按规范要求和工地具体情况设置水准测量基准点。

报警值由基坑设计方、监理方和监测方在基坑设计交底会上商定，如表 8-12 所示。监测时严格按报警值分两个阶段报警，即当监测值超过报警值的 80%时，在日报表中注明，以引起有关各方注意。当监测值达到报警值，除在日报表中注明外，专门出文通知有关各方。

基坑监测报警值　　**表 8-12**

观测项目	围护桩顶水平位移	围护桩顶竖向位移	围护桩体变形	支撑轴力	工程桩水平位移
预警值	20mm	20mm	25mm	200t	20mm

注：表中数据是电缆沟侧的报警值，电缆沟和电缆沟侧围护桩顶位移的报警值应小于表中相应监测内容的报警值。

3. 监测过程及结果分析

原则上，基坑开挖到底板浇筑完毕应每天监测一次，底板浇筑完毕后，每周测 2～3 次。而根据实际施工工序和施工进度，基坑底板由西（电缆沟侧）向东分 5 块浇筑，而且靠近电缆沟侧有 2m 宽没有浇筑底板（有几个独立承台），随结构向上施工黄砂逐步向上充填，这样的施工工序在基坑的其他部位也有几处，因此，这些部位的基坑一直处于较不利于基坑稳定的工况，在这种情况下，监测工作必须按底板未浇筑完毕的工况进行监测，监测周期为每天一次。当电缆沟一侧结构做到钢支撑标高，黄砂也充填到一定标高后，即从电缆沟一侧开始拆除钢支撑，支撑拆除后，电缆沟一侧水平位移较大，已超过报警值，因此，为基坑、电缆沟和基坑内外工程桩的安全起见，加强了监测工作，仍为每天一次，以根据监测数据来确定支撑拆除、黄砂充填和内部结构施工的进度，从而控制基坑、电缆沟和基坑内外工程桩的水平位移。由西向东拆除支撑，到东部支撑拆除后，西部（电缆沟侧）的各测点的竖向位移和水平位移均已趋于稳定，而东部各测点的竖向位移和水平位移也在二三天内趋于稳定，监测工作就此结束。

根据围护桩顶竖向位移和水平位移监测结果，从基坑开挖到支撑拆除前，围护桩顶竖向位移和水平位移均没有达到设计预警值，在支撑拆除前几天，只有 HV9 和 HV8 测点的竖向位移值和 HV19 测点的水平位移值达到报警值的 80%。在拆除支撑后，HV9 测点的竖向位移达到报警值，随后不再增加，在整个基坑开挖和底板浇筑过程中，竖向位移基本上是平稳增加的，支撑拆除过程中，各测点竖向位移一般增加 3～4mm，但都较快地趋于稳定。HV19 测点的水平位移在支撑拆除后的几天内快速增加到 54mm，随后 2 天又增加 2mm 后趋于稳定，并且另有其他 11 个测点的水平位移达到报警值，到水平位移趋于稳定时，最大水平位移测点是 HV19，其值为 56mm，远超过设计报警值 20mm，其次是 HV9 测点，为 34mm，HV21 测点为 33mm。HV19 测点在支撑拆除过程产生的最大水平位移为 36mm，其主要原因是局部地方只有回填砂而没有刚度较大的换撑来传递作用于围护体系的土压力。

根据围护结构西侧电缆沟的竖向位移和水平位移监测结果，从基坑开挖到支撑拆除前，电缆沟的竖向位移和水平位移均没有达到设计报警值，在支撑拆除前几天，只有 DHV2、DHV3 和 DHV5 测点的水平位移达到报警值的 80%。支撑拆除后，DHV3、DHV5 测点的水平位移超过报警值。电缆沟的最大水平位移为 25mm（DHV3），其次是 DHV5 测点，为 22mm。

主要工况下围护桩体和土体深层侧向位移监测结果如图 8-3 所示，由图中曲线可知：在支撑拆除前 3 个围护桩体深层水平位移测斜管中，最大的深层侧向位移在测斜管 3 中，为 17 mm，位于基坑面稍上一些。由于围护体系只有一道支撑，支撑拆除后，围护桩体最大位移应在桩顶位置，所以，在拆除支撑前围护桩体深层侧向位移没有达到报警值，拆除支撑后是否达到报警值可根据桩顶水平位移而定。

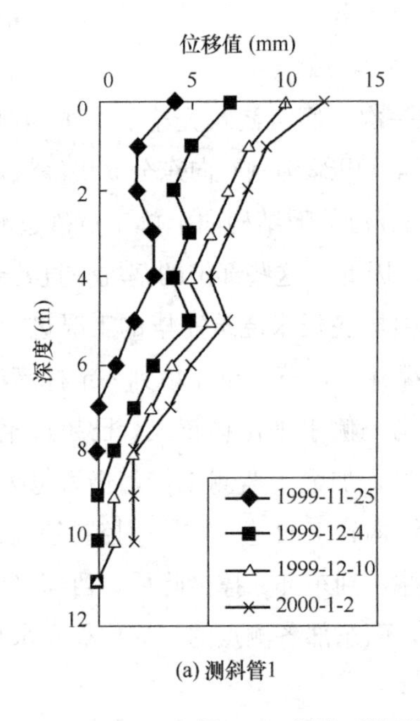

(a) 测斜管1

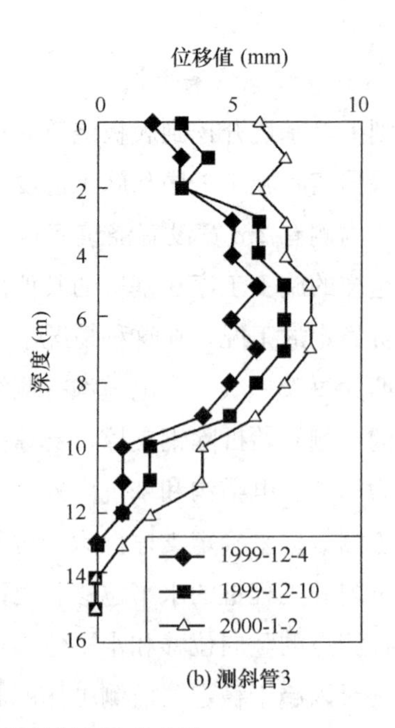

(b) 测斜管3

图 8-3　主要工况下围护桩体和土体深层侧向位移曲线

钢支撑轴力监测结果如图 8-4 所示，其中 ZL3 轴力计于 12 月 16 日被破坏，只记录了基坑开挖到基坑底并浇筑底板一部分这一段时期的轴力变化，其余轴力计一直工作良好，由图中曲线可知：随基坑开挖到底，ZL4 和 ZL3 轴力计相继超过钢支撑轴力报警值的 80%，此时，这两个轴力计基本接近它们的最大值，ZL4 为 1967kN，已相当接近支撑轴力报警值。此后，随着底板的浇筑，支撑轴力基本没有大的增加，只略有波动，主要是钢支撑随温度伸缩引起的。在其他几根支撑拆除过程中，ZL1 突然增加了约 500 kN，但仍未超过报警值。

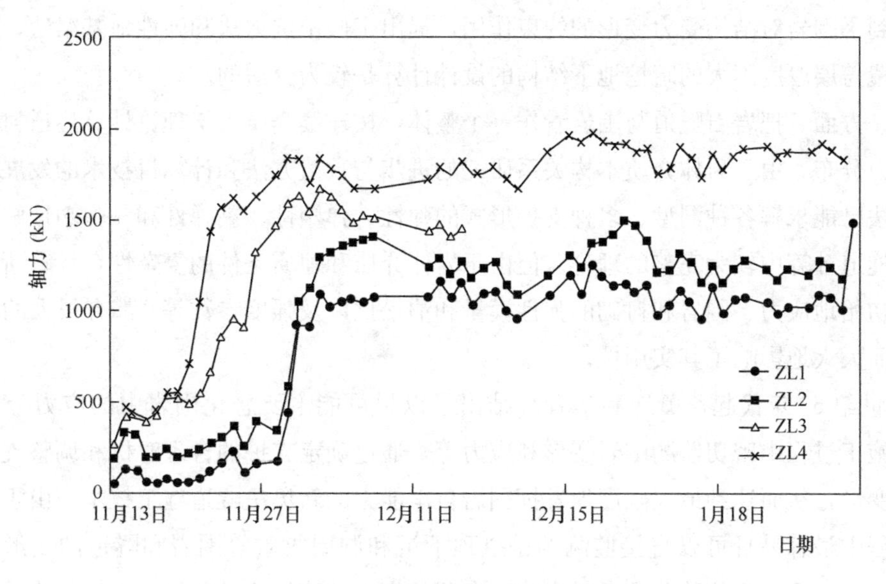

图 8-4 钢支撑轴力时程曲线

4. 结语

该基坑在整个开挖和底板施筑直至支撑拆除前，除个别测点围护桩顶竖向位移刚达到报警值外，其余监测项目（围护桩顶竖向位移和水平位移、电缆沟竖向位移和水平位移、围护桩体深层水平位移和支撑轴力）的监测值均未达到报警值，说明基坑是安全稳定的，对电缆沟和基坑内外工程桩的影响在容许的范围内。在支撑拆除后，局部测点竖向位移和水平位移达到和超过报警值，但由于是局部的，而且又是在支撑拆除后，所以是浅部的，水平位移的量值随着与基坑距离的增加而较快衰减，因而对电缆沟和基坑内外工程桩的影响并不大。因此，在基坑施工的整个过程中，基坑本身是稳定的，也不对电缆沟和基坑内外工程桩的安全产生较大的不利影响，因而，该基坑的施工总体上是成功的。

但从施工工序和监测结果看，支撑拆除导致围护桩顶水平位移有较大的增加，致使有些测点的数值超过报警值，反映了该基坑换撑的设计和施工做得不是很理想，用填砂来承受支撑拆除后围护体系传递来的土压力这一想法是有局限的，这一认识是值得以后类似工程吸取的。

第三节　岩石隧道工程监测

岩石隧道最早的设计理论是来自俄国的普氏理论，普氏理论认为在山岩中开挖隧道后，洞顶有一部分岩体将因松动而可能坍落，坍落之后形成拱形，然后才能稳定，这块拱形坍落体就是作用在衬砌顶上的围岩压力，然后按结构能承受这些围岩压力来设计结构，这种方法与地面结构的设计方法相仿，归类为荷载结构法。经过较长时间的实践，人们逐渐认识到了围岩对结构受力变形的约束作用，提出了假定抗力法和弹性地基梁法，这类方法对于覆盖层厚度不大的暗挖地下结构的设计计算是较为合适的。

另一方面，把岩石隧道与围岩看作一个整体，按连续介质力学理论计算隧道衬砌及围岩的应力分布。由于岩体介质本构关系研究的进步与数值方法和计算机技术的发展，连续介质方法已能求解各种洞型、多种支护形式的弹性、弹塑性、黏弹性和黏弹塑性解，已成为岩石隧道计算中较为完整的理论。但由于岩体介质和地质条件的复杂性，计算所需的输入量（初始地应力、围岩和衬砌的弹性模量和泊松比以及强度参数等）都有很大的不确定性，因而大大地影响了其实用性。

20 世纪 60 年代起，奥地利学者总结出了以尽可能不要恶化围岩中的应力分布为前提，在施工过程中密切监测围岩变形和应力等，通过确定支护的合理时机和调整支护措施来控制变形，从而达到最大限度地发挥围岩自承能力的新奥法隧道施工技术。由于新奥法施工过程中最容易且可以直接监测的是拱顶下沉和洞周收敛等围岩和隧道的变形量，因而，人们开始研究用位移监测资料来确定合理的支护结构形式及其设置时间的收敛限制法设计理论。新奥法隧道施工技术的精髓是认为围岩有自承能力，新奥法隧道施工技术的三要素——光面爆破、锚喷支护、监控量测也是紧密围绕着围岩自承能力所采取的技术，光面爆破是在爆破中尽量少扰动围岩以保护围岩的自承能力，锚喷支护是通过对围岩的适当加固以提高围岩的自承能力，监控量测是根据监测结果选择合理的支护时机以便发挥围岩的自承能力。

图 8-5 中围岩的支护力和变形曲线具有类似双曲线的形式，而衬砌的荷载-位移曲线是过原点的直线，衬砌刚度越大其斜率越大。值得注意的是，对于给定围岩中的隧道，衬砌刚度越大，作用于其上的荷载也会越大，说明增大衬砌的厚度在增大其承载力的同时也增加了其刚度，这并不能增加衬砌的安全度，这是因为随衬砌刚度的增加，它将承担更多的围岩压力，而围岩自身承担的围岩压力就减少了，也即没有充分发挥围岩的自承能力，本来围岩能自己承担的荷载转移到刚度增大的衬砌上了，

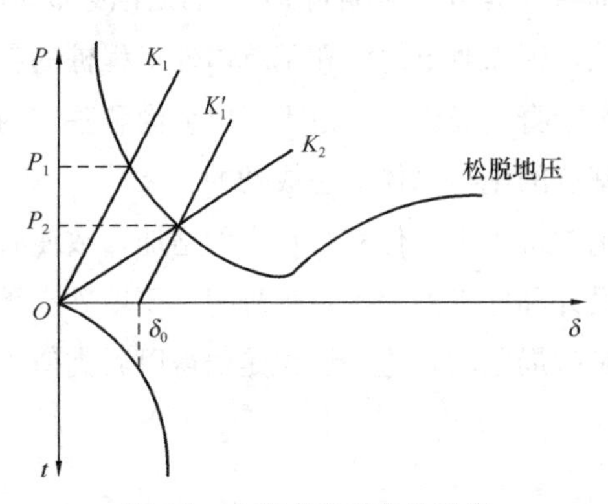

图 8-5　合理支护时机的确定

所以其安全度并没有增加。另外，同样刚度的衬砌，在围岩发生一定的位移量后再支护（K_1曲线右移到δ_0），作用于衬砌上的荷载就减小了，说明延迟支护后围岩的自承能力得到发挥，衬砌的安全度提高了。但是当围岩的位移发展到一定程度时围岩就会松脱而坍塌，因此衬砌支护应该有一个合适的时机，能使围岩位移得到尽可能地发展以最大限度地发挥围岩的自承能力，但也不至于发生围岩松脱，这个合理时机的确定只有通过监测得到围岩位移时程曲线，在位移时程曲线上位移快速发展段基本结束的点定为合理支护时机点。

近二十年来，我国隧道建设得到了迅猛的发展，隧道建设总里程超过十万公里，数量超过十万座，并且穿越的地质条件也各种各样、复杂多变，公路隧道从单洞两车道发展到单洞四车道，隧道单洞跨度超过20m，各种跨度的连拱隧道、小净距隧道等特殊隧道越来越多，近几年随着交通流量的增大，各种形式的隧道改扩建施工也越来越多。绝大多数隧道都进行了施工监测，隧道施工监测的方法有了一定的进步，但技术水平并没有明显的提高，监测数据的质量和真实性越来越成为隧道施工监测中的问题，虽然获取了隧道施工监测的海量数据，但并没有总结出能指导隧道施工的经验成果，隧道的现场监控量测仍然是隧道施工过程中必须实施的工序。

岩体中的隧道工程由于地质条件的复杂多变，在隧道设计、施工和运营过程中，常常存在着很大的不确定性和高风险性，其设计和施工需要动态的信息反馈，也即要采用隧道的信息化动态设计和施工方法，它是在隧道施工过程中采集围岩稳定性及支护的工作状态信息，如围岩和支护的变形、应力等，反馈于施工和设计决策，据以判断隧道围岩的稳定状态和支护的作用，以及所采用的支护设计参数和施工工艺参数的合理性，用以指导施工，并为必要时修正施工工艺参数或支护设计参数提供依据。因此，监控测量是施工中的一个重要工序，应贯穿施工全过程，动态信息反馈过程也是随每次掘进开挖和支护的循环进行一次。隧道的信息化动态设计和施工方法是以力学计算的理论方法和以工程类比的经验方法为基础，结合施工监测动态信息反馈。根据地质调查和岩土力学性质试验结果，用力学计算和工程类比对隧道进行预设计，初步确定设计支护参数和施工工艺参数，然后，根据在施工过程中监测所获得的关于围岩稳定性、支护系统力学和工作状态的信息，再采用力学计算和工程类比，对施工工艺参数和支护设计参数进行调整。这种方法并不排斥各种力学计算、模型试验及经验类比等设计方法，而是把它们最大限度地包含在内，发挥各种方法特有的长处。图8-6是隧道的信息化动态设计和施工方法流程图。

与上部建筑工程不同，在岩石隧道设计施工过程中，勘察、设计、施工等诸环节允许有同步、反复和渐进的，岩石隧道施工监测的主要目的是：

（1）确保隧道结构、相邻隧道和建（构）筑物的安全；

（2）信息反馈指导施工，确定支护的合理时机以发挥围岩自承能力，必要时调整施工工艺参数；

（3）信息反馈指导设计，为修改支护参数和计算参数提供依据；

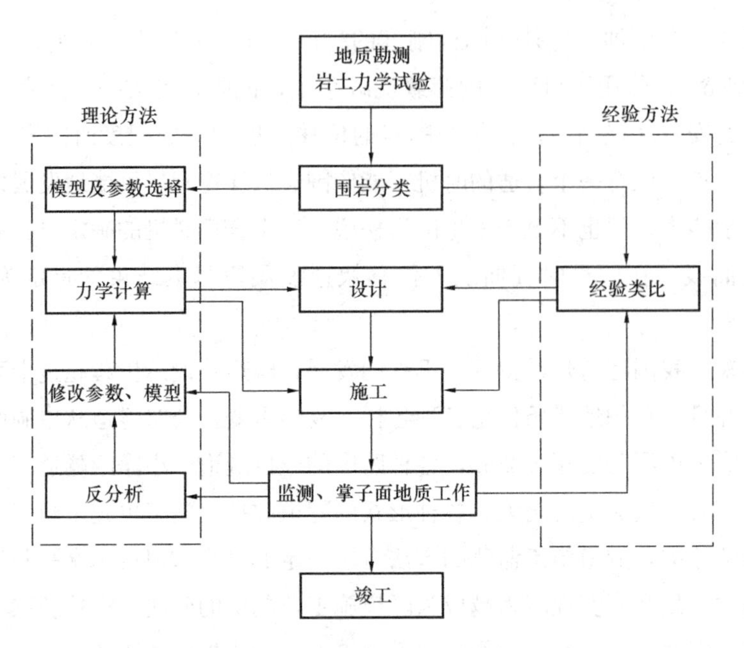

图 8-6　隧道的信息化动态设计和施工方法流程图

（4）为验证和研究新的隧道类型、新的设计方法、新的施工工艺采集数据，为岩石隧道工程设计和施工的技术进步收集积累资料。

一、监测项目的确定

岩石隧道监测项目的确定应主要取决于：①工程的规模、埋深，以及重要性程度，包括邻近建（构）筑物的情况；②隧道的形状、尺寸、工程结构和支护特点；③施工工法和施工工序；④工程地质和水文地质条件。在考虑监测结果可靠的前提下，同时要考虑便于测点埋设和方便监测，尽量减少对施工的干扰，并考虑经济上的合理性。此外，所选择的监测项目的物理量要概念明确，量值显著，而且该物理量是在设计时能够计算并能确定其控制值的量，也即可测也能算的物理量，从而易于实现反馈和报警。位移类监测是最直接易行的，因而，通常作为隧道施工监测的重要必测项目。但在完整坚硬的岩体中位移值往往较小，故也要配合应力和压力监测。在地应力高的脆性岩体中，有可能产生岩爆，则要监测岩爆的可能性或预测岩爆的时间。

对于浅埋隧道和隧道洞口段，地表沉降动态是判断周围地层稳定性的一个重要标志，能反映隧道开挖过程中围岩变形的全过程，而且监测方法简便，可以把地表沉降作为一个主要的监测项目，其重要性随埋深变浅而加大，如表 8-13 所示。

地表沉降监测的重要性　　　　表 8-13

埋深	重要性	监测与否
$3D\leqslant h$	小	可不测
$2D\leqslant h<3D$	一般	选测

续表

埋深	重要性	监测与否
$D \leqslant h < 2D$	重要	必须
$h < D$	非常重要	必须，列为主要监测项目

注：D为隧道直径，h为埋深。

对于深埋岩石隧道工程，水平方向的洞周收敛和从水平方向钻孔埋设的单点和多点位移计监测得到的围岩体内位移就显得非常重要。

国家行业标准《公路隧道施工技术规范》JTG/T 3660—2020中规定，对复合式衬砌和喷锚式衬砌隧道施工时所进行的监测项目分为必测项目和选测项目两大类，其中必测项目如表8-14所示，选测项目如表8-15所示，必测项目是为了在设计、施工中保证围岩的稳定，并通过判断其稳定性来指导设计、施工。

隧道监控量测必测项目 **表8-14**

序号	项目名称	方法及工具	布置	监测精度	监测频率			
					1～15d	16d～1个月	1～3个月	大于3个月
1	洞内、外观察	现场观测、地质罗盘等	开挖及初期支护后进行	—	—			
2	洞周收敛	各种类型收敛计	每5～50m一个断面，每断面2～3对测点	0.5mm	(1～2)次/d	1次/2d	(1～2)次/周	(1～3)次/月
3	拱顶下沉	水准测量的方法，水准仪、钢尺等	每5～50m一个断面	0.5mm	(1～2)次/d	1次/2d	(1～2)次/周	(1～3)次/月
4	地表下沉	水准测量的方法，水准仪、铟钢尺等	洞口段、浅埋段（$h_0 \leqslant 2b$）	0.5mm	开挖面距量测断面前后$<2b$时，(1～2)次/d； 开挖面距量测断面前后$<5b$时，1次/(2～3)d； 开挖面距量测断面前后$>5b$时，1次/(3～7)d			

注：1. b——隧道开挖宽度；

2. h_0——隧道埋深。

隧道监控量测选测项目 **表8-15**

序号	项目名称	方法及工具	布置	测试精度	监测频率			
					1～15d	16d～1月	1～3月	大于3月
1	钢架压力及内力	支柱压力计，表面应变计或钢筋计	每个代表性或特殊性地段1～2个断面，每断面钢支撑内力3～7个测点，或外力1对测力计	0.1MPa	(1～2)次/d	1次/2d	(1～2)次/周	(1～3)次/月

续表

序号	项目名称	方法及工具	布置	测试精度	监测频率			
					1～15d	16d～1月	1～3月	大于3月
2	围岩体内位移（洞内设点）	洞内钻孔，安设单点、多点杆式或钢丝式位移计	每个代表性或特殊性地段1～2个断面，每断面3～7个钻孔	0.1mm	(1～2)次/d	1次/2d	(1～2)次/周	(1～3)次/月
3	围岩体内位移（地表设点）	地面钻孔，安设各类位移计	每个代表性或特殊性地段1～2个断面，每断面3～5个钻孔	0.1mm	同地表沉降要求			
4	围岩压力	各种类型岩土压力计	每个代表性或特殊性地段1～2个断面，每断面3～7个测点	0.01MPa	(1～2)次/d	1次/2d	(1～2)次/周	(1～3)次/月
5	两层支护间压力	各种类型岩土压力计	每个代表性或特殊性地段1～2个断面，每断面3～7个测点	0.01MPa	(1～2)次/d	1次/2d	(1～2)次/周	(1～3)次/月
6	锚杆轴力	钢筋计、锚杆测力计	每个代表性或特殊性地段1～2个断面，每断面3～7根锚杆（索），每根锚杆2～4个测点	0.01MPa	(1～2)次/d	1次/2d	(1～2)次/周	(1～3)次/月
7	衬砌内力	混凝土应变计，钢筋计	每个代表性或特殊性地段1～2个断面，每断面3～7个测点	0.01MPa	(1～2)次/d	1次/2d	(1～2)次/周	(1～3)次/月
8	围岩弹性波速度	各种声波仪及配套探头	在每个代表性或特殊性地段设置	—	—			
9	爆破震动	测振及配套传感器	邻近建（构）筑物	—	随爆破进行			
10	渗水压力、水流量	渗压计、流量计	—	0.01MPa	—			
11	地表沉降	水准测量的方法，水准仪和铟钢尺，全站仪等	洞口段、浅埋段（$h_0>2b$）	0.5mm	开挖面距量测断面前后<$2b$时，(1～2)次/d；开挖面距量测断面前后<$5b$时，1次/（2～3）d；开挖面距量测断面前后>$5b$时，1次/（3～7）d			

注：钢筋计包括钢筋应力计和钢筋应变计。

洞内外观察是人工用肉眼观察隧道围岩和支护的变形和受力情况、围岩松石和渗流水情况、围岩的完整性等，以给监测直接的定性指导，是最直接有效的手段，通常在每次爆破施工后都需要做这项工作。

日本《新奥法设计技术指南》将采用新奥法施工隧道时所进行的监测项目分为A类和B类（表8-16），其中A类是必须要进行的监测项目；B类则是根据情况选用的监测项目。

围岩条件而定的各监测项目的重要性　　表8-16

项目 围岩条件	A类监测			B类监测						
	洞内观察	洞周收敛	拱顶下沉	地表下沉	围岩体内位移	锚杆轴力	衬砌内力	锚杆拉拔试验	围岩试件	洞内弹性波
硬岩地层（断层等破碎带除外）	•	•	•	△	△*	△*	△	△	△	△
软岩地层（不产生很大的塑性地压）	•	•	•	△	△*	△*	△*	△	△	△
软岩地层（塑性地压很大）	•	•	•	△	•	•	○	△	○	△
土砂地层	•	•	•	•	○	△*	△*	○	•	△

注：1. •——必须进行的项目；
2. ○——应该进行的项目；
3. △——必要时进行的项目；
4. △*——这类项目的监测结果对判断设计是否保守是很有用的。

二、监测仪器和精度的确定

夏才初根据国际测量工作者联合会（FIG）建议的观测中误差应小于允许变形值的1/20～1/10的要求，结合隧道对预留变形量的设计值要求和隧道施工监测统计分析结果，建议公路隧道施工阶段的周边收敛和拱顶下沉的监测精度要求为0.5～1.0mm。在通常要求条件下，Ⅰ、Ⅱ级硬岩中的二车道、三车道隧道可取较小值0.5mm，Ⅲ、Ⅳ级围岩中的二车道、三车道隧道可取较大值1.0mm，对大变形软岩隧道变形监测的精度可以在1.0mm的精度要求下适当放宽。对于周边环境特别复杂，变形控制要求特别严格的公路隧道，洞周收敛和拱顶下沉的监测精度要求可以专门规定，例如仍为0.1mm。这个精度要求充分考虑了监测精度对隧道施工变形的分辨能力，具有合理性和实用价值。同时，0.5～1.0mm的监测精度在保证隧道施工安全的同时，可以促进高精度全站仪、激光收敛仪等非接触量测仪器在公路隧道施工监测中的应用和推广，从而提高施工监测的效率，也可以避免因达不到监测精度要求而引发的监测数据造假的现象。地表沉降和水平位移的监测精度如表8-3所示。

支柱压力计、表面应变计和各种钢筋计、土压力计（盒）、孔隙水压力计、锚杆轴力计、用于监测衬砌内力、锚杆拉力的各种钢筋应力计和应变计分辨率应不大于 0.2%F.S.（满量程），精度优于 0.5%。其量程应取最大设计值或理论估算值的 1.5～2 倍。监测围岩体内位移的位移计的精度可取为 0.1mm。

监测仪器的选择主要取决于被测物理量的量程和精度要求，以及监测的环境条件。通常，对于软弱围岩中的隧道工程，由于围岩变形量值较大，因而可以采用精度稍低的仪器和装置；而在硬岩中则必须采用高精度监测元件和仪器。在一些干燥无水的隧道工程中，电测仪表往往能发挥好的工作性能；在地下水发育的地层中进行电测就较为困难。埋设各种类型的监测元件时，对深埋隧道工程，必须在隧道内钻孔安装，对浅埋隧道工程则可以从地表钻孔安装，从而可以监测隧道工程开挖过程中围岩变形后的全过程。

仪器选择前需首先估算各物理量的变化范围，并根据监测项目的重要性程度确定监测仪器的精度和分辨率。现阶段现场监测除了光学类监测仪器外，主流的监测元件是各种钢弦频率式传感器，近几年，也有光纤传感器应用于隧道工程监测的探索和若干成功的实例。电测式传感器一般是引出导线用二次仪表进行监测，但近几年在长期监测中也有采用无线遥测的。用于长期监测的测点，尽管在施工时变化较大、精度可低些，但在长期监测时变化较小，因而，要选择精度较高的传感器。

三、 监测断面的确定和测点的布置

1. 监测断面的确定

监测断面分为两种：①代表性监测断面；②特殊性监测断面。代表性监测断面是从确定二衬合理支护时机、评价和反馈施工工艺参数和设计支护参数合理性出发，在具有普遍代表性的地段布设的监测断面；特殊性监测断面是在围岩级别差和断层破碎带，以及洞口和隧道分叉处等特别部位布设的监测断面。

监测断面的布设间距视地质条件变化和隧道长度而定，拱顶下沉和洞周收敛等必测项目的监测断面间距为：Ⅰ～Ⅱ 级：30～50m；Ⅲ级：10～30m；Ⅳ～Ⅴ级：5～10m。洞口段、浅埋地段、特别软弱地层间距应小于 20m。在施工初期区段，间距取较小值，取得一定监测数据资料后可适当加大间距，在洞口及埋深较小地段亦应适当缩小间距。当地质条件情况良好，或开挖过程中地质条件连续不变时，间距可加大；地质变化显著时，间距应缩短。表 8-17 是日本《新奥法设计施工细则》根据不同的围岩情况所要求的洞周收敛和拱顶下沉监测断面的间距，除考虑围岩性质以外，还考虑洞口段、浅埋段和前期施工的 200m 区段等。

地表沉降监测范围沿隧道纵向应在掌子面前后（1～2）$(h+h_0)$（h 为隧道开挖高度，h_0 为隧道埋深）。监测断面间距与隧道埋深和地表状况有关，当地表是山岭田野时，根据埋深确定为：埋深介于 2 倍和 2.5 倍洞径时，间距为 20～50m；埋深在 1 倍洞径与 2 倍洞径之间，间距为 10～20m；埋深小于洞径，间距为 5～10m。当地表有建（构）筑物时，应在建（构）筑物上增设沉降监测点。

选测项目应该在每个代表性地段和每个特殊性地段布设 1～2 个断面，通常，布设选测项目的监测断面都要进行必测项目的监测。各监测断面上的监测项目应尽量靠近断面布设，尤其是地表沉降、洞周收敛、围岩体内位移、拱顶下沉等位移量的监测断面应尽量布置在同一断面上，围岩压力、衬砌内力、钢拱架内力和锚杆轴力等受力最好布置在同一断面上，以使监测结果互相对照，相互检验。

洞内布设的监测点必须尽量靠近开挖工作面，但太近会造成爆破的碎石砸坏监测点，太远使得该断面的监测项目的监测值有较大的前期损失值，所以，一般要求应距开挖面 2m 范围内埋设，并应保证爆破后 24h 内或下一次爆破前测读初次读数，以便尽可能完整地获得围岩开挖后初期力学形态的变化和变形情况，这段时间内监测得到的数据对于判断围岩性态是特别重要的。

洞周、拱顶下沉的监测断面间距（单位：m）　表 8-17

地层条件	工程条件			
	洞口附近	埋深小于 $2b$	前期施工 200m	施工 200m 后
硬岩地层（地层破碎带除外）	10	10	20	30
软岩地层（不产生很大的塑性地压）	10	10	20	30
软岩（产生很大的塑性地压）	10	10	20	30
土砂	10	10	10～20	30

注：b 为隧道开挖宽度。

2. 地表沉降测点布置

地表沉降测点应布置在隧道轴线上方的地表，并横向向两侧延伸至距离隧道轴线$(1\sim2)(b/2+h+h_0)$距离（b 为隧道开挖宽度，h 为隧道开挖高度，h_0 为隧道埋深）。在横断面上测点间距宜为 2～5m，轴线上方可以布置得密一些，横向向两侧延伸可以逐渐变疏一些，如图 8-7 所示。一个测区内地表沉降基准点数目要求不少于 3 个，以便通过联测验证其稳定性，组成水准控制网。

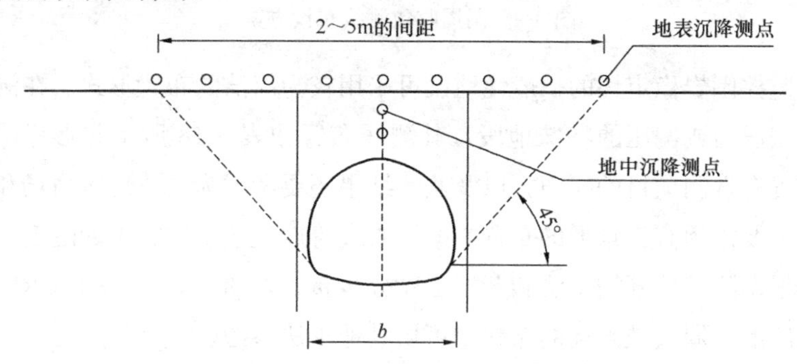

图 8-7　地表沉降测点布置图

3. 拱顶下沉测点布置

采用全断面法和上下台阶法开挖的两车道隧道，通常在拱顶设置一个拱顶下沉的监测点，如图 8-8（a）所示，采用全断面法、上下台阶法或三台阶法开挖的三车道和四车道隧道，一般在拱顶设置一个监测点，距拱顶左右 1m 再各布设一个监测点，如图 8-8（b）所示，以便判断拱顶是否有不对称沉降。其他工法如侧壁导坑法、双侧壁导坑法等，凡开挖形成拱顶则需在拱顶布设拱顶下沉监测点。

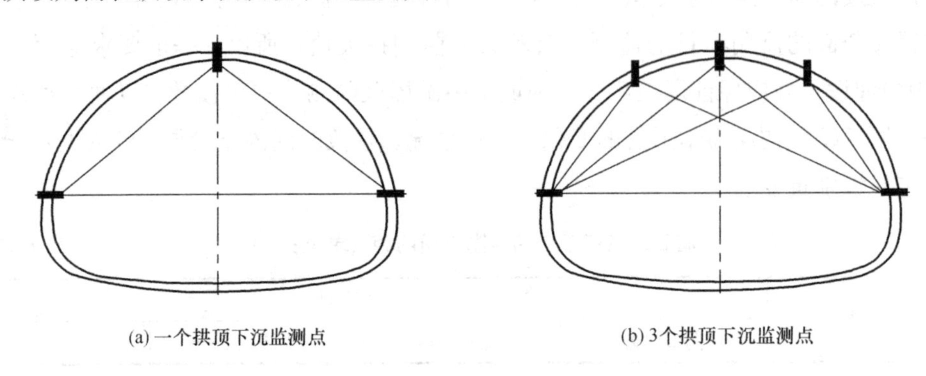

图 8-8　全断面法开挖的拱顶下沉测点布置图

4. 洞周收敛测线布置

洞周收敛测线布置应视开挖方法、隧道跨度、地质情况而定。三角形布置更易于校核监测数据，如图 8-9（a）所示，尤其是顶角是拱顶的三角形布置可以利用三角关系计算拱顶下沉，所以，一般均采用这种布设形式。隧道跨度较大时，可设置多个三角形的布置形式，如图 8-9（d）所示。当采用上下台阶法开挖时，其测线布设与全断面法类似，但上下台阶要分别布设 3 条测线形成三角形（图 8-9b）。

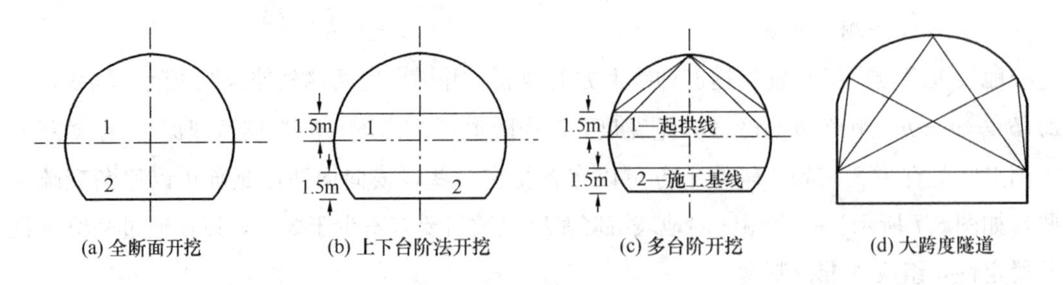

图 8-9　洞周收敛测线布设方案

只是为了监控围岩稳定性的一般性地段可采用较为简洁的布置形式。在洞口附近、浅埋地段、有膨胀压力或偏压的特殊地段，其测线布置如表 8-18 所示并参考图 8-9 所示的形式布置。布置有选测项目的断面，以及监测结果还要考虑为岩体地应力场和围岩力学参数作反分析，则要采用有三角形的布置方案。对大跨度复杂工法施工的隧道，洞周收敛测线的布置还要根据隧道的开挖工法和开挖工序分步布置，图 8-10 呈现了 CRD 上下台阶工法 4 个开挖工序的洞周收敛测线的布置，可供其他工法参考。

洞周收敛的测线数　表 8-18

施工工法	一般地段	特殊地段			
		洞口附近	埋深小于 $2b$	有膨胀压力或偏压地段	选测项目量测位置
全断面法	1 条水平测线	—	3 条	3 条	3 条
上下台阶法	2 条水平测线	4 条或 6 条	4 条或 6 条	4 条或 6 条	4 条或 6 条
多台阶法	每台阶 1 条水平测线	每台阶 3 条水平测线	每台阶 3 条水平测线	每台阶 3 条水平测线	每台阶 3 条水平测线

注：1. b 为隧道开挖宽度；

2. 其他工法如图 8-10 所示；

3. 建议水平测线与拱顶下沉监测点形成三角形，可以计算拱顶下沉并与水准监测结果比较。

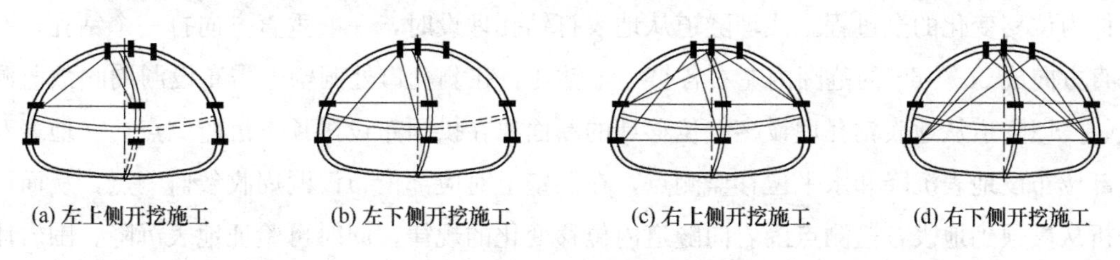

图 8-10　CRD 上下台阶工法洞周收敛测线的分步布置

5. 主要选测项目布置

主要选测项目包括围岩体内位移、衬砌内力、围岩压力和两层支护间压力、锚杆轴力、钢架压力和内力等，在监测断面内的测点布设如图 8-11 所示。无仰拱时有 3 点、5

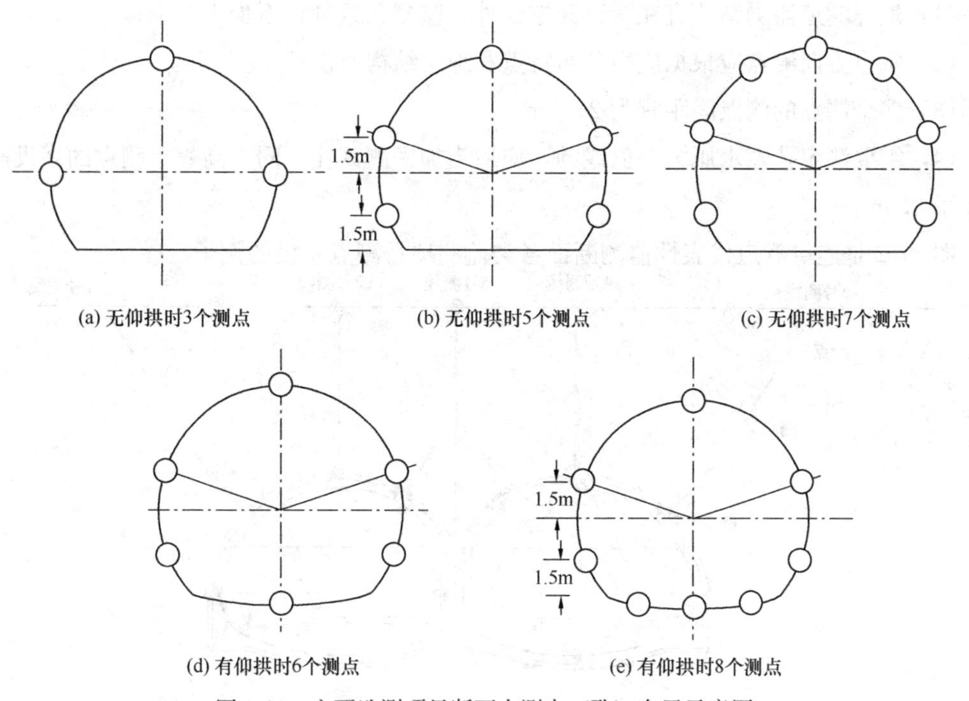

图 8-11　主要选测项目断面内测点（孔）布置示意图

点、7点三种布置方式，有仰拱时有6点和8点两种布置方式。一般情况下仰拱中不打设锚杆，所以在仰拱中不布设锚杆监测点。一般两车道隧道采用3点或5点布置方式，三车道或四车道隧道采用5点或7点布置方式。软岩隧道有仰拱时，两车道隧道采用6点布置方式，三车道或四车道隧道采用8点布置方式，以便监测隧道底鼓等情况。

监测围岩体内位移的多点位移计的钻孔深度通常应超出变形影响范围，一般一个孔中布置4～6个点，测孔中测点间距由位移变化梯度确定，根据弹性理论，围岩体内位移与隧道中心的距离平方成反比，所以，靠近洞壁的测点间距小，离洞壁越远，间距可越大。另外，在节理、断层等软弱结构面两侧应各设置一个测点。

浅埋隧道可从地表打钻孔预埋，邻近有隧道时也可以从邻近隧道打钻孔预埋，这样就可以在隧道开挖影响范围到达前埋设多点位移计读取初读数，从而监测到隧道开挖前后围岩体内位移变化的全过程。浅埋隧道从地表打钻孔埋设时，一般垂直方向打一个钻孔，在垂直方向成30°～60°的范围内左右各打一个钻孔，在测孔口处洞壁上需布设洞周收敛监测点。浅埋隧道从地表钻孔埋设多点位移计的断面要在拱顶布设拱顶下沉监测点，在地表对应部位布设地表沉降和水平位移监测点，在洞壁上对应部位布设洞周收敛监测点，从而可分析从拱顶到地表各监测点围岩向隧道内位移变化的规律，同时可验证地表沉降、围岩体内多点位移、拱顶下沉和洞周收敛各监测项目的正确性及其相互关系。

三车道隧道每个断面的监测锚杆不宜少于5根，连拱隧道不宜少于6根。长度大于3m的锚杆，每根锚杆的测点数不宜少于4个；长度大于4.5m的锚杆，测点数不宜少于5个。

地下水渗透压力的测点布设可参考如下几点：

(1) 浅埋隧道监测钻孔宜在隧道开挖线外，监测孔数量宜不少于3个；

(2) 垂直方向测点应根据应力分布特点和地层结构布设；

(3) 多个测点的测点间距宜为2～5m；

(4) 需要测定孔隙水压力等值线的，应适当加密测试孔，同一高程上测点的埋设高差宜小于0.5m。

图8-12是连拱隧道代表性监测断面各类监测项目测点布设的例子。

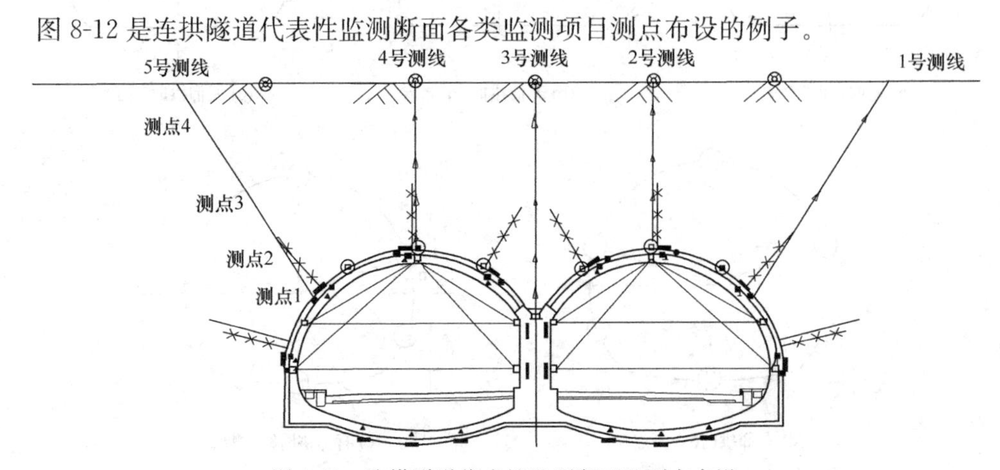

图8-12 连拱隧道代表性监测断面监测点布设

四、 监测频率和期限的确定

监测频率应根据隧道的地质条件、断面大小和形式、施工方法、施工进度等情况和特点，并结合当地工程经验综合确定。国家行业标准《公路隧道施工技术规范》JTG/T 3660—2020 规定了所有必测项目和选测项目监测频率要求：

监测断面处开挖 1～15d 内，监测频率为（1～2)次/d；

监测断面处开挖 16d～1 个月内，监测频率为 1 次/d；

监测断面处开挖 1～3 个月内，监测频率为（1～2)次/周；

监测断面处开挖大于 3 个月，(1～3)次/月。

洞周收敛和拱顶下沉的监测期限是其达到稳定标准或施筑二衬为止。

对地表沉降和地表钻孔埋设的岩体内部位移监测频率的要求是：

当开挖面距量测断面前后小于 $2b$ 时，监测频率为（1～2)次/d；

当开挖面距量测断面前后（2～5)b 时，监测频率为 1 次/(2～3)d；

当开挖面距量测断面前后大于 $5b$ 时，监测频率 1 次/（3～7)d。

地表沉降和地表钻孔埋设的岩体内部位移监测点应在隧道开挖影响范围到达前埋设并读取初读数，从而可以监测到隧道开挖前后地表沉降和地表钻孔埋设的岩体内部位移变化的全过程。当隧道二次衬砌全部施工完毕且地表沉降和地表钻孔埋设的岩体内部位移基本趋于稳定时可以停止监测工作。

隧道断面内的监测频率也可以根据洞周收敛和拱顶下沉的位移速率并结合监测断面与开挖面的距离来确定，如表 8-19 所示，开挖下台阶，撤除临时支护等施工状态发生变化时，应适当增加监测频率。监测断面内各监测项目的监测频率应该相同，当隧道断面内某个监测项目的累计值接近报警值或变化速率较大时，可以加大该断面的监测频率。

洞周收敛和拱顶下沉的监测频率　　表 8-19

位移速度(mm/d)	量测断面距开挖面距离(m)	监测频率
≥5	—	(2～3)次/d
1～5	(0～2)b	1 次/d
0.5～1	(2～5)b	1 次/(2～3)d
<0.5	>$5b$	1 次/(3～7)d

五、 报警值的确定

岩石隧道监测报警值主要分位移类和压力类两类，重点是位移类，包括容许位移量和容许位移速率。

容许位移量是指在保证隧道围岩不产生有害松动和保证地表不产生有害下沉量的条件下，自隧道开挖起到变形稳定为止，在起拱线位置的隧道洞周收敛位移量或拱顶下沉量最大值。在隧道施工过程中，若监测到或者根据监测数据预测到最终位移将超过该值，则意味着围岩不稳定，支护系统必须加强。

容许位移速率是指在保证隧道围岩不产生有害松动和保证地表不产生有害下沉量的条件下，在起拱线位置的隧道洞周收敛位移速率或拱顶下沉速率的最大值。

容许位移量和容许位移速率与岩体条件、隧道埋深、断面尺寸及地表建筑物等因素有关，例如矿山法施工的城市地铁隧道，通过建筑群时地表沉降容许值的一般要求如表 8-20所示。

岩石隧道地表沉降监测项目容许值　表 8-20

监测等级及区域		累计值（mm）	变化速率（mm/d）
一级	区间	20～30	3
	车站	40～60	4
二级	区间	30～40	3
	车站	50～70	4
三级	区间	30～40	4

注：1. 表中数值适用于中软土、中硬土及坚硬土中的密实砂卵石地层；
2. 大断面区间的地表沉降监测控制值可参照车站执行。

容许位移量可以通过理论计算、经验公式和参照规范取值等方法确定。苏联学者通过对大量观测数据的整理，得出了用于计算隧道容许位移量的近似公式：

$$拱顶：\delta_1 = \frac{12b_0}{f^{1.5}}(\mathrm{mm})，边墙：\delta_2 = \frac{4.5H^{1.5}}{f^2}(\mathrm{mm})$$

式中　f——普氏系数；

b_0——隧道跨度；

H——边墙自拱脚至底板的高度（m）。

δ_2 值一般在从拱脚起算 $\left(\frac{1}{3} \sim \frac{1}{2}\right)H$ 段内测定。

表 8-21 是国家行业标准《公路隧道施工技术规范》JTG/T 3660—2020 对洞周容许相对收敛量和开挖轮廓预留变形量的规定。开挖轮廓预留变形量是隧道容许位移量极限值，在没有更精确的经验和理论数值的情况下，开挖轮廓预留变形量可以作为隧道容许位移量的重要参考。

洞周容许相对收敛量和开挖轮廓预留变形量　表 8-21

围岩类别	洞周容许相对收敛量（%）			开挖轮廓预留变形量（cm）	
	隧道埋深（m）			跨度（m）	
	<50	50～300	301～500	9～11	7～9
Ⅳ	0.1～0.3	0.2～0.5	0.4～1.2	5～7	3～5
Ⅲ	0.15～0.5	0.4～1.2	1.8～2.0	7～12	5～7

续表

围岩类别	洞周容许相对收敛量（%）			开挖轮廓预留变形量（cm）	
	隧道埋深（m）			跨度（m）	
	<50	50～300	301～500	9～11	7～9
Ⅱ	0.2～0.8	0.6～1.6	1.0～3.0	12～17	7～10
Ⅰ					10～15

注：1. 洞周相对收敛量指实测收敛量与两测点间距离之比；
2. 脆性岩体中的隧道洞周容许相对收敛量取表中较小值，塑性岩体中的隧道则取表中较大值；
3. 本表所列数据，可在施工中通过实测和资料积累作适当调整；
4. 拱顶下沉容许值一般按本表中数据的 0.5～1.0 倍采用；
5. 跨度超过 11m 时可取用最大值。

容许位移速率目前尚无统一规定，一般都根据经验选定，例如美国某些工程对容许位移速率的规定为：第一天的位移量不超过容许位移量的 1/5～1/4，第一周内平均每天的位移量应小于容许位移量的 1/20。我国行业标准《公路隧道施工技术规范》JTG/T 3660—2020 规定：位移速率大于 1.0mm/d 时，围岩趋于急剧变形状态，应加强初期支护；位移速率在 0.2～1.0mm/d 时，应加强监测，做好加固准备；位移速率小于 0.2mm/d，围岩变形基本属于正常。在高应力、大变形、流变性、膨胀性和挤出性软岩地区，应根据隧道变形总量具体情况确定其容许变形速率。此外，一般规定，在开挖面通过监测断面前后的一二天内允许出现位移加速，其他时间内都应减速，达到一定程度后才能修建二次支护结构。

事实上，容许位移量和容许位移速率的确定并不是一件容易的事，每一具体工程条件各异，显现出十分复杂的情况，因此，需根据工程具体情况结合前人的经验，再根据工程施工进展情况探索改进。特别是对完整的硬岩，失稳时围岩变形往往较小，要特别注意。

表 8-22 是外国工程师根据工程情况制定的危险警戒标准。

警示等级及对策　　表 8-22

警示等级	位移量标准	位移速率标准	位移-时间曲线	施工状态与应对措施
Ⅲ正常	$U<\frac{U_0}{3}$	<0.2mm/d	持续衰减	正常施工
Ⅱ预警	$\frac{U_0}{3}\leqslant U\leqslant\frac{2U_0}{3}$	0.2～1mm/d	持续上升	应加强支护，写出书面报告，例会讨论
Ⅰ报警	$U>\frac{2U_0}{3}$	>1mm/d	急剧上升	应采取特殊措施，立即召开现场调查会议，研究应急措施

注：表中 U_0 为预计最大位移量。

各监测项目的监测值随时间变化的时程曲线也是判断隧道工程稳定性的重要依据，如图 8-13 所示，与本章第二节基坑工程的情况类似。根据时程曲线判断围岩的稳定性，应注意区分分部开挖时围岩中随分部开挖进度而释放的突然增加的弹塑性变形，使变形时程曲线呈现变形速率加速，这是隧道开挖引起变形的空间效应反映在变形时程曲线上，并不预示着围岩进入破坏阶段。

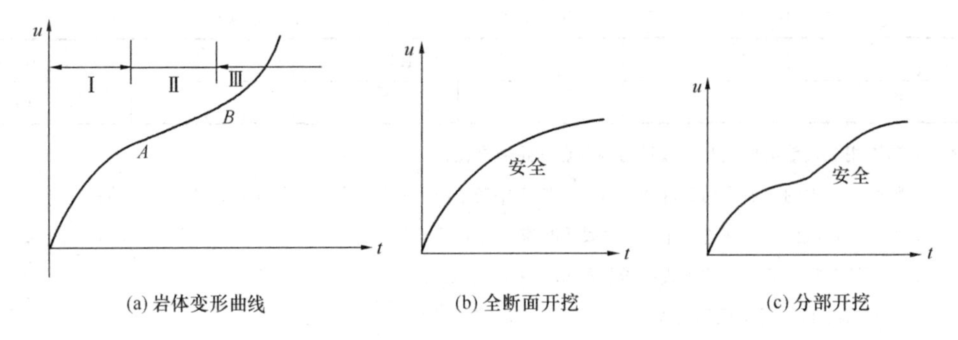

图 8-13　隧道变形时程曲线判定围岩的稳定性

在隧道施工险情预报中，应同时考虑相对变形量、变形累计量、变形速度时程曲线，结合观察洞周围岩喷射混凝土和衬砌的表面状况等综合因素作出预报。隧道变形或变形速率的骤然增加往往是围岩破坏、衬砌开裂的前兆，当变形或变形速率的骤然增加引发报警后，为了控制隧道变形的进一步发展，可采取停止掘进、补打锚杆、挂钢筋网、补喷混凝土加固等施工措施，待变形趋于正常后才可继续开挖。

压力类监测项目，一般实测值与容许值的比值大于或等于 0.8 时，判定围岩有不稳定的趋势，应加强支护；当实测值与容许值的比值小于 0.8 时，判定围岩处于稳定状态。

六、监测数据处理

理论上说，设计合理的、可靠的支护系统，应该是一切表征围岩与支护系统力学形态的物理量随时间而渐趋稳定，反之，如果测得表征围岩或支护系统力学形态特点的某几种或某一种物理量，其变化随时间不是渐趋稳定，则可以断定围岩不稳定，支护必须加强，或需要修改设计参数。

围岩位移与时间的关系既有开挖因素的影响又有流变因素的影响，而开挖进展虽然反映的是空间关系，但因开挖进展与时间密切相关，所以同样包含了时间因素。隧道内埋设的监测元件都是隧道开挖到监测断面时才进行埋设，而且也无法实现开挖后立即紧贴开挖面埋设并立即进行监测，因此，从开挖到元件埋设好后读取初读数已经历过时间 t_0，在这段时间里已有量值为 u_1 的围岩变形释放，此外，在隧道开挖面尚未到达监测断面时，其实也已有量值为 u_2 的变形产生，这两部分变形都应与监测值相加以后才是围岩的全位移。即：

$$u = u_m + u_1 + u_2 \tag{8-1}$$

式中　u_m——变形监测值。

通常对观测资料进行回归分析，取 $t \geqslant 0$，设回归分析所得的位移时程曲线为 $u =$

$f(t)$，则 u_1 可用拟合曲线外延的办法估算，如图 8-14 所示，即：

$$u_1 = f(0) \tag{8-2}$$

而根据有关文献：$u_2 = \lambda_0 u$

式中 λ_0——经验系数，取 0.265～0.330。

所以：$$u = \frac{u_m + |f(0)|}{1-\lambda_0} \tag{8-3}$$

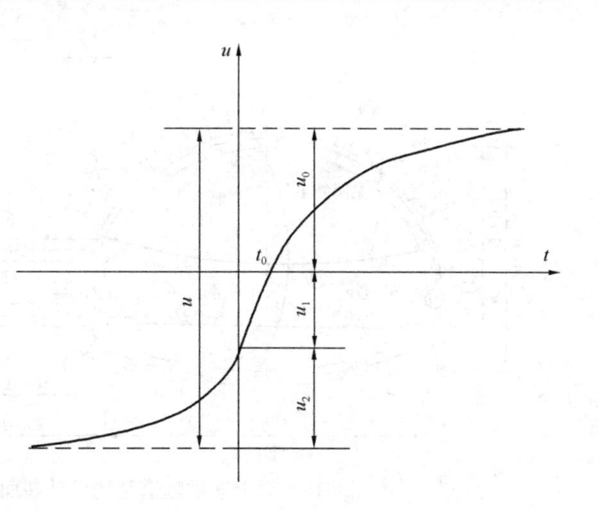

图 8-14 位移监测曲线的外延

七、小净距鹤上隧道工程监测实例

小净距隧道是指隧道间的中间岩柱厚度小于规范建议值的特殊隧道布置形式，其双洞净距一般小于 1.5 倍洞径。小净距隧道能很好地满足特定地质和地形条件、线桥隧衔接方式，有利于公路整体线型规划和线型优化。因此，小净距隧道的结构形式成为在特定地质和地形条件下修建隧道时采用较多的一种结构形式。小净距隧道施工过程中围岩的力学性态不仅受到围岩级别的控制，还受到隧道开挖方式、支护参数、支护时机等的影响，寻求正确反映岩体性态的物理力学模型是非常困难的，因而有必要根据施工过程中的围岩监控数据分析和综合判断，进一步指导施工、完善设计。

1. 工程概况

鹤上隧道位于福州国际机场高速公路（一期）工程 A3 标段，为福建省第一座三车道小净距公路隧道。该隧道设置为接近平行的双洞，左右线桩号均为 K6＋250～K6＋700，隧道长 450m，设计内空断面净宽 15.052m、拱高 8.1m，含仰拱总高度 10.4m，双洞间距 7.3m。开挖毛洞中间岩柱净距 5.66～6.10m，即(0.38～0.41)B_0(B_0 为隧道开挖跨度)。

该隧道路段属剥蚀低山丘陵地貌，进口段天然坡角 16°，出口段天然坡角 20°，地形起伏较大。洞身段最大埋深约 62m，洞口浅埋段埋深 4～10m，洞口从外到内为Ⅴ、Ⅵ级围岩，隧道中部 F_{9A} 断层附近有约 40m 的Ⅴ、Ⅵ级围岩，其余均为Ⅲ级围岩，主要岩性为凝灰熔岩。

隧道设计断面尺寸与施工顺序如图 8-15 所示（图中①～㉚为施工顺序）。Ⅴ级围岩段采用中隔壁法施工，开挖前设置超前注浆小导管预加固，结构设计为复合衬砌，以锚杆湿喷混凝土、钢筋网等为初期支护，并辅以钢支撑、注浆小导管等支护措施。

2. 监测项目

根据公路隧道施工规范的基本要求，针对该小净距隧道的结构特点、施工工艺及地质情况，在Ⅲ、Ⅳ、Ⅴ级围岩中各设 1 个代表性监测断面(K6＋300，K6＋500，K6＋630)和若干个一般性辅助监测断面，具体监测项目布置情况如图 8-16 所示（左右洞对称布

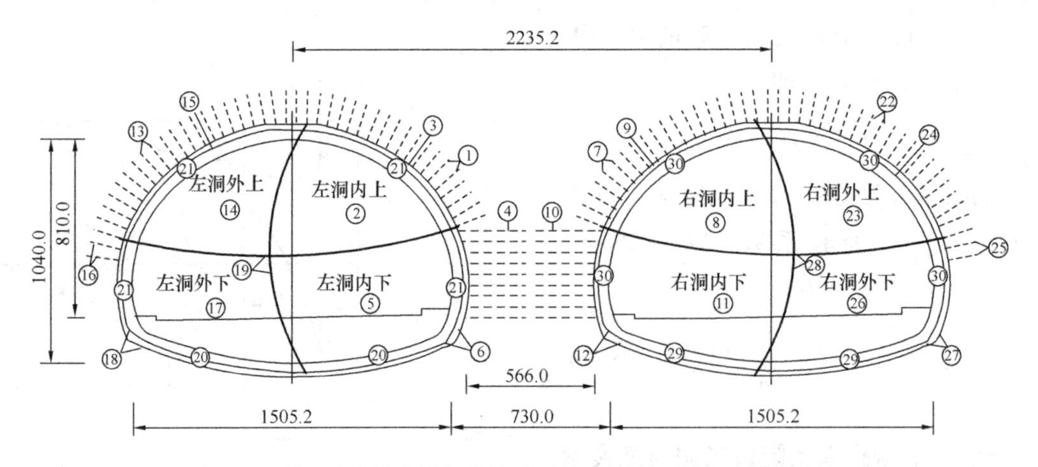

图 8-15　鹤上连拱隧道结构设计断面尺寸与施工顺序（单位：cm）

置），代表性监测断面测点布置情况如图 8-17 所示。

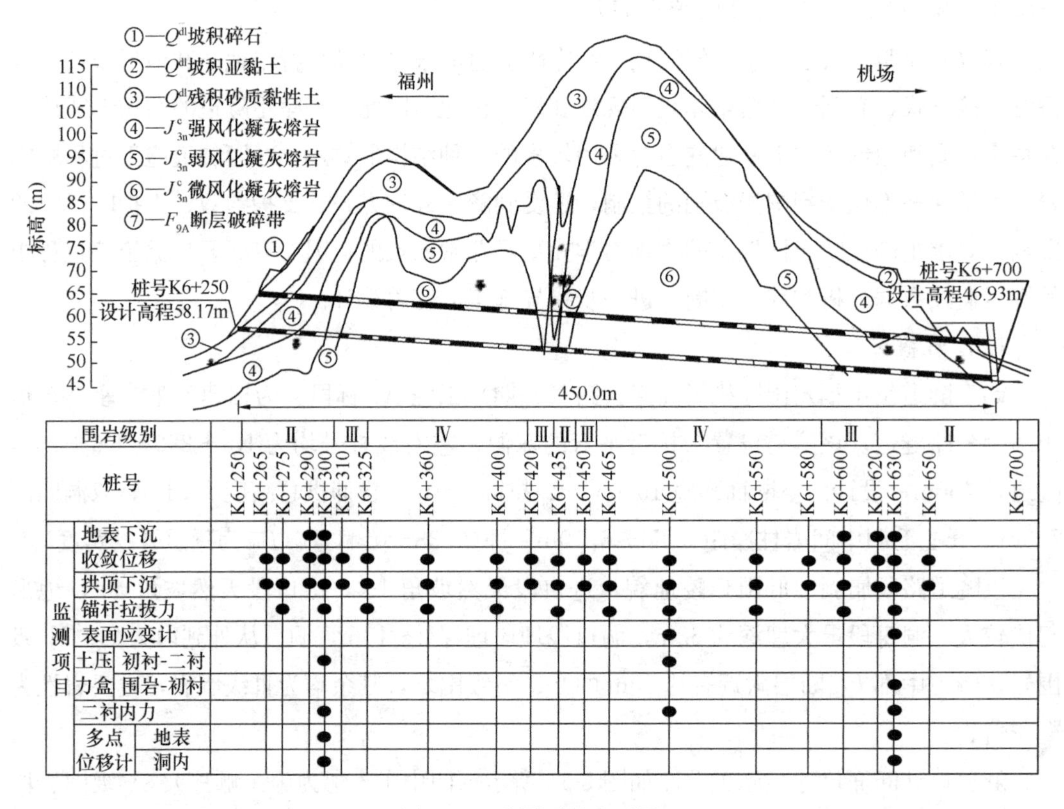

图 8-16　监测项目布置图

3. 监测成果及分析

隧道监测组工作历时一年多，采集了大量监测数据，重点以隧道出口端代表性监测断面为例介绍该隧道的监测成果，并进行相关分析。

（1）地表沉降

在距离两洞口约 60m 范围内，隧道的埋深小于 40m，每个洞口布置 3 个地表沉降监

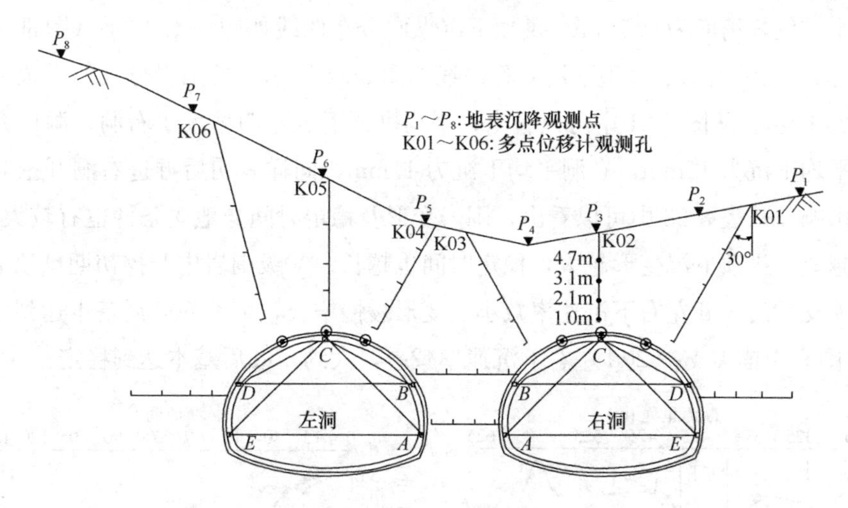

图 8-17　代表性监测断面测点布置图

测断面，分别距洞口约为 10m、30m、60m，在隧道出口端布设的 3 组地表沉降监测断面（K6+630，K6+620，K6+600 断面）中，每组布设 8 个地表观测点(P_1～P_8)。以 K6+630 断面为例，各监测点的地表沉降变形趋势及地表沉降时程曲线分别如图 8-18、图 8-19 所示。

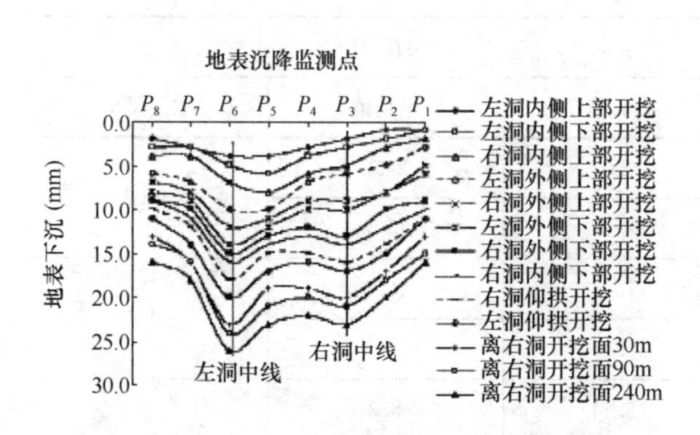

图 8-18　K6+630 断面各测点地表沉降变形趋势

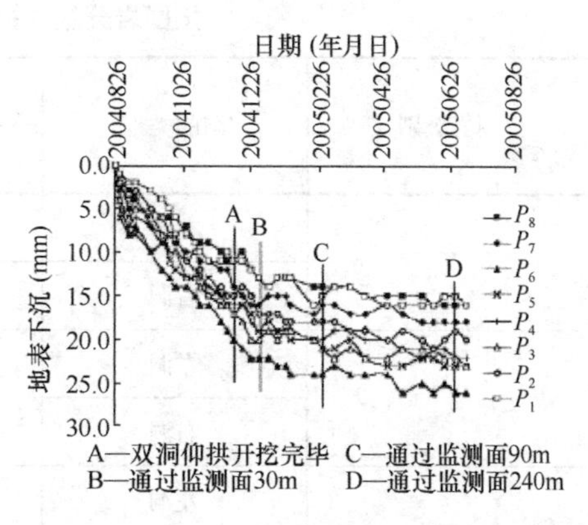

图 8-19　K6+630 断面地表沉降时程曲线

从监测结果可以看出，该里程左洞地表沉降值平均大于右洞，这与地表地质和施工开挖等有关，左洞地表土体松散，受施工及爆破震动影响较大，而中间岩柱部位则基本为基岩，受震动影响小，后行右洞开挖扰动及多次爆破震动使得先行左洞地表沉降增大。随着隧道开挖，地表各监测点下沉波动较大，上台阶开挖和仰拱开挖对地表沉降影响显著，下台阶开挖的影响则相对较小。另外，从地表沉降时程曲线可以看出，当仰拱开挖完毕时，各点下沉量平均达到最终下沉量的 70%～80%，而当工作面通过监测面约 30 m，即约 2 倍洞径时，各测点下沉量为最终下沉量的 85%左右，以后下沉量缓慢增长直至稳定。

（2）拱顶下沉

共在 19 个断面布置了拱顶下沉监测点，每个断面布置 6 个监测点。拱顶下沉监测采用高精度水准仪，精度为 0.5mm。拱顶下沉纵向分布曲线如图 8-20 所示（图Ⅲ～Ⅴ指围岩级别），部分监测断面的拱顶下沉时程曲线如图 8-21 所示，按围岩分级的拱顶下沉统计值如表 8-23 所示。从图 8-21 中可以看出，平均拱顶下沉左洞稍大于右洞、洞口大于洞身段，左洞平均下沉为 15mm，右洞平均下沉为 11mm，同样表明后掘进右洞开挖对先行左洞有一定影响。从表 8-23 中可以看出，围岩变形及稳定时间与地质条件也有较大的关系，地质条件越差，拱顶下沉变形越大，稳定时间也越长。Ⅴ级围岩中开挖初期拱顶下沉快速增长，锚喷支护后 30d 左右下沉速率减小、变形缓慢增长，大约 60d 后基本达到稳定。在Ⅳ、Ⅲ 级围岩中锚喷支护 20d 左右下沉速率减缓，大约 40d 后基本达到稳定。

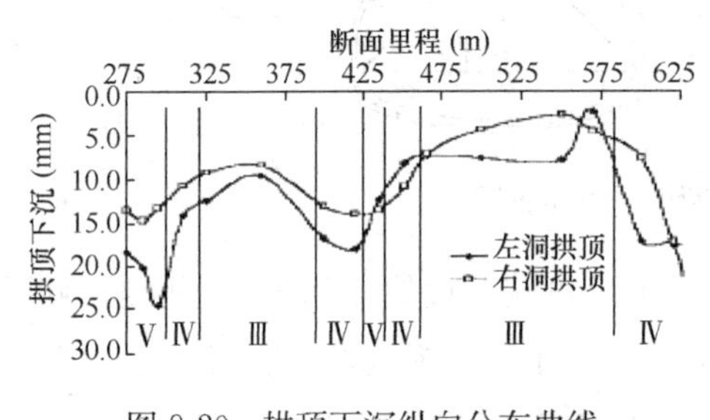

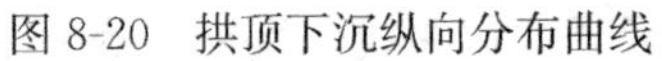
图 8-20 拱顶下沉纵向分布曲线

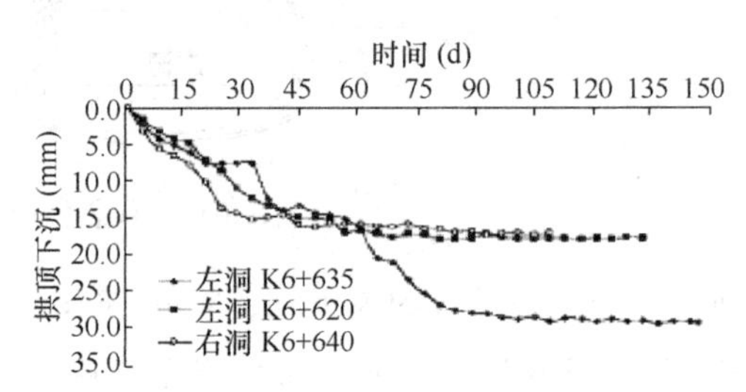

图 8-21 拱顶下沉时程曲线

按围岩分级的拱顶下沉统计值（单位：mm） **表 8-23**

围岩级别	洞的类别	拱顶下沉		
		最大值	平均值	双洞平均
Ⅴ	左洞	29.04	21.2	18.2
	右洞	17.21	15.2	
Ⅳ	左洞	17.21	12.6	11.5
	右洞	14.05	10.4	
Ⅲ	左洞	15.64	8.3	6.7
	右洞	8.45	5.0	

（3）洞周收敛

洞周收敛监测左洞和右洞各布置 19 个断面，每个断面布置两个三角形闭合测线，进行 12 条测线的收敛监测。隧道洞口浅埋段岩性较差，且施工开挖复杂、扰动大，使得收敛变形相对较大，最大水平测线收敛变形为 11mm，但相对收敛均小于 0.1%，洞身段收敛测线变形相对较小，平均为 4mm，且收敛稳定时间较快。Ⅴ级围岩中稳定时间大约为 30d，Ⅳ、Ⅲ 级围岩中大约为 20d。整体上，水平测线收敛变形比其他测线收敛变形大，可以认为变形主要来自山体两侧，表明围岩水平挤压作用较明显。

图 8-22 为左洞 K6+650 断面水平测线收敛变形、测线离掌子面的距离与时间的关系曲线，从图中可以看出，下断面开挖和仰拱开挖均使水平测线产生较大的收敛，但随后便

迅速减小达到稳定。当下开挖面距离监测断面 60 m 左右时变形趋于稳定，当仰拱面距离监测断面 40m 时变形趋于稳定，时间大约是 20d。围岩变形与监测点到开挖面的距离（L）和隧道直径（D）密切相关，理论上，收敛位移与 L/D 成指数关系，一般在 L/D 达到 2～3 后基本稳定，以后就迅速减小直至稳定。

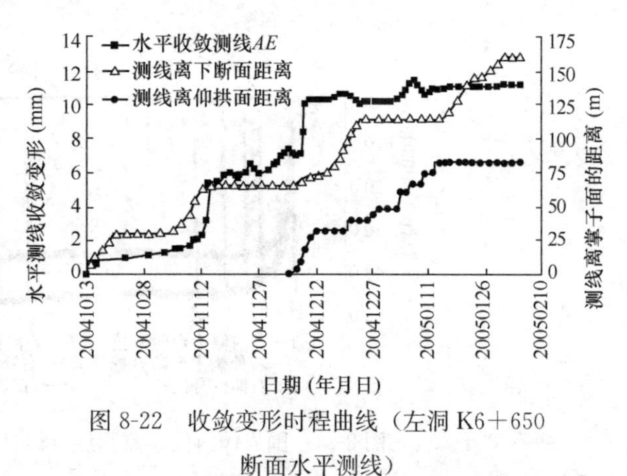

图 8-22 收敛变形时程曲线（左洞 K6＋650 断面水平测线）

（4）围岩体内位移

围岩内位移监测共布置 2 个断面，均在系统监测断面上，其中每个断面的两个隧道拱顶和拱部各布置 6 个钻孔，如图 8-23 所示，每个钻孔中沿深度布设有 4 个监测点，钻孔深度为 49m。以 K02 多点位移计观测孔为例，该测孔位于 K6＋630 断面右洞拱顶，属于 V 级围岩，4 个监测点位移时程曲线及位移变化趋势线如图 8-24 所示。从图 8-24 中可以看出，隧道洞周围岩位移基本上经历了“急剧变化→缓慢变化→基本稳定”的过程。隧道开挖初期，洞周围岩内部各测点变形很小，当隧道各开挖部先后通过监测面时，各测点位移显著增长，且离洞壁最近测点位移最大，离洞壁越远位移越小。从稳定时间和空间上看，当仰拱开挖完毕时，测点位移达最大位移的 85%左右，而当仰拱面通过监测面大约 30m 时，各点位移已基本达到稳定。

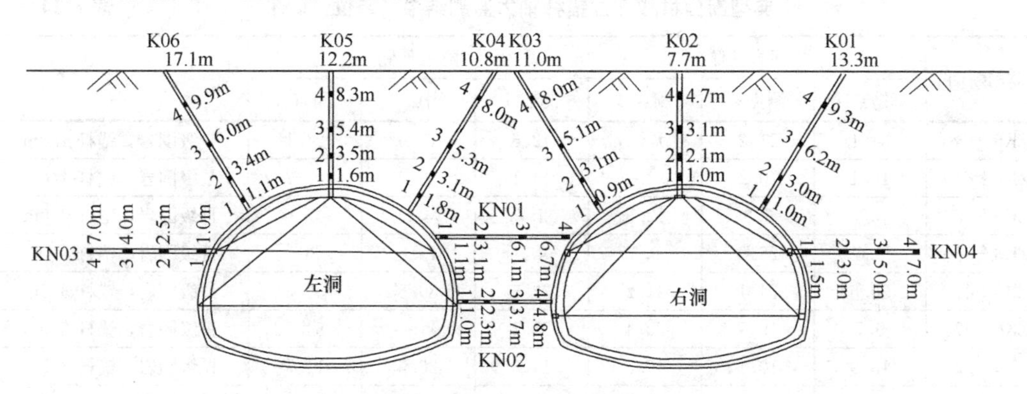

图 8-23 地表多点位移计布置示意图（K6＋630 断面）

（5）锚杆轴力

为了研究锚杆轴力分布规律、判断锚杆长度和密度是否合理，在多个隧道断面上沿隧道周边的拱腰和边墙打设 4 个测孔，如图 8-25 所示；根据围岩级别不同、锚杆设计长度不同，钻孔深度在 3.2～4.2m 之间，孔径 50mm，每根锚杆布设 3 个钢筋应力计，如图 8-25所示。

鉴于监测结果下台阶边墙处锚杆轴力整体较小，且小于上台阶拱腰处锚杆轴力，因

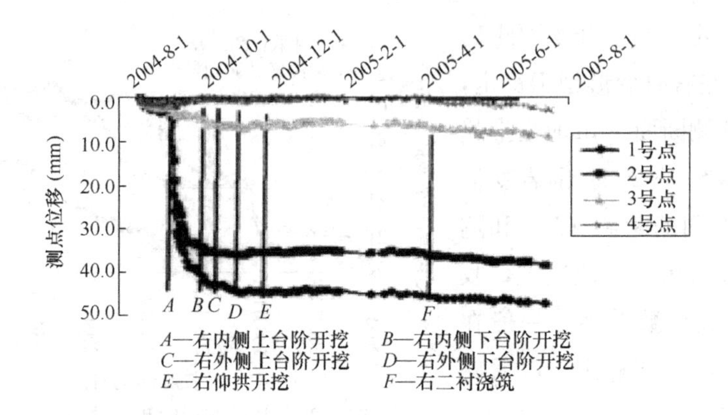

图 8-24 围岩体内位移监测点位移时程曲线（K02 测孔）

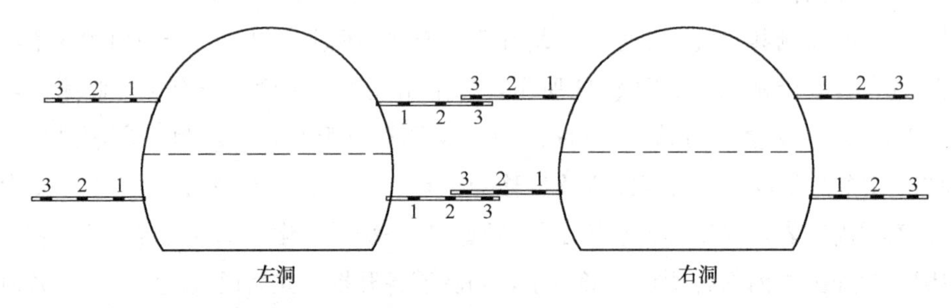

图 8-25 锚杆轴力测点布置示意图

此，此处仅列出部分断面拱腰处锚杆轴力监测结果，如表 8-24 所示。

典型断面拱腰部位锚杆轴力监测结果（单位：kN） **表 8-24**

监测断面	中间岩柱侧			隧道外侧			备注
	测点 1	测点 2	测点 3	测点 1	测点 2	测点 3	
ZK6+640	34.1	51.2	14.1	12.6	19.6	24.1	Ⅴ级围岩，锚杆 4.0m
ZK6+640	16.1	70.2	21.2	14.1	65.0	18.7	Ⅴ级围岩，锚杆 4.0m
ZK6+550	5.3	6.9	12.5	4.7	4.8	2.9	Ⅲ级围岩，锚杆 3.0m
ZK6+550	5.0	25.6	9.3	4.3	13.6	3.2	Ⅲ级围岩，锚杆 3.0m
ZK6+475	30.6	74.1	41.2	22.5	80.5	52.6	Ⅴ级围岩，锚杆 3.5m
ZK6+475	9.7	19.5	23.4	25.1	41.0	64.5	Ⅳ级围岩，锚杆 3.0m
ZK6+320	13.9	10.1	10.8	14.5	23.6	11.5	Ⅳ级围岩，锚杆 3.5m
ZK6+320	22.4	28.3	17.1	16.5	26.7	12.2	Ⅳ级围岩，锚杆 3.5m

以Ⅴ级围岩为例，从表中可以看出，各监测断面锚杆轴力均相对较大，最大轴力达到 50～80kN，但整体上其最大轴力基本出现在测点 2 处，而测点 1 和测点 3 处即锚杆两端部轴力相对较小，表明锚杆最大应力发生在锚杆前中部，锚杆对围岩的锚固作用得到了较好的发挥；在 ZK6＋475 里程处，锚杆设计长度 3.5m，虽然最大应力发生在锚杆中部，但锚杆端部应力仍相对较大，结合多点位移计监测结果，可以认为该隧道Ⅴ级围岩段锚杆设计长度为 4.0m 是合理可行的。在施工过程中，应进一步改进控制爆破工艺，以减少爆破对围岩尤其是中间岩柱的破坏，减小围岩松动区的范围。

(6) 围岩压力和支护间压力

隧道左、右洞 K6+625 断面各测点压力 - 时间曲线如图 8-26 所示。由于隧道分部开挖相互影响，压力盒埋设初期，各监测点压力随掌子面推进起伏较大，但从整体上看，当仰拱浇筑后，均基本达到稳定，表明喷层起到了支撑的作用；当二衬浇筑时，洞周应力重分布，各监测点压力值有所波动，但很快便趋于稳定。其中，4 月 7 日，左洞施作二衬，可能由于施工扰动引起围岩松动以及二衬整体受力水平挤压作用，使得隧道拱顶部压力发生突变增大约 0.2MPa，最大压力值达 0.48MPa，但随后便保持稳定，且其他各监测点也稳定收敛，最终监测值均较小，从整个断面来看，隧道是稳定的。

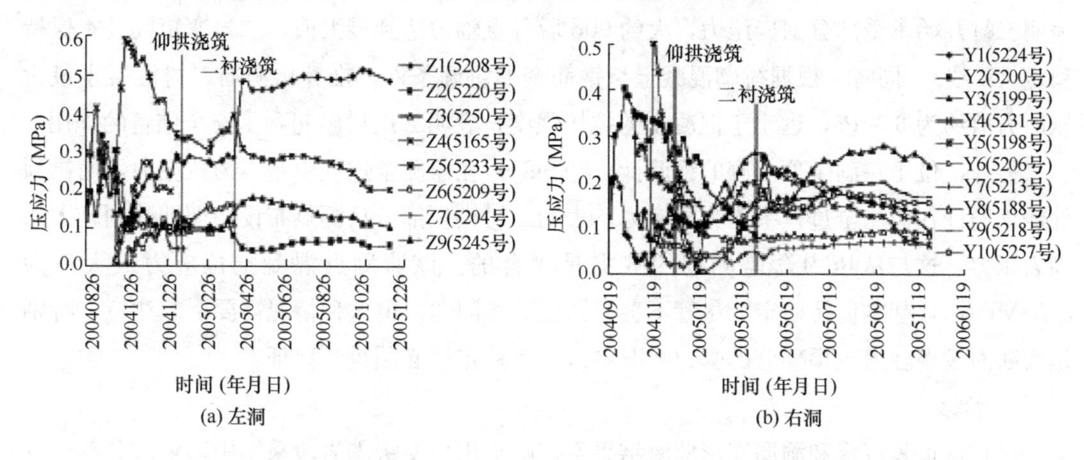

图 8-26 围岩压力和支护间压力时程曲线（K6+625 断面）

另外，由于隧道断面大，在分部开挖时，后施工部分对先施工邻近支护和围岩会产生多次扰动，监测中表现为压力读数逐渐减小，有时甚至出现突变，如左洞外侧上导坑拱脚 5233 号压力盒、内侧上导坑拱脚 5165 号压力盒、右洞外侧下导坑拱脚 5213 号压力盒和内侧下导坑拱脚 5206 号压力盒等，根据监测结果，开挖后及时支护并在相应拱脚处打设锁脚锚杆加固，从随后的监测数据看，加固的效果非常明显。

(7) 二衬内力

隧道左洞 K6+625 断面二衬各测点轴力 - 时间和弯矩-时间曲线如图 8-27 所示（轴力

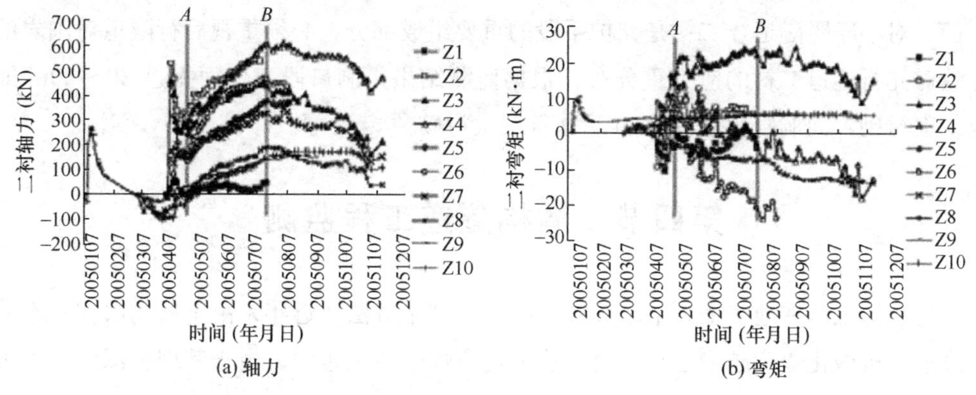

图 8-27 二衬内力时程曲线（左洞：K6+625 断面）

以受压为正，弯矩以二衬外侧受拉为正）。分析仰拱外侧 Z9 测点，外半幅仰拱浇筑初期，仰拱轴力迅速增长，随左洞内半幅仰拱开挖，轴力很快降低并转变为受拉，当内半幅仰拱浇筑后，内外侧仰拱封闭共同受力，各监测点轴力缓慢增长直至稳定，表明仰拱已承受洞周围岩及二衬传递的压应力。就整体而言，开挖过程中仰拱轴力存在拉力，但所测得的拉力值均较小，而且随后逐渐降低转变为压力，并基本达到稳定，最大轴力约为 160kN，在监测后期，各监测点的轴力均略有减小之势，但基本已达到稳定。

图 8-27 中可以看出，钢筋计埋设初期 20d 左右，洞周二衬内力经历了调整期（*A* 线），主要由二衬浇筑混凝土固结及应力重分布所致。随掌子面推进，二衬轴力稳步增长，表明二衬开始承受部分围岩压力，大约 90d 后各点轴力达到最大值，二衬弯矩则基本保持稳定（*B* 线）。同时，根据衬砌混凝土与钢筋变形协调条件，推算出洞周二衬混凝土最大压应力值约为 6 MPa，远小于混凝土的抗压强度，表明二次衬砌起到了安全储备的作用。

另外，位于左洞拱顶内侧的钢筋计（202983）在监测全过程中基本为拉应力，而拱顶外侧钢筋计在监测全过程中均为压应力，表明二衬拱顶部分从测点布设初期即受到较大的围岩压力，这与从压力盒监测到的数据是吻合的。该监测点混凝土拉应力最大值为 0.56MPa，且基本保持稳定，尽管不会有强度破坏问题，但这种情况需要引起注意，特别是大断面浅埋隧道拱顶部分的受力状况更差，其稳定性必须得到保证。

4. 结语

（1）从地表沉降和洞周变形监测结果看，隧道出口Ⅴ级围岩段采用中隔壁法分部开挖是可行的，尽管其施工工序复杂，但在进洞初期可以较好地控制围岩变形；

（2）隧道变形是时空效应共同作用的结果，开挖过程中，工作面影响范围一般为前后 30～40m，即 2～3 倍洞径范围，相应时间大约为 30d，而且围岩质量越好，稳定的时间也越短；

（3）比较隧道左、右两洞的变形和受力状态可以看出，右洞的状况相对要比左洞好一些，后行右洞的开挖对先行左洞的影响十分明显，设计和施工时应对此有充分的考虑；

（4）初期支护所起作用相当明显，隧道下台阶开挖后要及时进行支护，并确保上台阶初期支护拱脚的稳定，防止产生滑移，危害隧道整体稳定；

（5）对小净距隧道，二衬是支护手段的重要组成部分，必须重视后行隧道对围岩的扰动导致对先行隧道二衬的应力重分布。根据监测结果，洞口段工作面掘进 20～30m 即可施筑二次衬砌，而洞身段建议 40m 后施筑二次衬砌。

第四节　盾构隧道工程监测

盾构法施工是在地表面以下暗挖隧道的一种施工方法，近年来由于盾构法在技术上的不断改进，机械化程度越来越高，对地层的适应性也越来越强。由于其埋置深度可以很深而不影响地面建筑物和交通，因此在水底公路隧道、城市地下铁道和大型市政工程等领域均被广泛采用。在软土层中采用盾构法掘进隧道会引起地层不同程度的竖向和水平位移，即使采用先进的土压平衡和泥水平衡式盾构，并辅以盾尾注浆技术也难以完全防止。由于盾构穿越地层的地质条件千变万化，岩土介质的物理力学性质也异常复杂，而工程地质勘察总是局部的和有限的，因而对地质条件和岩土介质的物理力学性质的认识总存在诸多不确定性和不完善性。盾构隧道施工引起的地层移动和地面位移的影响因素多，计算理论和方法也还不够成熟，无法对其作出准确的估计。所以，需对盾构推进的全过程进行监测，并在施工过程中根据监测数据主动改进施工工艺和工艺参数，以保证盾构安全顺利地推进。随着城市隧道工程的增多，在既有建（构）筑物下、既有隧道下甚至机场跑道下进行盾构法隧道施工必须要求将地层移动控制到最低程度。为此，通过监测，掌握由盾构施工引起的周围地层的移动规律，及时采取必要的技术措施改进施工工艺和工艺参数，对于控制周围地层和地面位移量，确保邻近建（构）筑物的安全也是非常必要的。

在盾构隧道的设计阶段要根据周围环境、地质条件、施工工艺等特点，做出施工监测设计，在施工阶段要按监测结果及时反馈，以合理调整施工参数和采取技术措施，最大限度地减少地层移动，以确保工程安全并保护周围环境。施工监测的主要目的是：

（1）确保盾构隧道和邻近建（构）筑物的安全

根据监测数据，预测地表和地层变形及其发展趋势以及邻近建（构）筑物情况，决定是否需要采取保护措施，并为确定经济合理的保护措施提供依据；检查施工引起的地面和邻近建（构）筑物变形是否控制在允许的范围内；建立预警机制，控制盾构隧道施工对地面和邻近建（构）筑物的影响以减少工程保护费用；保证工程安全，避免隧道、地面和邻近建（构）筑物等的环境安全事故；当发生工程环境责任事故时，提供具有法律效力的数值证据。

（2）指导盾构隧道的施工，必要时调整施工工艺参数和设计参数

认识各种因素对地表和地层变形等的影响，以便有针对性地改进施工工艺和修改施工参数，减少地表和地层的变形，控制盾构施工对邻近建（构）筑物的影响。

（3）为盾构隧道设计和施工的技术进步收集积累资料

为研究岩土性质、地下水条件、施工方法与地表和地层变形的关系积累数据，为改进设计和施工提供依据，为研究地表竖向位移和地层变形的分析计算方法，尤其是为研究特殊的盾构隧道结构和特殊地层中的盾构施工工法等累积资料。

一、 监测项目和方法的确定

盾构法隧道施工监测项目的选择要考虑如下因素：

（1）工程地质和水文地质情况；

（2）隧道埋深、直径、结构形式和盾构施工工艺；

（3）双线隧道的间距；

（4）隧道施工影响范围内各种既有建（构）筑物的结构特点、形状尺寸及其与隧道轴线的相对位置；

(5) 设计提供的变形和其他控制值及其安全储备系数。

表 8-25 是《城市轨道交通工程监测技术规范》GB 50911—2013 规定的盾构隧道管片结构和周围岩土体的监测项目表，表中工程监测等级可划分为三级，是根据隧道工程的自身风险等级和周边环境风险等级确定的，具体划分如下：

一级：隧道工程的自身风险等级为一级或周边环境风险等级为一级的隧道工程；

二级：隧道工程的自身风险等级为二级，且周边环境风险等级为二～四级的隧道工程；隧道工程的自身风险等级为三级，且周边环境风险等级为二级的隧道工程；

三级：隧道工程的自身风险等级为三级，且周边环境风险等级为三～四级的隧道工程。

其中，隧道工程的自身风险等级划分标准为：超浅埋隧道和超大断面隧道属一级；浅埋隧道、近距离并行或交叠的隧道、盾构始发与接收区段以及大断面隧道属二级；深埋隧道和一般断面隧道属三级。

周边环境风险等级的划分如表 8-26 所示。

对于具体的隧道工程，还需要根据每个工程的具体情况、特殊要求、经费投入等因素综合确定，目标是要使施工监测能最大限度地反映周围土体和建筑物的变形情况，不导致对周围建筑物的有害破坏。对于某一些施工细节和施工工艺参数需在施工时通过监测确定的，则要专门进行研究性监测。

监测方法应根据监测对象和监测项目的特点、工程监测等级、设计要求、精度要求、场地条件和当地工程经验等综合确定，并应合理易行。监测过程中，应做好监测点和传感器的保护工作，测斜管、水位观测孔、分层竖向位移管等管口应砌筑窨井，并加盖保护；应力应变等传感器应防止信号线被损坏。

各项目监测精度和监测方法的确定可以参见本章第二节、第三节的相关内容。

盾构隧道管片结构和周围岩土体监测项目　表 8-25

序号	监测项目	工程监测等级		
		一级	二级	三级
1	管片结构竖向位移	√	√	√
2	管片结构水平位移	○	○	○
3	管片结构周边收敛	√	√	√
4	管片结构内力	○	○	○
5	管片连接螺栓轴力	○	○	○
6	地表竖向位移	√	√	√
7	土体深层水平位移	○	○	○
8	土体分层竖向位移	○	○	○
9	管片周围压力	○	○	○
10	孔隙水压力	○	○	○

注：√——必测项目，○——选测项目。

周边环境风险等级　　表 8-26

周边环境风险等级	等级划分标准
一级	主要影响区内存在既有轨道交通设施、重要建（构）筑物、重要桥梁与隧道、河流或湖泊
二级	主要影响区内存在一般建（构）筑物、一般桥梁与隧道、高速公路或地下管线； 次要影响区存在既有轨道交通设施、重要建（构）筑物、重要桥梁与隧道、河流或湖泊； 隧道工程上穿既有轨道交通设施
三级	主要影响区内存在城市重要道路、一般地下管线或一般市政设施； 次要影响区内存在一般建（构）筑物、一般桥梁与隧道、高速公路或地下管线
四级	次要影响区内存在城市重要道路、一般地下管线或一般市政设施

二、监测断面和测点布置

1. 监测断面布置

监测断面分纵向和横向监测断面，沿隧道轴线方向布置的是纵向监测断面，垂直于隧道轴线方向布置的是横向监测断面。横向监测断面布置与周边环境、地质条件以及监测等级有关，当监测等级为一级时，间距为 50～100m；当监测等级为二级、三级时，间距为 100～150m。如下情况需专门布置横向监测断面：

(1) 盾构始发与接收段、联络通道附近、左右线交叠或邻近段、小半径曲线段等区段；

(2) 存在地层偏压、围岩软硬不均、地下水位较高等地质条件复杂区段；

(3) 下穿或临近重要建（构）筑物、地下管线、河流湖泊等周边环境条件复杂区段。

遇到如下情况时，需要布设横向监测断面，并且在监测断面上要布设土层深层水平位移和分层竖向位移监测项目：

(1) 地层疏松、土洞、溶洞、破碎带等地质条件复杂地段；

(2) 软土、膨胀性岩土、湿陷性土等特殊性岩土地段；

(3) 工程施工对岩土扰动较大或临近重要建（构）筑物、地下管线等地段。

而在隧道管片结构受力和变形较大、存在饱和软土和易产生液化的粉细砂土层等有代表性区段，需要布设横向监测断面，并且在监测断面上要布设管片周围土压力和孔隙水压力以及地下水位监测项目。

所有监测项目，无论是必测项目还是选测项目均应尽量布置在同一监测断面上。

2. 测点布设

纵向和横向监测断面上都需进行地表水平位移和地表竖向位移监测。

盾构隧道地表水平位移和竖向位移纵向监测断面测点的布设一般需保证盾构顶部始终有监测点，所以，沿轴线方向监测点间距一般小于盾构长度，通常为 3～10m 一个测点。横向监测断面上，从盾构轴线由中心向两侧一般布设 7～11 个监测点，主要影响区的监测点按间距从 3m 到 5m 递增布设，次要影响区的测点按间距从 5m 到 10m 递增布设。布设的范围一般为盾构外径的 2～3 倍，在该范围内的建筑物和管线等则需进行变形监测，监测点布设方法见第七章。

在地表竖向位移控制要求较高的地区，往往在盾构推进起始段进行以土体变形为主的监测，如图 8-28 所示。土层深层水平位移和分层竖向位移监测点一般沿盾构前方两侧布置，以分析盾构推进中对土体扰动引起的水平位移，或者在隧道中心线上布置，以诊查施工状态和工艺参数。土体回弹监测点一般设置在盾构前方一侧的盾构底部以上土体中，以分析这种回弹量可能引起的隧道下卧土层的再固结沉降。

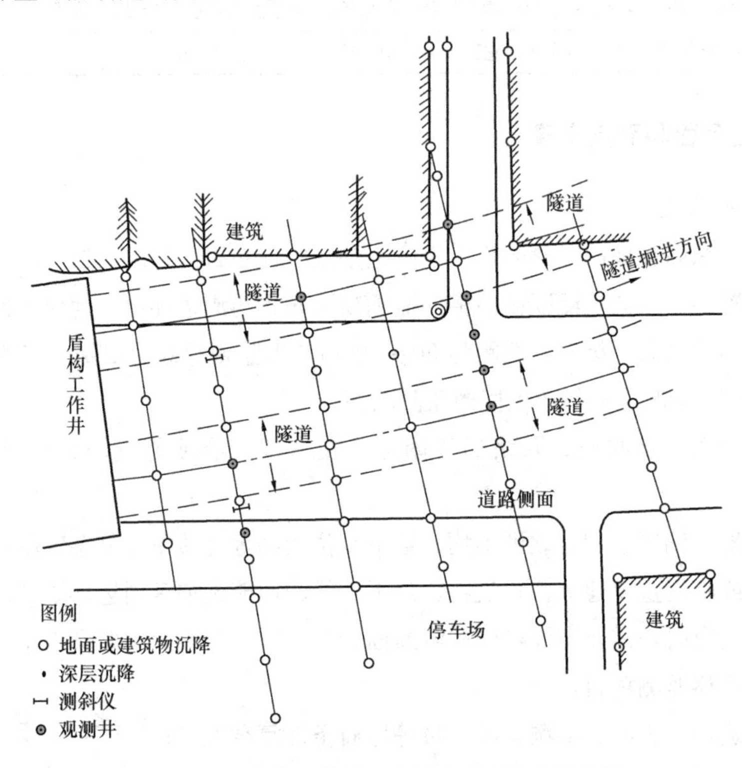

图 8-28 盾构推进起始段土体变形测点布设实例

盾构隧道管片结构变形监测项目一般布设在监测断面的拱顶、拱底及两侧拱腰处，其中拱顶与拱底的周边收敛监测点同时作为隧道结构竖向位移的监测点，拱腰处的周边收敛监测点同时作为水平位移监测点。管片结构内外力监测项目一般在每个监测断面上布设不少于 5 个测点。一般尽可能沿圆周均匀布置，同时结合管片分块情况，尽可能使每块管片上都埋设有管片结构内外力监测的传感器。

盾构隧道周围土层孔隙水压力和土压力的监测点一般在水压力变化影响深度范围内按土层分布情况布设，钻孔内的测点间距为 2～5m，测点数量不少于 3 个。地下水位监测采用专门打设的水位观测井分全长水位观测井和特定水位观测井，全长水位观测井设置在隧道中心线或在隧道一侧，井管深度自地面到隧道底部，沿井管全长开透水孔，如图 8-29 所示；特定水位观测井是为观测特定土层中和特定部位的地下水位而专门设置的，如监测某一个或几个含水层中的地下水位的水位观测井，设置于接近盾构顶部这样的关键点上的水位观测井，监测隧道直径范围内土层中水位的观测井，监测隧道底下透水地层的水位观测井，如图 8-29 所示。

地下管线监测点的布置参见本章第二节。地表竖向位移监测必须将地表桩埋入道面下的土层中才能比较真实地测量出地表竖向位移。铁路的竖向位移监测必须同时监测路基和铁轨的竖向位移。

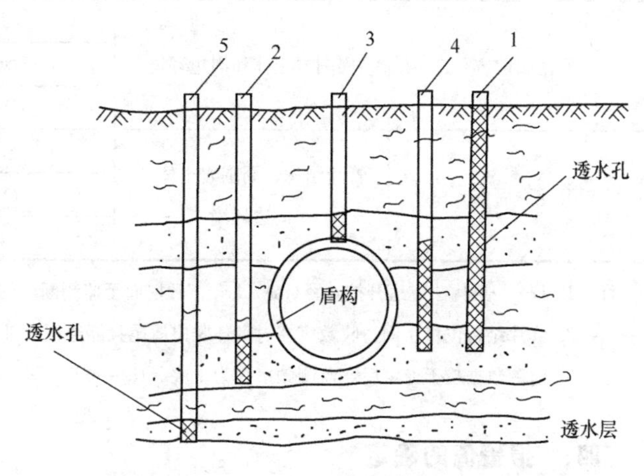

图 8-29 监测隧道周围地层地下水位的水位观测井
1—全长水位观测井；2—监测特定土层的水位观测井；3—接近盾构顶部水位观测井；4—隧道直径范围内土层中水位的观测井；5—隧道底下透水地层的水位观测井

在监测点的布设中，还要按照施工现场的实际情况，根据以下原则灵活调整：

(1) 在现场布置监测点时，当实际地形不允许按监测方案布置时，应尽量靠近设计位置布设，以能达到监测目的为原则；

(2) 为验证设计参数而设的监测点应布置在设计最不利位置和断面，为指导施工而设的监测点应布置在相同工况下最先施工部位，其目的是能及时反馈信息，以修改设计和指导施工；

(3) 地表变形监测点的位置既要考虑反映对象的变形特征，又要便于采用仪器进行监测，还要有利于监测点的保护；

(4) 深埋监测点（结构变形监测点等）不能妨碍结构的正常受力，不能削弱结构的刚度和强度；

(5) 各类监测点的布置在时间和空间上有机结合，力求同一监测部位能同时反映不同的物理变化量，以便能找出其内在的联系和变化规律；

(6) 监测点的埋设应提前一定的时间，并及时进行初始状态数据的量测；

(7) 监测点在施工过程中一旦破坏，尽快在原来的位置或尽量靠近原来位置补设，以保证该监测点监测数据的连续性。

三、 监测频率的确定

《城市轨道交通工程监测技术规范》GB 50911—2013 对盾构隧道施工监测频率所做的规定如表 8-27 所示。将开挖面前方和后方的监测频率分开规定，并根据开挖面与监测点或监测断面的水平距离确定频率的大小。开挖面前方主要监测周围岩土体和环境上的监测项目，开挖面后方则再增加管片结构上的监测项目。

当各监测项目的量值趋于稳定时可以结束监测。

盾构隧道工程施工监测频率 表 8-27

监测部位	监测对象	开挖面至监测点或监测断面的距离	监测频率
开挖面前方	周围岩土体和周边环境	$L \leqslant 3D$	1 次/1d
		$3D < L \leqslant 5D$	1 次/2d
		$5D < L \leqslant 8D$	1 次/(3～5d)
开挖面后方	管片结构、周围岩土体和周边环境	$L \leqslant 3D$	(1～2 次)/1d
		$3D < L \leqslant 8D$	1 次/(1～2d)
		$L > 8D$	1 次/(3～7d)

注：1. D——盾构法隧道开挖直径(m)，L——开挖面至监测断面的水平距离(m)；

2. 管片结构位移、周边收敛宜在衬砌环脱出盾尾且能通视时进行监测；

3. 监测数据趋于稳定后，监测频率宜为 1 次/(15～30d)。

四、 报警值的确定

盾构隧道施工监测的报警值通常是监测项目的控制值，监测项目控制值应按监测项目的性质分为变形监测控制值和力学监测控制值。变形监测控制值应包括变形监测数据的累计变化值和变化速率值；力学监测控制值宜包括力学监测数据的最大值和最小值。盾构施工过程中，当监测数据达到规定的控制值时，必须进行警情报送。

地表和盾构隧道管片结构的竖向位移、周边收敛控制值应根据工程地质条件、隧道设计参数、工程监测等级及当地工程经验等确定，当无地方经验时，可按表 8-28 和表 8-29 确定（来自《城市轨道交通工程监测技术规范》GB 50911—2013）。

盾构隧道管片结构竖向位移、周边收敛控制 表 8-28

检测项目及岩土类型		累计值 (mm)	变化速率 (mm/d)
管片结构沉降	坚硬～中硬土	10～20	2
	中软～软弱土	20～30	3
管片结构差异沉降		$0.04\%L_g$	—
管片结构净空收敛		$0.02\%D$	3

注：L_g——沿隧道轴向两监测点距离；D——隧道开挖直径。

盾构隧道地表沉降控制值 表 8-29

监测项目及岩土类型		工程监测等级					
		一级		二级		三级	
		累计值 (mm)	变化速率 (mm/d)	累计值 (mm)	变化速率 (mm/d)	累计值 (mm)	变化速率 (mm/d)
地表沉降	硬土～中硬土	10～20	3	20～30	4	30～40	4
	中软～软弱土	15～25	3	25～35	4	35～45	5
地表隆起		10	3	10	3	10	3

注：本表主要适用于标准断面的盾构法隧道工程。

盾构隧道穿越或临近高速工程和铁路线施工时，监测项目的控制值应根据对应行业规范的要求。对风险等级较高或有特殊要求的高速公路、城市道路和铁路线，要通过现场探测和安全性评估，并结合地方工程经验，确定其竖向位移等的控制值。当无地方工程经验时，对风险等级较低且无特殊要求的高速公路与城市道路的路基、既有铁路路基竖向位移控制值可参考表 8-30（来自《城市轨道交通工程监测技术规范》GB 50911—2013），且既有铁路路基差异竖向位移控制值宜小于 0.04%L_t（L_t 为沿铁路走向两监测点间距）。

路基沉降控制值　**表 8-30**

监测控制量		累计值（mm）	变化速率（mm/d）
高速公路、城市主干道		10～30	3
一般城市道路		20～40	3
既有铁路沉降	整体道床	10～20	1.5
	碎石道床	20～30	1.5

五、地表变形曲线分析

盾构施工监测的所有数据应及时整理并绘制成有关的图表，施工监测数据的整理和分析必须与盾构的施工参数采集相结合，如开挖面土压力、盾构推力、盾构姿态、出土量、盾尾注浆量等。盾构推进引起的地表竖向位移绘制成竖向位移时程曲线图和横剖面竖向位移槽图，如图 8-30 所示。在地表竖向位移时程曲线图上应标记重要的工况，如盾构到达、盾尾通过、壁后注浆。地表横剖面竖向位移槽是垂直盾构推进方向的横剖面上若干个地表

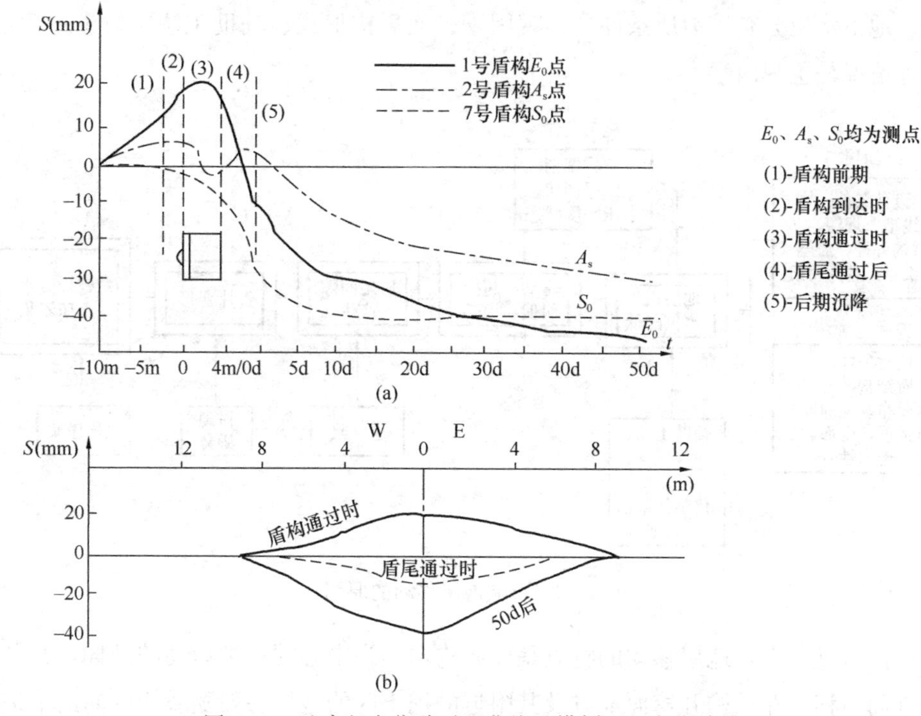

图 8-30　地表竖向位移时程曲线及横剖面竖向位移槽

监测点在特殊工况和特殊时间的地表变形的形象图。在纵向和横向沉降槽曲线上也要标记典型工况和典型时间点，如：盾构到达、盾尾通过、……、1 个月后。根据横断面地表变形曲线与预计计算出的沉降槽曲线相比，若两者较接近，说明盾构施工基本正常，盾构施工参数合理，若实测沉降值偏大，说明地层损失过大，需要按监测反馈资料调整盾构正面推力、压浆时间、压浆数量和压力、推进速度、出土量等施工参数，以达到控制沉降的最优效果。

双孔盾构隧道施工中隧道上方的地表横剖面竖向位移槽（地表沉降槽）和分层竖向位移的实测曲线如图 8-31 所示。

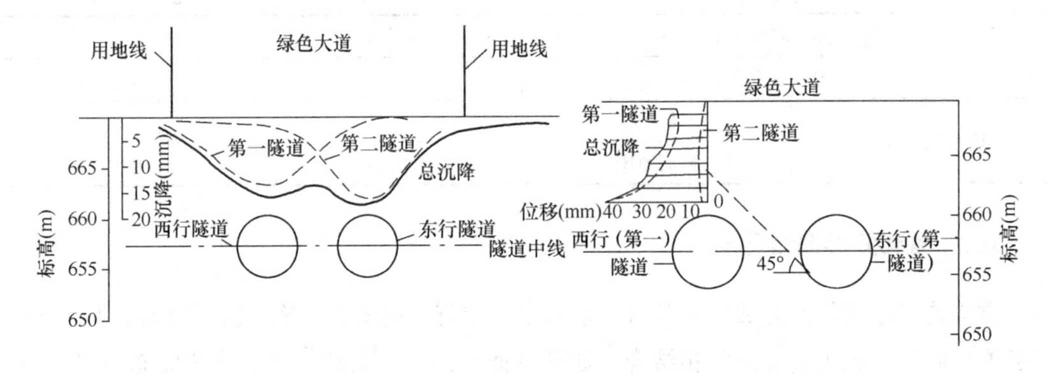

图 8-31 双孔隧道上方的沉降监测结果

盾构推进引起的地层移动因素有盾构直径、埋深、土质、盾构施工情况等，影响地层移动的原因如图 8-32 所示，其中隧道线型、盾构外径、埋深等设计条件和土的强度、变形特性、地下水位分布等地质条件是客观因素。而盾构形式、辅助工法、衬砌壁后注浆、施工管理情况是主观因素。

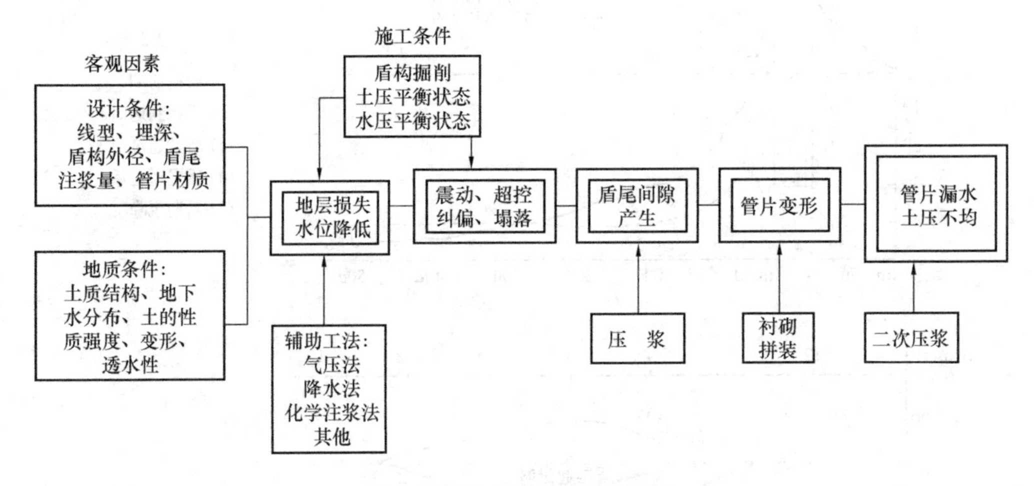

图 8-32 影响地层移动的原因

盾构推进过程中，地层移动的特点是以盾构本体为中心的三维运动的延伸，其分布随盾构推进而前移。在盾构开挖面前方及其附近的挖土区的地层一般随盾构的向前推进而产生竖向位移，但也会因盾构出土量少而使土体向上隆起。挖土区以外的地层，因盾构外壳与土的摩擦作用而沿推进方向挤压，盾尾地层因盾尾部的间隙未能完全及时地充填而发生竖向位移。

1. 地层移动特征

根据对地层移动的大量实测资料的分析，按地层竖向位移变化曲线的情况，大致可分为 5 个阶段：

（1）前期竖向位移，发生在盾构开挖面前 3m～（$H+D$）范围（H 为隧道上部土层的覆盖深度，D 为盾构外径），地下水位随盾构推进而下降，使地层的有效土压力增加而产生压缩、固结的竖向位移；

（2）开挖面前的隆起，发生在切口即将到达监测点，开挖面坍塌导致地层应力释放使地表产生竖向位移，盾构推力过大而出土量偏少使地层应力增大、地表隆起，盾构周围与土体的摩擦力作用使地层产生弹塑性变形；

（3）盾构通过时的竖向位移，从切口到达至盾尾通过之间产生的竖向位移，主要是由于土体扰动引起的；

（4）盾尾间隙的竖向位移，盾构外径与隧道外径之间的空隙在盾尾通过后，由于注浆不及时和注浆量不足而引起地层损失及弹塑性变形；

（5）后期竖向位移，盾尾通过后由于地层扰动引起的次固结竖向位移。

2. 地表竖向位移的估算

地表竖向位移的估算方法主要有派克（Peck）法。派克法认为竖向位移槽的体积等于地层损失的体积，并假定地层损失在隧道长度上均匀分布，地表竖向位移的横向分布为正态分布，如图 8-33 所示。

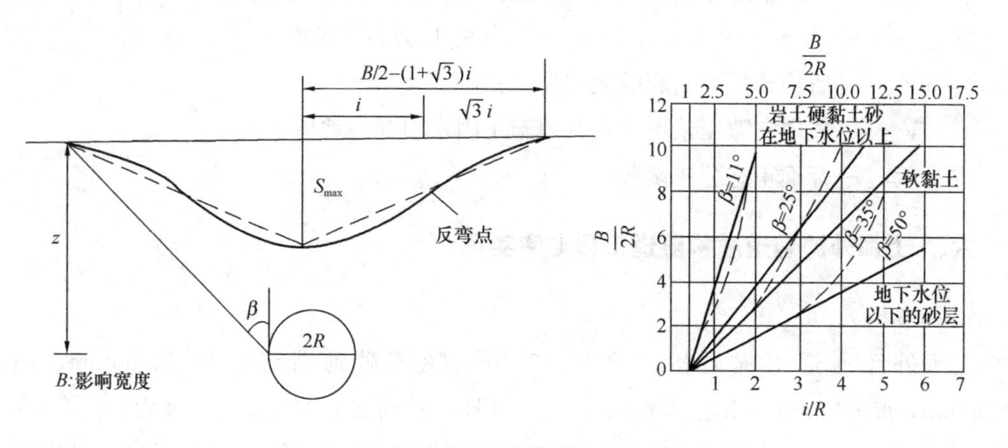

图 8-33　地表竖向位移的横向分布为正态分布

隧道上方地表竖向位移槽的横向分布的地表竖向位移量按下式估算：

$$s(x)=\frac{V_i}{\sqrt{2\pi}i}e^{\left(\frac{x^2}{2i^2}\right)} \tag{8-4}$$

式中 $s(x)$ ——隧道横剖面上的竖向位移量（m）；

V_i——沿隧道纵轴线的地层损失量（m^3/m）；

x——距隧道纵轴线的距离（m）；

i——竖向位移槽宽度系数，即隧道中心至竖向位移曲线反弯点的距离（m）。

沿隧道纵轴线的地表竖向位移曲线如图 8-34 所示，某点的竖向位移量可以按下式估算：

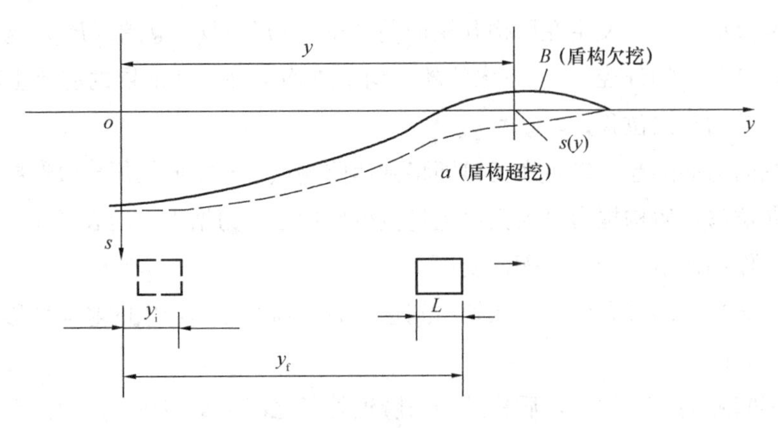

图 8-34 沿纵向隧道轴线的地表竖向位移曲线

$$s(y)=\frac{V_{i1}}{\sqrt{2\pi}i}\left[\Phi\left(\frac{y-y_i}{i}\right)-\Phi\left(\frac{y-y_f}{i}\right)\right]+\frac{V_{i2}}{\sqrt{2\pi}i}\left[\Phi\left(\frac{y-y_i^n}{i}\right)-\Phi\left(\frac{y-y_f^n}{i}\right)\right] \tag{8-5}$$

式中 $s(y)$ ——沿隧道纵轴线分布的竖向位移量（m）；

y、y_f——分别为竖向位移监测点和盾构开挖面至坐标轴原点 O 的距离（m）；

y_i——盾构推进起始点处盾构开挖面至原点 O 的距离（m）；

y_i^n、y_f^n—— $y_i^n=y_i-L$；$y_f^n=y_f-L$，其中 L 为盾构长度；

V_{i1}——盾构开挖面引起的地层损失；

V_{i2}——盾尾空隙压浆不足及其他施工因素引起的地层损失；

Φ——标准正态分布函数。

六、上海外滩通道盾构隧道工程监测实例

1. 工程概况

上海外滩通道工程盾构段全长 1098m，隧道衬砌结构外径 13950mm，内径 12750mm，厚 600mm，环宽 2000mm，共 549 环，盾构隧道主线最大纵坡为 5.0%。采用 ϕ14270mm 的土压平衡盾构施工，从天潼路盾构工作井出洞，到福州路盾构工作井进洞。

盾构从天潼路工作井出洞后沿线穿越众多重要建（构）筑物，其中主要有浦江饭店、上海大厦、外白渡桥、南京东路地下通道、北京东路地下通道、地铁 2 号线及外滩万国建筑群。盾构沿中山东一路推进时，上方有大量管线。隧道覆土厚度约 8～24m，隧道主要分布于②$_{3-1}$灰色黏质粉土夹粉质黏土、②$_{3-2}$灰色砂质粉土、③淤泥质粉质黏土、④淤泥质

黏土、$⑤_1$粉质黏土及$⑤_3$粉质黏土夹黏质粉土中。浅部土层中的地下水类型为潜水，稳定水位埋深为0.90～2.50m（绝对标高为0.81～2.66m），平均埋深为1.55m（平均标高为1.76m）。承压水分布于⑦（$⑦_1$、$⑦_2$）层和⑨层中，埋深分别为5.35～10.31m和13.80m。

2. 监测项目和方法

监测项目包括：①周边地下综合管线竖向位移；②周边建（构）筑物竖向位移；③盾构隧道沿线地表竖向位移；④隧道结构竖向位移；⑤隔离桩顶部竖向位移、水平位移；⑥隔离桩、围护结构深部水平位移；⑦土体分层竖向位移；⑧深层土体水平位移；⑨孔隙水压力；⑩土压力；⑪隧道管片外侧土压力；⑫隧道周边收敛监测。各监测项目布点情况如下：

（1）周边地下综合管线竖向位移

根据工程周边管线图和现场的实际情况，在盾构沿线影响范围内的上水管线上布设竖向位移监测点80点（编号S1～S80），在煤气管线上布设竖向位移监测点52点（编号M1～M52），在雨水管线上布设竖向位移监测点58点（编号Y1～Y58），在电力管线上布设竖向位移监测点5点（编号D1～D5），点距约15m。共计布设周边地下综合管线竖向位移监测点195点。

（2）周边建（构）筑物竖向位移

在盾构沿线施工影响范围内的建（构）筑物上共计设置竖向位移监测点318个，编号F1～F286、F45-1、F45-2、BTD1～BTD18（北京东路人行通道内布设的监测点）、NTD1～NTD12（南京东路人行通道内布设的监测点）。

（3）隧道沿线地表竖向位移

地表竖向位移同时布置横向与纵向监测剖面。

1）横向剖面布置：苏州河以北试验段按每5m设置一剖面；正常段按每10m设置一剖面；进洞前50m按每5m设置一剖面。具体布置如下：在工作井往外分别以5m、5m、5m、10m、10m、10m间距布设一横向监测剖面。距盾构工作井50m范围外的其他区段，按每50m布置一个横向监测剖面，共计设置35个横向剖面，编号为C1～C35。其中，第11、12剖面布设在苏州河防汛堤上，每组剖面测点的编号为A～I，如图8-35所示。

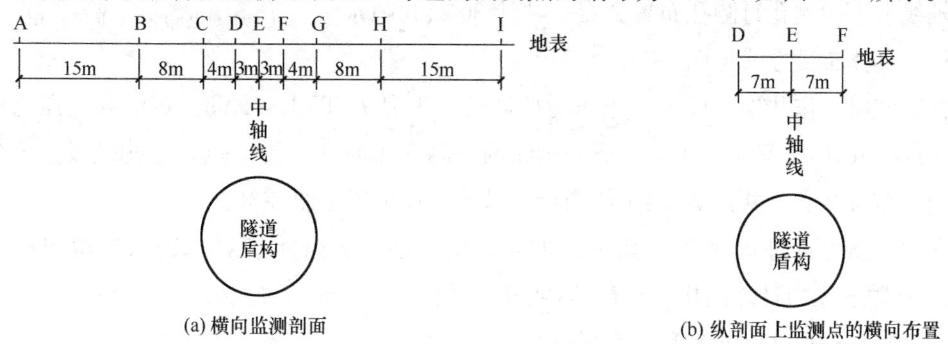

图8-35　地表竖向位移监测点布置示意图

2）纵向监测剖面上的测点布置：沿隧道纵轴线方向整体形成纵向监测剖面，沿盾构隧道纵轴线每 10m 布置一组监测点，但在盾构推进出洞段区段每 5m 布置一组监测点，遇建筑物、横向监测剖面线处跳过，共计布置 84 组监测点，编号为 B1～B84，每组纵向监测剖面布置 3 个监测点，编号为 D～F，如图 8-35 所示，即在隧道纵轴向上方布置一个监测点 E，在隧道纵轴向左右 7m（基本在盾构外边线）处各布置一个监测点 D、F。

（4）隧道结构竖向位移

在拼装完成的管片结构底部埋设竖向位移监测点，隧道进出洞段、苏州河下部每 6m（3 环）设一竖向位移监测点，其他段每 16m（8 环）设一竖向位移监测点。在盾构盾尾脱出地铁 2 号线后，在隧道轴线与地铁 2 号线相交附近区域，对测点进行加密。共计设置监测点 108 个，编号为：SDn（n 与管片环号相一致）。

（5）深层土体水平位移

在隔离桩与保护建筑间、天潼路工作井、福州路工作井外，以钻孔方式埋设带导槽 PVC 测斜管，以监测施工过程中深层土体水平位移。共布置 10 个深层土体水平位移监测孔，编号为 T01～T10。采用 ϕ110 钻头干钻进成孔后，埋设直径为 ϕ70 的专用 PVC 测斜管，下管后管周用中砂密实，孔顶附近再填充泥球，以防止地表水的渗入。

（6）土体分层沉降

在天潼路工作井外设置土体分层沉降监测孔，编号为 FC1～FC11，其中 FC1～FC6、FC11 测孔从孔口下每隔 4m 设置一只沉降磁环，每孔共设置 6 只磁环；监测孔 FC8 孔从孔口下每隔 5m 设置一只沉降磁环，共设置 7 只磁环；FC7、FC9、FC10 测孔从孔口下每隔 3m 设置一只沉降磁环，每孔共设置 8 只磁环。沉降磁环共计 73 只。

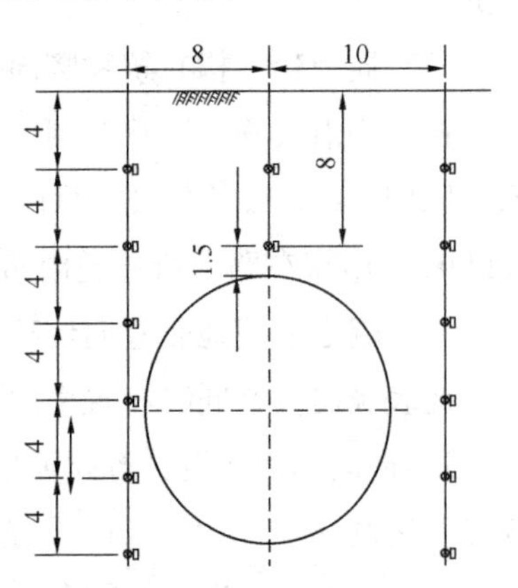

图 8-36 孔隙水压力和土压力测点布置（单位：m）

（7）孔隙水压力和土压力

在天潼路工作井外设置 7 个孔隙水压力监测孔，编号为 ST1～ST7，盾构轴线两侧测孔每测孔布置 6 点，盾构轴线上方的测孔每测孔布置 2 点，共计 30 只孔隙水压力计。具体布设方式见图 8-36。

在天潼路工作井外布设 8 个土压力监测孔，编号为 TY1～TY8。每测孔土压力测点布置 4 点，共计 32 只土压力计。盾构轴线两侧测孔每测孔布置 6 点，盾构轴线上方的测孔每测孔布置 2 点，共计 30 只土压力计。具体布设位置见图 8-36。

孔隙水压力计埋设采用一孔多点方式，用粗砂作为透水填料，透水层填料厚度取 0.8m，孔隙水压力计之间用黏土球填料隔离，投放黏土球时，应缓慢、均衡投入。

（8）隔离桩顶部竖向位移、水平位移

在浦江饭店与盾构推进线路间设置的隔离桩顶上布设竖向位移、水平位移监测点，以监测盾构推进过程中的隔离桩顶的变形，布设 8 点，编号 Q1～Q8。监测点利用长 8cm 带帽钢钉直接布置在新浇筑的隔离桩顶部，并测得稳定的初始值。

（9）隔离桩及围护结构深部水平位移监测

在隔离钻孔灌注桩内埋设带导槽 PVC 测斜管，以监测盾构推进期间隔离桩的深部水平位移。在浦江饭店侧隔离桩布置 4 个测斜孔，编号 P01～P04，孔深基本同桩深。在福州路工作井利用前期工作井基坑施工监测埋设的测斜管进行监测，以监测盾构进洞前围护结构的深部水平位移，计 1 个测斜孔，编号 P05。

在钢筋笼上以绑扎方式埋设带导槽 PVC 测斜管，管径为 70mm，内壁有二组互呈 90°的纵向导槽，导槽控制了监测方位。埋设时，应保证让一组导槽垂直于隔离桩围护体，另一组平行于隔离桩墙体。

（10）隧道管片外侧土压力

在隧道内（上海大厦侧、地铁 2 号线断面）布设 2 个土压力监测断面，编号为 NTY1～NTY2，每个断面布置 4 个，共 8 个柔性土压力监测点。隧道管片外侧 NTY1 监测断面土压力测点布置如图 8-37 所示。

（11）隧道周边收敛

与隧道内土压力监测断面相对应位置布置 2 个收敛监测断面，编号为 L1～L2。

在每个收敛监测断面上布设 4 个监测点，如图 8-38 所示。埋设时，先在监测点位置用冲击钻打一个稍大于膨胀螺栓直径的孔，然后将顶端加工有螺孔的膨胀螺栓拧紧，再将用不锈钢制作的挂钩一端拧进膨胀螺栓即可。

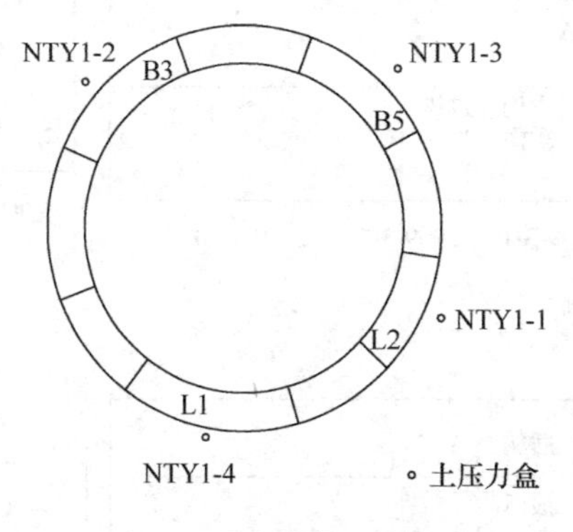

图 8-37　土压力监测断面测点布置示意图

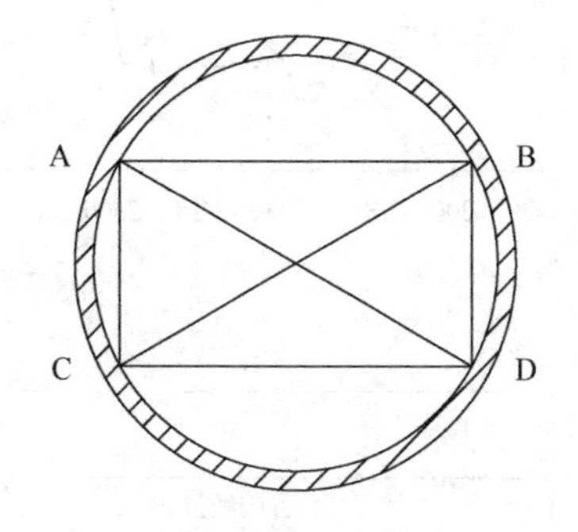

图 8-38　收敛监测断面测点布置示意图

3. 监测过程及结果分析

根据施工进展将监测工作分为以下几个阶段：盾构出洞段、盾构正常段、盾构进洞段，在各个阶段按盾构开挖面与监测断面的关系实施的监测频率如表 8-31 所示。

（1）出洞段地表竖向位移

图 8-39 为盾构出洞段隧道沿线监测点的地表竖向位移变化曲线，从图中可以看出地表竖向位移变化的一般规律为：在盾构到达监测剖面前有小幅向上位移，到达时有向下位移，随着

盾构推进再次产生向上位移，在盾尾完全脱出一段时间后才又转为向下位移收敛趋于稳定。

不同盾构施工阶段的监测频率　　表 8-31

监测对象 监测项目	出洞段			正常段			进洞段		
	$L=\pm50$（次/天）	$L=50\sim100$（次/天）	$L>100$（次/周）	$L=\pm50$（次/天）	$L=50\sim100$（次/天）	$L>100$（次/周）	$L=\pm50$（次/天）	$L=50\sim100$（次/天）	$L>100$（次/周）
地下管线竖向位移	5	2	1～2	2	1	2	2	2	1～2
地表竖向位移	5	2	1～2	2	1	2	2	2	1～2
建（构）筑物竖向位移	5	2	1～2	2	1	2	2	2	1～2
土体侧向位移	2	1	2	—	—	—	—	—	—
分层竖向位移	2	1	2	—	—	—	—	—	—
孔隙水压力	2	1	2	—	—	—	—	—	—
土压力	2	1	2	—	—	—	—	—	—
吴淞路闸桥竖向位移	—	—	—	2	1	2	—	—	—
隧道管片外侧土压力	—	—	—	2	1	2	—	—	—
隧道管片周边收敛	—	—	—	2	1	2	—	—	—
隧道沉降	各施工阶段均为 1 次/周								

注：L 表示盾构推进施工段后的距离（m）。

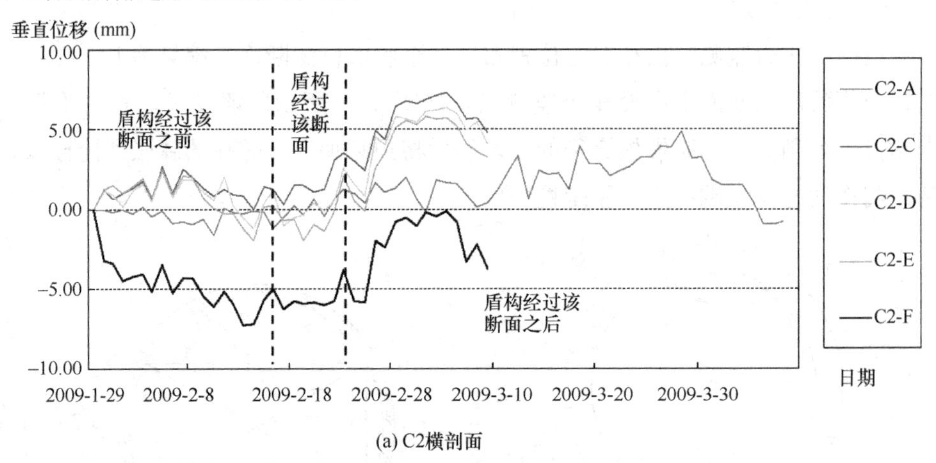

(a) C2横剖面

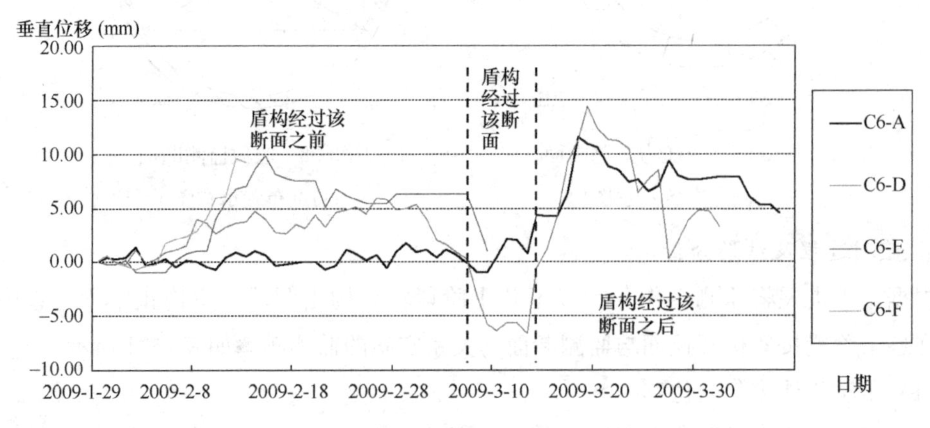

(b) C6横剖面

图 8-39　隧道横向剖面监测点地表竖向位移历时曲线

（2）出洞段深层土体水平位移

深层土体水平位移监测孔 T02、T06 位于盾构出洞段盾构轴线正上方，对于盾构轴线正上方的深层土体水平位移监测孔位移值为“+”表示向南位移，“−”值表示向北位移。图 8-40 为 T02、T06 孔深层土体水平位移曲线图，从图中可以看出，深层土体水平位移随着盾构刀盘的接近向盾构推进方向逐渐增大，盾构刀盘经过测斜管一段距离后达到其最大值，之后随着盾构的远离其值有所减小。

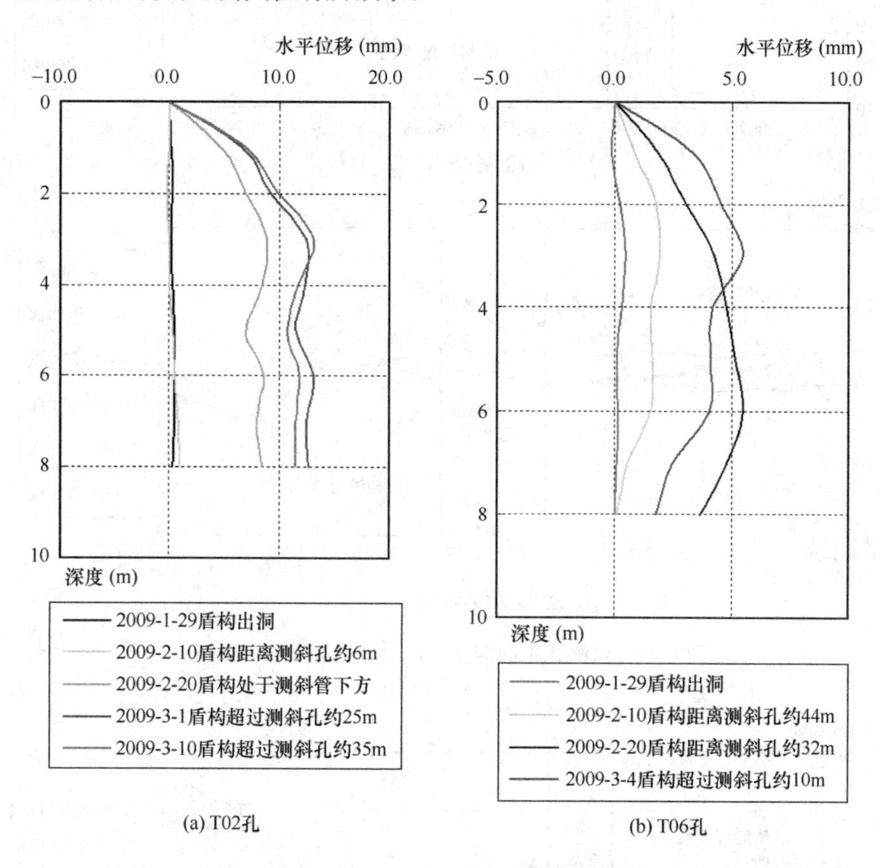

图 8-40　深层土体水平位移曲线图

（3）出洞段孔隙水压力

图 8-41 为 ST1、ST3 监测孔各深度孔隙水压力变化曲线，其变化规律为：随着盾构刀盘的临近孔隙水压力略有增大，盾构刀盘经过之后有小幅增加，随着盾构刀盘的远离其维持一段时间后又减小。

（4）出洞段土体分层竖向位移

图 8-42 为土体分层竖向位移监测孔 FC3 各深度测点的变化曲线，从图中可以看出，在盾构刀盘到达前有小幅下沉，随着盾构刀盘的接近均有向上位移，在盾构通过后均有明显的向上位移。

（5）出洞段土压力

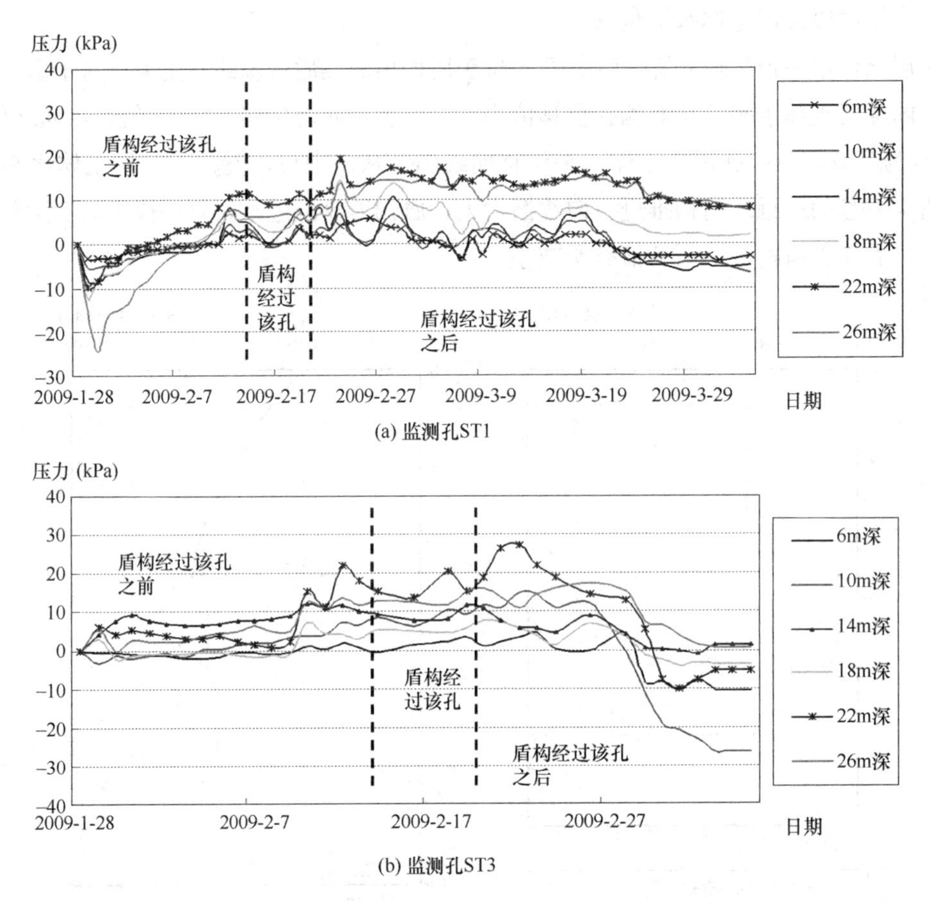

图 8-41 监测孔不同深度孔隙水压力变化历时曲线

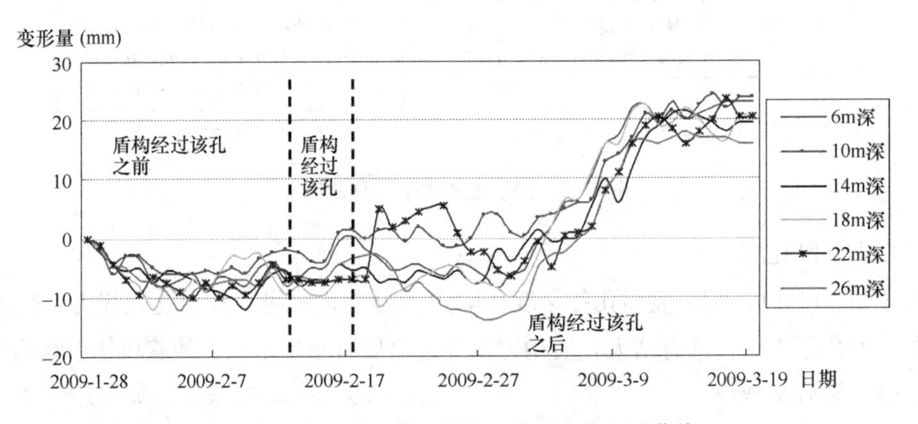

图 8-42 FC3 孔土体分层竖向位移变化历时曲线

图 8-43 为土压力监测孔 TY1、TY3 各深度土压力变化曲线。土压力监测孔 TY1、孔隙水压力监测孔 ST1 位于同一区域，变化规律有一定的类似，特别是在盾构出洞后，两孔部分监测点压力都有突然减小的现象发生。在盾构通过后，22m 深处的土压力有快速增加的过程，其他监测点在盾构推进过程中变化较为平缓。

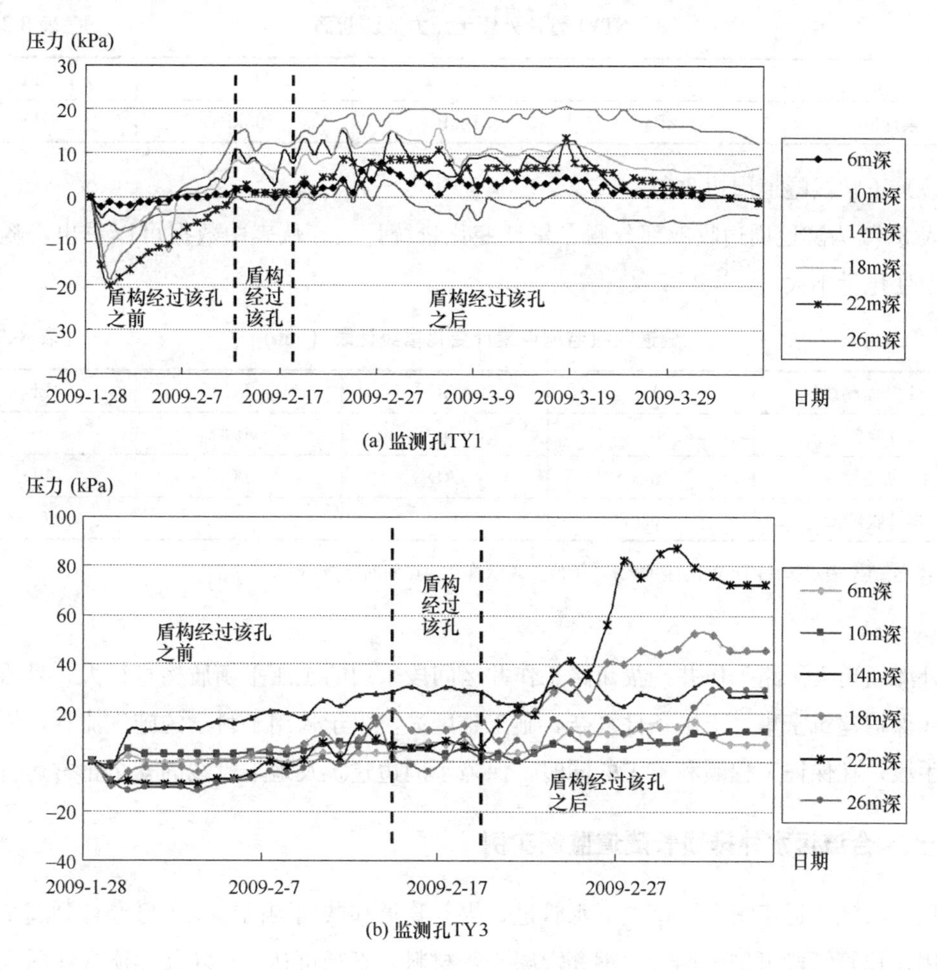

图 8-43　监测孔 TY1、TY3 各深度土压力变化曲线

（6）正常段隧道管片外侧土压力

以 NTY1 管片外侧土压力监测断面进行分析，表 8-32 为该断面各测点最终土压力统计表。图 8-44 为该断面各监测点土压力历时曲线，从图中可以看出，隧道管片外侧土压力变化不大。

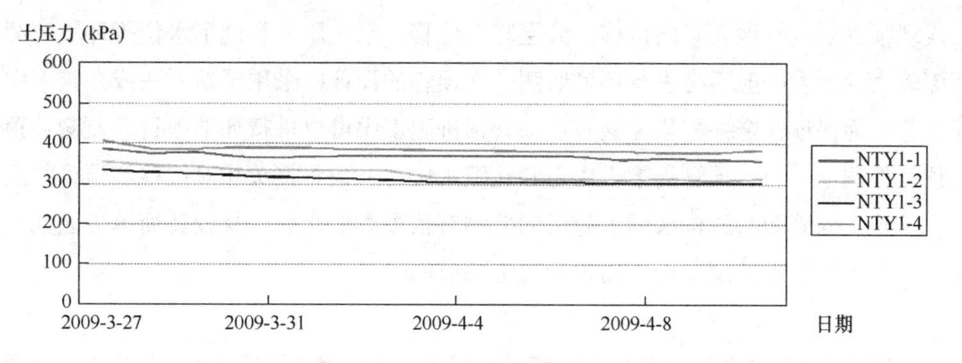

图 8-44　4TY1 管片外侧土压力监测断面各监测点土压力历时曲线

NTY1 管片外侧土压力监测断面　　表 8-32

点号	NTY1-1	NTY1-2	NTY1-3	NTY1-4
累计值	357kPa	312kPa	303kPa	387kPa

（7）正常段隧道周边收敛

表 8-33 为隧道周边收敛部分测点累计变化量统计表，从表中数据可以看出，隧道周边收敛变化量不大。

隧道收敛监测点累计变化量统计表（mm）　　表 8-33

L1 断面测线	AB	AD	BC	BD
累计收敛量	−0.14	−0.16	−0.18	−0.17
L2 断面测线	AC	AD	BC	BD
累计收敛量	−0.06	0.00	0.10	−0.02

注："正值"表示管片两点间间距增大，"负值"表示管片两点间间距减小。

4. 结语

外滩通道天潼路工作井～福州路工作井区间段采用的土压平衡盾构直径大，且盾构推进沿线保护建筑密集、土层条件复杂，施工难度大，由于采用了科学的施工流程，周密的监测手段，在保证工程顺利施工的同时，保障了周边建筑及地下管线的安全正常运行。

七、 合流污水外排顶管隧道监测实例

顶管法施工近年来在城市上下水管道、煤气管道和共同沟的施工中已经得到越来越多的使用。顶管管段可采用钢管、钢筋混凝土等材料，直径可达 4m 以上，顶管埋深也从几米发展到 30m 以上。深埋顶管在施工中，在顶管两端需开挖较深的工作井，工作井可采用地下连续墙和沉井法施工，工作井在施工中的监测与基坑工程的监测方法相类似。在顶进过程中要严格地控制顶管机头按设计轴线顶进，并及时纠正偏差，并将测量结果用足够大的比例尺绘制成曲线图，使有关人员都知道顶管的进程和姿态，顶管在顶进过程中的这些方向和高程的控制是顶管施工中的重要工序。

浅埋顶管要进行地表竖向位移、分层竖向位移、水土压力和地下水位等环境监测，对于埋深较大的顶管一般不必进行环境监测。在顶管的设计中采用了新方法或在施工中采用了新工艺，为保证安全并积累经验时，顶管顶进施工中可以进行如下项目的监测：顶管内力、顶管外侧土压力、顶管周围土压力和孔隙水压力、顶管接头相对位移和顶管收敛变形等。顶管施工的监测与盾构法隧道施工的监测有很多类似之处，且较其简单，因此，这里只提供一个依次顶进的两条近距离顶管隧道的监测实例。

1. 工程概况

某合流污水外排工程穿越黄浦江时两条平行倒虹管采用顶管法施工，始发工作井顶管口底标高−27.00（自然地坪+4.50），接收工作井顶管口底标高−10.34（自然地坪+4.50）。

顶管隧道全长 764.78m，其中自始发工作井至黄浦江边 250m 为直线段，其余主要为顺沿黄浦江底的曲线段，平均埋深在黄浦江底以下 7～8m。两平行顶管净距 1.28m，均采用内直径为 ϕ2200 的钢筋混凝土预制管段，每节管段长 3m，管壁厚 240mm，沿纵向配 HRB400 级 ϕ10 钢筋，环向配 HRB400 级 ϕ12 钢筋，主筋混凝土保护层厚度为 40mm。

顶管施工穿越地层由浦东向浦西依次为：⑦层草黄色砂质粉土，⑥$_2$ 层草黄色粉质黏土，⑥$_1$ 层暗绿色黏土，⑤$_2$ 层灰色黏砂互层，③层灰色淤泥质粉质黏土和④层灰色淤泥质黏土。顶进施工中土层变化较多，会使作用在开挖机头正面和管段外壁上的水土压力随之变化，导致顶管在顶进施工中所受的纵向和环向内力也将不断变化。

施工过程中进行监测的目的是保证两条顶管顶进施工的安全性以及跟踪监视第二条顶管顶进对第一条顶管的影响，必要时指导施工方调整工艺参数。此外，顶管管段设计采用德国规范，而且两条依次顶进的顶管净间距只有 1.28m（约为 0.5D），远小于上海地基基础设计规范规定的最小距离（D），因此监测结果还可验证该工程顶管隧道设计中采用的设计理论在上海地区的适用性。

2. 监测项目和方法

在顶管施工期间开展以下 5 个方面的监测工作：

（1）顶管内力

顶管内力监测包括顶管纵向和环向内力的监测。通过在管段环向和纵向钢筋上安设钢弦式钢筋应力计，用测读的环向和纵向的钢筋应力值以推算顶管所受的弯矩和轴力。顶管内力监测共设 10 个监测断面，如图 8-45 所示。其中第一条隧道 6 个分别位于浦东工作井出洞口以西约 10m，50m，125m，距浦西工作井约 10m，直线段与曲线段交接处及曲线段中部；第二条隧道 4 个，分别位于浦东工作井出洞口以西约 50m，125m，曲线段中部和距浦东工作井约 10m。10 个监测断面中，距浦东或浦西工作井约 10m 的 2 个监测断面

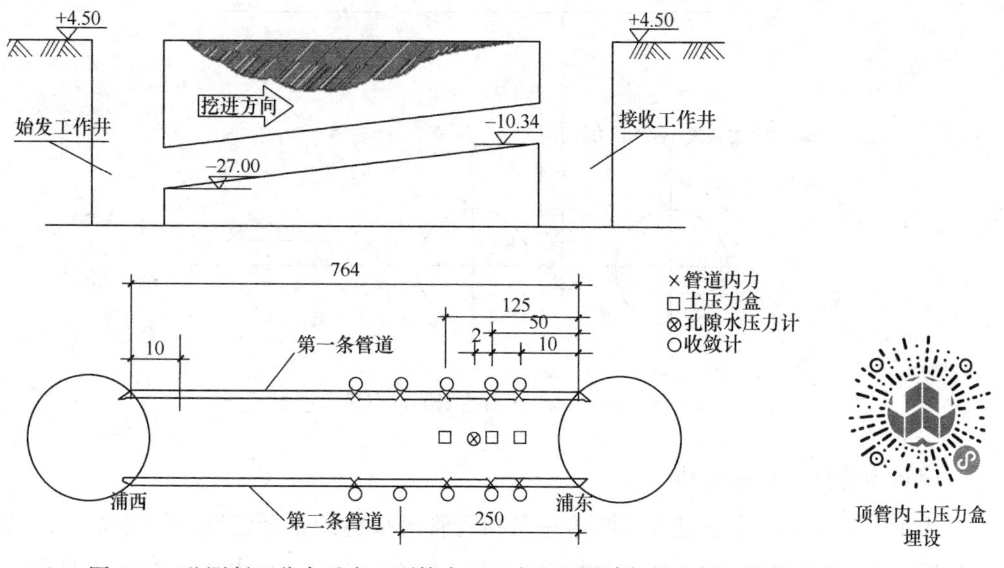

图 8-45　监测断面分布示意（顶管内土压力盒埋设请扫描右侧二维码观看）

主要用于监视进出洞顶进作业的安全性，其余监测断面均兼有检验设计理论的作用。每个监测断面均在环向和纵向四个方位的内外侧钢筋上各布设一个钢筋应力计，每个断面共设16个，两条顶管隧道共埋设钢筋应力计128个，采用GJJ10系列钢弦式，用ZXY系列2D型钢弦式频率接收仪监测，为单点手动测量。

（2）接触压力

为取得管段上覆承受的水土压力值，用TYJ系列钢弦式土压力计监测管段外壁面上的接触压力，量程为0.5MPa。布设了2个接触压力监测断面，位置分别为与距浦东工作井出洞口50m和125m的两个土压力监测断面对应，每个断面均在上下左右4个方位各埋设1个土压力计。

（3）水土压力

为确保第二条顶管顶进时管段结构的安全性，通过监测第一和第二条顶管之间的水土压力的大小和分布，验证施工工艺（顶进速率等）的合理性，监测采用土压力计与孔隙水压力计。土压力计的型号为TYJ系列钢弦式土压力计，量程为0.5MPa，孔隙水压力计的型号为KYJ30系列钢弦式孔隙水压力计，量程为0.5MPa。监测钻孔布置在浦东工作井至黄浦江岸间的直线段的顶管之间，第一测孔在距工作井出洞口10m远处，安装6个土压力计，主要监测顶管出洞时的安全性；第二测孔在距工作井以西50m远处布设，安装6个土压力计；第三测孔在距工作井以西52m远处布设一个，安装6个孔隙水压力计；第四测孔布设在距工作井125m远处，安装6个土压力计。土压力计在孔内的布设位置为：两顶管的连心线上布设一个，连心线以下1m处布设一个，连心线以上距连心线1m、3m、5m、9m各布设一个，如图8-46所示。孔隙水压力计的埋设位置与之相同。4个测孔共埋设土压力计18个，孔隙水压力计6个。

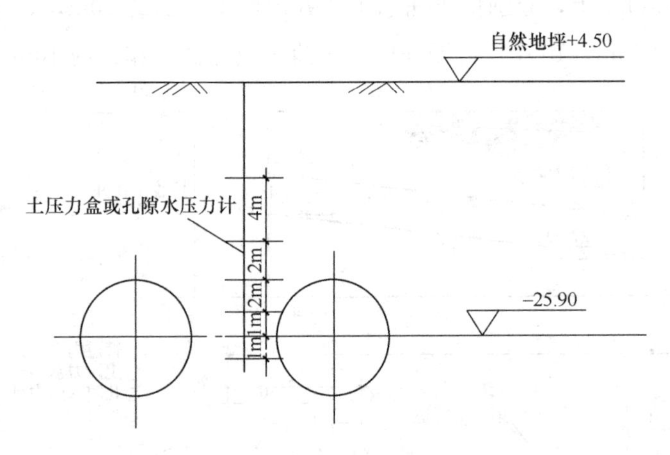

图8-46 水土压力监测测点布设示意图

（4）顶管接头相对位移

为了在第二条顶管顶进时监测第一条顶管管段接缝的张开情况，约每隔50m设置一个顶管接头相对位移监测断面，总数为15个，每个监测断面上均匀布设5个监测点。在顶管接头两侧用膨胀螺丝安装测标，用数显式测微计监测两侧测标间的相对位移。

(5) 顶管收敛变形

在两条顶管内均布设收敛变形监测装置，以测量管段在水土压力作用下的变形情况，第一条顶管约 50m 设一个收敛变形监测断面，共设 15 个断面。第二条顶管设 4 个断面，位置选为与顶管内力监测断面相一致，两条顶管共设 19 个收敛变形监测断面。断面上监测点为水平直径和垂直直径以及拱顶与水平直径上两点的连线，用膨胀螺栓形成测点。采用美国 Geokon 公司的 1600 型卷尺式伸长计测量。

3. 元件埋设方法和测读

钢筋应力计和监测接触压力的土压力计在制管厂管段制作时进行埋设。

(1) 钢筋应力计

先将连接螺杆与长约 50cm 的等直径短钢筋焊接牢，然后将连接螺杆拧入钢筋应力计，形成测杆，对于环向钢筋应力计还需将测杆弯成与钢筋笼一样的圆弧形。将顶管钢筋笼测点处的受力钢筋截去略大于测力计加两根连接螺杆的长度，将钢筋应力计对准受力钢筋截去的缺口处，把测杆两端的短钢筋与受力钢筋焊接牢。焊接时用湿毛巾护住连接螺杆，以起隔热作用保护钢筋应力计。

(2) 接触土压力计

截取长 300mm 直径 5mm 的细钢筋，取三根细钢筋在水中把细钢筋一头焊到土压力计底周边上，三根细钢筋均匀分布。取 5mm 左右的聚乙烯板，将其剪成土压力计大小的圆形，用胶布将其固定在土压力计的正面，即敏感膜上。用手将土压力计按到预定测点上顶管外圈钢筋笼的外侧，然后将三根细钢筋的另一头与钢筋笼任一相接触的钢筋点焊，土压力计即固定到钢筋笼表面。置钢模时，土压力计外侧的聚乙烯板与钢模贴紧，若不贴紧，在浇筑混凝土时，利用液态混凝土的侧向挤压力，也会将土压力计挤向钢模，而聚乙烯板这时起到保护土压力计敏感膜的作用。顶管顶进前将聚乙烯板除去，顶管顶入后土压力即直接作用在土压力计的敏感膜上。钢筋应力计和土压力计的导线从专门预埋的注浆孔中引出。每个注浆孔可引出三根导线，在埋设断面上根据需要预埋几个注浆孔供导线引出用。钢筋应力计和土压力计安装好后，将导线沿钢筋笼的钢筋引到注浆孔处，导线用细铁丝绑扎到钢筋上。每个引线都必须标上记号并作记录。引入注浆孔后需仔细地做好密封防水处理，监测结束后再按常规注浆孔的密封处理办法作防水处理。所有监测元件安装好后，再用监测仪器全面检查一遍。浇筑混凝土时，在钢模上面标上监测元件各埋设区的记号，浇捣时严禁振动器在埋设区域振捣。拆模后，再用监测仪器对所有监测元件全面检查一遍，以检验元件的埋设情况。

(3) 土压力计和孔隙水压力计钻孔埋设

用钻孔法埋设土压力计时，需先制作固定土压力计的钢筋骨架，钢筋骨架由直径为 12mm 的钢筋焊制成梯子状，每个骨架长 5m，宽 100mm（土压力计直径约 110mm），横挡间距也为 100mm。将土压力计按预先设计的间距与钢筋骨架点焊牢，再用细铁丝将土压力计与钢筋骨架绑扎加固。用直径为 120mm 的钻头钻孔到预定深度后下放钢筋骨架，下放时将钢筋骨架平面正向对准土压力的监测方向，若一节钢筋骨架长度不够，在下放时逐节焊接，直到土压力计安置到所预定的位置。将钢筋骨架定位在钻孔再用泥球充实钻孔即可。钻孔法埋设土压力计时，用直径为 120mm 的钻头钻孔到预定深度，先在孔底填入部分干净的砂，然后将孔隙水压力计用牢固的尼龙绳系牢下放到预定位置，再在探头周围填砂，填砂段长约 1m，再采用膨胀性黏土或干燥黏土球将上部填封 1m 左右，将两个孔隙水压力计之间的水隔离。埋设第二个孔隙水压力计时重复上述过程。

钢筋应力计、土压力计和孔隙水压力计均采用 ZXY 系列 2D 型钢弦式频率接收仪测读，为单点手动测量。监测时只要将传感器的两根引出线与频率接收仪的两根引出线分别相连，读出传感器钢弦的振动频率，根据预先标定好的频率-应力曲线即可推算钢筋应力、土压力和孔隙水压力。

钢筋应力计、接触土压力计和管段收敛变形的监测工作与顶进同步进行，即埋设监测元件后测取初读数，埋有监测断面的管段顶进后按需要每天或每两天测读一次，监测数据变化较大时监测次数适当增加，稳定后逐步减少。第二条顶管顶进完毕后仍适当测取一定量的数据，以辅助检验工程的持久稳定性和可靠性。顶管接头相对位移测标、土压力计和孔隙水压力计在第二条顶管顶进之前埋设，监测工作在第二条顶管顶进通过前开始，顶进通过后仍适当测取一段时间的数据。

4. 监测结果分析

(1) 顶管轴力

由轴向钢筋应力计测取的数据，根据钢筋和混凝土变形协调原理算得 4 个管段的轴力随时间而变化的曲线如图 8-47 所示。顶管未贯通以前，顶管轴力随施工状态而波动，最大值达 6500kN，最小值为 2670kN，均小于实际最大顶进力 10000kN。鉴于实际最大顶进力除需克服正面轴向顶进阻力外，还需克服管壁摩擦力，因而，监测结果能反映顶管顶进时管段承受的实际轴力。顶管贯通后，纵向轴力迅速衰减，至大约 3500kN 时基本趋于稳定。

(2) 接触压力和侧压系数

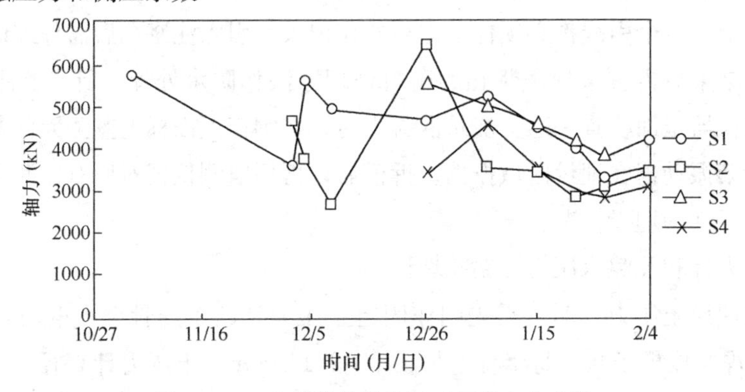

图 8-47　4 个管段的轴力随时间的变化曲线

图 8-48 为 S1 和 S2 断面上各测点的接触压力和侧压系数随时间而变化的曲线。由图可见顶管顶进过程中，注浆作业对接触压力的影响较大，使监测值均较高，尤其是 S1 管段。第一条顶管贯通后，注浆作业停止，接触压力迅速衰减到 350～377kPa，接近按浮重度计算时作用于管壁的理论水土压力。顶管顶进过程中，侧压系数的变化也较大，一般为 0.73～1.20，个别为 0.56 和 1.6，原因主要为注浆压力分布不均匀。第一条顶管贯通后，侧压系数趋于 1.00 左右。可见对单孔圆形顶管，顶进作业结束后承受的水土压力在管段四周趋于均匀。

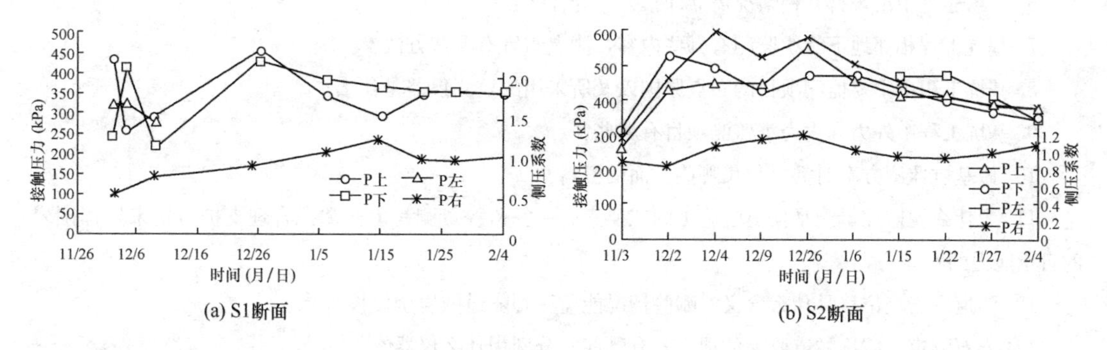

图 8-48　S1 和 S2 断面上接触压力和侧压系数时程曲线

（3）环向弯矩

环向弯矩由安装在顶管钢筋笼内外两侧的环向钢筋应力计获得的数据算得。约定正弯矩为外壁受压、内壁受拉的弯矩，则最大正弯矩为 31.8kN · m/m，最大负弯矩为 37.1kN · m/m，均小于管段在外荷载下产生的最大弯矩的设计值 52.7kN · m/m，说明顶管在顶进过程中和贯通后均处于安全状态。

5. 结语

（1）监测元件的成活率为 100%，说明所采用的埋设方法是可行的；

（2）采用钢筋应力计，通过监测顶管钢筋笼轴向和环向内外圈上的钢筋应力算得顶管的纵向轴力和环向弯矩，以及用土压力计测取接触面水土压力得出的结果符合顶管受力变形的规律；

（3）注浆压力对管段所受的接触压力有较大影响，可见，使注浆孔的注浆压力保持均匀将有利于管段的均匀受力，应引起重视；

（4）第一条顶管贯通后接触压力逐步趋于稳定，量值在上下左右方向均为 350～377kPa，该值接近于按浮重度计算所得的作用于管壁的垂直理论水土压力，且侧压系数趋于 1.0，表明顶管趋于承受四周均匀的土压力，有利于管段结构保持稳定；

（5）环向最大正弯矩为 31.8kN · m/m，最大负弯矩为 37.1kN · m/m，均小于管段在外荷载下产生的最大弯矩的设计值 52.7kN · m/m，说明顶管在顶进过程中和贯通后均处于安全的状态，且仍有富余量。

思考题和简答题

1. 岩土与地下工程监测的基本要求有哪些?

2. 监测方案与监测报告编制有哪些主要内容? 它们之间有哪些差别?

3. 简述基坑工程围护墙侧向土压力监测的布置原则，以及为什么要采用这些原则?

4. 基坑工程和岩石隧道工程在各类监测项目的测点埋设时有什么不同?

5. 基坑工程监测分为哪几个等级? 其依据是什么?

6. 现场巡查中出现哪几种情况需立即报警? 为什么?

7. 基坑工程相邻地下管线监测有哪些内容，测点布置有哪些方法?

8. 基坑工程中主要监测项目的布点原则以及所采用的监测仪器是什么?

9. 基坑工程中外力和内力类监测项目有哪些?

10. 做基坑监测方案时需要收集哪些方面的资料?

11. 为什么说监控量测是新奥法施工的三要素之一? 监控量测是怎样掌握合理支护时机来发挥围岩的自承能力的?

12. 隧道围岩全位移是什么含义? 哪些情况能监测到隧道围岩全位移?

13. 岩石隧道、盾构隧道监测的项目各有哪些? 分别用什么仪器?

14. 岩石隧道、盾构隧道监测断面的确定原则是什么?

15. 试论述岩土与地下工程施工监测中报警值确定的重要性。

16. 岩土与地下工程施工监测中各监测项目精度确定应从哪些因素考虑?

17. 简述盾构隧道施工中地表竖向位移的移动特征和估算方法，怎样根据地面竖向位移监测结果指导盾构推进?

18. 盾构接缝与混凝土结构裂缝有什么异同? 监测方法有什么不一样?

19. 如何监测盾构隧道管片周围的土压力和孔隙水压力?

20. 如何监测管片结构内力以及管片连接螺栓的轴力?

21. 浅埋顶管工程与盾构施工监测有什么异同?

第九章　试验数据处理和软件

第一节　误差分析和数据处理

测量就是将被测物理量与所选用作为标准的同类量进行比较，从而确定它的大小。由于测量误差的存在，被测量的真值是不能准确得到的，测量值和真值之间总是存在一定的差异，这类差异主要来源于测试方法不完善、测试设备的不稳定、周围环境的影响，以及人的观察力和测量程序等因素的影响。实践中，一般是以约定真值或以无系统误差的多次重复测量值的平均值代替真值，常用绝对误差、相对误差或有效数字来说明测试结果值的准确程度。为了评定测试数据误差的来源及其影响，需要对测试数据的误差进行分析和讨论。由此可以判定哪些因素是影响测试精度的主要方面，从而在以后测试中进一步改进测试方案，缩小观测值和真值之间的差值，提高测试的精确性。

测试的目的或是测定某个物理量的数值及其分布规律，或是探求两个物理量之间的相互关系。因此，需对测试得到的大量试验数据运用适当的力学理论和数学工具进行分析处理，以得到能真实地描述被测对象性质的物理参数或物理量与物理量之间变化规律的函数关系。①单随机变量数据（如测定岩石试件抗压强度的重复试验）常采用统计分析法，得到它的平均值及表征其离散程度的均方差；②多变量数据（如应力-应变关系等）则需建立它们的函数关系式。由初等数学知识可知，函数有 3 种表达方法：列表法、图示法和解析法。测试过程中人工读数、数字记录设备、计算机记录的数据文件则往往是一系列的数据组，即为列表法的一种。由函数记录仪、绘图仪记录的试验曲线则为图示法。显然列表法数据容易查找，图示法则直观，容易把握其变化趋势。但从数值计算及应用的方便性看，用解析函数则更为方便，而且解析函数，有时还能从物理机理上进一步探讨其规律性。回归方法是利用试验数据建立解析函数形式的经验公式的最基本的方法。

任何试验手段都有其局限性，反映在测试数据上就是必定存在着误差。因而有误差是绝对的，没有误差是相对的。把试验得到的结果经数据处理后，在得到物理量特征参数和物理量之间的经验公式的同时，再注明它的误差范围或精确程度，这才是科学的态度。

一、 测量误差

1. 误差分类

测量值与真值之间的差叫作测量误差，它是由使用的仪器、测量方法、周围环境等客观条件，以及人的技术熟悉程度和技术水平等主观条件的限制所引起的，在测量过程中，它是不可能完全消除的，但可通过分析误差的来源、研究误差规律来减小误差，提高精度。并用科学的方法处理试验数据，以达到更接近于真值的最佳效果。无论测量仪器多么精密，获得的观测数据总不完全一致，表现为数据的波动，产生数据波动的原因由许多偶然因素组成，根据测量误差的性质和产生的原因，一般分为如下三类：

（1）随机误差

随机误差的发生是随机的，其数值变化规律符合一定统计规律，通常为正态分布规律。因此，随机误差的度量是用标准偏差，随着对同一量的测量次数的增加，标准偏差的值将变得更小，从而该物理量的值更加可靠。随机误差通常是由于环境条件的波动以及观察者的精神状态的测量条件等引起的。

（2）系统误差

系统误差是在一次测量中常保持同一数值和同一符号的误差，因而系统误差有一定的大小和方向，它是由于测量原理的方法本身的缺陷、测试系统的性能、外界环境（如温度、湿度、压力等）的改变、个人习惯偏向等因素所引起的误差。有些系统误差是可以消除的，其方法是改进仪器性能、标定仪器常数、改善观测条件和操作方法以及对测定值进行合理修正等。

（3）粗大误差

又称过失误差，它是由于设计错误或接线错误，或操作者粗心大意看错、读错、记错等原因造成的误差，在测量过程中应尽量避免，也可以用一定的数据处理规则予以剔除。

2. 精密度、准确度和精度

反映测量结果与真实值接近程度的量称为精确度（亦称精度）。它与误差大小相对应，测量的精确度越高，其测量误差就越小，精确度应包括精密度和准确度两层含义。

（1）精密度：测量中所测得数值重现性的程度称为精密度。它反映偶然误差的影响程度，精密度高就表示偶然误差小。

（2）准确度：测量值与真值的偏移程度称为准确度。它反映系统误差的影响程度，准确度高就表示系统误差小。

图 9-1 表达了这三个概念的关系，图中圆的中心代表真值的位置，各小黑点表示测量值的位置，图 9-1（a）表示精密度和准确度都好，因而精度也好的情况；图 9-1（b）表示精密度好，但准确度差的情况；图 9-1（c）表示精密度差，准确度好的情况；图 9-1（d）表示精密度和准确度都差的情况。图中还示出了概率分布密度函数的形状，及其与真值的相对位置。很显然，在消除了系统误差的情况下，精度与精密度才是统一的。

表 9-1 通过绝对误差、相对误差、平均偏差、标准偏差的计算来表征准确度与精密度的关系，通常情况下精密度是保证准确度的先决条件，精密度不符合要求表示所测结果不可靠，失去衡量准确度的前提，另一方面精密度高不能保证准确度高。

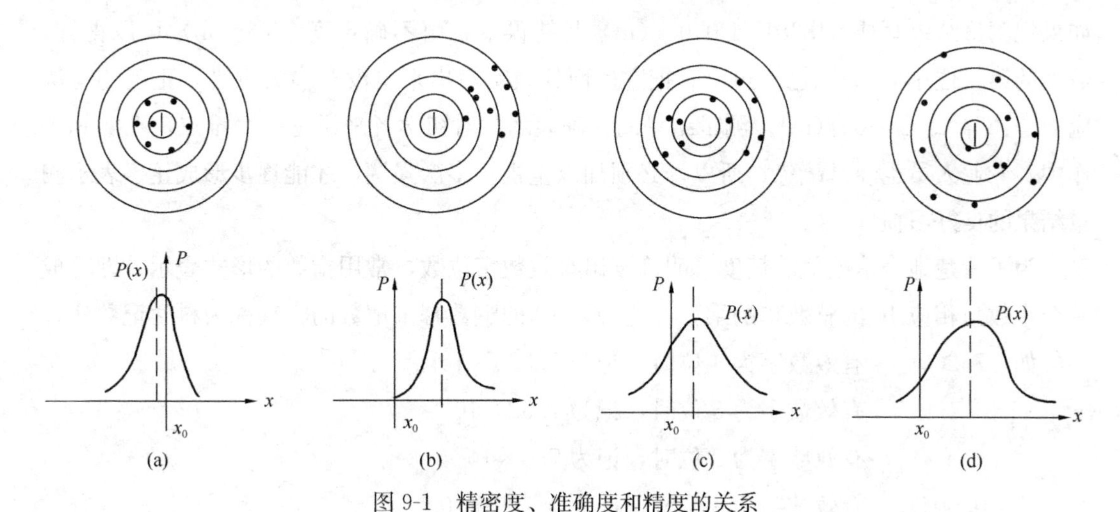

图 9-1　精密度、准确度和精度的关系

$P(x)$—概率密度函数；x_0—真值

误差、偏差与精密度的关系　**表 9-1**

准确度（误差）		精密度（偏差）	
绝对误差	相对误差	平均偏差	标准偏差
$d=X-\mu$	$\delta=\frac{d}{\mu}\times100\%$	$\delta_{平}=\frac{\sum\|d_i\|}{n}$	$s(x_i)=\sqrt{\frac{1}{n-1}\sum d_i^2}$

综上所述，精确度是反映测量中所有系统误差和偶然误差综合的影响程度。在一组测量中，精密度高的准确度不一定高，准确度高的精密度也不一定高，但精确度高，则精密度和准确度都高。

二、 有效数字及其运算规则

现在计算都由计算机或计算器完成，多算几位数字毫不费劲。许多正式发表的论文和公开的报告中时常看到小数点后面八位甚至十几位的情况。因此，还是要重视有效数字的概念。

任何一个物理量，其测量的结果既然都或多或少地有误差，那么这个物理量的数值就不应当无止境地写下去，写多了没有实际意义，写少了又不能比较真实地表达物理量。因此，一个物理量的数值和数学上的某一个数就有着不同的意义，这就引入了一个有效数字的概念。在测试过程中，该用几位有效数字来表示测量或计算结果，总是以一定位数的数字来表示，不是说一个数值中小数点后面位数越多越准确。试验中从测量仪表上所读数值的位数是有限的，而取决于测量仪表的精度，其最后一位数字往往是仪表精度所决定的估计数字。即一般应读到测量仪表最小刻度的十分之一位。数值准确度大小由有效数字位数来决定。

1. 有效数字

测试数据的记录反映了近似值的大小，并且在某种程度上表明了误差。因此，有效数字是对测量结果的一种准确表示，它应当是有意义的数码，而不允许无意义的数字存在。

如果把测量结果写成 54.2817±0.05（m）是错误的，由不确定度 0.05（m）可以得知，数据的第二位小数 0.08 已不可靠，把它后面的数字写出来也没有多大意义，正确的写法应当是：54.28±0.05（m）。测量结果的正确表示，对初学者来说是一个难点，在实际工作中，专业人员也经常疏忽，所以，必须加以重视，多次强调，才能逐步形成正确表示测量结果的良好习惯。

为了清楚地表示数值的精度，明确读出有效数字位数，常用指数的形式表示，即写成一个小数与相应 10 的整数幂的乘积。这种以 10 的整数幂来记数的方法称为科学记数法。

如　75200　有效数字为 4 位时，记为 7.520×10^4

有效数字为 3 位时，记为 7.52×10^4

有效数字为 2 位时，记为 7.5×10^4

0.00478　有效数字为 4 位时，记为 4.780×10^{-3}

有效数字为 3 位时，记为 4.78×10^{-3}

有效数字为 2 位时，记为 4.8×10^{-3}

2. 有效数字运算规则

在进行有效数字计算时，参加运算的分量可能很多。各分量数值的大小及有效数字的位数也不相同，而且在运算过程中，有效数字的位数会越乘越多，除不尽时有效数字的位数也无止境。即便是使用计算器，也会遇到中间数的取位问题以及如何更简洁的问题。测量结果的有效数字，只能允许保留一位欠准确数字，直接测量是如此，间接测量的计算结果也是如此。根据这一原则，为了达到：①不因计算而引进误差，影响结果；②尽量简洁，不做徒劳的运算，简化有效数字的运算，约定下列规则：

（1）记录测量数值时，只保留一位欠准确数字。

（2）加法或减法运算

$$478.\underline{2}+3.46\underline{2}=481.\underline{662}=481.\underline{7}\ ;\ 49.2\underline{7}-3.\underline{4}=45.\underline{87}=45.\underline{9}$$

大量计算表明，若干个数进行加法或减法运算，其和或者差的结果的欠准确数字的位置与参与运算各个量中的欠准确数字的位置最高者相同。由此得出结论，几个数进行加法或减法运算时，可先将多余数修约，将应保留的欠准确数字的位数多保留一位进行运算，最后结果按保留一位欠准确数字进行取舍，这样可以减小繁杂的数字计算。

推论：（1）若干个直接测量值进行加法或减法计算时，选用精度相同的仪器最为合理。

（2）乘法和除法运算：

$$834.\underline{5}\times23.\underline{9}=19\underline{944}.\underline{55}=1.9\underline{9}\times10^4\ ;$$

$$2569.\underline{4}\div19.\underline{5}=13\underline{1}.\underline{7641}\cdots=13\underline{2}$$

由此得出结论：用有效数字进行乘法或除法运算时，乘积或商的结果的有效数字的位数与参与运算的各个量中有效数字的位数最少者相同。

（3）测量的若干个量，若是进行乘法或除法运算，应按照有效位数相同的原则来选择不同精度的仪器。

（4）乘方和开方运算：

$$(7.32\underline{5})^2 = 53.6\underline{6} \qquad \sqrt{32.\underline{8}} = 5.7\underline{3}$$

由此可见，乘方和开方运算的有效数字的位数与其底数的有效数字的位数相同。

（5）有效数字的修约：

当有效数字位数确定后，其余数字一律舍弃。舍弃办法是四舍六入，即末位有效数字后边第一位小于5，则舍弃不计；大于5则在前一位数上增1；等于5时，前一位为奇数，则进1为偶数，前一位为偶数，则舍弃不计。这种舍入原则可简述为："小则舍，大则入，正好等于奇变偶"。如：保留4位有效数字：3.71729→3.717；5.14285→5.143；7.62356→7.624；9.37656→9.376。

三、单随机变量的处理

1. 误差统计

由于在测量过程中有误差存在，因此得到的测量结果与被测量的实际量之间始终存在着一个差值，即测量误差。测量误差可以用绝对误差、相对误差和引用误差表示。

在实际测量中，测量误差是随机变量，因而测量值也是随机变量。由于真值无法测到，因而用大量的观测次数的平均值近似地表示，并对误差的特性和范围作出估计。

（1）真值与平均值

真值是待测物理量客观存在的确定值，也称理论值或定义值。通常真值是无法测得的，理论上，测量的次数无限多时，根据误差的分布规律，正负误差的出现概率相等，因此将测量值加以平均可以获得非常接近于真值的数值，但是实际上试验测量的次数总是有限的，用有限测量值求得的平均值只能是近似真值。常用的平均值有下列几种：

算术平均值是最常见的一种平均值，当未知量 x_0 被测量 n 次，并被记录为 x_1、x_2、…、x_n 个数，那么 $x_r = x_0 + e_r$，式中 e_r 为观测中的不确定度，它或正或负。n 次测量的算术平均值 $\overline{X}$ 为：

$$\overline{X} = \frac{x_1 + x_2 + \cdots + x_n}{n} = x_0 + \frac{e_1 + e_2 + \cdots + e_n}{n} \tag{9-1}$$

因为误差一部分为正值，一部分为负值，数值 $(e_1 + e_2 + \cdots + e_n)$ 将很小，在任何情况下，它在数值上均小于各个独立误差的最大值。因此，如果 e 是测量中某一最大误差，则 $(e_1 + e_2 + \cdots + e_n)/n \ll e$，故而 $\overline{X} - x_0 \ll e$，所以，一般来说，$\overline{X}$ 将接近 x_0 值，并可以认为是该物理量的最佳值。通常 n 越大，$\overline{X}$ 越接近 x_0，应该指出，因为 x_0 是未知的，因此通常考查的是围绕平均值 $\overline{X}$ 而不是 x_0 的散布程度。

几何平均值是将一组 n 个测量值连乘并开 n 次方求得的平均值，即：

$$\overline{X}_n = \sqrt[n]{x_1 \cdot x_2 \cdots x_n} \tag{9-2}$$

均方根平均值：

$$\overline{X}_{均} = \sqrt{\frac{x_1^2 + x_2^2 + \cdots + x_n^2}{n}} = \sqrt{\frac{\sum_{i=1}^{n} x_i^2}{n}} \tag{9-3}$$

以上介绍各平均值的目的是要从一组有限次数的测定值中找出最接近真值的那个值。

(2) 平均偏差

平均偏差是各个测量点的绝对误差的平均值：

$$\delta_{平} = \frac{\sum |d_i|}{n} \quad i = 1, 2, \cdots, n \tag{9-4}$$

式中　n——测量次数；

　　d_i——第 i 次测量的误差。

(3) 标准偏差

标准偏差亦称为均方根误差。其统计学上的定义为：

$$\sigma = \sqrt{D(x)} = \lim_{n \to \infty} \sqrt{\frac{1}{n} \sum_{i=1}^{n} (x_i - \mu)^2} \tag{9-5}$$

上式中的真值 μ 实际上是未知的，一般以算术平均值 $\overline{X}$ 来作为真值的最佳估计值，因此，用 $\overline{X}$ 代替 μ，而用 s 作为标准误差 σ 的估计值，此时有：

$$s = \lim_{n \to \infty} \sqrt{\frac{1}{n} \sum_{i=1}^{n} (x_i - \overline{X})^2} \tag{9-6}$$

由于 s^2 不是 σ^2 的无偏估计值，需要把得到的 s^2 乘上 $\frac{n}{n-1}$ 才是 σ^2 的无偏估计值，此时有：

$$\sigma^2 = \frac{n}{n-1} s^2 = \frac{n}{n-1} \cdot \frac{1}{n} \sum_{i=1}^{n} (x_i - \overline{X})^2 = \frac{1}{n-1} \sum_{i=1}^{n} (x_i - \overline{X})^2 \tag{9-7}$$

为了区别总体标准偏差，用 s 作为总体标准偏差 σ 的无偏估计值，则有：

$$s = \sqrt{\frac{1}{n-1} \sum_{i=1}^{n} (x_i - \overline{X})^2} = \sqrt{\frac{1}{n-1} \sum d_i^2} \tag{9-8}$$

这就是著名的贝塞尔公式（Bessel Formula）。对于同一个被测量作 n 次测量，表征测量结果分散性的参数 s 可用贝塞尔公式求出，称其为单次测量的标准偏差，即测量结果取测量列的任一次 x_i 时所对应的标准偏差，一般称为实验标准偏差，是表征测量结果分散性的重要参数。简而言之标准偏差不是一个具体的误差，σ 的大小只说明在一定条件下等精度测量集合所属的每一个观测值对其算术平均值的分散程度，σ 的值越小则说明每一次测量值对其算术平均值分散度就越小，测量的精度就高，反之精度就低。

（4）变异系数

如果两组同性质的数据标准误差相同，则可知两组数据各自围绕其平均数的偏差程度是相同的，它与两个平均数大小是否相同完全无关，而实际上考虑相对偏差是很重要的，因此，把样本的变异系数定义为：

$$C_v = \frac{\sigma}{\overline{X}} \tag{9-9}$$

2. 误差的分布规律

测量误差服从统计规律，其概率分布服从正态分布形式，随机误差方程式用正态分布曲线表示为：

$$y = \frac{1}{\sigma\sqrt{2x}} e^{-\frac{(x_i-\overline{X})^2}{2\sigma^2}} \tag{9-10}$$

式中　y——测量误差（$x_i-\overline{X}$）出现的概率密度。

图 9-2 是按上式画出来的误差概率密度图，由此可以看出误差值分布的 4 个特征：

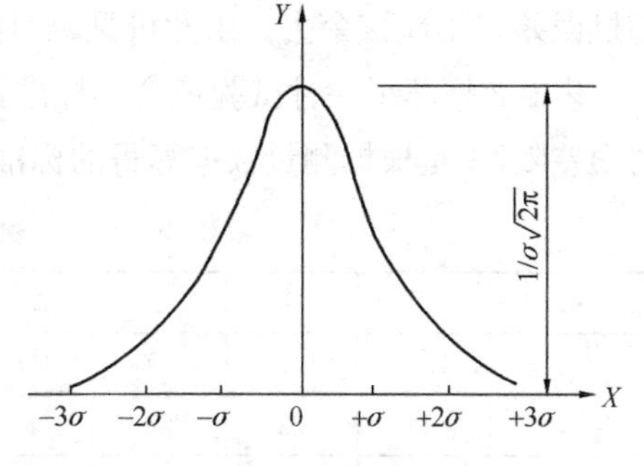

图 9-2　误差概率密度图

（1）单峰值：绝对值小的误差出现的次数比绝对值大的误差出现的次数多，曲线形状似钟状，所以，大误差一般出现概率极小；

（2）对称性：大小相等、符号相反的误差出现的概率密度相等；

（3）抵偿性：同条件下对同一量进行测量，其误差的算术平均值随着测量次数 n 无限增大而趋于零，即误差平均值的极限为零，凡具有抵偿性的误差，原则上都可以按随机误差处理；

（4）有界性：在一定测量条件下的有限测量值中，其误差的绝对值不会超过一定的界限。

计算误差落在某一区间内的测量值出现的概率，在此区间内将 y 积分即可，计算结果表明：

误差在 $-\sigma$ 与 $+\sigma$ 之间的概率为 68.3%；

误差在 -2σ 与 $+2\sigma$ 之间的概率为 95.4%；

误差在 -3σ 与 $+3\sigma$ 之间的概率为 99.7%。

在一般情况下，99.7%已可认为代表多次测量的全体，所以把 $\pm3\sigma$ 叫作极限误差，因此，若将某多次测量数据记为 $\overline{m}\pm3\sigma$，则可认为对该物理量所进行的任何一次测量值，都不会超出该范围。

3. 可疑数据的剔除

在测试过程中不可避免地会存在一些异常数据，而异常数据的存在会掩盖测试对象的变化规律并对分析结果产生重要的影响，异常值的检验与正确处理是保证原始数据可靠性、平均值与标准差计算准确性的前提。由异常值造成的粗大误差与随机误差有着明显的区别，在大多数情况下反映在是否服从正态分布。通常情况下，随机误差按照正态分布的规律出现，在分布中心附近出现的机会最多，在远离分布中心处出现的机会最少。根据这一规律，如果在实际测量中有一个远离分布中心的数值，即可判断此数值是属于异常值应予剔除，异常值的判断准则就是根据这个总的原则确定的。在多次测量的试验中，有时会遇到有个别测量值和其他多数测量值相差较大的情况，这些个别数据就是所谓的可疑数据。

对于可疑数据的剔除，可以利用正态分布来确定取舍，因为在多次测量中，误差在 -3σ 与 $+3\sigma$ 之间时，其出现概率为 99.7%，也就是说，在此范围之外的误差出现的概率只有 0.3%，即测量 300 多次才可能遇上一次，于是对于通常只进行一二十次的有限测量，就可以认为超出 $\pm3\sigma$ 的误差为可疑数据，应予以剔除，但是，有的大的误差仍属于随机误差，不应该舍去。由此可见，对数据保留的合理误差范围是同测量次数 n 有关的。

表 9-2 推荐了一种试验值舍弃标准，超过的可以舍去，其中 n 是测量次数，d_i 是合理的误差限，σ 是根据测量数据算得的标准误差。

试验值舍弃标准　　表 9-2

n	5	6	7	8	9	10	12	14	16	18
d_i/σ	1.68	1.73	1.79	1.86	1.92	1.99	2.03	2.10	2.16	2.20
n	20	22	24	26	30	40	50	100	200	500
d_i/σ	2.24	2.28	2.31	2.35	2.39	2.50	2.58	2.80	3.02	3.29

使用时，先计算一组测量数据的均值 $\overline{X}$ 和标准误差 σ，再计算可疑值 x_k 误差 $d_k=|x_k-\overline{x}|$ 与标准误差的比值，并将之与表中的 d_i/σ 相比，若大于表中值则应当舍弃。舍弃后再对下一个可疑值进行检验，若小于表中值，则可疑值是合理的。

这种方法只适合误差仅由于测试技术原因样本代表不足的数据处理，对现场测试和探索性试验中出现的可疑数据的舍弃，必须要有严格的科学依据，而不能简单地用数学方法来舍弃。

4. 处理结果的表示

现以一个例子来说明单随机变量的处理过程和表示方法，取来自同一岩体的 10 个岩石试件的抗压强度分别为：15.2，14.6，16.1，15.4，15.5，14.9，16.8，18.3，14.6，15.0（单位：MPa）。对数据的分析处理如下：

（1）计算平均值 $\bar{\sigma}_c$：

$$\bar{\sigma}_c=\frac{\sum_{i=1}^{10}\sigma_{ci}}{10}=\frac{156.4}{10}=15.64\approx15.6\text{MPa}$$

（2）计算标准误差 σ：

$$\sigma = \sqrt{\frac{(\sigma_{ci} - \bar{\sigma}_c)^2}{n-1}} = \sqrt{\frac{12.04}{9}} = 1.16\text{MPa}$$

（3）剔除可疑值

第 8 个数据 18.3 与平均值的偏差最大，疑为可疑值：

$$\frac{d}{\sigma} = \frac{18.30 - 15.60}{1.16} = 2.29 > \frac{d_{10}}{\sigma} = 1.99$$，故 18.30 应当剔除。

（4）再计算其余 9 个值的算术平均值和标准误差

平均值：

$$\bar{\sigma} = \frac{\sum_{i=1}^{9} \sigma_{ci}}{n} = 15.3\text{MPa}$$

标准偏差：

$$\sigma = \sqrt{\frac{\sum (\sigma_{ci} - \bar{\sigma}_c)^2}{n-1}} = \sqrt{\frac{4.9484}{8}} = 0.786\text{MPa}$$

在余下的数据中再检查可疑数据，取与平均值偏差最大的第 7 个数据 16.8：

$$\frac{d}{\sigma} = \frac{16.8 - 15.3}{0.786} = 1.908 < \frac{d_9}{\sigma} = 1.92$$，故 16.8 这个数据是合理的。

（5）结果的表示

处理结果用算术平均值和极限误差表示，即

$$\sigma_c = \sigma_c \pm 3\sigma = 15.3 \pm 3 \times 0.786 = 15.3 \pm 2.36\text{MPa}$$

根据误差的分布特征，该种岩石的抗压强度在 12.94～17.66MPa 的概率是 99.7%，正常情况下的测试结果不会超出该范围。

5. 保证极限法

地基基础规范中对于重要建筑物的地基土指标规定采用保证极限法，这种方法是根据数理统计中的推断理论提出的。如上所述，在 $\overline{X} \pm k\sigma$ 区间内数据出现的概率与所取的 k 有关。例如 $k=2$ 相当于保证率为 95%，即在 $\overline{X} \pm 2\sigma$ 区间内数据出现的概率为 95%。依大子样推断区间估计的理论，k 值与抽样的子样个数 n 无关。在实用上，保证值不是用某一区间来表示，而是以偏于安全为原则来选取最大值或最小值。如承载力等指标采用最小值 $\overline{X} - k\bar{\sigma}$，含水量等指标采用最大值 $\overline{X} + k\bar{\sigma}$。对于采用最小值的指标来说，保证值表示大于该值的数据出现的概率等于所选取的保证率 y；对于采用最大值的指标来说，保证值表示小于该值的数据出现的概率等于所选取的保证率。显然，保证率越大，则采用值的安全度越大。

根据随机误差的分布规律，可计算出 k 与保证率的关系如表 9-3 所示。

k 值与保证率 表 9-3

k	0.00	0.67	1.00	2.00	2.58	3.00
保证率（%）	0.00	50.0	68.0	95.0	99.0	99.7

因此在上例中，岩石抗压强度采用最小值，则：

$k=1$，$\sigma_c=\bar{\sigma}_c-\sigma=15.3-0.786=14.5\text{MPa}$，岩石抗压强度大于 14.5MPa 的保证率为 50%；

$k=2$，$\sigma_c=\bar{\sigma}_c-2\sigma=15.3-2\times0.786=13.7\text{MPa}$，岩石抗压强度大于 13.7MPa 的保证率为 95%；

$k=3$，$\sigma_c=\bar{\sigma}_c-3\sigma=15.3-3\times0.786=12.9\text{MPa}$，岩石抗压强度大于 12.9MPa 的保证率为 99.7%。

而对于含水率，则采用最大值，如果一组土样的含水率平均值为 $\overline{w}=0.40$，标准误差为 $\sigma=0.05$，则：

$k=1$，$w=\overline{w}+\sigma=0.40+0.05=0.45$，含水率小于 0.45 的保证率为 50%；

$k=2$，$w=\overline{w}+2\sigma=0.40+2\times0.05=0.50$，含水量小于 0.50 的保证率为 95%；

$k=3$，$w=\overline{w}+3\sigma=0.40+3\times0.05=0.55$，含水量小于 0.55 的保证率为 99.7%。

四、测试数据的滤波处理

在试验测试中，已经普遍采用计算机进行数据处理，如何获得平滑理想的测试曲线是一个较为突出的困难问题。由于在测试过程中存在难以避免的噪声干扰，数据处理过程中的模数转换及其他一些存在于测试系统中的特殊因素，测试曲线上往往伴有各种频率成分的振荡次谐波。振荡严重时会使测试误差大大地增加，甚至无法作进一步分析和计算而获得可靠的测试数据。因此，对测试曲线进行后处理——滤波处理，滤除曲线上所伴有的次谐波振荡，恢复它的本来的真实面目是极为重要的。这里介绍 3 种工程中常用的曲线滤波处理方法。

1. 算术平均滤波法

算术平均滤波法是将 N 次采样或测量得到的值取平均值作为本次测量输出值。设每次采样值为 x_i，$i=1$，2，…，N，则经过算术平均滤波后输出为：

$$\overline{X}=\frac{1}{N}\sum_{i=1}^{N}x_i \tag{9-11}$$

算术平均滤波法的原理是以统计理论为基础，当噪声或干扰为随机量，且其均值为零时取平均值可以有效去除随机噪声或干扰。

算术平均滤波法的应用条件是：

（1）算术平均滤波法适用于对一般具有随机干扰的信号进行滤波，这种信号的特点是有一个平均值，信号在某一数值附近上下波动；

(2) 噪声与信号相互独立且平稳；

(3) 噪声加性作用于信号。

算术平均滤波法的应用场合是：

(1) 点值的测量与控制，如压力值、温度等的测量与控制；

(2) 时间历程的测量与分析，此时的平均是空间平均，即不同样本在同一时刻的平均。

算术平均滤波法算法简单、性能可靠，对信号的平滑程度完全取决于 N，当 N 较大时，平滑度高，但灵敏度低；当 N 较小时，平滑度低，但灵敏度高。

图 9-3 给出了一正弦信号 $s(t)=\sin(2\pi\times100t)$，其中混有零均值高斯白噪声时，利用算术平均滤波法对其进行滤波处理的结果图。

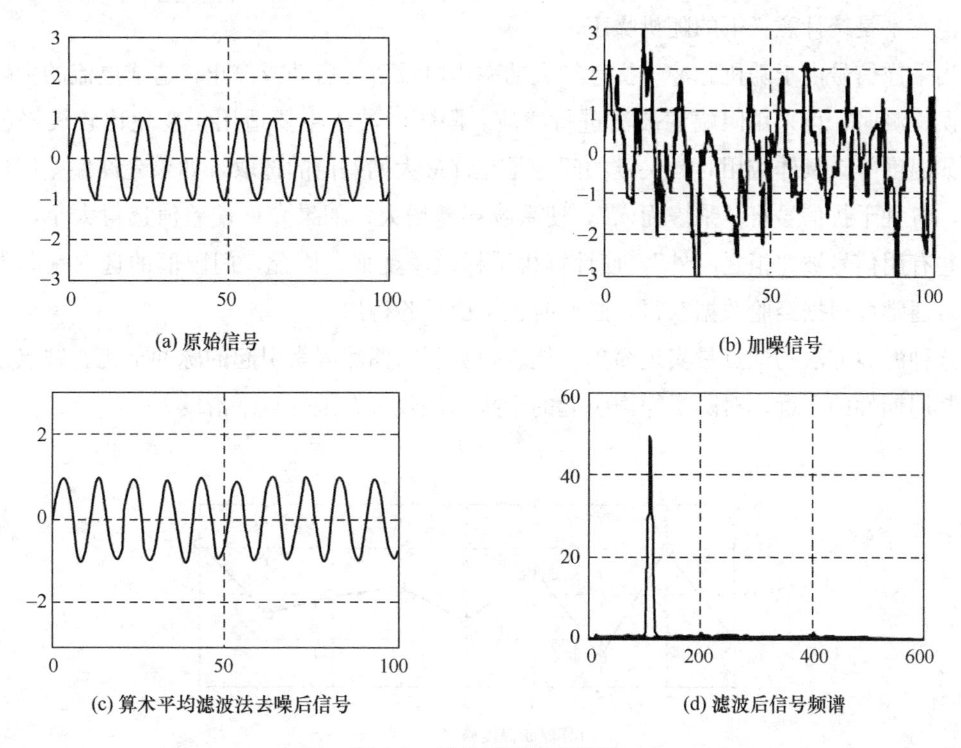

图 9-3 平均滤波处理结果

2. 限幅滤波法

根据经验判断，确定两次采样允许的最大偏差值（设为 A），每次检测到新值时判断：如果本次值与上次值之差小于等于 A，则本次值有效；如果本次值与上次值之差大于 A，则本次值无效，放弃本次值，用上次值代替本次值。该方法又称为程序判断滤波法，可用数学关系表述如下：

设第 k 次测量的值为 $y(k)$，前一次测量值为 $y(k-1)$，允许最大偏差值为 A，则当前测量值 y 为：

$$y=\begin{cases}y(k), & |y(k)-y(k-1)|\leqslant A\\ y(k-1), & |y(k)-y(k-1)|>A\end{cases} \tag{9-12}$$

有时，当本次值与上次值之差大于允许最大偏差值时，采用折中方法，即令当前输出值为 $\frac{y(k)+y(k-1)}{2}$。

任何动力系统的状态参量变化都与其他时刻的状态参量有关，不可能发生突变，一旦发生突变，极有可能是受到了干扰。反映在工程测试中，即许多物理量的变化都需要一定的时间，相邻两次采样值之间的变化有一定的限度。限幅滤波就是根据实践经验确定出相邻两次采样信号之间可能出现的最大偏差值，若超出此偏差值，则表明该输入信号是干扰信号，应该去掉；若小于此偏差值，可将信号作为本次采样值。这类干扰可以是随机出现的，但它不是统计意义下的随机噪声。

当采样信号由于随机脉冲干扰，如大功率用电设备的启动或停止，造成电流的尖峰干扰或误检测时，可采用限幅滤波法进行滤波。限幅滤波法主要适用于变化比较缓慢的参数，如温度等。具体应用时，关键的问题是允许最大偏差值的选取，如果允许偏差值选得太大，各种干扰信号将“乘虚而入”，使系统误差增大；如果允许偏差值选得太小，又会使某些有用信号被“拒之门外”，使计算机采样效率变低。因此，门限值的选取是非常重要的。通常可根据经验数据获得，必要时也可由试验得出。

这种滤波方法的优点是实现简单，能有效克服因偶然因素引起的脉冲干扰。缺点是无法抑制周期性的干扰，对随机噪声引起的干扰滤波效果有限，且平滑度差。

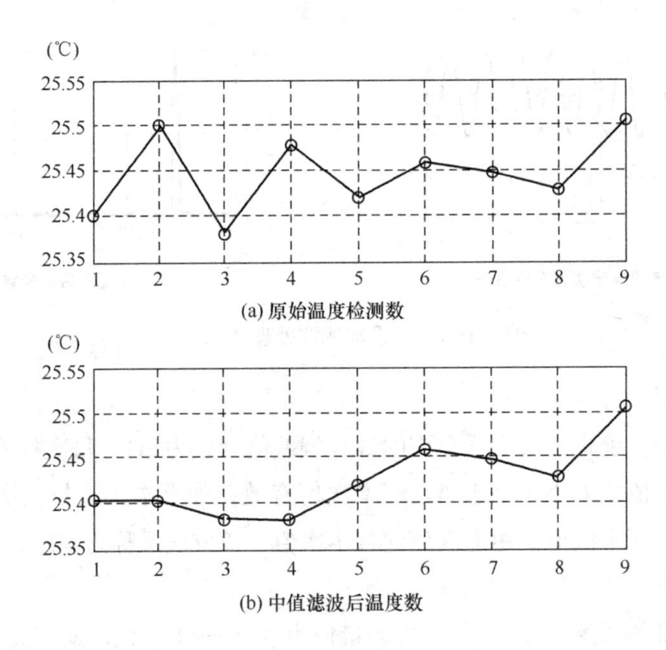

图 9-4　限幅滤波结果

图 9-4 给出了一组温度监测数据，$T=$［25.40，25.50，25.38，25.48，25.42，25.46，25.45，25.43，25.51］，当允许最大偏差值为 0.1 时，采用限幅滤波对信号进行处理的滤波结果。

3. 中值滤波法

中值滤波是对某一被测参数连续采样 N 次（一般 N 取奇数），然后把 N 次采样值从小到大，或从大到小排列，再取其中间值作为本次采样值。其原理是：当系统受到外界干扰时，其状态参量会偏离实际值，但干扰总是在实际值的周围上下波动。中值滤波法能有效克服因偶然因素引起的脉动干扰。如，对温度、液位等变化缓慢的被测参数有良好的滤波效果，但对流量、速度等快速变化的参数不适用。这种滤波方法简单实用，便于程序实现。

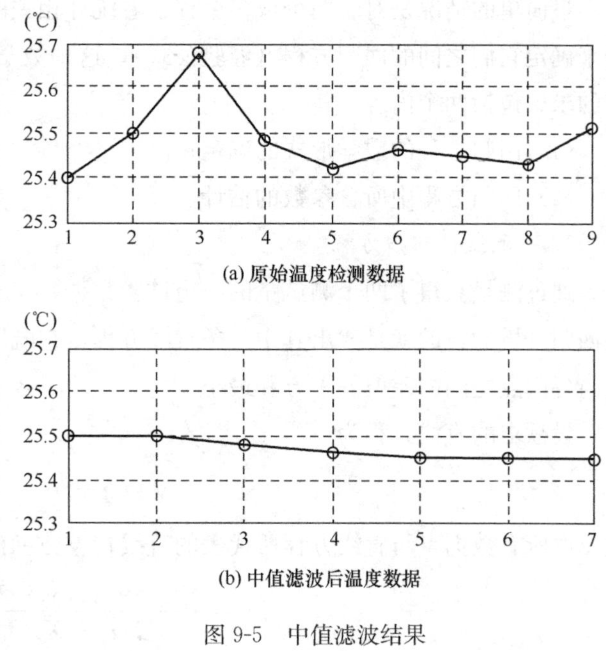

图 9-5　中值滤波结果

图 9-5 给出了某物体的温度变化数据，$T=$［25.40，25.50，25.68，25.48，25.42，25.46，25.45，25.43，25.51］，采用中值滤波（取 $N=3$）对信号进行处理的滤波结果。

第二节　多变量数据的处理——经验公式的建立

在试验研究中，不但要测量固定量的平均值和分布特性，更重要的是通过试验研究一些变量之间的相互关系，从而探求这些物理量之间相互变化的内在规律，对于这类两个以上变化着的物理量的试验数据处理通常有如下 3 种方法。

（1）列表法。根据试验的预期目的和内容，合理地设计数表的规格和形式，使其具有明确的名称和标题，能够对重要的数据和计算结果突出表示，有清楚的分项栏目，必要的说明和备注，试验数据易于填写等。

列表法的优点是简单易操作，数据易于参考比较，形式紧凑，在同一表内可以同时表示几个变量的变化而不混乱。缺点是对数据变化的趋势不如图解法明了直观。利用数表求取相邻两数据的中间值时，还需借助于插值公式进行计算。

（2）图形表示法。也称图解法，在选定的坐标系中，根据试验数据画出几何图形来表示试验结果，通常采用散点图。其优点是：数据变化的趋向能够得到直观、形象的反映。缺点是：超过 3 个变量就难于用图形来表示，绘图含有人为的因素，同一原始数据因选择的坐标和比例尺的不同也有较大的差异。

(3) 解析法。也称方程表示法和计算法，就是通过对试验数据的计算，求出表示各变量之间关系的经验公式，其优点是结果的统一性克服了图形表示法存在的主观因素的影响。

最简单的情况是对于两个或多个存在着统计相关的随机变量，根据大量有关的测量数据来确定它们之间的回归方程（经验公式），这种数学处理过程也称为拟合过程。回归方程的求解包括两个内容：

(1) 回归方程的数学形式的确定；

(2) 回归方程中所含参数的估计。

1. 一元线性回归方程

通过测量获得了两个测试量的一组试验数据，$(x_1, y_1), (x_2, y_2), \cdots, (x_n, y_n)$。一元线性回归分析的目的就是找出其中一条直线方程，它既能反映各散点的总的规律，又能使直线与各散点之间的差值的平方和最小。

设欲求的直线方程为

$$y = a + bx \tag{9-13}$$

取所有数据点与直线方程所代表的直线在 y 方向的残差为极小时可以解得：

$$\left.\begin{aligned} b &= \frac{\Sigma(x_i - \overline{X})(y_i - \overline{Y})}{\Sigma(x_i - \overline{X})^2} \\ a &= \overline{Y} - b\overline{X} \end{aligned}\right\} \tag{9-14}$$

求出 a 和 b 之后，直线方程就确定了，这就是用最小二乘法确定回归方程的方法。但是，还必须检验两个变量间相关密切程度，只有二者相关密切时，直线方程才有意义，线性相关系数定义为：

$$r^2 = \frac{b^2 \Sigma(x_i - \overline{X})^2}{\Sigma(y_i - \overline{Y})^2} \tag{9-15}$$

$r = \pm 1$，表示完全线性相关，$r=0$ 表示线性不相关。因而 r 表示 x_i 与 y_i 之间的相关密切程度。但具有相同 r 的回归方程，其置信度与数据点数有关，数据点越多，相同相关系数时的置信度越高，或相同置信度下所需要的相关系数越低，如表 9-4 所示。

相关系数检验表 表 9-4

自由度	置信度		自由度	置信度	
$n-2$	5%	1%	$n-2$	5%	1%
1	0.997		7	0.666	0.798
2	0.950	0.990	8	0.632	0.765
3	0.878	0.959	9	0.602	0.735
4	0.811	0.917	10	0.576	0.708
5	0.754	0.874	11	0.553	0.684
6	0.707	0.834	12	0.532	0.661

续表

自由度	置信度		自由度	置信度	
$n-2$	5%	1%	$n-2$	5%	1%
13	0.514	0.641	45	0.288	0.372
14	0.497	0.623	50	0.273	0.354
15	0.468	0.606	60	0.250	0.325
18	0.444	0.561	70	0.232	0.354
22	0.404	0.515	80	0.217	0.283
26	0.374	0.478	90	0.205	0.267
30	0.349	0.449	100	0.195	0.254
35	0.325	0.418	125	0.174	0.228
40	0.304	0.393	150	0.159	0.208

另一方面，计算回归方程的均方差 σ 也可以估计其精度，并判断试验数据点中是否有可疑点需舍去，因此，一元线性回归方程的表达形式为：

$$y = a + bx \pm 3\sigma \tag{9-16}$$

若将离散点和回归曲线及上下误差限曲线同时绘于图上（图 9-6），则落在上下误差线外的点必须舍去。

2. 可线性化的非线性回归

在实际问题中，自变量与因变量之间未必总是有线性的相关关系，在某些情况下，可以通过对自变量作适当的变换把一个非线性的相关关系转化成线性的相关关系，然后用线性回归分析来处理。通常是根据专业知识列出函数关系式，再对自变量作相应的变换。如果没有足够的专业知识可以利用，那么就要从散点图上去观察，根据图形的变化趋势列出函数式，再对自变量作变换。

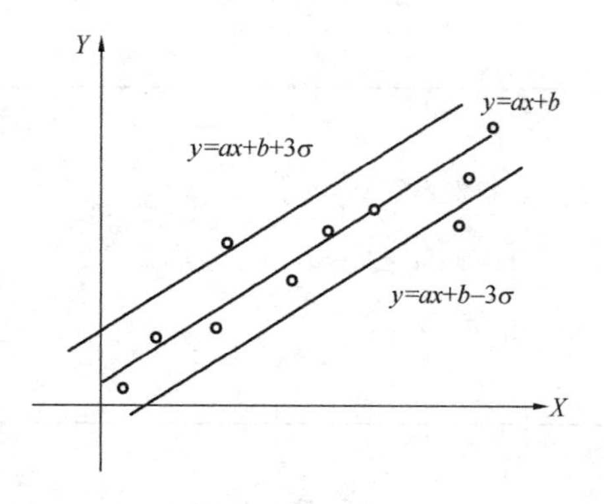

图 9-6　回归曲线及上下误差限曲线

对自变量 t 变换的常用形式有以下六种：

$$x = t^2, \quad x = t^3, \quad x = \sqrt{t}, \quad x = \frac{1}{t}, \quad x = e^t, \quad x = \ln t$$

既然自变量可以变换，那么能否对因变量 y 也作适当的变换呢？这需要慎重对待，因为 y 是一个随机变量，对 y 作变换会导致 y 的分布改变，即有可能导致随机误差项不满足服从零均值正态分布这个基本假定。但在实际工作中，许多应用统计工作者常常习惯于对回归函数 $y=f(x)$ 中的自变量 x 与因变量 y 同时作变换，以便使它成为一个线性函数，常用的形式列于表 9-5，这种回归分析的近似程度如何是不太清楚的。

可化为线性的非线性回归　　**表 9-5**

函数及变换关系	图形
双曲线 $\frac{1}{y}=a+\frac{b}{x}$ 作变换：$u=\frac{1}{y},\quad v=\frac{1}{x}$ 则：$u=a+bv$	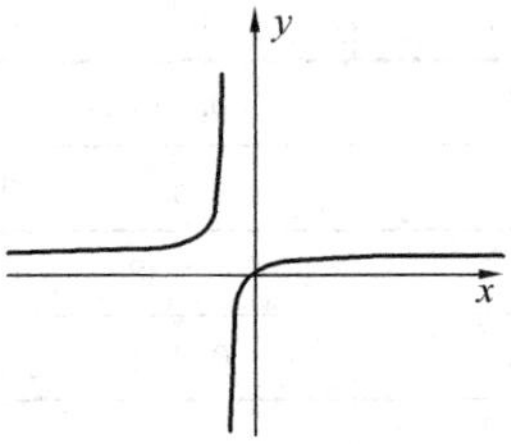 y x
幂函数：$y=ax^b$ 作变换：$u=\ln y, v=\ln x, c=\ln a$ 则：$u=c+bv$	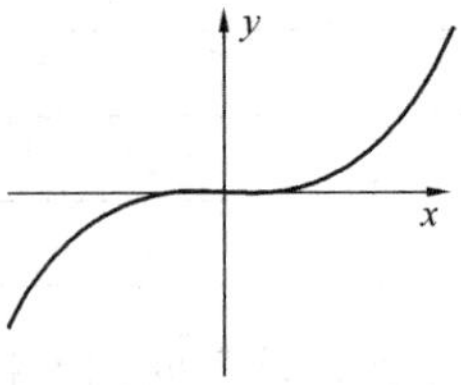 y x
指数函数：$y=ae^{bx}$ 作变换 $u=\ln y, c=\ln a$ 则：$u=c+bx$	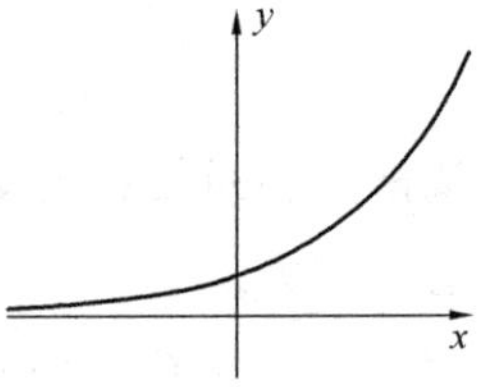 y x
倒指数函数：$y=ae^{\frac{b}{x}}$ 作变换：$u=\ln y, v=\frac{1}{x}, c=\ln a$ 则：$u=c+bv$	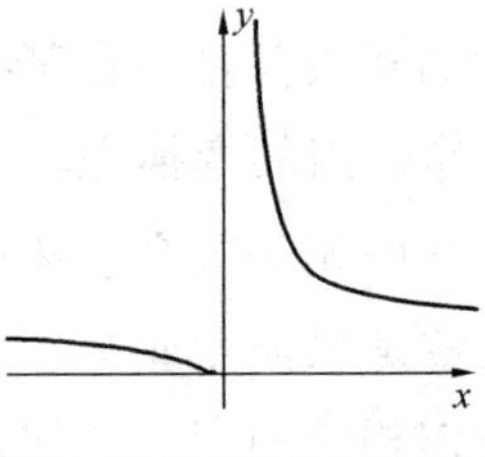 y x
对数函数：$y=a+b\ln x$ 作变换：$v=\ln x$ 则：$y=a+bv$	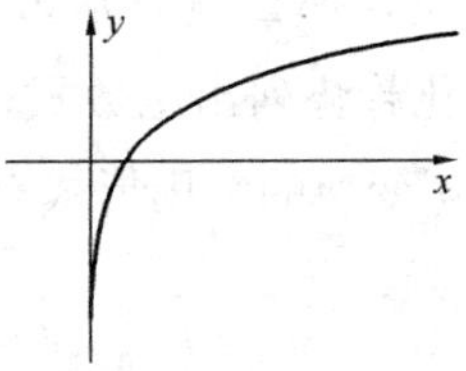 y x
S形曲线：$y=\frac{1}{a+b\,e^{-x}}$ 作变换：$u=\frac{1}{y}, v=e^{-x}$ 则：$u=a+bv$	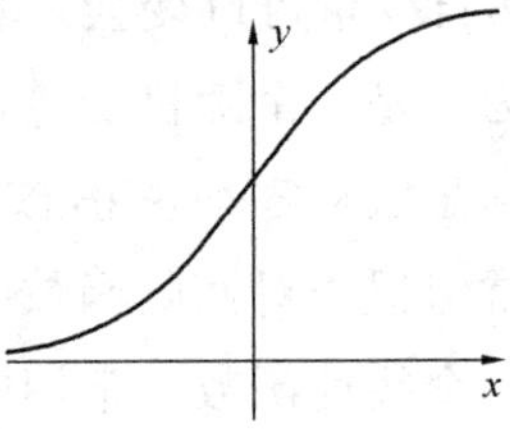 y x

第三节　实用数据处理图形软件

科学研究工作者和工程师们要高效地完成数据处理，需要借助一款合适的数据处理软件。然而，面对众多的软件应根据需要有针对性地合理选择。本节主要介绍两部分内容：第一部分简要介绍常用的数据处理图形软件及其主要特点；第二部分通过实例详细介绍Origin数据处理软件的最常用功能及使用方法，主要包括图形绘制和函数拟合两方面的内容。

一、常用数据处理图形软件介绍

目前已有的数据处理软件数量达上千万种，所有软件基本都是围绕数据管理、数据计算、统计分析、绘图等几个方面开发的。下面简要介绍几个最常用的软件，依次为Excel、Origin、Matlab、Python、SAS、SPSS、Stata。

1. Excel 简介

Microsoft Excel是Microsoft为使用Windows和Apple Macintosh操作系统的电脑编写的一款电子表格软件。直观可视化的界面、出色的计算功能和图表工具，使Excel成为最流行的个人计算机数据处理软件。在1993年作为Microsoft Office的组件发布了5.0版之后，Excel就开始成为适用操作平台上的电子制表软件的霸主。Excel软件的界面基本情况如图9-7所示，其功能主要有：

(1) 数据记录与整理功能。在一个Excel文件中可以存储许多独立的表格，可以把一些不同类型但是有关联的数据存储到一个Excel文件中，这样不仅可以方便整理数据，还可以方便查找和应用数据。后期还可以对具有相似表格框架、相同性质的数据进行合并汇总工作。

(2) 数据加工与计算。现代办公中对数据的要求不仅仅是存储和查看，很多时候是需要对现有的数据进行加工和计算，在Excel中可以非常简便地应用公式和函数等功能来对数据进行计算。

(3) 数据统计与分析功能。排序、筛选、分类汇总是最简单，也是最常见的数据分析工具，使用它们能对表格中的数据做进一步的归类与统计。数据透视图表是分析数据的一大利器，只需几步操作便能灵活透视数据的不同特征，变换出各种类型的报表。

(4) 图形报表制作功能。有些强大的Excel控件会支持丰富多彩的图表效果，比如柱形图、线形图、饼图、条状图、区域图等等。可基于工作表的数据直接生成图表，或者通过代码创建完成图表的数据绑定和类型设置，并对图表的细节进行详细的定制。

(5) 信息传递与共享功能。使用对象连接和嵌入功能可以将其他软件制作的图形插入到Excel的工作表中，其主要途径是通过“超链接”和插入对象功能。其链接对象可以是工作簿、工作表、图表、网页、图片、电子邮件地址或程序的链接、声音文件、视频文件等。

（6）数据处理自定义功能。Excel 内置了 VBA 编程语言允许用户可以定制 Excel 的功能，开发出适合自己的自动化解决方案。还可以使用宏语言将经常要执行的操作过程记录下来，并将此过程用一个快捷键保存起来，在下一次进行相同的操作时，只需按下所定义的宏功能的相应快捷键即可，而不必重复整个过程。

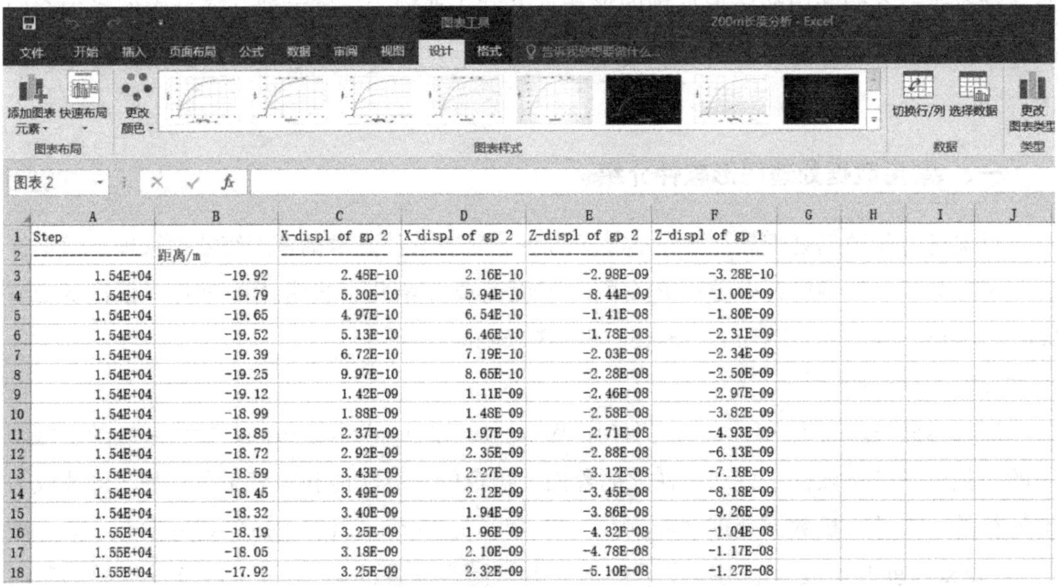

	A	B	C	D	E	F
1	Step		X-displ of gp 2	X-displ of gp 2	Z-displ of gp 2	Z-displ of gp 1
2	----------------	距离/m	----------------	----------------	----------------	----------------
3	1.54E+04	-19.92	2.48E-10	2.16E-10	-2.98E-09	-3.28E-10
4	1.54E+04	-19.79	5.30E-10	5.94E-10	-8.44E-09	-1.00E-09
5	1.54E+04	-19.65	4.97E-10	6.54E-10	-1.41E-08	-1.80E-09
6	1.54E+04	-19.52	5.13E-10	6.46E-10	-1.78E-08	-2.31E-09
7	1.54E+04	-19.39	6.72E-10	7.19E-10	-2.03E-08	-2.34E-09
8	1.54E+04	-19.25	9.97E-10	8.65E-10	-2.28E-08	-2.50E-09
9	1.54E+04	-19.12	1.42E-09	1.11E-09	-2.46E-08	-2.97E-09
10	1.54E+04	-18.99	1.88E-09	1.48E-09	-2.58E-08	-3.82E-09
11	1.54E+04	-18.85	2.37E-09	1.97E-09	-2.71E-08	-4.93E-09
12	1.54E+04	-18.72	2.92E-09	2.35E-09	-2.88E-08	-6.13E-09
13	1.54E+04	-18.59	3.43E-09	2.27E-09	-3.12E-08	-7.18E-09
14	1.54E+04	-18.45	3.49E-09	2.12E-09	-3.45E-08	-8.18E-09
15	1.54E+04	-18.32	3.40E-09	1.94E-09	-3.86E-08	-9.26E-09
16	1.55E+04	-18.19	3.25E-09	1.96E-09	-4.32E-08	-1.04E-08
17	1.55E+04	-18.05	3.18E-09	2.10E-09	-4.78E-08	-1.17E-08
18	1.55E+04	-17.92	3.25E-09	2.32E-09	-5.10E-08	-1.27E-08

图 9-7　Excel 界面基本情况

2. Origin 简介

Origin 是由 OriginLab 公司开发的一个科学绘图、数据分析软件，支持在 Microsoft Windows 下运行。Origin 支持各种各样的 2D/3D 图形，其数据分析功能包括统计、数据处理、曲线拟合以及峰值分析，其曲线拟合是采用基于 Levernberg-Marquardt 算法（LMA）的非线性最小二乘法拟合。具有强大的数据导入功能，支持多种格式的数据，包括 ASCII、Excel、NI TDM、DIADem、NetCDF、SPC 等等，图形输出格式多样，例如 JPEG、GIF、EPS 和 TIFF 等，内置的查询工具可通过 ADO 访问数据库数据。Origin 界面基本情况如图 9-8 所示。

该软件具有如下几大特点：

（1）功能强大，可进行数值计算、数值处理、数据分析；

（2）界面友善、直观；

（3）操作简单、易学易用，只需要点击鼠标就可以完成大部分工作；

（4）功能开放，该软件开发了 Originpro 和附加模块。

上述特点使得 Origin 成为大学生、研究生、科技工作者常用的软件之一。该软件常用功能的详细介绍见本节第二部分。

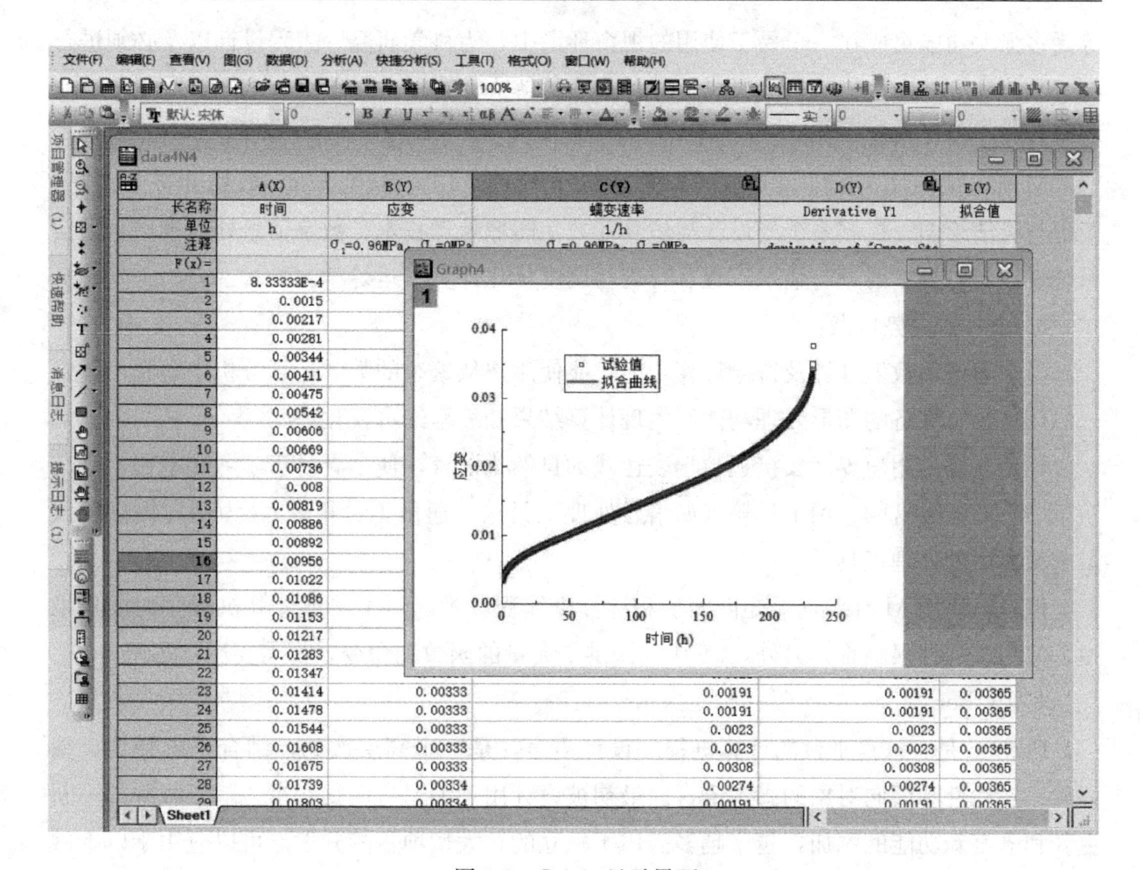

图 9-8　Origin 显示界面

但是 Origin 只支持 Windows 操作系统，而且是以数据处理为主，不能进行符号运算。

Origin 是一款具有电子数据表前端的图形化用户界面软件。与常用的电子制表软件 Excel 不同，Origin 的工作表是以列为对象的，每一列具有相应的属性，例如名称、数量单位以及其他用户自定义标识。Origin 以列计算式取代数据单元计算式进行计算。Excel 虽然也具有数据可视化功能，但是主要是电子表格功能，并可简单地将数据可视化。但其作图方面显然不如 Origin 功能强大，例如对数据的行数有一定的限制、对图形分析时只能添加简单的趋势线、不能进行复杂和自定义函数的拟合、没有积分和微分等计算功能。Origin 不仅可以根据数据绘制出更丰富和令人满意的图形，包括条状、线形、扇形、三维图形，还可以将几组数据放在一个图中进行比较处理，更重要的是可以对图形进行分析，如平滑、拟合、过滤、积分、微分等。

3. Matlab 简介

Matlab 是由美国 MathWorks 公司于 1984 年开始出品的商业数学软件，它在数学类科技应用软件中的数值计算方面首屈一指。该软件建立在向量、矩阵、数组的基础上，是一个矩阵工厂（矩阵实验室），主要面对科学计算、可视化以及交互式程序设计的高科技计算环境。它将数值分析、矩阵计算、科学数据可视化以及非线性动态系统的建模和仿真等诸多强大功能集成在一个易于使用的视窗环境中，为科学研究、工程设计以及必须进行有效数值计算的众多科学领域提供了一种全面的解决方案，并在很大程度上摆脱了传统非交互式程序设计语言（如 C、Fortran）的编辑模式。

Matlab 的应用范围非常广，可以完成以下各种工作：数值分析、数值和符号计算、工程与科学绘图、控制系统的设计与仿真、数字图像处理技术、数字信号处理技术、通信系统设计与仿真、财务与金融工程、管理与调度优化计算（运筹学）。

Matlab 的优势特点：

（1）高效的数值计算及符号计算功能，能使用户从繁杂的数学运算分析中解脱出来；

（2）具有完备的图形处理功能，实现计算结果和编程的可视化；

（3）友好的用户界面及接近数学表达式的自然化语言，使学者易于学习和掌握；

（4）功能丰富的应用工具箱（如信号处理工具箱、通信工具箱等），为用户提供了大量方便实用的处理工具。

但是，使用 Matlab 需要矩阵知识和计算机编程技术，对不熟悉计算机程序的用户来说，使用该软件很困难，另外，Matlab 提供了大量的函数和命令，都需要用户熟记。

4. Python 简介

Python 是一种跨平台的计算机程序设计语言，是一个高层次的，结合了解释性、编译性、互动性和面向对象的脚本语言。最初被设计用于编写自动化脚本，随着版本的不断更新和语言新功能的添加，越来越多被用于独立的、大型项目的开发。可以应用于以下领域：Web 和 Internet 开发、科学计算和统计、人工智能、桌面界面开发、软件开发、后端开发、网络爬虫。下面为一个使用 Python 语言的程序开发实例：

```
age = int (input (" 请输入你的年龄：" ))
if age < 21:
   print (" 你不能买酒。" )
   print (" 不过你能买口香糖。" )
print (" 这句话在 if 语句块的外面。" )
```

由于大数据、人工智能等概念的兴起，Python 语言越发受到人们的关注，安装方法可见：https：//www. paddlepaddle. org. cn/install/quick。

Python 拥有一个强大的标准库，其语言的核心只包含数字、字符串、列表、字典、文件等常见类型和函数，标准库提供了系统管理、网络通信、文本处理、数据库接口、图形系统、XML 处理等额外的功能，其命名接口清晰、文档良好，很容易学习和使用。

Python 社区提供了大量的第三方模块，使用方式与标准库类似。它们的功能无所不包，覆盖科学计算、Web 开发、数据库接口、图形系统多个领域，并且大多成熟而稳定。第三方模块可以使用 Python 或者 C 语言编写。SWIG、SIP 常用于将 C 语言编写的程序库转化为 Python 模块。Boost C++ Libraries 包含了一组库——Boost. Python，使得以 Python 或 C++编写的程序能互相调用。借助于拥有基于标准库的大量工具、能够使用低级语言如 C 和可以作为其他库接口的 C++，Python 已成为一种强大的应用于其他语言与工具之间的胶水语言。工科神器——Matlab 是强大的数据处理软件，但利用好 Python 的第三方库可以在很大程度上代替 Matlab。

Python 的优点：

（1）简单：Python 是一种代表简单主义思想的语言，阅读一个良好的 Python 程序就感觉像是在读英语一样，它使你能够专注于解决问题而不是去搞明白语言本身。

（2）易学：Python 极其容易上手，因为 Python 有极其简单的说明文档。

（3）免费、开源：使用者可以自由地发布这个软件的拷贝，阅读它的源代码，对它做改动，把它的一部分用于新的自由软件中。

（4）高层语言：用 Python 语言编写程序的时候无需考虑诸如如何管理你的程序使用的内存一类的底层细节。

（5）可移植性：由于它的开源本质，Python 已经被移植在许多平台上（经过改动使它能够工作在不同平台上）。

（6）解释性：一个用编译性语言比如 C 或 C++写的程序可以从源文件（即 C 或C ++语言）转换到一个计算机使用的语言（二进制代码，即 0 和 1）。这个过程通过编译器和不同的标记、选项完成。运行程序的时候，连接/转载器软件把程序从硬盘复制到内存中并且运行。而 Python 语言写的程序不需要编译成二进制代码，可以直接从源代码运行程序。在计算机内部，Python 解释器把源代码转换成称为字节码的中间形式，然后再把它翻译成计算机使用的机器语言并运行，这使得使用 Python 更加简单，也使得其更加易于移植。

（7）面向对象：Python 既支持面向过程的编程也支持面向对象的编程，在“面向过程”的语言中，程序是由过程或仅仅是可重用代码的函数构建起来的。在“面向对象”的语言中，程序是由数据和功能组合而成的对象构建起来的。

Python 的主要缺点：

（1）单行语句和命令行输出问题：很多时候不能将程序连写成一行。

（2）独特的语法：这也许不应该被称为局限，但是它用缩进来区分语句关系的方式还是给很多初学者带来了困惑，即便是很有经验的 Python 程序员，也可能陷入陷阱当中。

（3）运行速度慢：这里是指与 C 和 C++相比。

在科学计算方面，首先会被提到的可能是 Matlab。然而除了 Matlab 的一些专业性很强的工具箱还无法被替代之外，Matlab 的大部分常用功能都可以在 Python 中找到相应的扩展库。和 Matlab 相比，用 Python 做科学计算有如下优点：

（1）Matlab 是一款商用软件，并且价格不菲，而 Python 完全免费，众多开源的科学计算库都提供了 Python 的调用接口，用户可以在任何计算机上免费安装 Python 及其绝大多数扩展库。

（2）与 Matlab 相比，Python 是一门更易学、更严谨的程序设计语言，它能让用户编写出更易读、易维护的代码。

(3) Matlab 主要专注于工程和科学计算。然而即使在计算领域，也经常会遇到文件管理、界面设计、网络通信等各种需求。而 Python 有着丰富的扩展库，可以轻易完成各种高级任务，开发者可以用 Python 实现完整应用程序所需的各种功能。

5. SAS 简介

SAS 是由美国北卡罗来纳州立大学 1966 年开发的统计分析软件，它把数据存取、管理、分析和展现有机地融为一体，主要优点如下：

(1) 功能强大，统计方法齐全。SAS 提供了从基本统计数的计算到各种试验设计的方差分析、相关回归分析以及多变数分析的多种统计分析过程，几乎囊括了所有最新分析方法，其分析技术先进、可靠。分析方法的实现通过过程调用完成，许多过程同时提供了多种算法和选项。例如方差分析中的多重比较，提供了包括 LSD、DUNCAN 及 TUKEY 测验等在内的 10 余种方法。回归分析提供了 9 种自变量选择的方法（如 STEPWISE、BACKWARD、FORWARD 及 RSQUARE 等），回归模型中可以选择是否包括截距，还可以事先指定一些包括在模型中的自变量字组（SUBSET）等。对于中间计算结果，可以全部输出、不输出或选择输出，也可存储到文件中供后续分析过程调用。

(2) 使用简便，操作灵活。SAS 以一个通用的数据（DATA）步产生数据集，而后以不同的过程调用完成各种数据分析。其编程语句简洁、短小，通常只需很小的几句语句即可完成一些复杂的运算，得到满意的结果。结果输出以简明的英文给出提示，统计术语规范易懂，具有英语和统计基础即可。使用者只要告诉 SAS“做什么”，而不必告诉其“怎么做”。同时 SAS 的设计，使得任何 SAS 能够“猜”出的东西用户都不必告诉它（即无需设定），并且能自动修正一些小的错误（例如将 DATA 语句的 DATA 拼写成 DATE，SAS 将假设为 DATA 继续运行，仅在 LOG 中给出注释说明）。对运行时的错误它尽可能地给出错误原因及改正方法。因而 SAS 将统计的科学、严谨和准确与使用者有机地结合起来，极大地方便了使用者。

(3) 提供联机帮助功能。使用过程中按下功能键 F1，可随时获得帮助信息，得到简明的操作指导。

6. SPSS 简介

SPSS 为 IBM 公司推出的一系列用于统计学分析运算、数据挖掘、预测分析和决策支持任务的软件产品及相关服务的总称，有 Windows 和 Mac OS X 等版本。SPSS 是世界上最早采用图形菜单驱动界面的统计软件，它最突出的特点就是操作界面极为友好，输出结果美观漂亮。它将几乎所有的功能都以统一、规范的界面展现出来，使用 Windows 窗口方式展示各种管理和分析数据的功能，对话框展示出各种功能选择项。用户只要掌握一定的 Windows 操作技能，精通统计分析原理，就可以使用该软件为特定的科研工作服务。SPSS 采用类似 Excel 表格的方式输入与管理数据，数据接口较为通用，能方便地从其他数据库中读入数据。包括了常用的、较为成熟的统计过程，完全可以满足非统计专业人士的工作需要。输出结果十分美观，存储时则是专用的SPO格式，可以转存为HTML格式和文本格式。对于熟悉老版本编程运行方式的用户，SPSS还特别设计了语法生成窗口，用户只需在菜单中选好各个选项，然后按“粘贴”按钮就可以自动生成标准的SPSS程序，极大地方便了中、高级用户。

SPSS软件的主要优点如下：

(1) 操作简便。界面非常友好，除了数据录入及部分命令程序等少数输入工作需要键盘键入外，大多数操作可通过鼠标拖拽、点击“菜单”“按钮”和“对话框”来完成。

(2) 编程方便。具有第四代语言的特点，告诉系统要做什么，无需告诉怎样做。只要了解统计分析的原理，无需通晓统计方法的各种算法，即可得到需要的统计分析结果。对于常见的统计方法，SPSS的命令语句、子命令及选择项的选择绝大部分由“对话框”的操作完成，因此，用户无需花大量时间记忆大量的命令、过程、选择项。

(3) 功能强大。具有完整的数据输入、编辑、统计分析、报表、图形制作等功能，自带11种类型136个函数。SPSS提供了从简单的统计描述到复杂的多因素统计分析方法，比如数据的探索性分析、统计描述、列联表分析、二维相关、秩相关、偏相关、方差分析、非参数检验、多元回归、生存分析、协方差分析、判别分析、因子分析、聚类分析、非线性回归、Logistic回归等。

(4) 数据接口多。能够读取及输出多种格式的文件，能够把SPSS的图形转换为7种图形文件，结果可保存为*.txt及html格式的文件。

(5) 模块组合丰富。SPSS for Windows软件分为若干功能模块，用户可以根据自己的分析需要和计算机的实际配置情况灵活选择。

(6) 针对性强。SPSS针对初学者、熟练者及精通者都比较适用，并且很多群体只需要掌握简单的操作分析。

7. Stata简介

Stata是一套提供数据分析、数据管理以及绘制专业图表的完整及整合性统计软件，它提供许多功能，包含线性混合模型、均衡重复反复及多项式普罗比模式，用Stata绘制的统计图形相当精美。不足之处是数据的兼容性差，占内存空间较大，数据管理功能需要加强。下面介绍Stata的主要功能。

(1) 统计功能。Stata的统计功能很强，除了传统的统计分析方法外，还收集了近20年发展起来的新方法，如Cox比例风险回归、指数与Weibull回归、多类结果与有序结果的Logistic回归、Poisson回归、负二项回归及广义负二项回归、随机效应模型等。

(2) 作图功能。Stata的作图模块，主要提供如下8种基本图形的制作：直方图(Histogram)、条形图(Bar)、百分条图(Oneway)、百分圆图(Pie)、散点图(Two Way)、散点图矩阵(Matrix)、星形图(Star)及分位数图。这些图形的巧妙应用，可以满足绝大多数用户的统计作图要求。在有些非绘图命令中，也提供了专门绘制某种图形的功能，如在生存分析中，提供了绘制生存曲线图，在回归分析中提供了残差图等。

（3）矩阵运算功能。矩阵代数是多元统计分析的重要工具，Stata 提供了多元统计分析中所需的矩阵基本运算，如矩阵的加、积、逆、Cholesky 分解、Kronecker 内积等；还提供了一些高级运算，如特征根、特征向量、奇异值分解等；在执行完某些统计分析命令后，还提供了一些系统矩阵，如估计系数向量、估计系数的协方差矩阵等。

（4）程序设计功能。Stata 是一个统计分析软件，但它也具有很强的程序语言功能，这给用户提供了一个广阔的开发应用的天地，用户可以充分发挥自己的聪明才智，熟练应用各种技巧，真正做到随心所欲。事实上，Stata 的 ado 文件（高级统计部分）都是用 Stata 自己的语言编写的。

SAS、SPSS 与 Stata 作为统计分析功能较强的三款软件，Stata 其统计分析能力远远超过了 SPSS，在许多方面也超过了 SAS。由于 Stata 在分析时是将数据全部读入内存，在计算全部完成后才和磁盘交换数据，因此计算速度极快（一般来说，SAS 的运算速度要比 SPSS 至少快一个数量级，而 Stata 的某些模块和执行同样功能的 SAS 模块比，其速度又比 SAS 快将近一个数量级），Stata 也是采用命令行方式来操作，但使用上远比 SAS 简单，其生存数据分析、纵向数据（重复测量数据）分析等模块的功能甚至超过了 SAS，用 Stata 绘制的统计图形相当精美且很有特色。

二、 Origin 数据处理软件的最常用功能及使用方法

图表是显示和分析复杂数据的理想方式，精美清晰的图表能为论文、报告和著作等大为增色，因此，高端图表和数据分析软件是科学家和工程师们的必备工具。与其他科技绘图及数据处理分析软件相比，Origin 具有赏心悦目、友好、简洁的界面和强大的科技绘图及数据处理功能，能充分满足科技工作者几乎所有的需求；最关键的是，Origin 如同 Word 一样具有获取软件方便、操作简单、容易掌握、兼容性好（可以嵌入 Excel 表格数据）等特点，已成为科技工作者和工程技术人员的首选数据处理软件。

目前市场上关于 Origin 实用教程的学习资料非常丰富，本节则通过实例重点介绍其常用的三大功能，即二维图形绘制、三维图形绘制、函数拟合。Origin 操作演示可扫描右侧二维码观看。

Origin操作演示

1. 二维图形绘制

在开始图形绘制之前，需要先安装 Origin 软件，并熟悉该软件的界面窗口，具体可以参阅叶卫平主编的《Origin9.1 科技绘图及数据分析》或者搜索网络上的资料进行学习。

在得到试验数据后，需要做一条曲线来分析试验结果，按照如下步骤完成：

（1）首先，打开 OriginPro 2017，如图 9-9 所示，分别将横、纵坐标数据导入 Origin 中（做法如同在 Excel 中一样）。

（2）在 Origin 中打开工作表，一般只有 A、B 两列，默认 A 为 X 轴，B 为 Y 轴，可以在此基础上添加列，使用快捷键“Ctrl＋D”即可，在弹出的对话框中输入想要增加的

data4N5 - data4N4 - 0-150h

	A(X)	B(Y)
长名称	时间	轴向应变
单位	h	
注释		σ₁=0.95MPa，σ₃=0MPa
F(x)=		
1	8.33333E-4	0.0033
2	0.0015	0.0033
3	0.00217	0.0033
4	0.00281	0.00331
5	0.00344	0.00331
6	0.00411	0.00331
7	0.00475	0.00331
8	0.00542	0.00331
9	0.00606	0.00331
10	0.00669	0.00331
11	0.00736	0.00332
12	0.008	0.00332
13	0.00819	0.00332
14	0.00886	0.00332
15	0.00892	0.00332
16	0.00956	0.00332
17	0.01022	0.00332

图 9-9　数据填充

列数，也可以在菜单“列”中选择“添加新列”。

（3）默认增加列均为 Y 轴，若需要有多个 X 轴，或需要添加误差线，则应更改列属性（图 9-10）。双击需要设置的列，弹出对话框，或选中该列后，右键单击“属性”，在“绘图设定”下拉菜单中选择需要的属性，如 X 轴误差、Y 轴误差、标签等等。

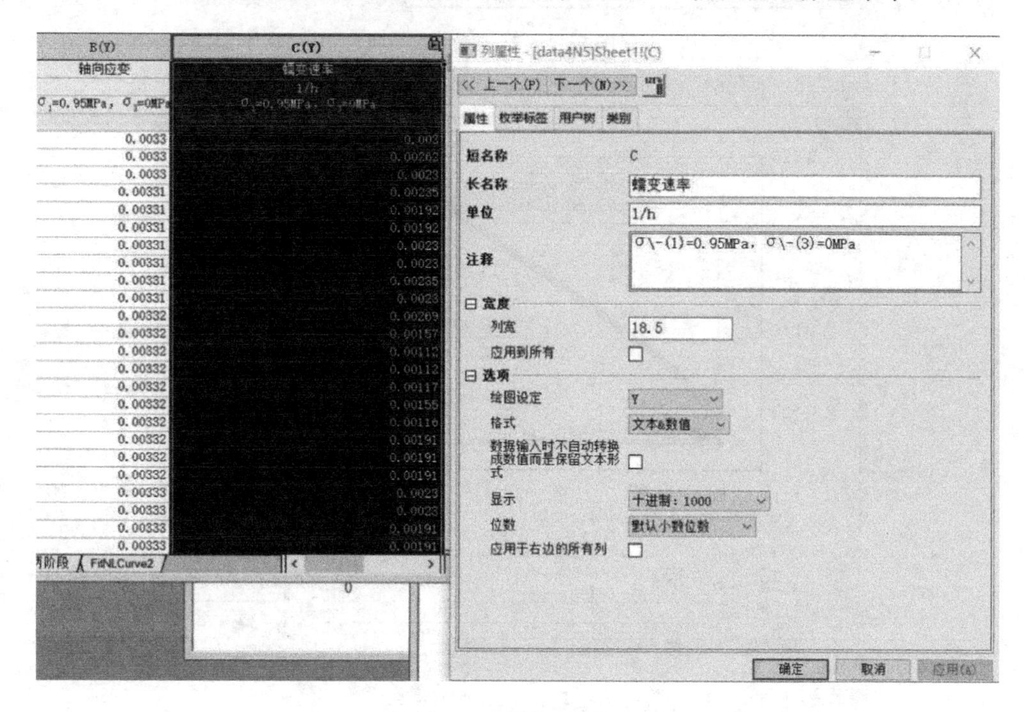

图 9-10　添加列属性

（4）将数据准备好后，就可以绘图了。选中绘图所需数列，然后单击工具栏上的绘图命令按钮（见图 9-11 中圈出部分）。实例中选择了三列，一个 X 轴和两个 Y 轴数据，因此绘制图形时选择了“双 Y 轴图”。然后，可以双击或者右键单击“属性”对图表的各个显示部分进行修改，得到精美的图形（修改调整后的图形见图 9-12）。

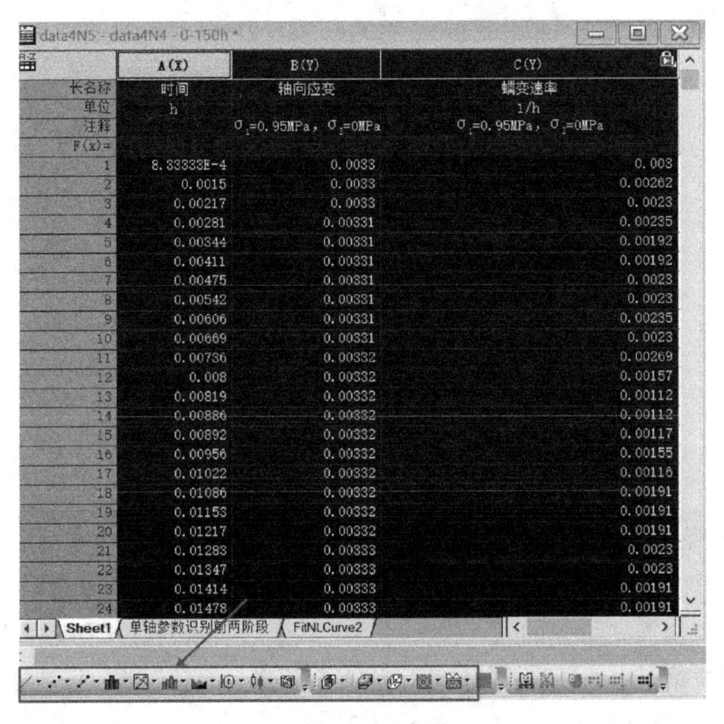

	A(X)	B(Y)	C(Y)
长名称	时间	轴向应变	蠕变速率
单位	h		1/h
注释		σ1=0.95MPa，σ3=0MPa	σ1=0.95MPa，σ3=0MPa
F(x)=			
1	8.33333E-4	0.0033	0.003
2	0.0015	0.0033	0.00262
3	0.00217	0.0033	0.0023
4	0.00281	0.00331	0.00235
5	0.00344	0.00331	0.00192
6	0.00411	0.00331	0.00192
7	0.00475	0.00331	0.0023
8	0.00542	0.00331	0.0023
9	0.00606	0.00331	0.00235
10	0.00669	0.00331	0.0023
11	0.00736	0.00332	0.00269
12	0.008	0.00332	0.00157
13	0.00819	0.00332	0.00112
14	0.00886	0.00332	0.00112
15	0.00892	0.00332	0.00117
16	0.00956	0.00332	0.00155
17	0.01022	0.00332	0.00116
18	0.01086	0.00332	0.00191
19	0.01153	0.00332	0.00191
20	0.01217	0.00332	0.00191
21	0.01283	0.00333	0.0023
22	0.01347	0.00333	0.0023
23	0.01414	0.00333	0.00191
24	0.01478	0.00333	0.00191

图 9-11 绘图操作

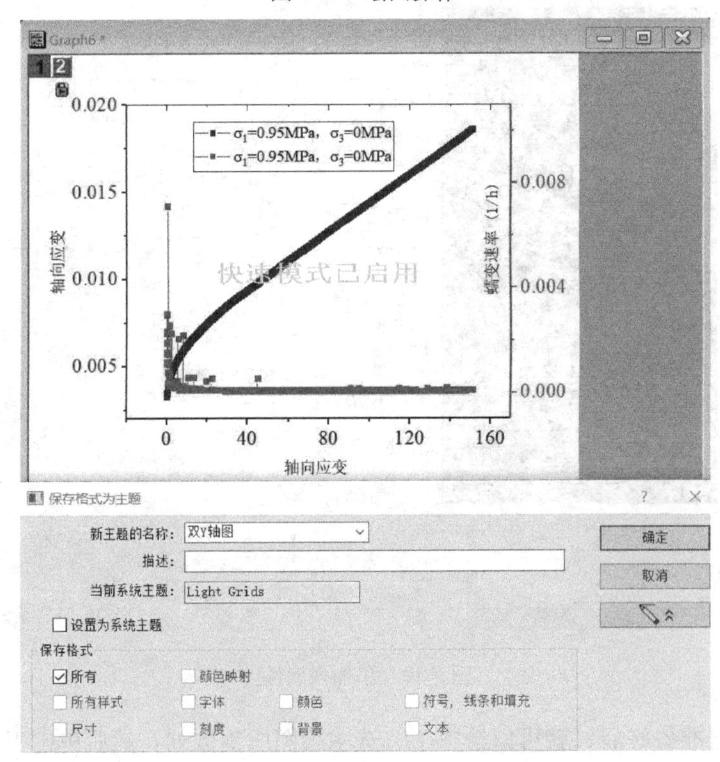

图 9-12 双 Y 轴图表修改及主题格式刷

需要指出的是：当批量处理图表时，Origin 还可以保存已修改调整好图形的格式，通过主题保存（图 9-12），然后就像“格式刷”功能一样应用到相同类型图表的格式调整，具体步骤为：保存主题并命名（例如“双 Y 轴图”），然后选中新图形，点击“工具”菜单，单击“主题管理器”并出现对话框，选择已保存的“双 Y 轴图”这一主题即可应用。这也体现了 Origin 软件的强大和便利之处。这里仅介绍了一种（“双 Y 轴图”）二维图形的绘制，其他各式各样图形的绘制操作方法基本相同。

2. 三维图形绘制

Origin 中大部分三维图形（三维散点图、三维迹线图、圆柱饼图、三维柱状图等）的绘制实际上与二维图形相同，通过工作表中的数据即可绘制，只是要增加一列数据并改为“*Z* 轴”属性，但是如果要绘制 3D 表面图、3D 轮廓图以及处理复杂图像时，则需要采用矩阵格式存放数据。通过工作表进行的三维图形绘制与二维图形相似，在此不再赘述。重点介绍采用矩阵表绘制三维表面图和等值线图的方法。

首先，将目标数据导入 Origin，格式为 *XYZ*，选中工作表 A（*X*）、B（*Y*）和 C（*Z*），选择“工作表”菜单找到“转换为矩阵”，单击选择“*XYZ* 网格化”，出现“*XYZ* 网格化”对话框，如图 9-13 所示。其中具体的转换方法（直接转换或者随机转换）由“*XYZ* 网格化”预览散点图初步判定选择哪种更好后确定。

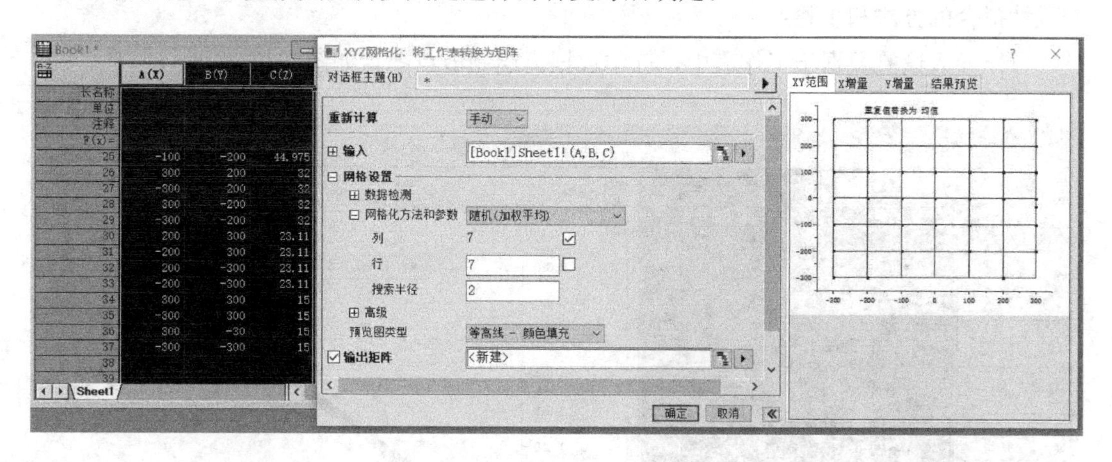

图 9-13　工作表转换为矩阵表

然后，在矩阵表窗口激活状态下选择“绘图”菜单中的“三维表面图”或者“等高线图”，可以分别得到彩色映射的表面图（图 9-14a）或者黑白线条+数字标记的等高线图（图 9-14b）。图形颜色、标记有无、数字格式和数字分级等都可以在图片不同部位双击或者右击出现的“属性”中进行设置和调整。

3. 函数拟合

在试验数据处理和分析中，必然需要对试验数据进行线性回归和曲线拟合，找出描述不同变量之间的函数关系，建立经验公式或者数学模型。Origin 提供了强大的线性回归和函数拟合功能，可以满足线性回归、内置函数拟合、自定义函数拟合等不同需求的函数拟

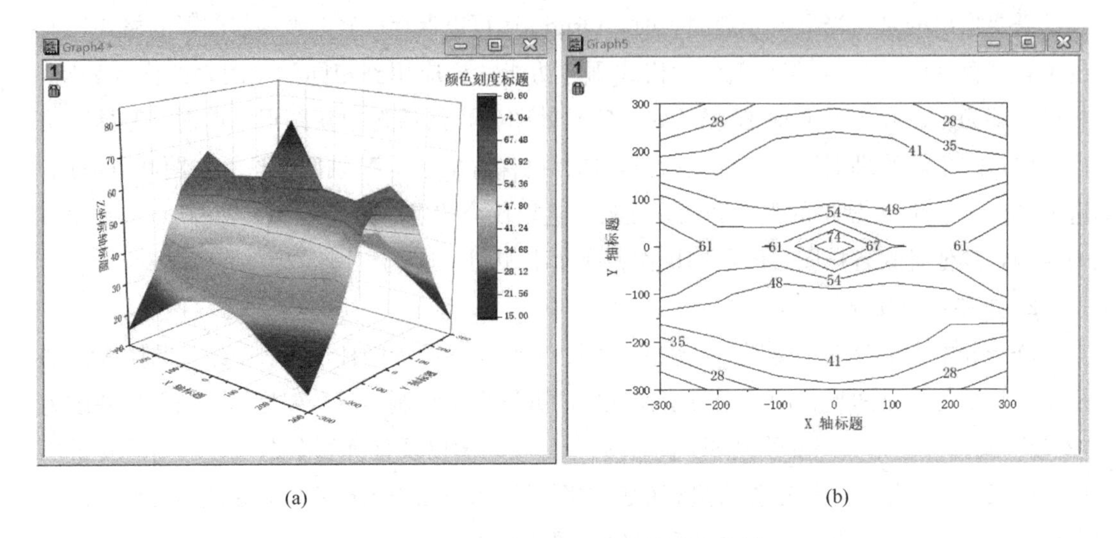

(a)　　　　(b)

图 9-14　三维表面图和等值线图的绘制

合方式。

其中线性拟合、多项式回归、多元线性回归、指数拟合等内容较简单，且在 Excel 中也很容易实现，属于大家熟知的内容，在此不再赘述。本节重点介绍采用自定义函数进行非线性拟合的方法和步骤：

（1）导入试验数据于工作表中，选中数据，绘制散点图，如图 9-15 所示。

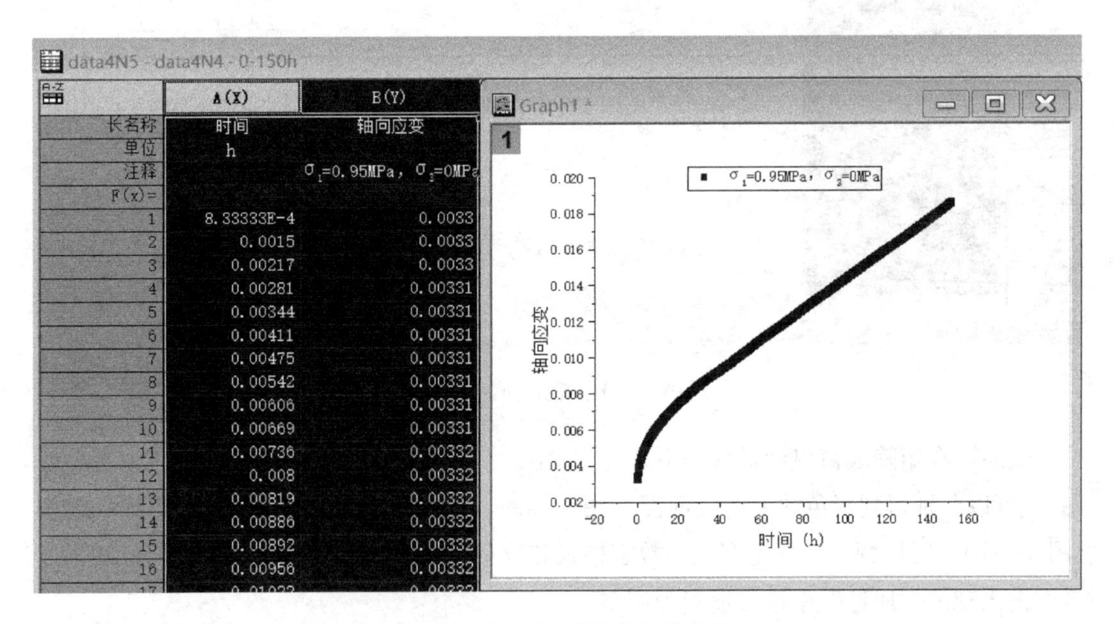

图 9-15　采用试验数据绘制散点图

（2）选中散点图，依次点击工具栏“分析”—“拟合”—“非线性曲线拟合”—“打开对话框”，即打开了曲线拟合对话框，如图 9-16 所示。

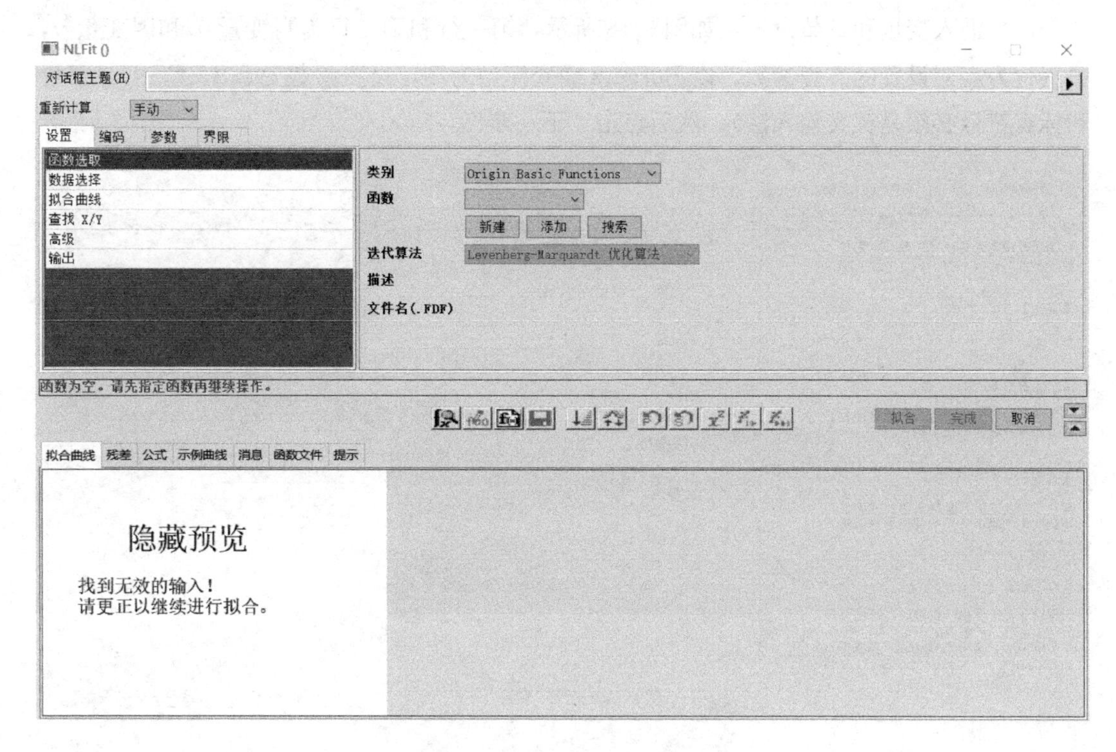

图 9-16　非线性曲线拟合对话框

（3）对话框中，类别选项选择“User Defined”（用户自定义），再点击“新建”按钮，打开创建新方程的对话框。

如图 9-17 所示，对话框中：函数名称一栏可对方程进行命名（仅限英文），此次命名为“ABCDmodel”；函数类型一栏选择第二个“公式”，然后点击“下一步”。

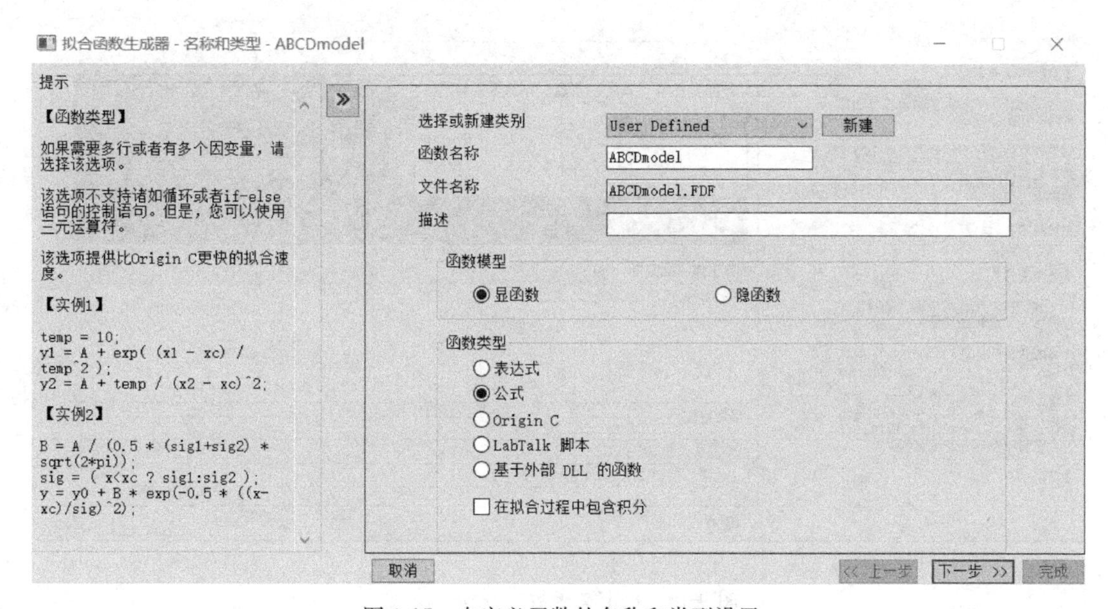

图 9-17　自定义函数的名称和类型设置

（4）进入变量和参数设置，如图 9-18 所示，第一行和第二行为自变量 x 和因变量 y，第三行为需要设置的方程参数，以 Burgers 蠕变模型为例，设置参数 A、B、C、D（字母和标点符号必须是英文输入法），然后点击“下一步”。

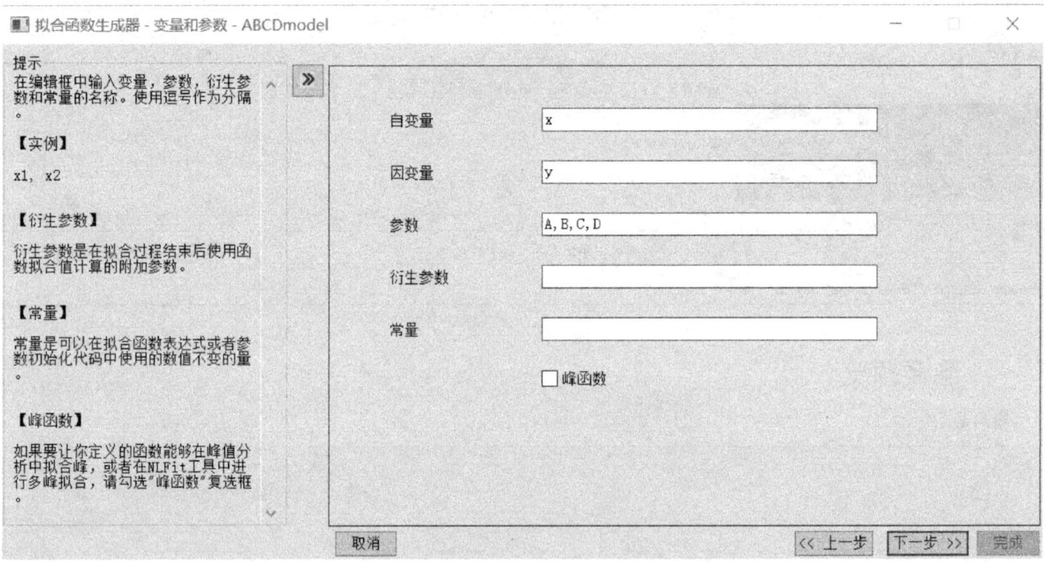

图 9-18　自定义函数之变量和参数设置

（5）进入方程输入，如图 9-19 所示，在“函数主体”处输入 Burgers 蠕变模型的方程（字母和符号必须是英文输入法）。

到此基本设置已完毕，一直点击“下一步”即可，最后点击“完成”。

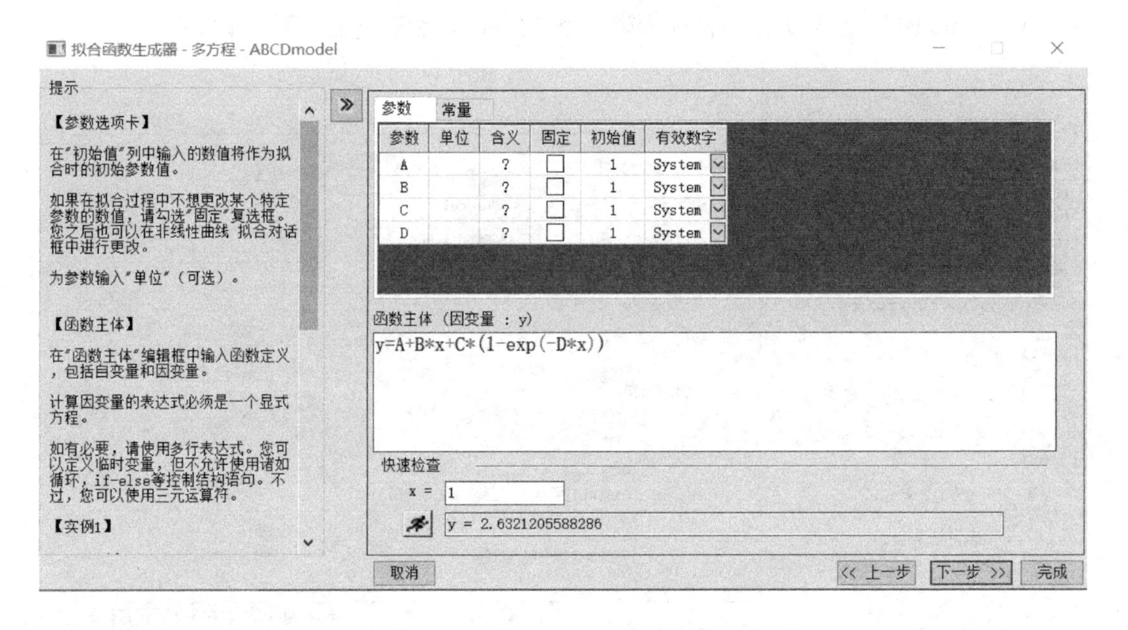

图 9-19　自定义函数之方程式输入

（6）回到最初曲线拟合对话框，会发现“函数”一栏下拉菜单中已经有了创建的方程 ABCDmodel，如图 9-20 所示。

图 9-20 返回显示有自定义函数的拟合对话框

（7）然后按照图 9-21 所示步骤，首先点击“参数”选项卡，勾选固定，可固定参数不变；然后点击图示第 2 步的按钮，进行拟合，直至参数不变，达到最佳拟合效果；最后点击“拟合”，生成拟合结果和报告。最终生成图如图 9-22 所示，表中会显示相关系数、拟合优度判定系数 R 平方以及各参数的值。

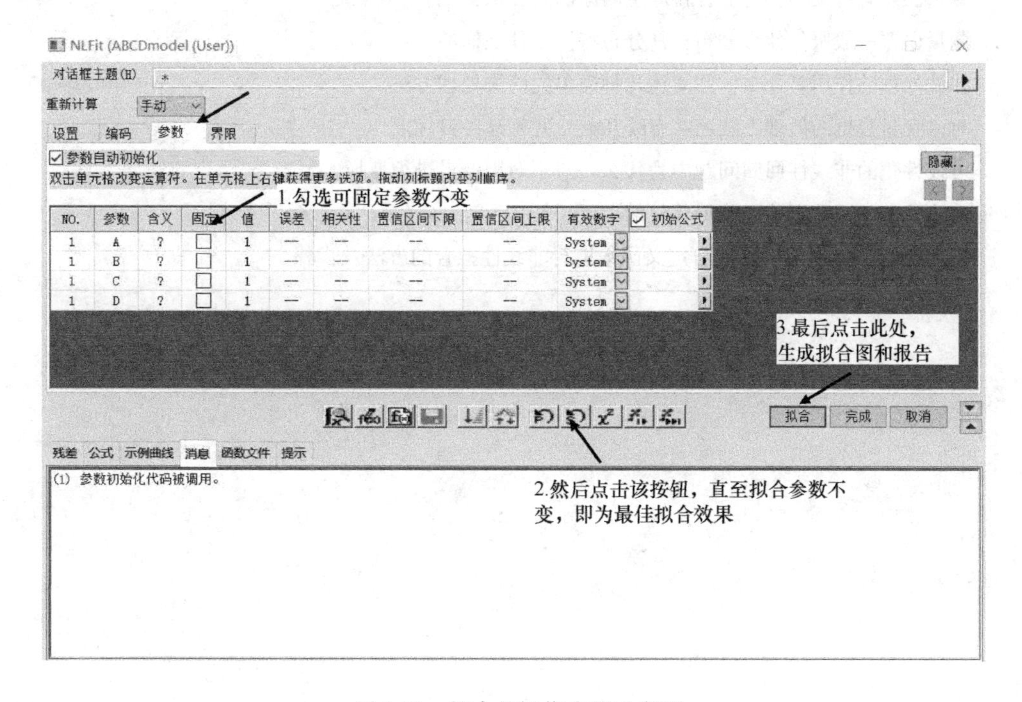

图 9-21 拟合的操作步骤示意图

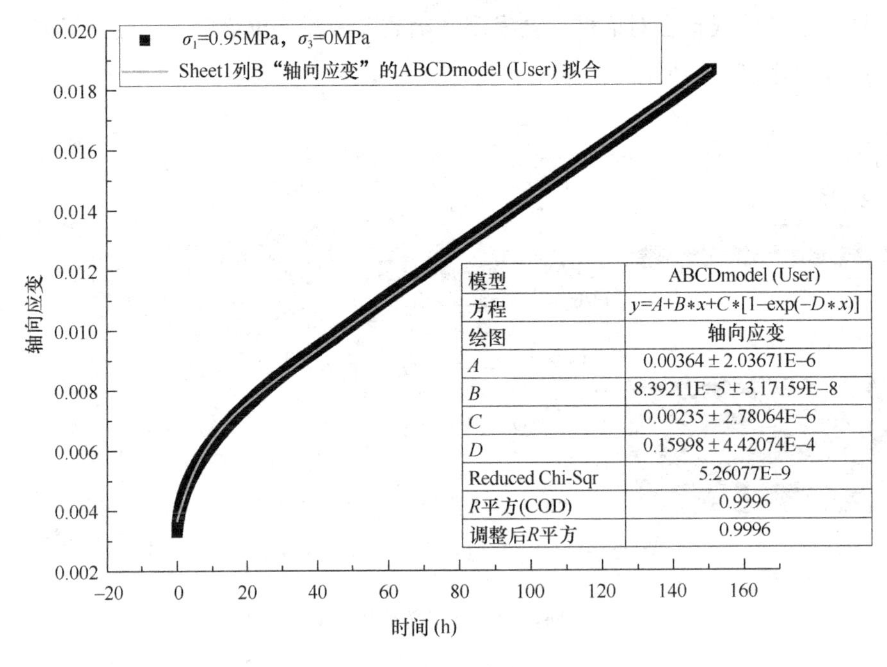

图 9-22　拟合结果显示图

思考题和简答题

1. 测量误差有哪几类？它们各自产生的原因是什么？
2. 测量误差一般服从什么分布？其分布特征是什么样的？
3. 滤波处理的作用是什么？并简述几种简单的滤波处理方法。
4. 对多变量数据的处理方法通常有哪几类？并阐述各自优点。
5. 可线性化的非线性回归问题中为什么一般不对因变量进行变换？
6. 简述几种常用数据处理图形软件的主要功能。
7. 阐述在 Origin 软件中采用自定义函数进行非线性拟合的方法及步骤。

第十章　岩土与地下工程测试与试验新技术

第一节　基于机器视觉的隧道衬砌裂缝检测技术

近年来，基于机器视觉的自动化测试技术取得了很大的发展，该技术采用各种形式的机器视觉获取工程结构影像，经过图像处理，识别提取出需要的测量信息，从而达到检测的目的，具体环节包括数字图像的采集、图像预处理、目标物的分割提取、目标物特征的量测等，该技术目前常用于隧道衬砌表面裂缝病害的检测等。相比于传统非机器视觉的检测方法，该技术具有自动化程度高、危险性小、数据获取时间短、人为因素影响小、测量质量高等优点。

一、 机器视觉测试的原理和组成

机器视觉测试是指利用机器替代人眼做出各种测量和判断，它是一门涉及光学、机械、计算机、模式识别、图像处理、人工智能、信号处理以及光电一体化等多个领域的综合性学科。

一个完整的机器视觉测试系统包括：照明光源、光学镜头、CCD 摄像机、图像采集卡、图像检测软件、监视器、通信单元等，如图 10-1 所示。

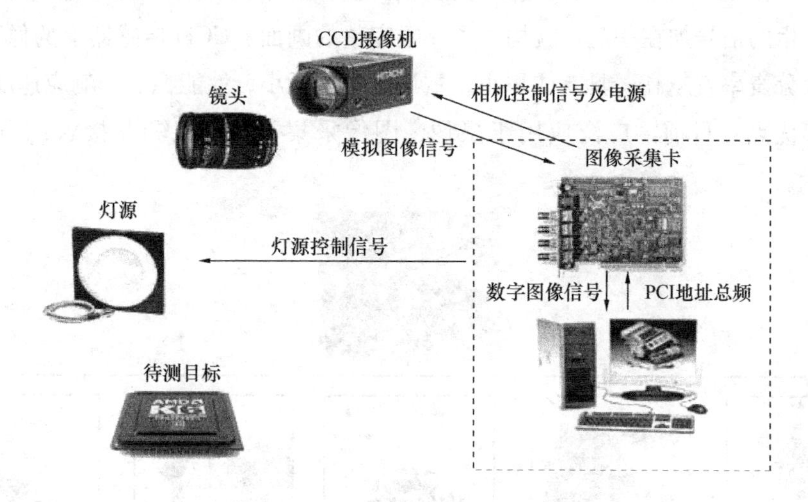

图 10-1　机器视觉系统的基本构成

机器视觉测试系统的工作过程主要如下：

(1) 当传感器探测到被检测物体运动接近摄像机的拍摄中心，将触发脉冲发送给图像采集卡；

(2) 图像采集卡根据已设定的程序和延时，将启动脉冲分别发送给照明系统和摄像机；

(3) 一个启动脉冲发送给摄像机，摄像机结束当前的拍照，重新开始一幅新的拍照，或者在启动脉冲到来前摄像机处于等待状态，检测到启动脉冲后启动，在开始新的一幅拍照前摄像机打开曝光构件（曝光时间事先设定好）；另一个启动脉冲发送给光源，光源的打开时间需要与摄像机的曝光时间匹配；摄像机扫描和输出一幅图像；

(4) 图像采集卡接收信号并通过 A/D 转换将模拟信号数字化，或者是直接接收摄像机数字化后的数字视频数据；

(5) 图像采集卡将数字图像存储在计算机的内存中；

(6) 计算机对图像进行处理、分析和识别，获得检测结果；

(7) 处理结果控制设备的动作、进行定位、纠正运动的误差。

二、 机器视觉测试的关键技术

机器视觉测试系统一般包括图像采集系统和图像分析处理系统两部分，图像采集系统的核心是对CCD图像采集技术的应用，图像分析处理系统的主要应用是数字图像处理技术。

1. CCD图像采集技术

CCD全称为Charge Coupled Device，即电荷耦合器件，也可称之为CCD图像传感器。CCD是一种半导体装置，其作用和老式相机的胶片相同，其上有许多整齐排列的电容，被拍摄物体发出的光线通过镜头进入到CCD传感器上，CCD可以将接收的光学信号转换成电信号输出。当CCD表面受到光线照射时每个电容将电荷反映在组件上，所有的感光单位产生的信号加在一起，就构成了一幅完整的画面。CCD传感器上的像素点越多，获得的图片分辨率就越高，具有体积小、重量轻、功耗小、性能稳定、响应速度快、像素集成度高等优点。目前，广泛应用于摄像、图像采集、扫描仪和非接触测量领域，如图 10-2所示。

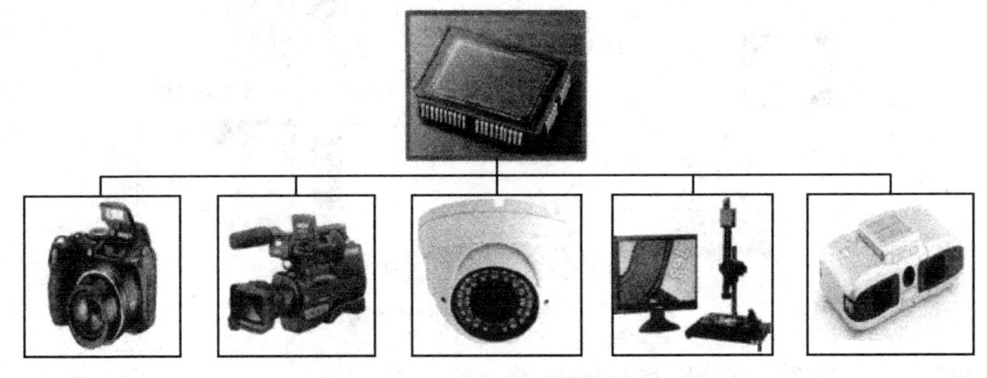

图 10-2 CCD图像传感器及其应用

CCD原件可以按照感光单元的排列方式分为线阵CCD和面阵CCD。面阵CCD可以同时接收一幅完整的图像，获取的信息量较大，主要用于图像的记录和存储，但信息处理的速度较慢且价格昂贵。线阵CCD通常只有一行感光单元，结构简单，成本较低，可以同时存储一行光电信号。由于线阵传感相机直接将接收到的一维光信号转换成时序的电信号，即获得一维的图像信号。若想获得二维图像信号，必须使线阵CCD与被拍摄物体做相对扫描运动。线阵CCD单排感光单元的数目可以做得很多，在同等测量条件下其测量范围就可以很大，并且由于线阵CCD能够实时传输光电变换信号且扫描速度快、频率响应高，能够实现动态测量，并能在低照度下工作，所以其广泛应用在产品非接触测量、产品表面质量测定、机器人视觉、条码等许多领域。

2. 数字图像处理技术

数字图像处理是指利用计算机对图像进行分析、加工和处理，使其满足视觉、心理或其他要求的技术，主要有去除噪声、增强、复原、分割、提取特征等处理的方法。21世纪以来，信息技术取得了长足的发展和进步，小波理论、神经元理论、数字形态学以及模糊理论都与数字处理技术相结合，产生了新的图像处理方法和理论。比如，数学形态学与神经网络相结合用于图像去噪，这些新的方法和理论都是以传统的数字图像处理技术为依托，在其理论基础上发展而来的。常见的数字图像处理技术主要包括：

（1）图像变换：由于图像阵列很大，直接在空间域中进行处理，涉及计算量很大。因此，往往采用各种图像变换的方法，如傅里叶变换、沃尔什变换、离散余弦变换等间接处理技术，将空间域的处理转换为变换域处理，不仅可减少计算量，而且可获得更有效的处理（如傅里叶变换可在频域中进行数字滤波处理）。目前新兴研究的小波变换在时域和频域中都具有良好的局部化特性，它在图像处理中也有着广泛而有效的应用。

（2）图像编码压缩：图像编码压缩技术可减少描述图像的数据量（即比特数），以便节省图像传输、处理时间和减少所占用的存储器容量。压缩可以在不失真的前提下获得，也可以在允许的失真条件下进行。编码是压缩技术中最重要的方法，它在图像处理技术中是发展最早且比较成熟的技术。

（3）图像增强和复原：图像增强和复原的目的是提高图像的质量，如去除噪声，提高图像的清晰度等。图像增强不考虑图像降质的原因，突出图像中所感兴趣的部分。如强化图像高频分量，可使图像中物体轮廓清晰，细节明显；如强化低频分量可减少图像中噪声影响。图像复原要求对图像降质的原因有一定的了解，一般讲应根据降质过程建立“降质模型”，再采用某种滤波方法，恢复或重建原来的图像。

（4）图像分割：图像分割是数字图像处理中的关键技术之一，它是将图像中有意义的特征部分提取出来，其有意义的特征有图像中的边缘、区域等，这是进一步进行图像识别、分析和理解的基础。虽然目前已研究出不少边缘提取、区域分割的方法，但还没有一种普遍适用于各种图像的有效方法，因此，对图像分割的研究还在不断深入之中，是目前图像处理中研究的热点之一。

(5) 图像描述：图像描述是图像识别和理解的必要前提。作为最简单的二值图像可采用其几何特性描述物体的特性，一般图像的描述方法采用二维形状描述，它有边界描述和区域描述两类方法。对于特殊的纹理图像可采用二维纹理特征描述，随着图像处理研究的深入发展，已经开始进行三维物体描述的研究，提出了体积描述、表面描述、广义圆柱体描述等方法。

(6) 图像分类（识别）：图像分类（识别）属于模式识别的范畴，其主要内容是图像经过某些预处理（增强、复原、压缩）后，进行图像分割和特征提取，从而进行判断分类。图像分类常采用经典的模式识别方法，有统计模式分类和句法（结构）模式分类，近年来新发展起来的模糊模式识别和人工神经网络模式分类在图像识别中也越来越受到重视。

三、 隧道衬砌裂缝的检测

1. 隧道裂缝检测系统

隧道裂缝检测系统一般设计成车载结构，以一定的速度在隧道中运行，通过高精度线阵 CCD 相机采集衬砌表面的裂缝图像，如图 10-3 所示，车载 CCD 相机对隧道表面进行扫描获取裂缝图像，通过接口电缆传输给配套的图像采集卡，然后通过数据电缆输送给磁盘阵列中的硬盘，实时保存。最后采用计算机对图像进行在线或者离线的处理分析，从而得到裂缝信息。

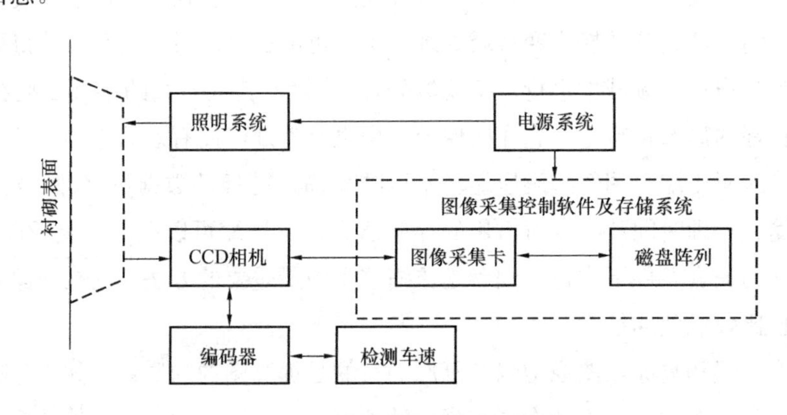

图 10-3　裂缝图像采集系统构成

2. 图像预处理

图像预处理是将采集到的图像信号根据像素分布、亮度和颜色等信息转变成数字信号，并对其进行灰度化、灰度变换、去噪等的处理。

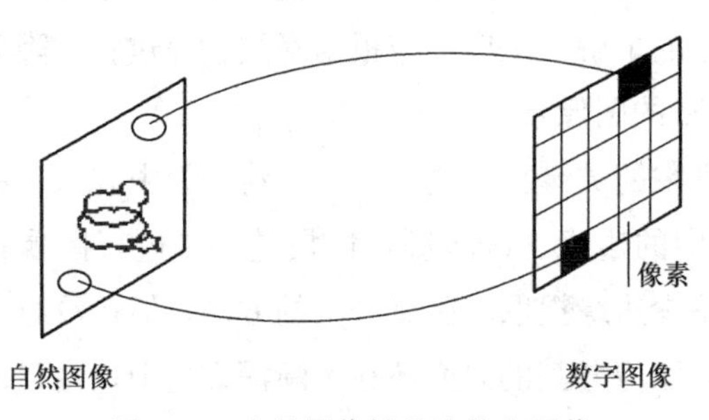

图 10-4　自然图像转化为数字图像

将自然图像转化为数字图像的转化方式如图 10-4 所示，一幅自然图像被分割成无数行和列，形成矩阵形式，每个小区域称为像素，并用一个值 f（i，j）代表。此值代表了此区域所对应的模拟图像在这一位置的值，此时，这一小区域各级灰度被整量成一个单一灰度值。所有这些位置的值填满矩阵，此矩阵就代表了此图的数字图像，如式（10-1）所示：

$$f(i,j)=\begin{Bmatrix} f(0,0) & f(0,1) & \cdots & f(0,M-1) \\ f(1,0) & f(1,1) & \cdots & f(0,0) \\ \vdots & \vdots & \ddots & \vdots \\ f(N-1,0) & f(N-1,1) & \cdots & f(N-1,M-1) \end{Bmatrix} \tag{10-1}$$

采集到的原始数字图像通常含有大量噪声，难以直接用于图像分析，因此，为了能较好地从图像中提取有效信息，需要对原始图像进行一些预处理。

（1）灰度化

将自然图像数字化后，图像可以定义成一个二维函数 f（x，y），其中 x 和 y 是空间（平面）坐标，而在任何一对空间坐标（x，y）处的幅值 f 称为该点处的强度或灰度。当 x、y 和灰度值 f 是有限的离散数值时，称该图像为数字图像，称空间坐标（x，y）为像素点。数字图像处理即是对一个或多个离散二维函数进行数学分析或者变换的过程。更具体地来看，计算机中的数字图像都是在有限定义域的离散函数，因此可以把一幅数字图像简化为一个二维矩阵，可以应用常见的矩阵运算。

现实世界中，图像包含颜色信息，一般可由 RGB（Red、Green、Blue，即红、绿、蓝）三原色按不同比例混合形成，每种颜色深度的取值在 0～255 之间，因此上面所定义的幅值 f 实际上应该是一个三元组，表示任一坐标下的三原色的深度取值。单一坐标点的幅值 f 可能并不能表示实际的意义，但是与人类的认知能力类似，相邻且幅值相近的坐标点连成的区域，以及不同区域的边界表征了图像的信息，研究中普遍关注的也都是灰度发生剧烈变化的区域，因此只要能保留边界和区域信息，颜色信息就属于冗余信息，在研究过程中，普遍的做法是，对彩色图像灰度化，具体的公式是：

$$f(x,y)=0.3R(x,y)+0.59G(x,y)+0.11B(x,y) \tag{10-2}$$

按照公式（10-2）的权重对三原色的深度加权平均，得到该点的灰度值。这样就使得原本需要三个数字表示的像素值，只需一个数字就可以代替，大大降低了图像存储所需空间，提高了计算速度，并且没有损失图像中的边界信息，如图 10-5 所示（彩图可扫描图片右侧二维码）。

（2）灰度变换

彩色图片灰度化可以降低图像数据量，尽可能地保留有用信息，但在图像采集过程中，由于光照、角度、相机的灵敏度等诸多条件限制，往往存在灰度值过于集中，对比度不高的问题，虽然人眼可以分辨，但是在图像处理算法中，很多时候无法有效区分，影响算法功能。因此，需要根据隧道衬砌图像的特点，调节图像的灰度值，增强对比效果，便于进一步的图像处理。

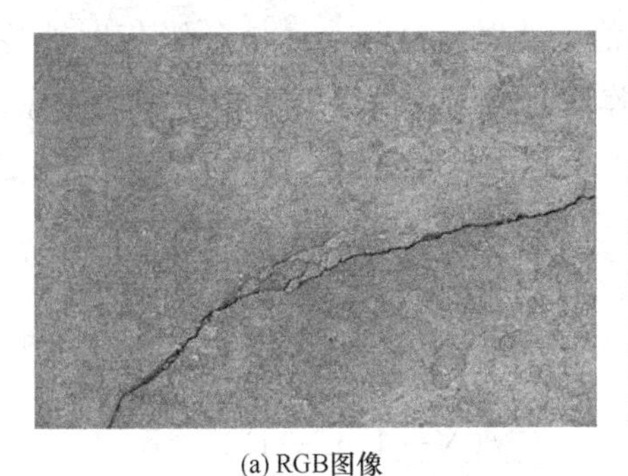

(a) RGB图像

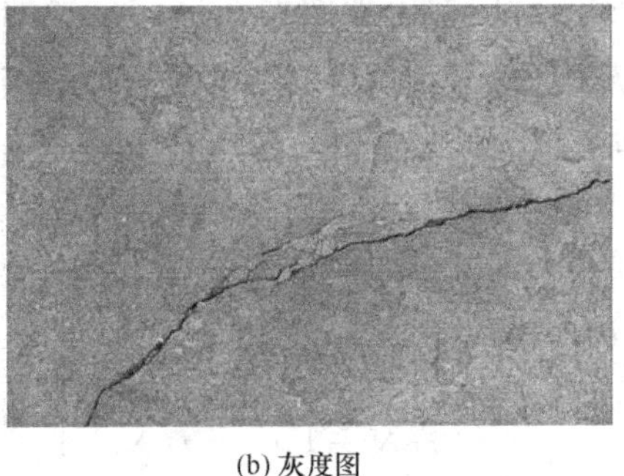

(b) 灰度图

图10-5 彩图

图 10-5　RGB 图像和灰度图的对比

灰度变换的原理是：

$$g(x,y)=F[f(x,y)] \tag{10-3}$$

式中　$f(x, y)$——原始图像；

$g(x, y)$——变换后的图像；

F——一个映射。

根据 F 的不同选择，可有多种变换手段。常用的灰度变换方法主要有线性变换、对数变换、灰度直方图均衡化等。从处理效果来说，这些变换方法均能有效突显出检测区域，对细节的保留也大同小异，但从处理速度方面来看，线性变换的处理速度最快。

线性变换是最基本的一种灰度变换手段，能较好地解决对比度较低的问题。其思路是，将原始图像 $f(x, y)$的灰度范围(a, b)扩大为 (c, d)，其变换映射为：

$$g(x,y)=\frac{d-c}{b-a}f(x,y)+c \tag{10-4}$$

有时，原始图像灰度分布较广，上述简单线性变换的公式可能无法产生较好的效果，此时可以考虑分段线性变换，即在不同的灰度区间执行灰度压缩或者拉伸，常见的三段式线性变换映射为：

$$g(x,y)=\begin{cases}\dfrac{c}{a}f(x,y) & 0\leqslant f(x,y)\leqslant a\\ \dfrac{d-c}{b-a}[f(x,y)-a]+c & a<f(x,y)<b\\ \dfrac{255-d}{255-b}[f(x,y)-b]+d & b\leqslant f(x,y)\leqslant 255\end{cases} \tag{10-5}$$

如图 10-6 所示，这种变换对 $[0, a]$ 之间和 $[b, 255]$ 之间的灰度值进行了压缩，而对 $[a, b]$ 范围内的灰度值进行了拉伸，这是基于如下考虑：衬砌裂缝的主要特征灰度区间一般都在较大的分布区间，如$[50, 200]$ 内，可以着重对这一区间的灰度图像进行增强，以达到更好的分辨效果。线性变换后图像效果与原始图像的对比如图 10-7 所示。

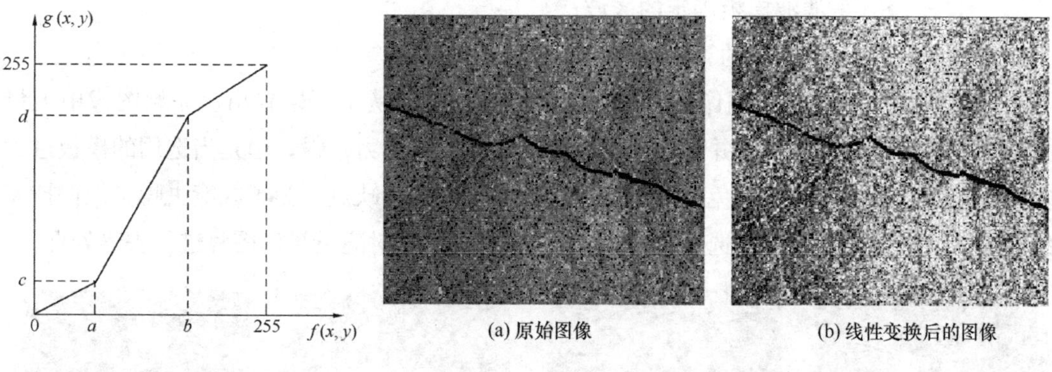

图 10-6　分段变换函数

图 10-7　线性变换前后图像的对比

(3) 图像去噪

图像的噪声是指图像中妨碍人们读取其中有效信息的影响因素，噪声的产生不可避免，它的产生过程非常复杂，图像表面污染物、拍摄设备的振动、传输协议的差别、保存格式的变化等许多因素都能在原来的图像中产生噪声。在隧道衬砌裂缝检测过程中，噪声的表现形式主要是一些与周围像素点有较大区别的像素点或者小的像素块，但是实际上并不是裂缝区域。噪声的存在会扰乱需要观测的内容，使裂缝信息不明显，影响测算的精度，或者让计算机出现误判的情况，不利于裂缝的检测。

衬砌表面底色为灰白色，即灰度值较小，但是并不完全是灰白色，衬砌是由水泥作胶凝材料，砂、石做骨料胶结而成的复合材料，在表面常有颜色较深的其他物质，这些点通常是孤立的，分布随机且不连续，并且一般区域不大，假如不做处理就应用图像分割算法，则会被认为是裂缝区域，所以通常要先进行图像平滑滤波，消除这些噪声点。目前的去噪算法主要有均值滤波法和中值滤波法，这两种方法又可以根据滤波模板的不同细分为更多的种类。

中值滤波法是一种基于排序统计理论的非线性平滑技术，它的基本原理是将中值滤波器依次从图像左至右、上至下平移，取滤波器灰度值序列的中值，将其赋给位于该滤波器中心位置的像素。中值滤波的滤波器窗口大小通常设置为奇数像素，如 3×3、5×5 和 7×7，具体选择依赖于图像增强效果和图像类型。中值滤波主要目的是保护图像裂缝边缘，在抑制噪声点的同时抑制图像裂缝边缘模糊现象的发生，在处理脉冲噪声尤其是单极或双极脉冲噪声时非常有效，因为这种噪声是以黑白点叠加在图像上的，是能够良好地保持图像边缘的非线性图像的增强技术。

中值滤波的核心思想是选定某种结构的二维模板，将模板内像素点的灰度值按大小排序，从中选取它们的中值作为模板中心像素点的灰度值，二维中值滤波可以用公式表示：

$$g(x,y) = \mathrm{med}\{ f(x,y),(x,y) \in S \} \tag{10-6}$$

式中　$f(x, y)$——原始图像；

$g(x, y)$——滤波后的图像；

S——滤波模板确定的区域；

med——取中值的算法。

图 10-8 是不同模板下图像经过中值滤波后的对比，从中可以看出，原始图像中大量的噪声都被有效地去除了，并且选用的模板越大，去噪能力越强，但是当选用的模板过大时，中值滤波也会有无法避免细节不清楚、边缘模糊化等缺点。为了既能去噪又能保持裂缝边缘的清晰度，最好还是选用 3×3 模板的中值滤波来对隧道衬砌图片进行去噪处理。

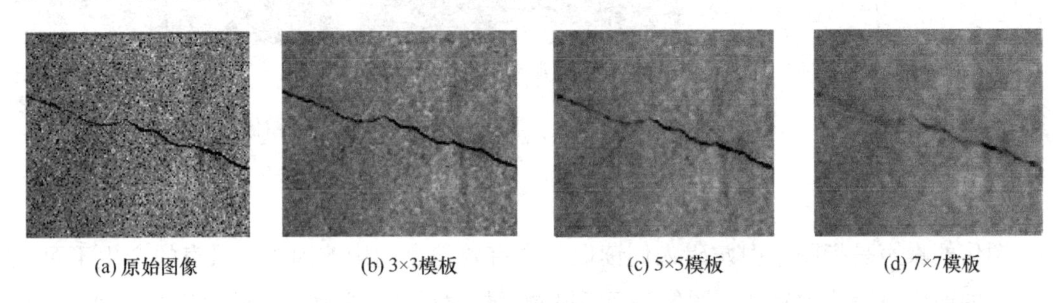

(a) 原始图像　(b) 3×3模板　(c) 5×5模板　(d) 7×7模板

图 10-8　用不同模板中值滤波后图像对比

3. 裂缝病害的分割提取

(1) 边缘检测

边缘是不同区域的分界线，是周围（局部）像素有显著变化的像素的集合，有幅值和方向两个属性。数学上来理解，函数的变化率由导数来刻画，图像本质上是二维函数，其上面的像素值变化，当然也可以用导数来刻画，当然图像是离散的，因此需换成像素的差分来实现。边缘的导数特征即是：一阶导数具有极大值，二阶导数的过零点（不仅仅是二阶导数为 0，还需要是正负值过渡的零点），因此边缘检测算子的类型就存在一阶和二阶微分算子。

1) 一阶微分边缘检测算子

二维函数的一阶导数是梯度，数字图像的梯度通常由差分代替，求梯度的运算可以近似为微分模板与图像的卷积。常用的一阶微分边缘检测算子如表 10-1 所示。

一阶微分边缘检测算子　表 10-1

算子	f_x	f_y	特点
简单梯度算子	$\begin{bmatrix}-1\\1\end{bmatrix}$	$[-1\quad 1]$	对噪声敏感，边缘检测效果差
Roberts 算子	$\begin{bmatrix}0 & 1\\-1 & 0\end{bmatrix}$	$\begin{bmatrix}1 & 0\\0 & -1\end{bmatrix}$	去噪声能力小，边缘检测能力优于梯度算子
Prewitt 算子	$\begin{bmatrix}-1 & -1 & -1\\0 & 0 & 0\\1 & 1 & 1\end{bmatrix}$	$\begin{bmatrix}-1 & 0 & 1\\-1 & 0 & 1\\-1 & 0 & 1\end{bmatrix}$	不仅能检测边缘点，而且能抑制噪声的影响
Sobel 算子	$\begin{bmatrix}-1 & 2 & -1\\0 & 0 & 0\\1 & 2 & 1\end{bmatrix}$	$\begin{bmatrix}-1 & 0 & 1\\-2 & 0 & 2\\-1 & 0 & 1\end{bmatrix}$	不仅能检测边缘点，而且能抑制噪声的影响

2）二阶微分边缘检测算子

在图像处理过程中，当用一阶微分算子无法有效地提取图像边缘特征时，就需要用到二阶的微分算子，以求得到更多的有效信息。目前的二阶微分算子一般都是过零检测的，处理后得到的图像的边缘点数会少于一阶微分算子。由于采用了二阶导数，在进行边缘检测时对噪声的敏感程度更高，因此要先对图像进行去噪工作，再利用二阶微分算子提取图像的边缘特征。

Laplacian 算子是其中效果最好的一个，常用的 Laplacian 算子模板为：

$$\begin{bmatrix} 0 & -1 & 0 \\ -1 & 4 & -1 \\ 0 & -1 & 0 \end{bmatrix} \qquad \begin{bmatrix} -1 & -1 & -1 \\ -1 & 8 & -1 \\ -1 & -1 & -1 \end{bmatrix}$$

4 邻域系统　　　　8 邻域系统

上面两个模板都具有各向同性，计算简单，易于实现。Laplacian 是在边缘特征处产生一个零交叉，利用零交叉来识别边缘特征，因此 Laplacian 算子对噪声极其敏感，只能对噪声非常少的图像进行处理，Laplacian 算子一般不会单独使用，都是结合平滑去噪的算法一起使用，以达到较好的效果。

目前常用的一种方法是将 Gaussian 滤波与 Laplacian 算子结合起来，先对图像进行 Gaussian 滤波，减弱噪声，再利用 Laplacian 算子进行边缘的识别和检测，这种方法也被称为 LoG（Laplacian of Gaussian）算子。在实际应用中，LoG 算子被证明是一种有效的检测方式，能识别出大部分的边缘特征。常见的 LoG 算子一般采用如下微分模板：

$$\begin{bmatrix} -2 & -4 & -4 & -4 & -2 \\ -4 & 0 & 8 & 0 & -4 \\ -4 & 8 & 24 & 8 & -4 \\ -4 & 0 & 8 & 0 & -4 \\ -2 & -4 & -4 & -4 & -2 \end{bmatrix}$$

利用以上提到的一阶和二阶微分边缘检测算子编制程序，对原始图像进行处理，结果如图 10-9 所示。通过对比可以发现 Roberts 算子对隧道衬砌裂缝边缘的保护较好，而且背景中掺杂的噪声少，且多是孤立噪点，在后续的处理中比较容易去除。因为实际工程中

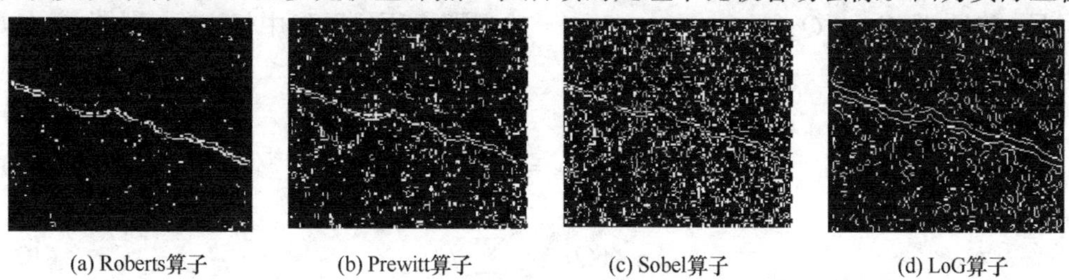

(a) Roberts算子　(b) Prewitt算子　(c) Sobel算子　(d) LoG算子

图 10-9　边缘检测后图像

隧道衬砌结构的多样性以及裂缝的不确定性，所以不同的图像适用于不同的算子，需要根据实际情况选择不同的边缘检测算子。

（2）分割提取

对隧道衬砌表面裂缝病害的识别过程可以理解为对图像的每一像素点判断其是否属于病害区域，这一过程在图像处理领域属于图像分割的范畴，并且针对隧道衬砌特征，可以把图像分为病害区域和非病害区域，即可以二值化处理灰度图像。阈值分割的主要操作流程是先根据图像的特性，确定一个合适的阈值，再将图像中所有的像素点的灰度值与这个确定的阈值做比较，当像素点的灰度值大于阈值时，使其灰度值变为 255，当像素点的灰度值小于阈值时，使其变为 0。用公式表示如下：

$$g(x,y)=\begin{cases}0 & f(x,y)<Q\\ 255 & f(x,y)\geqslant Q\end{cases} \tag{10-7}$$

式中 $f(x, y)$——原始图像；

$g(x, y)$——阈值分割后的图像；

Q——选定的阈值。

经过阈值分割后，原来的灰度图变为只有黑白两色，事实上就把裂缝区域单独标注出来了，便于下一步的裂缝特征提取和数据计算。然而，阈值分割适用于目标特征与背景有较大差距的图像，用来处理背景复杂的图像的效果一般。在许多情况下，物体和背景的对比度在图像中不是各处都一样的，很难用统一的一个阈值将物体与背景分开，这时，可以根据图像的局部特征分别采用不同的阈值进行分割。实际处理时，需要按照具体问题将图像分成若干子区域分别选择阈值，或者动态地根据一定的邻域范围选择每点处的阈值，进行图像分割。基于这种思路，最有效的方法即是由日本学者大津于 1979 年提出的 OTSU 法(大津法)。

OTSU 法的原理是：假设原始图像总像素数为 N，灰度范围是$\{0, 1, 2, \cdots, j-1\}$，而灰度值为 i 的像素的个数是 n_i，那么每个像素出现的概率 p_i 可以用下面公式表示：

$$p_i=\frac{n_i}{N},\ \sum_{i=0}^{j-1}p_i=1, p_i\geqslant 0 \tag{10-8}$$

选取一个合适的阈值 Q，可以将原始图像分为两部分，一部分是 C_1：$\{0, 1, 2, \cdots, Q\}$，另一部分是 C_2：$\{Q+1, Q+2, \cdots, j-1\}$，那么原始图像中任意像素点出现在 C_1、C_2 中的概率分别是：

$$w_1(Q)=\sum_{i=0}^{Q}p_i \tag{10-9}$$

$$w_2(Q)=\sum_{i=Q+1}^{j-1}p_i \tag{10-10}$$

C_1、C_2 两个区域的平均灰度是：

$$\mu_1(Q)=\frac{1}{w_1(Q)}\sum_{i=0}^{Q} ip_i \tag{10-11}$$

$$\mu_2(Q)=\frac{1}{w_2(Q)}\sum_{i=Q+1}^{j-1} ip_i \tag{10-12}$$

而整个原始图像的平均灰度是：

$$\mu(Q)=\sum_{i=0}^{j-1} ip_i \tag{10-13}$$

为了评价选取的阈值 Q 的“质量”，使用归一化的无量纲矩阵：

$$\eta=\frac{\sigma_B^2}{\sigma_G^2} \tag{10-14}$$

其中 σ_G^2 是全局方差：

$$\sigma_G^2=\sum_{i=0}^{j-1}[i-\mu(Q)]^2 p_i \tag{10-15}$$

σ_B^2 是类间方差：

$$\sigma_B^2=w_1(Q)[\mu_1(Q)-\mu(Q)]^2+w_2(Q)[\mu_2(Q)-\mu(Q)]^2 \tag{10-16}$$

该表达式还可写为：

$$\sigma_B^2=w_1(Q)w_2(Q)[\mu_1(Q)-\mu_2(Q)]^2 \tag{10-17}$$

从式(10-17)可以看出，两个均值 $\mu_1(Q)$ 和 $\mu_2(Q)$ 彼此相隔越远，σ_B^2 越大，这表明类间方差是类之间的可分性度量。因为 σ_G^2 是一个常数，由此得出 η 也是一个可分性度量，且最大化这一度量等价于最大化 σ_B^2。然后，目标是确定阈值 Q，它可以最大化类间方差。注意到 η 的公式隐含假设了 $\sigma_G^2>0$，仅当图像中所有的灰度级都相同时，这一方差才为零，这意味着仅存在一类像素。同样，这也意味着对于常数图像有 $\eta=0$，因为来自其自身单个类的可分性为零。由此，为寻找最佳阈值，可以对所有 Q 的所有可能取值代入公式(10-17)进行计算，选取使 σ_B^2 取得最大的值。如果对应多个 Q，习惯的做法是对这些值取平均。

利用 OTSU 法对隧道衬砌裂缝图像进行阈值分割结果如图 10-10 所示，由图可知，OTSU 法可以较好地区分出背景区域和目标区域。

4. 裂缝表面特征量测

一般来说，图像在经过预处理和目标物分割提取后，原始图像就能被很好地分割为目标区域和背景区域，可以有效地进行识别和测量工作。病害区域的特征包括裂缝宽度、裂缝面积和裂缝长度。

(1)宽度特征

图像裂缝宽度特征包含平均宽度和最大宽度两个宽度特征属性，衬砌表面裂缝图像边缘检测和提取后得到裂缝边缘轮廓如图 10-11 所示。

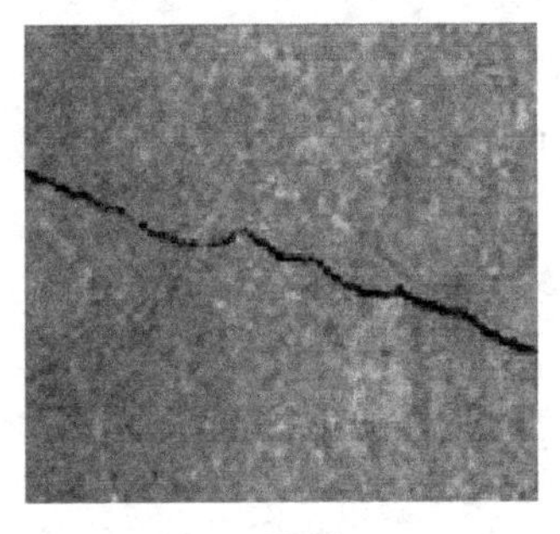

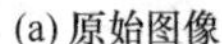
(a) 原始图像

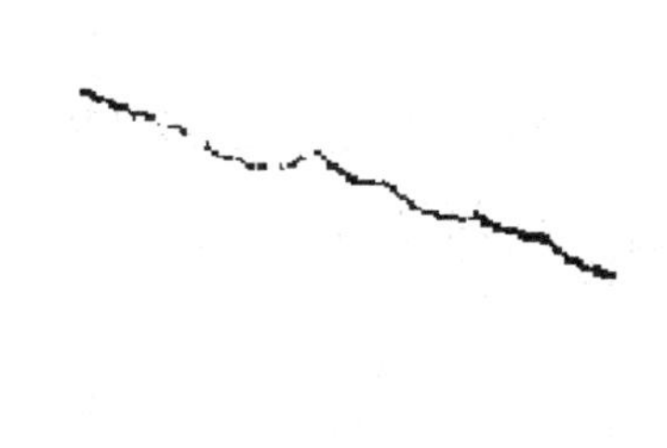
(b) OTSU法阈值分割

图 10-10　OTSU 法阈值分割

在裂缝左边缘任取一点，设该边缘点像素坐标为(x_a，y_a)，利用水平距离边缘点法确定该点处的裂缝宽度值和该点所对应的右边缘点像素坐标(x_b，y_b)。

水平距离边缘点法依据点到线距离原理计算经过裂缝左边缘像素点的裂缝宽度。为了计算方便和精确，在采集裂缝图像时将裂缝与水平方向垂直，这样就可通过裂缝边缘水平方向上边缘像素点之间的距离来近似计算过该点处的裂缝宽度值。

在图像边缘检测和提取二值化处理后的裂缝图像中裂缝边缘点像素灰度值为 255，其他位置灰度值为 0。对图像从上到下逐行扫描、搜索和定位每行中左右边缘像素点位置坐标，利用两点间距离公式计算其距离 w，也即裂缝的宽度：

$$w=\sqrt{(x_a-x_b)^2+(y_a-y_b)^2} \tag{10-18}$$

式中　(x_a，y_a)——裂缝左边缘点像素坐标；

(x_b，y_b)——裂缝右边缘点像素坐标。

在实际裂缝图像采集过程中由于裂缝特征的特殊性，即裂缝不规则且阶段性弯曲，如要获取裂缝与水平方向严格垂直是不现实的，为了降低测量误差可对算法进行改进，即锁定某行裂缝左边缘点像素坐标(x_a，y_a)，扫描该行右边缘点像素坐标(x_b，y_b)，取以(x_b，y_b)为中心的 5 × 5 窗口内的所有右边缘像素点依次计算其与(x_a，y_a)的距离，其中最小值即为过点(x_a，y_a)的裂缝宽度。

(2) 面积特征

面积特征是衡量目标所占整体比例的特征参数，能反映目标的未来发展趋势，如隧道衬砌面裂缝如果占据裂缝图像比例过大，则该裂缝增长速度会越来越大，即裂缝增长速度是与裂缝占整体比例成正比的，所以裂缝面积特征对评估衬砌结构的安全状态是必要的。

采用数像素点法来测量图像裂缝面积，即统计图像裂缝边缘及其内部封闭像素点总数，具体步骤为：

① 选取裂缝二值图像，矩阵为 $M\times N$，逐行扫描 N 个像素点，直到第一次扫到灰度值为 255 的点，即为裂缝左边缘像素点，设其坐标为 (x_a，y_a)，继续扫描，直到最后一次扫描到像素值为 255 的点，即为裂缝在该行的最右边缘点，坐标记作 (x_b，y_b)；

② 将左边缘点（x_a，y_a）和右边缘点（x_b，y_b）之间所有灰度值为 0 的点置为 255；

③ 重复上述步骤 M 次，直至图像 M 行全部扫描完，统计二值图像白色区域，即灰度值为 255 部分像素点总数，计算总和 SUM，即为该图像裂缝面积。

（3）长度特征

裂缝长度特征反映了裂缝延伸程度，即裂缝长度越长，其未来延伸趋势就越严重，裂缝二值图像显示了裂缝区域，可通过中心线法来确定其裂缝长度，如图 10-11 所示。

图 10-12（b）是图 10-12（a）裂缝区域的左右边缘的中心各像素点的连线，即裂缝中心线，该中心线由单像素构成，可通过计算中心线的长度来测量裂缝长度。

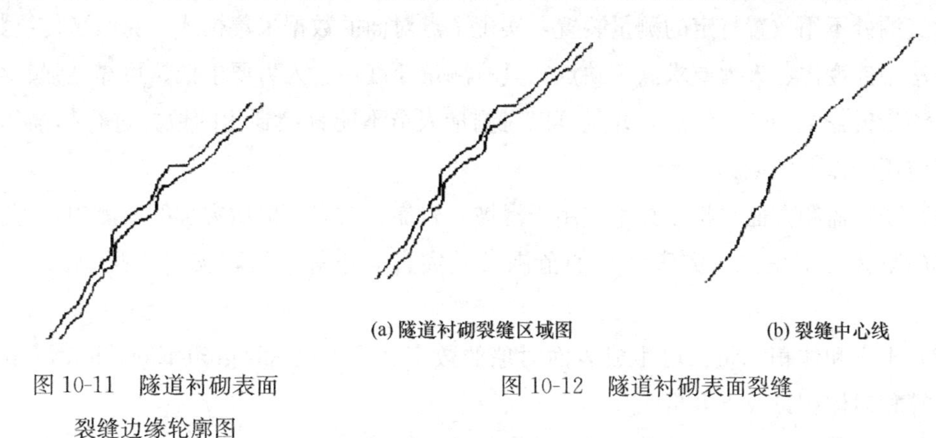

图 10-11　隧道衬砌表面裂缝边缘轮廓图

图 10-12　隧道衬砌表面裂缝

中心线法确定裂缝区域中心线具体步骤为：

① 选取裂缝二值图像，矩阵为 $M \times N$，M 行逐行扫描 N 个像素点，确定 M 行各行最左、最右边缘点分别为（x_a，y_a）和（x_b，y_b），此时有 $y_a = y_b$；

② 根据左、右边缘点坐标确定中心像素点位置，即$((x_a + x_b)/2,\ y_a)$处；

③ 按上述方法逐行扫描 M 行，将各行中心点连起来构成该裂缝区域中心线。

裂缝中心线确定之后，遍历裂缝中心线上所有的像素点，记录中心线起点坐标（x_p，y_p）和终点坐标（x_q，y_q），则裂缝长度为：

$$L = \sqrt{(x_p - x_q)^2 + (y_p - y_q)^2} \tag{10-19}$$

裂缝检测系统的应用前景非常广阔，以数字图像处理方法为基础进行裂缝检测已成为无损检测领域的一个发展方向。今后的研究一方面应该将硬件和软件较好地配合起来，提高采集系统的采集速度和分辨率，从而进一步提高处理的速度；另一方面要进一步研究其他的缺陷如孔洞、坑槽等的检测与特征参数计算，扩大机器视觉检测技术的应用范围。

第二节　三维激光扫描技术及应用

三维激光扫描技术是测绘领域又一次向自动化迈进的代表，其测绘数据的获取方法、处理方式都有了新的突破。它通过高速激光扫描测量的方法，大面积高分辨率地快速获取被测对象表面的三维坐标数据，可以快速、大量地采集空间点位信息，为快速建立物体的三维影像模型提供了一种全新的技术手段。

一、 三维激光扫描技术和系统

三维激光扫描技术是一种利用三维激光扫描仪从水平到垂直进行步进式扫描，获取目标对象表面各个点的空间坐标，通过获取点云数据得到完整的、全面的三维空间信息的全自动、高精度、立体扫描的先进技术，又称为“实景复制技术”。三维激光扫描系统采集数据时被测处不用放置特定的测量装置，实现了点对面的数据采集模式，克服了传统数据采集方法中速度慢、人力要求高等缺点，具有测量速度快、人力要求低、可靠性强、容易操作、测量覆盖范围广等优点，并且可以对测量人员不能直接到达的地方进行扫描作业，已广泛应用于以下领域：

（1）变形监测方面：将该技术应用于滑坡、岩崩、雪崩等地质灾害的监测中，可获得变形体的整体变形信息、灾害区域的范围及其灾害等级等，为防灾减灾提供了参考和准备。

（2）土方和体积测量：可生成表面对象的数字高程模型（Digital Elevation Model），进而计算相对体积量或土方量。

（3）文物保护领域：可以在不损伤物体的前提下得到文物的表面纹理和外形尺寸，信息完整、易于保存，当文物破坏时，随时可以修复和更新数据资料。

（4）应急服务方面：对于一些严重事故如汽车事故、火车事故和失事飞机等，对事故现场进行扫描，可得到详细而精确的空间信息细节资料，为日后事故鉴定提供了可靠的依据，同时也可作为档案资料进行保存。

1. 三维激光扫描原理

三维激光扫描仪的基本原理为：经发射装置发射一束激光到达被测物体表面再按原路径返回，由时间计数器计算光束由发射到被接收所用的时间，然后算出从仪器到被测点的距离，在测量距离值时，扫描仪同时记录水平和垂直方向角，可由距离测量值、水平角和垂直角解算被测点的相对三维坐标（X，Y，Z），如图 10-13 所示。

$$\begin{cases} X = S\cos\theta\sin\alpha \\ Y = S\cos\theta\cos\alpha \\ Z = S\sin\theta \end{cases} \tag{10-20}$$

式中 S——扫描仪与物体之间的距离（m）；

θ——扫描仪与物体之间的竖直角度（°）；

α——扫描仪与物体之间的水平角度（°）。

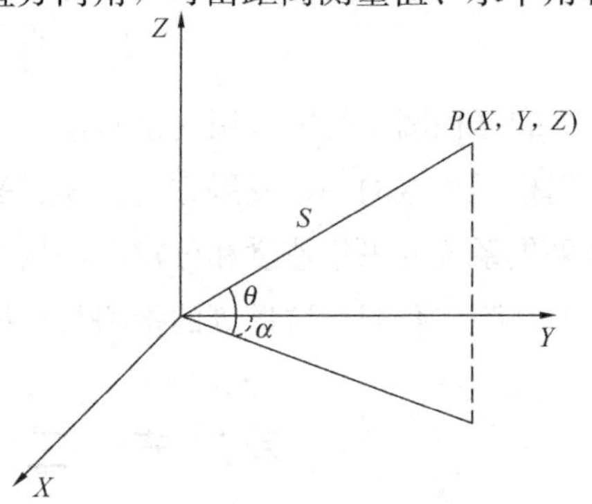

图 10-13 测量点坐标计算图

激光测距是实现三维激光扫描技术的关键，目前主要的激光测距方法有以下3种：

(1) 脉冲式激光测距

脉冲式激光测距的原理是根据记录发射的激光脉冲在被测物体间往返的时间间隔实现距离的测量，脉冲激光会在物体表面反射并被激光扫描仪接收，产生微小的时间间隔，计算公式为：

$$s = \frac{ct}{2} \tag{10-21}$$

式中　s——测量距离；

c——光在空气中的传播速度；

t——脉冲激光从发射至接收的时间差。

脉冲式激光仪器的激光强度较高，通常用于测量几十至上百米的大型物体间的距离，最长测量距离达3000m，时间效率高。

(2) 相位式激光测距（连续波激光测距）

相位式激光测距仪的原理是利用无线电波段的频率对激光束进行幅度调制并测定激光往返一次产生的相位延迟，根据调制光的波长获取仪器与待测目标间的距离，其计算公式为：

$$s = \frac{c}{2} \cdot \frac{\phi}{2\pi f} \tag{10-22}$$

式中　f——激光脉冲的频率；

ϕ——相位差。

随着近代机械精密加工技术的发展，相位差ϕ的测量精度不断提高，目前精度已达到毫米级。

(3) 三角法激光测距

三角法激光测距以三角形的几何关系为测距原理，求出与待测物体的间距。具体方法为将接收器放置于待测物体与激光发射器的另一侧，组成三角形的关系，激光通过发射器射出至待测物体表面后会以一定角度反射回来，而接收器接收在物体表面的散射光线，这些散射光线的中心位置与仪器和待测物体之间的距离有关，在已知激光发射器与接收器的距离与两组激光发射角的情况下可以获取三者之间的距离信息。

2. 技术特点

三维激光扫描使用非接触式的面测量方式进行数据采集，可以快速获得物体表面采样点的三维坐标，对点云进行格式转换可直接为CAD/CAM等三维动画软件使用，这种数据获取的方式和特点，弥补了传统测量方式点测量的不足，并具有如下特点：

(1) 非接触式测量。激光扫描仪通过激光代替与被测物体接触从而实现测距功能。在诸多工程领域内，例如山体表面测量、隧道测量等，存在非常多的不便测量区域，尤其是地铁隧道内大量且高精度的监测任务，测量的便利性成为首要考虑点，因此采用无接触测量方式的三维激光扫描技术相比于接触式测量具有很大的优势。

（2）采集速度快。扫描仪仅接收一次往返脉冲就可以根据相对位置关系，获取待测物体的详细信息，架设一次仪器就可以测量周围 50m 范围内的详细信息，快速获取目标的三维坐标，测量全面且完整。

（3）采集精度高、密度高。可以获取待测物体表面全部无遮挡的点云信息，不局限于单个测点的信息，拥有高密度、高精度测量的优点，在众多需要全断面测量的实际工程中有非常大的优势。

（4）数字化、自动化、兼容性高。可以采集的数据为数字坐标信号，具有全数字化的特征，可靠性好、自动化程度高，易于数据的后期处理、格式转换及数据输出。

（5）易于与外置设备组合。借助其他设备组合应用，可以扩展三维激光扫描的使用范围，使获取的表面信息也更准确、更完整。使用外置的数码相机能够采集物体表面的彩色信息，更加全面、真实地反映目标信息；结合 GPS 定位技术，可进一步拓宽三维激光扫描技术的应用范围，也提高了测量数据的准确性。

3. 三维激光扫描系统组成

三维激光扫描系统主要包括：三维激光扫描仪、笔记本电脑、配套的仪器操控、数据处理软件等。

（1）三维激光扫描仪：主要由激光发射接收器、时间计数器、反射棱镜、可旋转的滤光镜及充电器、电池等组成。部分三维激光扫描仪还配有内置的数字摄像机，这样就可以直接获得目标的图像。

（2）笔记本电脑：连接电脑与扫描仪，通过仪器操控软件对扫描仪进行操作，扫描完成后，可运用传输装置将点云数据导入电脑中进行存储。

（3）仪器操控与数据处理软件：仪器操控软件是对扫描仪发布动作指令的软件，数据处理软件是点云数据后续分析处理的软件，具有坐标系归化、点云压缩、断面提取、收敛变形分析、建模等功能。

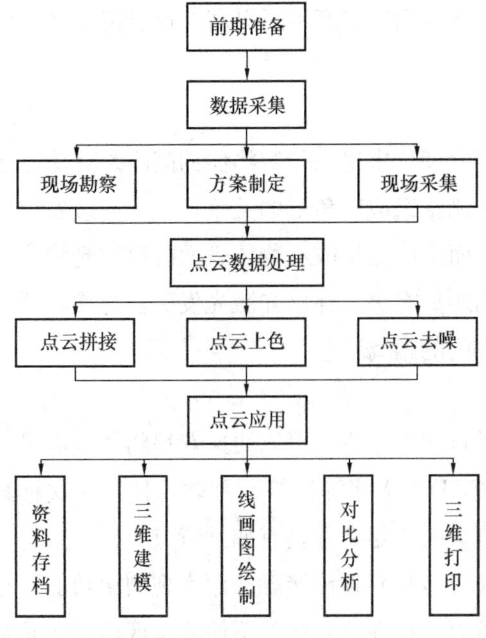

图 10-14　三维激光扫描系统作业流程

4. 系统作业流程

三维激光扫描系统作业流程如图 10-14 所示，大致可以将其分为前期准备、数据采集、数据处理和点云应用四个步骤。

（1）前期准备：进行现场踏勘拟定扫描线路，确定选测站位置数以及参考标靶摆放位置；

（2）数据采集：按照拟定扫描线路进行

数据采集工作，根据实际情况增减监测站，记录数据采集过程中的情况；

(3) 数据处理：数据处理包括点云拼接、过滤、去噪等内容，在经过一系列的处理与加工后才能应用，由于点云数据量庞大，数据处理工作较为烦琐与耗时；

(4) 点云应用：点云的应用包括原始资料存档、三维建模、线画绘制、虚拟可视化等。

二、点云数据的获取与处理

1. 点云数据的获取

三维激光扫描数据采集获取的是点云数据，获取全面、噪点少和精度高的点云数据对后期处理非常重要。

现场扫描获取三维点云数据的基本流程为现场勘探、架设扫描仪、设置扫描标靶、设置扫描参数和拍照、结束，然后移站、多角度扫描，重复上述过程。

在采集被测物体三维点云数据的工作中，首先是对被测物体进行现场勘察，了解扫描范围、扫描环境以及被测物体周边树木等遮挡物，并据此进行扫描总体规划，选定合理的扫描仪站点，尽可能地获取完整的被测物体表面点云；其次，确定扫描角度、采样点间距、相机参数和标靶识别等扫描仪重要参数，如果最后需要转换到大地坐标系下，还需要使用全站仪或者 GPS 对坐标标靶进行三维坐标的测量。如果架设的站点多于 1 站，则需要将上述工作再重复多次。如需要扫描项目将点云数据附着上真实的彩色信息，还需要使用内置或者外置的数码相机对被测物进行拍照。

2. 点云数据的处理

点云数据处理一般包含以下步骤：噪声去除、激光强度去噪、点云配准、曲面重构等。

(1) 噪声去除

噪声去除是指除去点云数据中与扫描对象无关的数据。在扫描过程中，由于某些环境影响因素也会被扫描仪采集，这些数据在后处理时就要删除，只保留需要的点云数据。

如在盾构隧道扫描中，干扰物噪声会影响横向变形计算结果的准确度，盾构隧道为多块管片拼装而成的圆柱形结构，为了便于初步剔除噪声点，以迭代椭圆拟合的方式进行噪声剔除。点云采用空间直角坐标系 XYZ，其中 Y 轴为移动激光扫描系统前进方向，X 轴水平垂直于 Y 轴，Z 轴竖直垂直于 Y 轴。

首先沿隧道纵向（Y 轴）以隧道环宽 d 为间距选取一系列离散值 $M=\{m_1,\cdots,m_i\}$，根据 M 可将隧道点云划分成逐环点云，然后采用迭代椭圆拟合的方法进行噪声剔除，具体步骤为：

① 对单环点云进行椭圆拟合，并计算拟合残差 $V=\{v_1,\cdots,v_i\}$；

② 根据残差 v_i 偏离均值 3 倍标准差以上为噪声判断准则，剔除噪声点；

③ 重复步骤①、②，直到没有数据满足噪声判断准则为止。

剔除干扰物噪声后，将各环点云合并即可获得去噪后的隧道点云，如图 10-15 所示。

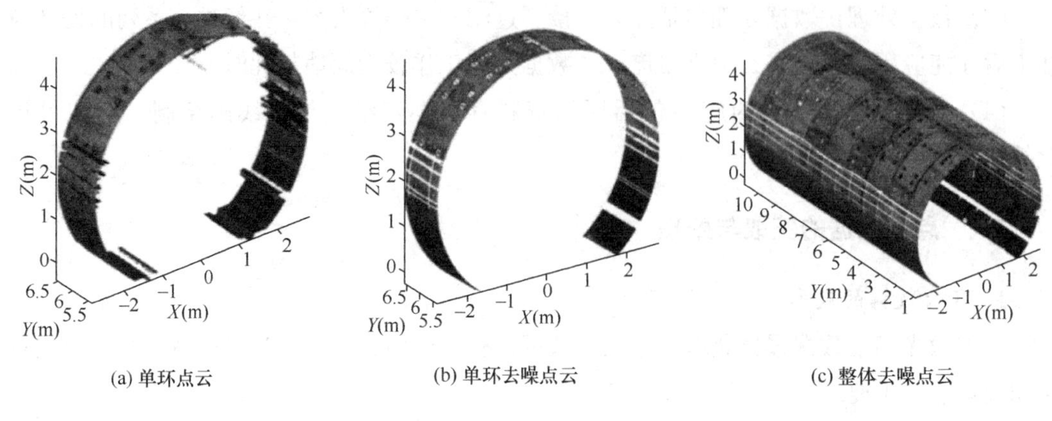

(a) 单环点云　(b) 单环去噪点云　(c) 整体去噪点云

图 10-15　点云去噪过程

（2）激光强度去噪

激光反射强度体现了目标物对激光的反射特性，如隧道内的干扰物有着与混凝土管片显著不同的强度值，利用强度的差异可剔除几何上难以分辨的噪声点，激光反射强度理论计算公式为：

$$I = K \cdot \frac{\rho\cos\theta}{R^2}\eta_{\mathrm{atm}} \tag{10-23}$$

式中　I——理论强度值；

K——扫描系统常数；

ρ——目标反射率；

θ——激光入射角；

R——测距值；

η_{atm}——大气衰减系数。

由于移动激光扫描系统无法一直处于隧道断面中心，必然存在不均匀的测量距离，此时距离效应将导致同种目标有不同强度，不同目标有相同强度，严重影响利用强度剔除噪声的效果，所以需要建立相应的参数模型对强度值进行修正。在地铁隧道中，为便于分析可以忽略大气衰减系数和激光入射角对强度值的影响，原因如下：①大气衰减表示激光信号在传播过程中主要由散射、吸收引起的能量损失，而在短距离测量时大气状况几乎相同，可视为常数；②当入射角在 0°～30°范围内时，θ 的变化几乎不会引起反射强度的变化，而移动激光扫描系统在地铁隧道中测量时的入射角普遍小于 20°，忽略入射角的影响时激光强度的修正公式为：

$$I_{\mathrm{c}} = f(\rho) = I \cdot \frac{\sum_{i=1}^{N}(p_i \cdot R_{\mathrm{s}}^i)}{\sum_{i=1}^{N}(p_i \cdot R^i)} \tag{10-24}$$

式中　I_c——修正强度值；

I——实测强度值；

R_s——参考距离。

由于修正反射强度仅为目标反射率的函数 $f(\rho)$，避免了多因素的动态问题，理论上修正反射强度仅受目标反射率的影响，而地铁隧道中干扰物的反射率与混凝土管片的反射率有着明显的差异，因此修正强度是用于区分干扰物噪声与隧道管片的可靠物理指标。

理论上同种目标在相同测量距离下的修正强度值相等，因此，同一测量距离下的强度值应呈正态分布，即：

$$\begin{cases} U = \{I_c \mid R = R_0\} \\ U \sim N(\mu, \sigma^2) \end{cases} \tag{10-25}$$

式中　$I_c \mid R = R_0$——测距值为 R_0 时的修正强度。

令 $U = \{I_c \mid |R - R_0| \leqslant \Delta R\}$ 以防止 $U = \varnothing$，当 ΔR 较小时此关系仍近似成立。对于任意样本集 $U_i (i = 1, 2, \cdots, n)$，将强度值偏离均值 3 倍标准差以上的数据视为噪声点，即：

$$I_c^i = \begin{cases} 有效点 & |I_c^i - \mu_i| \leqslant 3\sigma_i \\ 噪声点 & |I_c^i - \mu_i| > 3\sigma_i \end{cases} \tag{10-26}$$

式中　μ_i——U_i 的均值；

σ_i——U_i 的标准差；

I_c^i——U_i 中的样本。

该方法与分箱法类似，可形象地理解为将数据分别存入不同的箱中，并对每个箱中的数据进行噪声剔除，是一种有效的局部去噪方法。

(3) 点云配准

对隧道等狭长结构，在几千米至几十千米的范围内需通过分站式扫描才能采集全部数据，对应的坐标系也随之变化，因此在进行隧道形变检测之前，需要对各测站点云数据进行配准，所谓的点云配准就是通过计算每两个测站点云数据所在坐标系之间的转换参数，将所有点的三维坐标统一到同一个坐标系下。在点云配准算法中，使用较多的是迭代最近点（Iterative Closest Point，ICP）算法。

因扫描数据不存在扭曲和缩放，只需要平移和旋转，即刚体变换，其目标就是将源点云（Source Cloud）变换到目标点云（Target Cloud）相同的坐标系下，可以表示为：

$$p_t = R \cdot p_s + T \tag{10-27}$$

式中　p_t 和 p_s——目标点云与源点云中的一对对应点。

ICP 算法核心是最小化一个目标函数：

$$f(R, T) = \frac{1}{N_p} \sum_{i=1}^{N_p} (p_t^i - R \cdot p_s^i - T)^2 \tag{10-28}$$

p_t^i 和 p_s^i 是一对对应点，总共有 N_p 对对应点，这个目标函数实际上就是所有对应点之间的欧氏距离的平方和，通过对目标函数进行最优化设计可以得到更新后的 R、T，导致了一些点转换后的位置发生变化，一些最邻近点对也相应地发生了变化，对上述过程进行重复迭代，直到满足设定的迭代终止条件，如 R、T 的变化量小于一定值，或者上述目标函数的变化小于一定值，或者邻近点对不再变化等，算法结束。图 10-16 是隧道扫描中两站点云配准后的效果图。

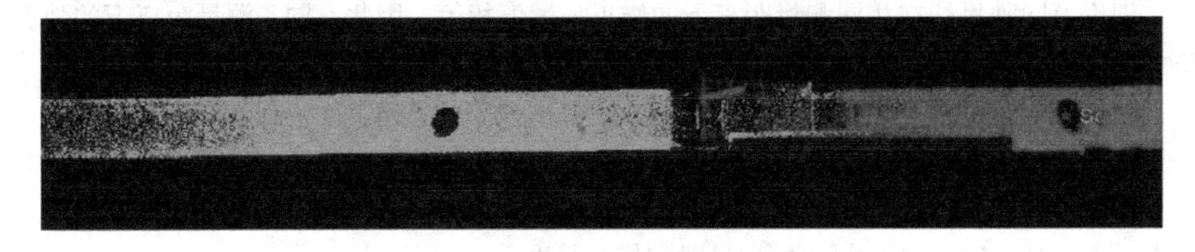

图 10-16 两站点云配准后的效果图

(4) 曲面重构

点云在空间中就是各个离散点之间的集合，点与点之间不存在联系，往往能观测到的是离散的点而不是对物体的细观特征，为了真实地还原扫描目标的本来面目，需要将扫描数据进行曲面重构。经过曲面重构后，就可以进行三维建模还原扫描目标的本来面目（图 10-17）。

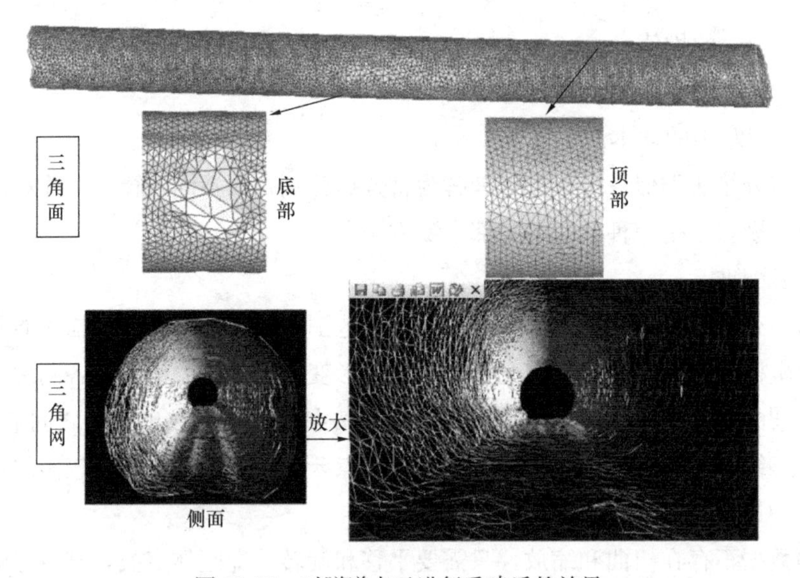

图 10-17 对隧道点云进行重建后的效果

根据重建曲面和数据点云之间的关系可将曲面重构分为两类：插值法和逼近法。插值法得到的重建曲面完全通过原始数据点得到，逼近法则是用分片线性曲面或其他形式的曲面来逼近原始数据点，得到的重建曲面是原始数据点集的逼近。在对点云进行曲面重构之后，完成从离散的点到三维实体结构的转换，实体化后的结构数据减少，可以减轻计算机的负担，同时增加点与点之间的拓扑信息，成像效果提升，可以进一步用于三维可视化等。

三、 在隧道变形监测中的应用

用三维激光扫描技术监测隧道变形具有成本低、可重复性高、监测周期短、精度高、可获得三维立体实景等优点，能够有效地提高隧道变形监测的速度和效率，在时空上进行整体监测与分析。三维激光扫描仪在隧道中的应用可扫描右侧二维码学习。

三维激光扫描仪
在隧道中的应用

1. 隧道中轴线和横断面轮廓线提取

在隧道施工过程中，隧道中轴线测量可以控制隧道施工，使其沿轴线延伸和顺利贯通，并且使隧道衬砌环的偏差符合设计要求。隧道中轴线表示隧道的姿态和走势信息，在隧道断面变形测量中，需要获得测量断面处的空间坐标信息，提取断面时保证各个断面与隧道走势正交，此时需确定一条直线表示隧道的走势，即隧道中轴线，它不仅表示了隧道的延伸方向，还体现了隧道的平面线形，并可以作为隧道里程计算的依据等。

目前，隧道中轴线的提取方法主要有：(1) 基于投影的提取法：该方法是将隧道点云进行旋转以使中轴线平行于某一 (*Y*) 坐标轴，接着将隧道点云分别投影至 *XOY*、*YOZ* 两个平面并提取平面中线；然后将两条平面中线分别使用二阶或高阶曲线拟合，以两个平面方程相交的形式表述空间曲线，且双向投影提取的中轴线能够表述隧道走向及高程，是目前常用的提取方法；(2) 基于截面圆或圆柱的拟合法：该方法将隧道看作圆柱，采用标准圆柱模型进行参数拟合，把圆柱轴心作为隧道中轴线，该方法需要对隧道进行分割成段以保证隧道点云呈圆柱状。

以水平中线作为基准对隧道进行分割时，若切片过厚，则会影响断面轮廓线对隧道变形情况的表述，导致精度降低；若切片过薄，则可能出现切片内点云分布不均，噪点占比过大，进而导致误差过大，因此切片厚度需要适中，以保证精度并使数据具有代表性。采用水平中线以及中线法平面得到横断面方程，以此将点云分割并投影到横断面上，即得到隧道横断面的轮廓，如图 10-18 所示。

考虑隧道内电缆、路灯等障碍物对扫描数据的影响，可采用 RANSAC 算法对轮廓线进行降噪，降噪前后对比如图 10-19 所示。

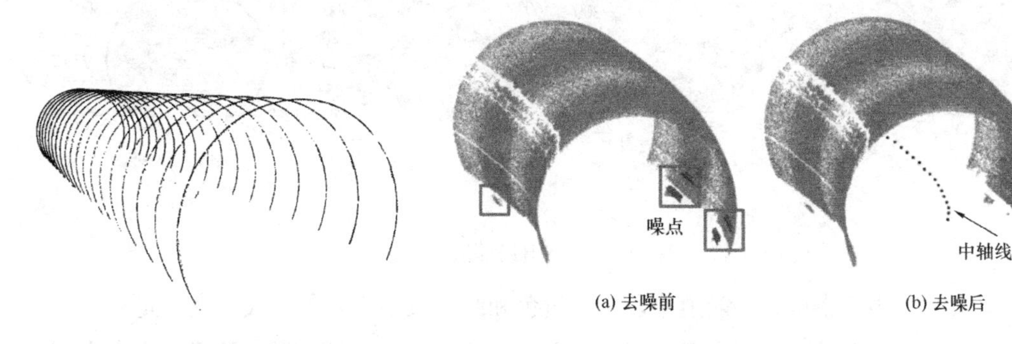

(a) 去噪前　(b) 去噪后

图 10-18　隧道轮廓线提取

图 10-19　隧道点云去噪前后对比

2. 隧道变形监测可视化

隧道任意部位的径向偏移量可根据形变量求取公式计算得到，其正负分别表示隧道整体的向内凹陷或向外变形。根据隧道任意部位的径向偏移量对点云进行渲染，点位于拟合圆外部时，ΔHR_i为正值，点云渲染为红色系；点位于拟合圆内部时，ΔHR_i为负值，点云渲染为蓝色系，将渲染后的点云用 Matlab 软件进行可视化分析。隧道整体变形可视化如图 10-20 所示（彩图可扫描右侧二维码），隧道整体顶部为蓝色系，侧面为红色系，表明顶部向下沉降，两侧向外扩大，呈现变为椭圆的趋势。图 10-21（彩图可扫描右侧二维码）左下为隧道整体变形示意图，蓝色标准圆为隧道设计时形状，红色椭圆为收敛变形趋势，这是因为隧道顶部的压力远大于水平方向，使整个隧道在竖直方向出现下沉，水平方向出现外扩，属于合理变形。

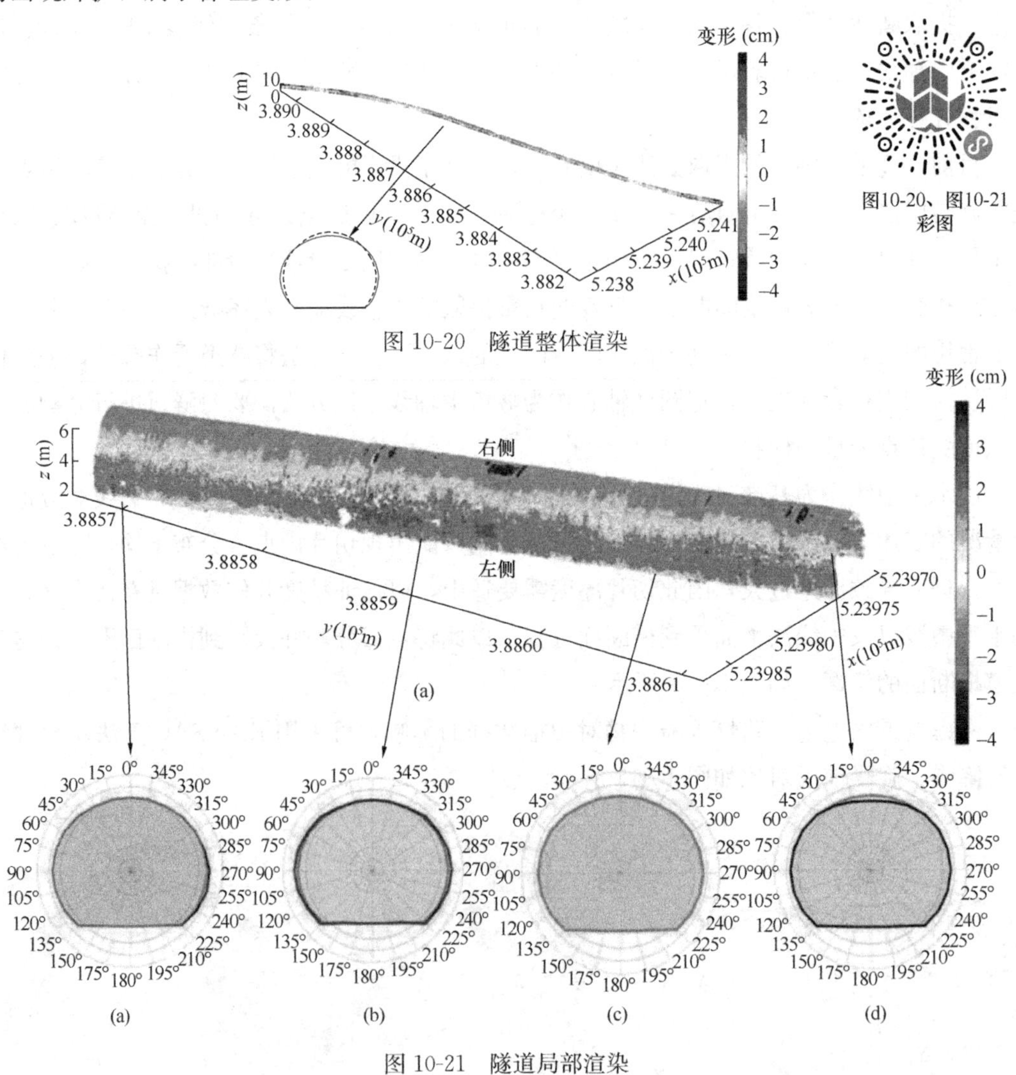

图 10-20　隧道整体渲染

图 10-21　隧道局部渲染

从图 10-20 中观察可知，隧道中段部分黄色和绿色较多，颜色轻浅，变形量较小；两端部分红色和蓝色较多，颜色较深，即变形量较大需要重点监测。部分渲染点云放大如图

10-21 所示，不同横断面处的径向位移图分别为图 10-21（a）、（b）、（c）和（d），由图可知（a）处顶部为绿色，左侧为深红色，左侧相邻区域为黄色，可判断该处顶部均匀沉降，左侧出现了裂缝；（b）处相邻区域处顶部为绿色，两侧出现了红色，可判断该区域两侧出现了外凸变形；（c）处相邻区域顶部为绿色，两侧为黄色，属于正常变形，（d）处相邻区域处顶部为深蓝色，可判断该处顶部出现了过度下沉情况，该断面附近顶部下沉量较大，应对其进行重点监测，并采取适当措施阻止其下沉趋势。

四、 在地下矿山采空区三维形态扫描中的应用

1. 矿山工程背景

某铁矿设计采用垂直深孔阶段空场嗣后充填采矿法，年设计生产能力为 300 万 t/年，沿矿体走向方向每 18m 划分为一个采场，采场南北长 72m、厚约 45m，回采过程按照“隔一采一”组织实施。该矿山采空区规模大并且不允许人员进入，采空区开采后对于两端边帮的爆破效果无法直接获取，影响后续的二步骤回采及爆破设计，造成矿房损失贫化指标明显增高。为了改变这一现状，矿山利用矿用三维激光扫描测量系统对生产过程中形成的采空区开展了跟踪探测，一方面便于计算采空区的体积完成出矿量验收及充填量估算，另一方面为二步骤采场回采设计提供边界数据，有效控制矿房的损失贫化。

2. 扫描方案制定

该矿山待测 45-3 号采空区和 47-3 号采空区位于－508m 水平，采区西北部，20 联巷与 30 联巷之间，45-3 号采空区位于 47-3 号采空区东侧，根据铁矿矿房布置规则，在采空区形成前，两个矿房之间由二步采矿房 46-3 号采场隔开，空区自－508m 水平垂直延伸至－540m 水平，空区高约 32m，宽约 18m，长约 64m，采空区形成前矿房采用中深孔扇形孔爆破回采，根据实测图分析并结合现场调研得知，20 南切割巷与 45-3 号采空区和 47-3 号采空区连通，具备扫描作业条件，因此选定 20 南切割巷内紧邻 47-3 号采空区西侧为 1 号测点，20 南切割巷内紧邻 45-3 号采空区西侧为 2 号测点，测点布置如图 10-22 所示。

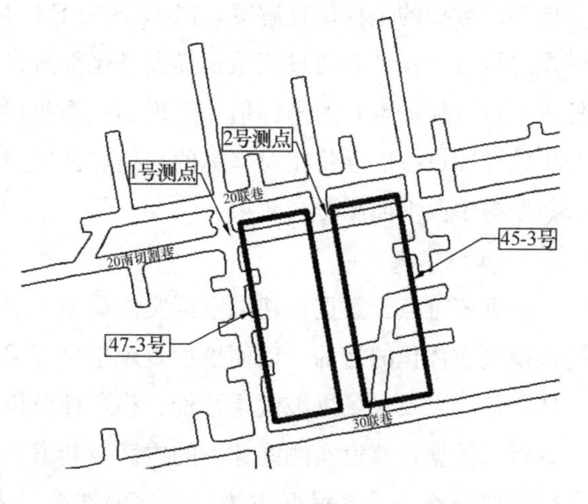

图 10-22　采空区扫描测点布置图

3. 扫描结果呈现

基于现场扫描工作，利用 BLSS-PE 矿用三维激光扫描测量系统配套三维数据处理分析软件实现扫描数据的直观显示，如图 10-23 所示，现场直接获得的扫描数据将由软件平台赋予初始相对坐标。

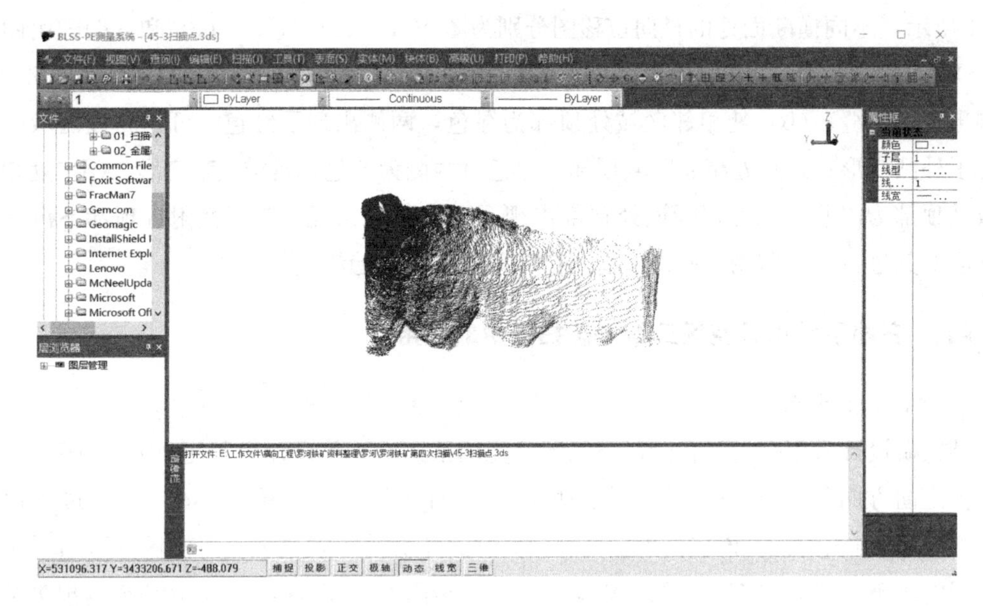

图 10-23　扫描点云效果图

4. 坐标真实化处理

为了将相对定位的扫描数据转换为矿山实际坐标，需要根据扫描设备的机械结构特征实施扫描数据的坐标位置解算，以 BLSS-PE 矿用三维激光扫描测量系统为例，说明数据转换的执行过程，即通过测量扫描设备尾部激光发射点（靶标点）坐标及其延长激光线上任意一点（移动点）的坐标值，实现扫描数据的定位和定向，借助 BLSS-PE 数据处理及分析软件即可一次性将相对坐标的扫描点云转换为矿山真实坐标，图 10-24 为转换后的点云数据与中段平面图覆合效果。

5. 三维建模

根据三维点云数据构建采空区实体模型，通过三角面的形式封闭点云边界从而达到采空区模型实体化的目的，以便更加直观地呈现采空区的三维形态及空间位置关系，为采空区体积计算以及采场爆破效果评价、稳定性分析等提供基础数据，图 10-25 为根据采空区三维点云数据及巷道实测图建立的空区及巷道三维模型。为了统计出矿量并预估充填材料各组成部分预备量，根据扫描采空区三维实体模型，计算得到了 45-3 号采空区体积为 24558.2m^3，47-3 号采空区体积为 28170.2m^3。

6. 剖面建立

空区剖面是从具体位置对采空区边界的细化描述，其具体形态一方面可以反映采空区边界与相邻工程间的实际位置关系，通过与设计边界进行对比，确定超欠挖尺寸；另一方面也可根据相邻两个采空区的边界情况确定二步骤采场炮孔的设计位置，避免炮孔钻凿至充填体内部，造成矿房的损失和贫化。

图 10-26 中增加了 47-3 号采场初始设计炮孔布置图，实际采场的爆破效果如扫描采空区三维实体模型所示，为了更加准确地完成二步骤采场的炮孔设计，可以依次沿炮排布

置位置切割剖面。

图 10-27 为沿第 20 排炮孔切割的采空区剖面图，根据此剖面图不仅可以分析采空区顶部边界与相邻巷道的准确位置关系，也可根据相邻两采空区的边界确定二步骤矿房设计炮孔的孔底位置。

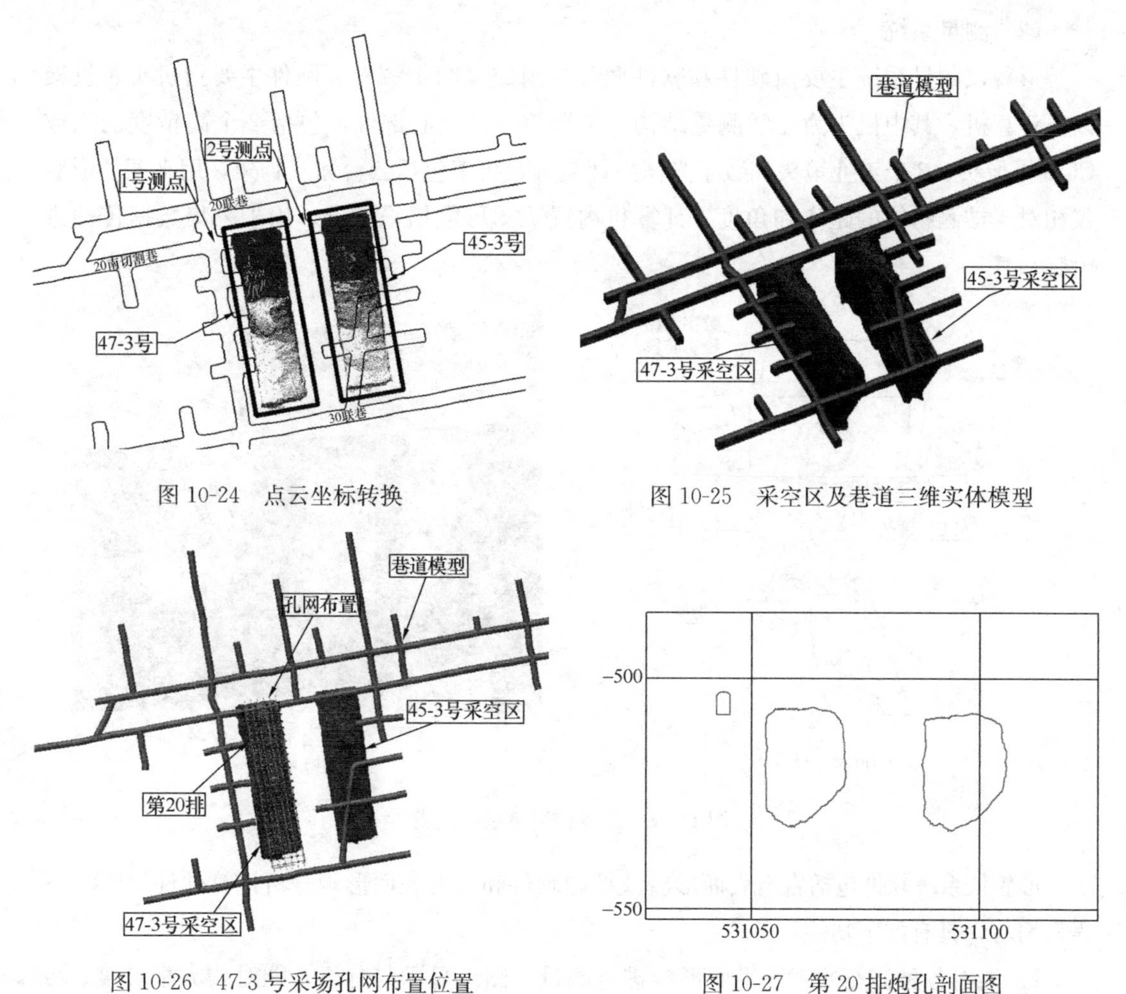

图 10-24 点云坐标转换

图 10-25 采空区及巷道三维实体模型

图 10-26 47-3 号采场孔网布置位置

图 10-27 第 20 排炮孔剖面图

五、 在岩石节理面形貌建模中的应用

在岩体工程中节理面是影响工程稳定的关键，岩石节理的强度、变形和流体流动特性受节理表面形貌和组合形貌的影响较大。因此，对节理表面形貌进行精确测定，是研究节理变形特征和强度特征，进而建立相应模型的先决条件。获取岩石表面形貌采用了一种结构光数字光栅三维扫描技术，结构光是一种特殊的激光。

1. 原理与系统

(1) 测量原理

形貌仪采用主动的三角测量方法，结合了立体视觉法、结构光法和双目成像方法。其测量原理为：通过数字光栅投影装置，在物体表面投射一系列连续的不同宽度的光栅条纹，受表面形状的影响形成变形条纹，由左右摄像机捕捉并记录下来，经过计算和对左右摄像机的计算结果进行匹配，来获取被测表面上点的三维坐标，再利用表面形貌参数的计算公式计算得到物体表面的各类表面形貌参数。

（2）测量系统

形貌仪测量系统主要由硬件和软件两部分组成（图 10-28）。硬件主要指机头、机架以及计算机，其中机头为光学测量结构，是形貌仪的核心部件，包括 2 个高精度的工业 CCD 摄像头、2 个工业镜头和数字光栅投影装置；机架包括云台和三脚架，用来调节形貌仪相对于被测物体的距离和角度；计算机内置了图形数据采集卡，用于采集数据传输进电脑。

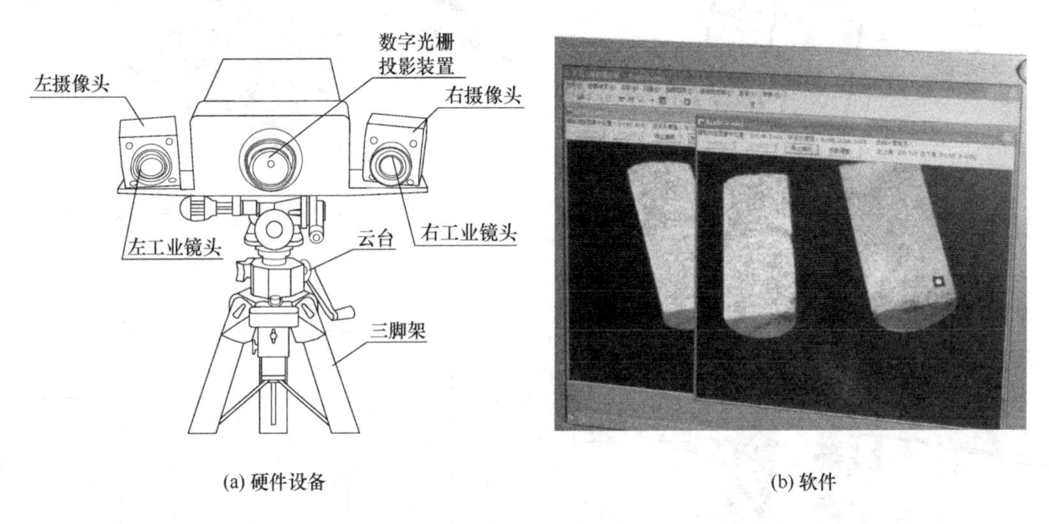

(a) 硬件设备　　(b) 软件

图 10-28　形貌仪测量系统组成

形貌仪系统软件包括岩石表面形貌仪控制软件和岩石表面形貌分析计算软件，由C++语言编写，具有如下功能：

1）能对各种岩石的三维表面形貌进行测量、图形显示与分析，能对均方根坡度、峰点平均密度以及峰顶平均半径等与节理剪切性质相关的参数进行计算和分析，能对中线平均高度、高度均方根以及 10 点平均高度等与节理初始开度和闭合性质相关的参数进行计算和分析；

2）可对测量数据实现包括调平、旋转、任意方向坐标缩放、从三维数据中抽取任意二维信息、设置高低极值、两组数据之间相减和移动接触等多种功能；

3）可将多个单幅测量的三维数据结果进行自动拼接整合成一个数据文件，通过对被测表面或者参考面上的特征点进行自动识别以及三维测试，保证对多次测量数据的快速、自动和精密的拼接；

4）可实现多种表面几何参数的计算，并可根据用户要求随时扩充，可以对单个节理的三维形貌和某个剖面线处的二维形貌进行计算和分析，可以对一对节理的组合形貌进行计算、统计和分析。

2. *岩石节理形貌扫描*

试件为白色大理岩，取自四川省境内的雅砻江水电站锦屏二期工程的施工现场。加工时首先采用常规爆破和钻、凿、切割的方法获得不规则岩块；再用水钻法（钻头内径约50mm）钻取岩芯并切割，制备成ϕ50mm×100mm的圆柱形试件（图10-29a）；最后采用劈裂法（图10-29b）将圆柱形试件沿径向劈开，制成人工张拉性节理（图10-29c）。在取料和试样制备过程中不允许人为裂隙出现。

试样节理的表面形貌特征采用本团队自行研制的TJXW-3D型便携式岩石节理三维形貌测量仪（图10-30）进行扫描，再用自行编制的参数计算软件计算节理的表面形貌参数。该仪器结合立体视觉法、结构光法和双目成像原理，以微机作为控制、测试和记录核心，实现了微机对形貌仪信号采集处理、显示和记录，具有精度高、操作方便、测量速度快且便于携带等特点，不仅可以用于试验室内测量，还可以在现场使用。

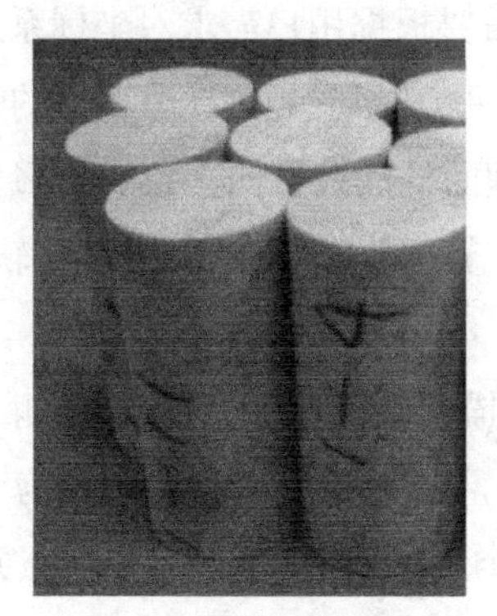

(a) 水钻法制成的圆柱形试件

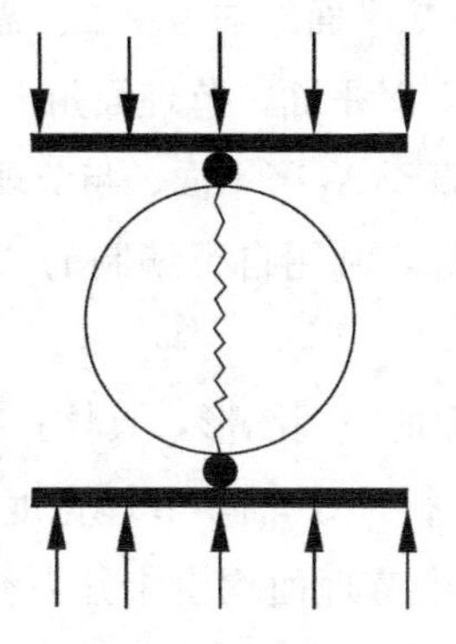

(b) 用劈裂法制备节理试件

(c) 节理试件

图10-29　岩石节理试件制备

岩石节理形貌扫描测量的步骤主要为：

（1）通过标定，确定形貌仪系统内部参数。标定块上各特征点之间的空间距离是固定的，利用标定块进行标定时，将左右摄像头拍摄的标定块特征点图像的像点空间坐标与特征点点距进行比较，通过摄影测量学原理确定形貌仪内部参数，并建立像点空间坐标和实际空间坐标的函数关系。

图10-30　岩石三维表面形貌仪及被测岩样

（2）测量空间信息的获取。采用空间编码的方法对测量空间进行划分，通过投影装置投射栅距不同的一系列平行光栅到被测对象，在对象表面形成变形的光条纹，这些变形光条纹由左右2个摄像头记录，根据记录的一系列投影光栅，对测量空间的每个空间点进行编码，经过解码计算获得每个空间点的编码信息和相位信息，从而确定其空间位置，获得测量空间信息。用二进制编码 1 和 0 表示光栅条纹的明暗（即黑白），1 种宽度的光栅条纹将空间划分为 2^1 个，n 种宽度的光栅条纹经过 n 次划分，得到 2^n 个经过划分的空间。

（3）将左右摄像头各自所拍摄图像的像点进行同名点的匹配，以获得各测量点在所拍摄图像中的相应像点坐标，即找出在同一时间和条件下，同一测量对象在左右摄像机中对应的像点。

（4）基于匹配结果和测量原理，根据测量的各像点坐标及所述函数关系，计算各测量点的实际空间坐标。

（5）对于大尺寸或者要进行多次测量的对象，通过设置特征点的方法对测量结果进行拼合。

（6）测量系统默认的坐标系是以一摄像头 1 的光心为原点，以两摄像头 1 和 2 光心的连线为 x 轴，以过原点且垂直于摄像头 1 焦平面的轴为 y 轴。需要根据用户需求对坐标系进行转化，是以节理表面的最小二乘面为 XOY 平面，节理面角上一点为原点，节理表面的长边为 X 轴，短边为 Y 轴，而过原点且垂直于 XOY 平面、与节理面外法线方向一致的为 Z 轴。

（7）根据被测物体表面的空间坐标，利用自行编制的“节理表面形貌参数计算软件”来计算表面三维形貌参数。

图 10-31 为扫描得到的试件节理面的空间图形，具体扫描和建模过程可扫描右侧二维码观看。其中的 XOY（节理长度 L 平行于 X 轴，节理宽度 W 平行于 Y 轴）平面为节理面的最小二乘面。在实际测量中，每个节理面均由十几万个离散点所构成，平均点距在 0.2mm。为便于识别，在显示图像时进行了以下处理：对显示的测量点进行删减，沿长度 L 方向每行 100 个点，沿宽度 W 方向每列 50 个点，整个面共计 5000 个点，平均点距为 1mm；在高度 H 方向放大了 2.5 倍。

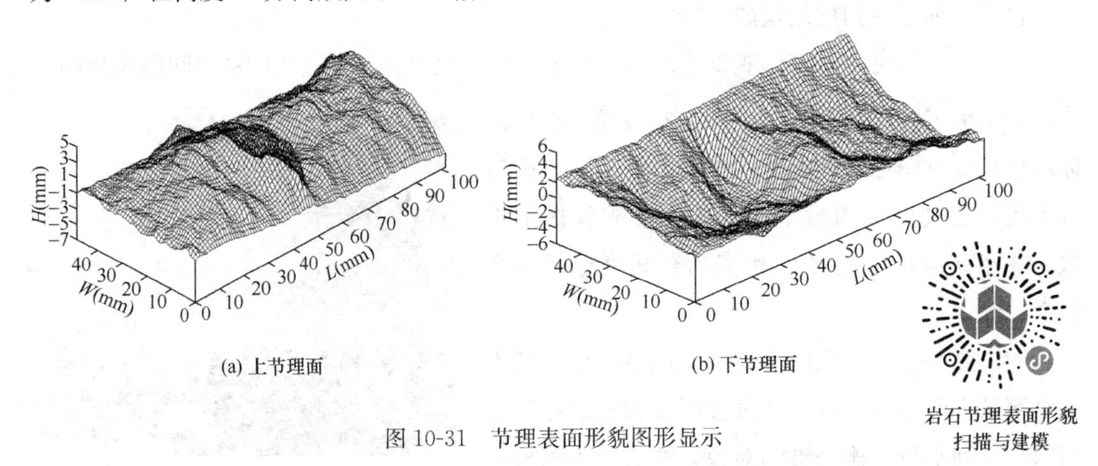

(a) 上节理面　　(b) 下节理面

图 10-31　节理表面形貌图形显示

3. 节理面三维组合形貌

节理在发生渗流、闭合以及剪切的过程中，是构成节理的两个面组合在一起共同作用的。当上下节理面沿某一方向发生相对错位时，其接触状态发生改变。在扫描获得的试样节理表面形貌数据的基础上，通过上下节理面相对错位 0.9 mm、6.5mm 不同的值得到不同错位状态下的节理面稳定接触的三维形态，如图 10-32 所示，图中 XOY（LOW）平面为下节理面的最小二乘面，为便于识别，在高度 H 方向放大了 2.5 倍。

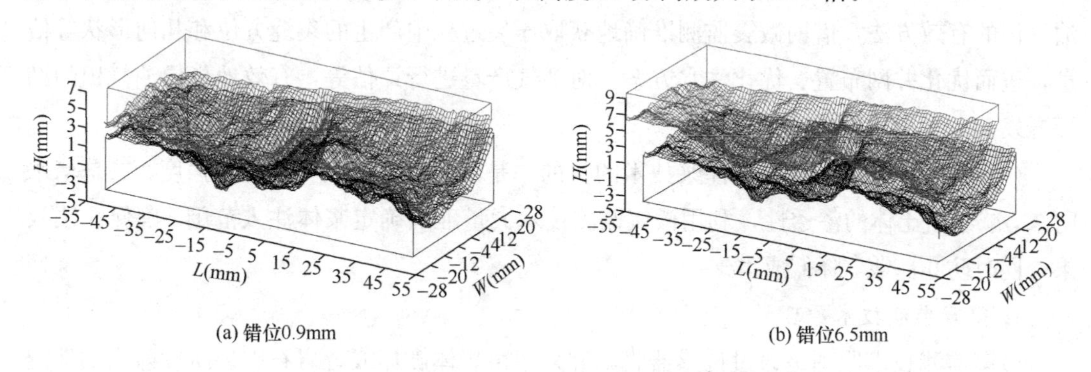

图 10-32　不同错位时节理接触状态的图形显示

通过岩石节理表面形貌仪测量得到的节理表面形貌和组合形貌，采用表面形貌和组合形貌参数计算软件，进一步分析用以表征节理表面形貌的节理面二维分形维数，以及用以表征组合形貌的节理内空腔的三维分形维数。最后结合试验实测数据，探究节理表面形貌和组合形貌特征对节理剪切-渗流特性的影响规律。

第三节　微震监测技术及应用

地下岩体工程施工时，围岩应力调整平衡过程中，岩石内部将会有微裂纹的产生，产生一种应力波或者弹性波，并会快速向四周岩体传播，在地质上被称为微震。近年来，微震监测作为一种有效三维空间岩体破裂定位与强度监测技术在地下工程建设中迅速发展与应用。

一、微震监测技术

微震监测技术是一种通过观测、分析生产活动中产生的微小地震事件，来监测其对生产活动的影响、效果及地下状态的地球物理技术，具有实时监测、数据全数字化、远程操纵和可视化监控与分析的优点，广泛应用于隧道工程、矿山开发、油气开采等地下工程的灾害和安全监测：

（1）隧道工程领域：对于高地应力作用或深埋的长大隧道，在工程施工阶段往往会产生岩爆等动力地压灾害，以及工程施工爆破诱发的诸如大冒落等灾害。借助微震监测技术可长期有效地监测隧道围岩体和支护结构的微裂前兆及损伤程度，防范灾害的发生，确保隧道施工与运行期间的安全。

（2）矿山开发领域：随着矿山数字化与信息化的发展，微震监测技术在矿山安全监测方面的作用也在不断地扩展，通过对矿山深部围岩进行远程控制和实时监测，有效预警矿震与岩爆、岩层位移与崩落、高地应力集中等灾害的发生，为矿床安全、高效开采及其支护方式的选择提供可靠信息。

（3）油气开采领域：水力压裂微震监测技术是目前国内外比较流行的一种改造低渗透油气田的有效方法，借助微震监测准确地获取压裂过程中产生的裂缝方位和几何形状等信息，进而优化井网布置、优化注水方案、对油气产量进行评估等，有效地指导油气田的勘探开发。

（4）地下注浆工程领域：注浆技术的目的一是加固岩、土体，提高其强度，二是堵水防渗，减小岩土体的渗透性，利用微震监测技术大量准确确定浆体注入范围，确保注浆效果，同时防止跑浆，降低成本。

1. 微震监测技术原理

微震监测技术原理是通过传感器收集和采集由岩体破坏或者岩石破裂所发射出的地震波信号，通过对地震波信号进行处理分析得到微震发生的位置、震级大小、能量、地震矩等信息，进而判断、评估和预报监测范围内岩体的稳定性。

在应力或应力变化水平较高的岩体内，特别是在施工开挖的影响下，岩体发生破坏或原有的地质构造被活化产生错动，能量以弹性波的形式释放并传播出去。微震监测就像在地球表面或地球内部放置一系列的听诊器，通过这些听诊器来监听岩石被压裂时发出的"声音"，利用这些"声音"来进一步反演出与岩石破裂方式、破裂位置相关的图像和信息，如图10-33所示。

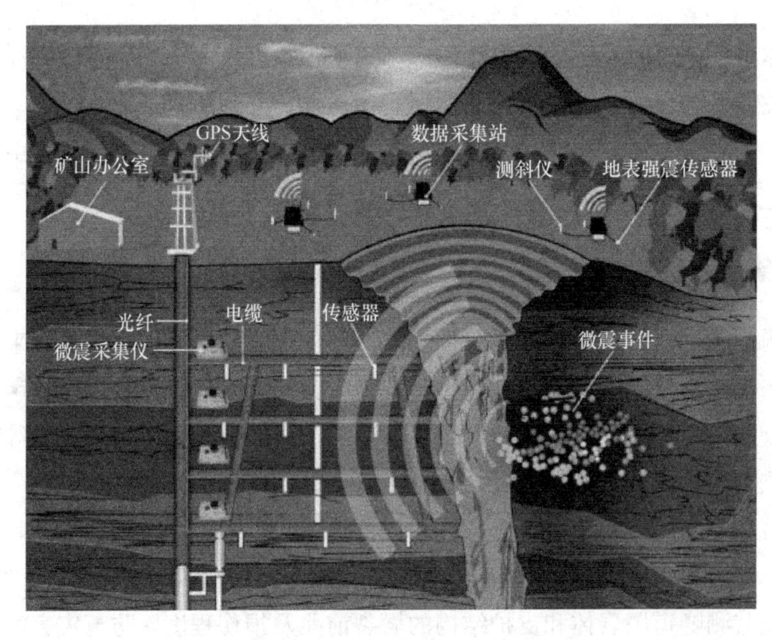

图10-33　微震监测示意图

2. 技术特点

微震监测技术在各种施工环境中运用广泛，总体具有以下特点：

（1）实时监测

一般将传感器以阵列的形式固定安装在监测区内，可实现对微震事件的全天候实时监测和与计算机之间数据的实时传输。

（2）全范围立体监测

突破了传统监测方法中对力（应力）、位移（应变）的“点”或“线”意义上的监测模式，对开挖影响范围内岩体破坏（裂）空间位置和时间过程进行监测，可实现对人员不可达到地点的监测。

（3）空间定位

一般采用多通道带多传感器监测，可以实现对微震事件的高精度空间定位，基于终端监控计算机数据的实时传输用实时监测数据空间定位分析三维软件可以实现三维实时可视化显示。

（4）全数字化数据采集、存储和处理

高速采样以及纵波和横波的全波形显示，对微震信号的频谱分析和处理更加方便。

（5）远程监测和信息的远传输送

可以避免监测人员直接接触危险监测区，改善了监测环境，大大降低了监测的劳动强度。

（6）多用户计算机可视化监控与分析

监测过程和结果的三维显示以及在监测信号远距离传输送的前提下，利用网络技术（局域网）实现多用户可视化监测，即把监测终端设置在各级安全监管部门的办公室和专家办公室，可为多专家实时分析与评价创造条件。

3. 微震监测系统

微震监测系统（Micro-seismic Monitoring System，简称 MMS）是一套集硬件和软件于一体的大型预警系统，可对岩体工程中发生的岩爆、突水、滑坡等多种类型动力灾害实施 24 小时连续监测。硬件系统主要有数据采集设备（如传感器、数据采集仪、波形处理器）、数据传输设备（通信物理链路、DSLAM 调制解调器、光纤收发器）、24 小时运行工作站级别的微震服务器以及接地保护系统。软件系统除硬件设备内置嵌入式程序之外，在服务器一般安装有系统控制监测软件、波形处理软件、事件自动处理定位计算软件以及三维可视化分析软件等。微震监测系统网络拓扑结构如图 10-34 所示。

4. 系统布置方案

微震监测系统的布置主要包括主机、数据采集仪、电缆，以及传感器的布置等。

（1）主机及数据采集仪布置

主机及数据采集仪一般布置在二衬后方或人行横道内，并采用活动板房对其进行保护，起到防尘、防水、防潮的作用，通过加长电缆线或者移动微震监测设备实现随掌子面

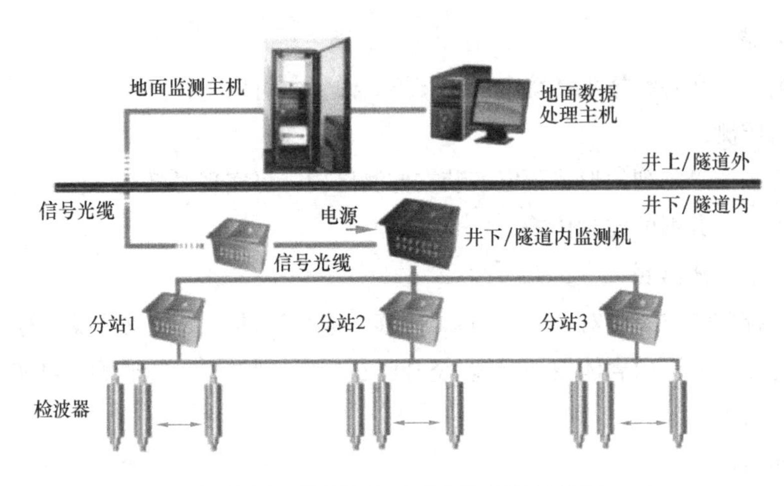

图 10-34　微震监测系统网络拓扑结构图

推进传感器阵列的轮转。

(2) 电缆线的布置

电缆线采用外部悬挂与内部埋设相结合的方法，外部悬挂主要采用边墙设置膨胀螺钩将电缆线置于螺钩上，内部埋设为事先将电缆线埋入混凝土路面中以减少外部干扰，保证监测系统的正常运行。

(3) 传感器阵列布置

传感器阵列合理的布置有利于监测到更多有效的微震信号，提高定位算法确定震源位置和发生时间的计算效率。一般尽量避开断层、破碎带等，同一水平上传感器之间距离不宜过大，必要时需考虑地应力的影响，避开隧道开挖引起的塑性区集中的易产生微裂纹的区域。随着掌子面不断跟进，布置在二衬和掌子面之间的传感器也要随之向前移动。传感器的有效监测范围约为100～200m，岩体中微震事件的位置距离传感器越远，获取的微震信息误差越大。因此，一般当最靠近掌子面的一排传感器距离掌子面达到100m时，将离掌子面最远的一排传感器移动至距离掌子面40m的位置。

二、微震参数与震源定位

1. 微震信号

由于隧道工程复杂的地质条件和施工特点，施工过程中有大量监测到的微震信号，与现场施工的各种噪声信号掺杂在一起均可被传感器接收，从而导致有效微震信号难于区分。大量的噪声信号处理不仅工作量大、耗时长，更重要的是直接影响定位精度及对围岩稳定性趋势的评估和判断。

隧道施工中典型的信号主要包括工程干扰信号、车辆鸣笛信号和微震事件信号。

(1) 工程干扰信号主要是在施工作业过程中产生的各种噪声，如凿岩机信号、鼓风机信号、TBM信号和人工敲击信号等，具有的共同特点是机械运转频率固定、振幅变化较小、量大且集中、具有明显的周期性和规律性，如图10-35所示。

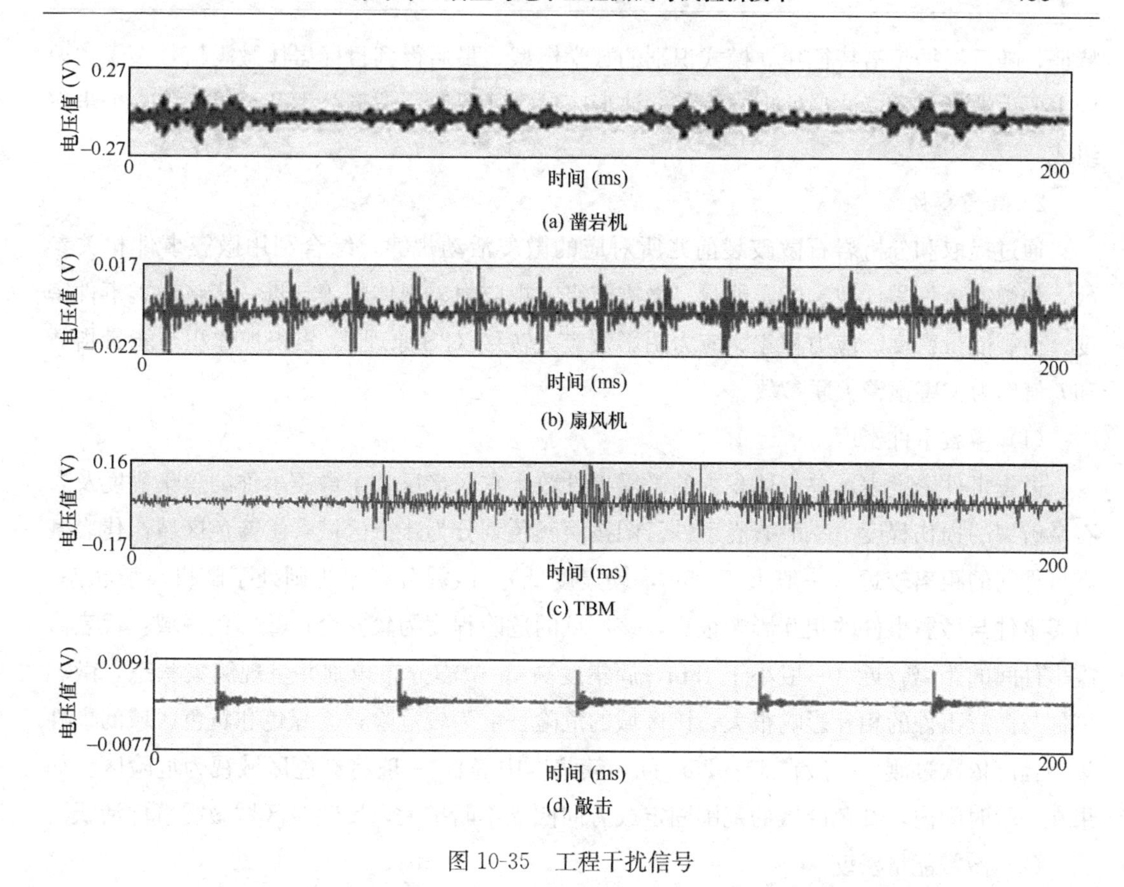

图 10-35　工程干扰信号

（2）车辆鸣笛信号主要表现为沿时间轴反复震动，具有明显的上下波动和衰减现象，并呈条带状（图 10-36）。由于传感器的灵敏度较高，因此当传感器埋深较浅时，能接收到一些如机车鸣笛甚至人员说话的声音。

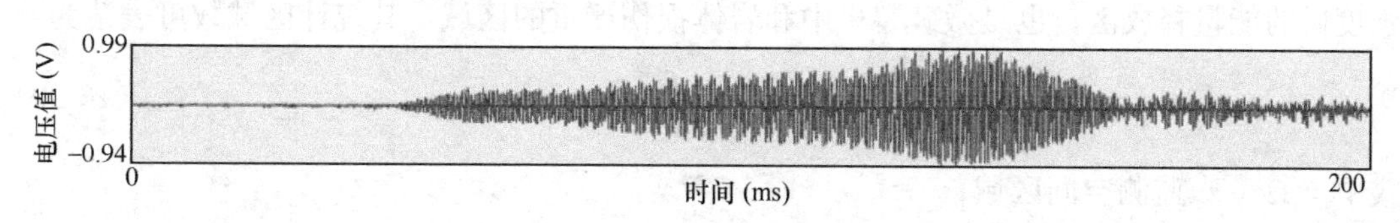

图 10-36　汽车鸣笛信号

（3）微震事件信号振幅明显，频率相对较低，波形成分较为单一，波尾较长，图 10-37 为典型微震事件信号波形图。

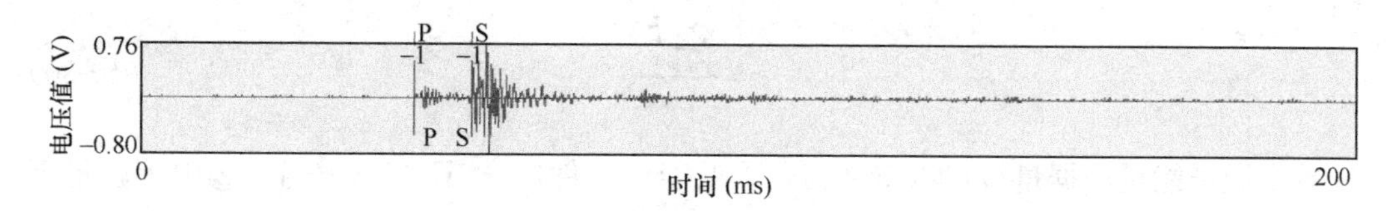

图 10-37　典型微震事件信号

监测系统对各类信号采集后，通过分析和类比震源信号的振幅及频率等各类波形频谱特征，随后根据频谱特征建立模式识别的数学模型，最后得到目标岩体微震信号。模式识别主要由波形采集、波形处理与分析、波形频谱特征提取、波形分类及结果输出 5 个步骤组成。

2. 微震参数

通过提取和分析岩石微破裂前兆所对应的微震活动规律，综合利用微震事件相关参数，如微震事件累计数、微震能量、微震震级、视应力、视体积等，进一步将微震事件密度、微震能量密度、应力积累、应力阴影及应力转移（3S 原理）、累积视体积与能量指数和 b 值作为灾害预警关联参数。

（1）微震事件密度

微震事件密度表示单位体积内的微震事件数，它间接反映了微震事件的簇集程度及岩石微破裂的损伤程度。一般微震事件云图按照颜色划分为 4 个区域：①蓝色区域：代表微震事件间的距离较远（一般大于 25m，簇集度低），微震分布不规则处于随机离散状态，微震事件与微震事件的相互影响很小，该区域的危险程度为较安全；②红色区域：代表微震事件间的距离较近（一般小于 15m，簇集度高），微震分布规则并呈现簇集状态，微震事件与微震事件的相互影响很大，该区域的危险程度为较危险；③绿色和黄色区域的事件集中程度依次过渡（一般在 15～25m 间，簇集度中等），一般将红色区域视为危险区。如果在一段时间内，红色区域的范围固定或者向四周不断扩大，反映该区域微震事件活跃。

（2）微震能量密度

微震能量密度表示微震能量释放强度的空间量化分布特征，它不仅综合反映了岩体微破裂的位置和强度，而且可以表征震源区岩体应变能的储存及释放进程，并探究外界扰动作用下工程岩体状态。隧道岩体中高能量密度分布的区域是岩体应力和能量累积达到岩体强度后的能量释放区，也是微破裂集中和岩体损伤严重的区域，其统计区域数可表达为：

$$N=\frac{\Omega}{a^{D}} \tag{10-29}$$

式中　Ω——监测空间区域；

D——空间维数；

a——边长。

能量密度 ε_i 的表达式为：

$$\varepsilon_i=\frac{\sum_{j=1}^{m}E_j}{a^{D}} \tag{10-30}$$

单个微震能量根据量级可以定义为：①低能量事件：$0<E<5\times10^3$J；②中等能量事件：5×10^3J $\leqslant E\leqslant 1\times10^4$J；③高能量事件：$1\times10^4J<E$。

（3）累积视体积和能量指数

微震活动性参数中的视体积和能量指数出现异常波动变化是明显的微破裂前兆特征。

能量指数随着累积视体积的增加而增加说明围岩处于应变硬化状态，此时岩体趋于稳定状态；而能量指数随着累积视体积的增加而下降则说明围岩处于应变软化状态，此时的岩体将处于损伤状态，随时有可能出现失稳破坏，且当能量指数下降的斜率越大，累积视体积增长越快时则越危险。

(4) b 值

b 值作为评价岩石失稳破坏的有效参数，直接反映了岩石在破坏过程中微破裂的受损程度。它的大小与该地区的介质强度和应力大小有关。在加载初期，由于小尺度裂纹所占比例较多，b 值上升并处在较高水平反复波动。随着应力的增加，岩石内部大尺度裂纹数量增多，微裂纹空间分布由起初的无序状态渐进向有序自组织演化，b 值开始迅速下降，并在岩石失稳破坏前下降至最低水平。

3. 震源定位原理与方法

震源定位是根据各个传感器所采集到的微破裂事件所对应的到达时间和坐标位置反演该微震发生的时间和所在空间位置，震源定位原理主要包括三轴传感器定位原理和到时不同震源定位原理，如图 10-38 所示。隧道工程长度远大于其断面尺寸，可以简化视为线状工程，传感器阵列多布置于距离掌子面几十米到上百米位置，以保障微震系统安全稳定运行，掌子面附近震源位置为以传感器为球心的多个球的交点。

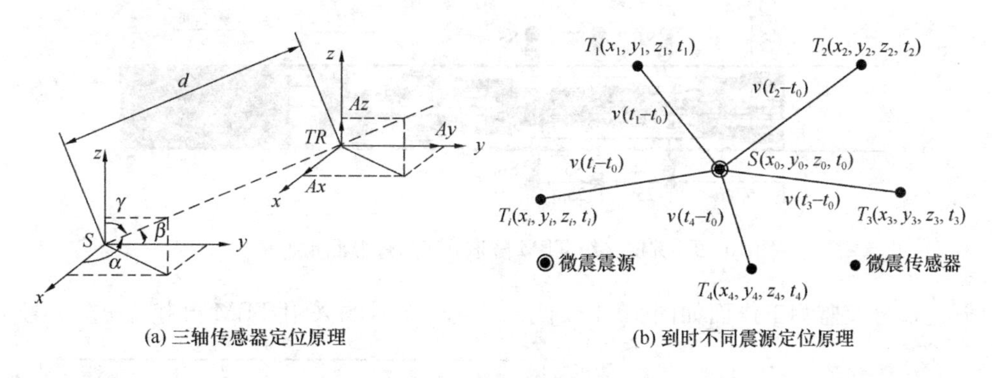

图 10-38　微震定位原理图

微震定位方法主要分为：①基于三分量传感器的震源定位法：该方法在精确的分离 P 波和 S 波时，分别拾取 P 波和 S 波到达时间，通过一个三分量传感器求解震源坐标和发震时间；②基于到时理论的震源定位法：该方法利用不同传感器接收到地震波的时间差、波速和传感器空间坐标进行定位，在微震监测中应用较多。

基于到时理论的震源定位的常用算法主要有模拟退火法（SA）、单纯形算法（SM）、遗传算法（GA）、Geiger 算法和粒子群算法（PSO）等。

三、锦屏二级水电站岩爆预警实例

锦屏二级水电站总装机容量 4800MW，通过开挖 4 条引水隧洞截弯取直获得 300m 高的水流落差进行发电，横贯锦屏山共设计 7 条隧洞，其中 1 号、3 号引水隧洞东端部分采用 TBM 施工，开挖洞径 12.4m，2 号、4 号引水隧洞全部采用钻爆法施工，开挖洞径 13m，排水洞东端部分采用 TBM 开挖方式，开挖洞径 7.2m，锦屏二级水电站岩爆高发洞段采用微震监测技术作为岩爆监测预警手段。

1. 岩爆监测方案

用加拿大 ESG 微震监测设备构建随 TBM 推进的移动式微震监测系统，实现了微震数据采集系统连续数据采集、远程数据传输、数据处理与分析，锦屏二级 TBM 隧道施工岩爆监测预警系统构架如图 10-39 所示。

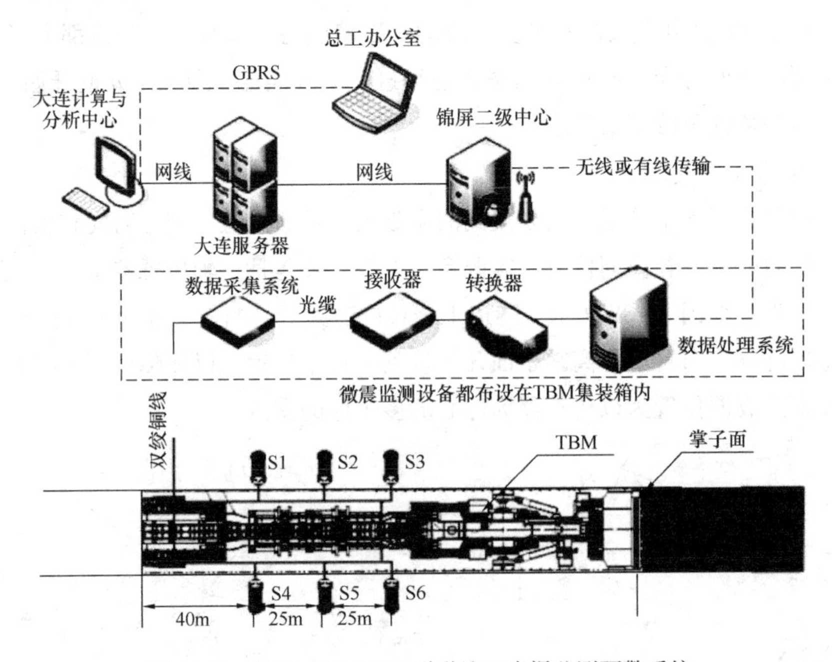

图 10-39 锦屏二级 TBM 隧道施工岩爆监测预警系统

开挖桩号及监测工作面如图 10-40 所示，1 号、3 号洞采用 TBM 开挖方式，2 号、4

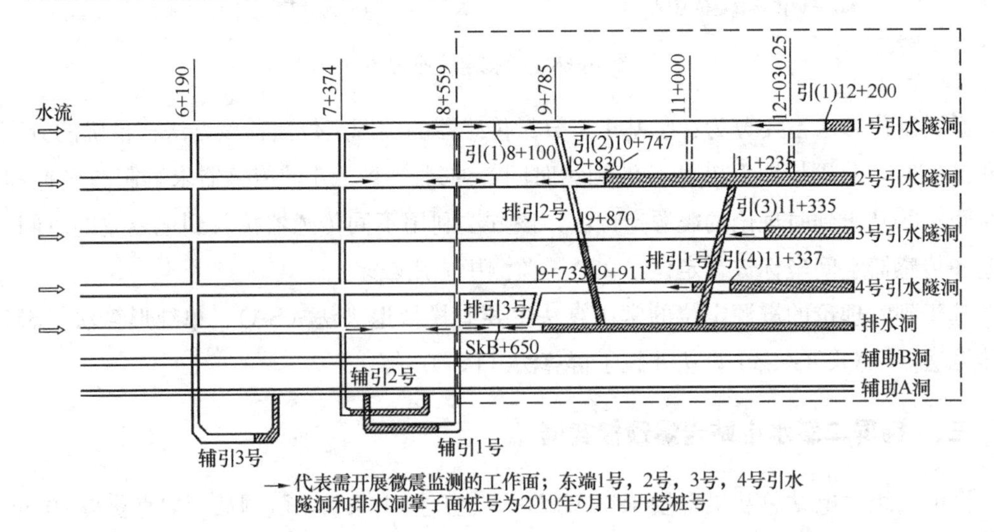

图 10-40 开挖桩号及监测工作面

号洞采用钻爆法开挖，由于所要监测工作面（虚线框）比较分散，施工方法不一致，施工进度不同，因此，采用简易、可移动的微震设备配备少量传感器单一分组式布置方法。

2. 岩爆识别与判据

微震监测设备能够对监测范围内的各种频率的声音进行记录，微破裂事件掺杂在大量的噪声事件中，波形的准确识别是进行岩爆灾害判别与监测预警的关键。由于隧洞内常见声源信号的频谱具有较为明显的特征，可根据频谱特征进行模式识别，即应用神经网络人工智能方法，对微震信号的数据信息进行选择与提取，从中识别出微震活动信息，模式识别流程如图 10-41 所示。

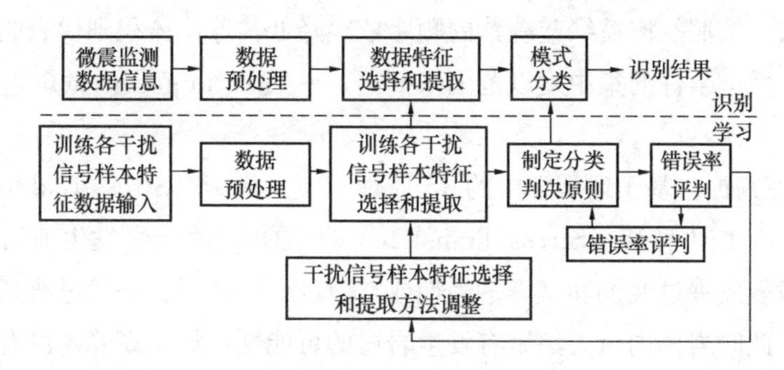

图 10-41　模式识别流程图

针对岩爆的损伤过程特征提取对应的微震监测事件，将微震事件密度云图、微震事件震级与频度的关系、微震事件震级、能量集中度等作为岩爆判断条件（图 10-42），以地

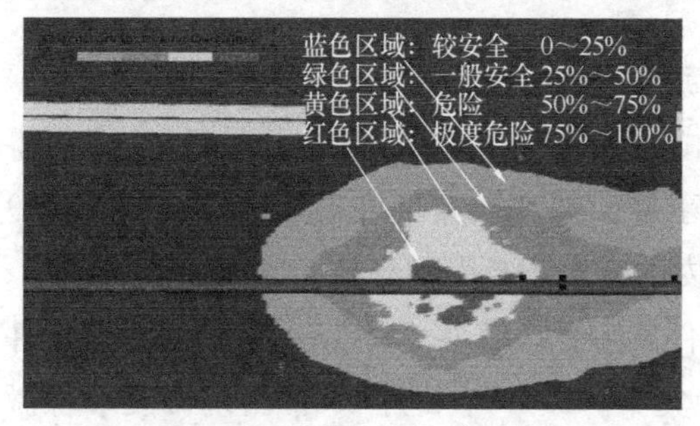

(a) 微震事件密度云图判断岩爆危险的区域划分

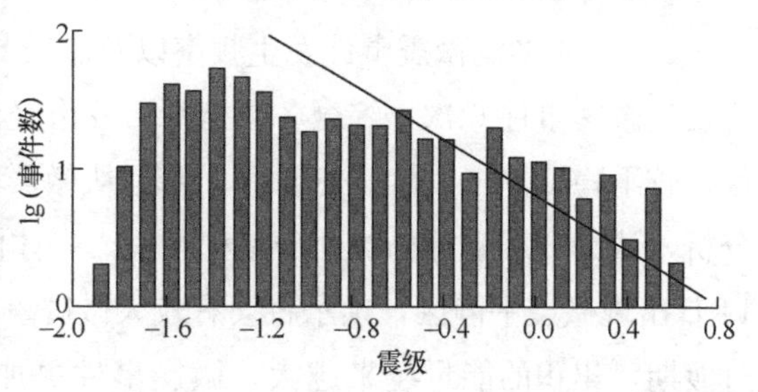

(b) 微震事件震级与频度关系

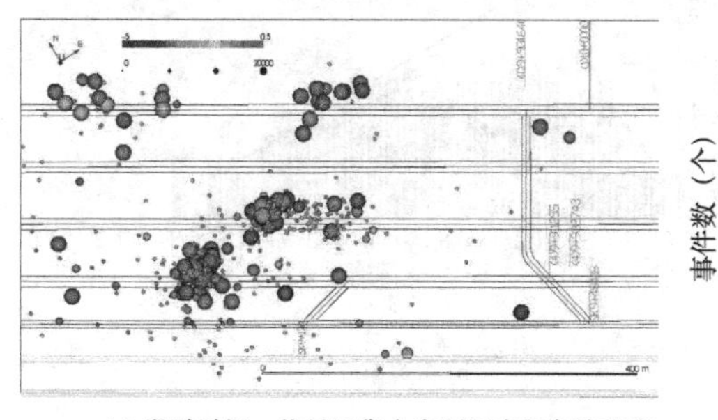

(c) 微震震级、能量及集中度判断岩爆危险程度

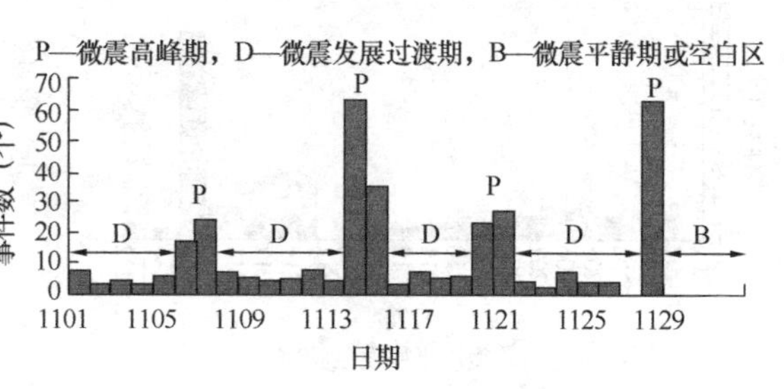

(d) 微震事件发生频率

图 10-42　岩爆判据

震学中的 3S 原理作为岩爆判断基础。

(1) 微震事件云图按照颜色划分为 4 个区域：蓝色为比较安全区域（岩爆发生概率为 0～25%）；绿色为一般安全区域（岩爆发生概率为 25%～50%）；黄色为危险区域（岩爆发生概率为 50%～75%）；红色为极度危险区域（岩爆发生概率为 75%～100%）。

(2) 震级和频度关系直线判断岩体破坏的趋势：直线与横坐标交点超过 0.8，发生较强岩爆的风险较高；交点在 0.4～0.8 范围，发生中等岩爆的风险较高；交点低于 0.4，发生轻微岩爆的风险较高；交点低于 0.4，与纵坐标轴交点低于 2.0，则无岩爆风险。

(3) 微震事件的震级、能量以及集中度等参数可以作为岩爆判别的一个参考依据。球体颜色代表震级，按照红橙黄绿蓝靛紫的顺序依次降低，球体体积则代表能量大小，体积越大能量越大。微震事件的集中度以范围来判断，一般 20 m 范围内微震事件较多，则认为集中度高。

(4) 3S 原理判据。基于地震学中的 3S 原理［应力集聚（Stress Buildup）、应力弱化（Stress Shadow）、应力转移（Stress Transference）原理］将岩爆发生前后微震事件分成微震高峰期、微震发展过渡期和微震平静期或空白区 3 个区域。一般过渡期后会有微震事件高峰期出现，此时岩体内应力集聚有发生岩爆的可能性；如果高峰期没有发生岩爆，说明岩体局部应力还在不断积累；如果在高峰期发生岩爆，说明岩体局部应力得到释放；岩爆发生以后，会出现微震平静期（空白区），说明该区域岩体内的能量完全释放，应力调整完毕。

3. 2 号引水隧洞强岩爆预警案例

2 号引水隧洞微震事件发生频率以及震级与频度关系如图 10-43 所示，2011 年 2 月 5 日发生微震事件 6 次，综合各项指标后发出轻微～中等岩爆灾害预测。随后 6d 内微震事件比较平稳，并未发生任何岩爆，但是从微震事件云图和微震事件集中情况（图 10-44）分析，认为微震事件仍然处于累积过程，岩体内的应力还未得到释放。2011 年 2 月 12～14 日出现微震平静区，预示将会有较大微震事件发生。2011 年 2 月 15～18 日是微震事件过渡期，累积的能量越来越大，微震事件更加集中。2011 年 2 月 19 日出现微震事件激增，这表明近期将会发生较强岩爆。

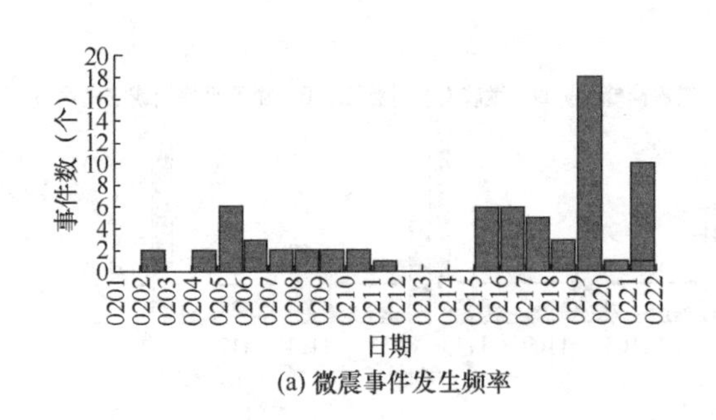

(a) 微震事件发生频率

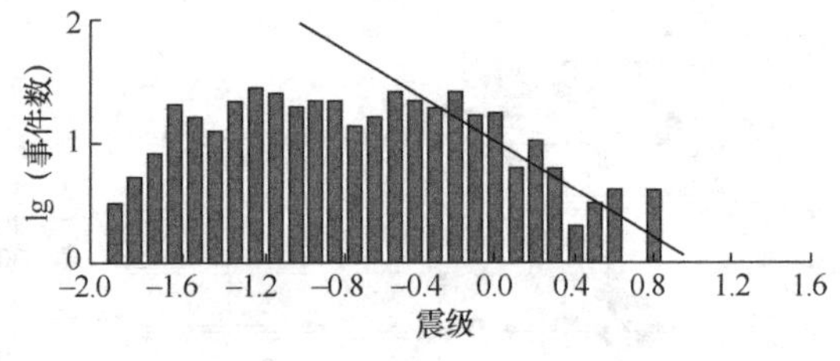

(b) 微震事件震级与频度

图 10-43　2 号引水隧洞微震事件发生频率以及震级与频度关系（2 月 1～22 日）

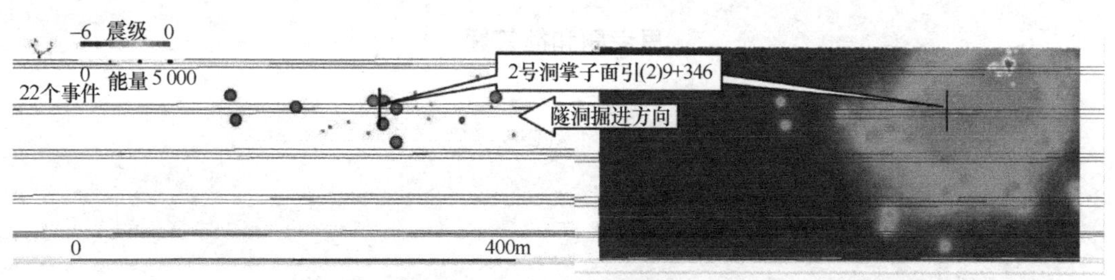

(a) 微震事件分布图和云图（预测岩爆等级轻微～中等）(2011 年2 月1～10 日)

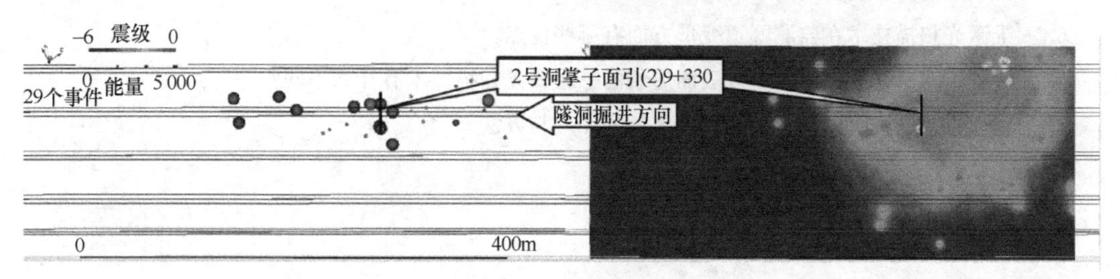

(b) 微震事件分布图和云图（预测轻微岩爆等级）(2011 年2 月1～15 日)

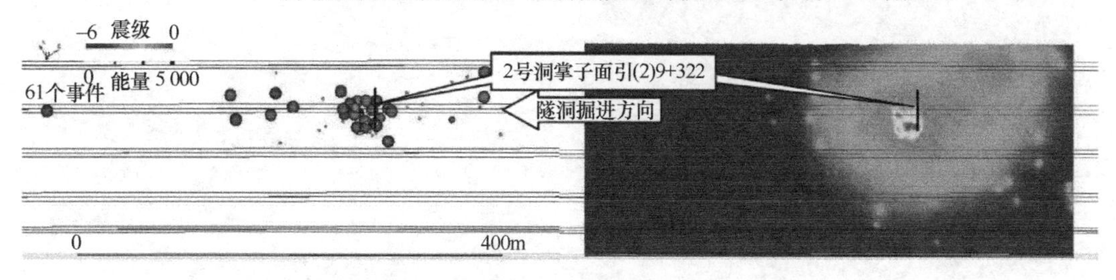

(c) 微震事件分布图和云图（预测强岩爆等级）(2011 年2 月1～19 日)

图 10-44　2011 年 2 月 21 日 2 号引水隧洞强烈岩爆发生前 20d 内的微震事件累积及云图

2011 年 2 月 21 日 16：00 在 2 号引水隧洞（桩号 9＋310～9＋350）出渣时南侧边墙至拱顶发生强烈岩爆，有较大的声响且断续发生，坑深 1.00～1.50m，现场照片如图 10-45 所示。由于微震监测系统提前 3d 预警，支护系统做得很完善，因此，本次岩爆没有造成任何人员伤亡和设备损失。

图 10-45　2 号引水隧洞强烈岩爆照片

思考题和简答题

1. 机器视觉测试系统的工作过程是什么?
2. 常见的数字图像处理技术有哪些?
3. 图像噪声是指什么? 有什么危害?
4. 简述三维激光扫描的原理和技术特点。
5. 为什么要对图像进行点云处理? 有哪些步骤?
6. 三维激光扫描技术在监测隧道变形方面有哪些优点?
7. 监测隧道变形与测试岩石节理表面形貌的三维激光扫描技术有什么不同?
8. 简述微震监测技术的原理以及震源定位的原理与方法。

参 考 文 献

[1] 夏才初，潘国荣．土木工程监测技术[M]. 北京：中国建筑工业出版社，2001.

[2] 夏才初，李永盛．地下工程测试理论与监测技术[M]. 上海：同济大学出版社，1999.

[3] 夏才初，潘国荣．岩土与地下工程监测[M]. 北京：中国建筑工业出版社，2017.

[4] 钱难能．当代测试技术[M]. 上海：华东化工学院出版社，1992.

[5] 合肥工业大学，重庆建筑大学，天津大学，哈尔滨建工学院．测量学[M]. 4 版．北京：中国建筑工业出版社，2013.

[6] 曾照发，等．探地雷达方法原理及应用[M]. 北京：科学出版社，2006.

[7] 潘承毅，何迎晖．数理统计的原理与方法[M]. 上海：同济大学出版社，1993.

[8] 宋寿鹏．数字滤波器设计及工程应用[M]. 江苏：江苏大学出版社，2009.

[9] 岳建平，田林亚．变形监测技术与应用[M]. 北京：国防工业出版社，2010.

[10] 侯建国，王腾军，周秋生．变形监测理论与应用[M]. 北京：测绘出版社，2011.

[11] 建设综合勘察研究设计院有限公司，安徽同济建设集团有限责任公司．建筑变形测量规范：JGJ 8—2016[S]. 北京：中国建筑工业出版社，2016.

[12] 上海岩土工程勘察设计研究院有限公司．基坑工程施工监测规程：DG/TJ 08-2001—2016[S]. 上海：同济大学出版社，2016.

[13] 黄声享，尹辉，蒋征．变形监测数据处理[M]. 武汉：武汉大学出版社，2003.

[14] 陈永奇，吴子安，吴中如．变形监测分析与预报[M]. 北京：测绘出版社，2003.

[15] 深圳市勘察测绘院，深圳市岩土工程公司．深圳地区建筑深基坑支护技术规范：SJG 05—96[S]. 1996.

[16] 龚晓南．深基坑工程设计施工手册[M]. 2 版．北京：中国建筑工业出版社，2018.

[17] 刘建航，侯学渊．基坑工程手册[M]. 2 版．北京：中国建筑工业出版社，2009.

[18] 宰金珉，王旭东，徐洪钟．岩土工程测试与监测技术[M]. 北京：中国建筑工业出版社，2016.

[19] 布雷尔．岩石力学及其在采矿中的应用[M]. 北京：煤炭工业出版社，1990.

[20] 杨林德．软土工程施工技术与环境保护[M]. 北京：人民交通出版社，2000.

[21] 杨乐平．LabVIEW 高级程序设计[M]. 北京：清华大学出版社，2003.

[22] 张剑平．智能化检测系统及仪器[M]. 北京：国防工业出版社，2009.

[23] 吴宁，乔亚男．微型计算机原理与接口技术[M]. 北京：清华大学出版社，2016.

[24] 李永盛．江阴长江大桥北锚碇模型试验研究[J]. 同济大学学报，1995，23(2)：134-140.

[25] 夏才初，程鸿鑫，李荣强．广东虎门大桥东锚碇现场结构模型试验研究[J]. 岩石力学与工程学报，1997，16(6)：571-576.

[26] 程鸿鑫，夏才初，李荣强．广东虎门大桥东锚碇岩体稳定性分析[J]. 同济大学学报，1995，23

(3)：338-342.

[27] 刘晓瑞，谢雄耀．基于图像处理的隧道表面裂缝快速检测技术研究[J]．地下空间与工程学报，2009，5(2)：1624-1628.

[28] 苑玮琦，薛丹．基于机器视觉的隧道衬砌裂缝检测算法综述[J]．仪器仪表学报，2017，38(12)：3100-3111.

[29] 王平让，黄宏伟，薛亚东．基于图像局部网格特征的隧道衬砌裂缝自动识别[J]．岩石力学与工程学报，2012，31(5)：991-999.

[30] 徐飞，田茂义，俞家勇，等．基于隧道水平中线的全局断面提取及形变分析 [J]．岩石力学与工程学报，2020，(11)：2296-2307.

[31] 马天辉，唐春安，唐烈先，等．基于微震监测技术的岩爆预测机制研究 [J]．岩石力学与工程学报，2016，35(3)：470-483.

后　　记

壬寅虎年零点钟声敲响，听到了航天员翟志刚、王亚平和叶光富来自天上的新春祝福，我已经六十岁了，这部书稿完成一件心事了却。自从 1995 年起承担“地下结构工程测试与试验”这门同济大学土木工程专业地下建筑工程方向的核心课程开始，就与监测与检测、测试与试验结上了缘，也就对这方面的知识和技术特别关注也很感兴趣，到《岩土与地下工程测试》这本书付梓，已完成相关教材四部和实验指导书两部，把本科生和研究生监测和测试课程知识的梳理暂告一个段落，也很欣慰！

前几年弘扬匠人精神，近几年好像又提倡得少了。匠人精神就是对工作执着、对所做的事情和生产的产品精益求精、精雕细琢、追求极致的精神。匠人是技艺高超、精湛的人，有了匠人精神的人才能成为真正的匠人，是匠人精神造就了匠人。无论社会和舆论是否持续弘扬匠人精神，但本人还是努力争取做教师中的匠人，编著好教材当然应该是教书匠工作的一部分，从编著这部教材的过程中深刻体会到做好一个匠人是多么的难，更认识到匠人精神的伟大。为学生编著好的教材，只此兴趣，无论名利，又如厨师为顾客推荐味道好营养佳易消化的菜品，顺便夹带几个自己的拿手好菜。

约十年前吧，我从海拉尔飞上海经停天津机场，在候机厅休息的时候有位老总过来与我打招呼：夏老师，我是黄老师的博士生，工作后我买过你的《地下工程测试理论与监测技术》，按您书上写的做，我为公司创造了很好的经济效益，您最近有没有出新书呀？如有出新书的话我马上去买。

七八年前吧，深圳一家单位要去竞标几百万元的监测项目，请我去做个讲座，做完讲座吃晚饭的时候，他们的技术负责人给我说，昨天领导叫我去给大家买几本监测方面的书，因为今天有专家要来给我们做监测方面的讲座，我在书店看到有六部监测方面的书，我反复比较后买了《土木工程监测技术》，没有想到今天一看，是你给我们来上课，我又刚好买了你的这本书。当然，后来的竞标他们是成功的。

期待学过我这本书的学生做监测和检测，能够竞标成功，创造更多的经济效益和社会效益；更期待读过我这本书的研究生做测试和试验，能够取得创新性的科研成果为解决土木工程中的“卡脖子”问题做出贡献！这目标不够伟大，但更接近把学术论著写在祖国的大地上的小目标。

本书得到了宁波大学教材出版基金的资助，在此谨表感谢！也衷心感谢中国建筑工业出版社编辑赵莉女士对本书出版的大力支持和付出的艰辛努力！

夏才初

2022年2月8日于东源丽晶